環境科學概論 第八版

結合全球與在地永續發展

Principles of Environmental Science

Inquiry and Application, 8e

William P. Cunningham
University of Minnesota
Mary Ann Cunningham
Vassar College
著

白子易
國立臺中教育大學科學教育與應用學系
編譯

McGraw Hill Education

國家圖書館出版品預行編目資料

環境科學概論：結合全球與在地永續發展 / William P. Cunningham, Mary Ann Cunningham 著; 白子易編譯. -- 四版. -- 臺北市：麥格羅希爾, 2018.01
　　面；　公分. -- (環境工程叢書；ES005)
譯自：Principles of environmental science: inquiry and application, 8th ed.
ISBN 978-986-341-361-5
1. 環境科學
445.9　　　　　　　　　　　　　　　　　　　　　　　　106013716

環境工程叢書 ES005

環境科學概論：結合全球與在地永續發展 第八版

作　　　者	William P. Cunningham, Mary Ann Cunningham
編 譯 者	白子易
教科書編輯	許玉齡
企 劃 編 輯	陳佩狄
業 務 行 銷	李本鈞　陳佩狄
業 務 副 理	黃永傑
出 版 者	美商麥格羅希爾國際股份有限公司台灣分公司
地　　　址	台北市 10044 中正區博愛路 53 號 7 樓
讀 者 服 務	E-mail: tw_edu_service@mheducation.com TEL: (02) 2383-6000　　FAX: (02) 2388-8822
法 律 顧 問	惇安法律事務所盧偉銘律師、蔡嘉政律師
總經銷(台灣)	臺灣東華書局股份有限公司
地　　　址	10045 台北市重慶南路一段 147 號 3 樓 TEL: (02) 2311-4027　　FAX: (02) 2311-6615 郵撥帳號：00064813
網　　　站	http://www.tunghua.com.tw
門　　　市	10045 台北市重慶南路一段 147 號 1 樓　TEL: (02) 2371-9320
出 版 日 期	2018 年 1 月（四版一刷）

Traditional Chinese Adaptation Copyright © 2018 by McGraw-Hill International Enterprises, LLC., Taiwan Branch
Original title: Principles of Environmental Science: Inquiry & Application, 8e　ISBN: 978-0-07-803607-1
Original title copyright © 2017 by McGraw-Hill Education
All rights reserved.

ISBN：978-986-341-361-5

※著作權所有，侵害必究。如有缺頁破損、裝訂錯誤，請寄回退換

尊重智慧財產權！

本著作受銷售地著作權法令暨國際著作權公約之保護，如有非法重製行為，將依法追究一切相關法律責任。

編譯序

在不確定的環境中編譯一本書

　　從上一版至這一版新書出版的這段期間，各種災難事件不斷在國內外發生。2016 年 1 月下旬，屬於極端氣候現象的霸王級寒流席捲北半球，北美、臺灣、中國大陸、港澳、日韓等地區皆受影響。2016 年 2 月台南市維冠金龍大樓倒塌事故，死亡人數達 115 人，是臺灣地區史上單一建築物倒塌死亡人數最高的災難事件。然而，更震撼的事件，是美國總統川普（Donald John Trump）於 2017 年 6 月 2 日宣布退出《巴黎氣候協定》，全球除震驚之外，對未來更是充滿疑惑與不確定感。

　　在國內，由於各種極端氣候現象，讓環境科學變成顯學。許多公共議題、決策甚至經費，皆往此投入。編譯者屢次提出質疑，在人類肆無忌憚破壞環境數百年後，是否已真正覺醒？即使已真正覺醒，人類未來的作為是否仍然「來得及」挽回本身所造成的錯誤？

　　各界公認解決此嚴峻環境問題的方式，必須基於「滿足當代的需要，同時不損及未來世代滿足其需要之發展」，亦即永續發展（sustainable development）。然而，在全球人口遽增、環境變遷更趨於極端的苛刻情勢下，人類的永續發展已成為前所未有的重大挑戰。環境保護及永續發展不僅是世界各國政府公部門的問題，也是私部門的問題，更是民眾切身相關的問題。在極端的環境問題背後，如果能有一本可以詳盡介紹環境科學各面向的書，則可更系統性地了解環境問題。幸運地，Cunningham 教授的著作正是這樣的一本書；而為了讓公、私部門、學子乃至民眾了解環境問題，編譯者更是義不容辭地投入編譯工作。

　　編譯者已編譯 Cunningham 教授的著作數次，每次編譯 Cunningham 教授的《環境科學概論》（*Principles of Environmental Science: Inquiry and Application*, 8e），總感覺是項重大挑戰。因為內容除了環境相關知識，尚包括糧食、農業、能源、氣象、毒物、生態、社會、經濟、政治學等。而原著的案例，除了全球性案例之外，主要仍以美國為主。臺灣地狹人稠，天然資源甚少，環境負荷十分沉重。有鑑於臺灣為世界地球村的一員，且近年來臺灣極端氣候所造成的環境破壞、天災人禍相當嚴重，若能將本土案例、數據提供給有志了解環境科學領域的學習者，不僅可讓讀者了解臺灣本土的環境狀況，亦能提供互相比較的機會。所謂「他山之石可以攻錯」，讀者可從全球的案例中汲取經驗，並進一步思考臺灣的環境議題。

　　因此，編譯者延續之前的編譯方式，將本土案例融入原著之中，並對原著內容酌予刪減，以出版適合臺灣讀者閱讀的書。本書章節安排、內容特色、翻譯名詞、原著內容刪減以及本土案例選擇，說明如下：

- **章節安排**：每章首頁皆有該章內容相關的圖片與學習目標，可供讀者迅速了解該章學習重點。每章亦有「案例研究」，以針對當前重大、特殊議題深入探討。此外，尚有「科學探索」、「你認為如何」、「你能做什麼」等單元，探討特定問題或引導讀者做好環保工作。最後，「問題回顧」與「批判性思考」等單元，可供評量學習成效或進行團體辯論。
- **內容特色**：以大量圖表的方式呈現，平均每章有 20 張左右的圖片。其次，盡可能呈現最新的資料、數據。另外，亦標示數據出處，以利讀者深入研究。
- **翻譯名詞**：如果是相當制式的用詞，則使用該用法；如果譯法較多元，則主要譯法乃參考國家圖書館全國博碩士論文網、研討會文獻等使用頻率較高的譯法，甚至是中國大陸的譯法（例如第 3 章的達爾文鳥譯名）。
- **原著內容刪減**：本書保留全球性內容，大幅刪除美國本土內容，但對於特殊的美國本土內容，仍予保留。圖片部分，說明文字未敘明地點等非特定圖片，則改以編譯者拍攝的照片，例如第 16 章之環境教育。
- **本土案例的選擇**：配合原著內容刪減，適度增加本土資料，並以當前國內重大或最新事件為主。例如食安事件（第 8 章）、資源回收（第 14 章），再如行政院環境保護署於 2017 年 1 月 18 日修正發布《廢棄物清理法》，本書即已遵循更換內容。

　　本書編譯過程，感謝 McGraw Hill 工作夥伴的協助及體諒，其認真並詳細校閱的工作態度，足為編譯者效法；感謝王佩郁、湛隆誼、林嘉福、王雅萱、呂恬萱、蔡孟宏、王金胎等同學協助整理圖表；感謝爸媽、伊迪、效樸、效昱、效芬協助攝影。

　　由於原著內容既廣泛且深入，翻譯之時已見絀，而且除了必須酌減原書內容之外，還必須加入本土案例，遠超過編譯者之能力範圍。編譯者才疏學淺，故對於編譯的案例選擇、數據引用或內容適切性，如有謬誤，亟盼各界先進不吝批評指正。

　　猶記上一版書出版時，第二個小孩──是女兒──正呱呱落地；轉眼之間大兒子已準備升小四，二女兒準備讀大班，小女兒也三歲要讀小班了。每天他們三個出門上學前總需我幫忙協助整理衣物，此時看著他們逐漸成長卻仍充滿童稚的臉龐，總是深深感覺，人類在越趨不確定的環境中永續發展，就如同哺育下一代般，任重而道遠。

白子易
謹誌於小女兒三歲之時

目次

第 1 章　了解我們的環境　1

案例研究　評估永續性　2
1.1　何謂環境科學？　3
1.2　環境科學的主軸　4
1.3　環境科學的人文角色　8
1.4　科學有助於了解環境　12
科學探索　如何得知人口及貧窮的狀態？　13
關鍵概念　永續發展　14
科學探索　以統計了解永續發展　19
1.5　批判性思考　22
1.6　保育與環境主義簡史　24

問題回顧　26
批判性思考　26

第 2 章　環境系統：物質、能量及生命　27

案例研究　水質淨化現地處理　28
2.1　系統敘述交互作用　29
2.2　生命的元素　30
2.3　能量　34
科學探索　水星球　35
2.4　生命所需的能量　37
2.5　從物種到生態系統　40
科學探索　遙測、光合作用及物質循環　42
2.6　生物地質化學循環與生命程序　43

關鍵概念　能量和物質如何於系統中移動？　44
　　問題回顧　51
　　批判性思考　51

第3章　進化、物種互動與生物群落　53

案例研究　達爾文的探索航程　54
　　3.1　演化導致多樣性　55
關鍵概念　物種來自何處？　60
　　3.2　物種交互作用　62
　　3.3　族群的生長　67
　　3.4　群落多樣性　70
　　3.5　群落呈現動態且隨時間改變　75
　　問題回顧　77
　　批判性思考　77

第4章　人口　79

案例研究　臺灣人口現況　80
　　4.1　過去與現在的人口成長極度不同　81
　　4.2　人口成長的觀點　83
　　4.3　眾多因素決定人口成長　85
關鍵概念　你的足跡有多大？　86
你認為如何　中國的一胎化政策　90
　　4.4　文化會影響生育　93
　　4.5　人口轉型可使人口穩定　94
　　4.6　家庭計畫給予選擇　96
　　4.7　我們在創造什麼樣的未來？　97
　　問題回顧　99
　　批判性思考　99

第5章　生物群落區與生物多樣性　101

案例研究　森林對全球暖化的反應　102

5.1　陸地生物群落區　103
5.2　海洋生態系統　110
5.3　淡水生態系　114
5.4　生物多樣性　115
5.5　生物多樣性的利益　116
5.6　什麼威脅生物多樣性？　118

關鍵概念　生物多樣性的價值是什麼？　120

5.7　生物多樣性的保護　126

問題回顧　129

批判性思考　129

第6章　環境保育：森林、草原、公園與自然保留區　131

案例研究　棕櫚油與瀕危物種　132

6.1　全球的森林　133

關鍵概念　救樹，救氣候？　140

你能做什麼　降低你對森林的影響　142

6.2　草原　142
6.3　公園及保留區　145

你能做什麼　做一個負責任的生態旅客　151

問題回顧　153

批判性思考　153

ix

第 7 章　糧食與農業　155

案例研究　農耕喜拉朵　156

    7.1　糧食與飢荒的全球趨勢　157

    7.2　需要多少糧食？　159

    7.3　人類吃什麼？　163

    7.4　活性土壤是珍貴資源　165

    7.5　農業輸入　170

關鍵概念　如何養育世界？　172

    7.6　如何管理以養育數十億人？　174

    7.7　永續農業　177

你認為如何　蔭下栽種咖啡及可可　180

    7.8　消費者行動與農耕　181

    問題回顧　181

    批判性思考　182

第 8 章　環境健康與毒理學　183

案例研究　臺灣食品安全事件　184

    8.1　環境健康　184

    8.2　毒理學　190

    8.3　毒性物質的移動、分布與宿命　193

關鍵概念　家裡會出現什麼毒素和有害物質？　194

    8.4　降低毒性效應的機制　199

    8.5　量測毒性　200

    8.6　風險評估與可接受性　203

科學探索　表觀基因組　204

    8.7　建立公共政策　207

    問題回顧　208

    批判性思考　209

第 9 章　氣候　211

案例研究　穩定我們的氣候　212
   9.1　大氣層　213
   9.2　氣候變遷　217
   9.3　氣候變遷較以往快速　219

關鍵概念　氣候變遷漫談：如何形成？　226
科學探索　如何得知氣候變遷是人為的？　228
   9.4　想像解決問題的方法　230

你認為如何　不可燃碳　232
你能做什麼　氣候行動　233

   問題回顧　233
   批判性思考　234

第 10 章　空氣污染　235

案例研究　倫敦大煙霧　236
   10.1　空氣污染與健康　237
   10.2　空氣污染與氣候　244
   10.3　環境及健康效應　248
   10.4　空氣污染控制　251
   10.5　未來挑戰　252

關鍵概念　是否能夠提供乾淨的空氣？　254

   問題回顧　256
   批判性思考　256

第 11 章　水資源與水污染　257

案例研究　中國的南水北調　258

11.1　水資源　258
11.2　用水量　262
11.3　缺水的處理　265
11.4　水的保育與管理　268
11.5　水污染　269

科學探索　低廉的水淨化　274

11.6　目前水質　276
11.7　水處理及復育　280

關鍵概念　自然系統如何處理廢水？　282

11.8　水的法規　284

問題回顧　285

批判性思考　285

第 12 章　環境地質學與地球資源　287

案例研究　臺灣的地質敏感區　288

12.1　地球程序塑造資源　289
12.2　礦物與岩石　292
12.3　經濟地質學與礦物學　294

科學探索　稀土金屬：新戰略物質　295

12.4　資源開採的環境效應　296

關鍵概念　你的手機從哪裡來？　298

12.5　保育地質資源　301
12.6　地質危害　302

問題回顧　307

批判性思考　307

第13章　能　源　309

案例研究　中國的再生能源　310

13.1　能量來源　311

13.2　化石燃料　312

13.3　核能與水力能　316

13.4　節約能源　319

你能做什麼　節能和省錢的步驟　321

13.5　風能和太陽能　323

關鍵概念　如何轉換為替代能源？　326

13.6　生質能　328

13.7　能源貯存及傳輸　330

13.8　能源的未來是什麼？　332

問題回顧　333

批判性思考　333

第14章　固體與有害廢棄物　335

案例研究　臺灣的資源回收　336

14.1　廢棄物　336

14.2　廢棄物處置方法　337

14.3　廢棄物流減量　344

關鍵概念　垃圾：債務或資源？　348

你能做什麼　廢棄物減量　350

14.4　有害與毒性廢棄物　350

科學探索　生物復育　355

問題回顧　356

批判性思考　356

xiii

第15章　經濟與都市化　357

案例研究　福邦：無車的郊區　358
　15.1　都市化　359
　15.2　都市計畫　363
科學探索　都市生態學　365
　15.3　經濟與永續發展　367
關鍵概念　如何綠化城市？　368
　15.4　自然資源會計帳　374
　15.5　貿易、發展與就業　377
你能做什麼　個人責任的消費主義　378
　15.6　綠色產業與綠色設計　379
　問題回顧　382
　批判性思考　382

第16章　環境政策與永續　383

案例研究　臺灣的環境教育　384
　16.1　環境政策與科學　385
　16.2　法規的施行　387
關鍵概念　美國的淨水法有益嗎？　392
　16.3　國際條約與協定　394
　16.4　個人能做什麼？　396
　16.5　永續發展的挑戰　402
　問題回顧　403
　批判性思考　404

附錄　405
重要詞彙　412
圖片來源　426
索引　428

1 了解我們的環境
Understanding Our Environment

臺灣人口密度相當高,居民與環境永續共存是刻不容緩的問題。環境科學有助於了解我們的環境與我們在環境中的角色。圖為南投縣水里溪畔之環境。

(白子易攝)

> 今天的我們正面臨一個挑戰,需要我們改變思維,人類才能停止危害其維生系統。
>
> ——Wangari Maathai,2004 年諾貝爾和平獎得主

學習目標

在讀完本章後,你可以:

- 解釋許多面臨的重要環境問題。
- 列舉環境品質進步的一些例子。
- 討論永續性之意涵及永續發展。
- 解釋為何科學能支持—但是鮮少證明—特殊理論。
- 了解為何批判性思考對環境科學有重要性。
- 了解如何使用圖表及數據回答科學問題。
- 了解哪些人有助於形塑資源保育及保留的觀念。

案例研究

評估永續性

學習環境科學課程可了解環境資源以及人類對其影響。另外，有一種可以在自己校園中應用的方式，就是協助永續性評估及報告。位於美國南卡羅萊納州格林威爾的福爾曼大學（Furman University），是正在使用永續性追蹤評估評比系統（Sustainability Tracking, Assessment and Rating System, STARS）追蹤其進度的240多所學校之一。STARS可幫助大學了解、比較並理想地改善環境績效。此評比系統由高等教育永續促進協會（Association for the Advancement of Sustainability in Higher Education, AASHE）運作，AASHE為機構型組織，同時提供分享理念的網絡並提供學校展現其成就的平臺。

2015年，福爾曼大學提出大學的第三份報告，而由銀級提升為金級。福爾曼大學是最近一輪提交報告的80所大學中唯一得到金級評等的學校。

福爾曼大學之所以得到高分，主要是在各項標準都有優異的表現。對於文件中永續性的證明，例如學校課程、學生及教員的研究活動、校園參與及社區服務等，STARS都會給分。對於實作也有給分：例如溫室氣體排放、建築物管理、使用再生能源、購買環保性的清潔產品，以及其他實際的活動。保育生物多樣性、保護水資源、減少洪水逕流、減少農藥使用的土地管理也可以得分。運輸與廢棄物管理（尤其是資源回收率及堆肥率）政策也可以得分。管理——管理層級以及相關委員會支持這些實際活動的方式——也可以得分。

STARS也對健康及福利的措施給分：對於空間、健康安全、舒適的工作空間是否有良好的規劃？由機構捐助的永續性投資也可得分。有些項目較其他項目容易得分。新的永續性課程可迅速開設，但建築效率及能源系統的「運作」則昂貴且難以改變。

福爾曼大學在課程設計、研究、校園參與方面做得特別好，這些類別最高分52分，福爾曼大學都得到50分。如同其他學校，福爾曼大學在建築物運作就沒做得那麼好，這些類別最高分36分中只得到15分，在廢棄物減量及運輸做得也不好（最高分17分只得8分）。福爾曼大學較平均來得好的事實顯示大部分機構還有相當的改善空間。

即使改善機構的能源使用及運輸方式相當困難，但有標竿可以依循或是有可以互相類比的機構做為比較卻是有必要的。如同福爾曼大學施大衛永續中心農莊（Shi Center for Sustainability Cottage）的展示所；翻修或蓋新建築一直都是投資可節省能源及經費的系統的長程機會。

大部分的個人無法自行提交STARS報告，但每個人都可以做些有助於STARS評比而改善校園環境的事情。學生的環境活動可以加分，學生自治、環境課程作業、與當地社區合作等活動參與也有貢獻。而且學生團體主要在敦促學校管理階層支持節約能源、廢棄物減量、在地飲食、社區增能及其他優先事務。這些都和環境科學息息相關。

1.1 何謂環境科學？

環境科學（environmental science）是以科學方法了解人類所處的複雜系統，系統性探討人類的環境與人類在環境中的角色。

環境科學具整合性

人類居住在兩個世界，一個是由植物、動物、土壤、空氣及水所組成的自然世界，在人類出現之前已存在數十億年之久，亦身為其中的一分子；另一個世界是社會組織，是人類藉由科學、發明物及政治組織所組成的世界。

環境科學是高度跨領域的學科（圖1.1），整合生物學、化學、地球科學、地理學及許多其他領域等知識，除了應用這些知識改善世界外，環境科學家亦整合社會學、政治學與人文科學等知識。換言之，環境科學是具包容性與整合性的。環境科學是一種任務導向，其隱含著人類皆有責任去投入，且應該嘗試對人類所造成的問題盡些心力。

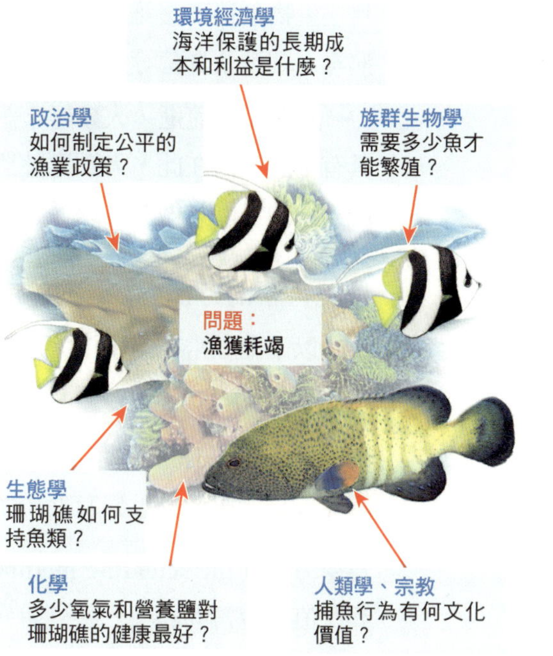

圖1.1 環境科學需要許多類型的知識。

環境科學具全球性

人類依賴來自遙遠地球彼端的資源及人力。這種交互依賴使得全球及區域環境系統更形清晰。通常，環境科學最佳的學習方式就是親眼看見環境科學原理如何在真實世界發生。對周遭世界的熟悉度有助於了解問題及其內涵。

環境科學有助於了解我們的神奇星球

人類居住在一個漂亮、豐富的星球（圖1.2）。與太陽系其他星球相較，地球溫度溫和且穩定，乾淨的空氣、清潔的水、肥沃的土地等，藉由生物與地球化學循環均可再生（詳見第2章與第3章）。

地球上豐富的生態族群令人感到不可思議。數百萬種生物分布於地球上，形成一個適合居住的環境。

圖1.2 就目前所知，人類所賴以維生的生態系統是宇宙獨一無二的。

這些生物創造了複雜且交互作用的族群，例如高聳的樹林與巨大的動物，不但需與病毒、細菌及真菌等微生物共同生活，也需要依賴它們。

隨著時光流逝，人類應牢記：雖然在地球上的生活極具挑戰且複雜，但我們何其有幸能生活在此。人類應該捫心自問：我們在自然中合適的角色是什麼？什麼是應該做的且能夠做的，以保護這支持人類生存且無可替代的星球？

環境科學的方法

以下為經常在科學中使用的方法，其反映環境科學乃基於對世界詳細且深思的觀察。

觀察（observation）：了解環境的第一個步驟是小心謹慎的觀察與評估環境因子。認識人類所居住的世界有助於了解資源來自何處及原因。

科學方法（the scientific method）：科學方法是一種提出問題、收集觀測值並解釋觀測值以解答問題等一系列有次序的方法。在日常生活中，許多人在開始調查前都先存有預期，所以需要紀律，以避免選擇的證據便於支持先前的假設。相對地，科學方法的目標是嚴格地使用統計、盲檢試驗和細心地重複試驗，避免只是純粹去確認研究者的偏見和預期。

量化推論（quantitative reasoning）：了解如何比較數字並解釋圖表，覺察其顯示出哪些重要的問題。通常指的是數值變化的解釋。

不確定性（uncertainty）：本書不斷重複的主軸是，不確定性是科學中的重要組成部分。科學乃基於觀察和可檢驗的假設，但人類無法對全宇宙進行觀測，也無法提出所有可能的問題。人類的知識是有限的。諷刺的是，了解「不知道多少」，可以提高對「已經知道」的信心。

批判性及分析性思考（critical and analytical thinking）：退一步檢查自己在想什麼，或為什麼自己這樣認為，以及為什麼有人這麼說或認為某特定的想法的做法，通常稱為批判性思考。承認不確定性是批判性思考的一部分。這是一種技能，可以在追求所有的學術中實行，也可以對人類所居住的世界之複雜性有所了解。

1.2 環境科學的主軸

了解環境科學的第一步是辨識一些主要問題，以及環境品質、環境健康的最新變化。

環境品質

氣候變遷　人類的活動大量增加「溫室氣體」（greenhouse gas）的排放。在過去 200 年，大氣中 CO_2 濃度約增加 50%。氣候變遷模型顯示，如果目前的狀況持續，預計在 2100 年時，全球的均溫將比 1990 年時高 2°C 到 6°C（圖 1.3）。相較之下，上一次冰河時期的溫度比現在低 4°C。氣候變遷已造成許多物種範圍改變及族群減少。許多地區嚴重的乾旱及熱浪增加；但其他地區水災可能增加。高山冰河及雪地消失，威脅包括美西及亞洲大部分地區等廣大區域的供水。

清潔用水　水可能是 21 世紀最嚴峻的資源。至少有 11 億人缺乏安全的飲用水，約有其 2 倍的人口無適當的衛生。受污染的水每年造成超過 1,500 萬人死亡，大部分是 5 歲以下的兒童。全球約有 40% 的人口居住在用水需求大於供給的地區；而聯合國推算，到 2025 年，3/4 的人口將處於相同的狀況。

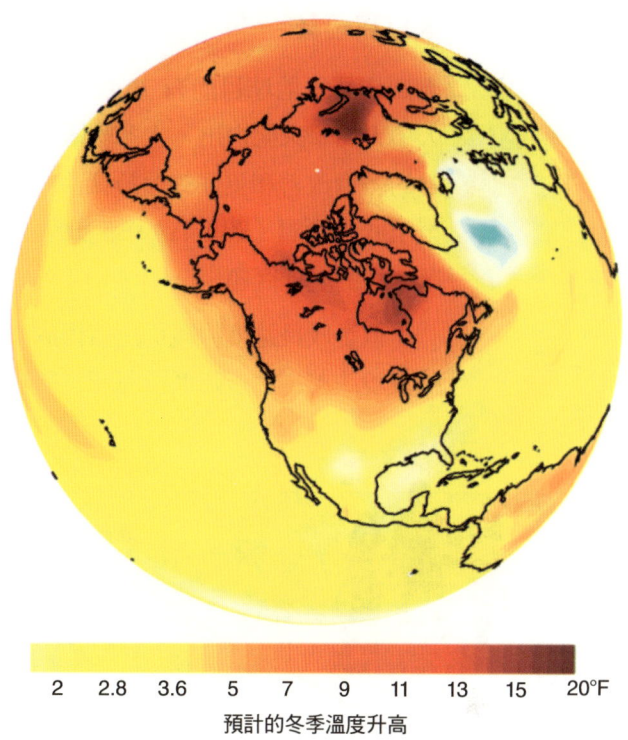

圖 1.3　氣候變遷預計將使溫度升高，尤其是北方的冬季。
資料來源：NOAA, 2010.

空氣品質　空氣品質在新興工業化地區急速惡化，尤其在中國和印度。在北京和德里，富裕的居民在空氣品質惡劣的日子讓他們的孩子待在室內，並在公寓安裝空氣過濾器。貧窮的居民則開始生病，而且許多地區的罹癌率不斷上升。空氣污染每年引發數百萬人過早死亡和許多疾病。聯合國估計全球每年釋出 20 億公噸的空氣污染物（不包括二氧化碳及風揚土壤）。即使遠離產生源，空氣污染仍是問題。汞、多氯聯苯、DDT 及其他持久性污染物，從工業地區向南傳送數千公里，累積在極區及原生地區。在特定的時間，在美國西岸被記錄到的這些煙霾及粒狀污染，有 75% 源自亞洲。好消息是，在中國、印度和其他同樣承受不良空氣品質痛苦的國家，其環境科學家都充分認識到，歐洲和美國在幾十年前已面對致命的空氣污染。人們知道，實施污染控制政策，並融合更新、更安全、效率更高的技術將可糾正這個問題。

人口和福祉

人口成長 地球目前有 70 幾億人，大約是 40 年前的兩倍，且每年增加約 8 千萬人。人口學家已提出，大多數國家都出現人口成長速度變慢的轉變：主要是因為女性的教育改善和更好的醫療衛生。但以目前的趨勢，到 2050 年推計的人口仍達 80 至 100 億之間（圖 1.4a）。眾多的人口對自然資源和生態系統的影響也強烈地影響著許多的其他問題。

但是成長速度放緩仍是值得欣慰的。世界很多地方，更好的醫療衛生和更清潔的環境改善壽命並降低嬰兒死亡率。社會穩定使得家庭所生的孩子較少但較健康。

人口在大多數工業化國家，甚至在一些已經建立社會安全、教育及民主的極貧窮國家，都已趨於穩定。自 1960 年以來，全球每名婦女平均生育的孩童數已經從 5 降到 2.45（圖 1.4b）。聯合國人口部門推計，2050 年時，大多數國家生育率將達到低於替代水準（below-replacement）的 2.1 名小孩。如果發生這種情況，世界人口將穩定在 89 億，而不是先前預測的 93 億。

特別是大多數國家可以廣泛取得疫苗和安全供水，嬰兒死亡率已經下降。天花已被徹底根除，脊髓灰質炎僅在少數國家肆虐，而平均壽命則倍增（圖 1.5a）。

飢荒與糧食 在過去一世紀，全球糧食生產增加速度比人類人口成長快速。目前糧食生產量是存活所需糧食量的 1.5 倍，全球蛋白質消耗量也都增加。在大多數國家，體重相關的疾病遠較飢餓相關的疾病盛行。雖然 1990 年代世界人口增加將近 10 億，但此時期面臨糧食不安全及長期飢荒的人數實際上減少約 4000 萬。

儘管糧食富足，因為糧食資源分配不公平，飢荒仍是全球問題。同時，土壤學家指出全球耕地的 2/3 嚴重退化。目前生產大多數穀物相關的生物技術及密集性農耕

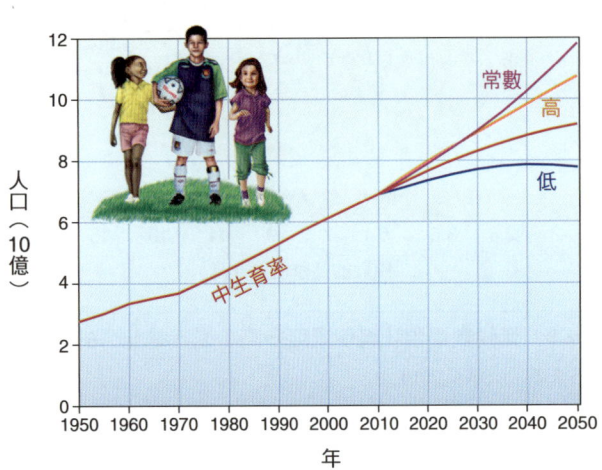

(a) 可能的人口趨勢

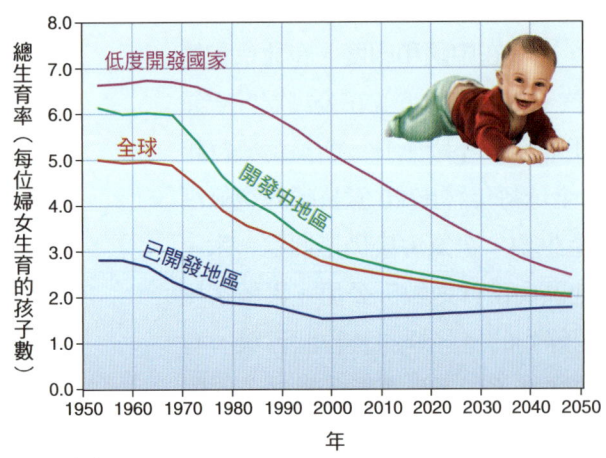

(b) 生育率

圖 1.4 壞消息和好消息：全球人口持續攀升，但成長率已大幅下降。有些國家生育率已達低於替代水準（below-replacement）的 2 名小孩。

資料來源：United Nations Population Program, 2011.

技術，對貧農而言亦太過昂貴。是否有生產足夠糧食卻可不致環境退化的方式？糧食分配是否能更公平？在糧食過剩的世界，目前有 8 億 5,000 萬人處於長期營養不足；有 6,000 萬人因氣候、政治及戰爭而處於糧食短缺（圖 1.5b）。

資訊及教育　新觀念、科技、策略可改善許多環境問題，因此開拓知識可產生進步。資訊傳遞速度的增加使分享觀念的機會亦增加。同時，許多地區的教育也獲得改善（圖 1.5c）。在網際網路中迅速交換的資訊也讓環境問題的全球覺知快速提升變得更容易，例如歷史上未獲注意及未受阻礙的伐林。教育普及的改善有助於全球許多人口脫離貧窮及弱勢的輪迴。開拓女性教育是降低全球出生率的重要驅動力。

自然資源

生物多樣性喪失　生物學家指出，棲地破壞、過度捕獵、污染及引進外來種，正以可與終結恐龍時代的大滅絕相提並論的速度消滅物種。聯合國環境規劃署的報告指出，過去一世紀，800 種以上的物種消失，1 萬種瀕危，包括將近半數的靈長類與淡水魚類，以及約 10% 的植物。高級捕食者，包括幾乎全部的虎類，特別稀少且瀕危。英國在 2004 年的全國調查發現，大多數的鳥類及蝴蝶族群在過去 20 年間減少 50% 到 75%。在引進農耕之前原本存在的林地被砍伐一半以上，保護許多生物多樣性的原始林被快速砍伐，以獲取原木、開採石油，或做為大豆、棕櫚油等全球商品貿易的農作物生產。

森林及自然保護區的保育　儘管開發持續進行，許多地區的伐林率已趨緩。居全球伐林率之冠達數十年的巴西，伐林率已顯著降低。自然保育區在過去數十年已顯著增加。生態區及棲地保護仍然不均，部分地區只在文件中保護。然而，這些仍是生物多樣性保護的極大進步。

海洋資源　對許多人而言，海洋是不可取代的食物來源。開發中國家有超過 10 億的人口皆依賴海產做為動物性蛋白的主要來源，但全球大部分商業漁場已嚴重耗竭。根據世界資源研究所的調查，441 個有資料的漁場中，3/4 以上已嚴重衰退或需要更好的管理。藍鰭鮪（黑鮪魚）、旗魚、槍魚、鯊魚、鱈魚、大比目魚等大型的海洋捕食者已消失 90%。雖然過度捕撈仍然持續，許多國家已開始意識到問題並尋求解答。海洋保護區及漁場監測的改善提供永續管理的機會（圖 1.5d）。保護護漁場所的策略對維持海洋系統及賴其維生的人類而言是整體性的新做法。加州、夏威夷、紐西蘭、英國及其他許多地區皆已建立海洋保護區。

能源　如何獲得並使用能源將大大影響未來的環境。在工業化國家，化石燃料提供約 80% 的能源需求。開採及燃燒這些燃料的成本是最嚴峻的環境挑戰之一。成本包括水污染、空氣污染、開採破壞、暴力衝突，另外還有氣候變遷。在此同時，改

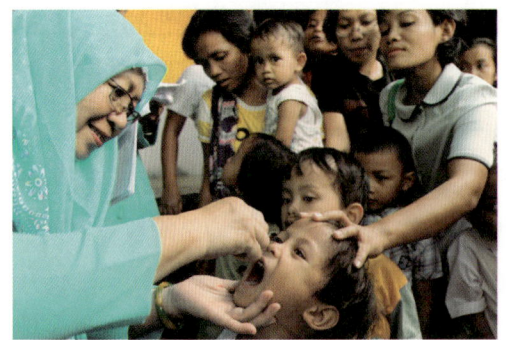
(a) 醫療照護

(c) 教育

(b) 飢荒

圖 1.5　人類的福祉在某些方面已經改善，在某些方面仍阻滯且困難。(a) 醫療照護在許多地區已獲得改善。(b) 約 8 億人缺乏足夠的營養，飢荒持續，特別是在武裝衝突的地區。(c) 接受教育的機會正在改善，特別是女性。(d) 在某些地方，在地的漁業資源管制正在改善糧食安全。

(d) 資源的永續使用

善替代能源及更高的效率是降低對化石燃料依賴的開始。太陽能源的成本驟跌，隨著時間的推移，許多地區的太陽能與傳統電力的成本已相同。目前太陽能及風能的設置比核能及新型燃煤電廠的設置更加低廉、簡易、迅速。

1.3　環境科學的人文角色

傑出的保育學家李奧波（Aldo Leopold）觀察到，保育最大的挑戰不是管理資源，而是管理人及人對資源的需求。如同森林學家知道如何種樹，但不知如何使開發中國家的人民自行管理林地；工程師知道如何控制污染，但不知如何說服工廠設

置必需的設備;都市計畫師知道如何設計都市,但不知如何使人人都住得起。這些問題都是引導我們了解環境科學中人文角色的關鍵觀念。

如何描述資源使用及保育

自然世界提供資源,一些有限,一些會常態更新(詳見第 14 章)。通常,可再生資源會因為過度開發而耗竭。當考量資源消耗時,一個重要的觀念是**通量(throughput)**,亦即使用並廢棄資源的量。家庭使用的資源愈多,廢棄的東西也愈多;相反地,家庭使用的資源愈少,廢棄的東西也愈少(詳見第 2 章)。

另一個重要觀念是**生態系統服務(ecosystem services)**,指的是由環境系統提供的服務和資源(圖 1.6)。提供(provisioning)資源是所需的最明顯服務。支持(supporting)服務較不明顯,包括淨化水、生產糧食及氧氣、分解廢棄物等。調節(regulating)服務包括維持適合生命生長的溫度,以及捕捉二氧化碳維持大氣組成穩定。文化(cultural)服務包括休閒、美學及其他非物質的益處。人類通常賴以生存但未曾想過這些服務。這些服務以一些方式支持經濟活動,但人類未曾支付費用,因為自然未曾要求人類付費。

資源是否足夠供應全體人類?生態學家哈登(Garret Hardin)在 1968 年於《科

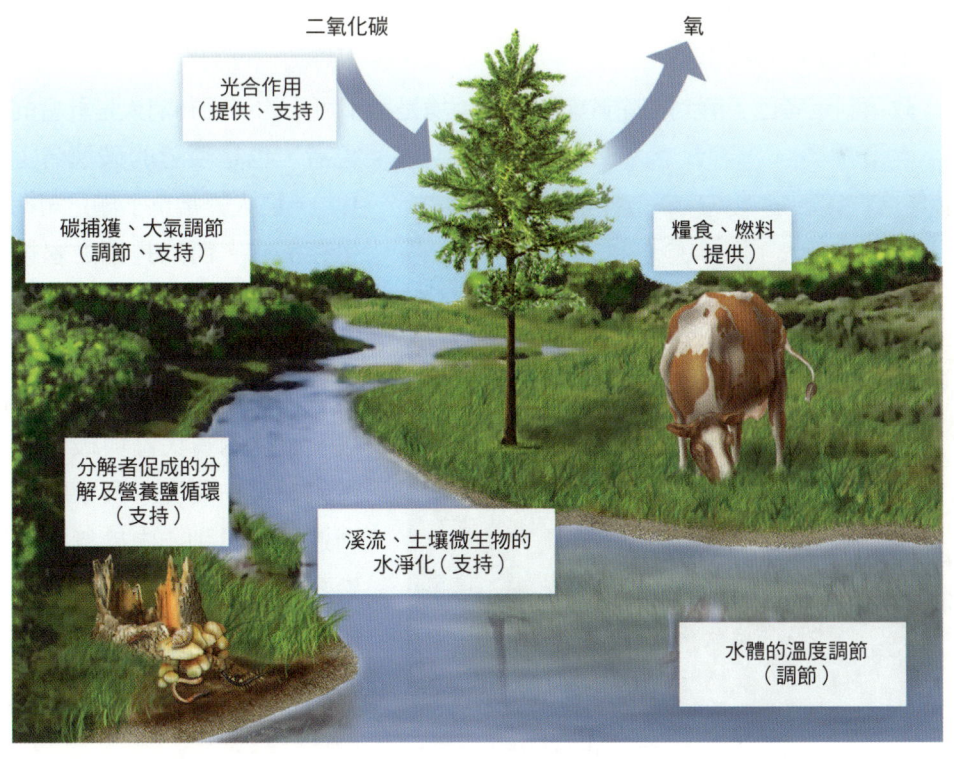

圖 **1.6** 人類所賴以維生的生態系統服務難以計數,且往往是肉眼看不見的。

學》(*Science*)期刊發表的文章〈共同的悲劇〉(Tragedy of the Commons)中,對此基本問題給出答案。在此經典問題的架構中,哈登主張人口成長會導致過度使用資源,接著破壞共同資源。此經典文章激發許多人探討關於資源管理的替代性觀念。在許多案例中,明文規定管理及監測某種資源,可確保該資源受到保護。另一項策略是指定生態服務的價格,強迫企業及經濟體為傷害生命支持系統負責(詳見第15章)。永續發展的觀念則是另一個答案。

永續性即代表環境和社會進步

永續性(sustainability)是核心主題,旨在尋求生態系統的穩定,並維持人類長久的進步。當然,不論是生態系統或人類體系均無法永遠持續存在,然而人類能努力去保護這兩個系統處於最佳狀態,並鼓勵這兩個系統互相包容與接受。世界衛生組織祕書長布倫特蘭夫人(Gro Harlem Brundtland)定義**永續發展**(sustainable development)為「滿足現在的需求而不會影響到後代子孫滿足其需求的能力」。在這些名詞中,「發展」代表改善人們的生活,而「永續發展」之意義為,能持續增進人們的生活至世世代代,而非僅是短短的幾年。真正持久貫徹,永續發展的效益是屬於全體人類,而非只屬於特定族群。

1992年聯合國於巴西里約熱內盧舉辦地球高峰會後,此觀念便被廣為宣傳。里約高峰會集結各種團體,有助於了解共同的需求,並強迫富有國家承認貧窮人口也有權過健康舒適的生活。

政策制定者已了解到消除貧窮與保護環境是密不可分的,因為窮人是社會的受害者,也是環境的破壞者(圖1.7)。窮人經常為了滿足短期的生存需求,而以長期之永續性為代價。因渴望擁有農地以養活自己及家人,許多人向原始森林遷移;其他人則遷移到髒亂、擁擠的貧民區與破舊的小市集,這在開發中國家的城市周遭均可見到。由於無法處置廢棄物,他們經常污染環境,造成空氣污染與洗滌及飲用水的污染。貧窮、疾病與有限的機會自成體系,代代相傳。

圖 1.7 在貧窮地區,生存可能意味著剝削已經不能再剝削的資源。幫助貧窮人口不僅是因為人道的關係,更是因為要保護我們共有的環境。

富足是目標和責任

經濟成長帶來更好的生活與便利，但社會學家也指出，造成貧窮及環境退化的主要原因之一就是富有國家消費不成比例的資源，且產生大量的廢棄物。例如占全球總人口不到 5% 的美國，卻消耗 1/4 的商業貿易物資，且產生 1/4 至 1/2 的工業廢棄物。當全球其他人追求相同的生活品質時，將會為地球帶來何種影響？

富人和窮人生活在何處？

以全球尺度而言，財富的分配不平均。全世界最富有的 200 人，其總資產超過全世界 35 億貧窮人口的總資產，而貧窮人口占了全世界一半的人口數。年平均所得最高（超過 40,000 美元）的幾個國家，只占全球人口的 10%。大部分的國家位於西歐、北美（2010 年美國年平均收入為 48,000 美元），而日本、新加坡、澳洲與阿拉伯聯合大公國亦名列其中（圖 1.8）。

全球超過 70% 的人口——約 50 億——居住在年平均所得低於 5,000 美元的國家。中國與印度是其中人口最多的國家，人口數合計超過 25 億。每日所得低於 2.5 美元的最貧窮 50 個國家，有 33 個位於撒哈拉沙漠以南的非洲地區。早期殖民地主義破壞與剝削的影響仍持續。貧窮國家與富有國家的鴻溝影響生活品質指標（表 1.1）。

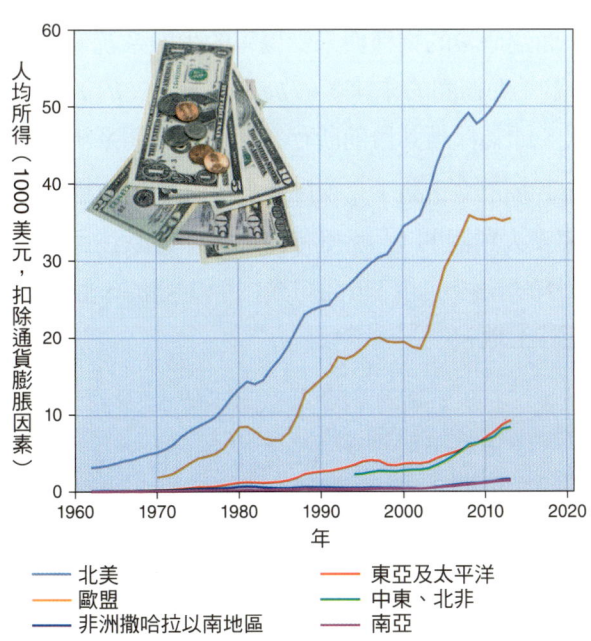

圖 1.8　不同地區的人均所得（2015 年／美元）。總所得已攀升，但富國與窮國之間的差距急遽增加。

資料來源：World Bank 2015.

表 1.1　生活品質指標

指標	低度開發國家	高度開發國家
GDP/每人[1]	1,671 美元	35,768 美元
貧窮指數[2]	78.1%	~0
預期壽命	58 年	80 年
成人識字能力	58%	99%
女性中等教育	11%	95%
總生育數[3]	4.8	1.8
嬰兒死亡率[4]	120	5
衛生改善	23%	100%
安全飲用水	61%	100%
CO_2/人[5]	0.2 公噸	13 公噸

[1] 年國民生產毛額（annual gross domestic product）
[2] 每天生活低於 2 美元的百分比
[3] 每名婦女平均生育孩童數
[4] 每 1,000 個出生嬰兒
[5] 公噸／年／人

資料來源：UNDP Human Development Index, 2011, http://hdr.undp.org/en/statistics/.

原住民守護生物多樣性

不論在富有或貧窮國家，**原住民（indigenous people）** 一般均是最弱勢且最易被忽略的族群。全世界接近6,000種被認定的文化中，有5,000種是來自於僅占總人口數10%的原住民族群。在許多國家中，傳統的階級系統、帶有歧視的法律、經濟或偏見壓制著原住民，他們獨特的文化正逐漸消失中，就像自然的生物多樣性被破壞，以滿足工業化世界對資源的需求一般，傳統的生活方式已被席捲全球的西方文化所瓦解。

全世界6,000種不同語言中，至少有一半正逐漸消失，因為它們不再被傳授給下一代。當目前僅存少數會說這些語言的人死亡後，其文化也將消失。隨著這些文化所遺失的將是對自然、對環境敏銳了解之生活方式等豐富的知識（圖1.9）。

圖 1.9 原住民文化對環境有獨特且重要的傳統知識。

雖然如此，仍有5億原住民留在其傳統的家鄉，以特有價值的生態智慧，做為原始區域守護者，以保護這些稀有、面臨危險的物種與未受傷害的生態系統。生態學家威爾森（E. O. Wilson）在其著作《生物圈的未來》（*The Future of Life*）中提到，保護物種最便宜且最有效的方式，即為保護其目前所存在的自然生態系統。

認清原始土地的權利與倡導政治上多元文化論，是保障生態系統與瀕臨絕種物種的最佳方法。如同巴拿馬庫納印第安人所說的：「哪裡有森林，即有原住民；哪裡有原住民，那裡就有森林。」少部分的國家，如巴布亞紐幾內亞、斐濟、厄瓜多爾、加拿大與澳洲均認同原住民擴充其土地。

1.4 科學有助於了解環境

科學（science，從拉丁語 *scire* 而來，具有「了解」之意）是一種產生知識的過程，依靠對自然現象精準的觀察，架構合理的理論以解釋這些觀察到的現象。科學所依據的假設是這個世界是可知的，藉由詳細的實證研究與邏輯分析，人類能了解學習到其中的道理。由於科學能提供物質與機制的資訊，其有助於發現許多問題的有效答案（表1.2，見p.16）。

科學探索

如何得知人口及貧窮的狀態？

如果要了解全球問題的變化，可利用資料庫。這些資料庫通常由政府單位提供，例如美國人口調查（www.census.gov）、美國農業調查（http://www.agcensus.usda.gov）；或是由一些組織提供，例如聯合國糧食及農業組織（http://faostat.fao.org/default.aspx）或是世界銀行（http://www.worldbank.org/）。

一般而言，調查單位會儘可能與更多的個體接觸，並會詢問標準化的問題，再將答案輸入資料庫。國際組織，例如聯合國，無法接觸世界上全部的人，但可調查政府資料庫。然而並非每一個國家都有能力或意願進行調查，因此有時候國際組織的資料會顯示「無資料」。這些資料可以計算平均值、最大最小值、變化值等。新聞媒體也使用這些數據。大部分的調查單位會整理出重要的發現。

以下是一些解讀人類發展指數（Human Development Index, HDI）地圖（圖1）的步驟：

1. 找出數據特別高與特別低的區域（例如藍色與紅色區域）。
2. 在圖例中，找出高低區域的差異值。
3. 找一個熟悉的區域，並思考其有此數據的原因。
4. 找出數值相對性高的區域，並解釋差異的原因。

類似這樣的數據提供大範圍的觀點，來看跨越空間或時間的飢荒、貧窮、教育或健康等議題。

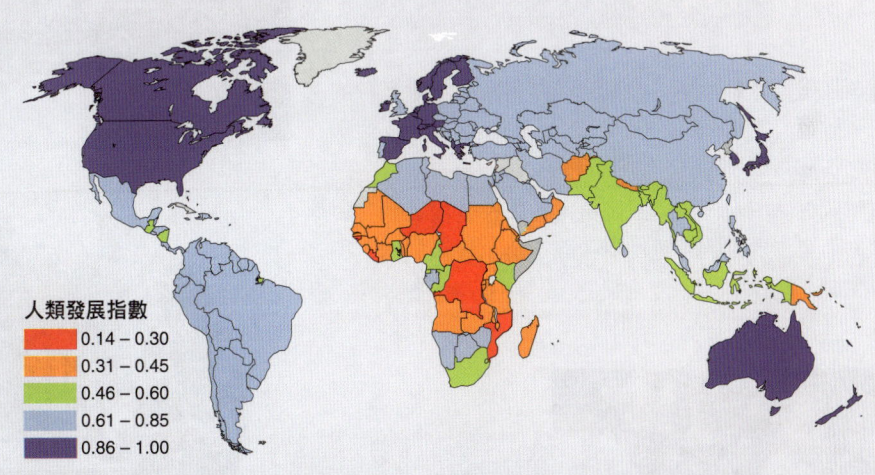

圖 1 人類發展指數之類的統計有助於比較不同地方的生活品質。
資料來源：World Bank 2011

關鍵概念

永續發展

這是什麼意思？環境科學需要做些什麼？

永續發展是一個目標。其目的是為了滿足現代人的需求又不損害後代的資源與環境系統。在此方面，「發展」一詞是指改善醫療保健、教育及其他必要條件以獲得健康和良好品質的生活，尤其是極端貧窮的地區。符合人民目前的需求，同時也為後代子孫保護資源，是嚴峻的挑戰，也是個好觀念。

哪些部分是可以實現的，以及如何實現？ 在一般情況下，發展指的是合理的經濟增長，支持更好的教育、住宅和醫療保健。通常發展涉及加速開採自然資源，如更多的礦業、林業，或將森林和溼地變更為農田。有時，發展涉及更有效地利用資源或促進不依賴資源開採的經濟，如教育、醫療或以知識為本的經濟活動。

有些資源可以增加，例如造林、魚類復育場或土壤資源管理，可以利用資源但不會讓後代資源枯竭。

根據聯合國 21 世紀發展議程（Agenda 21），永續發展需要十個關鍵因素。

KC 1.1

KC 1.2

1. **消除貧窮**是核心目標，因為貧窮降低獲得醫療保健、教育和其他發展的必需條件。

2. **減少資源消耗**是全球性考量，但富裕地區與世界上大多數的消費有關。例如，美國和歐洲的人口占全球 15% 以下，但卻消耗全球半數的金屬、食物、能源和其他資源。

3. **人口成長**導致更多的資源需求，因為所有人都需要資源。對國家及家庭而言，更好的家庭計畫，是正義、資源供應、穩定經濟和社會的事情。

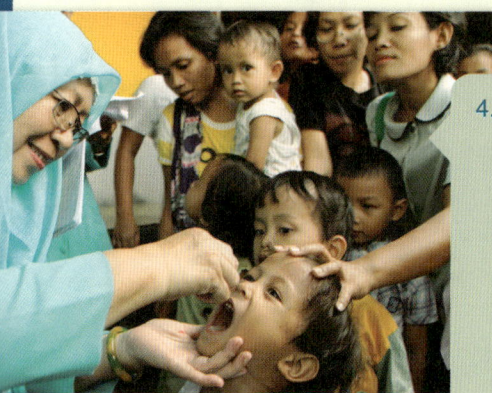
KC 1.3

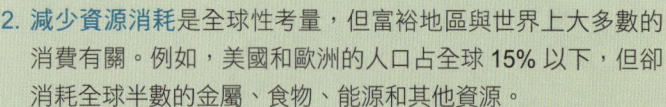
KC 1.4

4. **醫療照護**對良好生活而言是不可或缺的，特別是兒童和母親。低度開發地區，可能導致疾病、事故、呼吸消化障礙以及其他狀況。沒有健康，經濟安全有所風險，而且貧窮會代代相傳。

5. **永續城市**是關鍵，因為半數以上的人類目前居住在城市。永續發展可確保城市為健康的居所，並且對環境的衝擊最小。

環境科學是永續發展的關鍵，因為其有助於了解環境系統如何運作、如何惡化，以及哪些因子有助於復原。無論在國內外，藉由更好的政策、資源保護和規劃，研究環境科學將有益於人類發展和環境品質。

KC 1.7

6. **環境政策**必須引導地方和中央政府的決策，以確保環境品質在受到破壞前得到保護，並明文規定資源的使用。

7. **保護大氣**主要可減少氣候變遷，並可使空氣污染對人、植物和基礎設施的影響最小。

KC 1.8

8. **遏止森林砍伐和保護生物多樣性**息息相關，因為世界多數的生物多樣性在森林中。人類也依賴森林保護水源、調節氣候，以及糧食、木材、藥材和建材等資源。其他生物多樣性的關鍵地區包括珊瑚礁、溼地和海岸地區。

9. **防治沙漠化和乾旱**可挽救耕地、生態系和生命，其需藉由較佳的水資源管理。移除植被和土壤流失往往會使乾旱更嚴重，降雨較少持續幾年會將景觀轉變如沙漠般的情況。

10. **農業和農村發展**影響到近全世界半數非城市居民的生活。改善農村數十億居民的狀況，包括更永續的農耕系統、有助於穩定產量的土壤管理與獲得土地，對於降低城市貧民窟人口將有所助益。

KC 1.6

KC 1.5

1992 年在巴西里約熱內盧舉辦的聯合國環境與發展會議（地球高峰會）提出的 21 世紀議程中，描述此十項觀念。此文件提出資源管理和公平發展的優先次序，且被稱為 21 世紀議程，是發展指導原則的聲明。此文件無法律效力，但它確實代表 200 多個參加 1992 年會議的國家的原則協議。

請解釋：

1. 環境品質與健康之間的關係為何？
2. 為什麼富裕國家的人民需考慮永續發展的議題？
3. 仔細觀察中間的照片。何種健康風險會影響照片中的人們？相較於你鄰近的地區，你認為此處的物質耗費速率為何？為什麼？

15

表 1.2　科學基本原理

1. 經驗主義（empiricism）：藉由仔細觀察經驗（真實、可觀察的）現象，可以學習這世界；期待藉由觀察了解基本程序及自然法則。
2. 均變主義（uniformitarianism）：跨越不同的時空，基本的型態及程序都是均勻的，現在正在作用的力，和在以前形成的世界的那些力是一樣的，且其在未來仍持續如此進行。
3. 簡約理論（parsimony）：當兩種可行的解釋都是合理的時候，應該選擇較簡單（較簡約）的。此規則為著名的奧坎剃刀（Ockham's razor），奧坎為首先提出此規則的英國哲學家。
4. 不確定性（uncertainty）：當新證據出現時，知識跟著改變，而且解釋（理論）隨著新證據而改變。依據目前證據的理論必須在新的證據上再次驗證，藉由了解新數據，可能推翻最好的理論。
5. 重複性（repeatability）：測試及實驗必須可重複；如果相同的結果無法再現，那麼結論可能錯誤。
6. 證明難以定義（proof is elusive）：人們很少期待科學提供「理論是對的」的絕對證明，因為新證據總是不斷推翻目前的理論。即使是現代生物學、生態學及其他科學基石的進化論，仍然是「理論」，因為無法絕對證明其運作。
7. 可測試的問題（testable questions）：為了找出理論是否正確，必須要加以測試；必須謹慎建構可測試的陳述（假說）以測試理論。

科學家思考的重要價值在於，其能減少依賴主觀情感的反應與未經檢驗的假設。在中世紀，農作物成長或疾病傳播等知識是源自宗教權威或文化傳統，這些來源可能提供一些有用的觀點，但無法檢視其獨立與客觀性。由於習俗、政治與神學等因素，這些說法永遠是對的，而科學思考的優點在於探討可經檢驗的事件。

科學依據懷疑論與再現性

理想上，科學家是具懷疑特質的，在未見到明確證明之前，不會接受提出的理論，甚至認為每種理論解釋的真實性都只是暫時的，因為有可能出現其他證明來反駁此理論。科學家嘗試保有組織、嚴密與不具偏見的態度，然而因為偏見與系統性的誤差難以避免，因此科學家檢驗的結果必須由其他專業同儕加以檢視，以評估其結果與結論（圖 1.10）。

因為科學家們對於接受結論非常謹慎，所以需要**再現性（reproducibility）**。僅進行一次的觀察或特定結果並無價值，你必須一致地製造出相同的結果，以確定第一次的結果絕非偶然。更重要的是，你應該詳細充分

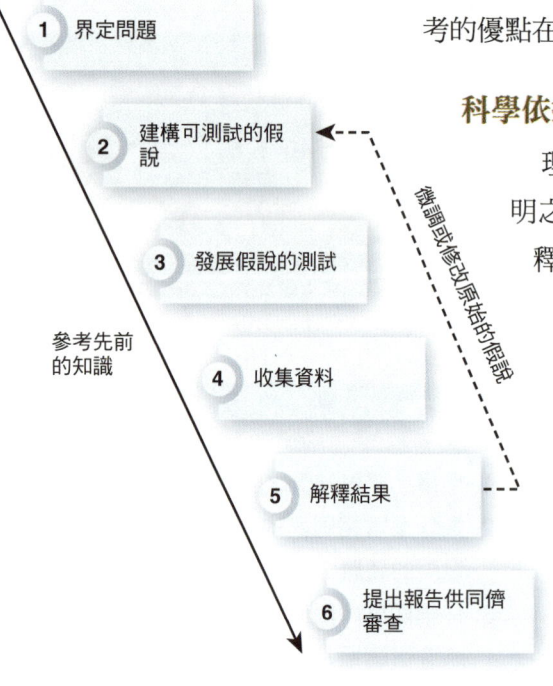

1. 界定問題
2. 建構可測試的假說
3. 發展假說的測試
4. 收集資料
5. 解釋結果
6. 提出報告供同儕審查

參考先前的知識　　儲藏或修改原始的假設

圖 1.10　理想上，科學性的觀察遵循一系列邏輯、有順序的步驟以建構並測試假說。

地描述你的研究條件,這樣其他人才能再現此結果。重複研究或測試稱為**重複性**(**replication**)。

演繹論與歸納論的使用

理想上,科學從熟知的真實定律中演繹結果。例如,如果知道有質量的物體會互相吸引(因為重力),那麼可以得知當蘋果離開樹枝時會掉落地面。這種由一般性至特殊性的邏輯推理,稱為**演繹論**(**deductive reasoning**)。然而,人們通常並不知道控制自然的一般規則。例如,發現鳥類每年定期遷徙,經由在不同地點的重複觀察,可以指出鳥類從某處飛往何處,於是可以發展鳥類季節性遷徙的規則。從許多觀察產生通則的推理,稱為**歸納論**(**inductive reasoning**)。雖然演繹論較具邏輯深度,但只有在通則正確時才能成立,所以通常還是靠歸納論了解世界,因為不變的定律不多。

有時候,引領人們找到答案的,是眼光而不是推理。許多人忽略研究中的洞察力、創造力及藝術性。一些重大發現並不是因為先進的科學方法或目的超然,而是來自於科學家對研究題目的熱情。

科學方法是有次序檢視問題的方式

你可能已經使用了科學技巧而不自知。假設手電筒壞了,可能是電池、燈泡或開關有問題,或是全部一起出問題。要如何分辨這些可能性呢?如果一次全部換掉所有的組件,手電筒可能會好,但還是不知道哪個部分壞掉。你可以遵循標準的科學步驟測試這些組件:

1. 觀察到手電筒不會亮;而且,手電筒系統有三個主要組件(電池、燈泡、開關)。
2. 提出**假說**(**hypothesis**),也就是可以進行測試的解釋:「手電筒不會亮是因為電池沒電。」
3. 提出假說的測試,並且預測當假說正確時的可能結果:「如果更換新電池,手電筒應該可以使用。」
4. 從測試中收集資料:在更換新電池之後,手電筒可以使用嗎?
5. 解釋結果:如果手電筒可以使用,表示假說是對的;如果不可以,提出另一個新的假說,例如,燈泡燒掉了,並且提出新假說的測試。

邏輯上,你能證明由歸納論所得的假說是錯誤的,但你幾乎永遠無法證明它絕對正確。哲學家維根斯坦(Ludwig Wittgenstein)以下例說明此原理:假設你看過數百隻天鵝,而且這些天鵝都是白色的,你可能會假設所有的天鵝都是白色的。你可以藉由檢視上千隻天鵝來驗證你的假說,而這些觀察可能都能支持你的假說,但

你無法完全確定這是正確的。然而從另一方面來說，只要你看到一隻黑天鵝，你將可以確定你的假說是錯誤的。因此，不論收集到多少證明，你永遠無法絕對確信它是正確的。

當大量的測試均支持某一論點，而且此領域的大部分專家均達到共識，認為這是最佳的論點或敘述時，稱此為**科學理論（scientific theory）**。注意，科學家使用此名詞與一般大眾是非常不同的。對大多數人而言，理論是一種推測，而且未被事實所支持；但對科學家而言，其意義恰好相反：所有的解釋都是暫時性，而且是可修改的；然而科學理論是一種受到大多數資料與經驗所支持、至少到目前為止在科學群體中被廣泛接受的。

了解機率有助於降低不確定性

在面對不確定性時，改善信賴度的策略之一是機率。**機率（probability）**是某件事可能發生程度的量度。通常機率的估計是根據先前多次的觀察，或是根據標準的統計量測。機率不會顯示什麼「會」（will）發生，但會顯示什麼「可能」（likely）發生。有時候機率會受到環境的不同而有權重的差別，例如，當班上同學有人感冒時，你感冒的機率也會隨之增加。機率是隨機概念與環境權重的組合。統計有助於實驗設計及解釋數據。許多統計測驗主要在計算觀測結果發生的機率。通常信賴區間是依據樣本的大小及群組之間的變異而定。

實驗設計能降低偏差

觀察性實驗一般分為兩類。一類是藉由觀察自然事件並解釋變數之間的因果關係。這種研究也稱為**自然實驗（natural experiment）**，也就是已發生事件的觀察。許多研究倚靠自然實驗，例如，地質學家想研究造山運動，生態學家想研究物種如何演化，但兩種情況都不允許科學家耗費百萬年觀察。其他科學家採用**操作實驗（manipulative experiment）**，條件可刻意改變，而其他變數維持常數。大部分的操作實驗都在條件可仔細控制的實驗室中完成，也稱為**控制研究（controlled study）**。

一般會分實驗組與控制組。通常，實驗中會有實驗人員誤差的風險，因為實驗人員知道實驗組或控制組的樣本，而有不同的觀察結果。為了避免這類誤差，可以採用**單盲實驗（blind experiment）**，也就是研究人員不知道哪一組是實驗組，直到實驗結果分析結束後才知道。在醫療研究中，例如測試新藥，甚至會採用**雙盲實驗（double-blind experiment）**，也就是受測對象（服用真藥或偽藥者）及研究人員都不知道誰是控制組、誰是實驗組。在這些實驗中，有一個**因變數（dependent variable）**，也有一個或一個以上的**自變數（independent variable）**。因變數（或稱為反應變數）會受到自變數的影響。以圖形表示時，因變數標示於縱軸（Y軸）。

科學 探索

以統計了解永續發展

永續發展十分重要，但如何評估？基本上是採用統計。將複雜問題精煉成一些數字，可以了解群體、比較不同群體，並了解隨著時間所產生的變化。了解貧窮問題的關鍵統計是人類發展指數（Human Development Index, HDI），是結合收入、教育、健康照護及其他量測等評分的一種國家級量測。

例如印度有大量人口，但貧窮問題仍糾纏不已。從聯合國開發計畫署（United Nations Development Programme, UNDP）的網站中可搜尋得印度的 HDI 是 0.59，而 HDI 的評分是介於 0 至 1 之間。

求得資料群組中的中心及分布 如果沒有背景資訊，許多統計數據會喪失意義。想要了解 HDI 值 0.59 代表的意義，可以與其他國家比較。一開始，可以比較印度與群組中點的 HDI 值。一般而言，中點值是平均值（mean 或 average）：將 182 個有評分國家的 HDI 值加總，然後除以國家的總數（182）。結果顯示 182 個國家的平均值是 0.69。最後的結果是，在發展方面，印度較平均稍低。

圖形比數字容易了解，例如，**柱狀圖（histogram）**顯示資料群組的分布情形。製作柱狀圖，須先設定資料群組的間距，例如 0.3 至 0.4、0.4 至 0.5 等。接著，計算落在每個間距內的國家數。圖 1 顯示分布的結果。

畫出變數間的關係 因飲用水受污染而死亡的兒童人數與 HDI 之間的相關性如何？UNDP 保留 5 歲以下兒童每年因飲用水不安全而死亡的資料。可利用散布圖來顯示

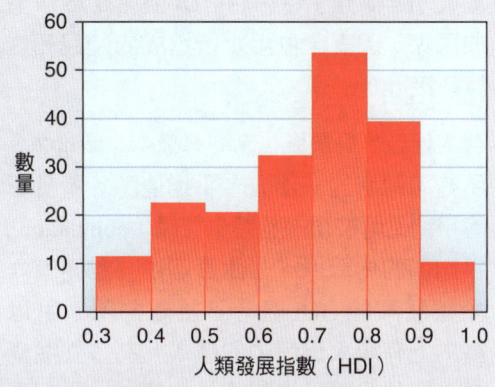

圖 1 柱狀圖顯示分布情形。

此變數與 HDI 之間的關係（圖 2），每個點代表一個國家。

此散布圖顯示從左到右逐漸下降的模式。仔細觀察軸的標記：當 HDI（橫軸）增加時，死亡人數（縱軸）通常會降低。此為**負相關（negative relationship）**。直線顯示資料中大致的趨勢。

然而，點與直線擬合並不緊密。HDI 值低的國家，約 0.3 到 0.5，幼兒死亡人數

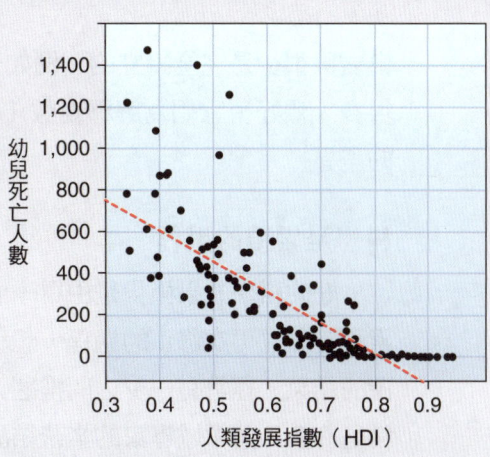

圖 2 散布圖（scatter plot）顯示兩者的關係。

的範圍廣泛，約從 400 到 1400。很明顯地，部分國家在管制風險因子上較其他國家成功。而幾乎每一個 HDI 值在 0.75 以上的國家，因安全飲用水所造成的幼兒死亡數都接近 0。

誤差線改善信賴度　當計算樣本（sample，所有可觀測的一部分）平均值時，所計算的平均值可被視為整體母群體（population）平均值的估算值。在此實例中，我們有大多數國家的 HDI 值，但並非全部。所以基本上有較大母體中的樣本。為了對從樣本中概估母體平均值產生信賴性，最好是對真實（或整體）母體平均值估算可能（likely）的範圍值。其中一個方式是標準誤差線（standard error bar），其利用樣本大小（觀測值的多少）及資料的變化（大部分相似？或是差異大？）計算母體平均數的可能範圍。

在比較不同群組時，這相當重要，例如探討富裕度與環境破壞之間的關係。試著比較平均二氧化碳排放並觀察是否高

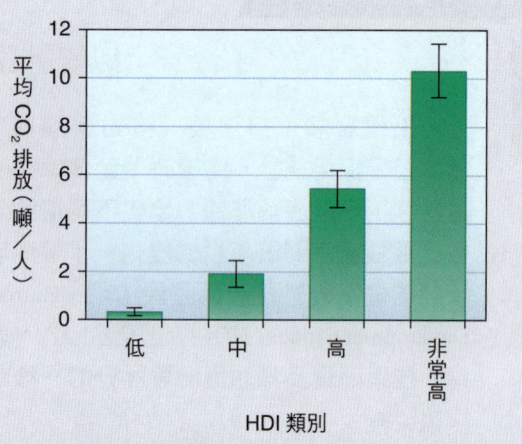

圖 3　標準誤差線顯示群體是否有顯著差異。

HDI 國家也傾向有較高的二氧化碳排放。圖 3 顯示，高 HDI 國家不只平均值較高，而且標準誤差線（平均值的可能範圍值）不會重疊。可以有信心地說，這些群組在氣候影響上真的不同。

統計提供受到關切的問題的內涵。如同任何知識的來源，統計通常只是敘述中的一部分，但統計可提供受關切問題的信賴性。

自變數很少是完全獨立的（例如，它們可能像因變數一樣受到同樣的環境影響），很多人偏好稱它們為**解釋變數（explanatory variable）**，因為期待其能解釋因變數的差異。

科學是累積的過程

好的科學成果極少是由單一個人獨立研究，相反地，應是由一群科學家合作、累積經驗並再次修正的過程，想法與資訊經過自由地交換、討論、驗證並求得最正確的結果。經常有一夕之間推翻人們認知的重大突破或戲劇性發現被提出，但這通常是許多不同領域專家的辛苦結晶。觀念及資訊被交換、辯論、測試及再測試，而達成**科學共識（scientific consensus）**。

對某主題參與不夠深入的人而言，眾多的矛盾結果常令人困惑，所以科學共識

相當重要。有時候，新觀念的發表將造成主流科學共識的轉移（圖1.11）。

自1960年代開始，科學史學家孔恩（Thomas Kuhn, 1967）所命名的**典範轉移（paradigm shift）**的觀念已逐漸受到重視。根據孔恩的解釋，典範（paradigm）是指全世界共通的想法或模式，可用以引導解釋相關的事物。200年前，諾亞（Noah）洪水理論為全世界共同接受的模式，地理上的痕跡可利用洪水理論及其影響加以解釋；時至今日，地理學家以地殼板塊方式來解釋歷史，指出板塊已經在數十億年間被重複排列；生物地理學與生態學家亦對相同的物理痕跡有著完全不同的解釋（例如化石分布在不同的大陸上）。科學上的共識是相當重要的，因其引導所提問題的方向。今日已經很少有人依據諾亞的洪水理論去研究魚種的分布，而較有興趣探討山脈如何形成，並將魚群分開於各個不同流域。

圖 1.11 典範轉移改變解釋世界的方式。地質學家現在認為優勝美地（Yosemite）的峽谷是冰河所形成的，而不是以往所認為是由諾亞洪水切割出其山壁。

這種科學共識的轉移，是發生在當大多數的科學家了解舊的解釋方式已不再能完整地說明新的發現時。這種共識的轉移可能會充滿爭議且具政治性，因為一種新的模式理論將影響到所有原有理論的支持者。在某些時候，這種大變革很快就能完成，例如，量子力學與愛因斯坦的相對論僅在30年內即完全顛覆傳統的物理學；但在其他例子上，一個新的觀念亦可能花上超過100年的時間才能取代舊想法。通常，科學共識的轉換是新的世代取代舊的世代。

何謂實證科學？

理想中，**實證科學（sound science）**遵循精確度、信賴度、再現性及懷疑論，必須符合大量經過審查數據的測試，其結果也必須為大多數科學團體所接受。

在每一個爭論議題上，一些持反對論點的科學家總是會提出與大多數科學家極端不同的論點。有數種理由去接受相反的論點，其一是完全信服，例如主流的論點是錯誤的。最出色與最具原創之思想家的論點常常被傳統科學家認為是非主流的；還有可能是當產生未如預期的結果時，重新考慮所有影響的因子下所刺激而生。

有些人亦會嘗試提出相反的論點，因為他們知道這會產生宣傳效果，甚至得到大量的收入。例如，在許多司法案例中，反對的一方會產生所謂的專家，提出合乎其觀點的論述，而非針對主題的科學論述。一般的策略為利用科學上的不確定性做

表 1.3	荒謬檢視之問題

1. 此論述的來源可靠度如何？是否有可能為他們在此案例中所推銷的觀點？
2. 此論述是否已被其他人所驗證？支持此論點的資料為何？
3. 在此議題上，大多數科學家們的意見與態度為何？
4. 此論點如何與所知道的世界其他論述接合？此為一合理的主張或與已知的理論相互矛盾？
5. 以上論述是否平衡或符合邏輯？提出此特定論述者是否考慮其他觀點或僅選擇有利的證據支持其論述？
6. 此一論述之資金來源為何？是否由共同利益團體所支助？
7. 此論述在何處發展？是否經過公正的專家審查或僅是私人所發表？

資料來源：Carl Sagan, *The Demon Haunted World: Science as a Candle in the Dark* (1997).

為藉口以延續或修正政策，所提論點為大部分科學家所認為必須謹慎注意的觀點。反對者會宣稱證據或現象無法得到證明，而將採取的行動或政策僅是根據所謂的理論，因此是沒有作用的。如同先前所討論的，理論是用以解釋科學上不同程度的確定性，而非一般用語；此外，科學家通常會避免宣稱某項理論是毫無疑問的真理。當暫時性的特殊狀況未達成科學共識前，一項充分而完全的證明是必須的。

如何分辨這些以假象包裝的虛偽科學家與真正有貢獻的真實科學家呢？天文學家沙根（Carl Sagan）提出一項「荒謬檢測工具」，詳列於表 1.3。

1.5 批判性思考

在任何課程中，清晰、具創造力與有目的性的思考能力可能是你所學習到最有價值的技巧。在環境科學中，許多重要的資訊或議題具有高度的爭議性，研究的結果因不同時間與不同人而異，如何能從混亂衝突的資料中得到有用的資訊？**批判性思考（critical thinking）**是描述邏輯、循序、解析性評估觀念、證據及爭議的名詞。

一些優秀的權威人士就許多重要的主題常持對立的看法。有些人諷刺說，所謂專家就是永遠有一群人數相當的專家對其持反對的意見。如何能判斷何者是真實而有意義的呢？是直接依當時隨興的感覺或依那些支持先入為主的觀念呢？或者是，能使用具邏輯、規則而有創造力的思考程序去達到判斷的目的？

批判性思考有助於分析資訊

許多的技巧、態度與方法有助於評估資訊並作出判斷。**解析性思考（analytical thinking）**要求「我如何將問題分解成主要成分？」**創造性思考（creative thinking）**則要求「我如何能以新穎與創新的方式解決問題？」**邏輯性思考（logical thinking）**要求「我的論點結構合理嗎？」**反應性思考（reflective** thinking）要求「此問題的意義為何？」

這些思考策略要求以系統性、條理性與負責任的態度檢視理論、真理與觀點。批判性思考有助於發現隱藏的觀念與意義，發展出評估原因與結論的策略，了解事實與價值之差別，以及避免驟下結論。

注意，批判性思考的過程是自我反省、自我修正，這種思考方式有時稱為「理性思考」，其核心為嘗試合理地規劃如何解析問題、監測執行時的進展、評估你所提的策略是否有效，以及當完成時你所學習到的成果。其重點不在於找到錯誤，而在於得到自覺、主動與規律的努力，有助於發覺所隱藏的動機與假設、發現偏差且能認清資料來源是否可靠。

批判性思考參考許多正式邏輯上的系統分析方法，其亦加入如學習、敏感度、毅力與謙讓等特性。要將你在環境科學領域所遭遇的複雜問題加以架構明確的想法，則需要較簡潔、具邏輯的學習。要建立這些態度或技巧並不容易，而且是需要學習的。你必須對腦部功能加以訓練，就如運動一般。誠實、謙遜、誠正、同情、堅毅等特性並非偶然情況下使用的特性，必須用心培養，直到成為你正常思考的一部分。

以批判性思考檢驗爭議

人們經常使用批判性或反應性思考。假設電視廣告宣稱一種新的早餐穀物不但口味好，而且對你有好處，你可能會產生疑問並問自己一些問題，例如：他們所提的好處指的是什麼？對誰好或對什麼好？口味好是指含有更多的糖或鹽嗎？除了和你的健康與快樂有關以外，這些資訊是否還有其他動機？雖然你未提及批判性思考，但你已經在使用這項技巧了。廣加使用這些技巧，能幫助你認清一些資訊是如何被曲解、誤導，以及有多偏頗、膚淺與不公正的。

以下為批判性思考的一些步驟：

1. **定義並評估在其論述中的前提與結論**。此論述的基礎為何？哪些證據支持此論述？哪些結論是由這些證據所提出的？如果此前提與證據正確，其所提及的結論必然真實嗎？
2. **釐清不確定、曖昧、模稜兩可與矛盾的論述**。所用的語詞是否有一個以上的意義？如果是的話，所有參與此討論的人是否使用相同的語詞？是否產生曖昧模稜的語意？所有的論述能同時成立嗎？
3. **分辨事實與價值**。論述是否可被檢驗？（如果是的話，論述中所述的事實應可由所收集的證據加以驗證。）論述是否根據某事物具有價值或缺乏價值而來？（如果是的話，這些是有價值的陳述或觀點，而且可能無法客觀地驗證。）例如，對於要如何做才是正確且尊重自然的論述，即是一般價值的論述。

4. **認清並評估其假設**。提供主議題的背景與觀點,對於論述之前提、證實或結論的基礎合理理由為何?是否存在有「為人背書」或僅為個人觀點的可能?是否有「同源論述」,性別、種族、經濟或信仰等可能扭曲討論的問題?
5. **分辨資訊的可靠性與不可靠性**。有關此議題的專家是如何認定的?其具備哪些特殊知識或資訊?其提出哪些證明?如何判斷其所提供的資訊是正確真實的或是詭辯的?
6. **認清並了解觀念上的架構**。論述提出者的基本想法、態度與價值為何?影響做法與作為的主要邏輯與理念為何?這些想法與價值如何影響自我觀點或對世界的觀點?是否存在衝突或矛盾的想法與價值,這些差異該如何解決?

批判性思考有助於了解環境科學

在本書中,將有很多機會可以練習批判性思考的技巧。每一章均含有許多事實敘述、圖形、觀點與理論。這些都是真實的嗎?可能不然。它們是在撰寫本書時的最佳資料,但是在環境科學領域,有許多仍是混沌未清的狀態。當解釋資料時,資料會持續改變,在此出現的想法能提供環境現況完整的概念嗎?不幸地,答案可能是否定的。不論對此複雜多樣的主題如何完整地討論,亦完全無法掌握所有事物的價值,更無法展現所有可能的觀點。但研讀本書時,請嘗試區別事實陳述與觀點的差異,反問自己這項前提是否能支持所提論述的結論。雖然嘗試以公正的角度說明一些爭論,但個人的偏見與價值觀(有一些是未真正認清的)會影響對問題的觀點與論述。小心觀察必須自行思考的例子,使用自己的批判性與反應性思考技巧去發現真正的真實。

1.6 保育與環境主義簡史

雖然部分早期社會有一些對環境負面的衝擊,但絕大多數是生活在與自然和諧的情況下;然而,現代人口的成長與技術的發展已讓我們不得不注意我們的做法對環境的影響。保育歷史與環境保護主義至少可分為 4 種不同階段:(1) 實用資源保育;(2) 道德與自然美學保育;(3) 污染造成健康與生態危害的關心;(4) 全球環境公民義務。這些階段並不會互相扞格,而且每一階段的特色至今仍存在各種環境運動中。

現代環境主義

只要人們會使用煙火,就可能造成污染的不良影響。1723 年,由於當時的倫敦因為燃燒煤炭產生非常嚴重的刺激性煙霧,英格蘭國王愛德華一世(King Edward I)威脅,將對在這個城市燒煤的人實行絞刑。1661 年,英國作家伊夫林

（John Evelyn）抱怨燃煤與工廠產生有毒氣體，建議種植樹木以淨化城市的空氣；1880 年，逐漸增加的煙霧污染傷害事件促使英國成立國家煙霧委員會解決此問題。

第二次世界大戰及之後大量擴展的化學工業，為環境議題增加了新的憂慮。瑞秋·卡森（Rachel Carson，圖 1.12a）在 1962 年出版了《寂靜的春天》（Silent Spring）一書，喚醒了社會大眾對污染的恐懼，她所提出的運動可稱為**現代環境主義**（**modern environmentalism**），關心資源保育與環境污染的問題。

在許多表現出色與專注投入的行動家與科學家的引領下，例如大衛·包爾（David Brower，圖 1.12b）、巴利·科默內（Barry Commoner，圖 1.12c）以及萬格麗·馬塞（Wangari Maathai，圖 1.12d），

(a) 瑞秋·卡森
(b) 大衛·包爾
(c) 巴利·科默內
(d) 萬格麗·馬塞

圖 1.12　當代傑出的環境精神領袖。

環境議題在 1960 至 1970 年代充分發展，包括人口成長、原子武器測試與原子動力、化石燃料的開發與使用、資源回收、空氣與水污染以及野生動物保護等。環境主義自 1970 年第一次舉辦地球日以來，已成為一個公眾議題。

全球交互溝通擴展環境主義

隨著旅遊與國際溝通的增加，人類能了解全球及周遭環境每天所發生的事情，麥克魯漢（Marshall McLuhan）在 1960 年代所稱的地球村時代已來臨。所有人如同生活在同一座村莊，以各種方式交互溝通，在地球另一端所發生的事情，將深切且立即地影響到人類的生活。

從太空中拍攝到的地球照片（圖 1.2），提供一種有力的圖像，以說明第四波生態問題，或稱為**全球環境主義**（**global environmentalism**）。這些照片提醒人類，人類所居住的星球是如此微小、脆弱、美麗與稀有，而人類則生活在此一共同環境下。就如同美國駐聯合國大使史帝文森（Adlai Stevenson）於 1965 年在聯合國的告別演說中所提，現在人類需要擔心的是支持生物體系的整體地球。他在演講中提到：「我們不能以半幸運、半可憐、半自信、半絕望、半受人類古代敵人役使然後又半自由使用過去夢寐以求資源的態度來維護今日的地球。沒有任何的太空船、領航員能在此廣大的矛盾中前行，全人類的安全就仰賴我們是否用心保護。」

問題回顧

1. 什麼是生態服務？請舉例說明。
2. 假說和理論的差異是什麼？
3. 敘述科學方法的步驟。
4. 什麼是機率？請舉例說明。
5. 為什麼科學家經常抱持懷疑的態度？為什麼試驗必須要求重複性？
6. 批判性思考的第一步驟為何？
7. 為什麼一些專家認為水是 21 世紀最嚴峻的資源？
8. 圖 1.3 中，最嚴重的暖化發生在何處？
9. 貧窮與環境品質之間的連結為何？
10. 定義專有名詞「永續性」與「永續發展」。

批判性思考

1. 如果你正要投票決定是否整治土壤污染場址，你需要何種資訊？而哪一類資料來源是你所相信的？
2. 為什麼我們能證明某一假說是錯誤的，但永遠無法證明其為真實的呢？
3. 假設你要調查班上同學的某些特點（如慣用左手者的比例），在 100 人的班級中，你需要訪問多少人以得到充分正確的結果？你要如何定義「充分正確」呢？
4. 某些野生動物學家聲稱數學模式與實驗室模擬永遠無法掌握真正世界的複雜性與變化性，而實驗科學家則反駁在複雜的系統中有太多同時發生的變數，以致無法獲得有意義的分析，在這樣的討論中，你的觀點為何？
5. 若要研究富有國家與貧窮國家對環境的衝擊，哪些因子是必須檢視的？要如何比較這些因子？

2 環境系統：物質、能量及生命

Environmental Systems: Matter, Energy, and Life

新竹縣頭前溪生活污水自然淨化系統的人工溼地，屬開放系統。

（白子易攝）

> 大多數制度要求無條件信任；但科學習慣視懷疑為美德。
> ——Robert King Merton

學習目標

在讀完本章後，你可以：

- 了解什麼是系統，以及回饋迴路如何影響系統。
- 解釋熱力學第一及第二定律。
- 解釋生態學家所說：物品將無處可丟，而且宇宙萬物傾向減速及分裂。
- 解釋光合及呼吸作用。
- 了解水的性質對生命而言非常特別且基本。
- 解釋為什麼大型的凶猛動物如此稀少。
- 解釋碳、氮、磷、硫等元素如何在生態系循環。

案例研究

水質淨化現地處理

臺灣下水道建設不足，民眾生活所產生的污水僅經簡單的化糞池處理即排入河川，是河川污染的主要來源之一。鑑於下水道建設緩不濟急，行政院環境保護署在全國各地推行「水質淨化現地處理」系統，期藉建設成本低廉、操作容易、維護費用低、較易融入自然環境，且對於生活污水又有一定處理效率等優點，達成淨化污水、保護河川之目標。

現地處理（on-site treatment）是於污水排放的臨近地點就地處理污水或排水，避免污水直接排入河川。水質淨化現地處理系統包括人工溼地、礫間接觸、曝氣設施等，旨在藉由污水與自然環境中的土壤、微生物、植物交互作用，使水質淨化。除了淨化水質，亦能發揮生態效益，使河濱灘地具有休憩與教育的價值。

水質淨化現地處理系統整體效益包括：

- 低建設成本：經費較傳統污水處理設施低廉。
- 低操作維護成本：溼地系統以日光為主要能源，利用水生植物等溼地生態系統生物，以及生態系中之土壤及礫石的過濾效果，以自然的方式進行處理，故操作維護成本較低。
- 生態保育：溼地系統模擬天然溼地，可吸引生物聚集與繁殖，具生態保育的功能。
- 景觀與環保教育：溼地系統是一種生態景觀，可做為休憩場所，亦可成為生態及環保教學的野外教室與教材。
- 水資源再利用：因操作過程未添加任何化學藥品，故放流水質適合農業灌溉，亦可經滲透補充地下水。
- 政府環保施政績效推銷及形象提升：適當經營溼地公園，可提高民眾對環保施政的正面評價。
- 觀光效益：結合城鄉風貌，發展為觀光景點，促進旅遊產業發展。

資料來源：
行政院環境保護署水質保護網現地處理網頁
（http://water.epa.gov.tw/Page5_4.aspx）
新竹縣政府環境保護局全球資訊網
（http://www.hcepb.gov.tw/ct/）。

圖 2.1　自然淨化系統不但可以處理污水，亦兼具環境教育功能。圖為臺北市南湖礫間曝氣氧化法之解說牌。

2.1 系統敘述交互作用

一般而言，**系統**（system）是相關成分及程序的交互反應網路，而且物質、能量及資訊和外界有所交換。圖 2.2 是簡單的系統，包括貯存能量及物質的狀態變數（state variable）（植物、草食動物、肉食動物），以及傳送能量及物質的反應途徑（pathway）。

可藉由特性描述系統

開放系統（open system）是接受外界輸入，而產生輸出至外界的系統。**密閉系統**（closed system）是沒有物質進出外界的系統。**通量**（throughput）是描述能量及物質流進入、經過並離開系統的名詞，較大的通量將使得狀態變數增大。當系統達穩定狀態時，稱為**平衡**（equilibrium）。部分系統存在**閾值**（threshold），超過此值時，將突然產生快速轉變。

系統一些重要的特性是系統個別部分的內部連繫以及控制系統特性的管制機制。這些管制機制有時候來自系統外部，大部分來自系統內部。

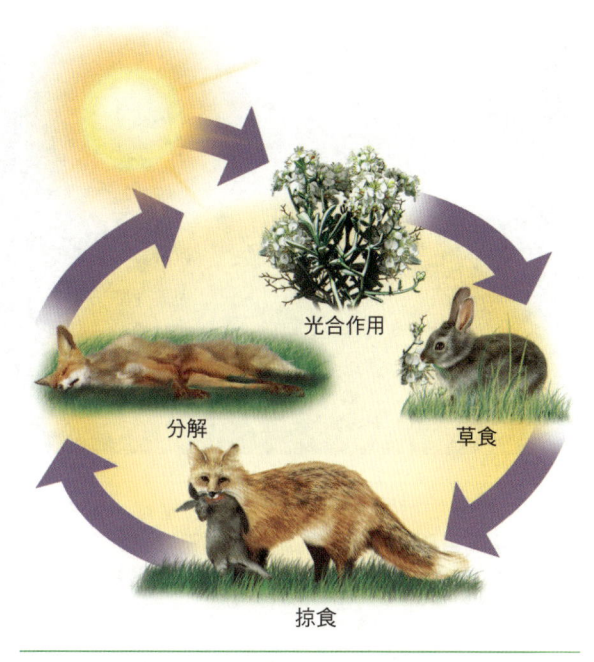

圖 2.2 系統可以藉由簡單名詞加以敘述。

回饋迴路有助於穩定系統

有時候，系統的輸出可做為同一系統的輸入，也就是被視為**回饋迴路**（feedback loop）的循環程序。**正向回饋**（positive feedback）利用程序的輸出增大該程序。如果沒有控制，正向回饋將逐漸導致系統失衡且不穩定。相對而言，**負向回饋**（negative feedback）則是將系統移動的方向予以逆轉。

自然界中的回饋能加劇或減緩大小尺度的交互作用。例如圖 2.3 的簡單系統，一對兔子能繁殖數隻小兔，然後兔子繁殖更多（正向回饋）。但當兔子族群增加時，將使得食物數量變少而反轉兔子族群的數量（負向回饋）。

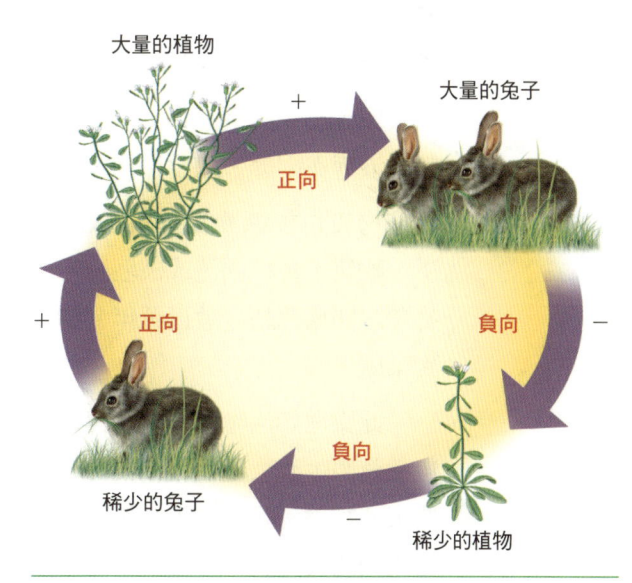

圖 2.3 回饋迴路（正向及負向）有助於調節及穩定生態系統。

當系統的管制機制彼此平衡時，則稱系統處於動態平衡或 **體內恆定**（homeostasis），也就是系統傾向於維持常數或是穩定的內部狀態。

週期性、破壞性的事件，例如火災或洪水等 **擾動**（disturbance），是許多自然系統正常的一部分，甚至可能依賴這些擾動。當正向及負向回饋的結合使得系統可以從一些外部擾動回復時，則稱此系統為 **恢復**（resilience）。

衍生性質（emergent property）是指整個系統大於系統各部分總和的特性。例如，樹木不只是貯存碳的物質，也是森林的結構、其他生物的棲息地，為地表遮陰、降溫，並保持土壤。系統通常以物質流動、區分及回饋加以描述，但其衍生性質更吸引人（圖 2.4）。

圖 2.4 系統的衍生性質，包括美景及蛙音，吸引人類進行研究。圖為苗栗縣南庄鄉東河村的向天湖，除了一般的衍生性質，對當地原住民賽夏族而言，向天湖還兼具信仰意涵（白子易攝）。

2.2 生命的元素

物質如何與為何循環於環境中生物與非生物之間，是生態學（ecology）的領域，其是研究生物體和其環境關係的科學。

物質會循環，但不消失

舉凡占用空間並具有質量的，都可稱為 **物質**（matter）。物質有三種形態：氣態、液態與固態。以水為例，它有氣態（水蒸氣）、液態（水）或固態（冰）。

物質也根據 **物質守恆**（conservation of matter）的原理來運轉：在正常環境下，物質不會被創造或破壞，但會一再地循環。身體內的元素，可能已經在許多生物體之間循環超過數百萬年。物質以不同方式轉化與結合，但不會消失，只是轉移到某處。

此原理如何應用在人類與生物圈的關係上呢？尤其是在富裕的社會，人類使用自然資源生產大量「可丟棄」的消費產品。如果每樣東西都必須有所去處，那麼這些東西被丟到哪裡去了？隨著「可丟棄的東西」數量持續爆增，將會面臨要找地方丟東西的大問題。最後，不需要的東西將無「處」可丟。

元素的特性可以預測

物質由**元素**（element）組成，元素是無法經由一般化學反應進一步予以分裂的最小物體。在 116 種已知的元素中，每一種元素皆有其明顯的化學特性。其中僅 4 種元素即占多數生物有機體（living organism）96% 以上的組成，分別是氧（O）、碳（C）、氫（H）、氮（N）。

原子（atom）是展現元素特性的最小粒子，是組成物質的微小單位，由正價質子（proton）、負價電子（electron）與中性中子（neutron）所組成。質子與中子質量大約相等，聚集在原子的中心核。相較於質子與中子，電子極小，以光速環繞於核子周圍。**原子數**（atomic number），也就是原子核中的質子數，可區別原子。氫原子在它的核中擁有 1 個質子，而碳原子則擁有 6 個質子。相同元素的原子中，中子數是會改變的，並使得原子質量（質子和中子的總和）產生些微的變化。單一元素的原子質量不同時，稱為**同位素**（isotope）。舉例來說，大部分氫原子的原子核只含有 1 個質子，但小部分的氫原子核在自然情況下包含 1 個質子與 1 個中子，這個同位素稱為氘（deuterium, ^{2}H）。甚至有小部分的氫原子核包含 1 個質子與 2 個中子，這個同位素則稱為氚（tritium, ^{3}H）。

電價將原子結合在一起

原子經常失去或獲得電子而帶正電或負電，帶電的原子或原子團稱為**離子**（ion）。帶負電的離子是陰離子（anion），帶正電的離子是陽離子（cation）。原子通常結合在一起形成**化合物**（compound）；或者說是由不同原子所組成的物質（圖 2.5）。**分子**（molecule）是原子的群聚，例如氧分子（O_2）或水（H_2O），均以個別的單位存在並擁有獨特的性質。和分子不同，氯化鈉（NaCl，食鹽）無法單獨以一對單獨的原子存在；在溶液中，其以大量的氯或鈉離子存在。有些化合物很複雜，例如蛋白質，包含數百萬個原子。

當離子和相反電價的離子形成化合物時，是以離子鍵（ionic bond）結合。有時，原子以共享電子的方式鍵結，稱為共價鍵（covalent bond）。當原子以共價鍵鍵

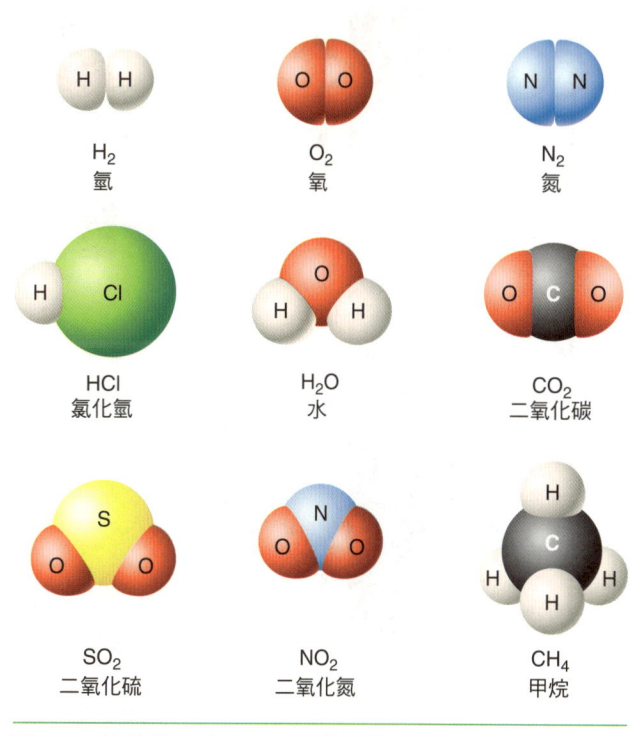

圖 2.5 這些常見的分子利用共價鍵結合，是大氣或污染物的重要成分。

結時,並非均分電子。以水為例,氧原子吸引較多的電子,使得氫原子端微帶正電,氧原子端微帶負電。此帶電特性使得水分子之間有輕微的引力。

當原子失去電子,稱為氧化(oxidized);當原子獲得電子,稱為還原(reduced)。維持生命所需的化學反應包括氧化和還原,例如,糖和澱粉的氧化是獲得能量的重要方式。

破壞鍵需要能量,而鍵結時則會釋出能量;要破壞鍵或鍵結時,需要活化能(activation energy)以啟動反應。

酸鹼釋放活性的 H⁺ 和 OH⁻

在水中會很快釋放氫離子(H^+)的物質,稱為**酸(acid)**。例如,鹽酸(HCl,氯化氫)會在水中溶解成 H^+ 及 Cl^-。環境中和酸有關的問題包括酸雨(雨中含有大量的 H^+)、酸礦排水等。通常,酸之所以會造成危險是因為氫離子會和生物組織(例如皮膚)或是無機物質(例如石灰)迅速作用。

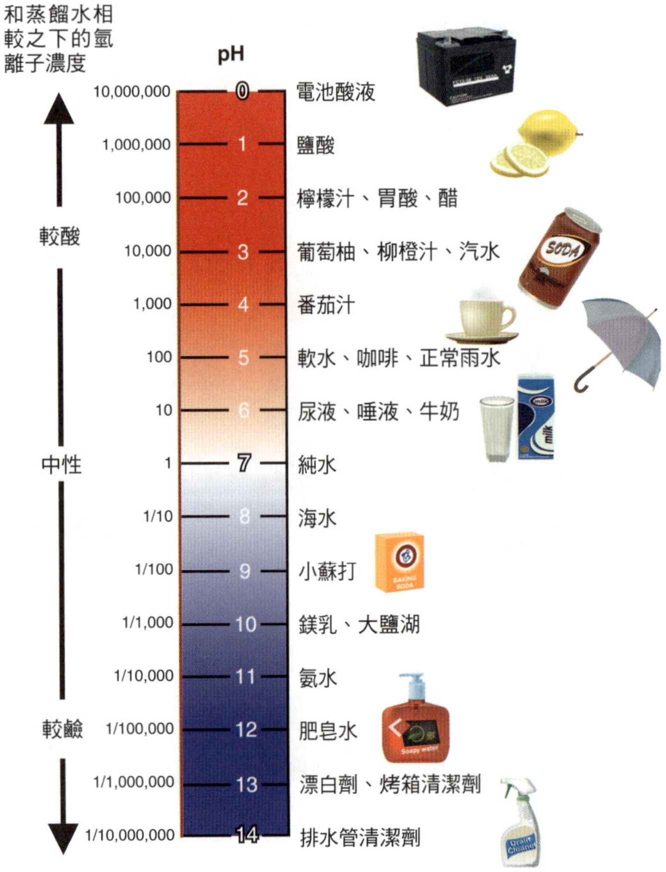

就化學性質而言,**鹼(base)** 會很快地結合氫離子,並釋放氫氧根離子(OH^-)的化合物。例如,氫氧化鈉(NaOH)在水中會釋放出 OH^-。因為鹼的作用迅速,所以也會造成顯著的環境危害。酸鹼對生物也是必需的,例如,胃酸有助於消化食物,而土壤中的酸能幫助植物吸收營養。

酸鹼的強度可由氫離子濃度或**酸鹼值(pH)** 說明(圖 2.6)。酸的 pH 值小於 7,代表氫離子多於氫氧根離子;鹼的 pH 值大於 7,代表氫氧根離子多於氫離子。pH 值正好為 7 的物質呈中性。pH 的尺度為對數,以 10 的倍數增加;若有一物質的 pH 值為 6,表示其氫離子數是 pH 值為 7 時的 10 倍。

圖 2.6 pH 範圍,數字代表水中氫離子濃度的負對數。鹼性溶液 pH 大於 7,而酸性溶液(pH 小於 7)有高濃度的反應性氫離子。

有機化合物擁有碳骨幹

生物體使用許多元素。碳是特別重要的元素,因為碳鏈及碳環形成**有機化**

合物（organic compound）的骨幹。有機化合物是生物分子，形成生物體。

生物體中 4 種主要的有機化合物為：脂質、碳水化合物、蛋白質（protein）以及核酸（nucleic acid）。脂質包括脂肪和油，為細胞貯存能量，並做為細胞膜及其他構造。脂質的結構是碳氫，是碳水化合物（圖 2.7a）的一支。碳水化合物包括單醣、澱粉及纖維素，也能貯存能量並提供細胞架構。葡萄糖是構造簡單的糖（圖 2.7b）。蛋白質由胺基酸（amino acid）構成（圖 2.7c）。蛋白質亦提供細胞結構，也在細胞機能中被使用。能夠使得脂質及碳水化合物釋出能量的酵素（enzyme）是蛋白質。核苷酸（nucleotide）由五碳糖、磷酸群、嘌呤、嘧啶所組成（圖 2.7d）。核苷酸是非常重要的信號分子（其攜帶細胞、組織、器官之間的資訊），並做為細胞內能源。核苷酸易形成長鏈的核糖核酸（ribonucleic acid, RNA）或**去氧核糖核酸**（deoxyribonucleic acid, DNA），此兩者主要在表現基因資訊（圖2.8）。

細胞是生命的基本單位

所有的生物有機體都是由**細胞**（cell）所組成，生命程序運作於此空間（圖 2.9）。微小的生物體，如細菌、部分藻類與原生動物，都是單細胞。相較之下，人的身體有約 200 種不同形式的數兆個細胞。每個細胞的周圍是脂質與蛋白質薄膜，會在細胞與環境間接受訊息與管控物質流。細胞內可細分為極小的胞器與更小的細胞組成粒子，提供生命所需的機能。

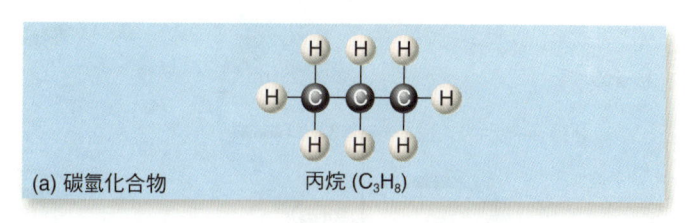

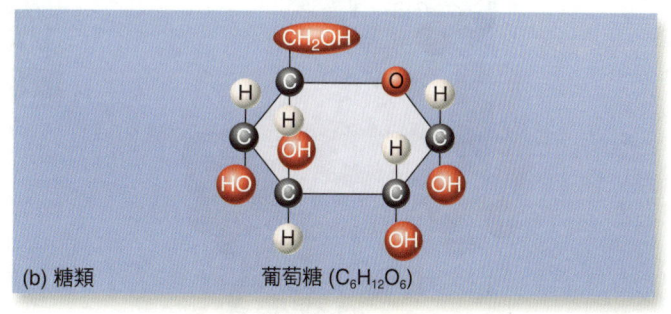

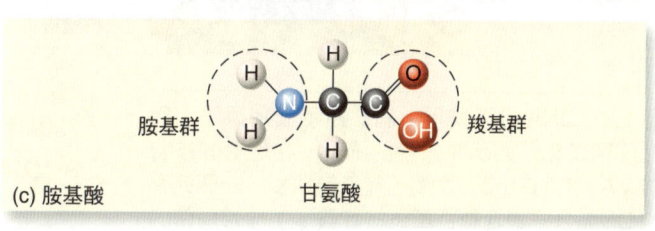

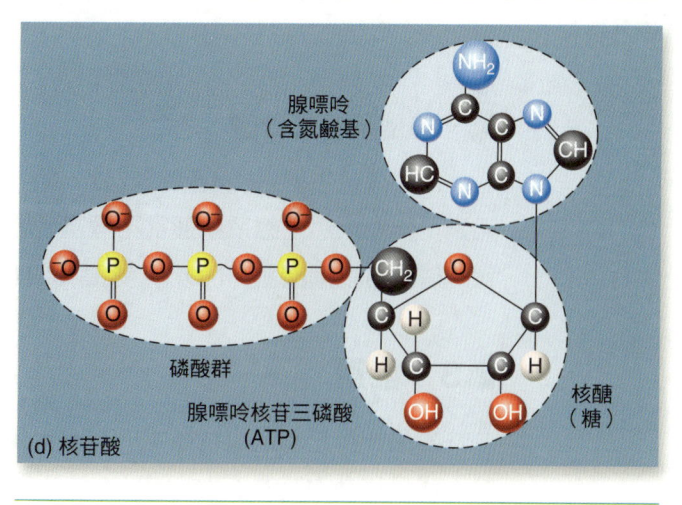

(a) 碳氫化合物　　丙烷 (C_3H_8)

(b) 糖類　　葡萄糖 ($C_6H_{12}O_6$)

(c) 胺基酸　　甘氨酸

(d) 核苷酸　　腺嘌呤核苷三磷酸 (ATP)

圖 2.7 有機分子的四個主要類別，以碳為基礎結構的不斷重複單元。基本結構為：(a) 丁酸（脂質的建構團）及碳氫化合物；(b) 簡單碳水化合物；(c) 蛋白質；(d) 核酸。

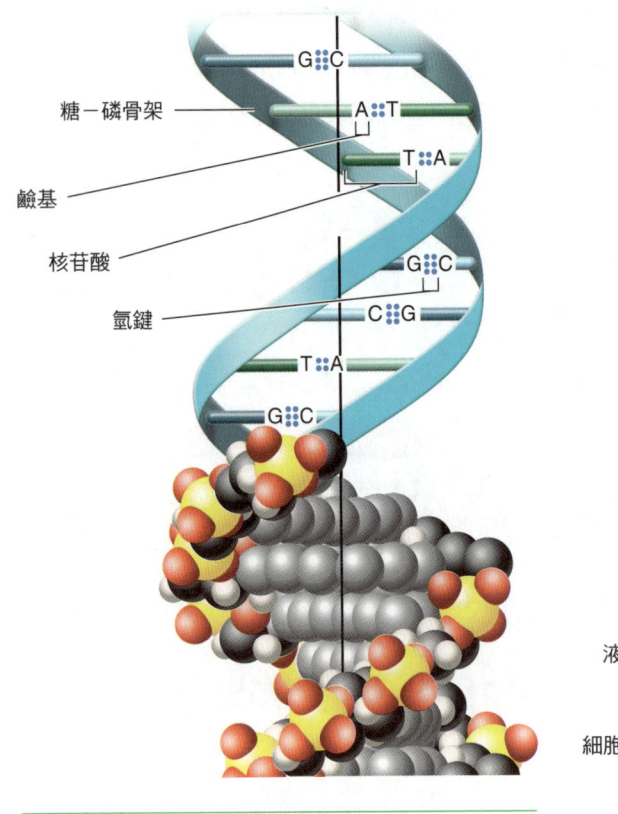

圖 2.8 DNA 分子模型。底部顯示個別原子，而上部則簡化，顯示雙螺旋的兩股，在配對的核苷酸（A、T、G、C）之間，有氫鍵連接。一個完整的 DNA 分子包含數百萬個核苷酸，並攜帶遺傳的基因資訊。

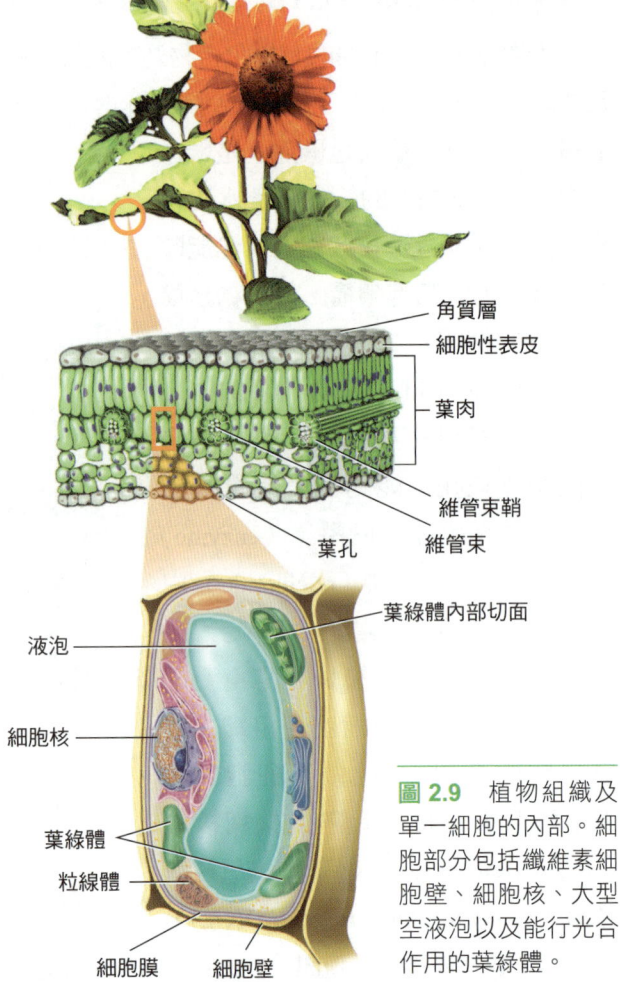

圖 2.9 植物組織及單一細胞的內部。細胞部分包括纖維素細胞壁、細胞核、大型空液泡以及能行光合作用的葉綠體。

氮、磷是關鍵營養鹽

　　氮、磷是生態系中的關鍵成分。氮、磷是限制元素，是動物和植物生長的重要元素，但在天然生態系中通常不豐富。豐富的氮、磷將造成生長激增。在肥料中，氮、磷通常以硝酸氮（NO_3）、氨氮（NH_4）、磷酸鹽（PO_4）的型式呈現。

2.3　能量

　　如果物質是製造事物所需的材料，**能量（energy）**則提供將結構併為一體的力量，或是移動物質的能力。

能量以不同的形式及性質存在

　　能量是作功的能力，以許多不同的形式存在，例如熱、光、電與化學能等。移動物體的能量稱為**動能（kinetic energy）**，例如水流經水壩（圖 2.10），或是電子圍

科學探索

水星球

與其稱我們的星球為「地」（Terra），倒不如稱其為「水」（Aqua），因為它擁有大面積的溪流、河川、湖泊與海洋等液態水。沒有液態水，人類無法生存，而液態水幾乎覆蓋 3/4 的地球表面。水不只對細胞結構與代謝重要，其獨特的物理與化學性質，也直接影響地球表面的溫度、大氣，及生命與環境的交互作用。生物有機體平均 60% 至 70% 的重量由水組成，細胞內充滿水，給予組織形狀與支撐。水的特性如下：

1. 水是極性分子，一端微帶正電，另一端微帶負電。因此，水迅速溶解包括糖及營養鹽等極性或離子物質，攜帶物質進出細胞。
2. 在適合大多數生命的溫度範圍下，水是唯一自然存在的無機液體。大部分的物質以固態或氣態存在，液態溫度的範圍很窄。
3. 水分子具凝聚性，亦擁有常見自然液體中最高的表面張力，因此有毛細管作用（capillary action）。若沒有毛細管作用，水與營養物的移動、進入地下水體，並流經生物有機體都是不可能的。
4. 水結晶時會膨脹，然而大部分的物質由液體轉變為固體時會變小。冰塊浮在水中，是因為其密度小於水。當溫度低於冰點時，湖泊、河川與海洋表面的水會比深層的水更快降溫並結冰，表面的冰會隔開下面水層，使得大部分海水於冬季仍保持為液態水（也讓水生生物存活）。
5. 水的汽化熱高：需要大量的能量才能將水由液態轉變為氣態。因此，對於生物體排除過多的熱量時，蒸發水體是有效的方法，許多動物藉由喘氣或排汗散發表面熱。
6. 水也擁有高比熱：當水溫改變時，水會吸收或釋出大量的能量。例如，當季節改變時，湖泊與海洋水體會緩慢加溫與冷卻，而有助於調解全球溫度，讓環境在冬季時較溫暖，而夏季時較為涼爽。此效應在海洋附近更加明顯，對全球也很重要。

總而言之，水的這些獨特性質，決定了許多生命與非生命的特徵。

表面張力（水分子的凝聚力）的展現。圖為苗栗縣南庄鄉東河村的向天湖畔蜘蛛網上凝聚的水珠（白子易攝）。

繞原子核運行等。**位能（potential energy）** 是一種儲存的能量，是潛在但可利用的能量，例如山頂的岩石具有位能。儲存在食物內或車子的汽油等**化學能（chemical energy）**，也是一種位能，釋放後可作功。能量常以熱（卡路里）或功（焦耳）為

測量單位，1 焦耳（joule, J）是 1 公斤物質被以 1 m/s^2 加速度移動 1 公尺所作的功（1 J = 1 kg・m^2/s^2）；1 卡路里則是加熱 1 公克的純水使其溫度上升 1°C 所需的能量。1 卡路里等於 4.184 焦耳。

熱能（heat）描述在不同溫度物體間的能量轉換。當不同溫度的兩物體接觸時，熱會傳送到溫度較低的物體內，直到兩者溫度相等為止。當物質吸收熱能時，其內能會增加，分子的動能也會增加或改變狀態，例如固體變為液體，或液體變為氣體。當溫度改變時，可以偵測熱含量的改變。

圖 2.10 水儲存在高處是位能，流下後轉變成動能，一部分轉換為熱能。圖為花蓮縣馬蘭鉤溪（白子易攝）。

有些物體溫度低，但整體熱含量仍相當高。例如在秋季逐漸結冰的湖泊，雖然溫度低，但整個湖泊的熱含量仍相當高。有些物體溫度相當高，但整體熱含量卻低，例如燃燒的火柴。湖泊或海洋吸收或釋放能量的能力，對環境系統相當重要。以水的性質為例，因為水的比熱大，所以湖岸和海岸在夏天相對低溫，而在冬天則較為溫暖。因為水吸收很多的熱，當它蒸發時，大氣中的水蒸氣將重新分配周圍的熱。

發散、消散的能量是低品質的能量，因為不能收集以供使用；高密度、集中的能量是高品質的能量，因為能作功。和煤、天然氣、石油等高品質高密度的能源相較之下，例如風能等一些替代能源，屬於低品質的形式。

熱力學敘述能量守恆與消散

熱力學的研究著重於能量如何轉換，以及從一種形式或品質的能量，流動與轉化到另一種能量的速率。

熱力學第一定律（first law of thermodynamics）闡述能量是守恆的；正常條件下，能量不會被創造，也不會被破壞，只可能被轉變或轉換，但總能量保持一定。

熱力學第二定律（second law of thermodynamics）闡述在一系統中，每次成功地將能量轉變或轉換，只有少數的能量可用來作功。即使總能量不變，它的強度和可用性卻已被破壞。第二定律認為**熵**（entropy），是所有自然系統從有秩序的狀

態（如化學能般高品質的能量），增加為無秩序狀態（如熱量或動能般低品質的能量）的趨勢。

熱力學第二定律如何應用到生物體與生物系統呢？在結構與代謝上，生物體是高度組織的，需要經常性的照護以維持此組織，也需要供給能量維持這些程序。每次一些能量被細胞用以作功時，就會有一些能量以熱能與移動的方式損失。如果供給細胞的能量被打斷或是耗盡，結果遲早會死亡。

2.4　生命所需的能量

對絕大多數生長在地球表面的動植物而言，太陽是最終的能量來源；日光被綠色植物吸收，因為綠色植物僅利用陽光、空氣、水製造碳水化合物及其他物質，故被稱為**初級生產者**（primary producer）。

但是對生活在地殼或海底深處的生物而言，陽光無法到達，自岩石獲得的化學物質是另類的能源。這類的能量反應途徑相當古老，這些古老的類細菌細胞以靠處理化學物質而存活。深海海床寒冷、黑暗、壓力極大，並且沒有能量供應，科學家認為沒有生物存活。然而，1970年代的深海探勘，顯示盲蝦、管蟲、怪蟹等高密度的群聚擠在稱為「黑煙囪」的周圍；黑煙囪是因為地球地殼內滾燙、高熱，富含礦物質的水冒出地殼裂縫而形成。我們在美國的黃石公園可以發現「嗜極端生物」（extremophile），這種有機物藉由**化學合成**（chemosynthesis）的程序獲得能量，也就是利用硫化氫（H_2S）等無機物做為能量來源，以合成有機分子（圖2.11）。

綠色植物自太陽獲取能量

大部分的生物體依賴陽光提供能量，以運作生命程序。太陽是氫氣爆炸的火球，其熱核反應放射出強大的輻射能，包含致命的紫外線輻射與原子核的輻射（圖2.12）。

溫暖是不可或缺的，因為大部分的生物體能存活的溫度範圍較小，在極高的溫度下，生物分子會被破壞而失去功能；在非常低的溫度下（接近0°C），新陳代謝變緩，導致生物體無法生長、繁衍。

到達地球表面的太陽能，主要為

圖 2.11　墨西哥灣寒冷、深處的甲烷裂縫中擁擠的管蟲及貝類群聚。

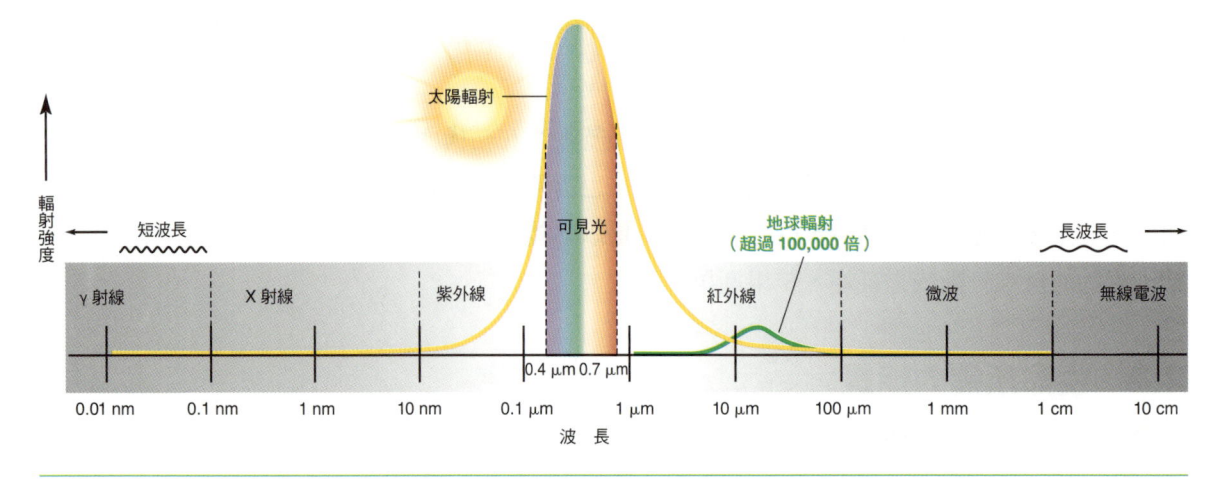

圖 2.12　電磁（體）的光譜。人類眼睛對可見光波長很敏感，其約為到達地球表面能源的一半（以太陽輻射曲線來表示）。行光合作用的植物，使用最豐沛的太陽波長（光線與紅外線）。地球再反射的低能長波（以地球輻射曲線表示），以光譜中紅外線的部分為主。

可見光波長，也是綠色植物行**光合作用（photosynthesis）** 所需的光波長。光合作用將輻射能轉成高品質的化學能。藉由光合作用所獲得的能量，可維持地球上大部分的生命所需。

在大氣層頂的太陽能約有 1,372 watts/m^2（1 watt = 1 J/s）。然而，超過一半的太陽能會被大氣的雲層、灰塵與氣體所反射或吸收；尤其具危害性的短波長光線，會在大氣層上被氣體（特別是臭氧）濾除。最後真正能到達地表的太陽輻射中，大約 10% 為紫外線，45% 是可見光，而 45% 為紅外線。綠色植物利用光能（主要是藍與紅波長），做為行光合作用的動力。因為大部分植物會反射（比吸收多）綠色波長，因此植物看起來是綠色。

光合作用如何獲得能量？

光合作用發生在植物細胞內的膜狀胞器中，該胞器稱為葉綠體（chloroplast）（圖 2.9）。葉綠素（chlorophyll）是此作用的關鍵，其為綠色分子，能獲得光能並使用光能作功。然而，此工作並不只單靠葉綠素，許多葉綠體膜內的分子都參與一系列稱為光依賴反應（light-dependent reaction）的氧化還原步驟（因為只發生在陽光照射葉綠體時）（圖 2.13）。在這些反應中，高能電子從一中間物穿越至另一個，這些電子來自水，而水分解所釋出的氧，是大氣層中氧的來源。

最後，能量會被儲存在 ATP（adenosine triphosphate）與 NADPH（nicotinamide adenine dinucleotide phosphate）這兩個穩定的化合物中，提供暗反應（light-independent reaction）（發生在光不存在之後）所需的能量，以固定碳來產生複雜的

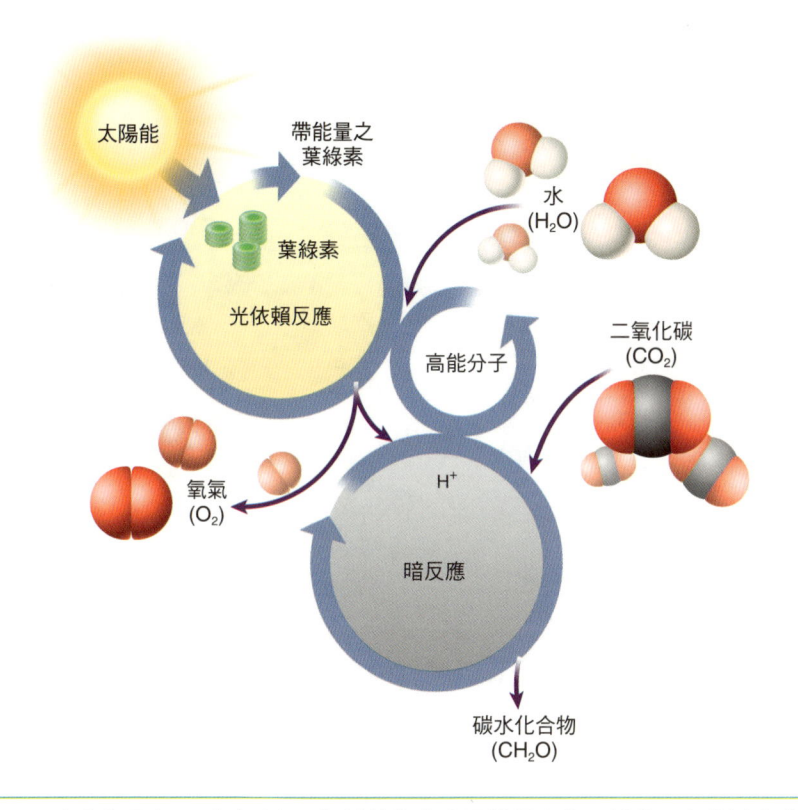

圖 2.13 光合作用有一系列反應，包括葉綠素分子獲得光能，並使用光能以合成高能量的化學化合物，ATP 與 NADPH。接著，暗反應使用 ATP 與 NADPH 的能量，將碳（來自大氣）固定為有機分子。

有機分子，如醣類，並排出二氧化碳。下列反應式是光合作用的總反應：

$$6H_2O + 6CO_2 + 太陽能 \xrightarrow{葉綠素} C_6H_{12}O_6（醣）+ 6O_2$$

式中，醣類為葡萄糖，是六碳分子，也是植物行光合作用的主要產物之一。釋放化學能量的程序稱為**細胞呼吸作用（cellular respiration）**，是重要的逆光合作用，可分解醣分子中的碳與氫原子，並與氧重新結合為二氧化碳與水。淨化學反應如下所示：

$$C_6H_{12}O_6 + 6O_2 \longrightarrow 6H_2O + 6CO_2 + 釋放能量$$

光合作用獲得能量，而呼吸作用釋出能量。同樣地，光合作用消耗水與二氧化碳產生醣類與氧，而呼吸作用則相反。在這兩組反應中，能量暫時儲存於化學鍵中，可為細胞組成能量流。

不能行光合作用的生物體，例如人類，必須利用植物或草食動物，以獲得能量供細胞行呼吸作用（圖 2.14），此時也會消耗氧並釋出二氧化碳，藉此完成光合作用與呼吸作用的循環。

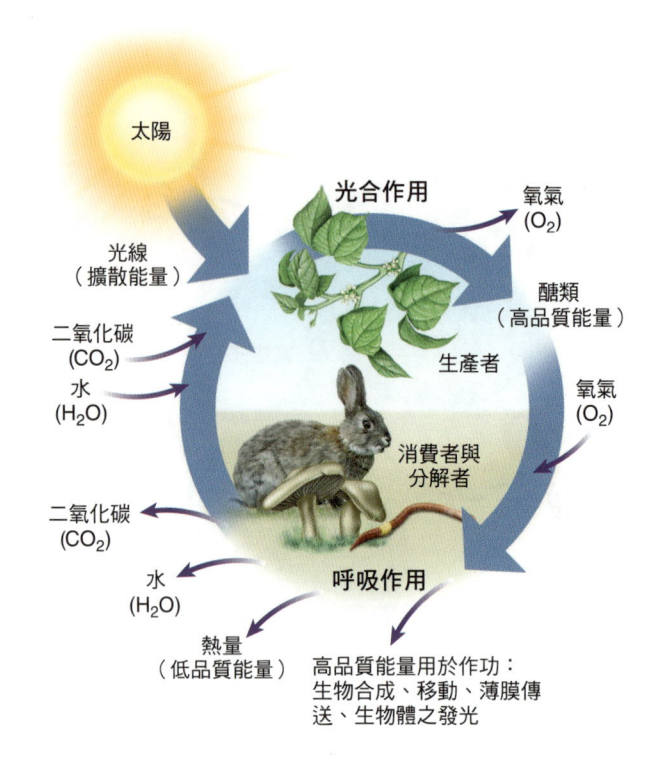

圖 2.14 生態系統的能量交換。植物從環境中攝取水與二氧化碳，並使用來自陽光的能源將它們轉變為高能醣類與其他有機化學物質，同時並釋出氧氣。消費者與分解者在細胞呼吸作用期間，攝取氧氣並分解醣類以釋放能量做為生活之需，此時水、二氧化碳與低品質的熱量將被釋放於環境中。

2.5　從物種到生態系統

生態學包括物種、族群、生物群落與生態系統。**物種（species）**的定義為：凡生物體具基因上的相似性，且足以自然繁衍後代。

生物體發生於族群、群落與生態系統

族群（population）為同時在同一地區存活的物種；**生物群落（biological community）**則為在同一地區生存，且會相互影響的全部族群。生物族群與其物質環境（水、礦物質來源、空氣、陽光）組成**生態系統（ecosystem）**。

食物鏈、食物網與營養層級

光合作用幾乎提供了整個生態系統的能量。生態系統的主要特性之一是**生產力（productivity）**，也就是在一定的地區與時間之內能產生的**生質量（biomass）**總量。光合作用是生態系統的主要生產力。具光合作用能力的生物體，稱為**初級生產者（primary producer）**；無法行光合作用的生物體稱為**消費者（consumer）**，透過吃其他東西以獲得營養物與能量。淨生產力是初級生產者累積於系統的總量，生態系統也許能擁有很高的總生產力，但如果**分解者（decomposer）**分解有機物質與生產者生產有機物質的速度一樣快，則淨生產力是很低的。

在生態系統中，有些消費者以單一物種為食物，但大部分的消費者擁有數種食

物來源。同樣地，有些物種只被一種掠食者所捕食，但在生態系統中的許多物種，可能是數種不同類型的掠食者與寄生生物的食物。以此方式，個別食物鏈互相連接形成**食物網**（food web）。圖 2.15 顯示在非洲稀樹草原中，一些較大生物體間的餵食關係。

營養層級（trophic level）是生物體在生態系統中的餵食位置。例如在熱帶草原中，草和樹是位於初級生產者的層級（見圖 2.15 的最底層），它們僅利用陽光、水、二氧化碳與礦物質就能自給自足，因此被稱自營性生物（autotroph）。吃掉初級生產者的是初級消費者，吃掉初級消費者的是二級消費者，而吃掉二級消費者的，就是三級消費者（有時稱為「頂級」肉食性動物）。

食物鏈的長度也能反應出特殊生態系統的物質特性，例如寒冷地區的食物鏈可能比溫和或酷熱地區短。

生物體也可藉由所吃的食物種類定義。**草食性動物**（herbivore）吃植物，**肉食性動物**（carnivore）吃肉類，而**雜食性動物**（omnivore）同時吃動物與植物。人類是天生的雜食性動物，人類的牙齒適合雜食性食物，其結合了撕裂與磨碎的能力。

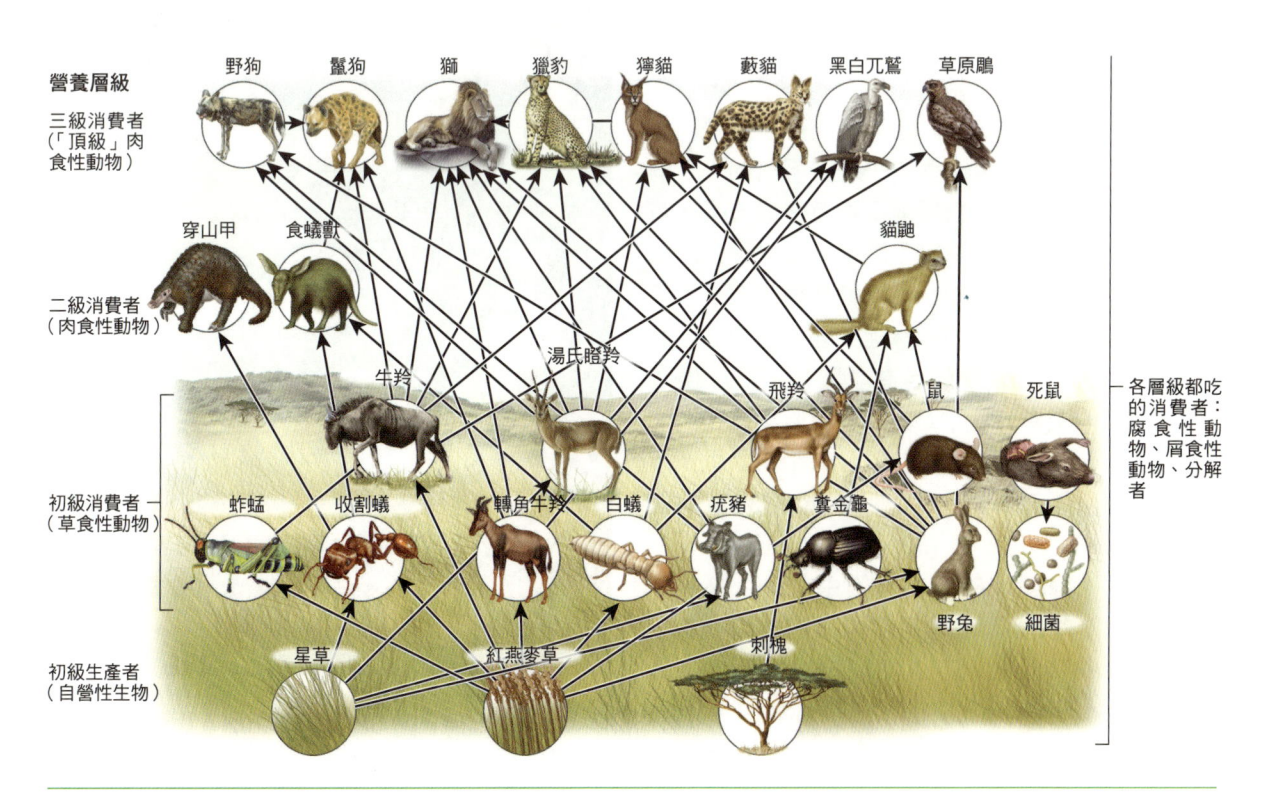

圖 2.15 食物鏈與生物體的餵食有關。在生態系統中，當掠食者捕食一種以上生物體，而形成食物網時，食物鏈就會變得錯綜複雜。圖中的箭頭指出物質與能量透過餵食關係而轉變的方向。

科學 探索

遙測、光合作用及物質循環

初級生產力的量測對於了解植物及區域環境是很重要的。它也是了解物質循環、生物活動等全球程序的關鍵所在：

- 在全球碳循環中，多少碳被植物貯存？貯存多快？在熱帶及極圈等相對環境中，碳的貯存如何比較？
- 碳貯存會如何影響全球氣候（詳見第 9 章）？
- 在全球營養鹽循環中，多少氮及磷被沖刷到近海？又在哪裡呢？

環境科學家如何量測全球尺度的主要生產力（光合作用）？在小型且相對密閉的生態系，像池塘，生態學家可收集與分析所有營養層級的樣本。但是此方法不可能用於大型系統，例如海洋。量化生產力最新的方法包括遙測或是衛星，可分析自地表反射的能量。

葉綠素會吸收紅及藍波長並反射綠色波長，而白色沙灘幾乎反射所有的光。同樣地，地球表面反射不同特徵的波長。有豐富葉綠素的深綠色森林以及滿是光合藻類的海面反射綠色及近紅外線的波長。乾褐且葉綠素低的森林則反射較多的紅色光和較少的紅外線能量（圖1）。為了偵測土地型態，可在衛星上裝設偵測器，例如 Landsat 7，所產生的影像為 185 公里寬，而且每一像素代表地上 30 m × 30 m 的面積。

Landsat 的軌道大約由極地至極地，所以每 16 天可以捕捉所有的地貌一次。SeaWiFS 主要監測海洋的生物活動（圖 2）。SeaWiFS 的路徑近似 Landsat，但是每天都會偵測一次，且像素解析度為 1 km。

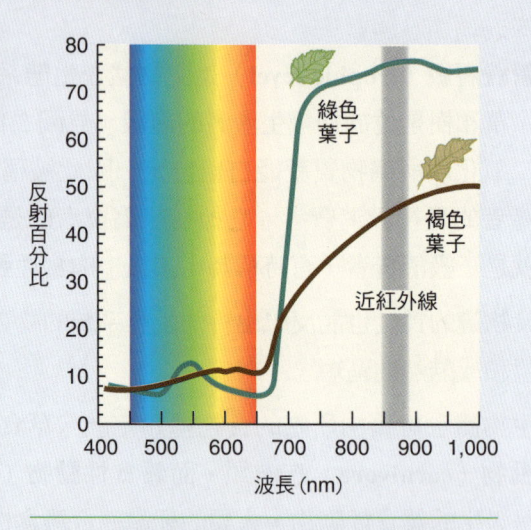

圖 1　綠色及褐色葉子所反射的能量波長。

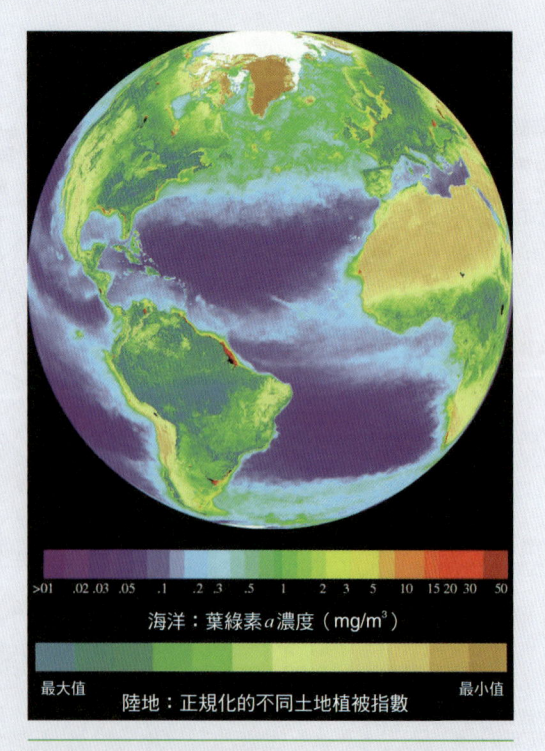

圖 2　SeaWiFS 的影像顯示海洋葉綠素豐富度及陸地上的植物生長（正規化不同植被指數）。

既然衛星能偵測較大範圍的波長，所以可以監測葉綠素的豐富度。在海洋，此技術可以量測生態系的健康及二氧化碳的攝取。藉由量化及地圖化海洋的主要生產力，氣候學家可評估海洋生態在調和氣候變遷的角色。

生物最終會被那些利用死亡屍體與廢棄物的生物體所利用。烏鴉、胡狼與禿鷹等**腐食性動物（scavenger）**會清除較大型的動物屍體；螞蟻與甲蟲等**屑食性動物（detritivore）**則會吃掉碎屑（碎肉、殘骸與糞便）；最後**分解者（decomposer）**，例如真菌與細菌，則完成生物體的分解，並將營養物送回土壤中，提供初級生產者養分。

描述營養層級的生態金字塔

大部分的生態系統擁有大量的初級生產者，提供少數草食性動物能量，草食性動物則轉而提供數量更少的二級消費者能量，此種關係可以用營養金字塔描述（參考「關鍵概念」）。

2.6 生物地質化學循環與生命程序

元素與化合物透過生物與環境無止境地循環。就全球的規模而言，此種轉移可視為生物地球化學的循環。

水文循環

水是最常見的物質循環（圖 2.16）。地球大部分的水儲存於海洋，但太陽能持續蒸發水體，而微風分散水蒸氣使其圍繞地球，以雨水、雪與霧的形式凝結於陸地表面，提供陸地生態系統所需。生物有機體藉由呼吸作用與排汗消散溼氣，而溼氣再進入大氣或湖泊與河川，最後再流入海洋。

碳循環

碳提供生物體雙重功用：(1) 它是有機分子的一個結構成分；(2) 碳化合物中的化學鍵提供代謝能量。**碳循環（carbon cycle）**從生物體進行光合作用攝取二氧化碳開始（圖 2.17），一旦碳原子被結合成有機化合物，循環路徑可能很快，也可能非常緩慢。當喝下果汁中一個簡單的醣分子時，醣分子在血液中可提供細胞行呼吸作用所需的能量，或被組成更複雜的生物分子。用於呼吸作用，可能在一小時或更

關鍵概念

能量和物質如何於系統中移動？

能量和物質的運動連絡系統中各部分。 在美國佛羅里達州南部的大沼澤地帶（Everglades），水分和養分的運動支撐光合作用運作，也支撐生態系統。最近，養分輸入增加，大沼澤地生態系統變得不穩定，且光合作用和生質量的累積（入侵性香蒲）也相對提高。

對於一般的生態系統，營養層級〔或稱**餵食層級**（feeding level）〕有利於將生物分群。在一般情況下，初級生產者（產生有機物的生物體，主要是綠色植物）由草食性動物（吃植物的動物）消費，草食性動物再由初級肉食性動物（吃肉的動物）消費，初級肉食性動物再被二級肉食性動物消費。分解者消費各個層級，並提供能量和物質給生產者。

為何發現生質量金字塔？

因為能量透過生長、熱、呼吸和運動而消失，所以每個營養層級需要低層級的大量生質量。這種無效率和熱力學第二原理一致，因為經過系統時，能量消散並降低至較低層級。

一般的經驗法則為：一個營養層級約只有 10% 的能源在下一個較高的層級中被顯現。例如，100 公斤的苜蓿草，約可產生 10 公斤的兔子；10 公斤的兔子，可產生 1 公斤的狐狸。

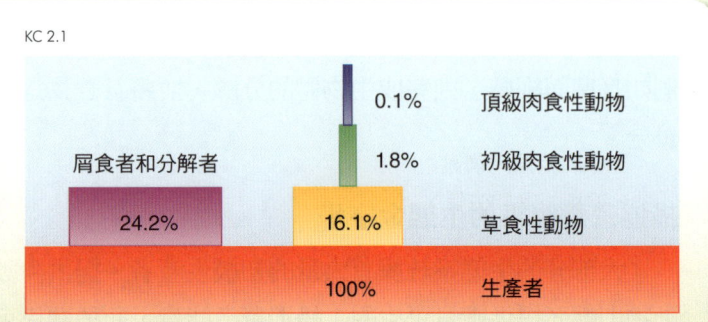

KC 2.1

	0.1%	頂級肉食性動物
屑食者和分解者	1.8%	初級肉食性動物
24.2%	16.1%	草食性動物
	100%	生產者

▲ 此例中，數字表示該比例的能量，將併入下一個新層級的生質量。

KC 2.2

為何在每個接續的營養層級中能量這麼少？

初級生產者 → 草食性動物 → 肉食性動物

1. 生物吃的部分食物未消化，無法提供有用的能量。

消費 → 消化 → 身體成長
未消化 → 呼吸
無消費 → 分解者和沉積物 → 熱量

2. 部分化學能（食物）轉為運動（動能）或為熱能，消散於環境中。使用在生長的能量，例如積累於肌肉組織中，仍然可在下一個層級消費。

如果金字塔被破壞，將會發生什麼？

生態系統面對許多類型的擾動和破壞。通常生態系統會及時恢復，有時則會轉移至新類型的系統結構。森林火災是一種擾動，短時間消除初級生產者。但火也加速營養物質通過該系統，曾經被鎖在樹幹中的營養鹽可支持新的成長。

移除其他的營養層級也會擾動生態系統，如果捕食者過多，被捕食物種將減少或消失。例如，過多的狐狸將消滅野兔族群；兔子太少，狐狸可能死光，或是牠們可能會發現替代獵物，此將進一步使系統不穩定。

另一方面，移除較高的營養階層也會破壞系統：如果沒有狐狸，野兔有可能過度消費初級生產者（植物）。

有時，金字塔可能暫時反轉。生質量金字塔中的生產者族群會因為週期震盪而反轉。例如，溫帶水生生態系統的冬季，植物和藻類生質量較低。

KC2.3

1 頂級肉食性動物
90,000 初級肉食性動物
200,000 草食性動物
1,500,000 生產者

夏天的草原

KC2.4

不要忘記小東西。 一公克的土壤可能含有數億細菌、藻類、真菌和昆蟲。

KC2.5

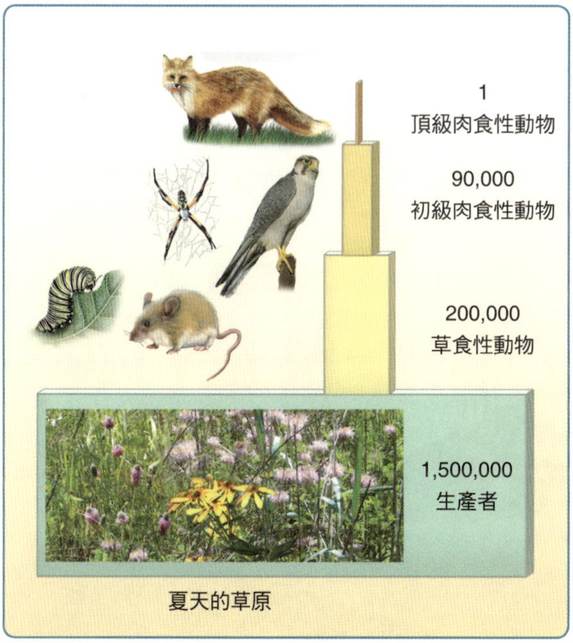

藉由數字

▲ 通常以生物體的數量思考金字塔，而非以每個層級的生質量考慮。此金字塔是普遍的模式。此金字塔中，許多較小的生物體支持下一個營養層級的一個生物體。因此，1,000 平方公尺的草原可能包含 1,500,000 生產者（植物），其支持 200,000 草食性動物，再支持 90,000 初級肉食性動物，但只支持一隻頂級肉食性動物。

請解釋：

1. 大體而言，你吃了多少營養層級？你的食物金字塔是大的或小的？
2. 你的營養層級就你所處的生態系的結構和穩定性而言是重要的嗎？
3. 請用熱力學的兩大定律來解釋食物金字塔。

45

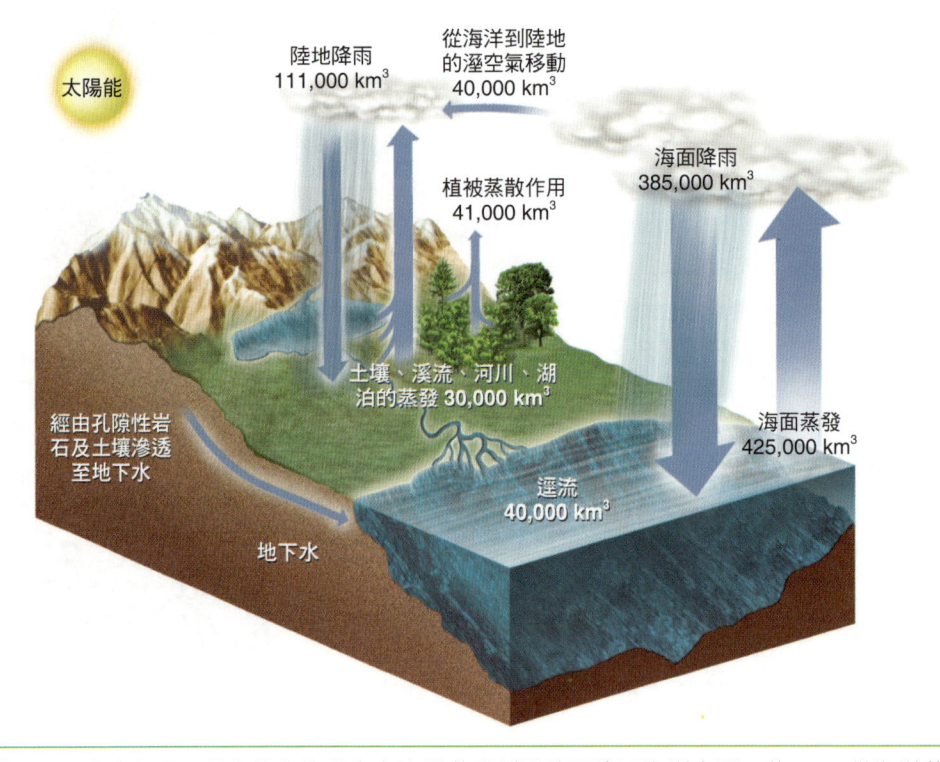

圖 2.16 水文循環。最大的交換發生在海洋蒸發以及降雨流回海洋之間。約 1/10 從海洋蒸發的水分會降落在陸地上，再經由陸地流至河流，最終回到海洋。

圖 2.17 碳循環。數字顯示大約的碳交換量（單位是十億噸（Gt）／年）。自然界的碳可互相平衡，但來自人類的生產會增加大氣中的二氧化碳。

短時間內呼出同一個碳原子（二氧化碳），而植物則可攝取這一個二氧化碳。

另一方面，身體也可使用醣分子組成較大的有機分子，變成細胞結構的一部分直到死亡。同樣地，在老樹中的碳，只有當真菌與細菌消化木頭時才會釋放。

碳循環有時要花費很長的時間，例如煤與石油是數百萬年前植物或微生物經壓縮與化學性質改變後所產生的。它們的碳原子（與氫、氧、氮、硫等）在煤碳與石油被燃燒時才會釋放。大部分的碳會以碳酸鈣的形式固定，成為海生生物體的貝殼與骨骼，例如原生動物與珊瑚蟲。

氮循環

對生物而言，氮是非常重要的營養物（氮是肥料的主要成分）。即使空氣中的氮占 78%，植物也不能使用氮氣（穩定的雙原子分子）。植物需透過非常複雜的**氮循環（nitrogen cycle）**來獲得氮（圖2.18），此循環的關鍵在於固氮細菌（nitrogen-fixing bacteria，包括藍綠藻或細菌），這些細菌可「固定」氮，或結合氮氣與氫氣以組成氨（NH_3）。

其他細菌可將氨氣與氧結合形成亞硝酸氮（NO_2^-）；還有一些細菌會把亞硝

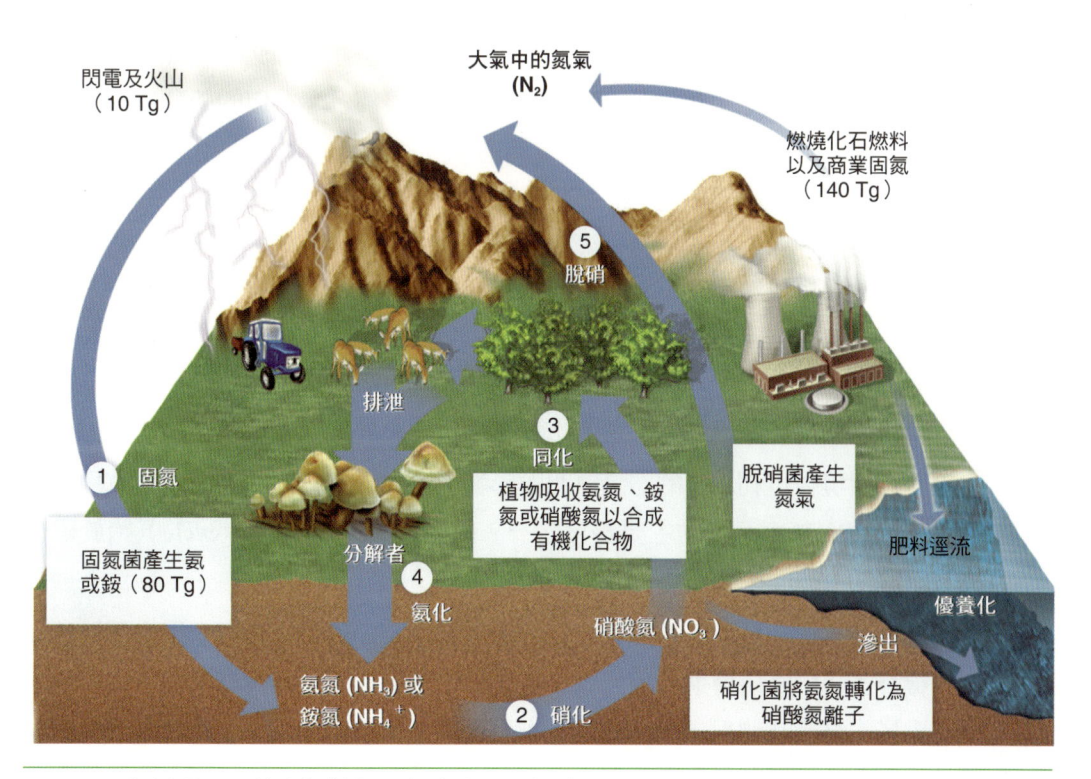

圖 2.18　氮循環。目前人類對氮固定（將分子氮轉化為氨或銨）的貢獻，大於自然界的貢獻約 50%。細菌將氨氮轉化為硝酸鹽，植物合成有機氮。最後，氮貯存於沉積物中或轉化為硝分子態氮（1 Tg = 1,012 g）。

圖 2.19 bump 被稱為（菌）瘤，覆蓋於這豆科植物的根部。每一瘤是根部組織的一團，內含許多細菌，會幫助轉化土壤中的氨以合成胺基酸，讓豆科植物同化利用。

酸氮轉化為硝酸氮（NO_3^-），讓綠色植物吸收利用。當植物細胞吸收硝酸氮後，會將硝酸氮還原成銨（NH_4^+），被細胞合成胺基酸，並進一步合成縮氨酸與蛋白質。

豆莢（豆科植物）與其他少數植物對農業非常有用，因為固氮細菌會存活在它們的根部組織（圖 2.19），可以增加土壤中的氮，所以在種植如穀物等作物時，間植豆科植物是有益的（可利用硝酸氮，但無法讓硝酸氮回歸土壤中）。

氮以數種方式重新進入環境，最明顯的途徑是透過生物體的死亡，真菌與細菌分解死亡的生物體，釋放出氨與銨離子，有利於硝酸氮的形成。植物的樹葉、針葉、花朵、水果與毬果脫落；動物的毛髮、皮膚、外骨骼、蛹的殼與蠶絲等都是蛋白質的來源。動物的排泄物與尿等廢棄物，也含有氮化合物。尿中氮的含量特別高，因為含有蛋白質代謝的去毒廢棄物。生物有機體的這些副產物分解，皆可補充土壤肥料。

氮如何重新進入大氣中完成循環呢？脫硝菌轉化硝酸氮成為氮氣與氧化亞氮（N_2O），氮氣會回到大氣中。因此脫硝菌會與植物根部爭奪有用的硝酸氮。然而，脫硝作用主要發生在浸滿水的土壤中，其溶氧利用率低，並會利用大量的有機物質。此情況適合許多沼澤與溼地的野生植物物種，但不適合大部分栽培的作物物種（除了稻米以外）。

磷循環

從岩石釋出礦物質，有利於生物體。磷與硫的循環，對於生物體而言特別重要，因為在細胞中，能量豐富的磷酸化合物，是能量傳送反應的主要參與者。

因此，環境中可利用磷的總量會明顯影響生產力。豐富的磷促使大量植物與藻類生長，使磷成為水污染的主要禍首之一。**磷循環（phosphorus cycle）** 始於磷化合物長時間從岩石與礦物質析出時（圖 2.20）。

因為磷沒有存在於大氣的形式，它通常只在水體中傳輸。生產者攝取無機磷並合成有機分子後，將磷傳遞給消費者，最後藉由分解作用重回到環境中。磷循環的一個特點是，循環時間很長。深海沉積物是可維持很長時間的重要磷來源。被採集以製造清潔劑與無機肥料的磷礦石，是存在海洋數千年的沉積物。現今使用的磷酸鹽，清洗後進入河川系統，最後流到海洋，而再度成為磷的重要來源。水體生態系

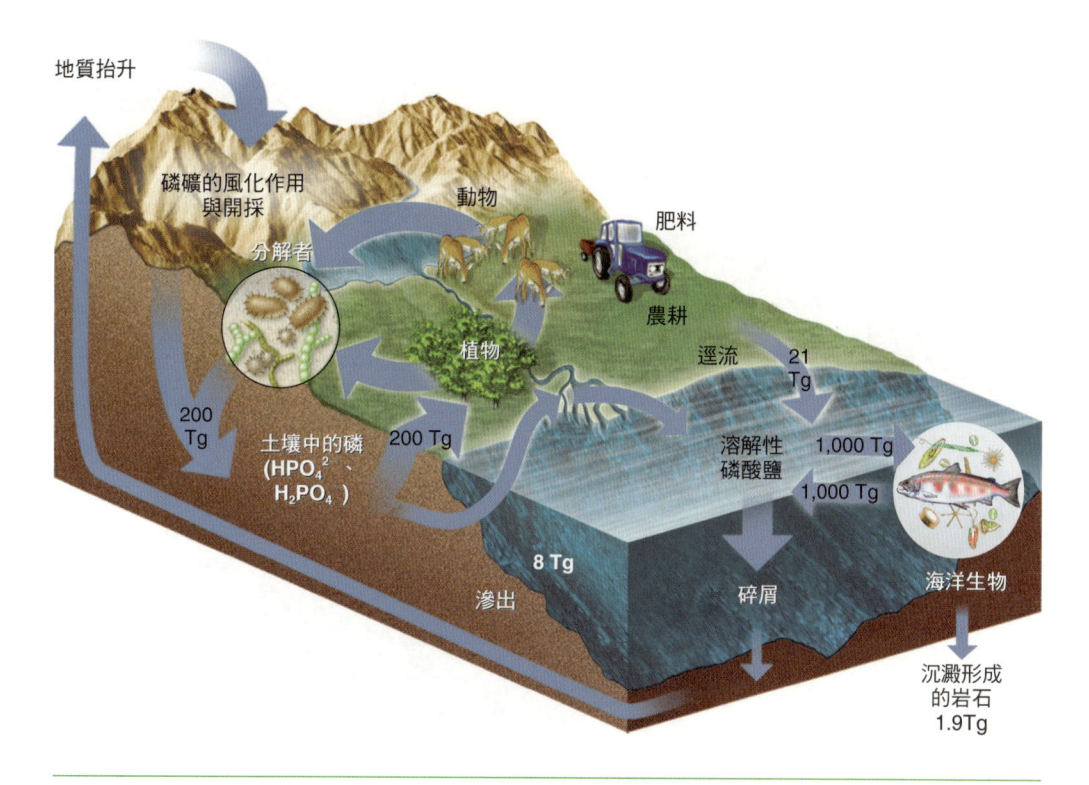

圖 2.20　磷循環。磷的自然移動相當輕微，包括生態系統的循環或是含磷岩石的沖蝕或沉積。使用磷酸（PO_4^{-3}）肥料或清潔劑會增加生態系統的磷，造成優養化。單位：兆克（Tg）／年。

統明顯被此程序影響，因為過量的磷會促使藻類與光合成細菌大量生長，擾亂生態系統的穩定。什麼方法可以減少排入環境中的磷總量呢？

硫循環

硫是生物體維持生命的必備元素，特別是蛋白質的必要元素。硫化合物是降雨、表面水與土壤酸化的重要因素；此外，在微粒中與空中傳播小水滴中的硫，也是全球氣候的重要因子。大部分地球的硫會留在地層岩石與礦物質內，例如二硫化鐵（黃鐵礦）或硫化鈣（石膏），從深海底排氣散發的風化與火山爆發，會釋放此無機硫進入大氣與水體中（圖 2.21）。

硫循環（sulfur cycle） 有許多氧化態，主要有硫化氫（H_2S）、二氧化硫（SO_2）、硫酸根離子（SO_4^{2-}）。無機程序進行許多轉化反應，而有生命的生物體（特別是細菌）也會將硫沉積於底泥中，或將它釋放至環境。

人類活動也釋放出大量的硫，主要來自燃燒化石燃料。每年人為排出的硫總量接近自然過程排出的量，而且酸雨已成為許多地區的嚴重問題（詳見第 9 章）。二氧化硫與硫酸鹽酸霧危害人體健康、損害建築物與植被，並降低能見度。它們也會

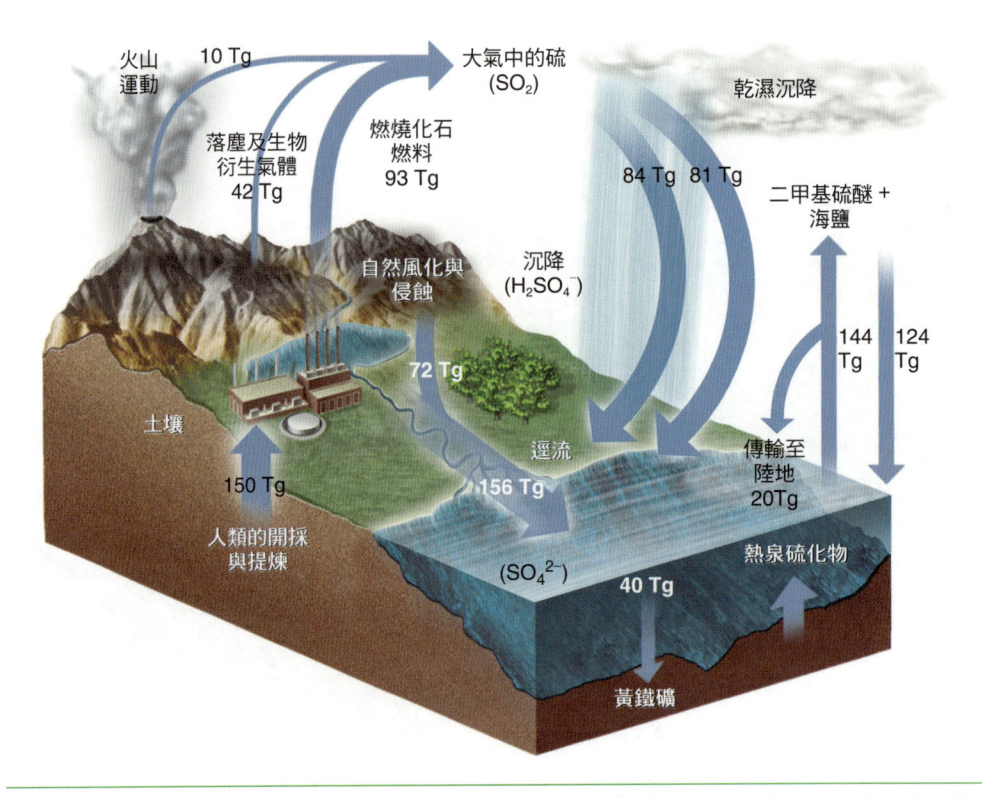

圖 2.21 硫循環。硫主要存在於岩石、土壤與水中。當生物體攝取硫於體內時，硫則循環於生態系統中。化石燃料的燃燒使大氣中硫化物的濃度增加，產生與酸沉降有關的問題。

吸收紫外線（UV）輻射，產生雲層遮蔽效應，使城市溫度降低，也可能因增加二氧化碳濃度而引發溫室效應。

　　海洋浮游植物所釋出的硫，對全球氣候也有影響。當海洋水體是溫暖時，微小的單細胞生物體會釋出 DMS 硫化物（dimethyl sulfide），進一步被氧化為二氧化硫，最後以硫酸根形式存於大氣中。有如雲層水滴凝結核般，這些硫酸鹽酸霧增加地球的反照率（反射率），可降低地球溫度。當通過大氣層的陽光較少，海洋溫度下降，水中浮游植物活性會降低，此時 DMS 的產量減少，雲層也會消失。

問題回顧

1. 何謂系統？回饋迴路如何管制系統？
2. 你的身體含有大量的碳原子，你認為其中一部分的碳原子有沒有可能曾經是史前生物身體的一部分？
3. 寫出水的六種性質，並簡單敘述為何這些性質使得水對生物體而言是不可或缺的？
4. DNA 是什麼？為什麼很重要？
5. 海洋儲存了巨大的熱量，但人類只使用這巨大能量的一小部分（除了氣候調節之外），請解釋高品質能量與低品質能量之間的差異。
6. 嗜極端生物生長在何處？其如何獲得生存所需的能量？
7. 生態系統需要能量來運作整個系統，這些能量來自何處？又到哪去了？
8. 綠色植物如何獲得能量？又用這些能量做什麼？
9. 請定義物種、族群和生物群落。
10. 圖 2.17 中，相較於陸地上呼吸作用釋放的碳量，人類活動所造成的碳量釋放至大氣的比例為何？

批判性思考

1. 請到行政院環境保護署水質保護網現地處理網頁（http://water.epa.gov.tw/Page5_4.aspx）瀏覽水自然淨化系統的相關資料，並比較各河川之水質數據。討論這些數據的意義。
2. 思考每天生活中增加熵的實際例子。雜亂的房間是熱動力學運轉中的證明？或只是個人的喜好？
3. 有些化學鍵微弱且半衰期相當短（有時候只有幾分之一秒）；有些則很強，持續幾年、甚至幾世紀。如果所有的化學鍵不是都很弱就是都很強，世界會變成什麼樣子？從 2011 年 3 月 11 日日本大地震的福島核電廠核災，你得到什麼啟示？
4. 如果必須進行一個評估生態系中生產者與消費者相關的生質量的研究計畫，你必須量測什麼？（注意，這可以是自然生態系統或人工飼養動物的密閉性系統。）
5. 對於了解物質循環（例如碳循環）而言，了解儲存區分是必要的。回顧你家的後院，有多少碳儲存區分呢？哪一個最大？哪一個最持久？

3 進化、物種互動與生物群落

Evolution, Species Interactions, and Biological Communities

臺灣有崇山峻嶺、平原、海洋，造就特殊的地表景觀及多樣化的生物群落。圖為南部橫貫公路（起點臺南玉井，經高雄甲仙、終點臺東海端）大關山附近的風光。
（白子易攝）

> 我不會將任何生物視為神奇的創造，而是視為在寒武紀第一層底床沉積前就已存活很久的某些生物所延續的後代。在我眼中，他們顯得崇高。
>
> —— Charles Darwin

學習目標

在讀完本章後，你可以：

- 說明物種多樣性如何發生。
- 了解為何物種棲息在不同位置。
- 評估物種間的交互作用如何影響物種和群落的宿命。
- 分析具無限制生長潛能的物種是否會充斥全世界。
- 比較物種群落的特殊性質及其重要性。
- 分析物種多樣性與群落穩定性的關係。
- 定義擾動，並說明其如何影響群落。

案例研究

達爾文的探索航程

1831 年，22 歲的達爾文開始了他在小獵犬號（*H.M.S. Beagle*）的 5 年航程。達爾文本來是一個平庸的學生，直到大學的最後一年遇到啟發他靈感的教授們，其中一位幫助他在小獵犬號上擔任無給職的自然學家。達爾文逐漸蛻變為好問的思想家、熱切的標本收藏家及探險家。

歷經 4 年的探索與蒐集，達爾文到達離厄瓜多爾海岸 900 公里遠的加拉巴哥群島（Galápagos Islands）（圖 3.1），這些群島被強冷氣流及風勢與陸地隔離。此地處偏遠的群島有許多特有物種。雀科鳴鳥特別有趣：每座島嶼都有各自不同的鳥種，藉由明顯的鳥嘴得以區分；每種鳥嘴的形式皆適合該座島嶼的食物取得，顯然由於某種未知的原因，這些鳥類已進化到可以適應不同的環境。

他返回英國後研讀馬爾薩斯（Thomas Malthus）所發表的論文（*Essay on the Principle of Population*, 1798），提到人類持續繁衍已超過資源可容納生物的最高容量（承載容量，carrying capacity），但飢荒、疾病與競爭會消弭過剩的族群。達爾文由此想到近似進化的解釋：物種產生許多後代，但只有適應環境者能繼續生存下去；弱勢競爭者無法繁殖並傳遞其特徵。達爾文將此稱為天擇（natural selection，或譯為自然選擇）。

達爾文在 1842 年完成進化論（theory of evolution）的手稿，但在後來 16 年卻未發表。1859 年，他終於發表曠世巨作——《物種起源》（*On the Origin of Species*），在當時引起正反評價。達爾文的研究仍然是想像與觀察最重要的例子之一，好的理論不斷累積能夠解釋新的證據，也是進一步探索與討論的出發點。物種如何繁衍以及如何相互影響是進化的重點，也是科學家在達爾文理論發表後的 150 年內，持續探索與討論的主題。

欲了解更多資訊，請詳見：
Darwin, Charles. *The Voyage of the Beagle* (1837) and *On the Origin of Species* (1859).
Stix, Gary. 2009. Darwin's living legacy. *Scientific American* 300(1):138-43.

圖 3.1 加拉巴哥群島正好提供檢視生物多樣性和物種互動的研究實驗室。

3.1 演化導致多樣性

為何一些物種生長在特定地方？對環境科學家而言，更重要的問題是，造成地球物種高度變異的機制是什麼？決定物種生長在特定地方的機制又是什麼？

自然選擇與適應調適物種

適應（adaptation）就是物種擁有存活於某環境的能力，是生物學最重要的概念之一。

適應這名詞可用在兩方面。個別生物體可在某過程中對改變的環境立即反應，稱為馴化（acclimation）。例如，整個冬天都置於室內的植物，在春天時移到充滿陽光的室外，可能會被曬傷。如果傷害不太嚴重，植物可能會長出較厚的角質層與色素密度較高的新葉子，以阻隔陽光。然而，這類改變不是永久的。

另一種形式的適應影響族群。遺傳特徵代代相傳，可讓物種更成功地生長在特殊環境（圖3.2）。進化（evolution）論可解釋此程序。進化論由達爾文（Charles Darwin）提出，根據此項理論，物種透過競爭稀有的資源而逐漸變化。**自然選擇**（**natural selection**，或稱**天擇**）解釋此程序，適者生存且繁殖得更成功，而較差的競爭者很可能死亡或無法繁殖。競爭優勝者擁有的遺傳特徵，提供個體更好的優勢。

自然選擇的發生是因為每一族群自然發生微小且隨機的突變（mutation，遺傳物質的變化），造成遺傳的變異性（特徵的自然變化性）。突變可能會帶來正面或負面的影響，也就是說由一特殊遺傳改變所創造出的特性，可能有害，也可能有益。自然選擇趨向捨棄負面特徵，並保存有益的特徵。在資源或環境有限的條件下，族群中可能會產生**選擇壓力**（**selective pressure**），減少適應力差的個體成功繁殖的機會，擁有優勢特徵的個體，在族群中所占的比例也相對增多。

限制因素影響物種的分布

環境因素引起選擇壓力，並影響個體及其後代的適應性。由於此因素，物種受到其生長環境的限制。限制包括：(1) 由不適當的環境因素引起的生理壓力，例如溼度、光線、溫度、酸鹼度或特殊營養鹽；(2) 與其他物種的競爭；(3) 包括寄生蟲病與疾病的掠

圖 3.2　脖子較長的長頸鹿，可得到較多食物並擁有較多後代，漸漸地，這種特性在族群中固定下來。

圖 3.3　生長在索諾蘭沙漠的北美洲巨形仙人掌，其分布的北端界限，受到關鍵環境因子──冰點溫度──所控制。當地的地形卻可讓少數個體跨越北端界限，顯示單只有一個溫度因子並無法解釋確切的北端界限。

食；(4) 運氣。某些狀況下，生物體可在大災難中存活，或發現新的棲地並形成新的族群；運氣好的話，可能會比前一個環境條件更好。

每一生物體都受限於其能忍受的環境條件。溫度、溼度、營養供給、土壤與水的化學性質、生活空間與其他環境因素都必須在適當的範圍內，才能適合生物體生存。1840 年李比希（Justus von Liebig）提出，相對於需求的最低供給的單一因素，是決定物種分布的**關鍵因素（critical factor）**。在亞利桑那州南方與墨西哥北方有一乾燥炎熱的索諾蘭沙漠（Sonoran Desert），生長於該沙漠的巨形仙人掌（Carnegiea gigantea）對低溫相當敏感；在異常寒冷的冬夜，若溫度低於 0°C 長達 12 小時以上，便會扼殺樹枝末梢的生長（圖 3.3）。

生態學家雪佛（Victor Shelford）延伸解釋關鍵因素，認為每一環境因素有最大與最小範圍，稱為**忍受極限（tolerance limit）**；若超出此範圍，特定物種將會無法存活與繁殖（圖 3.4）。雪佛認為最接近這些生存限制的單一因素，是決定某一特定生物體可在哪些地方生存的關鍵因素。生態學家嘗試定義限制每一種族群生長的特定因素。然而，對大部分物種而言，許多因素交錯在一起的相互影響（超過單一

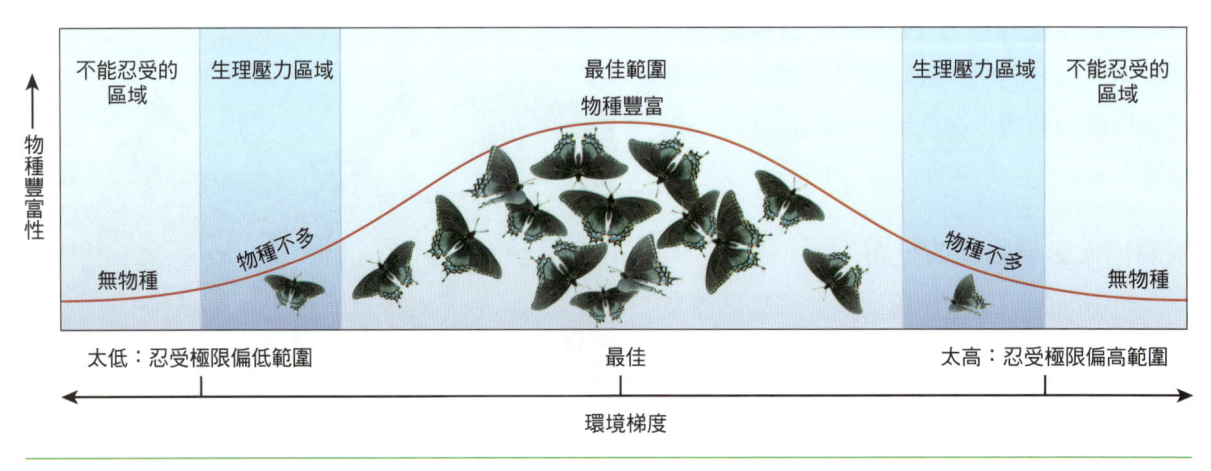

圖 3.4　忍受極限影響物種族群。對於每一個環境因素，生物體有最大與最小的可接受範圍，超出此範圍時某一特定物種就無法存活。任何物種在隨著環境梯度產生最大數量之處，是在該物種最重要關鍵因素的最佳範圍附近。接近忍受極限時，物種數量會大幅減少，因為只有少數個體可以生長在限制因素的壓力下。

因素），也決定生物的地理分布。例如，在美國新英格蘭或太平洋西北部的岩石海岸，貽貝與藤壺（一種甲殼類動物）可以忍受非常惡劣的環境，但常常只受限在潮間帶區域。這種分布並非單一因素所能決定，溫度極值、潮汐間乾燥時間、鹽份濃度、競爭者、食物取得情況等因素結合在一起，反而限制這些動物的數目與所在地。對於其他生物體而言，可能有一種特殊的關鍵因素，決定在某區域物種的範圍與分布。動物物種的忍受極限也顯示，成年動物的忍受力通常比年幼動物更好。

有時物種的忍受力，是判斷特定環境特性的**指標**（indicator），物種存在與否可顯示整體群落與生態系統的狀態。例如，地衣是空氣污染的指標，因為它們對二氧化硫與臭氧非常敏感。同樣地，鱒魚需要乾淨且氧氣充足的水源，所以鱒魚存在與否是水質指標。

生態地位是物種在環境中的角色

棲地（habitat）是特定生物體生長的地方或環境條件，而**生態地位**（ecological niche）是指物種在生物群落中扮演的角色，或是決定物種分布的環境因素。用生態地位描述群落角色的概念，是由英國生態學家艾爾頓（Charles Elton）率先提出，描述物種如何獲得食物、與其他物種的關係，以及提供群落的服務。30年後，美國湖沼生物學家哈欽生（G. E. Hutchinson）對此概念提出更具生物物理學的定義。他指出每一物種都具有物理與化學條件的範圍（溫度、光線、酸度、溼度與鹽度等），以及所存在的生物相互影響（掠食者與犧牲者、防禦措施與可利用營養物資源）。生態地位的概念遠比關鍵因素複雜。

像鼠類或蟑螂等**通才物種**（generalist species），可吃各種食物，故可在很多地方棲息；而貓熊等**專才物種**（specialist species）只能在有限的範圍生存（圖3.5），也不像通才物種可以適應環境干擾或變化。**特有種**（endemic species）是僅在某特定形態棲地才可發現的棲地專才種。

一段時間過後，當物種發展新策略開發新資源時，生態地位會隨之改變。大象、黑猩猩與狒狒等少數物種，學習如何在團體中表現，在面臨新機會或挑戰時，也能夠想出應變的新方法。

大貓熊（專才物種）

黑熊（通才物種）

↑降雨

溫度 →

圖 3.5 通才物種，如美洲黑熊可以忍受各種環境條件。而專才物種剛好與此相反，例如大貓熊，從原本肉食性演變到生活僅以竹子為食，難以在不利的環境條件下生存。

然而，大部分的生物體受限於遺傳的生理結構，由與生俱來的行為建立其地位。

競爭排斥原理（competitive exclusion principle）指出，不會有兩物種在同一棲地占有同一地位，也不會長期競爭同一資源。最後，其中某物種會獲得大量的資源，而另一物種則會因遷移至新地區而在原地區絕種，或改變其行為、生理機能以減少與其他物種競爭。後者的進化程序稱為**資源分配（resource partitioning）**。資源分配可使數種物種利用同一資源的各種部分，並共存於同一棲地（圖 3.6）。物種也能透過時間區隔，例如燕子與蝙蝠都吃昆蟲，但前者在日間活動，而後者則在夜間活動，造成兩者無競爭覓食的情況。

圖 3.6 幾種木鳴禽物種使用同一森林的不同組織層，因此論證資源分配與生態地位的概念。這是競爭排斥原理的典型例子。

改編自：R. H. MacArthur (1958) *Ecology* 39:599-619.

物種形成導致物種多樣性

如果時間夠長，許多小改變（突變）可以使物種更適應新的環境條件，有時甚至會進化創造出全新的物種。達爾文在加拉巴哥群島所觀察到雀科鳴鳥是一案例，雀科鳴鳥源自臨近陸地單一物種，目前進化成 13 種不同的物種，在外觀、食物與習性上皆明顯不同。吃水果的擁有較厚、類似鸚鵡的喙；吃種子的擁有較大、能壓碎的喙；而吃昆蟲的擁有較薄、銳利的喙，以捕捉食物。最不同的物種是類似啄木鳥的鴷形樹雀，啄食樹皮以捕捉深藏的昆蟲。然而，因為缺少啄木鳥的長舌，所以使用仙人掌針做為工具以吸取蟲子（參考「關鍵概念」）。

新物種的發展稱為**物種形成（speciation）**。新機會（新的食物來源與資源）或危機（天氣改變、新的掠食者或競爭者出現）都會造成物種形成。**地理隔離（geographic isolation）**也是物種形成的機制，稱為**異域性物種形成（allopatric speciation）**，是指物種在非重疊性地理區域形成。加拉巴哥群島的雀科鳴鳥源自臨近陸地，在島上無法分享其他基因，因此隔離繁殖。

有時行為也會造成隔離，例如族群成員不同的時間和地點餵食、睡覺、交配或溝通，即便在同一地區，也會分歧進化，稱為行為隔離（behavioral isolation）。這個**同域性物種形成（sympatric speciation）**的例子，發生在與原型物種同一地理區域。

在隔離時，選擇壓力塑造個體的生理、行為及基因特徵，造成族群特性隨時間轉移（圖 3.7）。從特性的原本範圍，選擇壓力特性趨向極端方向，稱為定向選擇（directional selection）；也可能窄化特性的範圍，稱為穩定選擇（stabilizing selection）；還可能分離特性趨向兩種極端，稱為分裂選擇（disruptive selection）。

小族群處於新區域（例如海島、山巔等獨特棲地）會發生族群一部分個體較其他個體喜歡新環境的情況（圖 3.8）。此時，這一部分個體所擁有的生理及行為特性會遺傳到下一代，而且此特性將經常性轉移至族群。

分類學描述物種間的關係

分類學是生物體類型與其關係的研究，可追蹤生物體如何從一共同祖先進化。如同族譜，分類關係可以用類似族譜樹的排列方式展示。科學家通常使用屬與種，組成**二命名（binomials）**，也稱為學名或拉丁名。這些名稱有助於科學家連接每一物種，一般生物體使用下列分類層級，包括界（kingdom）、門（phylum 或 division）、綱（class）、目（order）、科（family）、屬（genus）、種（species）。例如你是 *Homo sapiens*（現代

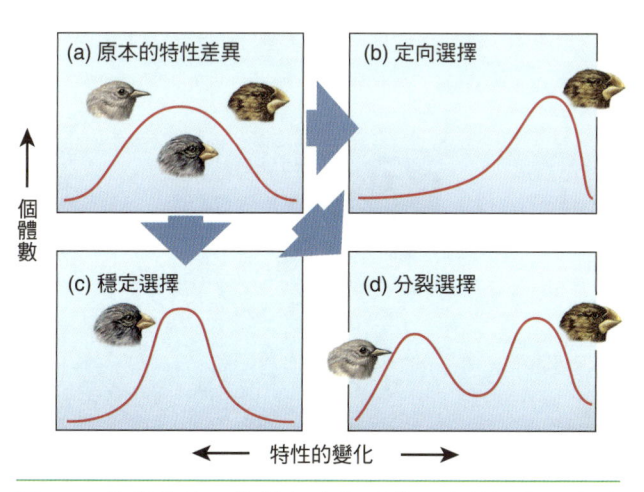

圖 3.7 物種特性，像是鳥喙的形狀，會隨選擇壓力改變，使某種型態更適合生存。(a) 從該特性本來就有各種差異的原本族群，(b) 環境條件可能對某種極端有利，(c) 或對兩種極端皆不利。(d) 當一個族群占據條件相對的環境時，在不同區域的特性可能會分裂，形成兩種不同的族群。

圖 3.8 地理隔離是異域性物種形成的機制。在寒冷潮溼的冰河時期，亞利桑那州被森林覆蓋，紅松鼠可以自由遷徙及交配。當氣候變得溫暖、乾燥後，平地上沙漠取代森林，而較冷的山頂仍然保有森林，變成亞利桑那州紅松鼠唯一可以生存的地方。當山頂的紅松鼠變成繁殖性隔離時，會開始發展新特色。

關鍵概念

物種來自何處？

藉由自然選擇的進化

達爾文因解釋進化而聞名，但他是在十九世紀沉思一個大問題的眾多人之一：**新物種如何出現**？達爾文與生物地理學家華萊士同時發展的觀點是「**自然選擇**」。達爾文指出，馬和狗的育種員選擇動物某些優良的特徵，包括速度、力量等，使這些特定物種的特質透過繁殖重現，同時也避免不理想的特徵出現。

達爾文認為，自然的機會可能會以同樣的方式行事。例如，鳥類族群通常有一些細微的變化，例如羽翼的形狀和尺寸等特徵。有時候，環境條件會使其中的一些特徵形成優勢：例如，如果動物的主要食物是硬殼種子，可能會發展更強而有力的鳥嘴以便輕鬆破壞硬殼的種子。粗壯的鳥嘴賦予這些物種優勢，因此隨著時間的推移，這些物種的後代，具強壯鳥嘴的個體將主宰族群。不具有此優勢之物種可能完全消失。

另一方面，優勢物種的食物來源如果是小又軟的幼蟲，那輕盈且方便移動的嘴反而有利，強壯鳥嘴的物種可能消失。

自然選擇的主要觀點是什麼？

1. **自然選擇**發生於當環境使得某種類型的特徵特別有利之時，會讓擁有此特徵的個體繁殖得比其他個體頻繁且成功。食物資源、氣候、天敵或其他因素可能會造成自然選擇。
2. **突變**（變化）會在族群中藉由繁殖隨機發生。例如有些鳥羽翼稍長，或鳥嘴較短。
3. **基因漂變**（genetic drift），或稱為族群內特性轉移，可能在小型或孤立的族群內發生。如果不尋常的特徵（例如，紅色頭髮的人）在小型族群中相對普遍，此特徵傳遞給後代的可能性相對提高。
4. **隔離**會分離群體，使基因漂變的可能性增加。加拉巴哥群島的隔離現象顯示，島上生態系統鳥類物種及食物來源較少，不同島上的物種會因特定食物而被特殊化。地理隔離也會減少與大型族群雜交——可混合其他特徵——的機會。

加拉巴哥群島，距南美洲 1,000 公里左右，因不尋常的物種讓達爾文形成自然選擇的觀念而著名。各個孤立島上的雀科、嘲鶇及其他物種，對不同的食物來源和環境顯示獨特的適應性。然而，牠們的相似之處卻指出，其有共同的祖先。

噴火口的特徵顯示這些島嶼都是火山島。當它們出現在海平面時，就已註定被隔離。從遠處大陸來到加拉巴哥群島的物種相對較少，因此，從共同的祖先產生歧異相對容易。

KC 3.1

大嘴地雀（種子）

▼ 鴷形樹雀用仙人掌刺探測樹皮下的昆蟲。

鴷形樹雀（昆蟲）

仙人掌地雀（仙人掌果和花）

加拉巴哥群島

40 km (25 mi)

▶ 鳥嘴的形狀適應於加拉巴哥群島不同島上可獲得的食物來源。

素食樹雀（葉芽）

KC 3.2

中美洲

加拉巴哥群島距離大陸約 1,000 公里（600 英哩）

南美洲

選擇壓力是改變物種特徵相關因素的通用名詞。對資源的**競爭**可發揮選擇壓力，使物種進行分配或分離對資源的使用。當資源利用重疊時，共享資源的個體（圖 a 橘色區域）處於劣勢，特殊化的個體應該更為豐富。族群的特徵隨時間分化後，導致特殊化，生態地位廣泛性較窄，物種間的競爭較少（圖 b）。**物種形成**，或分離為完全獨立的物種，則肇因於競爭或隔離。

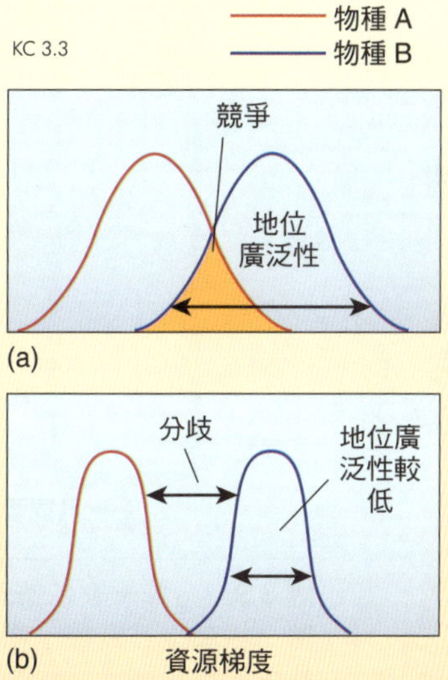

種內競爭（同一物種內部）會導致色彩繽紛、令人驚訝的特徵。▶

KC 3.5

KC 3.3

― 物種 A
― 物種 B

競爭
地位廣泛性
豐富性
(a)

分歧
地位廣泛性較低
(b)
資源梯度

兩種涉水禽鳥在泥灘的**分配**：北方雉行鳥使用較短的鳥嘴在水面捕捉昆蟲，雙頸長的黑頸長腳鷸則用較長的嘴深入探查。▼

KC 3.4

KC 3.7

▼ 隔離島上乾燥的環境塑造加拉巴哥陸龜。

KC 3.6

這為什麼重要？

自從達爾文於 1859 年發表物種起源後，無數研究證實他的**進化論**。藉由自然選擇而進化的觀念，或稱為「修正的血統」，正如達爾文所稱，可描述數以百萬計的生物中之演化關係，並了解為什麼如此餵食、呼吸、繁殖。

現在，可藉由自然選擇機制了解生物程序。每當注射一劑流感疫苗，可知此疫苗乃經由仔細觀察迅速演化的流感病毒所製造的，以適合各種最新的病毒。▼

KC 3.8

KC 3.9

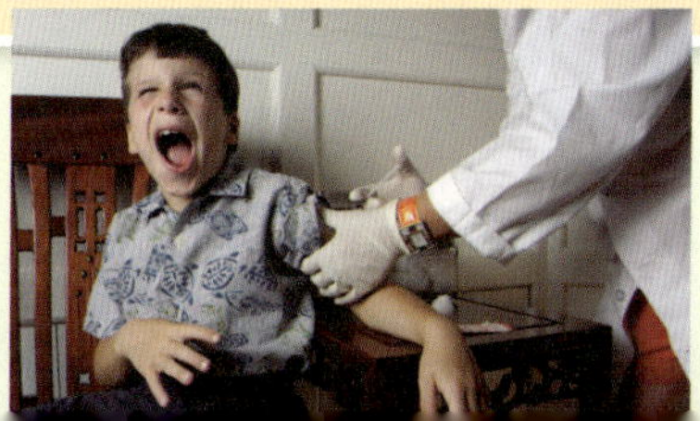

請解釋：

1. 什麼因素使得自然選擇相當有可能發生在加拉巴哥島？
2. 考慮幾種住家附近的鳥類，什麼種類的食物資源或餵食策略會造成狹小的鳥嘴？肥厚的鳥嘴？
3. 請提出一個你所熟悉的兩種生物之間資源分配的例子。

61

表 3.1　兩個常見物種的分類

分類層級	人類	玉蜀黍
界	Animalia	Plantae
門	Chordata	Anthophyta
綱	Mammalia	Monocotyledons
目	Primates	Commenales
科	Hominidae	Poaceae
屬	*Homo*	*Zea*
種	*Homo sapiens*	*Zea mays*
亞種	*H. sapiens sapiens*	*Zea mays mays*

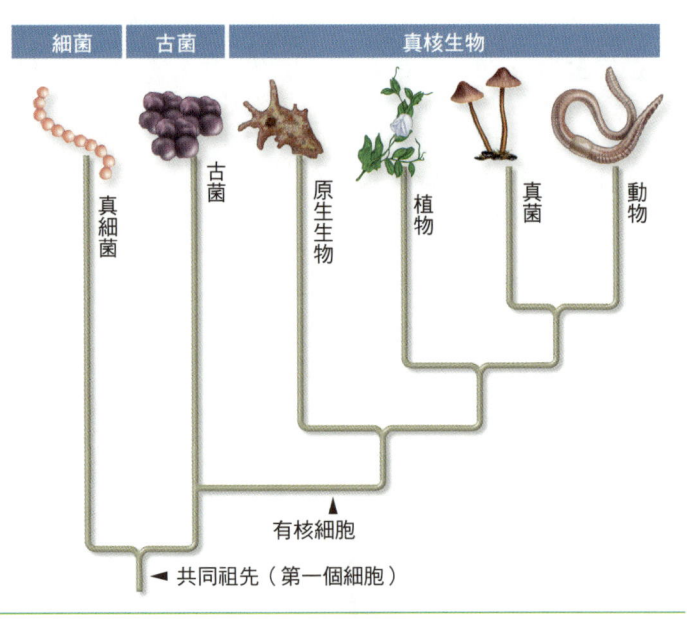

圖 3.9　分類學家依據基礎細胞結構將生物體區分成三域系統（細菌、古菌以及真核生物）。這些是在過去的四十億年從同一個祖先進化而來。真核生物包括動物、植物、真菌以及原生生物等。

人），食用 *Zea mays*（玉蜀黍）製成的穀片（表 3.1）。這兩樣分別屬於兩個最知名的界：動物與植物。科學家分類 6 種不同的界，包括：動物、植物、真菌（黴菌與蕈）、原生生物（藻類與原生動物）、細菌（bacteria 或 eubacteria）與古菌（archaebacteria）（圖 3.9）。不同的界各包含數百萬不同的種。

3.2　物種交互作用

對稀少資源的掠食與競爭，是進化與適應的主要因素。然而，並不是所有生物的交互作用都是屬於競爭，生物體為了生存與繁殖，會與自己物種的個體或其他物種個體互相合作（或至少忍受）。

競爭導致資源配置

在生物群落中，競爭是一種敵對關係。植物為了根與幼芽系統而競爭生長空間，在印尼的雨林植物會競爭光線與生活空間，如蕨類與鳳梨科植物的附生植物，藉由棲息於大樹主幹上而生長。如果附生植物不傷害寄主，可能是單方利益共生的關係。但有時附生植物的重量會破壞樹枝，甚至使得整棵樹傾倒。動物為了生活、築巢、覓食區域而競爭，也為了食物、水與交配而競爭。在同物種內的競爭，稱為**種內競爭**（intraspecific competition），而在不同物種間的競爭，稱為**種間競爭**（interspecific competition）。

競爭通常是為了獲得食物或棲地。研究顯示，當兩物種競爭時，若其中一個接近環境因素的最佳範圍則占優勢，另一個物種就會失敗。

種內競爭也像種間競爭一樣劇烈，同一物種的個體具有相同的空間和營養物需求，為了環境資源而直接競爭。生物體處理種內競爭的方法之一是藉由傳播：植物利用風、水與動物散布種子遠離母株。年輕的動物獨立時，就儘可能離開父母的領土，積極防禦領土權可使種內競爭減至最小。減少種內競爭的另一方法是資源分配，年輕物種使用有別於成熟物種的資源，蝶的幼蟲吃葉子，有別於吸取花蜜的蝶。這些例子中，物種的成年與年輕世代不會互相競爭，因為占據不同的生態地位。

掠食影響物種關係

所有生物體都需要食物，生產者製造食物，而消費者吃其他生物體所產生的有機物。消費者包括草食性動物、肉食性動物、雜食性動物、腐食性動物、屑食性動物與分解者。在生態意義上，掠食者（predator）是生物體直接覓食其他活的生物體，無論這是否會殺死犧牲者（圖 3.10）。依此定義，草食性動物、肉食性動物、雜食性動物等以活生物體為食物的動物，都是掠食者；而腐食性動物、屑食性動物與分解者吃的是死生物體，所以是非掠食者。在此觀念中，寄生蟲（一種吃寄主的生物體或是從寄主處偷資源，而無需殺死寄主），甚至病原體（引起疾病的生物體），也都被視為掠食者。

掠食對物種族群產生有力但複雜的影響，其影響：(1) 掠食者和犧牲者生命週期中的各個階段；(2) 許多特殊化的食物獲得機制；(3) 行為及身體特性的進化調整，使犧牲者免於被掠食，而掠食者更有效率捕食食物。掠食也和競爭產生互動。在**掠食者調適競爭（predator-mediated competition）**中，優勢競爭者在棲地建立較其他競爭物種龐大的族群，當掠食者注意到優勢競爭者並增加獵捕壓力後，會減少此優勢競爭者的數量而使得較弱的競爭者數量增加。

掠食的關係會隨著生命階段而明顯改變，在海洋潮間帶，許多甲殼綱動物、軟體動物與蠕蟲直接將卵釋放至水中，卵與幼蟲及未成年階段的自由蟲體，是飄浮群落或浮游生物的一部分（圖 3.11）。當犧牲者物種成熟後，其掠食者也會跟著改變。藤壺（一種甲殼類動物）的幼蟲是浮游生物，會被魚吃掉，而成年藤壺的堅硬外殼可使牠們免於魚類的攻擊，但卻會被帽貝與其他軟體動物擠碎。掠食者也會改變牠們的覓食目標，例如成年的青蛙是肉食性動物，但大部分的蝌蚪是草食性動物。

圖 3.10 昆蟲草食性動物是掠食者，事實上昆蟲利用了世界上大量的生質量。

第 3 章　進化、物種互動與生物群落

圖 3.11　微小的植物與動物形成許多水生食物鏈的基礎，占世界總生質量的大多數。許多海洋浮游生物的幼蟲比成蟲具有更多不同的棲地與覓食關係。

掠食導致適應

掠食者－犧牲者關係造成的選擇性壓力有利於進化性適應。掠食者在尋找與掠食時會更有效率，而犧牲者在脫逃與躲避上也會更有效率。

進化已經產生巧妙的防禦性適應配置。有毒化學物質、保護層、異常的速度與躲藏能力，是少數生物體用來保護自己以避免競爭者與掠食者傷害的策略。植物通常是藉由厚樹皮、刺、棘或化學性防衛以躲避掠食者，例如，有毒的常春藤與刺痛的蕁麻，使用化學物質驅離人類以免遭破壞。節肢動物、兩棲動物、蛇與一些哺乳動物，會產生有毒的氣味或有害的分泌物，以使其他物種遠離牠們。動物犧牲者對於躲藏、覓食或對抗掠食者，可能變得更熟練，直到掠食者進化機制，足以擊敗犧牲者的防衛。物種彼此發揮選擇性壓力的過程稱為**共同進化（coevolution）**，可能是互相有助益的；許多植物與傳粉昆蟲，會彼此進化並互相幫助。

通常物種擁有化學防禦性物質時，會逐漸形成明顯的顏色與樣式，以警告敵人（圖 3.12）。有時無害物種也會逐漸改變顏色或形態，模仿討厭的或有毒的物種，稱為**貝氏擬態（Batesian mimicry）**，由英國自然學家貝茲（H. W. Bates）於 1857 年提出。例如，黃蜂具有黑黃相間細紋的身體樣式，以警告掠食者（圖 3.13a）；稀有的長角甲蟲雖然沒有螫針，但因

圖 3.12　Dendrobatidae 科的箭毒蛙使用鮮艷的顏色警告掠食者，其皮膚具有毒性分泌物。拉丁美洲的原住民使用此毒性分泌物於吹箭筒標槍內。

(a) 黃蜂

(b) 長角甲蟲

圖 3.13　貝氏擬態的例子：(a) 黃蜂具有輪廓清晰的黃黑斑紋，以嚇阻掠食者；(b) 稀有的長角甲蟲雖沒有螫針，但因外貌與行動與黃蜂相似，因而可欺騙掠食者。

外貌與行動酷似黃蜂，因而可欺騙掠食者（圖 3.13b）。另一種擬態稱為**米氏擬態**（**Müllerian mimicry**），德國生態學家米勒（Fritz Müller）在 1878 年說明，兩種令人討厭與危險的物種進化為外觀相似，當掠食者學會避開其中一物種時，此兩物種均獲利。

物種也常呈現難以發現的顏色與形態，例如竹節蟲偽裝成枯枝。不幸地，對犧牲者而言，掠食者也會偽裝，靜靜等待獵物經過。

共生包含合作

與掠食和競爭相反，生物體間的某些互動是非對抗性的，甚至獲得利益（表 3.2）。**共生**（**symbiosis**）是 2 個以上的物種，和諧地生活在一起。共生的關係常會增加 1 或 2 個夥伴的存活。地衣是真菌與光合作用夥伴的結合，光合作用來自藻類或藍綠細菌（圖 3.14a），這種共生的形式稱為**互利共生**（**mutualism**），共生的兩個夥伴都可獲利。部分生態學家相信，合作、互利的關係在演化中比想像的重要許多（圖 3.14b）。

共生關係通常承受伴隨共生夥伴某些程度的共同適應與共同進化，至少部分的結構與行為特性是如此。中南美洲的阿拉伯膠樹與其共生的螞蟻是互利共生適應的例子。阿拉伯膠樹上的螞蟻住在樹枝，此樹提供兩種食物：葉底腺產生的花蜜，以及嫩葉尖所產生特殊富含蛋白質的物質。阿拉伯膠樹提供螞蟻遮蔽物與食物，雖然要花費能量提供這些服務，但並不會

表 3.2　物種交互作用的型式

兩物種間的交互作用	對第一物種的效應	對第二物種的效應
互利共生	＋	＋
片利共生	＋	0
寄生	＋	－
掠食	＋	－
競爭	±	±

（＋有益；－有害；0 中性；± 變動）

(a) 共生　　　(b) 互利共生　　　(c) 片利共生

圖 3.14　共生關係。(a) 地衣是真菌與藻類或藍綠細菌互利共生的例子。(b) 吃寄生蟲的紅嘴牛椋鳥與受寄生蟲感染的飛羚之互利共生。(c) 熱帶樹林與鳳梨科植物的片利共生。

因螞蟻的覓食而受到生理上的傷害。螞蟻為了捍衛領土，努力擊退草食性昆蟲，因此減少阿拉伯膠樹被掠食的機會。共生的螞蟻也能減少生長在樹上的植被，進而減少水與營養物的競爭。這是共生關係如何適合群落相互影響的好例子，也是互利共生而共同進化會優於競爭或掠食的例子。

片利共生（commensalism）也是共生的形式，其中一物種明顯受惠，而另一物種既未受惠，也無害處。例如，牛群常有白鷺與（北美）燕八哥跟隨，兩者會捕捉牛身上的昆蟲。此例中鳥類受惠，但牛並無差別。許多生長於熱帶樹林的苔蘚、鳳梨科植物與其他植物生長在樹上，皆被視為片利共生（圖3.14c）。這些附生植物從雨水中獲得水分，而從葉子與落塵中獲得營養源，但它們的生長並不會幫助或傷害樹木。掠食形態之一的**寄生**（parasitism）也被視為共生，因為寄生者必須依賴宿主。

關鍵物種

關鍵物種（keystone species）是指對其群落或生態系影響相當大的某一物種或團體物種。過去認為關鍵物種是食物鏈上層的掠食者（例如狼），其限制草食性動物的大量生長，減少草被吃的機率。最近發現，一些較不受注意的物種也扮演重要的群落角色。例如，某些熱帶的無花果樹雖然結果不多，但全年都有穩定的產量；如果這些無花果樹不見了，許多食果動物會在其他水果稀少的期間餓死，而許多依靠這些動物遷移做授粉與傳播種子的植物也將隨之消失。

微生物也扮演著重要的角色。在某些森林生態系中，根菌（樹根周遭的真菌）對於礦物固定化與吸收是很重要的。如果真菌死亡，森林群落依靠真菌的樹木與其他物種也會跟著死亡。

通常許多物種在生物群落中複雜地互相連接著，以致於很難辨識哪一個重要。在美國加州海岸的大葉囊藻，為許多魚類及水生動物提供遮蔽處所，因而被認為是群落結構的關鍵物種。然而，這種巨藻依靠海獺吃掉那些會吃巨藻的海膽（圖3.15），此時巨藻或海獺哪一個比較重要呢？牠們彼此相互依賴。某些生態系群落具有替補的功能，

(a) 海藻屏蔽魚類、海豹及其他物種。

(c) 海獺藉由捕食海膽保護海藻生態系。

(b) 海膽啃食海藻。

圖 3.15 海獺藉由吃掉海膽保護在太平洋海岸的海藻生態系，否則海膽會破壞海藻。

例如某一重要的物種消失，則另一物種會取而代之，使重要的生態功能在沒有太大的變化中持續下去，這樣的群落或許沒有關鍵物種。

3.3 族群的生長

對許多生物體而言，如果擁有最佳的環境資源，會產生數量驚人的後代。以最普通的家蠅（*Musca domestica*）為例，每隻雌蠅一代可以產下 120 顆卵（假設其中一半是雌的），56 天後這些卵變成有繁殖能力的成蠅。1 年內，以 7 個世代計算，則將有 5.6 兆的後代。如果此繁殖速率持續 10 年，整個世界會被數尺深的家蠅所覆蓋。很幸運地，如同大部分的生物體，家蠅的繁殖受限於許多環境因素。但此例描述在無限制的情況下，生物繁殖的驚人幅度，即**生物潛能（biotic potential）**。族群動態（population dynamics）就是描述族群中生物體數目變化的學問。

無限制的生長為指數生長

族群無限制生長為**指數生長（exponential growth）**，因為生長速率可以用常數分式或指數表示。指數生長的數學公式可表示為：

$$\frac{dN}{dt} = rN$$

公式為：單位時間（dt）內的個體改變量（dN）等於生長速率（r）乘以族群個體數量（N）。r 項代表平均每個個體於族群中的生長量。如果 r 大於 1，族群數量就會增加；如果 r 小於 1，族群數量會變少；如果 r 等於 0，族群數量無變化，且 $dN/dt = 0$。

指數生長圖形因其形狀而被稱為 **J 曲線（J curve）**。如圖 3.16 所示，在指數生長曲線的開端，族群的個體數量很少，但在短時間內，數量便快速增加。

承載容量與生長的限制有關

在真實世界中，生長是有限制的。特定生態系所能支持的物種個體最大量為**承載容量（carrying capacity）**。當一族群生長過度（overshoot）或超過環境承載容量時，死亡速率會大於生長速率，此時生長曲線是負的，且族群數量會快速減少，稱為族群衰落（population

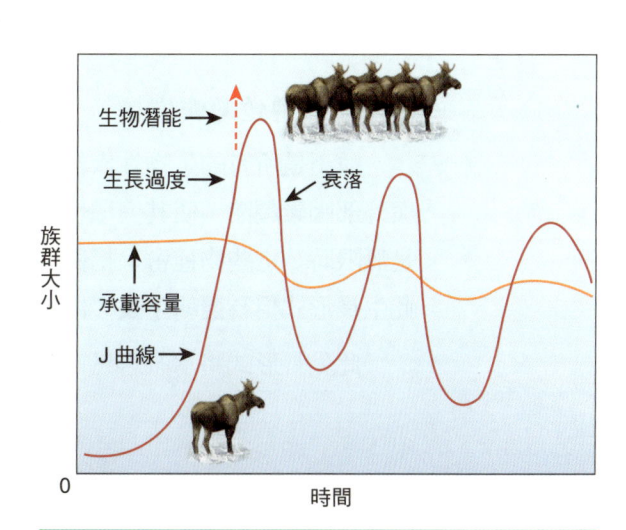

圖 3.16 超過環境承載容量時的 J 曲線，或稱為指數生長曲線。無限制的生長（曲線左邊）導致族群崩潰，而在低於之前水準間振盪。在生長過度時，因為棲地環境資源遭受破壞，承載容量會減少。

第 3 章　進化、物種互動與生物群落

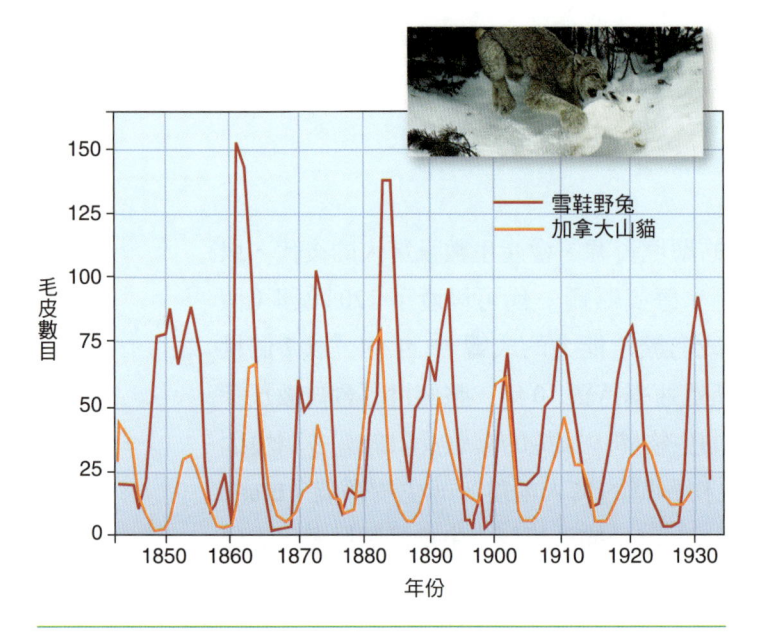

图 3.17 雪鞋野兔與加拿大山貓族群振盪情形，意味著掠食者與犧牲者間相互依賴的關係。此數據來自哈德遜灣公司提供的毛皮數目。顯示掠食者與犧牲者之間10年循環的族群消長。

資料來源：Data from D. A. MacLulich. Fluctuations in the Numbers of the Varying Hare (*Lepus americanus*). University of Toronto Press, 1937, reprinted 1974.

crash or dieback)。族群也可能會重複生長與衰落的振盪循環，如圖3.16所示。如果族群只依靠少許的簡單因素，這些循環便可能非常有規則，例如湖泊中依賴季節性日照與溫度的藻類；如果族群依賴複雜的環境與生物關係，此循環可能很不規則，例如沙漠中爆發性遷移的蝗蟲或在北方森林的毛蟲。

有時掠食者與犧牲者族群會同步振盪。圖3.17所示為加拿大山貓數量在10年間的變動情形，近似於野兔族群變化，當野兔族群數量多且食物豐富時，山貓也會快速繁殖。最後，食物減少限制野兔族群數量，此時山貓族群會繼續成長，因為飢餓的野兔比健康的野兔容易捕捉。當野兔變得更少時，山貓數量會隨之減少。當野兔達到最少量時，牠們的食物供應會恢復，而掠食者與犧牲者的族群也會重新開始生長。掠食者與犧牲者振盪的現象，即著名的 Lotka-Volterra 模型，依第一位將其以數學式表示的科學家而命名。

環境限制導致邏輯生長

並不是所有的生物性族群都會經歷過度發展與衰落的循環，許多物種藉由內部與外部因素調節，使其與環境資源達到平衡，並保持相當穩定的族群大小。當資源是無限時，這些物種會呈指數生長，但接近環境的承載容量時，生長會變得緩慢。此生長形式稱為**邏輯生長（logistic growth）**，具有固定變化率。

此生長形式將承載容量（K）的觀念代入指數生長方程式中：

$$\frac{dN}{dt} = rN\frac{(K-N)}{K}$$

邏輯生長方程式說明單位時間個體數量的變化，等於指數生長速率（rN）乘以部分的承載容量（K），此部分是尚未被目前族群數量（N）所取用的。$(K-N)/K$ 項表示任何時間 N 與 K（環境可支持的個體數量）的關係。如果 N 小於 K，則 $(K-N)/K$ 是正值，族群生長速率 dN/dt 雖然緩慢但為正值；如果 N 大於 K，表

示族群數量已大於環境可承載的數量，則 $(K - N) / K$ 為負值。

邏輯生長曲線與指數生長曲線有不同的形狀。邏輯生長曲線為 S 型或稱為 **S 曲線（S curve）**（圖 3.18）。邏輯生長模式指出，當族群數量超過承載容量時，族群數量會減少。

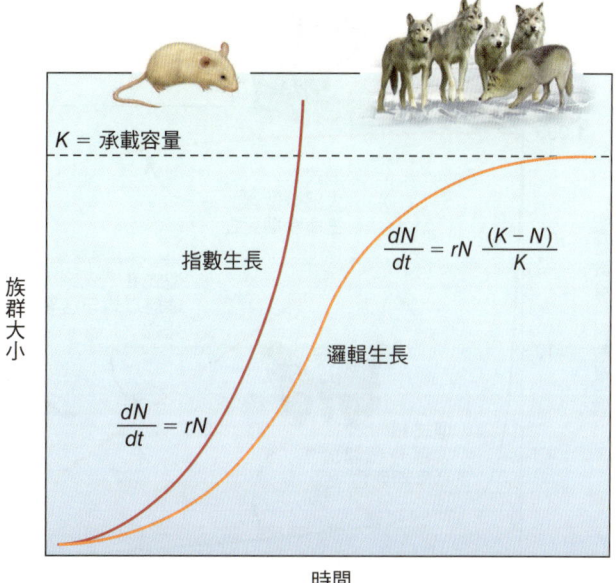

族群生長速率受到外部與內部因素的影響。棲地、食物的取得性或與其他生物體的相互影響，屬於外部因素。成熟、身體大小與荷爾蒙狀態等，屬於內部因素。某些限制與族群密度有關。例如，當族群生長時，食物與水會更受限制。當族群數量增加時，疾病、壓力、被掠食的機會增加都會提高犧牲者死亡率，這些因素稱為**密度相關因素（density-dependent factor）**。其他生長限制則為**非密度相關因素（density-independent factor）**。例如，乾旱與嚴寒會急遽減少蚊子的族群，水災、山崩或人類活動造成棲地破壞，也會限制族群生長。

物種對限制的反應不同：r- 選擇物種與 K- 選擇物種

如同蒲公英的部分生物體，藉由高繁殖與生長速率（r）維持族群大小。這些生物體屬於 **r- 選擇物種（r-selected species）**，具有繁殖快速與後代死亡率高的特性，且可能經常超過承載容量而死亡。有些生物體在接近環境承載容量（K）時會趨於緩慢繁殖，此物種屬於 **K- 選擇物種（K-selected species）**。

許多物種兼具指數（r- 選擇）或邏輯（K- 選擇）的生長特性，表 3.3 比較生物體在兩種極端狀況延續的優缺點。

具有 r- 選擇或指數生長形式的生物體，

圖 3.18　指數生長以 J 形曲線上升；相對地，隨著承載容量減緩或停止族群成長，邏輯成長率會形成 S 形曲線。S 曲線或稱邏輯生長曲線，描述環境及族群密度的回饋作用對族群數目改變的影響。以此型式生長的物種傾向 K- 選擇，代表理論上無限制生長，而 S 曲線代表族群受環境限制的生長與穩定。

表 3.3　繁殖策略

r- 選擇物種	K- 選擇物種
1. 生命短	1. 生命長
2. 快速生長	2. 緩慢生長
3. 早熟	3. 晚熟
4. 後代數量多、個體較小	4. 後代數量少、個體較大
5. 上一代關心與保護程度較低	5. 上一代關心與保護程度較高
6. 投入個體後代程度較低	6. 投入個體後代程度較高
7. 可適應不穩定環境	7. 較適應穩定環境
8. 拓荒者與移民者	8. 一代一代繼承下去
9. 普遍的生態地位	9. 特殊的生態地位
10. 犧牲者	10. 掠食者
11. 主要受內部因素限制	11. 主要受外部因素限制
12. 低營養層級	12. 高營養層級

傾向占據生態系統內較低的營養層級，或持續成為奠基者。這類通才物種，可快速移動至雜亂的環境、快速生長、提早交配並產生更多後代。其對後代通常不太關心，也不會保護後代使其免受掠食者的傷害，而依靠龐大數量與傳播機制，以確保一部分後代可存活至成年。其使用能量產生相當的數量，而不是投入時間與精力照顧後代個體（圖 3.19 型式 III）。

例如，雌性蛤蜊在一生中可以釋放 100 萬顆卵，讓卵隨波逐流。母蛤蜊並不會保護這些卵，也不會幫忙尋找食物或棲地。大量的小蛤蜊在達到成熟前就已死亡，但即使只有少數存活，物種也可延續。許多海生無脊椎動物、寄生生物、昆蟲、齧齒目動物與一年生的植物也依循此繁殖策略，掠食者或其他因素通常會限制其數量。

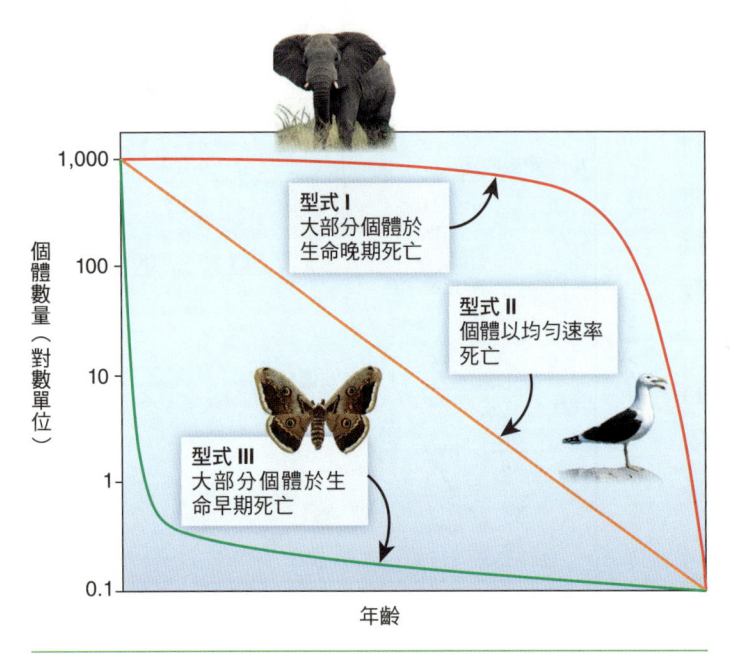

圖 3.19 理想的生存曲線，包括幼體存活率高（型式 I）、生命各個階段死亡風險穩定（型式 II），以及幼體死亡率高，僅有少數個體存活較久至成熟（型式 III）。

K- 選擇的生物體通常體型較大、活得較久、繁殖速度較慢、每一世代產生較少後代，且比起等級較低的物種，其自然掠食者較少（圖 3.19 型式 I）。例如，大象要到 18 至 20 歲才會交配；在發育初期到發育成形階段，幼象會一直待在家族。雌性大象成熟後正常每 4 至 5 年懷胎 1 次，每次懷孕期約 18 個月，象群每年皆不會產生太多後代。因為大象的敵人少，而且可以活很久（60 至 70 年），如此低的繁殖力也可以產生足夠的大象數量，在適合的環境條件下保持族群的穩定。

3.4 群落多樣性

多樣性與豐富性

多樣性（diversity）是單位面積內物種種類的數目，表示生物群落中生態地位多樣化及基因變異。**豐富性（abundance）**是一區域中物種個體的數目，表示單一物種或眾多物種的密度。多樣性和豐富性通常相關。高度多樣性的群落，物種很多，但每個物種的數量較少。

一般而言，赤道的多樣性最高，而向兩極降低，但物種個體的豐富性會增加。例如，北極地帶有大量蚊子，但其他昆蟲物種相當少。另一方面，熱帶地區有大量

的昆蟲物種，部分有極為特異的外型與行為，但在特定區域任一物種的個體數較少。鳥類物種多樣性也隨著緯度產生明顯變化，格陵蘭島有 56 種鳥類，哥倫比亞土地面積只有格陵蘭島的 1/5，卻有 1,395 種鳥類。氣候與歷史是影響物種多寡的重要因素。格陵蘭島氣候惡劣，鳥類必須倖存過冬，或逃到氣候溫和的地區。氣候因素變成最重要的單一因素，並嚴重限制物種特殊化或分化為新形式的能力。此外，直到約 1 萬年前，格陵蘭島皆有冰河覆蓋，因而缺乏足夠的時間發展新物種。

相較之下，許多熱帶地區全年都有充沛的降雨與溫度，使得生態系統具有較高的生產力，並造成生理形態與行為的高度差異。例如珊瑚礁群落中，顏色豐富、形態奇特的魚類、珊瑚、海綿與節肢動物，是群落多樣性最好的例子之一。

物種形態創造群落結構

如同拼圖，物種族群及群落的邊緣可以拼湊在一起：(1) 個體與族群以不同的方式分布於群落空間；(2) 群落本身被安排在廣大的地理面積及景觀上；(3) 群落有相當均勻的內部（「核心」），也有可以接合在一起的「邊緣」。**群落結構**（**community structure**，或生態結構）是指群落中個體與族群空間分布的形態。

個體在群落中以各種形態分布

分布呈現隨機、規則或聚集性　即使在相對均衡的環境中，單一族群個體呈現隨機分布、聚集或規則性的分布形態。在隨機分布的族群中，個體生活在有資源可利用的地方（圖 3.20a）。整齊排列的形態，可能是由自然環境所決定的，但多數是由生物競爭所造成的。例如，企鵝激烈競爭築巢空間，所以每一個巢穴都座落到恰好的位置，顯然不斷的爭吵產生高度規則的形態（圖 3.20b）。同樣地，蒿屬植物從根部與落葉釋放毒物，以抑制競爭者的生長，鄰近物種生長在化學屏障的限制外，造成規則化的空間。

有些物種會聚集在一起，以尋求保護、協助、繁殖或獲得特殊環境資源。例如，大批魚群在海洋中緊密聚集，增加牠們偵測與逃避掠食者的機會（圖 3.20c）。

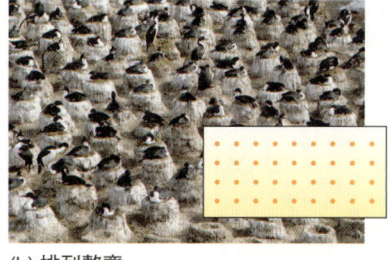

(a) 隨機　　　　(b) 排列整齊　　　　(c) 聚集成群

圖 3.20　在特定空間中，族群成員的分布可能是 (a) 隨機；(b) 排列整齊，或 (c) 聚集成群。個體分布的形式決定群落結構。

植物也聚集在一起以獲得保護，在高山頂端或海岸常可發現緊密聚集在一起的常綠樹，不只提供相互的保護以避免風害，也提供其他生物庇護場所。

個體在群落也可垂直分布。例如森林有許多層，每一層有不同的環境狀況及物種組合。植物、動物及微生物等不同群落生長在樹頂、樹冠層中間及地面附近。這種垂直成層的形態在熱帶雨林有很好的發展（圖 3.21）。

群落在景觀中形成形態　從空中鳥瞰可發現地表景觀成塊狀分布。每一個塊狀表示擁有自己物種特色及環境狀況的生物群落（圖 3.22）。這種群落橫越景觀分布的形態，稱為區塊（patchiness）或棲地區塊（habitat patchiness）。最大的區塊包含**核心棲地（core habitat）**，也就是均衡且足夠大的環境，可以支持接近全數的群落典型動植物。例如，太平洋西北地區針葉林群落的最大區塊，有瀕臨絕種的斑點貓頭鷹族群。在較小區塊，斑點貓頭鷹很難覓食，可能是必須與其他貓頭鷹競爭的緣故。

在核心棲地之外，物種會遭遇不同的棲地，生態學家稱為**生態交會區（ecotone）**，或是兩個群落的邊界。生態交會區經常具物種多樣特性，因為兩生態環境的個體共同占據這塊邊緣地帶。此外，許多物種積極占據生態交會區，並在兩邊環境獲得資源。例如，白尾鹿在開放性原野吃草，但躲藏在森林的深處。

群落交會處，環境條件交錯且群落的物種及微氣象彼此互相深入，稱為**邊緣效應（edge**

圖 3.21　熱帶雨林中植物及動物垂直成層是典型的群落結構。

圖 3.22　生態邊緣或邊界稱為生態交會區。生態交會區存在湖泊與溼地、溼地與森林之間。照片中央的林帶全部都是邊緣——日照且稍熱的環境狀況會切入其中心。森林是野生動物穿越溼地的路徑或廊道。

effect）。邊緣效應有時候會延伸進入鄰近群落達數百公尺。依據邊緣效應由邊界延伸至內部的距離，不同形狀棲地的內部面積也不相同（圖 3.23）。狹窄、不規則的區塊，深入的邊緣效應將使得區塊內沒有核心棲地。在相同面積的正方形區塊中，則可能有核心棲地。

恢復似乎與複雜性相關

群落複雜性包括多樣性與群落功能。**複雜性（complexity）**是指一個群落的營養層級數目，以及每一營養層級的物種數量。如果全部物種都集中在少數幾個營養層級，並且形成簡單的食物鏈時，群落可能不會太複雜。

一個複雜且高度相依的群落，可能擁有許多的營養層級及物種群，並且展現相同的功能（表 3.4）。在南極，日光驅動系統，但是包括死亡生物體及動物排泄物的碎屑卻是主要能量來源。鯨和海豹是頂端的掠食者，而磷蝦扮演關鍵的能量傳遞角色。

1955 年耶魯大學研究學者麥克阿瑟（Robert MacArthur）提出，若群落複雜性愈高，受擾動後其恢復力也會愈好。如果在每一營養層級內有許多不同的物種，當其他物種被壓力或外力所排除時，有些物種可以取而代之，使整個族群足以抵抗干擾，並且輕易地從分裂中**恢復（resilience）**。另一方面，在一個多樣與特定化的生態系統中，少數關鍵成員的搬遷，可能會造成許多其他相關物種的移除。

群落藉由轉換太陽能變成儲存在活的（或曾經是活的）生物體內的化學能而產生質量。**初級生產力（primary productivity）**，也就是群落年度產出的生質量或能量，其單位為每單位面積每年的生質量或能量。因為許多能量被用在呼吸作用，所以更有用的名詞是**淨初級生產力（net primary productivity）**，或是呼吸後所儲存的生質量。生產

總面積：50 公頃
核心面積：0 公頃

核心面積

總面積：50 公頃
核心面積：25 公頃

圖 3.23 小保護區內，形狀與大小同樣重要。圖中兩區域面積相近，但上圖因缺乏遠距離的邊界而沒有核心棲地，而下圖則擁有重要的核心棲地。

表 3.4　南極洋群落複雜性

功能型態	功能族群成員
海洋上位掠食者	抹香鯨、殺人鯨、豹形海豹、象海豹
空中掠食者	信天翁、賊鷗
其他海洋掠食者	威德爾海豹、羅斯海豹、國王企鵝、表層魚類
磷蝦／浮游生物攝食者	小鬚鯨、座頭鯨、長鬚鯨、藍鯨、塞鯨
海洋草食性動物	磷蝦、浮游動物（許多物種）
海洋底部掠食者	許多八足類及底棲攝食魚類等物種
海洋底部草食性動物	許多棘皮動物、甲殼綱動物、軟體動物等物種
光合成者	許多浮游植物及藻類等物種

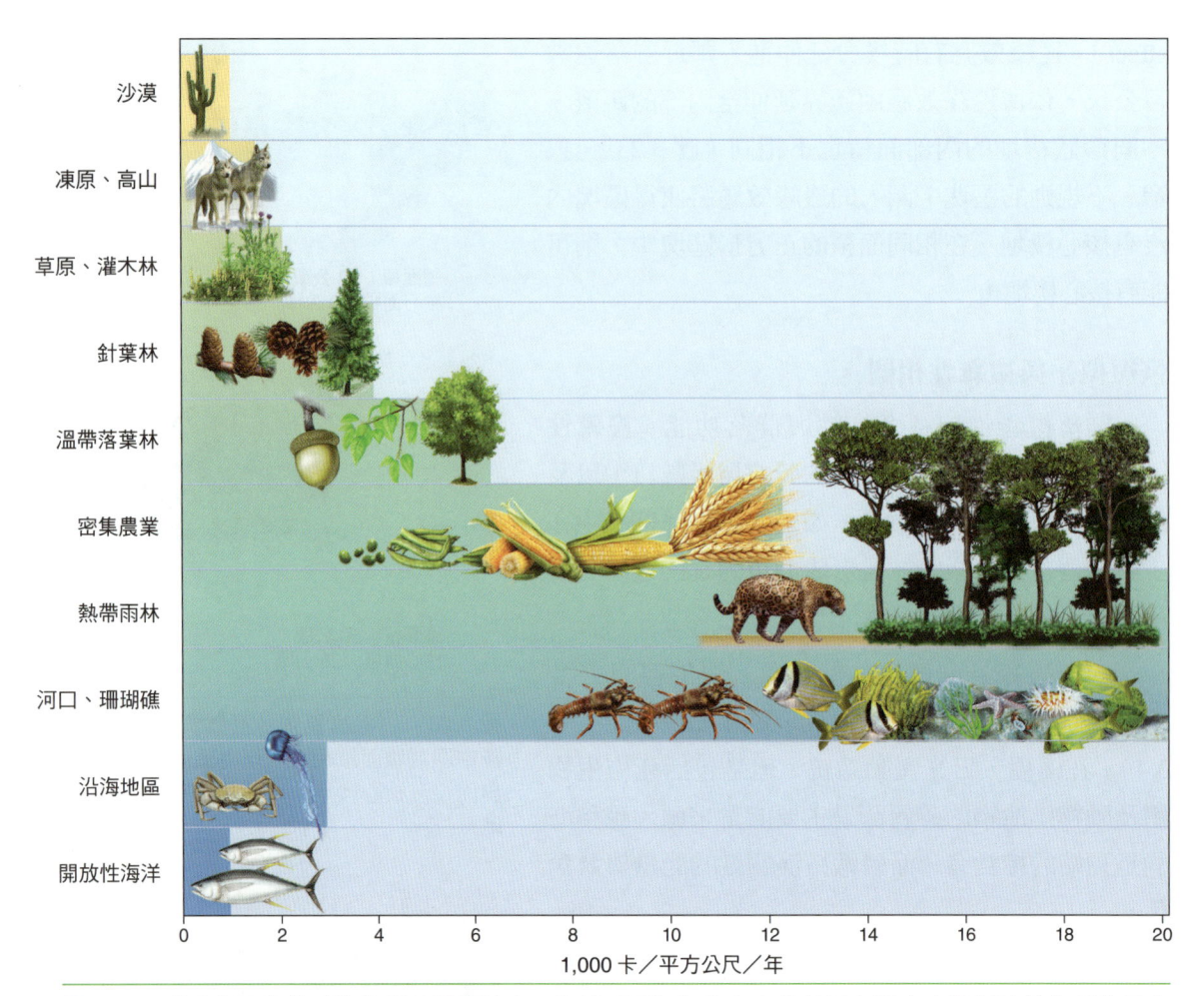

圖 3.24 世界主要生態系的生質量累積速率。生態系淨初級生產力的差異主要來自限制植物生長的因素（溫度、降雨、高度、土壤有機質），也來自物種間增進生產的交互作用。

力與光線、溫度、溼度與資源可利用性有關。圖 3.24 顯示某些主要生態系的生產力層級。熱帶雨林、珊瑚礁與河口（河川與海洋的交會處）有較高的生產力，因為有豐沛的資源供給；沙漠地區因缺水而限制光合作用；在北極凍原地帶或高山因低溫而抑制植物的生長；在開放性海洋則因營養源不足而減少藻類利用充足陽光與水的能力。

即使在光合作用最盛行的生態系，也只能獲得少量可利用的陽光，以合成富含能量的化合物。在橡樹林中，夏季葉子約吸收可利用光線的一半。這些被吸收的能量，99% 用於呼吸與蒸發水分以冷卻葉子。橡樹林在溫暖、乾燥且充滿陽光的日子，可蒸發數千公升的水分，但只產生幾公斤的醣類與其他富含能量的有機化合物。

穩定性（stability） 是指群落或生態系能抵抗擾動，在擾動後復原，並且支持擾動前相同數量的相同物種。

3.5 群落呈現動態且隨時間改變

群落的本質具爭議性

巔峰群落（climax community）是指群落從原始或未成熟的狀態，經過複雜的發展過程，生物體個體與群落的發展最後達到複雜、穩定與成熟的形式，也就是最後且持續最久的群落形態。

生物地理學家克雷蒙（F. E. Clements）首先提出巔峰群落的觀念，認為物種在可預見的團體中彼此依固定且有規則的順序相互取代。克雷蒙認為每一景觀區，都有由氣候條件所決定的主要巔峰群落。如果未受干擾，群落將成熟為生物體特性群，每一個體發揮其最佳的功能，此時巔峰群落則代表複雜性與穩定性的最大可能狀態。

此理論遭到格雷生（H. A. Gleason）的反對，他認為群落歷史為不可預測的過程，並認為物種具有個體特性，每一個體依其能力而在某個地區棲息與繁殖。依據某一時期的有利條件，以及能棲息在已知地區的物種，許多植物與動物可能只是發生暫時結合。

生態演替描述群落發展歷史

生物群落擁有其歷史，並可藉由演替判讀歷史。在演替過程中，生物體占據位置並改變環境條件。當群落開始在過去從未被生物體占據的地方發展時（例如島嶼、沙洲或淤泥床、水體或火山作用所引起的物質新流動），會發生**主要演替**（primary succession）（圖 3.25）；既存的群落發生擾動後，而新群落隨即在此處發展時，則發生**次要演替**（secondary succession）。

在陸地的主要演替，新位置先被少數的**先驅物種**（pioneer species）占據。這些先驅物種通常是微生物、苔蘚與地衣等，能忍受嚴厲條件與短缺資源。其產生有機碎屑，累積在裂縫中，提供土壤使種子得以嵌入與成長。當演替持續進行且新地

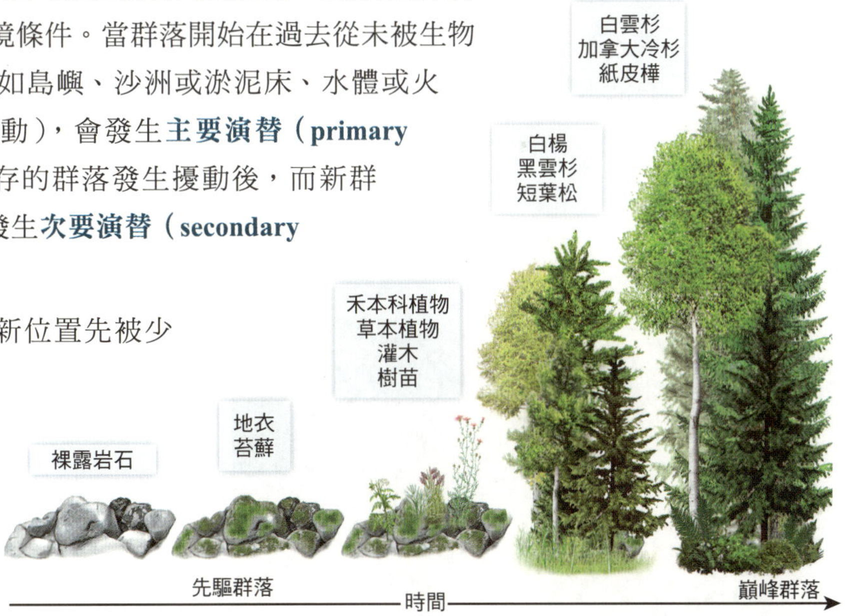

圖 3.25 北方林的主要演替分為五個階段（左至右）。裸露岩石被能夠攫取溼氣的地衣、苔蘚所拓殖，並為禾本科植物、灌木及樹木製造土壤。自然、週期性的蟲害摧殘或削弱樹木。野火隨後發生，啟動次要演替。白楊從根部反彈，短葉松毬果開展，隨野火加熱散布種子，新的森林開始萌生。

位機會出現時，生物體群落通常會變得更多樣化且競爭增加。當環境改變及新物種結合取代先前的族群時，先驅物種會逐漸消失。

被遺棄的田野或清除乾淨的森林，可發現次要演替的例子。光禿的土壤先被快速生長的年生植物（這些植物是在同一年內生長、開花與死亡）所占據，隨即被多年生植物（可存活許多年）取代，包括禾本科植物、開花植物、灌木與喬木等。在主要演替下，植物物種會逐漸改變環境條件，生質量會累積，此地會變得更豐富、更適合獲得並儲存溼氣、更多遮蔽以面對風與氣候的改變，而且生物性會更為複雜。

適當的擾動有益群落

地球有豐沛的擾動，山崩、土石流、地震、颶風、龍捲風、潮汐、野火及火山。**擾動（disturbance）**是任一種能破壞已建立的物種多樣性、豐富性形態、群落結構或群落特性的力量。動物也能造成擾動，例如非洲象能摧折樹枝、踐踏草地，甚至破壞森林群落、建立莽原。人類造成的擾動更為可觀。在金士頓平原（Kingston Plains），從1880年至1900年間皆伐型的伐木作業及人類不斷燃放野火，造成基本生態條件改變，使得白松無法再繁殖（圖3.26）。面臨這些人為擾動及自然擾動，群落得耗費數百年時間才能回復到未受擾動前的狀態。

由傳統觀點來看，某些陸地景觀從未達到穩定的高點，因為受到週期性的擾動，並由**擾動適應物種（disturbance-adapted species）**所組成。例如，美國加州叢林灌木草原以及某些結毬果的森林，是經由週期性的野火（長久以來是生態歷史的一部分）所維持的。這些群落的植物已適應野火，在野火後能迅速播種。事實上，在這些群落中有許多優勢的植物物種，需要火災排除競爭、準備苗床以供幼苗發芽、打開毬果或打開厚種子外殼。如果沒有野火，群落結構可能會有很大的差異。

觀點的不同，會影響人類如何控制生態系。例如，生態系中的擾動，長久以來被視為會干擾巔峰條件，因此很自然地認為那是不好的。近年來，更多的自然資源保護專家認為混亂屬於生態系自然的一部分。例如，某些草原與森林能適應野火，而且讓很多野火自然地發生。同樣地，洪水也漸漸被認為對於沖積平原是有利的。

圖 3.26 密西根州金士頓平原貧瘠的群落，是由皆伐型的伐木作業及人類不斷燃放野火所造成。伐木後所遺留的殘株已超過百年。

問題回顧

1. 環境因子的可忍受極限，如何決定像沙漠仙人掌那樣高度特定化物種的分布？並與一般性物種的分布進行比較。
2. 所有群落與生態系皆展現其生產力、多樣性、複雜性、恢復與結構，說明這些特性。
3. 定義「選擇壓力」，並舉例說明。
4. 定義關鍵物種，並解釋其在群落結構與功能上的重要性。
5. 相同物種的個體之間經常發生最密集的交互作用。本章的哪種觀念可以解釋此現象？
6. 解釋掠食者如何影響其犧牲者的適應性？
7. 所有的生態系皆會競爭有限資源，競爭可以是種間或種內的。解釋生物體可能使用的競爭形式。
8. 敘述森林大火破壞既有生物群落後所發生的演替過程。為什麼週期性野火有益於群落？
9. 就生質量而言，世界上哪種生態系生產力最高？哪種生態系生產力最低？
10. 當新物種被引進生態系後，既有的群落暴露於哪種危險之中？

批判性思考

1. 列出你能想到的臺灣水鹿的天然特性。臺灣水鹿是社會型動物，生活在開闊的草原。什麼特徵使其不適合棲息在森林環境？
2. 應該說「鴨子有蹼是因為其必須游泳」，還是說「鴨子會游泳是因為有蹼」呢？兩者有何差異？
3. 進化論及自然選擇是生態學家解釋演化的重要理論，可是似乎與宗教信仰有所牴觸。解釋為何進化論能在科學界被廣泛接受？有必要質疑宗教信仰嗎？
4. 在許多物種關係緊密的熱帶雨林中，是否有所謂的關鍵物種？
5. 某些科學家認為兩兩生物群落之間存在明顯的分界，某些科學家則認為兩兩生物群落之間存在過渡、漸變的混合物種、族群。是什麼樣的教育或個人因素造成兩者看法的差異？

4 人口
Human Population

臺灣於 2015 年底人口已達 2,349 萬，人口密度約 649 人／平方公里，高居世界千萬人口以上國家的第 2 位。圖為高雄市密集的建築。
（白子易攝）

> 每一個複雜的問題，都有一個看似清楚、簡單，卻是錯的答案。
> —— H. L. Mencken

學習目標

在讀完本章後，你可以：
- 了解為什麼關心人口成長。
- 了解 21 世紀的世界人口是否會如同 20 世紀一樣，再度呈現 3 倍的成長。
- 了解人口成長和環境影響之間的關係。
- 了解人口為何自上世紀起，迅速成長。
- 了解世界不同區域的人口成長如何變化。
- 了解當社會發展時，人口成長如何變化。
- 了解使人口成長趨緩或加速的因素。

案例研究

臺灣人口現況

臺灣地區比較可靠的人口統計數字最早大概是在民國前7年（1905年），當年的人口為312萬人；民國34年，人口已達662萬人。二次大戰後，約有46萬日本人於民國35年被遣送回國，人口數減至609萬人。但由於38年政府遷臺，移入大量人口，加上戰後嬰兒潮，故人口遽增。從民國38年的739萬人增加到民國104年底的2,349萬餘人；同時，人口密度從每平方公里205人增加到649人。依據內政部統計處2013年的「內政國際指標」顯示，臺灣人口密度仍然高居世界千萬人口以上國家之第2位。

為緩和人口成長，政府於民國53年全面推廣家庭計畫；民國57及58年先後發布實施「臺灣地區家庭計畫實施辦法」及「中華民國人口政策綱領」；民國72年修正該綱領，並訂定「加強推行人口政策方案」，有效降低出生率。但顧慮人口遽降，可能導致人口之負成長，於民國81年修正「中華民國人口政策綱領」及「加強推行人口政策方案」，將人口成長目標由「緩和人口成長」改為「維持人口合理成長」。

臺灣人口成長近年來已趨緩和，粗出生率已降至民國99年的7.21（圖4.1）。值得憂心的現象是「少子化」，民國99年時之總生育率為895，亦即每一位育齡婦女僅生育0.895個子女。而另一值得憂心的現象是「高

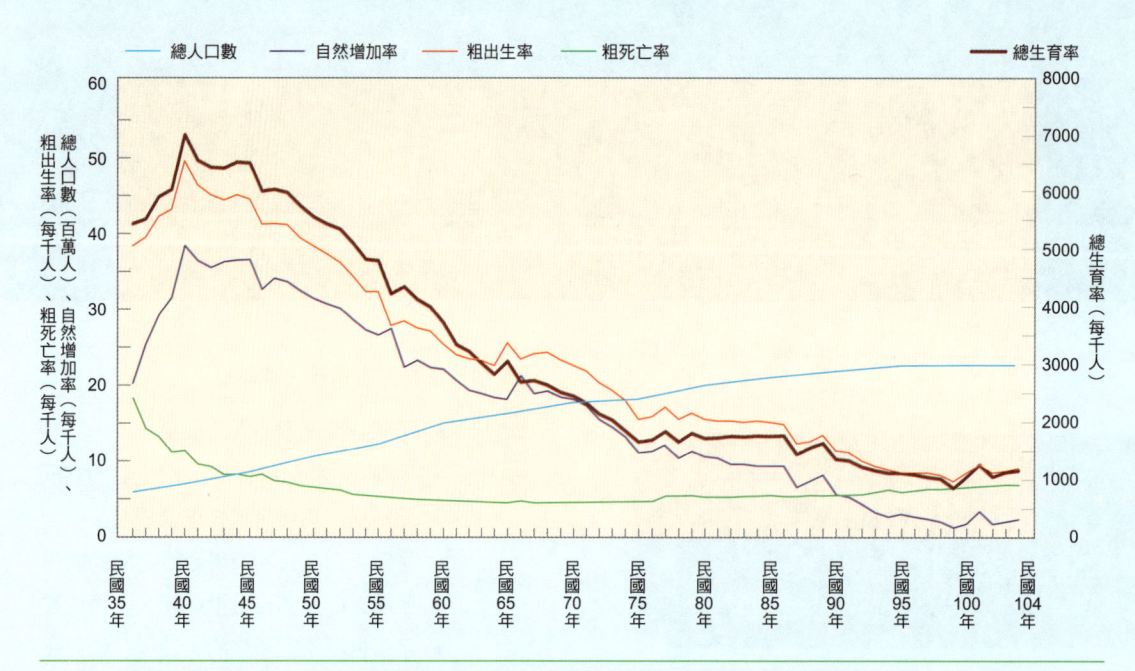

圖4.1　臺灣地區歷年總人口數（百萬人）、總生育率、自然增加率、粗出生率及粗死亡率（每千人）
資料來源：內政部統計處（至民國104年12月）。

齡化」，65歲以上老年人口的比率則逐年增加，民國82年底達7.1%，已達高齡化社會的標準，至民國104年底為12.51%。

臺灣地區生育率降低的原因包括育齡婦女有偶率降低、生育態度改變、晚婚以及育兒成本太高等。至於少子化所造成的影響則有人口衰退、人口結構失衡、學校資源閒置、養老負擔沉重、勞動力減少、產業供給過剩等。

為緩和臺灣人口結構因人口少子化、高齡化及移入人口所產生的改變，行政院於民國103年12月27日核定修正最新的「中華民國人口政策綱領」。其政策內涵主要包括合理人口結構、提升人口素質、保障勞動權益及擴大勞動參與、健全社會安全網、落實性別平權、促進族群平等、促進人口合理分布、精進移民政策並保障權益。

至民國104年12月止，相關數據皆微幅上升，總生育率、自然增加率、粗出生率、粗死亡率分別為1175、2.12、9.10和6.98。

4.1　過去與現在的人口成長極度不同

全世界平均每1秒就有4至5個人出生，同時有1至2個人死亡。出生人數與死亡人數的差值，代表每1秒增加2.5人。調查顯示，2011年，世界人口已超過70億，每年增加1.1%，意即每年增加7,500萬人。人類是地球上數量最多的脊椎動物。生育是讓人高興、殷殷期盼的事（圖4.2），但長遠來看，人口不斷增加是好事嗎？

很多人擔心過多的人口會造成（或已經造成）資源消耗殆盡、衝擊環境，亦威脅賴以維生的生態系統。這些憂慮使得全世界開始計畫降低生育率，使人口成長達穩定狀態，甚至減少全世界的人口。

一部分人相信以人類的才智、科技與進取心，能增加人口容量，並解決目前所遭遇的問題。若從此觀點，應該有更多的人受益。一般認為人口多的地方，具有較強的工作能力、更多的菁英，並了解該如何解決問題。此一世界觀的提倡者宣稱，持續發展經濟與科技，能夠滿足全世界數十億人口，並使每個人富裕到自願終止人口膨脹。

然而，由社會公義所關心的問題，引發另一個觀點。依此世界觀來看，資源本應足以提供每個人；而目前資源的短缺，只是貪婪、浪費與壓迫的表徵，最根本的原因還是在人類對環境的剝削。如此看來，財富與權力不平等分配所造成的問題，更勝於人口。目前真正需要的，是趨向民主化使女性與少數族群具有較高的權力，以及改善世界上最窮苦區域的生活水準。對於世界人口問題，另一部分人以狹隘的觀念認為，人口問題只發生在需要幫助的落後族群，有此觀念的人並以指責的態度面對窮人及其問題，而忽視他們在社會和經濟上的工作潛能。

圖 4.2　家庭扶養小孩的數量受許多因素影響，臺灣近年來出生率屢創新低（白子易攝）。

不管人口是否會依目前的成長率持續成長，人口都是環境科學所探討的核心。

人口在近代之前都呈現緩慢成長

在大部分的歷史中，人類數目較其他物種來得少。關於狩獵和採集社會的研究指出，在農業發展與馴養牲畜之前（約 1 萬年前），全世界人口總數僅有數百萬人。農業革命提供更多更安全的食物供應來源，並使人口在西元前 5000 年成長到大約 5,000 萬人。在這幾千年中，人口增加非常緩慢。考古證據和歷史描述皆顯示，在耶穌的時代，世界人口大約只有 3 億人（表 4.1）。

圖 4.3 顯示，約在 1600 年左右，人口開始快速成長。因為航海與導航技術的提升，促進各國之間的商業往來與溝通互動。農業的發展、更多的動力源、醫療照顧與衛生保健的建立，也扮演重要的角色，呈指數或 J 曲線的人口成長型態。

人類歷史中，人口總數在 1800 年時，首

表 4.1　世界人口成長與倍增時間

時期	人口數（百萬）	倍增時間（年）
西元前 5000 年	50	?
西元前 800 年	100	4,200
西元前 200 年	200	600
西元 1200 年	400	1,400
西元 1700 年	800	500
西元 1900 年	1,600	200
西元 1965 年	3,200	65
西元 2000 年	6,100	51
西元 2050 年（預估）	8,920	215

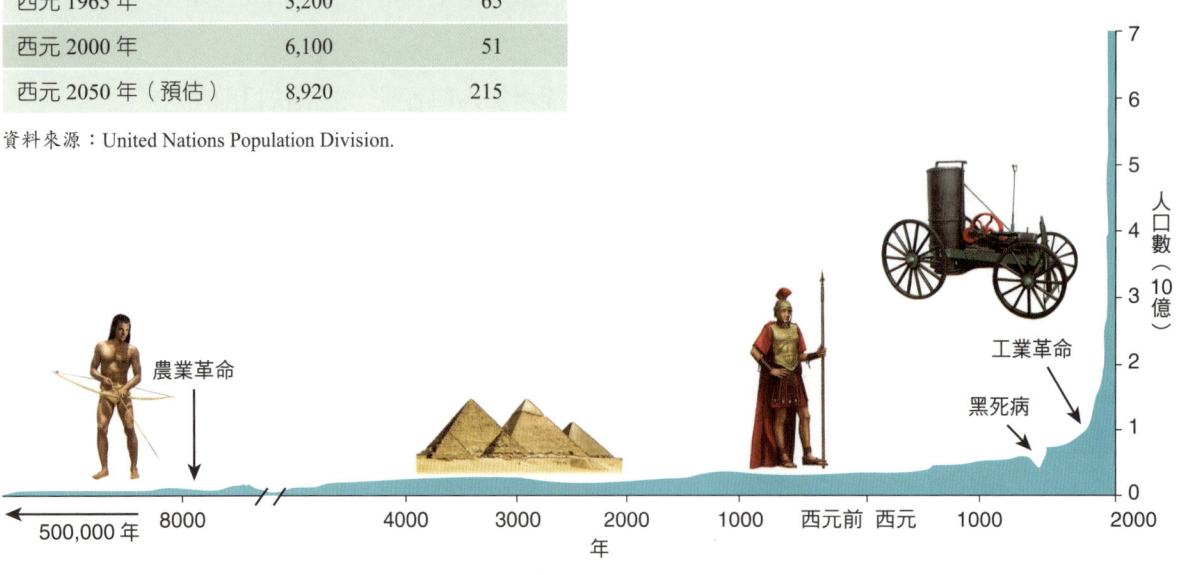

資料來源：United Nations Population Division.

圖 4.3　歷史人口數。人口呈指數成長時，人口曲線明顯呈現 J 曲線。是否能夠控制人口成長曲線穩定成 S 曲線，未來 50 年內的選擇十分重要。

次達到 10 億；但在 150 多年後的 1960 年，人口已達 30 億。而從 2000 至 2010 年，只經過 10 年，人口便增加到 70 億。也就是在 20 世紀時，人口增加 3 倍。在 21 世紀也會如此嗎？若是，人類數量會遠超過環境的承受能力而面臨滅絕嗎？一些證據顯示，人口數的成長已經趨緩，但是否會快速達到平衡，以及能否維持長時間的平衡，仍是重要且困難的問題。

4.2 人口成長的觀點

人類對人口數與資源有各種不同看法。有些人相信，人口成長是造成貧乏與環境破壞的根源，其他人則認為貧乏、環境破壞與人口過剩，都只是深層社會與政治因素的表徵。在這些對立的世界觀中，當選定自認為最正確的世界觀後，將嚴重影響人類的政策。

環境與文化能控制人口成長嗎？

1798 年，馬爾薩斯（Thomas Malthus）寫下《人口論》(*An Essay on the Principle of Population*)，改變歐洲領導者對人口問題的看法。他指出，人口已趨向指數成長，但生產食物的能力卻未顯著改變，或僅緩慢增加，最後人口數必定會超過所能供應的食物，導致飢荒、犯罪與貧困。

根據馬爾薩斯的觀點，疾病或飢荒可穩定人口；降低出生率的社會約束，包括晚婚、單身或其他「道德」約束，也可穩定人口。數十年後，馬克思（Karl Marx）提出反對觀點，認為貧窮、資源損耗、污染等社會弊病造成人口成長。若透過社會正義，便可減緩人口成長並減輕犯罪、疾病、飢餓、悲劇與對環境的剝削。

許多人相信，人口正瀕臨或已超過地球可承受人口的容量（圖 4.4）。康乃爾大學的昆蟲學家皮門特爾（David Pimental）認為：「如果目前人口成長的趨勢持續發展下去，到了 2100 年會有 120 億悲慘的人類將在地球上面對艱困的生活。」

科技能為人類增加承載容量

科技樂觀主義者認為，馬爾薩斯 200 年前對飢荒與災禍的預言錯誤，是因為並未考慮科技進步。事實上，從馬爾薩斯時代之後，糧食供應的成長大於人口。根據聯合

圖 4.4 人口已經過多，或者人口是重要資源？取決於資源使用的方式、民主、公平及正義而定。圖為馬來西亞吉隆坡班丹再也（Pandan Jaya）夜市（白子易攝）。

國糧食及農業組織的統計，1970 年全球提供每人每天 2,435 卡的糧食；但在 2015 年，每人每天已達 3,150 卡。即使是開發中國家，也從 1970 年的 2,135 卡提高至 2015 年的 2,850 卡。但同一時期，人口卻由 37 億增加至 70 億。過去 200 年曾發生許多可怕的飢荒，但主要由政治或經濟因素所引起，並非因為缺少資源或人口成長所造成。這樣的過程是否會持續下去仍有待觀察，但科技的貢獻已大幅增加地球可承受的人口。

從 200 年前開始的世界人口暴增問題，受到科技與工業革命的刺激而加劇。農業生產力、工程、資訊技術、商業、醫學（藥）、衛生與其他現代生活的進步，使目前單位面積能承受的人口數增為 1 萬年前的 1,000 倍。在華盛頓特區卡圖研究所（Cato Institute）的經濟學家摩爾（Stephen Moore），將這項成就認定為是「人類聰明與能力的真實貢獻」。他認為我們使用科學解決問題的能力，在未來是沒有理由減少的。

然而，200 年來生活水準的提升卻是依賴容易獲得的自然資源，特別是廉價豐富的化石燃料。許多人擔心這些燃料的限制及反作用會造成糧食生產、運輸等危機。

另一方面，科技也是兩面刃。環境效應不只是人口規模所造成，也和資源利用有關。此觀念可整合成公式：**I = PAT**，亦即環境衝擊（impact, I）等於人口數（population size, P）、富裕度（affluence, A）及生產物品服務所使用之技術（technology, T）的乘積（圖 4.5）。

表示環境衝擊的方法之一，是將消費選擇表示為生產物品或服務所需的土地面積當量。此單一數字稱為**生態足跡（ecological footprint）**，也就是支持每個人生命所需的可生產土地面積（參考「關鍵概念」）。自然環境所提供的服務占大多數的生態足跡。例如，森林、草原儲存碳，保護集水區，淨化水和空氣，並提供野生動物棲地。計算生態足跡可以比較不同生活型態的效應，例如，美國民眾約 9.7 公頃，但馬拉威卻只有 0.5 公頃。

人口成長能帶來利益

更多人代表更大的市場、更多工人和更高的貨物生產效率；也提供更多聰明才智與企圖心，以克服開發不足、污染或資

環境衝擊 = 人口數 × 富裕度 × 科技

圖 4.5　人口成長的環境衝擊 (I) 是人口數 (P) 乘以富裕度 (A) 再乘以創造財富的科技 (T) 之乘積。

源短缺的問題。人類的開創性和聰明才智，能夠透過新材料的替換而創造新資源，並能夠發現新方法以處理舊材料和舊方法。經濟學家西蒙（Julian Simon）是對此樂觀觀點的擁護者之一。他認為人是地球資源的來源，而且沒有證據證明污染、犯罪、失業、擁擠、物種消失或其他資源限制的惡化，是來自於人口的成長。許多開發中國家的領導者都同意這個觀點，並且把焦點放在富裕國家過度消耗世界資源，而不執著在人口成長問題上。

4.3 眾多因素決定人口成長

人口統計學（demography，原自於希臘文代表人的 demos，以及代表量測的 graphein）可對人類進行統計，例如出生、死亡、住在何處、人口數等。

我們有多少人？

聯合國估計 2011 年全球人口已達 70 億只是估計，即使在資訊技術和通訊發達的現代，世界人口仍不確定。有些國家從未進行人口普查，而做過人口普查的國家，資料也不甚精確。政府可能高估或低估人口數，而有些人也不想被統計，特別是那些無家可歸、難民或是非法的外國人。

人類居住在兩種截然不同的人口統計學世界，其中一個貧窮、未開發且人口增加迅速；另一個富裕、高度發展且人口萎縮。大部分位於非洲、亞洲和拉丁美洲中低度開發的貧窮國家，約占世界人口 80%，但是在預估的人口成長數中卻占約 90%（圖 4.6）。北美、西歐、日本、澳洲和紐西蘭等組成另一個富裕世界，目前這些國家居民的平均年齡約為 40 歲，到 2050 年平均壽命將超過 90 歲。愈來愈多夫妻選擇只生一個小孩，甚至不生小孩，一般認為這些國家的人口在下個世紀將嚴重減少。

最高的人口成長率出現在一些「熱點」，例如撒哈拉沙漠以南的非洲地區和中東地區，其經濟、政治、宗教和社會的動盪，使得避孕器（藥）的使用比率較低，因此生育率一直居高不下。例如尼日，每年的人口成長率超過 3.9%，不到 10% 的夫婦使用節育方法，每個女性平均生下 7.6 個以上的孩子，幾乎有一半人口小於 15 歲。在卡達的出生率更高，每 7.3 年人口就增加 1 倍。

某些開發中國家，在 21 世紀中期可能會達到極驚人的人口（表 4.2）。中國是 20 世紀

圖 4.6 人類居住在兩種截然不同的人口統計學世界，其中一個貧窮、未開發且人口增加迅速；另一個富裕、高度發展且人口萎縮。圖為北非摩洛哥馬拉喀什市集的攤販（白子易攝）。

關鍵概念

你的足跡有多大？

人類的人口持續上升，每人所使用的資源也持續增加。**生態足跡分析（ecological footprint analysis）**可以評估資源消耗的方式如何改變世界，亦即估計支持人類糧食、紙、電腦、能源、水和其他資源消費總額所需要的土地範圍。此分析顯然只是簡化和粗估真實的用量，但可比較在不同地方或隨著時間推移的資源使用。

世界自然基金會（Worldwide Fund for Nature, WWF）所做的分析算是最全面的。在此僅摘錄關鍵重點。

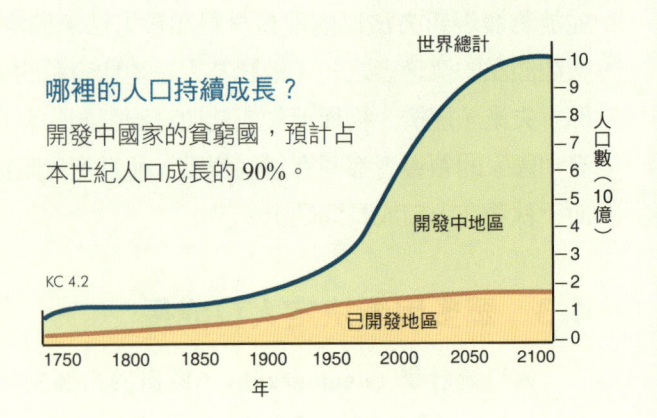

哪裡的人口持續成長？

開發中國家的貧窮國，預計占本世紀人口成長的 90%。

KC 4.2

名詞解釋：

生物承載力（biocapacity）是提供人類所需要生命系統的能力。生物承載力和全球足跡以十億公頃（gha）計算。**1 公頃 = 2.59 畝。1 gha = 10 億公頃**。世界自然基金會計算，平均一公頃土地可以儲存的碳相當於 1,450 升汽油。

由於挖掘古代的能源、土壤等資源的速度大於這些資源可以再生的速度，人類的消費超過地球的生物承載力。

全球足跡的哪個部分變化最迅速？

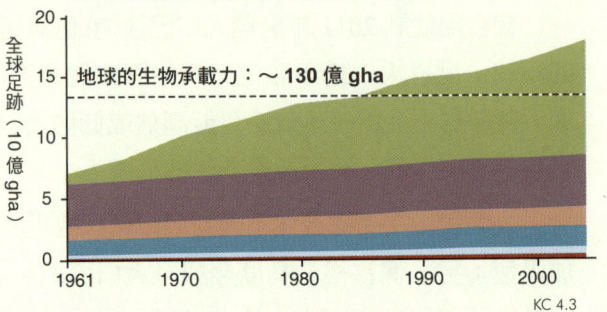

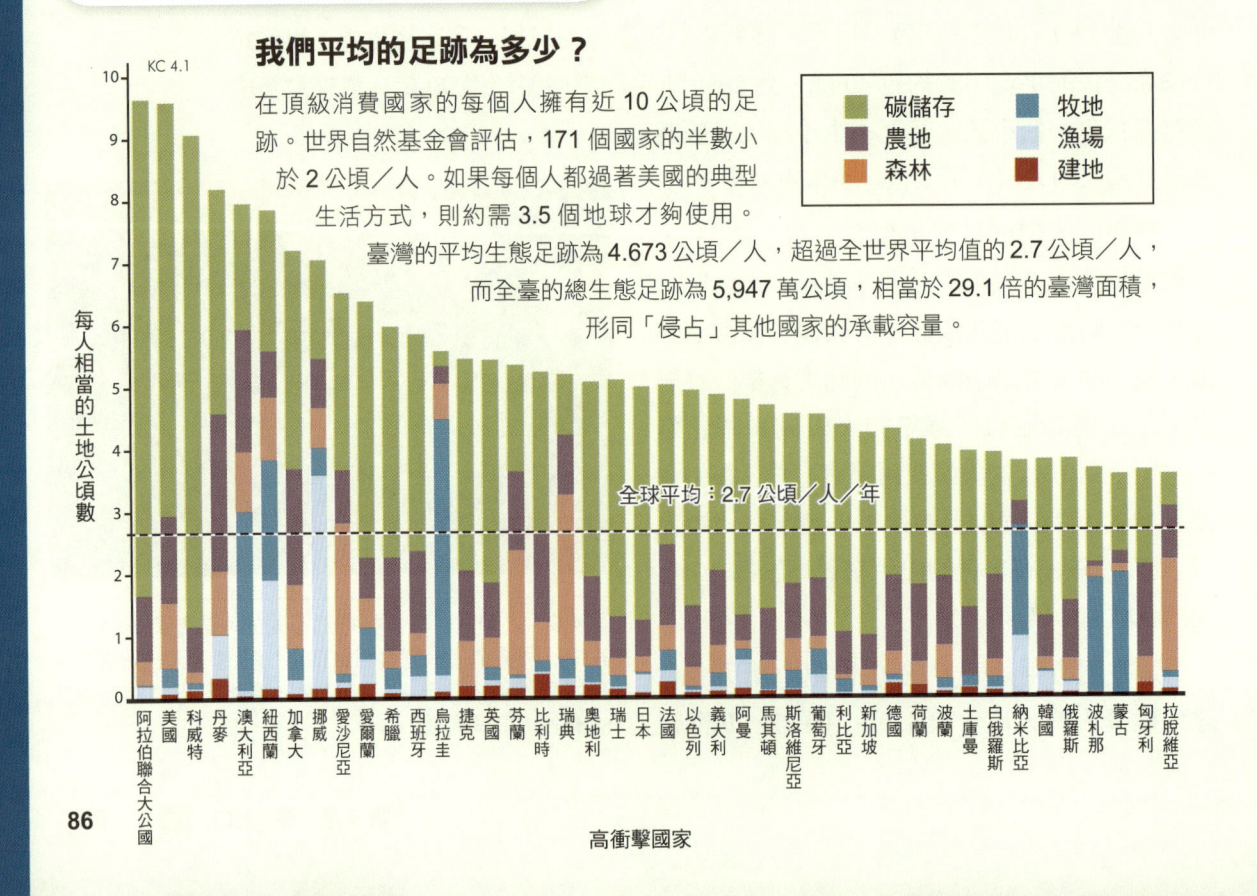

地球的生物承載力：～130 億 gha

KC 4.3

我們平均的足跡為多少？

在頂級消費國家的每個人擁有近 10 公頃的足跡。世界自然基金會評估，171 個國家的半數小於 2 公頃／人。如果每個人都過著美國的典型生活方式，則約需 3.5 個地球才夠使用。

臺灣的平均生態足跡為 4.673 公頃／人，超過全世界平均值的 2.7 公頃／人，而全臺的總生態足跡為 5,947 萬公頃，相當於 29.1 倍的臺灣面積，形同「侵占」其他國家的承載容量。

圖例：碳儲存、農地、森林、牧地、漁場、建地

全球平均：2.7 公頃／人／年

KC 4.1

國家（由左至右）：阿拉伯聯合大公國、美國、科威特、丹麥、澳大利亞、紐西蘭、加拿大、挪威、愛沙尼亞、愛爾蘭、希臘、西班牙、烏拉圭、捷克、英國、芬蘭、比利時、瑞典、奧地利、瑞士、日本、法國、以色列、義大利、阿曼、馬其頓、斯洛維尼亞、葡萄牙、利比亞、新加坡、德國、荷蘭、波蘭、土庫曼、白俄羅斯、納米比亞、韓國、俄羅斯、波札那、蒙古、匈牙利、拉脫維亞

高衝擊國家

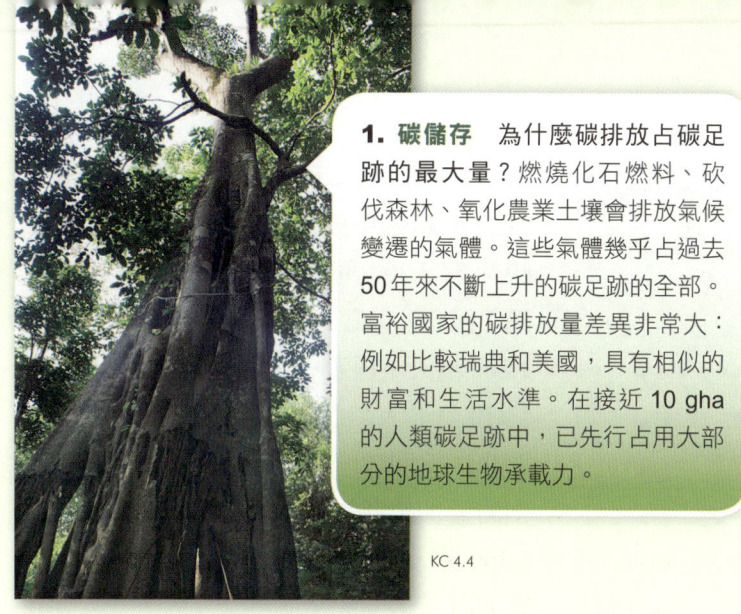

1. 碳儲存 為什麼碳排放占碳足跡的最大量？燃燒化石燃料、砍伐森林、氧化農業土壤會排放氣候變遷的氣體。這些氣體幾乎占過去 50 年來不斷上升的碳足跡的全部。富裕國家的碳排放量差異非常大：例如比較瑞典和美國，具有相似的財富和生活水準。在接近 10 gha 的人類碳足跡中，已先行占用大部分的地球生物承載力。

KC 4.4

2. 農地 用於農耕的資源是什麼？成本變動很大。一些農耕制度耗用土壤並依靠化石燃料；其他的則可建造土壤，且僅需少量輸入。用穀物餵養的牛肉可能是最昂貴的農產品。 KC 4.5

KC 4.6

6. 建地 道路和建築物占用多少土地？與其他使用比較，占較少的空間，但占用重要的生態服務。

3. 林地 可以從森林得到什麼好處？林業提供木材和紙製品，以及其他有用的產品。森林也保護流域，提供野生動物棲地、淨水和儲水。

KC 4.9

KC 4.7

4. 牧地 放牧是否耗用土地？放牧需要廣闊的面積。過度放牧會降低生物多樣性，造成土壤沖蝕。低度放牧是將草轉換成蛋白質的有效方法。

5. 漁場 人類依賴海洋多少？在一些國家，漁業的影響很大。全球而言，90% 的大型海洋掠食者已經消失，17 個主要漁場中的 13 個已經耗盡（詳見第 9 章）。

請解釋：

1. 臺灣鄰近國家的最大因子為何？為什麼？
2. 哪一個國家在林地、漁場、碳及牧地分別有最大的人均碳足跡？為什麼？

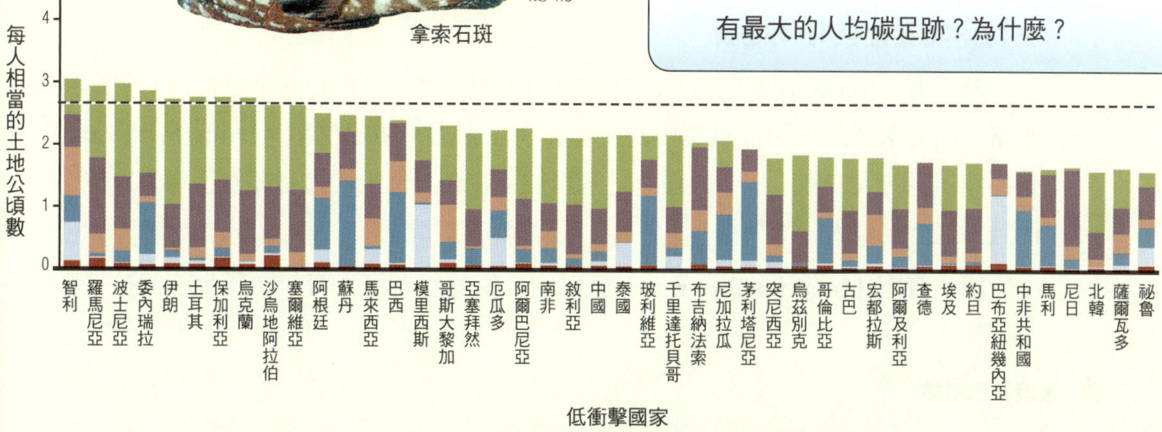

拿索石斑   KC 4.8

低衝擊國家

87

表 4.2　全球人口最多的國家

在 2010 年時人口最多的國家		在 2050 年時人口最多的國家	
國家	人口（百萬）	國家	人口（百萬）
中國	1,339	印度	1,628
印度	1,204	中國	1,437
美國	313	美國	420
印尼	240	奈及利亞	299
巴西	203	巴基斯坦	295
巴基斯坦	178	印尼	285
孟加拉	159	孟加拉	231
奈及利亞	155	巴西	220
俄羅斯	142	剛果共和國	183

資料來源：U.S. Census Bureau, 2012.

人口最多的國家，預期印度人口數將在 21 世紀超過中國。奈及利亞在 1950 年時只有 3,300 萬人，預計 2050 年將超過 2 億 9,900 萬。衣索比亞 50 年前約有 1,800 萬人，經過一個世紀後，很可能成長 10 倍。人口快速成長已對這些國家造成嚴重問題。面積約等於美國愛荷華州的孟加拉共和國，目前人口數為 1 億 5,300 萬，到 2050 年還會再增加 8,000 萬人口。

另一方面，富裕國家則呈現人口萎縮。日本目前有 1 億 2,800 萬人，預估 2050 年時將減少為 9,000 萬人。歐洲擁有全世界 12% 的人口，若維持目前的趨勢，50 年內人口將會低於世界人口的 7%。如果美國和加拿大停止接受移民，則人口數將趨於穩定。

並不是只有富裕國家人口才會減少，像現在的俄羅斯，因為死亡率上升、生育率下降，每年約減少 100 萬人。經濟瓦解、通貨膨脹、犯罪、貪污與絕望，導致人口減少。從蘇維埃時代留下的可怕污染，加上缺乏營養與健康保健，造成基因異常機率高、不孕，嬰兒死亡率高，流產量是成功生育量的 2 倍。死亡率（特別是成年男性）也明顯攀升。根據人口統計，1990 年後俄羅斯男性的平均壽命減少 10 歲，雖然目前稍有提升，但仍低於工業化國家的標準。根據預測，1950 年為世界第四大國的俄羅斯，到了 2050 年時，人口數將少於越南、菲律賓或剛果。

非洲國家的情況更糟，愛滋病和其他傳染疾病正以可怕的速度致人於死。例如在辛巴威、波札那、尚比亞和納米比亞，39 % 的成人患有愛滋病或呈 HIV 陽性反應。如果沒有愛滋病，波札那的平均壽命將近 70 歲，但因為愛滋病而降至 31.6 歲。這些國家將因這個疾病而減少人口（圖 4.7）。到了 2050 年時，非洲的人口預期將比如果沒有愛滋病時少了將近 2 億人。

生育率隨文化與時代變動

繁殖力（fecundity）是繁殖的身體能力，而生育力（fertility）是後代的實際生產量。沒有孩子的人可能具繁殖力，但沒有生育力。**粗出生率（crude birth rate）**是每年出生的人口數，以千人作為計量單位；在統計學上，這是非常粗略的單位，而且不適合表現人口的特徵。

總生育率（total fertility rate）是平均一位女性在可生育年齡所生下的孩子數

量。對 17 和 18 世紀歐洲較高階層的女性而言，小孩生愈多愈好，而且小孩一出生就立即交由褓姆扶養，通常她們會懷孕 25 到 30 次。而勞工階級的最高紀錄是一位北美女性平均生育 12 個小孩。在大多數的部落或傳統社會，食物短缺、健康問題與風俗習性限制總生育率，每位女性平均僅有 6 或 7 個小孩。

人口零成長（zero population growth, ZPG）是指族群中出生加移民進來的人數，剛好等於死亡與移民出去的人數。平衡生育力達到人口零成長，需要花幾個世代的交替才能完成。在高度已開發國家中，每對夫妻約僅有 2.1 個小孩，因為有些夫妻無生育力、不要小孩，或嬰孩無法存活。

過去 50 年，除了非洲，全世界各地區的生育率均明顯下降（圖 4.8）。1960 年代，許多國家的總生育率超過 6。例如 1975 年，墨西哥每個家庭擁有 7 個小孩；然而在 2010 年時，墨西哥每位女性平均只有 2.3 個小孩。根據世界衛生組織統計，全世界 192 個國家的 1/2，目前每對夫妻只有等於**替代水準（replacement rate）**的 2.1 個小孩、甚至更少。

許多這類國家的人口成長將持續一個世代，因為擁有大量的年輕人口。例如，巴西每位女性生育率只有 1.8 個小孩，但是人口的 26% 都在 14 歲以下。這些小孩會在其祖父母和父母輩過世之前成年並成家立業，所以

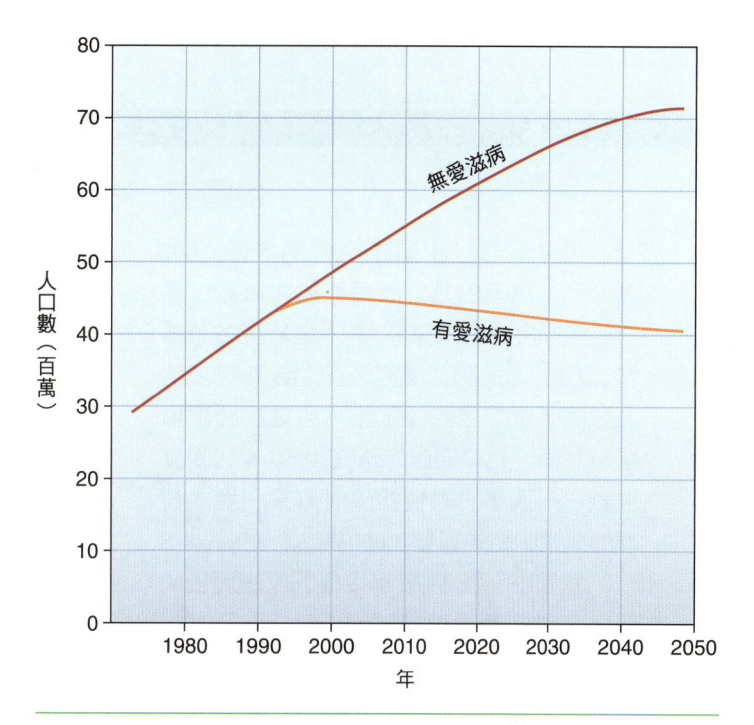

圖 4.7 南非人口有無愛滋病時的推計。
資料來源：UN Population Division, 2006.

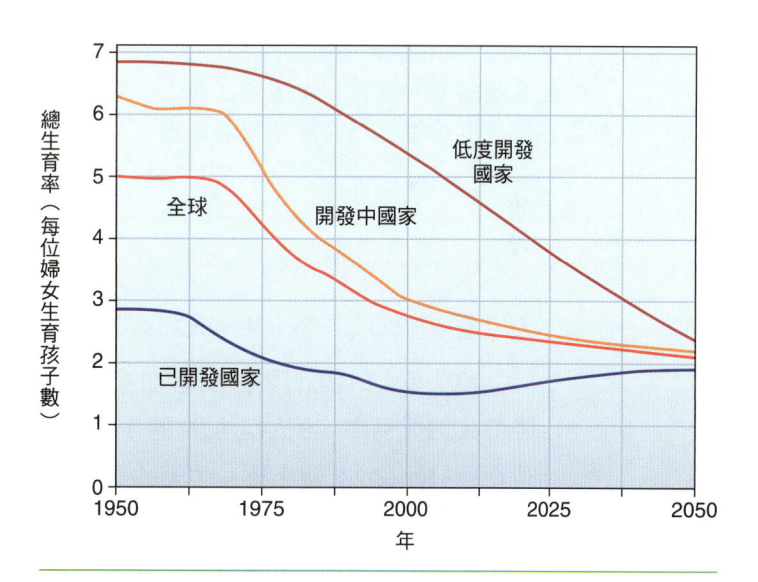

圖 4.8 開發中國家的平均總生育率在過去 50 年下降一半以上，主要是由於中國的一胎化政策。到 2050 年，即使是低度開發國家可生育婦女的生育數，也會達替代水準的 2.1 名小孩。
資料來源：UN Population Division, *World Population Prospects, 1996*, and Population Reference Bureau, 2004.

你認為如何？

中國的一胎化政策

1949 年時，中國大陸約有 5 億 4,000 萬人口，那時的官方政策鼓勵大家庭。第一任國家主席毛澤東宣稱：「世界上各種事物之中，人是最珍貴的。」他認為更多的勞動者，意味著更多輸出，可增加國家財富。然而，此樂觀的想法在 1960 年代受到挑戰，一連串災難性的政府政策引發大規模的飢荒，結果導致 3,000 萬人死亡。

當鄧小平在 1978 年接任國家主席後，他修正許多毛澤東的政策，包括：私有化農地、鼓勵私有化企業，並停止鼓勵大家庭。鄧小平體認到，每年 2.5% 的人口增加率，28 年內就會增加一倍人口。如果當時的增加率維持不變，中國現有人口將達 20 億，會對有限的資源造成影響。鄧小平實施具有爭議的一胎化政策。

一般家庭將會因擁有未合法孩子而受到嚴厲處罰。批評者認為有許多兼顧人權及控制人口的家庭計畫，並不一定要採取此政策。另一個後遺症是 4:2:1 問題，也就是目前常有 4 個祖父母、2 個父母、1 個小孩。社會學者通常稱這些被寵壞的一代為「小皇帝」。祖父母、父母輩也面臨另一個難題，由於只有一個小孩，年長者被迫延後退休，因為單一小孩無法供應全部所需。中國政府也開始擔心出生不足（birth dearth）的問題。一胎化政策最近開始鬆綁，沒有兄弟姊妹的夫妻可以多生孩子，以便照顧年長親屬。

中國控制人口的實驗被證實有效，2012 年底的人口約 13.4 億，年成長率為 0.51%。中國目前是全球暖化最大的貢獻國，由於其中產階級迅速增加，造成全球物價上漲，如果未有效控制人口，這些問題恐怕更嚴重。

人口還會持續成長幾十年。人口統計學稱此為**人口動量（population momentum）**。

和許多人口統計學家所預期的剛好相反，世界上有些貧窮國家已經非常成功地降低人口成長率。例如孟加拉的生育率，已經由 1980 年的 6.9，減少至 2009 年每位女性只擁有 2.8 個小孩。中國的一胎化家庭政策，將生育率由 1970 年的 6，降低至 2010 年時的 1.7。然而這項政策卻引起嚴重的人權問題（參考「你認為如何」）。

雖然全世界的平均生育率為 2.36，但人口成長率已經降到二次大戰以來的最低點。如果生育率能像巴西一樣地減少，那麼世界總人口數將在 21 世紀末開始減少。

死亡抵消出生

在人口統計學中，**粗死亡率**（**crude death rate**，或稱為 crude mortality rate）是每年每一千人中的死亡人數。在保健與環境衛生有限的非洲國家，每 1000 人粗

死亡率約為 20 多人。在富裕的國家，每 1,000 人粗死亡率約為 10 人。死亡人數與該族群的年齡結構有著極密切的關係。在快速成長的開發中國家，例如巴西，其粗死亡率（6 人／1,000 人）比已開發但成長較緩慢的國家還要低，例如丹麥（12 人／1,000 人）。這是因為快速成長國家中年輕人的比率較高，而老年人口比率較低。

全球平均壽命皆提高

壽命（life span）是物種中存活最久的年數。被證實且紀錄最長的人類壽命，是法國的卡爾曼（Jeanne Louise Calment），她死於 1997 年，享年 122 歲。雖然現代醫療能夠使人類活得更久，但是最長壽命卻未增加多少。顯然體內的細胞能夠修復損壞並製造新成分的能力有限，遲早會屈服於疾病、衰弱、事故或衰老。

平均壽命（life expectancy）是指新生嬰兒在社會中，預期享有的平均年歲，是另一種描述平均死亡年紀的方法。在人類歷史中，平均壽命約 35 歲至 40 歲，這並不意味著沒有人能活過 40 歲，而是很多人死於年幼（大部分是幼兒）。

20 世紀全球人類的健康產生極大轉變，表 4.3 顯示，許多地方的平均壽命明顯增加。全世界平均壽命已經從上個世紀的 40 歲上升到 67.2 歲，以開發中國家增加最多。例如在 1900 年，印度男性平均可能活不到 23 歲，而女性平均壽命也剛好只超過 23 歲。一世紀後，雖然印度每人每年收入只有 3,500 美元，但男性和女性平均壽命都成長將近 3 倍，已接近收入比他們多 10 倍的國家。其平均壽命增長的主因是營養較好、改善環境衛生、乾淨的飲水，以及教育的提升，並非因為特效藥劑或高科技的藥物治療。雖然已經工業化國家的成長沒那麼多，不過，例如美國和日本現在比 20 世紀初時多將近 1 倍的年歲，而且可以過得相對健康。現今的日本人，失能年數（Disability Adjusted Life Years, DALY，一項疾病負擔的測量工具；相當於生命損失人年數加上失能損失人年數）為 74.5 歲，比 20 年前的 64.5 歲明顯增加。

如圖 4.9，當年收入為每人約 4,000 美元以下時，平均壽命和年收入有顯著相關性；高於此年收入者，大多數人有適當的食物、住處和衛生的環境，男性平均壽命超過 75 歲，女性則高於 85 歲。

各種族群不同的壽命可顯示現代化的益處、各國社會投資如何分布的顯著差異。美國平均壽命最長的地方是紐澤西州的亞裔（美國籍）女性，平均壽命 91 歲。相對地，美洲印地安男性在鄰近美國南達科他州的松嶺印地安人保護區內，平均只能活 48 年。只有少數非洲國家的平均壽命低於這個數據。松嶺印地安人

表 4.3　一些國家 1900 年和 2012 年出生時的平均壽命

國家	1900 年 男性	1900 年 女性	2012 年 男性	2012 年 女性
印度	23	23	64	67
俄羅斯	31	33	62	76
美國	46	48	77	82
瑞典	57	60	83	85
日本	42	44	85	87

資料來源：World Health Organization, 2014.

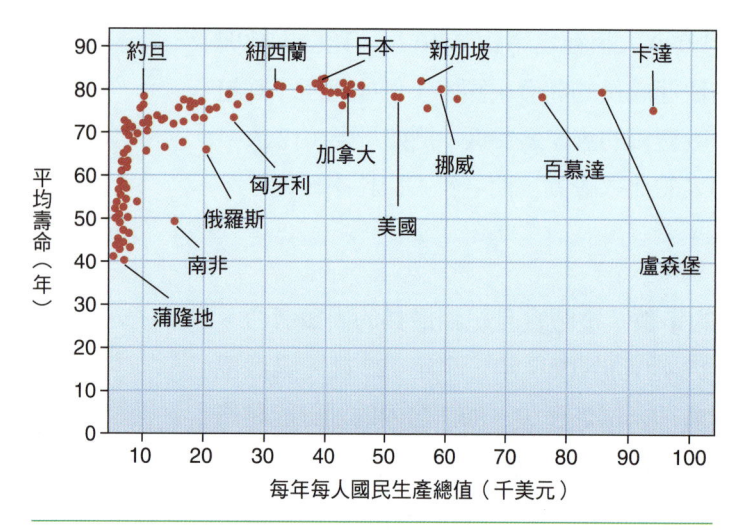

圖 4.9 收入在約 4,000 美元以下時，當收入增加，平均壽命也會隨之增加。高於此收入時，曲線趨平。有些國家，如南非和俄羅斯，平均壽命遠遠低於 GDP 的預期。然而約旦的 GDP 雖然只有美國的 1/10，平均壽命反而較高。

資料來源：CIA Factbook, 2009.

保護區是美國最貧窮的地區，失業率將近 75%，過著貧困、酗酒、吸毒或邊睡生活的人比例極高。相同地，在華盛頓特區的非裔（美國籍）男性，平均只能活 57.9 年，比非洲的賴索托或史瓦濟蘭還低。

活得更久有極深的意涵

自然快速成長人口的會比穩定的人口擁有更多的年輕人，依年齡分級的直方圖可以顯示這些差異，如圖 4.10 所示。尼日（Niger）人口在 2012 年以 3.9% 的比例成長，約半數的人口處於生育前年齡（低於 15 歲）。即使總生育率迅速下降，但當年輕人漸漸進入生殖期時，出生總數和人口數還是會繼續成長，這個現象稱為人口動量（population momentum）。

相反地，在人口相對穩定的國家，多數年齡層都有接近的人口數，例如瑞典。

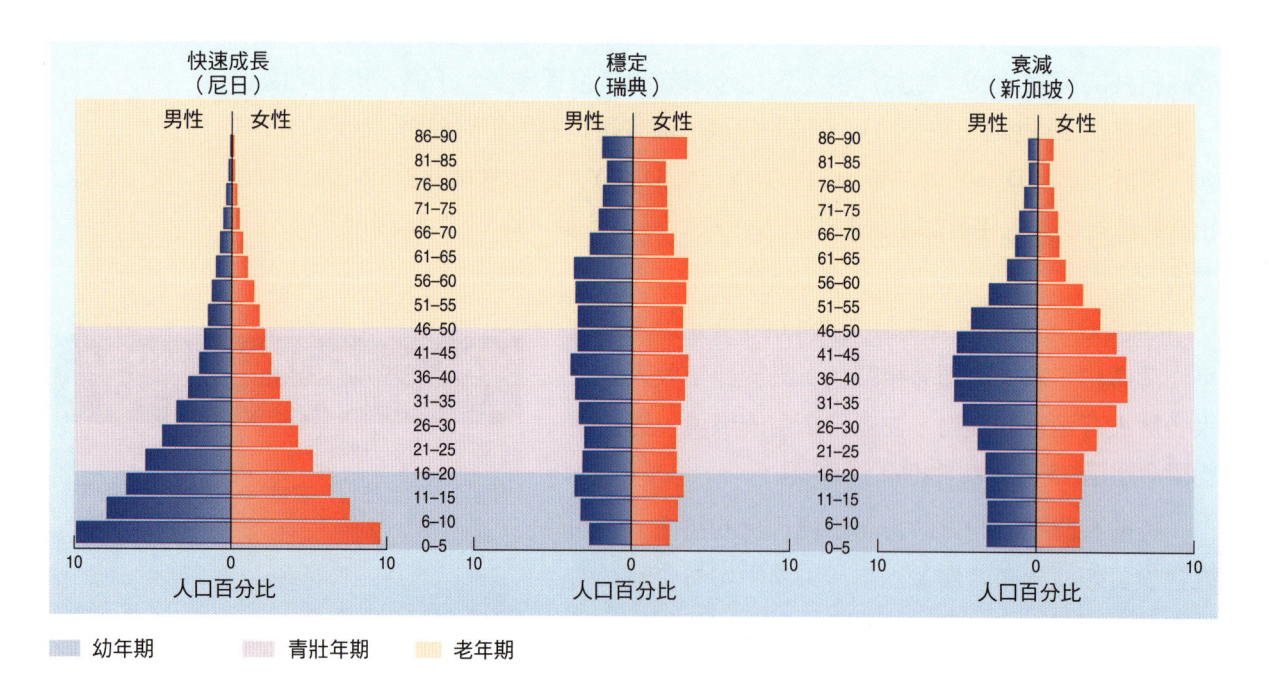

圖 4.10 在人口快速成長（尼日）、穩定（瑞典）和衰減（新加坡）國家，每個年齡層直方圖的形狀都不相同。橫條圖表示連續的年齡層（0–5 歲、6–10 歲等）占人口的百分比。

資料來源：U.S. Census Bureau, 2003.

瑞典老年人口中，女性多於男性，顯示性別之間的壽命差異。如果人口迅速萎縮，則中年齡層會凸起，因為新生兒比親代少，例如新加坡。

在人口快速成長與緩慢成長的國家皆有**扶養比（dependency ratio）**的問題，扶養比是人口中無工作人數對工作人數的比值。在尼日，一個人必須供養許多小孩，而美國工作的人口數正在減少，使得工作者必須供養很多退休人員。

目前世界各地的年齡結構與扶養比正在改變（圖 4.11）。在 1950 年只有 1.3 億人超過 65 歲，而在 2015 年則超過 6 億人達到此年齡，2150 年時，每 1 個小孩將扶養 3 個老人。日本、法國和德國等國家，已經開始擔心沒有足夠的年輕人工作以維持退休系統，因此鼓勵夫妻生更多的小孩，以及接受更多可以降低平均年齡的移民。

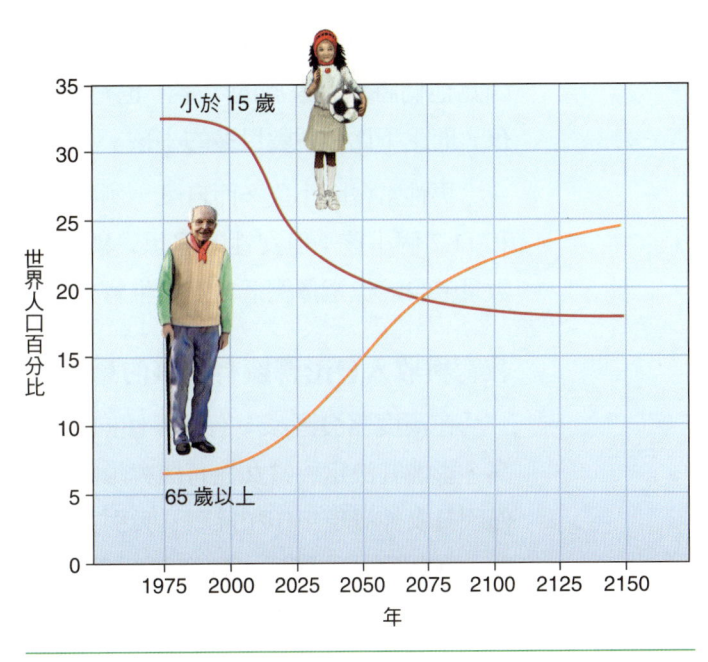

圖 4.11　21 世紀中期，小於 15 歲的小孩占世界人口比例將會偏低，但高於 65 歲的老人比例則會快速上升。

4.4　文化會影響生育

社會和經濟壓力會影響家庭人口數，進而影響整體人口數。

人們想要小孩有許多原因

增加人們想要有小孩意圖的因素，稱為**生育壓力（pronatalist pressure）**。增加家人是生命中值得高興和光榮的事。小孩可能是快樂、榮耀與安慰的源頭。在沒有社會福利系統的國家，也是年長父母的支柱。嬰兒死亡率高的地方，夫妻可能多生，以確保部分小孩存活，年老時有人照顧。小孩對家庭而言，除了增加未來的收入外，也有助於目前的收入和家庭雜事。在許多開發中國家，兒童可幫忙照料動物與較小的兄弟姊妹、取水、撿柴、栽培作物或幫忙賣東西。父母本身想要小孩，可能才是人口成長的重要因素。

社會也必須取代已死亡或已無能力的人口，此觀點常在文化或宗教價值中，被用以鼓勵扶養或生育小孩。有些社會對沒有小孩或只有少數小孩的家庭會給予同情或蔑視；謹慎控制生育的觀念，在這樣的社會可能會造成爭議，甚至被禁止；而懷

孕或有小孩的女性，可享有特別的地位或保護。通常男孩被認為比女孩更有價值，因為他們將承襲家族的名字，也是扶養年老父母的寄託。夫妻可能會因為想要男孩，而生下比預期數目多的小孩。

男性常會因小孩多而自豪，例如尼日和喀麥隆，平均每個人希望可以擁有12.6和11.2個小孩；但女性的理想人數，卻只是丈夫的一半。即使女性所希望的小孩數量較少，但選擇權低，控制生育力的能力也低。

教育與收入會影響擁有小孩的意圖

在高度開發國家，有很多傾向減少生育的壓力。女性教育程度及個人自由較高，影響其決定。當女性有機會賺錢，會比較不想留在家或不想有很多小孩。這不僅因為女性發現工作和挑戰具吸引力，也因為所賺的錢是家庭重要的經濟來源。因此，在較富裕的國家，教育與社會經濟狀態和生育力呈負相關。然而在開發中國家，教育和社會經濟狀態提升時，初期會增加生育率。高收入家庭較能負擔小孩，而更有錢也表示女人比較健康，較能懷孕並將小孩扶養成人。或許要經過一個世代，才會想要減少小孩的數量。

在低度開發的國家，提供小孩食物和衣物只是很小的支出，增加小孩通常不會花太多錢。相反地，在已開發國家扶養小孩，提供小孩完成學業直到獨立，可能要花數十萬美元。父母只能選擇擁有1至2個小孩，以便將時間、精力和經濟資源，集中在少數小孩。

4.5 人口轉型可使人口穩定

1945年，人口統計學家諾特思坦（Frank Notestein）指出，經濟發展會伴隨著一種典型狀況，也就是死亡率和出生率會由於生活條件改善而下降。此現象稱為**人口轉型（demographic transition）**，亦即從高生育率、高死亡率轉變成低生育率、低死亡率。圖4.12是理想的人口轉變模型，此模型也常被用來解釋人口成長和經濟發展的關係。

經濟和社會條件會改變死亡和出生

圖4.12的階段1是現代化之前的社會，此期間食物短缺、營養失調、公共衛生和醫療缺乏、意外以及其他災害，死亡率維持在每1,000人死亡30人，生育率也相對很高，以維持人口密度。階段2處於經濟發展，更多的工作機會、更好的醫療照顧、環境衛生和生活水準，死亡率通常會下降得很快，生育率在開始時可能會上升，因為有較充裕的金錢和較好的營養教養孩子。但當發現孩子的存活率高，而且將經濟資源放在較少的孩子數量上更為理想時，生育率便會下降。在階段2和階

段 3，當死亡率下降但仍維持高生育率時，人口會快速成長。在人口轉型完成趨於穩定之前，依轉型時間的長短，人口可能會經歷一次或一次以上的翻倍成長。

階段 4 代表多數已開發國家的狀況，這些國家已經完成轉型，生育率和死亡率都很低，約只有或低於未開發時期的 1/3。在此情況下，人口進入新的平衡，但仍比以前的人口還多。大部分北歐和西歐的國家，在 19 世紀或 20 世紀初已完成人口轉型，如圖 4.12 的曲線。例如義大利等國家，出生比死亡少，總人口數曲線已經開始呈現下降。

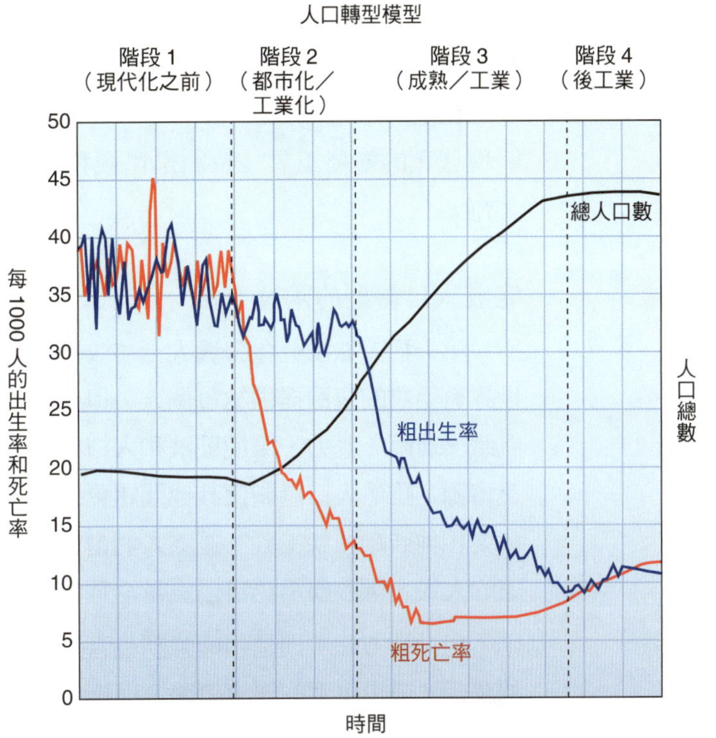

世界上很多人口快速成長的國家，例如肯亞、葉門、利比亞和約旦，正處於人口轉型的階段 3。其死亡率已下降且接近已開發國家，但生育率並未相對下降。事實上，300 年前開始工業化至今，其生育率和總人口數仍高於大部分的歐洲國家。出生與死亡率間的差異甚大，意味著有很多開發中國家，人口正以 3% 至 4% 的速度成長。第三世界國家的高成長率會在 21 世紀末期將世界人口增加到 90 億。

圖 4.12 伴隨著經濟和社會發展，在人口轉型中的理論生育率、死亡率與人口成長率。在開發之前的社會，出生率和死亡率都很高，總人口保持相對穩定。開發中，死亡率往往先下降，經過一、兩代後出生率下降。在完全開發的社會，總人口增加迅速，直到出生率和死亡率都維持穩定。

許多國家正處於人口轉型

一些人口統計學家宣稱，大部分開發中國家正在進行人口轉型，他們相信人口普查的問題會隱藏此現象，但認為世界人口應該會在 21 世紀的某時期達到穩定。有些證據支持此觀點，例如在過去半世紀，世界各地的生育率已明顯下降。

某些國家在人口控制上有卓越的成效，例如泰國、中國和哥倫比亞，總生育量在 20 年內降低至原先的一半以下。摩洛哥、牙買加、祕魯和墨西哥，單一世代的生育率就已經下降 30% 至 40%。

有助於穩定人口數的因素如下：

- 伴隨著開發而來的財富增加和社會改革，減少多數國家對於大家庭的需求。
- 現今科技可比一個世紀前更迅速地傳輸到開發中國家，技術交換速度也比過去

歐洲和北美洲發展時期更快。
- 低開發國家可依循歷史，從已開發國家的錯誤經驗中獲益，並制訂方針以快速地穩定人口。
- 現代化的傳播工具（特別是電視和網際網路），已成為刺激改變和發展的催化劑。

完成人口轉型的兩種方法

第一種方法由社會公義人士（公平將社會收益分享給大家的人）所提出，認為世界有足夠的資源提供給每個人，但不平等的社會和經濟系統造成資源分配不當。飢餓、貧困、暴力、環境破壞和人口過剩，都只是缺乏公義所造成的結果，並非缺乏資源。雖然人口過剩使其他問題更惡化，但若只將焦點狹隘地放在人口過剩，只會變相地鼓勵種族主義，並讓人們憎恨窮人。社會公義觀點的提倡者認為，富裕國家的人民，應該要承認自己過量消耗資源，並認知自己所造成的衝擊已影響他人。

另一種方法，則是積極強調生育控制。此策略必須依靠政策，例如中國，祭出胡蘿蔔（減少生育的經濟獎勵）與棍棒（限制生育的法令和超過限制的處罰）。

雖然兩種策略南轅北轍，但卻都能立即減少人口成長，並避免掉入「人口陷阱」（demographic trap）。這些國家人口快速成長，以致於需求超過森林、草原、農田和水資源所能提供的產量。所造成的資源短缺、環境惡化、經濟衰退與政治動盪，可能妨礙這些國家現代化的發展，而人口也可能會持續增加。

改善婦女生活有助於降低生育率

1994 年於埃及開羅舉辦的國際人口與發展會議中，180 個與會的國家達成新的主要共識，認同如果要減緩人口成長，必須使每人獲得穩定的經濟發展、女性的教育和權力，以及高品質的健康保健（包含家庭計畫的服務）。小孩的存活率是穩定人口最主要的因素，嬰幼兒與兒童死亡率未下降時，出生率也從未下降。

家庭收入增加，並未對小孩帶來更多福利，因為很多國家的男性，控制大部分的經濟。如同在開羅的會議所提，讓小孩存活最好的方法是確保母親權利，例如女性受教育的機會、土地改革、政治權利、工作機會，以及改善女性的健康狀態等，都是比提升國家生產毛額更好的家庭福利指標（圖 4.13）。

4.6　家庭計畫給予選擇

家庭計畫（family planning）可讓夫妻選擇小孩的數量和間隔，以控制生育。**生育控制**（birth control）指的是減少生育的方法，包括單身、晚婚、避孕、避免胚胎著床的技術，以及人工流產。

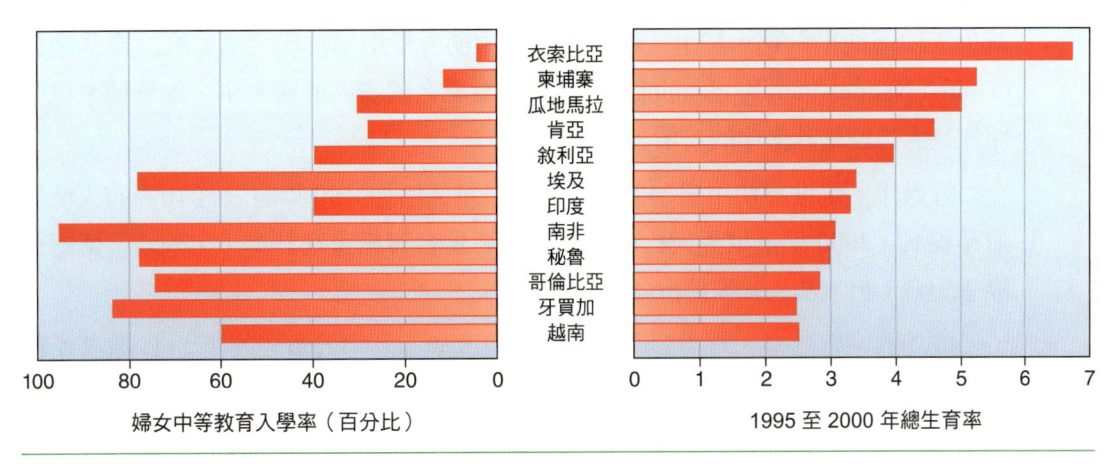

圖 4.13　當女性受教育程度上升時，總生育率下降。

資料來源：Worldwatch Institute, 2003.

現代醫藥技術提供新穎的生育控制方法，包括：(1) 在受孕期間避免性行為，例如分房、量測體溫變化、子宮頸黏液判斷排卵等，(2) 避免精子和卵子接觸的機械性屏障，例如保險套、殺精劑、子宮膜、子宮帽、陰道綿，(3) 避免排出精子和卵子的手術，例如輸精管結紮、輸卵管結紮，(4) 類荷爾蒙化學物質避免精子和卵子的成熟、排出，或避免胚胎在子宮著床。

4.7　我們在創造什麼樣的未來？

大多數的人口學家相信，世界人口在 21 世紀會趨於穩定，但也要視家庭計畫以及其他影響人口的因素而定。聯合國人口部門（United Nations Population Division）提出 3 種未來人口可能發展的推計（圖 4.14）。較樂觀的低推計（最低人口數）顯示人口可能在 2050 年趨於穩定的 80 億，並開始下降；中推計認為 35 年內人口會增加至 94 億；高推計（最高人口數）則顯示人口在本世紀中葉將達到 120 億。

人口成長是很複雜的議題，穩定或

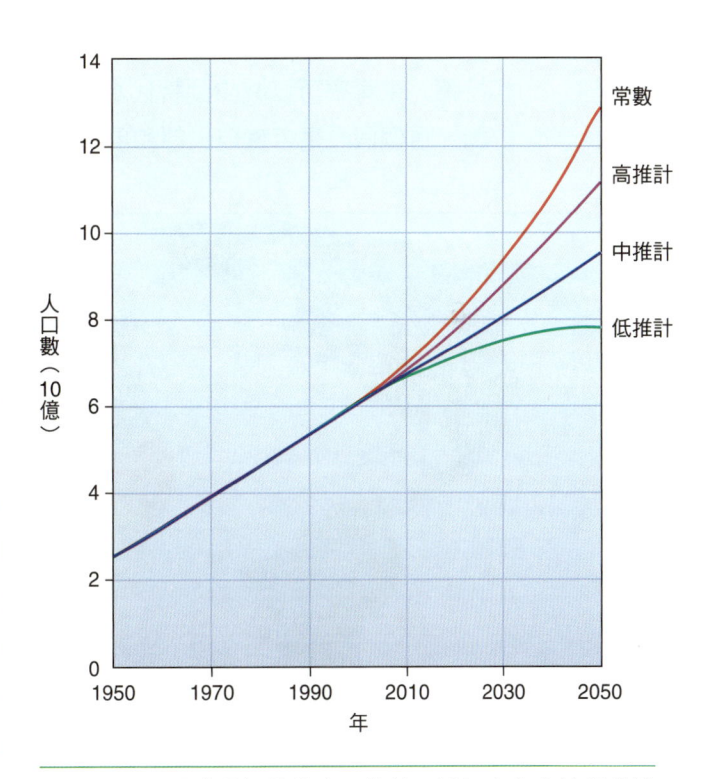

圖 4.14　不同成長假設的人口推計。近年來家庭計畫的進展及經濟發展已顯著降低預測。和先前超過 100 億人的預測比較，新的中推計顯示在 2050 年時將達到 94 億。

資料來源：UN Population Division, 2015.

減少人口需從根做起。其中一個阻礙是美國國會拒絕給付聯合國家庭計畫基金會（United Nations Family Planning Fund），因為聯合國資助的國家中，部分國家以墮胎作為人口控制計畫中的一環。

近幾年，全世界使用避孕器具的夫妻已急速增加。30 年前只有 10% 的人使用避孕器具，2000 年全世界大約有一半的夫妻配合實施家庭計畫，另外的 1 億對夫妻想配合，但無法得知家庭計畫。

成功的家庭計畫，常需要有重大的社會改變，其中最重要的是：(1) 改善女性社會、教育和經濟的地位（通常生育控制和女權之間有相互關聯）；(2) 改善小孩的地位（如果小孩不是廉價勞工的來源，出生的小孩數量將會降低）；(3) 對經計算過後的選擇的接受度；(4) 社會安全和政治穩定給予人民計畫未來的方法和信心；(5) 了解、獲得並使用有效且可接受的節育方法。這些共同努力已有成效，例如家庭計畫自願團隊在辛巴威工作 20 年，已經將總生育率由 8.0 降低至 5.5，目標家庭人口數已經下降一半（9.0 降至 4.6），而且辛巴威幾乎全部的女性和 80% 的男性都使用避孕器具。

目前全球半數以上的國家，生育率都接近替代水準（圖 4.15）。全世界的平均生育率是每個女性生 2.36 個小孩，比 50 年前減少一半以上。如果下半個世紀可以持續，生育率可以減少到替代水準的 2.1 個小孩，總人口數會快速下降，並達到平衡。這個假設是否實現，都和現在做的選擇有關。

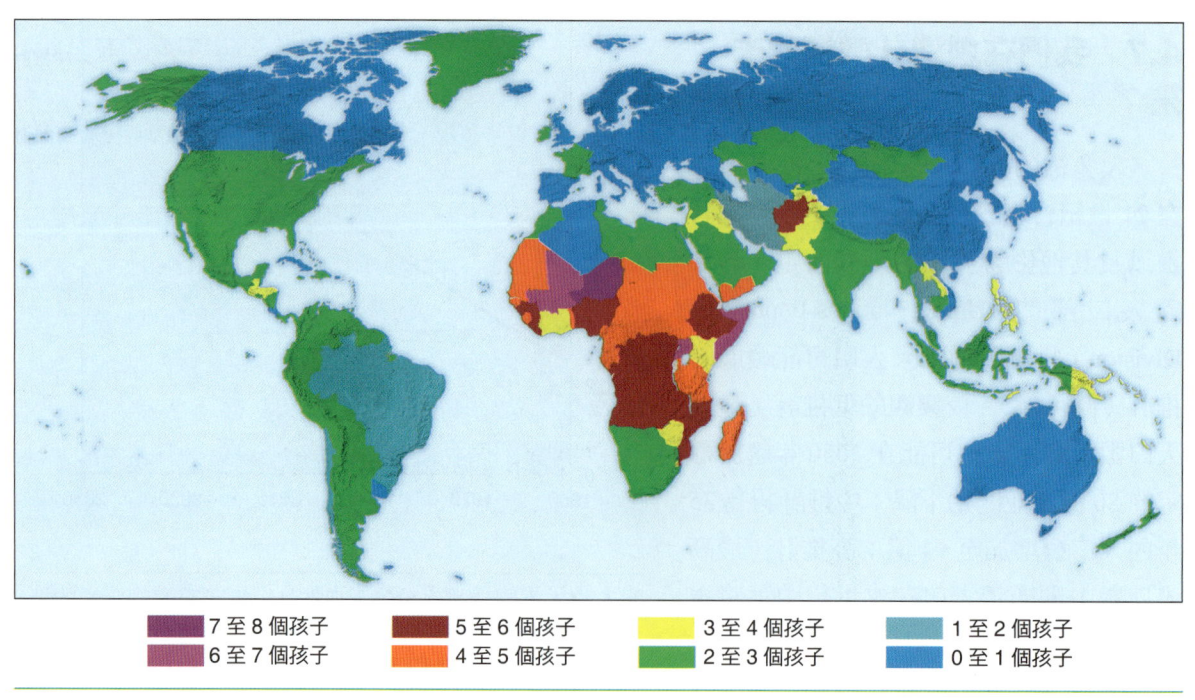

圖 4.15 不同國家的總生育率。

問題回顧

1. 世界人口何時超過 10 億人？在那之前，什麼因素限制人口的成長？之後又是什麼因素造成人口快速成長？
2. 描述過去 200 年的人口成長情形，生長曲線是什麼形狀（回想第 3 章）？
3. 定義生態足跡。如果全體人類試圖以北美的水準生活，需要幾個地球？
4. 為什麼部分經濟學家認為決定一個國家的未來，人力資源比自然資源更重要？
5. 在 21 世紀，何處的人口成長將會最多？在這些國家中，哪種狀況會造成人口快速成長？
6. 定義粗出生率、總生育率、粗死亡率和人口零成長。
7. 壽命和平均壽命有何不同？為什麼？
8. 何謂扶養比？扶養比如何影響國家的未來？
9. 哪些因素會使人們想要增加或減少擁有小孩的數量？
10. 說明促成人口轉型的條件。

批判性思考

1. 假設你是主管臺灣家庭計畫的首長，應如何採取有效的人口政策，使臺灣維持合理的人口結構？以文化、宗教、教育和經濟等因素說明。
2. 聯合國為什麼會對未來人口成長假設高、中、低三種推計？為什麼不是只有單一預估結果？在做這些推計時，需考慮哪些因素？
3. 有些人口學家宣稱世界總人口已經開始下降，但其他人則有不同看法。如何辨別確實的人口轉型，而非只是出生率或死亡率的隨機變動？
4. 為何描述粗出生率和死亡率通常是以每 1,000 人為單位？為何不是以每 1 個人或是整個人口數為單位？
5. 第 3 章中討論過承載容量。人類最大且最佳的承載容量是多少？對人類而言，這個問題為什麼比其他物種更複雜？為何在人口統計學上採用設計實驗有其困難？

5 生物群落區與生物多樣性
Biomes and Biodiversity

生物群落區中存在各種生物群落，圖為屏東縣武洛溪景觀。

（白子易攝）

> 最後，我們只保育我們所喜愛的，
> 只喜愛我們所了解的，只了解我們
> 所學的。
>
> —— Baba Dioum

學習目標

在讀完本章後，你可以：

- 描述 9 種主要的生物群落區，以及控制其分布的環境條件。
- 了解海洋的垂直分層。
- 描述珊瑚礁、紅樹林、河口與溼地的生物重要性。
- 定義生物多樣性，並列舉高度生物多樣性的地區。
- 了解生物多樣性的主要利益。
- 描述造成生物多樣性降低的主要人為威脅。
- 降低對生物多樣性的威脅。

案例研究

森林對全球暖化的反應

　　生物群落對氣候變遷究竟如何反應？至今，仍是環境科學中最大的未知數。例如，目前支持北方林的北方地區是否會變遷至另一種生物群落區——硬木森林、開放的稀樹草原或完全不同的景觀？隨著溫室氣體排放量增加，氣候模式預測北方林將會在本世紀向北移動約480公里。但此預測存在許多的不確定性。

　　環境科學家分析此複雜問題的策略之一，是在溫室中種植植物並測試植物對不同溫度及濕度的反應。藉由一次改變一項變數，可以得到對環境變遷的概略反應。但此方法忽略真實生態系統中影響植物生長的物種交互作用，因此替代方法是使用田野試驗，混合的植物種植在自然場地，包括資源競爭、捕食者－犧牲者的交互作用、自然氣候變動，以及其他生態因子。

　　彼得・瑞齊（Peter Reich）教授團隊在明尼蘇達州的北方林中進行名為B4Warmed的田野實驗，意即瀕危生物交會區中北方林的暖化（Boreal Forest Warming at an Ecotone in Danger），其團隊以人為方式提高北方林場區中的環境溫度，以模擬暖化的氣候條件。

　　團隊建立96座直徑3公尺的圓形實驗場區。每個場區種植混合樹種及一年生林下植物（圖5.1）。接著，隨機給予這些場區四種不同的處置。半數的場區座落在成熟森林，半數在林間開闊處。使用紅外線燈泡及埋設加熱電纜，讓半數的場區維持高於環境溫度攝氏2度，半數場區則高於環境溫度攝氏4度。同時持續維護對照組場區（無人為溫度控制）並與實驗組比對。

　　要確實了解暖化對北方林群落的長期效應仍然太早，但本研究中生長範圍目前處於

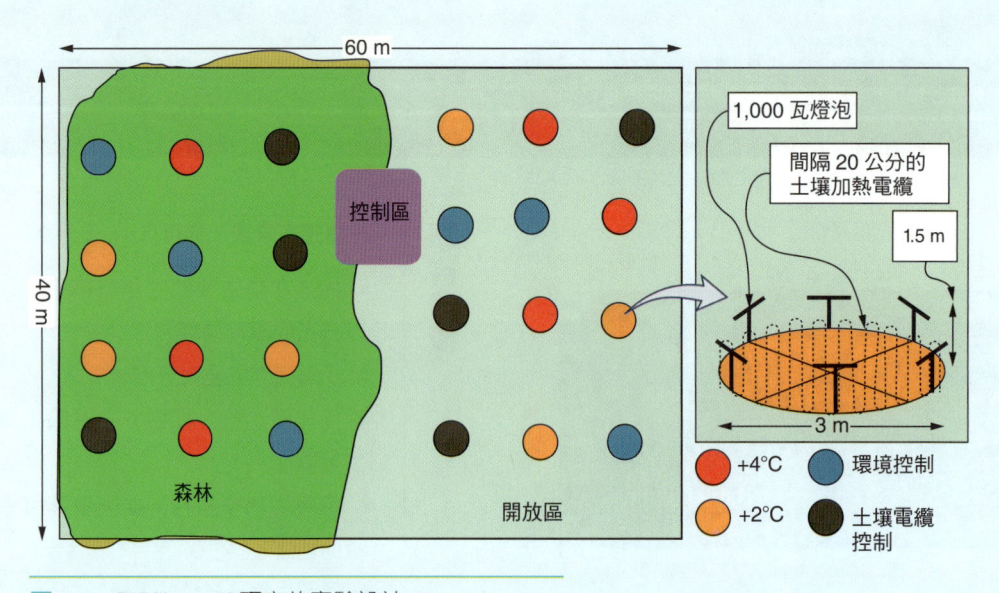

圖 5.1　B4Warmed 研究的實驗設計。

南端的林木種，如白楊、雲杉、樺樹等在較溫暖的氣候下，生長不如目前生長於更南端的溫帶楓樹－橡樹森林那麼好。然而，在較暖、較乾的條件中，北方林及溫帶樹種生長都不好。如果依據這種情形，無論是目前的林木或是其可能的替代樹種在未來的氣候中都無法適應。

研究結果帶來的好消息是，森林植物及土壤在高溫時所釋出的二氧化碳較預期來得低。很明顯地，植被及土壤微生物都改變代謝速率以適應環境條件。因此，預測中會加速全球暖化的回饋迴路並沒有那麼糟。

本研究意圖了解氣候變遷如何影響廣大的生物群落，或生物群落區，以及組成這些系統的物種。因此，想要了解環境影響，除了覺察自然群落，覺察創造群落的植物、動物及物理環境如何交互作用都是十分重要的。

5.1 陸地生物群落區

雖然每個地方皆有其獨特的環境，如果以類似的氣候條件、生長型態及植被型態來進行分類，將有助於了解。這些較廣泛的生物群落稱為**生物群落區**（biome）。生物生產力和恢復力在不同生物群落區之間變化極大。人類對生物群落區的利用主要視其生產力而定。溫度和降雨是決定生物群落區最重要的因素（圖5.2）。生物群落區的分布也受到主要地形的影響；特別是山脈，是對生物群落區造成主要影響的因素。

圖5.3顯示全球主要陸地生物群落區的分布。許多生物群落區占據特定的緯度範圍：凍原通常只發生在接近極區的寒帶，而熱帶森林通常只發生在接近赤道的熱帶。許多生物群落區甚至根據緯度命名，例如熱帶雨林分布於北回歸線（北緯23度）與南回歸線（南緯23度）之間；極地凍原則接近或高於北極圈（北緯66.6度）。

溫度和降雨也隨著高度變化。在山區，溫度通常較冷且降雨量通常較高。**垂直分帶**（vertical zonation）是指以高度定義的植被區。例如，從美國加州中央山

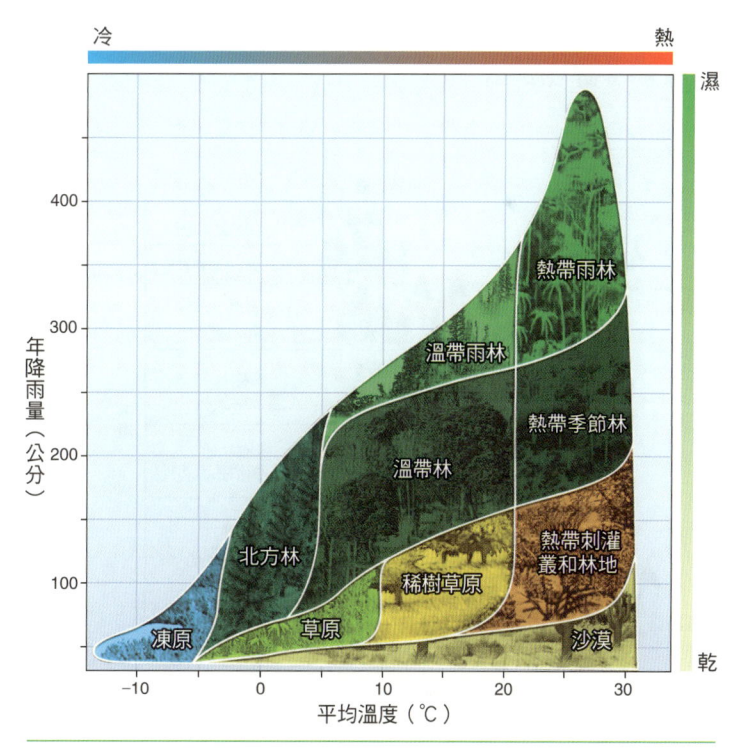

圖 5.2　生物群落區最可能發生在沒有人類干擾及其他破壞的環境。注意：此圖並未考慮土壤型態、地形、風速及其他重要環境因子。儘管如此，對於生物群落區位置，此圖仍是有用的通則。

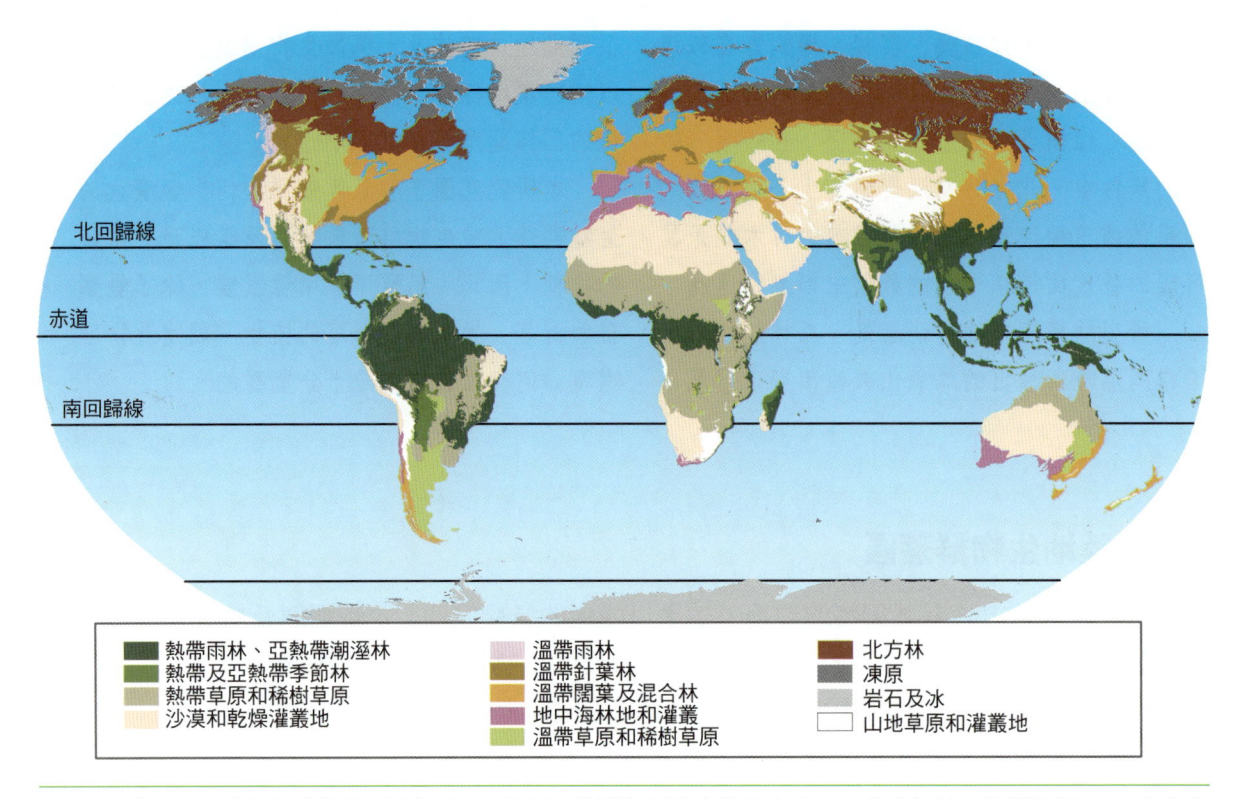

圖例：
- 熱帶雨林、亞熱帶潮溼林
- 熱帶及亞熱帶季節林
- 熱帶草原和稀樹草原
- 沙漠和乾燥灌叢地
- 溫帶雨林
- 溫帶針葉林
- 溫帶闊葉及混合林
- 地中海林地和灌叢
- 溫帶草原和稀樹草原
- 北方林
- 凍原
- 岩石及冰
- 山地草原和灌叢地

圖 5.3 世界主要的生物群落區。請與圖 5.2 控制生物群落區分布的溫度和溼度條件比較。也請與圖 5.14 生物生產力的衛星影像進行比較。

資料來源：WWF Ecoregions.

圖 5.4 因為山的高處溫度較低且降雨較高，所以植被隨著高度改變。從加州弗雷斯諾到惠特尼峰（加州最高點）100 公里的跨距，橫越類似 7 種生物群落區的植被區。

谷（Central Valley）到惠特尼峰（Mount Whitney）的路途，就橫越了許多植被區（圖 5.4）。

探討陸地生物群落區時，必須先比較年溫度和年降雨量。圖 5.5 顯示 3 個地方的年溫度和年降雨量（降雨與降雪）變化，亦顯示由於溫度和降雨不同所引起的潛勢蒸發（potential evaporation）。當蒸發超過降雨會造成乾燥狀況（黃色），溫度在凝固點以上的月份（橫座標軸標示為褐色）蒸發最多。

熱帶潮溼林

潮溼的熱帶地區支持全球最複雜且生物最豐富的生物群落區（圖 5.6）。雖然熱帶潮溼林（tropical moist forest）的型態很多，但都有豐富的降雨及恆溫。在較冷的高山地區

104 環境科學概論

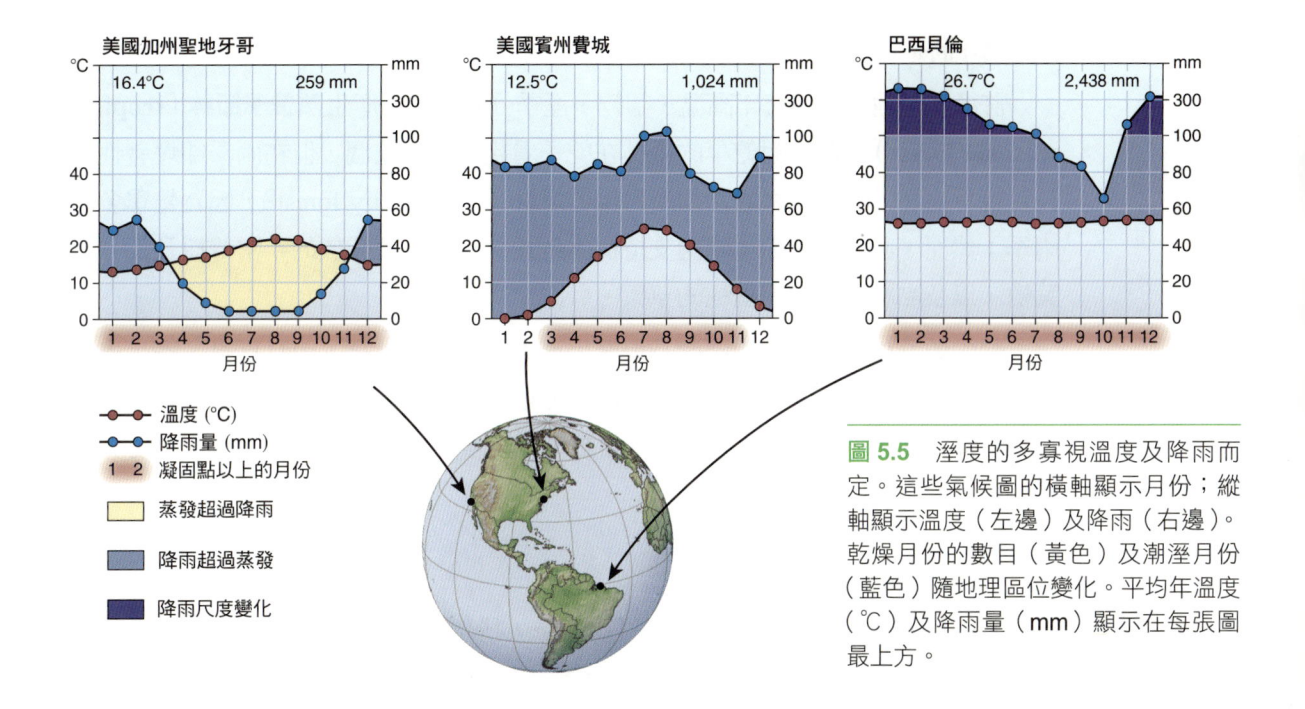

圖 5.5 溼度的多寡視溫度及降雨而定。這些氣候圖的橫軸顯示月份；縱軸顯示溫度（左邊）及降雨（右邊）。乾燥月份的數目（黃色）及潮溼月份（藍色）隨地理區位變化。平均年溫度（℃）及降雨量（mm）顯示在每張圖最上方。

可發現**雲霧林**（cloud forest），霜、霧保持該處植被的溼潤。在降雨豐富之處（每年多於 200 公分），則有**熱帶雨林**（tropical rainforest），氣溫終年介於溫熱之間。

這些熱帶潮溼林的土壤古老、薄、酸化且營養貧瘠，然而，族群數目卻令人驚訝。舉例來說，在熱帶雨林樹罩下的昆蟲族群數目高達數百萬種！根據估計，所有陸生植物及昆蟲的 1/2 至 2/3 都居住在熱帶雨林。熱帶雨林中的豐富生長和死亡有機物的快速分解和循環有關。掉落至地表的葉片及樹枝會被分解並立即回復至活躍的生質量。

當森林因為伐木、農耕及採礦之用而被砍伐後，薄土層會迅速喪失肥份並受豪雨沖刷。如果砍伐面積太大，熱帶雨林群落可能永遠無法復原。

圖 5.6 熱帶雨林有豐富且多樣化的植物生長。氣候圖顯示大多數月份都下豪雨，支持植物生長。

第 5 章　生物群落區與生物多樣性　105

熱帶季節林

許多熱帶地區雖然終年高溫，卻乾、溼季分明，因此產生**熱帶季節林**（tropical seasonal forest）群落：耐乾旱的森林在乾季看起來枯萎乾涸，但在雨季卻爆發性生長且綠意盎然。這些森林通常稱為熱帶乾燥林（tropical dry forest），因為乾季多於雨季；然而，必須有週期性降雨支持樹木生長。林地趨於開放的半常綠樹及部分落葉樹，以及點綴稀疏耐旱樹種的草原。

熱帶乾燥林土壤的營養濃度及農業生產力通常較雨林高，而且昆蟲、寄生蟲及黴菌疾病較潮溼林少，使得乾燥或季節林較健康而適合人居。不過這些森林在許多地方都瀕臨危險，只有低於 1% 的熱帶乾燥林，例如中美洲太平洋沿岸或南美大西洋沿岸，仍處於未受擾動的狀態。

熱帶稀樹草原與草原

當降雨量太少而無法支持森林生長時，則形成**草原**（grassland）或**稀樹草原**（savanna）（圖 5.7）。如同熱帶季節林，草原或稀樹草原也必須有雨季。在乾季，野火橫掃草原燒死樹木幼苗，使景觀呈開放性。植物也已適應乾、熱及野火，大多數有多年生的深根以尋找地下水，當地面上的莖、葉枯死後，仍能保持生機。在乾季或野火後，許多植物綠芽從根部竄生並迅速成長，遷徙草食性動物則食用新生的植物。人類放牧是熱帶稀樹草原與草原最大的威脅。

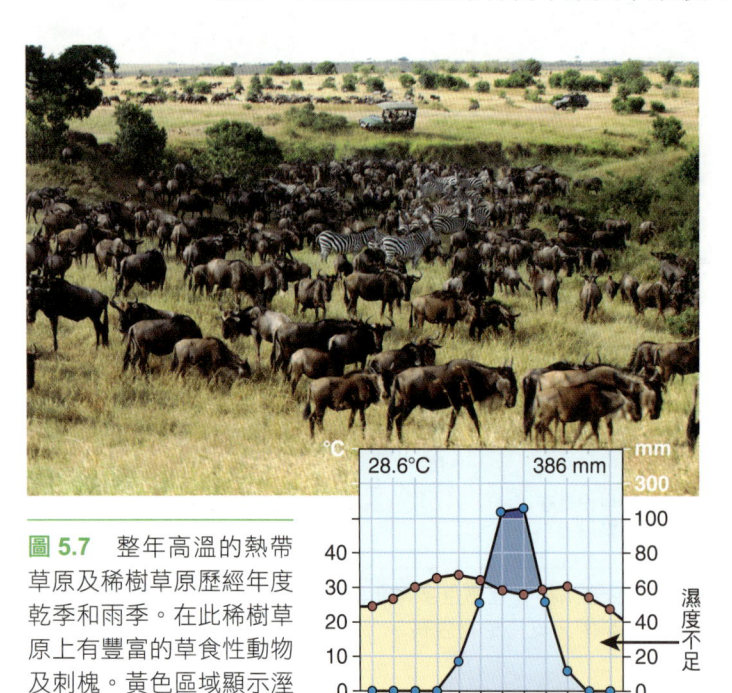

圖 5.7 整年高溫的熱帶草原及稀樹草原歷經年度乾季和雨季。在此稀樹草原上有豐富的草食性動物及刺槐。黃色區域顯示溼度不足。

沙漠

沙漠（desert）終年乾燥，降雨量無頻率可循，年降雨量低於 30 公分。由於可吸收及貯存熱量的水分稀少，所以每日及每月的溫度震盪極大。植物需要特殊的構造貯存水分，並防止身體組織被捕食。季節性生長的葉子、貯水組織、增厚的表皮層皆有助於降低水分的流失。針葉及刺可逼退掠食者，同時提供遮蔽。許多沙漠動物藉由夜間進食以躲避太陽，並由吃下的種子與植被中獲得水分。溫暖、乾燥及高氣壓的環境，使得全球在北緯及南緯 30 度附近的廣泛地區形成沙漠帶。此區帶包括美國西南、

非洲北部與南部、中國及澳洲的沙漠（圖 5.8）。南美與非洲的海岸沙漠則屬於全球最乾的地區。因為沙漠中的植被生長十分緩慢，在人類擾動之後，可能需要百年才能復原。

溫帶草原

在中緯度地區，當降雨量太少而無法支持森林生長時，則形成溫帶草原（temperate grassland）（圖 5.9），主要由草與開花性草本植物組成；當生長稀疏樹木時，稱為溫帶稀樹草原（temperate savanna）。溫帶草原植物的深根有助於適應乾旱、野火以及冷熱極端的溫度。這些根部及冬季堆積在地面上的葉片殘渣，製造深厚及富含有機質的土壤，使得這些地方成為全球最肥沃的農地——全球許多溫帶草原已被人為開發。過度放牧已破壞溫帶草原。

溫帶灌木地

夏季乾熱而冬季溼冷的地中海型氣候區，通常以小型、耐旱，葉片為皮質、蠟質硬葉（堅硬、蠟質）的常綠灌木為優勢，稱為溫帶灌木地（temperate scrubland）。野火延燒這種燃料豐富的植物群落，也是生態演替的重要因素。每年春天，花通常開得很茂盛，特別是在野火過後。在加州，這種景觀通常稱為「**常綠密生灌木叢**」或「**沙巴拉灌木叢**」（chaparral，灌木叢的西班牙文）。其中有一些典型的動物，包括長耳兔、跳鼠、北美黑尾鹿、花栗鼠、蜥蜴及

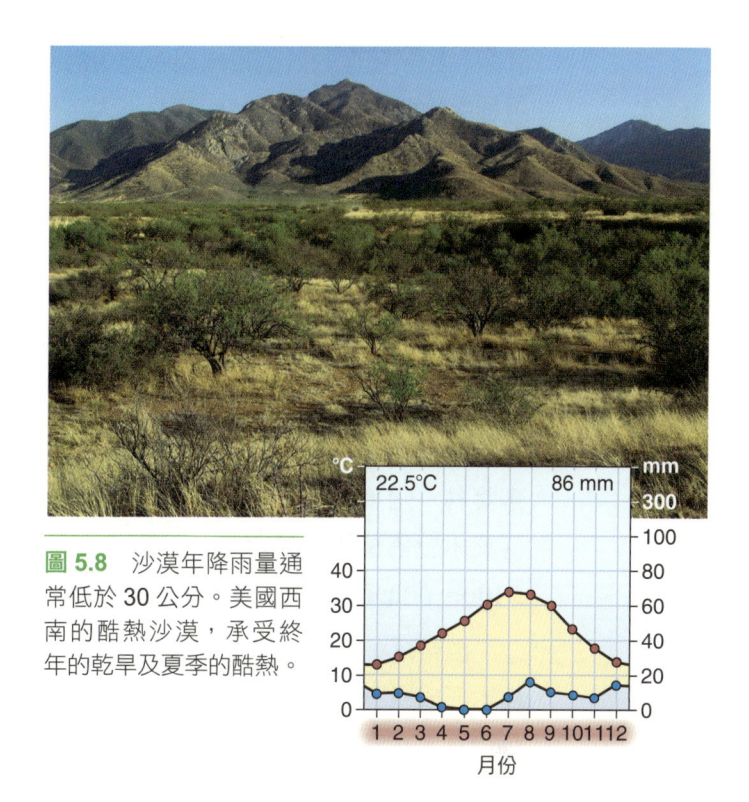

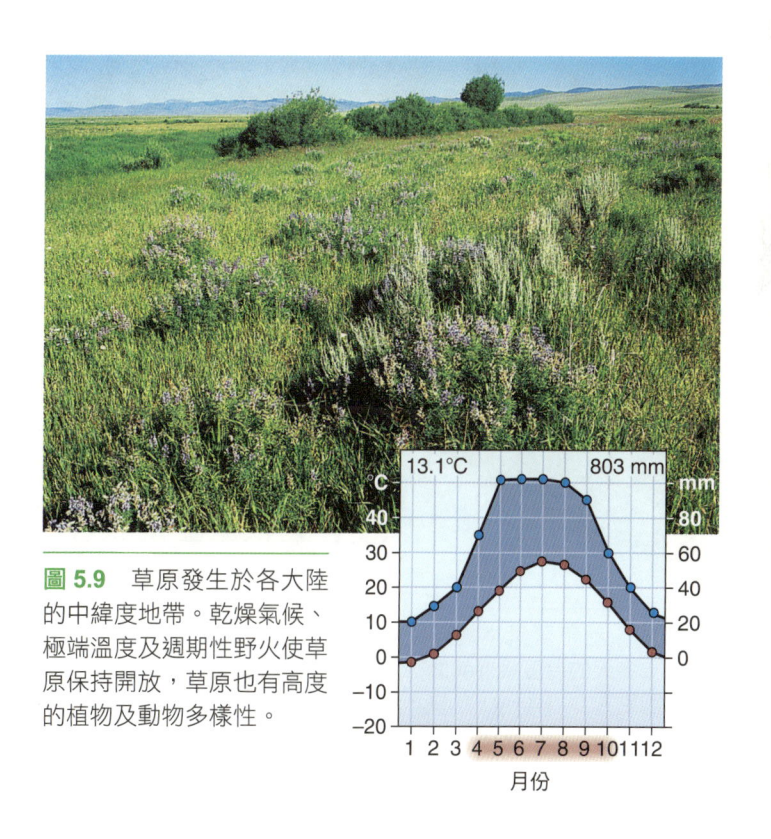

圖 5.8 沙漠年降雨量通常低於 30 公分。美國西南的酷熱沙漠，承受終年的乾旱及夏季的酷熱。

圖 5.9 草原發生於各大陸的中緯度地帶。乾燥氣候、極端溫度及週期性野火使草原保持開放，草原也有高度的植物及動物多樣性。

許多鳥類。類似的景觀也出現在地中海沿岸及澳洲西南部、智利中部及南非。雖然這種生物群落區覆蓋的總面積並不大，但包含許多特有物種，被視為生物多樣性的「熱點」。人類也希望以此為居住地，但通常導致與稀有及瀕臨絕種物種之間的衝突。

溫帶林

溫帶林（temperate forest）位於緯度 30 度至 55 度之間（圖 5.3）；若以樹種分類，可分為**闊葉落葉木（broad-leaved deciduous）**及**常綠針葉木（evergreen coniferous）**。

落葉林 闊葉林生長在全球雨量豐沛的地方。冬天，當水變少或是土地冰凍時，落葉木脫落葉片以保存水分。落葉木在秋天喪失葉綠素時，呈現繽紛的顏色（圖 5.10）。在低緯度地區，闊葉林為常綠性或乾旱落葉性。

溫帶落葉木樹種繁多，包括橡樹、楓樹、山毛櫸、榆樹、梣木等。這些高大的樹木形成樹罩，一些草本植物必須在被闊葉木樹罩遮蔽之前開花、播種及貯存碳水化合物。在氣候終年溫暖的地區，常綠闊葉林是優勢，包括美國南方的橡樹。

闊葉落葉林覆蓋著半部的歐洲，但在一千年前被歐洲人清除殆盡。歐洲移民也砍盡北美大多數的樹種。許多地方農業消失後，會產生新樹種的群落。東西伯利亞的原始落葉林目前遭快速砍伐，可能是全球破壞率最高的地區。西伯利亞虎、熊、鶴以及許多特有及瀕臨危險的生物也隨著森林消失。

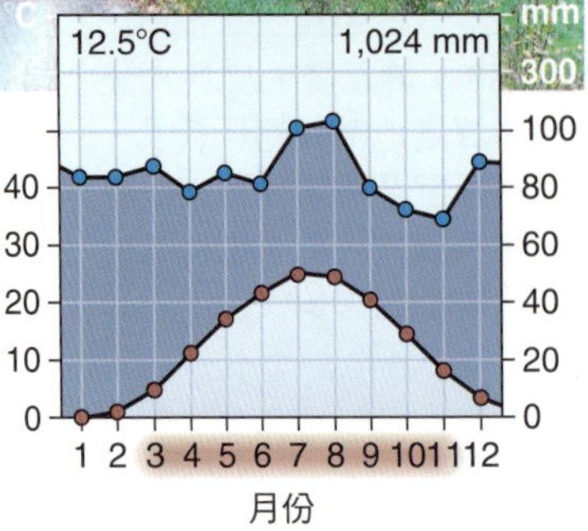

針葉林 針葉樹（擁有毬果的）細小針狀的葉子所占的表面積較小，並且被覆厚蠟，以幫助樹木減少溼度的損失。所以，針葉樹通常生長在溼度受限的沙質土壤、降雨量低及生長期短的地方。針葉木針狀及鱗片狀的葉片可以渡過嚴寒的冬天及長期的乾旱。許多地區，頻繁的野火使得樹林保持開放且促使苗木生長。

美國太平洋海岸的針葉林生長在極端潮溼的環境，這類寒冷、多雨的

圖 5.10 溫帶落葉林終年降雨，冬天的溫度接近或低於凝固點。

溫帶雨林（temperate rainforest）籠罩於霧氣之中（圖 5.11）。樹冠上凝結的水滴，是降雨的主要來源。此處溫和的氣候及每年高達 250 公分的降雨量支持植物生長並形成巨大的樹木，例如加州紅杉是全球最大的樹木。

北方林

位於北緯 50 至 60 度之間，混合多種針葉林與落葉喬木的**北方林**（boreal forest，或稱北方針葉林、寒帶林）中，松、鐵杉、雲杉、冷杉為優勢針葉樹種（圖 5.12）。一些較小的落葉林也很常見，包括白樺、白楊與楓樹，而苔蘚與地衣則覆蓋大部分的地表。在低緯度的高山地區，物種與植被也具北方林的特色。

寒帶密林（taiga）是描述處於最北界的北方林（來自於其俄文名稱），指物種貧乏、布滿稀疏錯落黑雲杉及泥炭蘚的森林。俄羅斯及北美的針葉林搭配無樹的極地凍原形成邊界。

凍原

在整年大多數時間中，溫度在攝氏零度以下的地方，只有短小、硬質的植被可以存活。這種無樹的景觀，稱為**凍原**（tundra），通常可在高緯度及高山頂發現。凍原的生長季節相當短，冬季嚴寒，終年可能結冰。雖然凍原上的水可能相當豐富，但大部分時間，水分被鎖在冰雪之中，植物無法利用。

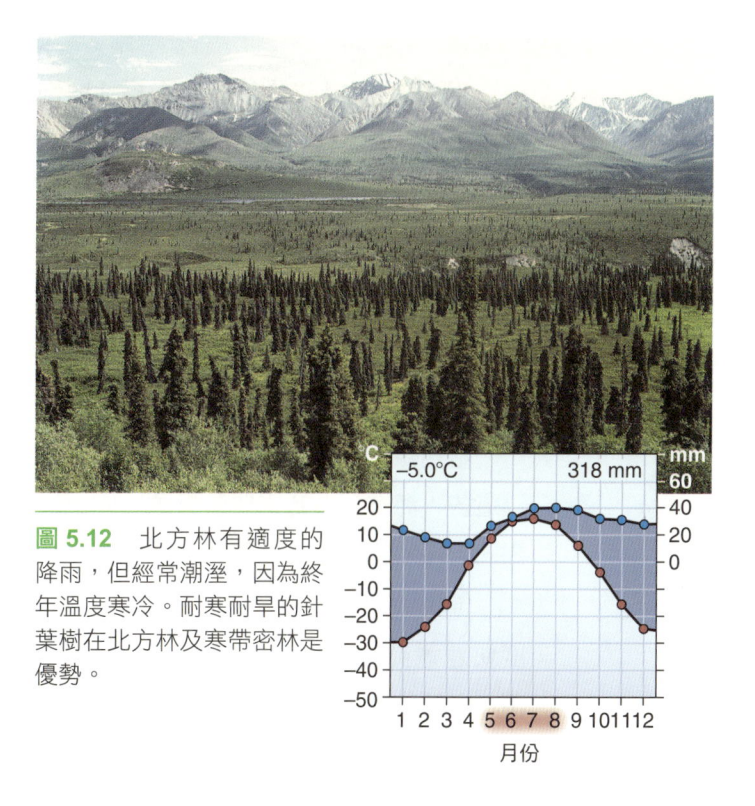

圖 5.11 溫帶雨林有豐富、但季節性的降雨，支持壯觀的樹木以及豐富的林下植被。這些森林常經歷乾燥的夏季。

圖 5.12 北方林有適度的降雨，但經常潮溼，因為終年溫度寒冷。耐寒耐旱的針葉樹在北方林及寒帶密林是優勢。

第 5 章　生物群落區與生物多樣性

北極凍原（Arctic tundra）是遼闊的生物群落區，因為生長季節短，生產力很低。然而，夏季中期全天 24 小時的日照，使得植物及昆蟲爆炸性生長。每年此時，數千萬種水鳥、海鳥、燕鷗、鳴鳥蜂擁而至，在此繁殖並哺育下一代。極地凍原提供世界上最重要的鳥類哺育土地。

高山凍原（alpine tundra）可在高山頂發現，環境及植被類似極地凍原（圖 5.13）。高山凍原的植物，即使在夏季也必須忍受稀薄的高山空氣、強烈紫外線輻射、炙熱的白天氣溫及嚴寒的夜晚，高山土壤通常風化嚴重且常布滿礫石及岩石。

凍原的優勢植物包括低矮灌木、莎草、草地、苔蘚及地衣。一些遷徙性的動物可以適應這種環境，包括麝香牛及北美馴鹿。

圖 5.13 發生在高緯度及高山（高山凍原）的凍原中，植被生長極為緩慢、生長季節短。植物多樣性相當低，夏季甚至會結冰。

凍原的生物生產力、生物多樣性與恢復力皆相當低。輾過阿拉斯加凍原的卡車及推土機車痕需要好幾世紀才可復原。

5.2 海洋生態系統

海洋生態系統也有多樣的變化。海洋也依賴光合生物體，例如藻類或是自由游動的**光合浮游植物（phytoplankton）**。沿著海岸線，地表沖刷的礦物營養鹽增加生物生產力（詳見第 2 章），洋流則將這些生產量由近海傳輸到遠洋（圖 5.14）。

當藻類、浮游生物、魚類及其他生物體死亡，會下沉至海床，深海生態系通常以這些「海雪」做為主要營養源。向上的海流也可以從海床深處攜帶豐富營養鹽到表面，這類的海流支持南美、非洲及歐洲沿海的大量魚類族群。

垂直成層或分層（vertical stratification）是水生態系的關鍵特徵。光線隨著深度快速遞減，在光照區（photic zone 或 light zone，通常為 20 公尺深）以下的群落，必須依靠光合作用以外的能量來源。溫度也隨著深度遞減，深海物種生長十分緩慢，因為黑暗寒冷環境降低代謝作用。相反地，溫暖、明亮的近表層群落，則有

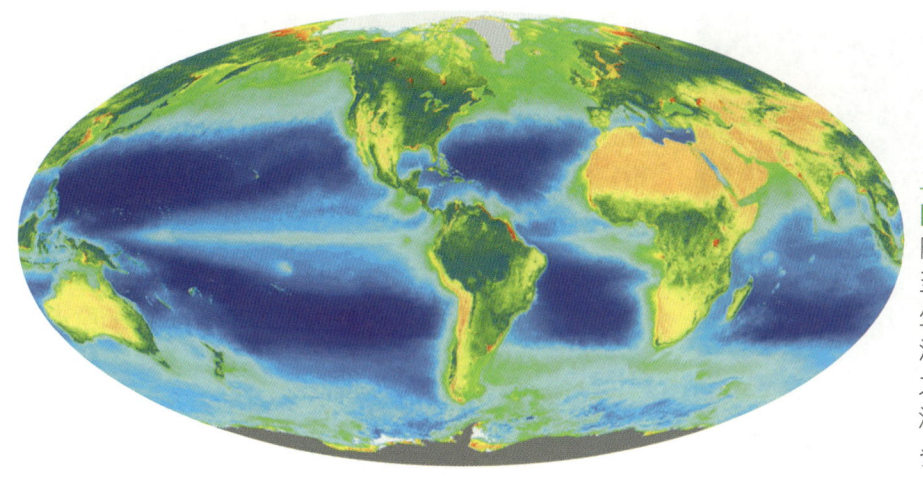

圖 5.14 衛星量測海洋和陸地的葉綠素多寡。深綠至藍色的陸地面積有高度生物生產力。深藍色的海洋葉綠素稀少，生物生產力貧瘠。淺綠至黃色的海洋面積生物性豐富。

資料來源：SeaWiFS/NASA.

豐沛的生物生產力。溫度也影響氧氣與其他水中物質，冷水含氧量較高，所以北太平洋、北大西洋及南極海的生產力也算高。

大洋區

海洋系統可依深度與離海岸的距離而劃分出許多區域（圖 5.15）。底部稱為**底層（benthic）**區，而水柱的部分不論深淺均稱為**遠洋水層（pelagic，希臘文中的「海」）**區。遠洋表層區（epipelagic zone）有光合生物體，以下為遠洋中層區（mesopelagic zone）和遠洋深層區（bathypelagic zone）。最深處為 4,000 到 6,000 公尺的遠洋底層區（abyssal zone）以及 6,000 公尺以下的遠洋深淵區（hadal zone）。海岸則分為近岸區（littoral zone）或潮間帶（intertidal zone）。

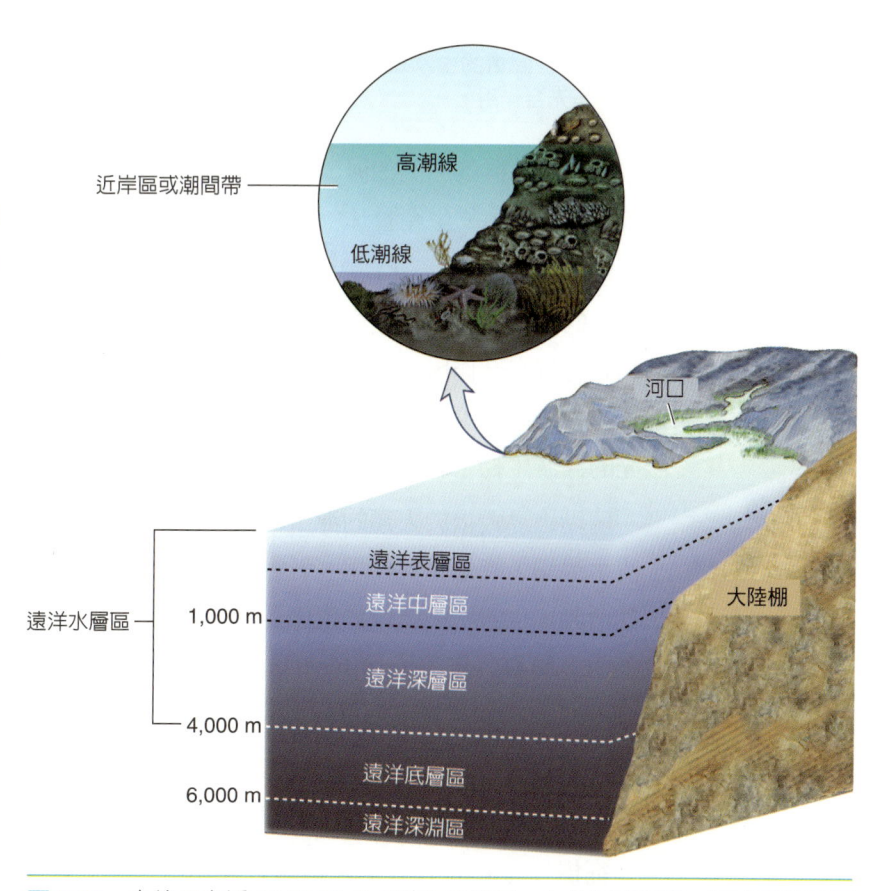

圖 5.15 光線只穿透 10 至 20 公尺的海洋頂層。在此深度以下，溫度下降而壓力上升。近岸環境包括潮間帶和河口。

第 5 章 生物群落區與生物多樣性

圖 5.16 深海火山口的群落。此處的生物藉由化學合成獲得能量，而不是光合作用。

通常，在沿岸有相當淺的區域，可能離岸數公里甚至數百公里，稱為大陸棚（continental shelf）。

大洋區長久以來被視為生物沙漠，因為生產力相當低；然而，許多區域仍存在大量魚類與浮游生物。海底山脈、島嶼支持許多商業漁場與最近發現的多樣性生物。赤道附近的太平洋與南極海，洋流則將營養鹽由近海攜帶到遠洋，支持生物生產力。藻類在臨近百慕達的沙加索海域聚集，形成豐富的魚類、龜類及海鳥群落。在藻類中孵化的鰻魚，最後會迴游至歐洲及北美大西洋沿岸的河川。

海底火山口的群落，是另一種令人注目的海洋系統（圖 5.16）。擁擠在海底火山口的管蟲、貝類與微生物群落，已經適應極端高溫（通常是 350°C 以上）與深海的高水壓（深度通常是 7,000 公尺以上）。

潮汐海岸

海岸線的群落也隨深度、光線與溫度而變化。一些海岸線的群落，例如河口，有極高的生物生產力與生物多樣性，因為地表沖刷的營養鹽增加生物生產量。

珊瑚礁（coral reef） 是世界上最有生產力的生態系（圖 5.17a），也是許多魚類生長的溫床。珊瑚礁是由無數動物性珊瑚蟲的骨骼累積而成，珊瑚蟲則以生活在珊瑚礁上行光合作用的藻類為能量。珊瑚礁存在於溫暖、水淺的環境，以讓陽光到達行光合作用的藻類。珊瑚礁無法忍受營養鹽豐富的環境，因為營養鹽將助長阻礙陽光的浮游生物。

珊瑚礁易毀損於人類的海上活動，特別是農耕與開墾所造成的污染。細沙與泥土使水混濁，降低光合作用。針對捕捉特殊魚種以供美洲及歐洲水族市場所需的破壞性活動，也毀壞多處位於東南亞的珊瑚礁。珊瑚礁也會死於溫度改變、入侵魚類及疾病。**珊瑚白化（coral bleaching）** 是廣泛的嚴重問題，因為白化後通常緊接著死亡。

海草群落（sea-grass bed），或稱為鰻草群落（eel-grass bed），佔據溫暖、水淺的沙岸。其支持豐富的草食性動物群落，從蝸牛、海龜到海牛。

紅樹林（mangrove） 是耐鹽性樹木的多樣化群集，位於全球溫暖、平靜的海岸（圖 5.17b）。生長在水淺、退潮時露出的泥地，並藉由陷捕底泥及有機質建造土地，使得紅樹林有助於海岸的穩定、抵擋暴風雨。2004 年印尼海嘯後的研究指出，

海嘯過後仍然兀立的紅樹林減少一定程度的海嘯強度。紅樹林收集落葉等碎屑，提供陸地與海洋動植物群落所需的營養。

紅樹林也提供魚苗、蝦、蟹等經濟海產的庇護。然而全球一世紀前仍存在的紅樹林，已有半數以上（約 2,200 萬公頃）遭到人類破壞，被砍伐供做木材、漁塭，也被廢水污染；東南亞及南美 90% 以上的紅樹林也已變成漁塭。

河口（estuary）是河川進入海洋的水灣，混合淡水和鹹水的水體。**鹹水草澤**（salt marsh）是海水定時或不定時淹沒的淺漥地，可在淺水海洋發現（圖 5.17c）。河口及鹹水草澤通常含有河川沖刷下來的大量沉積物，支持挺水植物（emergent plant，葉子挺立水面的植物），富有生產力，並且有高度物種多樣性；也是經濟上重要的魚類、甲殼類（例如蟹及蝦）、軟體動物（例如蚌、海扇及牡蠣）的重要溫床。近 2/3 的魚類、甲殼類在河口與鹹水草澤孵化並成長。

潮汐海塘（tide pool）位於岩岸的窪陷處，漲潮時淹沒，退潮時留下部分海

(a) 珊瑚礁

(b) 紅樹林

(c) 河口和鹹水草澤

(d) 潮汐海塘

圖 5.17　海岸環境支持令人難以置信的多樣性且有助於穩定海岸線。(a) 珊瑚礁、(b) 紅樹林及 (c) 河口也為海洋生態系提供庇護所；(d) 潮汐海塘也屏障高度特殊化的生物。

水。潮汐劇烈的沖刷使得植物無法成長、底泥無法累積，只剩下岩石。漲潮時被寒冷的海水淹沒，退潮時曝曬於炎熱的太陽，使得此處物種特殊（圖 5.17d）。

5.3 淡水生態系

淡水生態系覆蓋的面積相當小，但生物差異相當大，包括不流動的池塘湖泊、流動的溪流及河川。也有特殊的淡水生態系，包括地下河流及地下池塘。

湖泊

湖泊（lake）在垂直方向亦成層（圖 5.18），特殊的昆蟲（例如水黽）居住在氣－水界面；魚及浮游生物（微小、浮動的植物、動物及單細胞生物，例如阿米巴原蟲）則在水柱中自由游動；湖底層（benthos）則包括蝸牛、昆蟲幼蟲及細菌，形成底層群落。湖底層溶氧很低，底泥中存在大量厭氧菌（anaerobic bacteria）；近岸區則生長許多挺水植物。

在深湖中，受日照而較暖的上層稱為表水層（epilimnion），此層發生許多光合作用。冷、暗的低層稱為深水層（hypolimnion），兩段之間的過渡層稱為**變溫層（thermocline）**。

影響湖泊的環境條件包括：(1) 營養鹽，例如硝酸鹽、磷酸鹽；(2) 懸浮物質，例如泥沙與微小藻類，可能影響透光度；(3) 深度；(4) 溫度；(5) 水流速度；(6) 底床特性（泥質、沙質或岩質）；(7) 內部對流的水流；(8) 與其他水生態系統的連結或隔離。

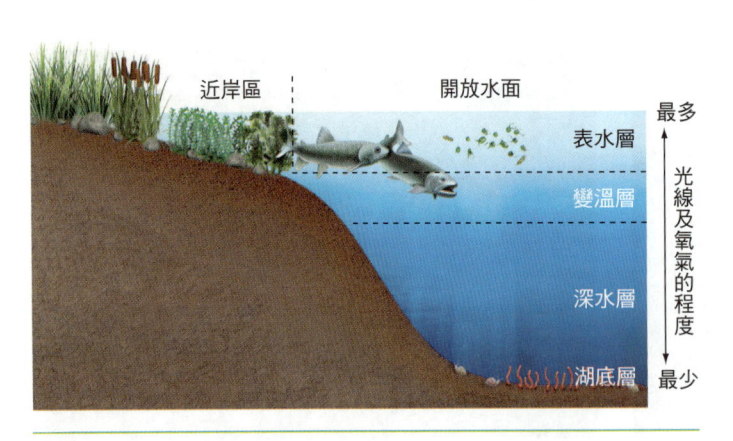

圖 5.18 深湖的分層主要是由光線、氧氣及溫度的梯度所決定。表水層受到風及熱對流所引起的表面混合所影響，而深水層和表水層間的混合，則受到變溫層的溫度急遽變化及密度差異所阻礙。

溼地

溼地（wetland）是一年中土地表面有數個月飽和或覆蓋流動水的生態系。雖然目前美國的溼地不到全國國土總面積的 5%，然而美國魚類及野生動物署估計，至少 1/3 瀕臨絕種物種一生曾在溼地待過一段時間。

溼地也貯存與淨化水源，美國每年貯存的淡水價值 30 至 40 億美元。溼地可做為自然淨化系統，去除泥沙、吸收營養鹽和毒物，進而改善水質。海岸溼地有助於穩定海岸線並降低暴風雨的損害。

溼地植被已適應飽和的水環境，而且植被是溼地分類的依據（圖 5.19）。**木澤（swamp）**是有樹的溼地；**草澤（marsh）**為無樹的溼地；**泥炭澤（bog）**是土地呈現水飽和狀態的區域，主要是雨水，通常底部有植被死亡後，經不完全分解而形成的有機堆積層；**低溼地（fen）**則是地下水飽和的浸水區域，有許多適應高礦物質的物種。

因為草澤與木澤中的水通常很淺，陽光可完全穿透，所以光合作用通常十分旺盛，生質量的產量與物種多樣性通常較周圍的高地多出許多，也做為水鳥、海鳥繁殖、築巢及遷徙的停駐站。

溪流與河川

在降雨超過蒸發的地方，土地過剩的水會匯集成溪流。溪流可分為溪水淺急速流過岩石的瀨區（riffle）和水緩且較深的潭區（pool）。水在瀨區充分混合、曝氣，潭區則會沉積淤泥及有機物。溪流匯集後，則形成河川。生態學者認為，河川是從集水區的源頭至出海口，環境狀況與棲息物種常態改變的連續體。

5.4　生物多樣性

生物群落區保護許多生物物種。生物體的變動與複雜的生態關係給予生物圈獨特、富生產力的特性。**生物多樣性（biodiversity）**為生命事物的變化，也使得世界成為更適合生存的地方。保育生態系與功能的生物多樣性有三種基本型態：(1) 基因多樣性（genetic diversity）是量測個別物種內，相同基因不同版本之間的變化；(2) 物種多樣性（species diversity）描述在個別聚落與生態系中，不同物種的個數；(3) 生態多樣性（ecological diversity）意指生物聚落的豐富度與複雜度，包括生態地位的數目、營養程度及生態程度，以及在系統中擷取能量、維持食物網及循環物質的生態程序。

(a) 木澤，或是有樹的溼地

(b) 草澤

(c) 泥炭澤

圖 **5.19**　溼地提供不可取代的生態服務，包括貯存及淨化水源、削減洪水及棲地。(a) 有樹的溼地稱為木澤；(b) 無樹的溼地稱為草澤；(c) 泥炭澤是酸化、堆積的泥碳。

以基因相似性辨識物種

一般而言，物種是指可以產生具有繁殖能力後代的生物體，但有許多生物體行無性生殖；有些生物則因分布地區而終生不會遭遇。因此，**親緣物種觀**（phylogenetic species concept）以基因相似性辨識物種；**進化物種觀**（evolutionary species concept）以進化歷史及共同祖先辨識物種；兩者皆須分析 DNA。

目前已辨識的 150 萬種物種可能只是既有物種總數的一小部分（表 5.1）。依分類學家估計，現今尚有 300 萬至 5,000 萬種不同的物種。事實上，僅熱帶昆蟲就可能有 3,000 萬種以上。所有已知的物種中，約 70% 是無脊椎動物（例如昆蟲、海綿、蛤蜊、蟯蟲等無脊椎動物）。這類動物占未發現物種的大多數，並且可能高達 90%。

表 5.1　物種的估計數目

種類	數目描述	尚未評估 [1]	受威脅百分比 [2]
哺乳類	5,491	0%	21%
鳥類	9,998	0%	12%
爬蟲類	9,084	82%	28%
兩棲類	6,433	2%	30%
魚類	31,300	86%	32%
昆蟲	1,000,000	100%	27%
軟體動物類	85,000	97%	45%
甲殼類	47,000	96%	35%
其他無脊椎動物	173,250	99%	30%
苔蘚	16,236	99%	86%
蕨類植物	12,000	98%	66%
裸子植物	1,021	11%	35%
開花植物	281,821	96%	73%
真菌、地衣、原生生物	51,563	100%	50%

1. IUCN 評估的受威脅狀況。
2. 已評估物種數的百分比。包括 IUCN 的極危、瀕危或易危等類別。

資料來源：IUCN Red List, 2012.

生物多樣性熱點

全球生物多樣性最集中的地方接近赤道，特別是熱帶雨林及珊瑚礁（圖 5.20）。全球所有物種只有 10 至 15% 位居於北美及歐洲。在多樣性巨豐（megadiversity）國家中，許多生物尚未進行科學研究。例如，馬來西亞半島至少有 8,000 種開花植物，然而面積為其 2 倍大的英國，卻只有 1,400 種。英國的植物學家可能多於其高等植物種類；而南美洲的植物學家少於 100 人，卻必須研究可能高達 20 萬種植物。

被水、沙漠或高山所孤立的地區也有特有種類與高度的生物多樣性。馬達加斯加、紐西蘭、南非及加州都是被地理屏障孤立的中緯度地區，如此一來，可阻止與其他地區而來的生物聚落混合，並且產生豐富、不尋常的物種集合。

5.5　生物多樣性的利益

人類總是從其他生物身上獲利，即使表面上不顯著的生物，也可能扮演生態系中不可取代的角色，未來也可能是不可或缺的基因庫或用藥來源。

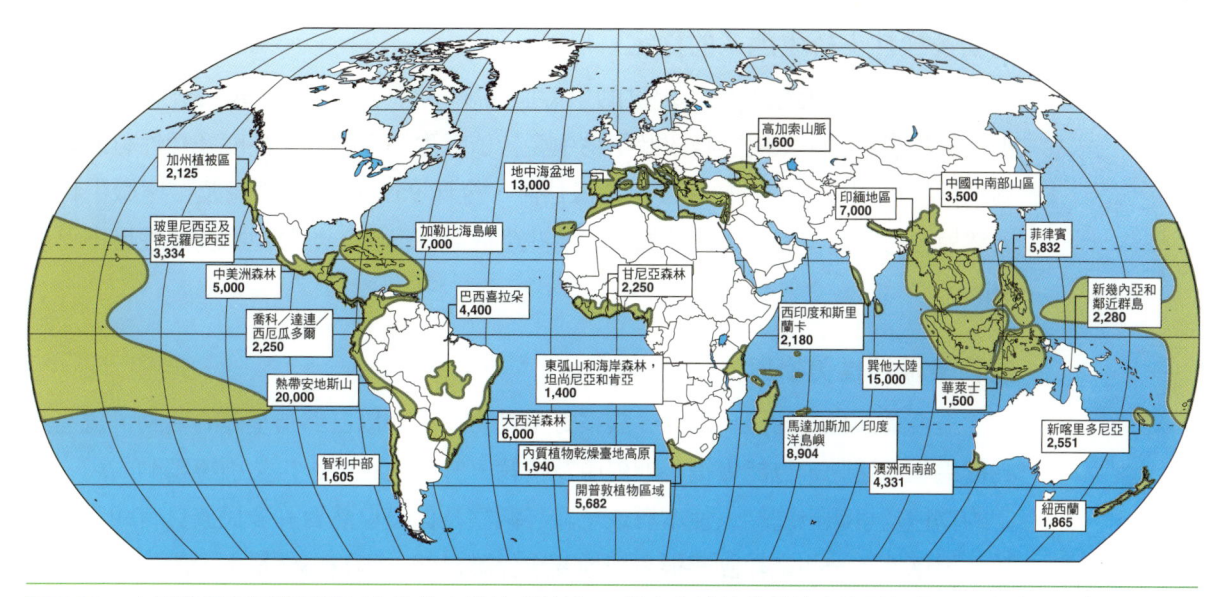

圖 5.20 由國際保育組織所標示的生物多樣性「熱點」，傾向位於熱帶或地中海型氣候區、島嶼、海岸或山區，在這些地區存在許多棲地及物理屏障，而增加物種形成。圖中的數目字表示每個地區的特有（區域特殊）種。

資料來源：Conservation International.

生物多樣性供應糧食和藥材

生態學家估計，有多達 8 萬種的食用性野生植物可供人類利用。例如，印尼的村民使用約 4,000 種原生植物及動物物種做為食物、藥品及其他產物。當中少數物種可以馴化或者做更廣泛的栽培。

現存的生物體提供人類許多有用的藥材（表 5.2），半數以上的藥方含有天然產物。聯合國開發計畫署估計，開發中國家動植物與微生物的製藥產品每年產值約達 300 億美元。常春鹼（vinblastine）及常春新鹼（vincristine）等抗癌生物鹼來自馬達加斯加島常春花（Catharanthus roseus）。20 年前尚未使用這些藥物時，罹患兒童白血症必定致命。現在兒童白血症緩解率達 99%；霍奇金氏症原有 98% 的致死率，但現在只有 40%。常春花作物每年的總值粗估為 1,500 萬美元，然而馬達加斯加只獲得少數利益。

表 5.2 天然醫藥產品

產品	來源	用途
盤尼西林	真菌	抗生素
枯草菌素	細菌	抗生素
四環素	細菌	抗生素
紅絲菌素	細菌	抗生素
毛地黃	毛地黃花	心臟刺激劑
奎寧	金雞納樹皮	瘧疾治療
薯蕷皂	墨西哥山藥	生育控制用藥
可松體	墨西哥山藥	消炎用藥
賽達命	海綿	白血病治療
常春鹼、常春新鹼	常春花	抗癌藥
蛇根鹼	羅芙木	高血壓用藥
蜂毒	蜂	關節炎緩解
尿囊素	麗蠅蛹	傷口治療
嗎啡	罌粟	鎮痛劑

生物多樣性支持生態系的穩定

人類的生活與生物體所提供的生態服務密不可分。土壤形成、空氣及水的淨化、營養鹽循環、太陽能吸收及植物生產皆依賴生物多樣性。高度多樣性有助於生物聚落抵抗環境張力且快速復原。據估計，全球 95% 的潛在害蟲及帶病微生物被天然掠食者及競爭者所控制。對保有這些生態服務而言，維護生物多樣性是不可或缺的。

生物多樣性具美學與文化利益

上百萬人喜愛釣魚、露營、觀察野生動物及其他以自然為基礎的活動。這些活動提供生理運動，也能恢復心理健康及情緒。許多文化中，自然引導精神內涵，特定的物種及景觀也連結人性本質或意識，觀察及保護自然對許多民族具有顯著的宗教及道德性。一些宗教團體很單純地要求保護自然，因為自然是上天的創造物。

自然欣賞也有經濟上的重要性。美國魚類及野生動物署估計，美國人每年花費 1,040 億美元從事與野生動物相關的休閒，規模大於每年 810 億美元的新車市場。

對許多人而言，野生動物存在的價值遠遠超過拍攝或狩獵特殊物種。主張生存價值，僅僅得知某一物種存在的價值，即已有足夠理由進行保護或保育。即使從未見過老虎或藍鯨，但光是知道這些物種尚未被毀滅就足以令人欣慰。

5.6 什麼威脅生物多樣性？

滅絕（extinction），也就是物種消失，是自然界正常的過程。人類的衝擊加速滅絕率，可能造成每年數以千計的物種、亞種及品種滅絕。

根據化石的紀錄，曾經存在於地球的所有物種總數的 99% 皆已滅絕，這些物種絕大多數在人類登場前就已消失。大滅絕週期性地消滅大量物種，甚至是整個科（表 5.3）。在白堊紀末期，至少有 50% 的存活物種消失。在 2 億 5,000 萬年前的二疊紀末期，橫跨 10,000 年的時光中，95% 的物種及一半的「科」完全消失──這在地質年代中不過是一瞬間的時間。當前流行的理論指出這些大災難的原因是氣候變遷，可能是大行星撞擊地球所引起。許多生態學家擔心，由於釋出溫室氣體，導致全球氣候變遷，會出現類似的大災難（詳見第 9 章）。

表 5.3 大滅絕

歷史時代	時間（距離現在）	物種滅絕百分比
真陶紀	4 億 4,400 萬	85
泥盆紀	3 億 7,000 萬	83
二疊紀	2 億 5,000 萬	95
三疊紀	2 億 1,000 萬	80
白堊紀	6,500 萬	76
第四紀	現在	33-66

資料來源：W.W. Gibbs, 2001. "On the termination of species." *Scientific American* 285(5): 40-49.

HIPPO 總結人類衝擊

1600 至 1850 年間，人類活動每 10 年約消滅 2 至 3 種生物，大約是自然滅絕率的 2 倍。在最近 150 年，滅絕率增加到每 10 年數千種。保育生物學家稱此為第 6 次大滅絕（the sixth mass extinction），但這一次不是小行星或火山，而是人類的衝擊。生態學家威爾森（E. O. Wilson）以 **HIPPO** 的縮寫彙整人類對生物多樣性的威脅，代表棲地破壞（**H**abitat destruction）、入侵物種（**I**nvasive species）、污染（**P**ollution）、人口（**P**opulation）及過度獲取（**O**verharvesting）。

棲地破壞對許多物種是主要威脅

棲地喪失對許多物種是最重要的滅絕威脅。在過去的 10,000 年中，數十億公頃的森林與草原被轉變成商業森林、耕地或放牧地（圖 5.21）。目前，森林面積僅存原來的 1/2，只有 1/5 保有原始林特性。草原目前占 40 億公頃，許多高生產力與多樣性的草原，也被大量轉變為耕地。有時候，棲地破壞是獲取資源時的副作用，例如採礦、建造水庫及破壞性漁撈技術。地表採礦（surface mining）將礦區地表的所有植被全部砍除，並且產生棄土、廢水等問題；建造水庫淹沒底部的群落，阻斷下游生物的食物來源與產卵的棲地；拖網等破壞性漁撈技術則會毀滅海床的棲地。

破碎化使棲地減低成孤立的小塊 除了棲地喪失之外，另一個嚴重問題是棲地**破碎化（fragmentation）**，亦即棲地減少並愈來愈小，形成散布的小塊。破碎化降低生物多樣性，因為很多生物種，例如熊及大型山貓，需要較大的領土生存。其他物種，例如森林內部的鳥類，僅在森林深處或遠離人類的棲地才能成功繁殖。經由破碎化的邊緣，入侵物種及掠食者很快擴散至新區域。

破碎化也將族群切割成孤立的群體。小型、孤立的族群易受到災難事件的破壞。在正常狀態下，太小的族群也可能缺乏發育完全的成體進行繁殖。保育生物學的一項重要問題即是，對各種物種而言，什麼是**最小存活族群（minimum viable population）**的數目？

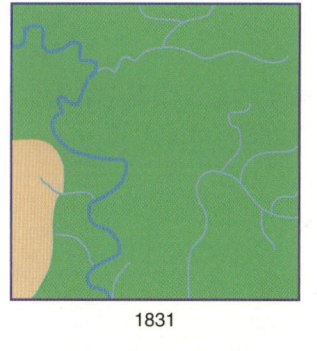

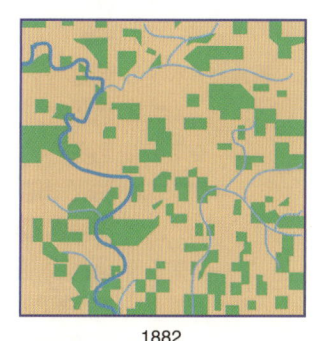

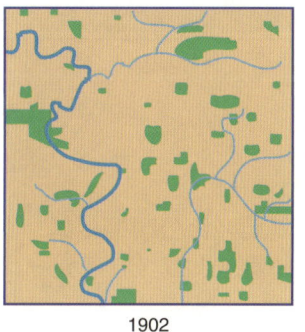

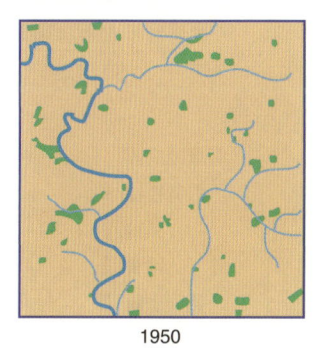

圖 **5.21** 歐洲移民時期，南威斯康辛州卡迪茲城林地的減少。綠色面積代表每一年森林土地的面積。

Reprinted with permission from J. Curtis in William L. Thomas (ed.), Man's Role in Changing the Face of the Earth. ©1956 by the University of Chicago Press. All rights reserved.

關鍵概念

生物多樣性的價值是什麼？

人類常認為生物多樣性的保育非常昂貴：如果財政能負擔當然最好，但大多數人需要養家活口。人類經常看重生態系統資源的實用經濟價值，而不是考量倫理價值和審美價值。保育意識與經濟意識必然對立嗎？如果可以計算生態系統和生物多樣性的價值，則能回答此問題。評估生態系統的價值相當困難。人類理所當然地取用無數的生態系統服務：水淨化、防洪、土壤形成、養分循環、調節氣候、作物授粉、糧食生產等。人類依賴這些機能，但因為沒有直接銷售，很難為這些機能訂定價格。

2009年到2010年間，一系列的「生態系統和生物多樣性經濟學」（The Economics of Ecosystems and Biodiversity, TEEB）研究提出生態系統服務評價的發現。TEEB的報告發現，生態服務的價值超過全球總GNP的2倍，至少每年33兆美元。

以下的圖表顯示2種生態系統的價值：熱帶森林和珊瑚礁。這些圖表顯示平均價值，因為各地區的價值差別很大。詳細資訊請上TEEB網站查詢：http://www.teebweb.org/。

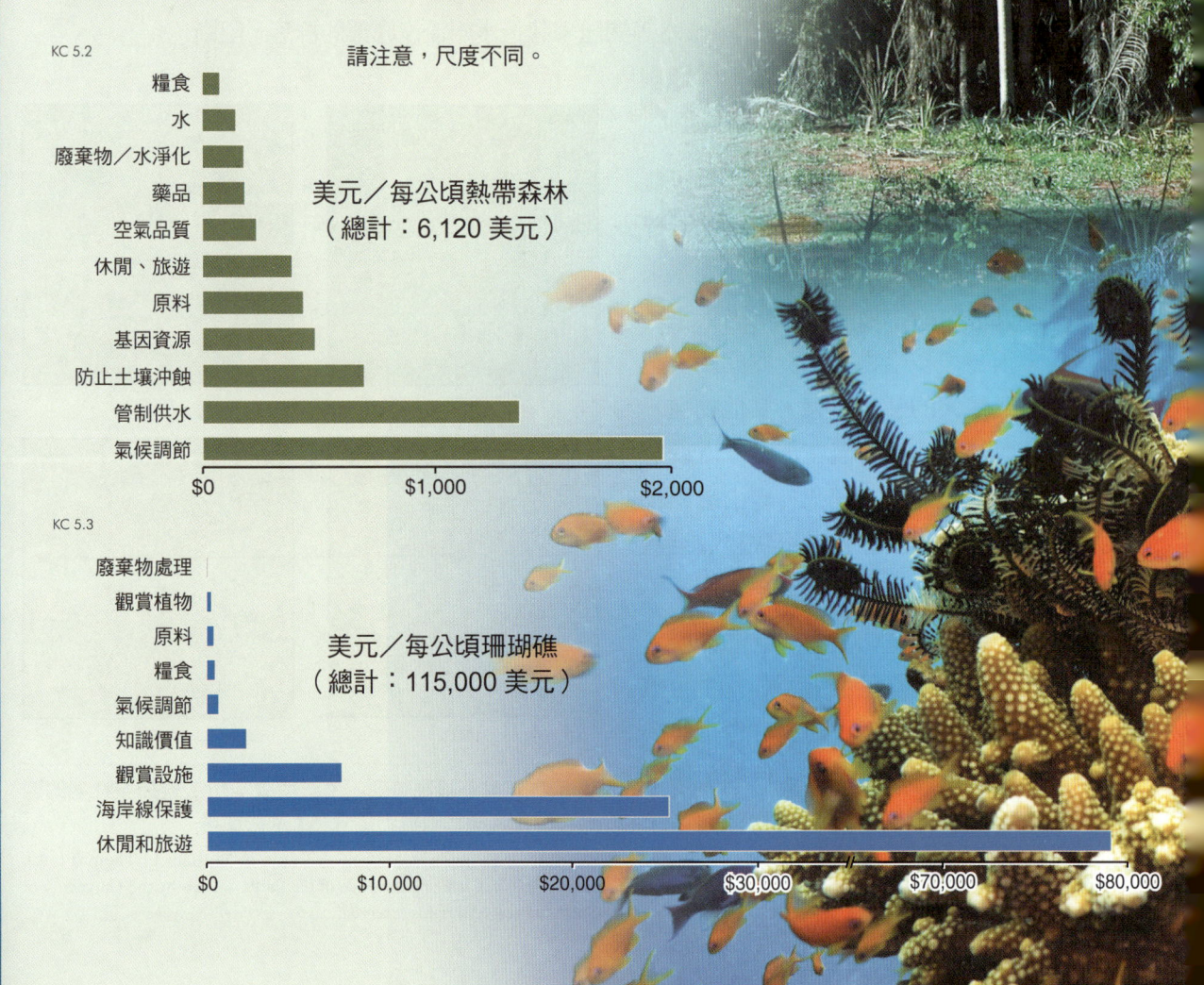

KC 5.1

請注意，尺度不同。

KC 5.2

美元／每公頃熱帶森林（總計：6,120美元）

- 糧食
- 水
- 廢棄物／水淨化
- 藥品
- 空氣品質
- 休閒、旅遊
- 原料
- 基因資源
- 防止土壤沖蝕
- 管制供水
- 氣候調節

$0　　　$1,000　　　$2,000

KC 5.3

美元／每公頃珊瑚礁（總計：115,000美元）

- 廢棄物處理
- 觀賞植物
- 原料
- 糧食
- 氣候調節
- 知識價值
- 觀賞設施
- 海岸線保護
- 休閒和旅遊

$0　$10,000　$20,000　$30,000　$70,000　$80,000

能否負擔生物多樣性的修復？

尋求經費修復生態系統比摧毀它還困難。但依 TEEB 的計算，隨時間衍生的效益遠超過平均修復成本。

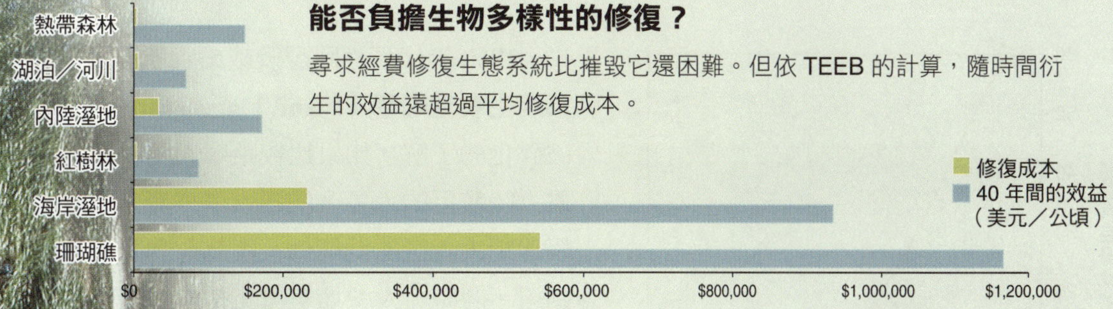

KC 5.4

熱帶森林／湖泊／河川／內陸溼地／紅樹林／海岸溼地／珊瑚礁

■ 修復成本
■ 40 年間的效益（美元／公頃）

$0　$200,000　$400,000　$600,000　$800,000　$1,000,000　$1,200,000

糧食和木材產品　森林生態系統防止土壤沖蝕、氣候控制和供水的價值常被低估。為了糧食，人類還是得依賴生物多樣性。據估計，印尼生產 250 多種可食用的水果，但除了山竹等 43 種之外，其餘是鮮為人知的。

KC 5.6　　KC 5.5

授粉　世界上大多數作物完全依賴野生昆蟲授粉。人類需要自然生態系統終年的授粉機制。

天然醫藥產品

KC5.8

產品	來源	用途
盤尼西林	真菌	抗生素
枯草菌素	細菌	抗生素
四環素	細菌	抗生素
紅絲菌素	細菌	抗生素
毛地黃	毛地黃花	心臟刺激劑
奎寧	金雞納樹皮	瘧疾治療
薯蕷皂	墨西哥山藥	生育控制用藥
可松體	墨西哥山藥	消炎用藥
賽達命	海綿	白血病治療
常春鹼、常春新鹼	常春花	抗癌藥
蛇根鹼	羅芙木	高血壓用藥
蜂毒	蜂	關節炎緩解
尿囊素	麗蠅蛆	傷口治療
嗎啡	罌粟	鎮痛劑

藥品　半數以上的處方含有天然產品。聯合國開發計畫署估計來自發展中世界的植物、動物、微生物等醫藥產品，每年超過 300 億美元。

氣候和供水　森林最有價值的部分，此服務的效應影響的地區遠超過森林本身。

KC 5.7

魚護育地　珊瑚礁和紅樹林的生物多樣性是漁業繁殖所必需的。包括大多數養殖魚類在內的海洋漁業，完全依賴野生食物來源。這些魚類可做為食物，但這些價值遠比不上休閒和旅遊價值。

請解釋：

1. 相關的成本和利益能否證明修復珊瑚礁或熱帶森林的價值？
2. 請確認熱帶森林和珊瑚礁系統的主要經濟利益。你能解釋它們各自是如何運作嗎？

121

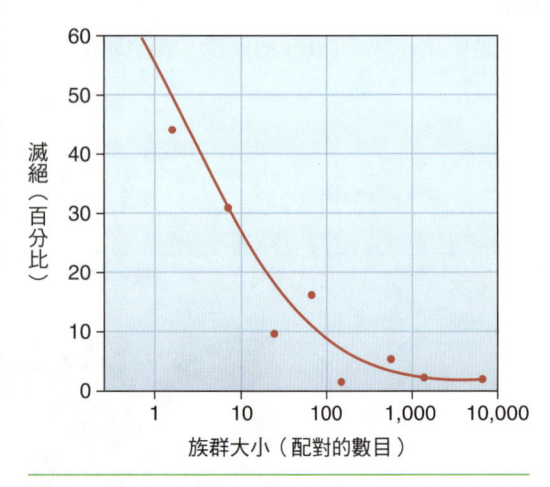

圖 5.22　80 年期間之內，加州運河島的鳥種滅絕率是族群數目的函數。

資料來源：H. L. Jones and J. Diamond,"Short-term-base Studies of Turnover in Breeding Bird Populations on the California Coast Island,"in *Condor*, vol.78:526-549, 1976.

1960 年代麥克阿瑟及威爾森所發展的理論——**島嶼生物地理學（island biogeography）**，可增加對破碎化的了解。如果比較距離大陸較遠的小島和距離大陸較近的大島，就遷入率來看，遠離大陸的島嶼比距大陸近的島嶼低，因為對陸生生物而言較難到達。同時，大型島嶼可支持較多特殊物種個體，因此，在自然災害、基因問題或物口統計不確定性（單一世代所有成員都是同一性別）中，較不可能滅絕。

島嶼生物地理效應可在許多地方觀察到。例如，加勒比海古巴的土地面積約是蒙哲臘的 100 倍，兩棲類種數也是其 10 倍。同樣地，加州運河島的鳥種研究發現，島上物種具繁殖能力者，如果少於 10 對，在過去 80 年間有 39% 的族群滅絕；如果有繁殖能力的數目介於 10 至 100 對之間，則僅有 10% 滅絕（圖 5.22）；介於 100 至 1,000 對的族群，只有一種物種滅絕；而超過 1,000 對的物種在相同時間內沒有族群滅絕。

許多棲地型態和島嶼相同，溼地、森林碎塊、高山凍原及其他存在較大景觀中的棲地碎片。通常，尺寸及鄰近其他碎塊的程度將決定這些「島嶼」的物種差異。

入侵物種的威脅增加

入侵物種（invasive species）在新環境中，由於少了在原生地控制牠們數量的掠食者、寄生蟲、病原菌及競爭，原本溫和的種類，可能會在新棲地變成侵略性極強的侵略者。許多入侵物種威脅了臺灣的生物多樣性。

福壽螺（*Pomacea canaliculata*, Lamarck）原產地在南美洲，並非臺灣原生動物（圖 5.23a）。1980 年自阿根廷引進福壽螺卵塊孵化，並以金寶螺之名推廣養殖。最初養殖的主要目的是供食用，但因國人不習慣其肉質，銷售不佳，業者將其棄置灌溉圳道、排水溝渠中。根據統計，1982 年農田受福壽螺危害的面積達 17,000 公頃，水稻面積占 1/4，為 4,000 公頃。1986 年，農田受害面積增加至 171,425 公頃，水稻面積擴大為 19,980 公頃，稻米受損金額高達新臺幣 11 億 7,000 萬元。

小花蔓澤蘭（*Mikania micrantha*）是原產於中、南美洲的多年生藤蔓性植物（圖 5.23b）。由於生長快速，IUCN 已經將小花蔓澤蘭列入全球 100 種最具危害力的入侵物種。臺灣最早的標本採集在 1986 年，地點是屏東縣。2002 年農委會特有生物保育中心調查，發現小花蔓澤蘭危害的面積達 51,893 公頃，是目前對臺灣

(a) 福壽螺　　　　　　　　　　　　　　(b) 小花蔓澤蘭

圖 5.23　入侵物種會惡性破壞生態系統。(a) 福壽螺（攝於屏東縣）危害農作、水稻。(b) 小花蔓澤蘭（攝於臺中市太平區山區）夏季時，每月平均生長量為 52.4 公分，種子產生量每平方公尺達 17 萬粒，覆蓋數萬公頃臺灣土地（白子易攝）。

資料來源：黃士元、廖天賜、郭曜豪，外來的植物殺手──小花蔓澤蘭，自然保育季刊，42，p.13。

生態系危害最嚴重的入侵物種。小花蔓澤蘭的生長速度相當快，因此其英文別稱為 mile-a-minute weed「一分鐘一英哩雜草」。小花蔓澤蘭一旦入侵，不論是自然植被、人工林、園林綠地、果園及農場等都會遭到纏繞覆蓋，使被攀爬的植物吸收不到陽光而死亡，造成植被、生態及物種多樣性的嚴重侵害，故有「植物殺手」之稱。

臺灣目前列為對生態危害的入侵物種有數十種，危害情況最令人憂心的除了福壽螺、小花蔓澤蘭外，還有琵琶鼠魚、吳郭魚、松材線蟲、大花咸豐草、銀合歡、入侵紅火蟻、菟絲子等。

污染

毒性污染物會危害生物族群。1970 年代已經證實，吃魚的鳥類與獵鷹的減少，和殺蟲劑的使用有所關聯。海洋哺乳類、短吻鱷與其他族群的減少指出污染和健康之間複雜的交互關係（詳見第 8 章）。近年來，大西洋兩岸數以千計的海豹大量死亡，一般認為和 DDT、PCB 及戴奧辛等難分解氯碳氫化物的累積有關。事實上，這些物質會減弱免疫系統，使動物對傳染病無抵抗能力。同樣地，在聖勞倫斯河口的太平洋海獅、白鯨及地中海中條紋海豚的死亡，也都被認為是因毒性污染物的累積所造成。

鉛中毒也是許多野生動物死亡的另一項主因。底食性的水鳥，例如鴨子、天鵝及鶴，嚥下掉落在湖泊或沼澤中的獵槍子彈。美國魚類及野生動物署估計，每年約有 200 至 300 萬隻的水鳥死於鉛中毒（圖 5.24）。

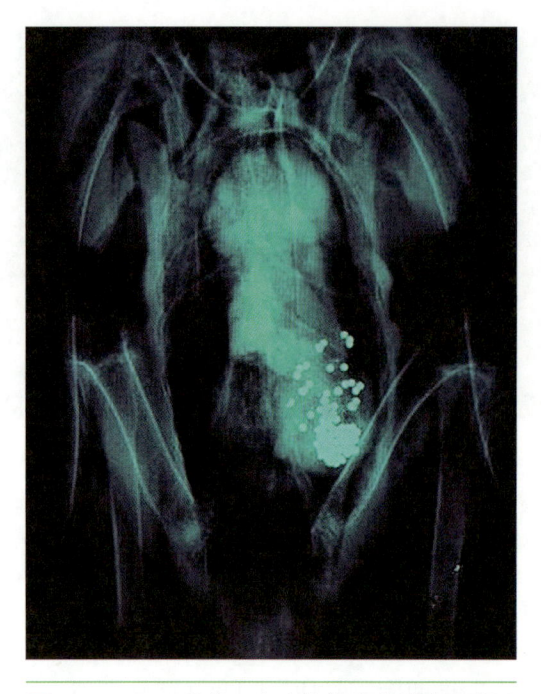

圖 5.24　1960 年代，在食物鏈上位的白頭鷹及其他鳥類物種，被 DDT 大量滅亡。自從美國禁用 DDT 後，這些鳥類物種已顯著恢復。然而在白頭鷹胃裡發現鉛彈，對水生物及以魚為主食的鳥類而言，釣錘和狩獵仍是鉛中毒的主要原因。

圖 5.25　一對剝製的旅鴿。此物種的最後成員 1914 年死於辛辛那提動物園。
Courtesy of Bell Museum, University of Minnesota.

人口成長威脅生物多樣性

調查顯示，目前世界人口超過 70 億，人類成為地球上數量最多的脊椎動物。過多的人口已造成資源消耗殆盡，並對環境造成衝擊，亦威脅我們賴以維生的生態系統（詳見第 4 章）。

過度獲取已經消耗或消除許多物種

過度獲取（overharvesting） 的典型例子是美洲旅鴿（*Ectopistes migratorius*）的滅絕。美洲旅鴿生長在北美東部，200 年前是全球最興盛的鳥類族群，數量介於 30 億至 50 億之間（圖 5.25），一度占北美所有鳥類總數的 1/4。在 1830 年，目擊到的旅鴿群有 10 英哩寬、數百英哩長，可能有 10 億隻之多。但因狩獵及棲地破壞，在 1870 至 1890 年短短 20 年間，即造成整個族群崩潰。最後一隻野生的旅鴿在 1900 年被射殺，而最後一隻存活的旅鴿，是一隻名為瑪莎的雌鴿，1914 年死於辛辛那提動物園。

過度獵殺事件包括瀕臨絕種的美洲野牛（*Bison bison*）。1850 年大約有 6,000 萬頭野牛，40 年後只剩 400 頭，150 頭野生，另外 250 頭則被圈禁。許多野牛只因

為皮革及舌頭而被殺害。美國陸軍藉由屠殺野牛剝奪原住民的主要食物，迫使原住民只能住到保留區。

全球漁獲量都因過度捕殺而嚴重減少，最主要原因是漁船尺寸及效率大增。現今 17 個主要捕魚區中，有 13 個產量急遽減少，商業魚種至少有 3/4 被過度捕獵。

保育學家正逐漸關心「叢林肉品」（山產）市場，特別是在中非及東南亞，武裝精良的盜獵者屠殺靈長類及大型哺乳類做為肉品。然而，這並不是一個新興現象，當盜獵者從區域戰爭得到更具殺傷力的武器，以及當野生動物族群（以及可得到的棲地）減少時，情況愈來愈嚴重。野生動物防衛組織估計盜獵者每年殺掉 100 萬公噸的獵物供叢林肉品交易。

收藏家促進藥物及寵物交易　雖然國際間禁止瀕臨絕種動物產品的交易，然而走私毛皮、角、活標本及民俗藥方每年總額仍高達數百萬美元（圖 5.26）。擁有豐富生物多樣性的開發中國家，例如亞洲、非洲及拉丁美洲，是產品的來源，而歐洲、北美及一些富裕的亞洲國家則是主要的進口國家。舉例來說，日本、臺灣與香港購買 3/4 的貓科及蛇的皮；歐洲國家則購買相同比例的活鳥，而美國每年購買的仙人掌與蘭花分別占交易總量的 99% 與 75%。

野生動物的走私利潤相當豐厚。老虎或美洲豹皮草外套在日本及歐洲價值 10 萬美元。非洲黑犀牛從 1960 年代的 10 萬頭降至 1980 年代的 3,000 頭，只因為牠們的角。在亞洲，犀牛角粉每公斤 28,000 美元。

過度獲取也會威脅植物。野蔘已經接近滅絕，因為亞洲人對其根部的需求量很大，多數做為春藥或民俗藥方。仙人掌盜賊從美國西南部及墨西哥偷取許多仙人掌。

寵物的交易也很驚人。全球每年約買賣 500 萬隻活鳥做為寵物，多數分布於歐洲或北美洲。目前，寵物販子每年進口（通常是非法的）200 萬隻爬蟲類、100 萬隻兩棲類及哺乳類、50 萬隻鳥類以及 1 億 2,800 萬條熱帶魚到美國。大約 75% 的鹹水熱帶水族魚類來自菲律賓與印尼的珊瑚礁，通常以炸藥或氰化物捕抓。一名潛水員一天可以使 200 平方公尺的珊瑚礁死亡，數以千計的潛水員每年摧毀 50 平方公里的珊瑚礁，並且殺死許多魚類。

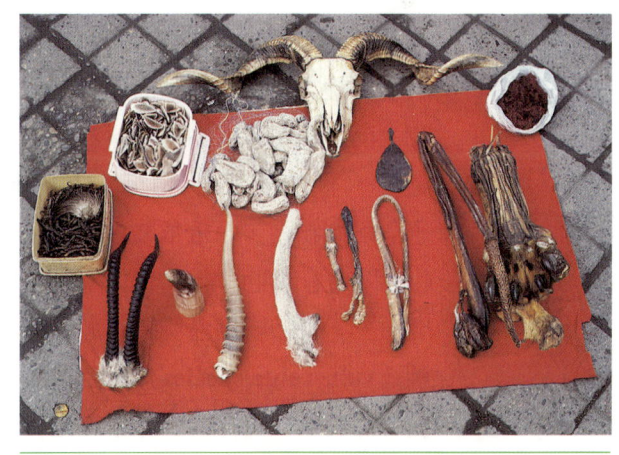

圖 5.26　中國街頭所販賣的稀少及瀕危物種器官。對許多物種而言，傳統藥材及盛宴中使用動物產品是主要威脅。

掠食者與有害生物控制昂貴但廣為實施 一些動物族群被蓄意地滅絕，因為被認為會對人類及家畜構成危險，或是與人類競爭資源。美國政府每年捕殺數以千計的土狼、山貓、土撥鼠及其他物種，花費約 2,000 萬美元，並且殺害 70 萬隻鳥類及哺乳動物，其中約有 10 萬隻土狼。野生動物保護組織相信這計畫不但殘忍、而且無效，不過農業經營者辯稱，如果沒有管制，西部的畜牧業將會無法達到經濟效益。

5.7 生物多樣性的保護

在逐漸認知生物多樣性的喪失有多麼嚴重之後，人類正緩慢地採行法律及措施保護這些無可取代的財產。公園、野生動物避難所及自然保育發展令人鼓舞，但仍有許多努力有待進行。

漁獵法律保護有用的族群

1874 年，美國國會訂定法案保護美洲野牛。然而此法案未獲通過，因為大部分的國會議員相信野生動物不會枯竭。由於未予以保護，野牛族群由 6,000 萬頭降至僅存的數百頭。

在 1890 年代，美國大多數的州已制定漁獵限制。但這些法案的觀念是保育這些資源供未來人類使用，而非以保護動物本身為目的。從那時候開始的野生動物管制及建立的避難所，已有顯著的成效。在 20 世紀初期，美國僅有 50 萬隻白尾鹿，而現在已約有 1,400 萬隻，在某些地方已超過環境負荷。野生火雞及鴛鴦在 50 年前幾乎絕種，透過保護，這些族群各已恢復到數百萬隻。

瀕危物種法案保護棲地及物種

在北美洲，美國 1973 年的瀕危物種法案（U.S. Endangered Species Act, ESA）展現保護野生動植物強而有力的新方法。早期的管制，幾乎只重視「狩獵型」的動物，而這些新計畫則打算辨識所有瀕危的物種及族群，並盡可能拯救更多的生物多樣性，不管是否對人類有助益。**瀕危物種（endangered species）**是被認為逼近滅絕危險的物種，而**近危物種（threatened species）**則是在預見的未來會瀕危的物種（至少以區域性而言）。舉例來說，白頭鷹、灰狼、棕熊、海獺、許多本土蘭花及稀有植物，皆被視為區域性近危的物種，即使在原生區域中數量仍相當豐富。**易危物種（vulnerable species）**是自然稀少或受到人類活動的干擾而產生區域性減少，因而處於有風險的等級，通常是進一步名單的候選者。對脊椎動物而言，保護的範疇包括種、亞種、區域種及生態型。

我國為保育野生動物、維護物種多樣性與自然生態的平衡，亦訂定《野生動物保育法》，將保育對象分為瀕臨絕種野生動物、珍貴稀有野生動物及其他應予保育

之野生動物等 3 類。其中，瀕臨絕種野生動物係指族群量降至危險標準、生存已面臨危機的野生動物；珍貴稀有野生動物係指各地特有或族群量稀少的野生動物；其他應予保育之野生動物係指族群量雖未達稀有程度，但生存已面臨危機的野生動物；珍貴稀有植物的保護則條列於《文化資產保存法》中。

依據我國的野生動物保育法，對獵補、宰殺保育類野生動物者，可處六個月以上五年以下有期徒刑，得併科新臺幣 20 萬元以上 100 萬元以下罰金。依據《文化資產保存法》，自然紀念物包括珍貴稀有植物、礦物、特殊地形及地質現象。採摘、砍伐、挖掘或以其他方式破壞自然紀念物或其生態環境，處六個月以上五年以下有期徒刑，得併科新臺幣 50 萬元以上 2000 萬元以下罰金。

目前，美國有 1,300 種左右原生種在瀕危與近危物種的名單之中，有 386 種候選名單列入考慮。在不同類別中所列的物種數量，和每一個類別的實際數目有所差異。例如美國的無脊椎動物占所有物種的 3/4，但僅占值得保護物種的 9%。國際自然及自然資源保育聯盟（International Union for Conservation of Nature and Natural Resources, IUCN）列出 17,741 種瀕危與近危物種的名單（表 5.1）。

復育計畫

一旦某物種被官方列為瀕危，美國魚類及野生動物署必須準備復育計畫，相關作業可能耗時數年。復育計畫也相當昂貴，而半數經費都花費在數十種魅力十足的物種，例如加州兀鷹、佛羅里達美洲豹及灰熊，每年花費 1,300 萬美元；相對地，137 種瀕危的無脊椎動物與 532 種瀕危植物每年總共僅占 500 萬美元。資金的優先順序大部分是根據情緒與政治，而非生物。必須注意部分與稀有和瀕危物種相關的名詞：

- 關鍵物種（keystone species）是對生態功能有主要效應且其消失會影響生物群落許多成員的物種，例如黑尾土撥鼠與美洲野牛。
- 指標物種（indicator species）是和特殊生物群落、演替階段與環境條件緊密相關的物種。在特定環境下可確實發現，其他條件則否，例如溪鱒。
- 護傘物種（umbrella species）需要大塊未受擾動的棲地，以維持存活族群。保護該物種，其他需求較少的物種自然也受保護。北方斑點貓頭鷹是護傘物種的例子。
- 旗艦物種（flagship species）是人們會有情緒化反應，特別有趣或具特殊吸引力的物種。這些物種可以鼓勵大眾保護生物多樣性並對保育做出貢獻，例如貓熊。

ESA 已經成功但仍具爭議

ESA 讓數百種瀕臨絕種的物種得到一線生機。有些甚至已經從瀕危名單移

除，像是褐鵜鶘、游隼、白頭鷹等。但要在名單上加入新物種的速度卻極緩慢。

速度緩慢有很大原因是政治與法律的糾葛往往曠日費時。ESA 的一次重要考驗發生在 1978 年的田納西州，因為建造特理柯水壩會危及一種名為蝸牛射水魚的小魚。這個案例的結果是聯邦委員會（所謂上帝使團）基於經濟因素得以推翻 ESA 的訴求。

哥倫比亞河鮭魚與硬頭鱒的復育計畫成本甚至更高。水力發電水壩及貯水水庫會阻礙牠們進入海中，而開啟閘門讓小魚游向下游或讓成魚返回產卵地，會對需要豐沛水量與廉價電力的駁船交通業、農民及用電戶而言，造成極高的經濟成本。然而，鮭魚的商業與休閒性漁業每年價值 10 億美元，並可直接或間接僱用 6 萬名工人。

許多國家通過物種保護法

過去 25 年來，許多國家已體認到合法保護瀕危物種的重要性。1977 年加拿大的瀕危野生動物狀態委員會（Committee on the Status of Endangered Wildlife in Canada, COSEWIC）、1979 年歐盟的鳥類指令和 1991 年棲地指令，以及 1992 年澳洲的瀕危物種保護法案等，紛紛建立法律規範來保護瀕危物種。1992 年也通過生物多樣性公約（Convention on Biological Diversity）的國際協定。

1975 年的瀕臨絕種野生動植物國際貿易條約（Convention on International Trade in Endangered Species, CITES）是野生動植物保護的重要里程碑。該條約管制物種的交易，但被扭曲。從近危與瀕臨絕種地區走私出來的物品，相關文件被竄改，使其看起來是來自於物種仍很常見的地區。在開發中國家，稽查與實施特別困難，在這些國家野生動植物消失相當迅速。另外，消除瀕危物種的市場是禁止盜獵的有效方法。

棲地保護優於物種保護

在過去幾十年，要求保護整個生態系（而不是個別物種）的觀念愈來愈受重視。如果只是保護族群數量僅剩個位數的物種，會花費太多保育基金；如果保護特定物種，則牠們或許在動物園內人工繁殖得很好，但原來的棲地卻已消失。

科學家在夏威夷進行一項新的保育計畫。從瀕危物種的地圖中，科學家發現即使 50% 以上土地仍屬於國有的夏威夷，仍然有許多植被完全在自然保留區之外（圖 5.27）。此發現引導出新方法──**差異分析（gap analysis）**，可供科學家尋找物種豐富的未受保護土地，或是已受保護土地內的差異。差異分析利用 GIS 將受保護的保育區及高度生物多樣性的區域進行疊圖，如此一來，可容易鑑別優先的保育點。保育學者對保護生物多樣性的大尺度、長程的方法建議四點再管理的原理：

1. 在一定區域內，保護足夠的棲地給全部原生物種的可存活族群。
2. 足夠大的區域尺度管理以調節自然擾動（野火、風、氣候變遷等）。
3. 超過一世紀的計畫，如此物種及生態系可繼續演化。
4. 在不顯著造成生態退化的水準上，允許人類使用與居住。

圖 5.27　保護區（綠）和生物多樣區（紅）通常有所出入，如圖中的夏威夷。

問題回顧

1. 描述 9 種主要的陸地生物群落區型態。
2. 說明氣候圖如何解讀。
3. 描述發生在珊瑚礁、紅樹林、河口與潮汐海塘的狀況。
4. 木澤、草澤、泥炭澤之間的差異為何？
5. 高度（山上）與深度（水中）如何影響環境狀況與生命型態？
6. 定義生物多樣性。
7. 生物多樣性「熱點」是什麼？列舉數處。
8. 人類自生物多樣性獲得什麼利益？
9. 何謂 HIPPO？
10. 為什麼外來種及入侵種會威脅生物多樣性？舉例說明何謂外來入侵種。

批判性思考

1. 科學家對理論及假設必須小心謹慎。對於「人類正在製造不同於地球歷史上其他時期的滅絕」的這類敘述，你能用什麼論述贊成或反對？
2. 假設一個保育組織僱用你降低某個熱帶國家生物多樣性的損失。該國的問題包括棲地破壞與破碎化、漁獵、捕獲野生物種做為商業買賣，或是引進外來物種等，你首先會注意哪一

第 5 章　生物群落區與生物多樣性

個問題？為什麼？
3. 許多生態學家與資源科學家為政府工作以研究資源及資源管理。如果科學家僅從事純科學研究，這會是服務大眾最好的方式嗎？或是支持民選議員的政治立場？畢竟，後者代表他們選民的立場。
4. 假設你是居住並在伐木區進行研究的森林生態學家。你最近在工作區域中發現瀕臨絕種的櫻花鉤吻鮭，必須如何做才能使其列入官方的瀕危物種清單？
5. 臺灣的瀕危物種，例如中華白海豚，由哪一個政府單位保護？你認為這樣的權責劃分是否是最好的方式？為什麼？

6 環境保育：森林、草原、公園與自然保留區

Environmental Conservation: Forests, Grasslands, Parks, and Nature Preserves

翠峰湖是「翠峰湖森林生態保育區」的主體，位於宜蘭太平山與大元山之間，海拔 1840 公尺，是臺灣最大的高山湖泊。

（白子易攝）

一個國家選擇保留什麼，也就是該國選擇以什麼形容自己。

—— Mollie Beatty，
美國魚類及野生動物署前署長

學習目標

在讀完本章後，你可以：

- 了解世界上還剩哪些原始森林。
- 敘述會危及全球森林的活動為何，以及保護森林的方式。
- 解釋為什麼建造公路會危害森林保育。
- 敘述世界上最廣大的草原位於何處。
- 了解世界上草原如何分布，以及哪些活動使草原退化。
- 解釋國家公園的最初目的。
- 敘述臺灣國家公園與其他保育區的分布。
- 了解復育自然地區的步驟。

案例研究

棕櫚油與瀕危物種

甜甜圈、牙膏或洗髮精是否會殺害蘇門達臘及婆羅州瀕危的紅毛猩猩及老虎？有這種可能嗎？箇中的連結是，印尼迅速擴張種植棕櫚樹，破壞紅毛猩猩、老虎、犀牛及大象等稀有物種的棲地。曾經是全球最富生產力及生物多樣性的低地雨林，正迅速變成單一林相的棕櫚，以致於瀕危物種喪失生存空間。

印尼語中，Orang 意指人，而 utan 指的是森林。森林中的人，也就是紅毛猩猩（Orangutan），是人類遠親中最接近及最像人的物種，至少有97%的人類基因，也是最瀕危的高級靈長類。據估計，伐木工及盜獵者每年殺死1,000至5,000隻這些森林中的人。目前，蘇門達臘只剩6,000隻，而婆羅洲只剩下50,000隻，聯合國警告，數十年內保護區外將沒有野生的紅毛猩猩。

棕櫚油是全球使用最廣的植物油，印尼及馬來西亞共生產全球90%的供應量。人類可能吃進或使用比本身所能覺察更多的棕櫚油。在地超市中至少半數的包裝食品，還有清潔劑、肥皂、化粧品及其他產品，都由棕櫚油製成。目前，棕櫚油的消費量也較任一種食品項目成長更快速。2000年，印尼約有250萬公頃的棕櫚田。在過去15年，面積已大於1,100萬公頃，每年生產約3,500萬公噸的棕櫚油（約全球總量的60%）。印尼棕櫚的營運量在2030年將倍增。當農業公司剷除、焚毀、推平森林成為直排的棕櫚樹列時，不只降低生物多樣性，也排放溫室氣體並摧毀原住民及傳統居民的生活領域。

印尼，是有將近17,000座島嶼、橫跨赤道並介於東南亞及澳洲之間的國家，擁有全球第三大面積的雨林。其伐林速率較任一國家高，且碳排量是全球第三高。而棕櫚油的擴增正是森林破壞及溫室氣體排放的驅動力。這些過程通常始於原木採伐，以獲取高價的硬木。棲地破壞驅逐野生動物，而伐木用的道路網則讓盜獵者有機可趁進入過去無法接近的地區。砍伐後的殘枝則用火燒以利種植（在很多情形下，火燒掩護非法伐木），最後，種植高獲利的油棕櫚。單一公頃的棕櫚樹每年可生產30公噸的油，是其他油類作物的10倍（圖6.1）。目前棕櫚油是印尼第3大輸出，每年進帳180億美元。最糟情況是

圖 6.1 在過去15年中，印尼的棕櫚種植區域增加4倍以上，達1,100萬公頃，目前生產約全世界60%此高價的用油。激增的成長速度破壞棲地並驅逐許多瀕臨絕種的動物。

在深泥炭地種植。泥炭地中積水的土壤會防止生質量分解，泥炭較礦物性土壤多 28 倍的碳，排乾並燃燒一公頃的泥炭地會排放 15,000 公頃的 CO_2。蘇門達臘排放的 CO_2，70% 以上來自燃燒泥炭。

2014 年在紐約所舉行的聯合國氣候高峰會中，150 家公司——包括麥當勞、雀巢——都承諾停止使用近年砍伐森林而生產的棕櫚油。數家大型伐木公司加入公約停止排乾泥炭地，並在 2020 年前減少 50% 的伐林。很不幸地，當國際公司及國家政府似乎想做對的事情時，追蹤全部的原木及油的來源卻有困難。此呈現特別真實的情況。據估計，印尼 80% 的伐木及土地清除都是非法的，而且通常由地方政府及軍方主導。然而，落實停止破壞未開發的森林也不是那麼困難。印尼有足夠多的退化土地，可提供未來 20 年擴大種植的計畫。

本章將審視如何保護生物多樣性及保育地形。

6.1 全球的森林

森林與草原共占土地覆蓋的 60%（圖 6.2）。這些生態系統提供人類重要的資源，例如木材、紙漿與畜牧；也提供不可或缺的生態服務，包括調節氣候、控制逕流、提供野生動物棲地、淨化空氣。這些陸地生物群落區也有值得保護的景觀、文化與歷史價值。然而森林與草原卻是受人類干擾最嚴重的陸地生物群落區。在許多案例中，這些競爭性的土地使用及需求是不相容的。本章將檢視這些生物群落區被使用及濫用的情況，以及保育的方式。

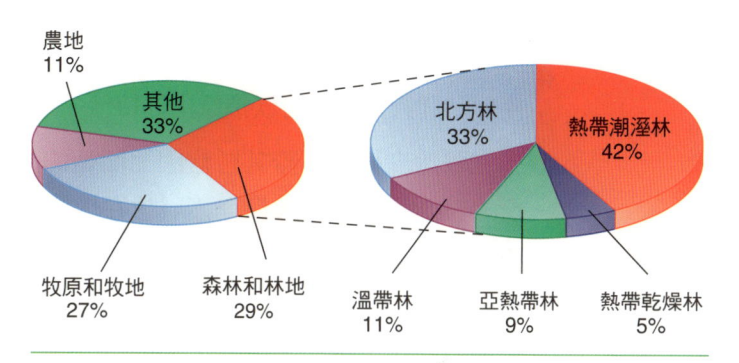

圖 6.2 世界土地使用和森林型態。「其他」類別包括凍原、沙漠、溼地和都市地區。

資料來源：UN Food and Agriculture Organization（FAO）.

北方林與熱帶森林最豐富

全球剩餘最多的森林位於潮溼的熱帶和寒冷的北方（寒帶）或寒帶密林（taiga）地區。聯合國糧農組織（UN Food and Agriculture Organization, FAO）對森林的定義為樹木覆蓋土地超過 10% 以上的區域。此定義涵蓋的範圍，從樹木覆蓋土地低於 20% 的開放性**稀樹草原（savanna）**，到樹木幾乎完全覆蓋土地的**密冠層林（closed-canopy forest）**。全世界最大的熱帶森林位於南美洲的亞馬遜盆地。最高的森林損失率在非洲（圖 6.3）。一些生物多樣性高的地區也遭快速砍伐，包括東南亞及中美洲。

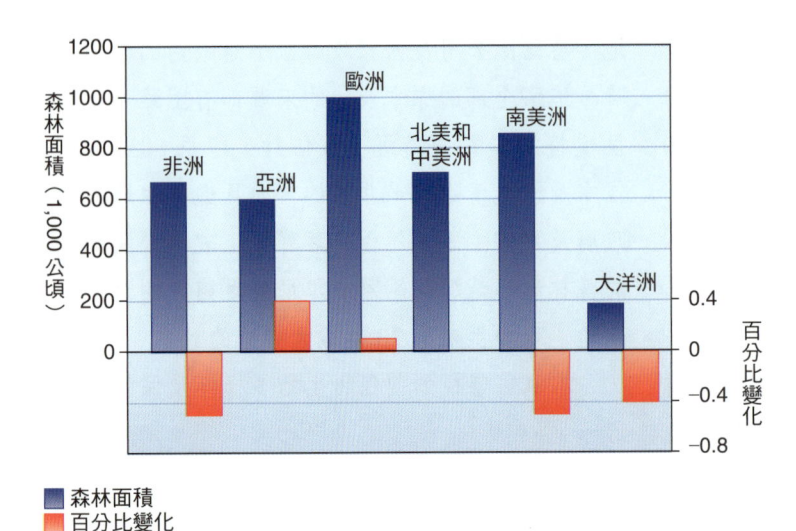

圖 6.3　2005 年到 2010 年的森林面積和年淨變化。世界最大年淨伐林率在非洲。過去十年，亞洲森林面積有淨成長，主要是因為中國種植 500 億棵樹木。歐洲森林也在增加。

資料來源：FAO, 2008.

殘留的原始森林的生態重要性非常顯著，也是生物多樣性、瀕臨絕種的物種及原住民文化的根源。**原始森林（old-growth forest）**是指覆蓋面積夠大、經過長久時間未受人類擾動的地區，樹木以自然的生命週期生長，生態程序能正常發生，但並非所有的樹木都非常巨大或已生長數千年。在一些原始森林中，多數的樹只存活不到一個世紀。原始也不是指人類完全不能出現，人類衝擊低的原始森林可供人類居住很長的時間。甚至是已被砍伐或轉變為農田的森林，只要不被干擾的時間夠長，也可恢復原生的特性。

雖然森林仍覆蓋其曾盤踞總面積的一半，但只剩下 1/4 的森林仍保持原生特徵。原始森林的最大保存區域位在俄羅斯、加拿大、巴西、印尼、巴布亞紐幾內亞。這 5 個國家保有全球 3/4 以上未遭受干擾的森林，通常是因為位置偏遠，而不是因為受法律保護。雖然官方資料顯示，俄羅斯的原始森林只有 1/5 受到威脅，但快速的砍伐（包含合法或非法的），特別是在俄羅斯遠東地區，已讓更多的區域處於危險。

森林供應許多珍貴產物

在現代經濟活動中，木材十分重要。全球木材年總消耗量大約為 40 億立方公尺，已大於鋼及塑膠的消費總和，木材及木製品的國際貿易總額每年超過 1,000 億美元。已開發國家所生產的木材，低於工業用木材的 1/2，但消耗量占全球消耗的 80%。低度開發國家，主要位於熱帶，所生產的工業用木材超過全球總生產量的 1/2，但消耗量僅為 20%。

紙漿占森林製品的第 5 位，而且成長速度最快。美國、俄羅斯及加拿大是工業用木材（板樑、鑲板）與紙漿的最大生產國。北美及歐洲是在受到管理的森林裡伐木；相反地，在東南亞、西非和其他地區，則是以不永續的速率砍伐熱帶硬木，而且大部分皆來自於原始森林。

全球超過 20 億人依賴柴薪做為加熱及烹飪的主要燃料（圖 6.4）。在低度開發

國家中，每人烹飪及加熱木材的平均消耗量約為每年 1 立方公尺，約為美國每人每年用在紙張方面的木材消耗量。不幸的是，不斷成長的人口及縮小的森林造成許多開發中國家木材短缺。大約有 15 億以柴薪為主要能量來源的人口，所擁有的木柴少於需求量。

全球約有 1/4 的森林做為木材生產，在理想狀態下，森林經營包括永續收穫的計畫，以及森林再生。根據 FAO 的資料顯示，溫帶地區已經開始重新種植或允許自然再生。然而，這類重新造林大部分都密集栽植單一品種，稱為**單一林相林業（monoculture forestry）**。雖然這樣的森林生長迅速且容易收成，但密集且品種單一的森林通常僅能支持低度的生物多樣性，生態服務也較弱，然而控制土壤沖蝕及生產乾淨的水源，才是原生森林的最大價值。

一些亞洲國家的重新造林計畫最為成功。舉例來說，中國砍下大量生長超過千年的森林，結果換來數個世紀的沖蝕及洪水。近來中國政府禁止在主要的河川源頭砍伐，並展開大量的重新造林計畫。20 多年來，中國種植 500 億棵樹，大部分都在新疆省，以避免沙漠面積擴大。韓國及日本也有非常成功的森林回復計畫。在二次世界大戰後，土地幾乎全部裸露的 2 個國家，目前已有 70% 的植林。

圖 6.4　柴薪約占全球木材收穫量的一半，且幾乎是將近半數人類的主要能量來源。

熱帶森林遭到快速清除

地球上最豐富及最多樣的陸地生態系是熱帶雨林，雖然目前占有的面積不及地球土地面積的 10%，但包含的植物生質量超過全球的 2/3，動植物及微生物物種至少占全部的半數。

一個世紀前，熱帶的密冠層林據估計為 1,250 萬平方公里，此面積大於美國。FAO 估計，每年大約有 1,000 萬公頃或約 0.6% 的剩餘熱帶森林遭到清除（圖6.5）。

目前印尼的**伐林（deforestation）**率居全球之冠。20 世紀初，印尼土地面積 84% 覆蓋森林。1990 至 2010 年，至少喪失 2,400 萬公頃的森林，多數做為非法種植油棕櫚，目前僅 52% 的土地面積覆蓋森林。儘管 2010 年起暫停森林清除，據估計，印尼每年仍約喪失 84 萬公頃的森林，已超越巴西。

1975　　　　　　　　　　　1989　　　　　　　　　　　2001

圖 6.5　1975 年到 2001 年之間，巴西朗多尼亞州的森林破壞。建造伐木道路造成羽毛狀的型態，開放森林讓農人移入。

　　熱帶地區的砍伐率仍有爭議。然而，伐林一詞有不同的定義。有些科學家堅稱，此意指森林的完全改變，從森林轉變成農業、都市或沙漠。其他的定義則包括被砍伐的任何區域，即使砍伐經過選擇性且迅速重新種植。因此估計的熱帶森林損失範圍，從每年 500 萬公頃到大於 2,000 萬公頃皆有。最被廣泛接受的算法是 FAO 的估計，每年約伐林 1,000 萬公頃，亦即每秒大約就有 1 英畝（一個足球場面積）的森林面積消失殆盡。

　　根據計算，1995 年，巴西喪失 300 萬公頃的森林。這個森林砍伐率是全世界最高，但巴西仍擁有最大的熱帶森林。2015 年，巴西宣稱其森林砍伐率已降至每年 50 萬公頃。

　　在非洲，塞內加爾、獅子山、迦納、馬達加斯加、喀麥隆及賴比瑞亞的海岸森林幾乎都被摧毀。海地曾有 80% 的森林覆蓋，然而現今主要的森林皆已被摧毀，並造成土地裸露與沖蝕；印度、緬甸、柬埔寨、泰國及越南目前僅殘留少部分的原始森林。在中美洲，約有 2/3 的原始熱帶潮溼林被摧毀，而且大部分集中在過去 30 年間，主要是將森林轉換為牧場。

伐林的原因　伐林有很多因素，各地有不同的驅動力。砍伐有價值的熱帶硬質木材，例如柚木、桃花心木，通常是第一步。雖然伐木者只在每公頃土地上砍下一、兩棵最大的樹，但是熱帶森林的樹冠通常會被藤蔓及樹枝強力牽連，倒下一棵樹後會一併拉倒十幾棵。建造道路來運送木材會殺死更多的樹，更重要的是，道路會讓農人、礦工、獵人等進入森林。

　　在非洲，將森林轉變為小型農業占主要森林破壞將近 2/3 的比例。在拉丁美洲，貧窮、缺乏耕種土地的小農開始伐林，但幾年後，就被大型農業或牧場買斷或

趕走。淺薄、營養貧瘠的熱帶森林土壤通常在幾年的耕作後消磨殆盡，這些土地大多成為沒有生產力的草地或貧瘠的灌林地。在人口密度低或是被砍伐的區塊有一、二十年可以再生的情況下，遊墾（有時稱刀耕火種法或米爾帕耕法）是永續的；然而在一些亞洲國家，人口的成長及森林的縮減導致輪種循環縮短，密植的作物也導致永久的森林破壞。

清除森林後，降雨型態也會改變。賓州大學的電腦模式顯示，此現象會引發連鎖反應。當森林倒下後，植物的蒸散作用及降雨減少。乾旱殺死更多植被，而野火變得更頻繁且凶猛。與亞馬遜森林一般大小的森林，將在十幾年內完全破壞殆盡。

森林保護　許多國家已了解到森林的寶貴，全世界有 14% 的森林受到保護，但這些保護的差異甚大。哥斯大黎加有全球最好的森林守護計畫，其企圖不僅僅是回復土地（使某地區有益於人類），也包括回復生態系的自然狀態。這些計畫最著名的其中之一，是簡森（Dan Janzen）在瓜那卡司特國家公園的工作。和許多乾燥熱帶森林一樣，哥斯大黎加西北部被完全轉變成牧地。然而，藉著控制野火，簡森和他的夥伴重新找回森林。成功的關鍵之一是讓當地人民參與計畫，也允許在公園內放牧。簡森推論，森林是和古代草食性動物一起演化，馬及牛在種子散播上扮演相當重要的角色。

拯救森林穩定氣候

開發中國家的森林保護和森林復育是重要議題，因此 2009 年哥本哈根的氣候會議提出資助開發中國家的 REDD 計畫（Reducing Emissions from Deforestation and Forest Degradation，環保署網頁譯為「減少毀林及森林退化所導致之排放量」；經濟部能源局能源報導譯為「林業管理減排」）。這個概念是 2005 年政府間氣候會談時，由巴布亞紐幾內亞及哥斯大黎加率先提出，目的是在保護既有的森林並恢復退化的熱帶土地。REDD 由聯合國環境規劃署主導，一旦成功，將使得大量的資金轉進貧窮國。重新栽種 3 億公頃的森林，未來 50 年可去除 10 億噸 CO_2，並為原住民及本土社區維持生態服務及永續畜牧。聯合國估計，執行這些計畫每年約需 200 億至 300 億美元。

溫帶森林也有風險

美國及加拿大等北方國家也允許爭議性的森林經營。多年來，美國林務局的政策是「多目標使用」，意指可以在森林同時進行任何想要從事的活動。然而，不是每件事都是相容的。

原始森林　美國及加拿大近年來最具爭議的議題是太平洋西北地區原始森林的砍伐。這些森林擁有令人驚訝的生物多樣性，每單位面積的林分植被所累積的總生質

量也較地球上任何生態系更多（圖 6.6）。例如北方斑點貓頭鷹、沃氏雨燕、斑海雀等，因為高度適應這些古老森林的獨特狀況，所以無法在其他地方生活。

收穫方式　木材的收穫方式對環境衝擊互有差異。**皆伐（clear-cutting）**是在一定面積內的樹，無論大小，一律砍掉（圖 6.7）。對喜好陽光的同齡林分，例如白楊及松樹，此方法十分有效，但常增加沖蝕，而且當大塊林地流失時，棲地也隨之消失。人們一度認為，立即清除所有死掉的樹及伐木殘餘物是良好的森林管理方式。然而研究顯示，斷枝及粗木屑扮演重要的生態角色，包括保護土壤、提供棲地和營養鹽循環。

皆伐的替代方式包括**漸伐（shelterwood harvesting）**，也就是老樹分一、兩次砍掉；**帶伐（strip-cutting）**，也就是在狹窄廊道上的樹一律砍掉。對森林而言，**擇伐（selective cutting）**是最不具破壞力的砍伐方式，也就是在每 10 年至 20 年的輪種中，只取用一小部分成熟的樹木。以擇伐管理的森林，通常能保持成熟原始森林的樹齡分布與土地特性。

道路與伐木　美國國內有愈來愈多人要求終止所有在聯邦土地上的伐木行為。他們強調從公有土地生產原木的價值，與砍伐的環境成本相較之下，只是蠅頭小利。他們認為，美國只有 4% 的原木是來自於國家森林，只貢獻美國經濟 40 億美元。相反地，森林的生態服務至少價值 2,240 億美元。原木工業則辯稱，伐木不只提供工作及支持鄉村社區，也能維持森林的健康。公有地的道

圖 6.6　原始溫帶雨林的巨木在挺立植被上每單位面積所累積的總生質量，高於其他生態系。其提供許多罕見及瀕危物種的棲地，但也被伐木者拿來換取高價。

圖 6.7　如照片中的大型皆伐，威脅到依賴原始林維生的物種，也讓陡坡暴露於土壤沖蝕。欲恢復這樣的原始林將需要數百年的時間。

路是另一項爭議。在過去 40 年，美國林務局已經擴張伐木道路系統 10 倍以上，將近 55 萬公里，是高速公路系統的十幾倍。政府經濟學家視道路為一項利益，因為可以使鄉村朝向機動化休閒及工業使用。然而，保育人士則視此為昂貴且破壞性極高的計畫。

野火管理 對森林管理人員而言，對抗野火的優先順序極高。最新的研究則顯示，全面撲滅野火可能是錯誤的。許多生物群落適應野火，而且需要週期性的焚燒以再生。進一步而言，撲滅野火常導致木屑累積，反而增加毀滅性大火的風險（圖 6.8）。欲取消行之多年的野火壓制及燃料堆積，理想上應該允許一連串小型、週期性的野火以清除碎屑，但在付諸施行前必須移除過剩的生質量。

圖 6.8 壓制野火將導致燃料累積，反而可能造成不可收拾的大火。最安全和最生態性的管理策略是允許不會威脅財產或性命的天然或預防性野火週期性燃燒。

生態系統管理 在 1990 年代，美國林務局開始將政策從原本的林木生產轉換焦點至**生態系統管理**（ecosystem management），企圖以單一化、系統化的方法整合永續生態、經濟與社會目標，原則包括：

- 跨越生態時間尺度，管理整個景觀、集水區或區域。
- 依據合乎科學、生態學的可信賴數據來進行決策。
- 考慮人類需求，提升經濟及社區永續發展。
- 維持生物多樣性及主要的生態系統程序。
- 利用合作機構配合。
- 製造有意義的利害關係人機制及公眾參與，並促進集體決策。
- 根據自覺性實驗及例行性監測，隨著時間調整管理方式。

美國林務局的《國家永續森林報告》（*National Report on Sustainable Forests*）亦建議永續森林的管理目標，包括：(1) 保育生物多樣性；(2) 維持森林生態系之生產力；(3) 維持森林生態系健康及活性；(4) 維持土壤及水資源；(5) 維持森林對全球碳循環的貢獻；(6) 維持及強化其社經利益以符合森林保育及永續經營所需的法律、組織及經濟架構。

臺灣森林 臺灣位於亞熱帶，氣溫、雨量皆宜，森林覆蓋率為 58%。光復初期，森林在經濟發展上扮演不可或缺的角色，同時也兼顧治山防災及國土保安之目的。1991 年 11 月 1 日起，全面禁伐天然林、水源林、生態保護區、自然保留區及國

關鍵概念

救樹，救氣候？

森林破壞和土地轉變所產生的二氧化碳約占所有人為排放量的 17%——大於全球所有交通的排放量。REDD 計畫的目的在減少這些排放，避免氣候災難。減少伐林可達成全球減排目標的一半。價值數十億美元的生態系統服務以及珍貴的生物多樣性，也可同時受到保存。由於砍伐和焚燒，每天有超過 3 萬公頃的熱帶森林遭到破壞，另有 3 萬公頃退化，每年共增加相當於阿拉巴馬州面積的 2 倍。

KC 6.1

伐林和退化如何釋碳？

- 樹木焚燒，釋放儲存在木材和樹葉的碳。
- 倒下的植被降解，釋放儲存的碳（詳見第 2 章）。
- 積累在土壤碎屑中的碳降解；裸露的土壤乾燥，且土壤中的碳氧化為二氧化碳。
- 森林生態系統無法再儲存碳。

伐林的驅動力為何？

- 工業規模的農業（大豆和棕櫚油的生產、牛牧場）。
- 國際原木需求驅使工業化伐木。
- 貧窮和人口壓力，促使人民尋求農田和柴薪。
- 道路開發、石油開發、採礦、水壩。

KC 6.2

KC 6.3

來自砍伐土地的產品

- 油和汽油。
- 糧食、含有棕櫚油的化妝品。
- 紙製品。
- 鋁（來自鋁礬土礦）。
- 金屬、寶石、電子元件。
- 許多其他的產品。

5 mi (11 km)　美國 NASA 的 Landsat 影像顯示，臨近亞馬遜河兩側的道路，呈現平行的砍除

伐林所損失的價值

人類福祉的損失估計**每年為 2 兆至 4 兆美元**[1]。生態服務及碳貯存價值的損失更高。

[1] Sukdev, P. 2010. Putting a price on nature. *Solutions* 1(6):34–43. www.thesolutionsjournal.org.

REDD 保護什麼生態服務？

人類依賴森林無數的產物和服務，主要包括：

- 森林地區維持供水，其儲存溼氣並在乾燥季節緩慢地釋放水分。
- 生物多樣性，提供野生食物、藥材、建材、物種遷徙和旅遊。
- 調節氣候和天氣：森林地區的溫度和溼度和砍除地區相比，較少劇烈變動。

世界現存的森林面積約 40 億公頃。近一半為北方林（boreal，位於北邊）（紫色），另一半是熱帶林（綠色）。▼

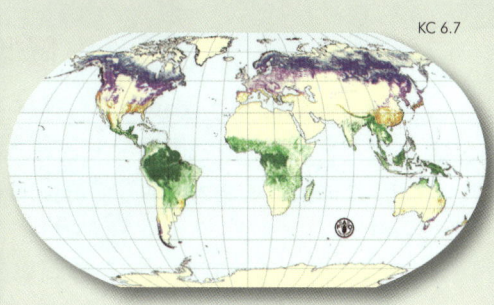

KC 6.7

KC 6.5a

KC 6.5b

KC 6.6

KC 6.4

KC 6.8

REDD 會花錢嗎？

是的。許多發展中國家依靠出口熱帶原木，或轉變為棕櫚樹、大豆農田，作為收入。為了配合 REDD，人民希望這些收入在一定程度上被取代。

富裕國家依賴發展中地區的資源和生態系統服務。付費購買原木、石油、紙張、食物很容易，但 REDD 建議，現在也要付費保護包括全球氣候穩定、生物多樣性和水資源等生態系統服務。

聯合國 REDD 計畫估計，已開發國家每年需支付 200 億至 300 億美元，作為森林保護、碳補償和替代發展策略。

人權如何呢？

約 12 億人依靠森林維生。超過 20 億人——世界人口的 1/3，使用柴薪烹飪、取暖。REDD 必須鑑別原住民和當地社區的權利，讓經費流入都市的中央政府將惡化這些社區的威脅。

如何確保 REDD 計畫永續和持續？

監督、良好的政府，以及在地方層級工作是 REDD 成功不可或缺的。亞馬遜保育隊（Amazon Conservation Team, ACT）是地方參與的成功範例，其與原住民合作，使用 Google Earth 和 GPS 測繪、監測並保護祖先的土地。

KC 6.9

請解釋：

1. 伐林如何導致碳排放？
2. 你使用了哪些熱帶森林（或原始森林）資源？

141

你能做什麼？

降低你對森林的影響

對大多數的都市居民而言，森林（特別是熱帶森林）似乎離我們日常生活很遠而且不相關，然而我們每個人都可以做許多的事來保護森林。

- 紙張的再使用及回收。使用雙面影印，節省辦公室用紙，並將背面當做草稿紙。
- 使用電子郵件，而不影印每樣東西。
- 如果你在蓋房子而要節省木材，可使用木製的薄片板、木製粒片板、膠合樑等，不要使用原始林木所製成的膠合板及原木。
- 購買由「良木」或其他經認證為永續砍伐木材所製成的產品。
- 不要購買由熱帶硬木所製成的產品，例如黑檀木、桃花木心、紫檀或柚木，除非製造商能夠保證，這些硬木來自農林業栽植或是永續砍伐計畫。
- 如果速食餐廳中的牛肉來源，是在砍伐熱帶雨林後所形成土地上的牛隻，那請不要購買其產品。也不要購買咖啡、香蕉、鳳梨及其他經濟作物，如果這些產品會造成森林破壞的話。
- 請購買巴西核果、腰果、磨菇、藤製家具，以及其他由當地民眾從原始森林永續式收穫所得的非原木森林製品。切記熱帶雨林不是唯一受攻擊的生物群落區。與泰加拯救網（Taiga Rescue Network）聯繫，以獲得關於北方林的資訊。
- 如果你在森林地區露營或健行，請利用最低影響的紮營方式。停駐在既存的小徑上，不要升起太多或太大、超過實際需求的營火。只使用倒下的木材升火，不要在樹幹上挖洞或釘入鐵釘。
- 寫信給你的立法委員或議員，要求他們支持森林保護及環境責任的政府政策，並與林務局連繫，說出你支持原始森林的價值及休閒。

表 6.1 臺灣的國家森林遊樂區分布

地區	遊樂區名稱
北	內洞、滿月圓、東眼山、觀霧
中	武陵、大雪山、八仙山、蕙蓀、合歡山、奧萬大、溪頭
南	阿里山、藤枝、雙流、墾丁、向陽
東	明池、棲蘭、太平山、池南、富源、知本

家公園林木，在森林保育上邁進一大步。行政院農業委員會的林務局是臺灣森林的主管機關，其主要的森林經營策略是生態保育及生態旅遊。目前行政院農業委員會、國軍退除役官兵輔導委員會以及教育部共成立 22 處國家森林遊樂區（表 6.1）。

6.2 草原

草原是繼森林之後人類使用最凶的生物群落區，約占全球地表的 1/4（圖 6.9）。38 億公頃的牧場及放牧地是農作物面積的 2 倍。如果加入約 40 億公頃用以

飼養家畜的其他土地（森林、沙漠、凍原、沼澤及刺灌叢），全球至少有超過半數的土地會偶爾被用做放牧。在這些土地上超過 30 億頭的牛、綿羊、山羊、駱駝、水牛及其他家畜，對人類營養有很大的貢獻。若欲維持草原生態生物多樣性，永續畜牧主義可增加生產力。以全球而言，草原受擾動的速率是熱帶森林的 3 倍。

放牧可以是永續性的，也可以是破壞性的

圖 6.9　在蒙大拿州北部的短草草原，對樹而言太乾燥，然而卻支持多樣的生物群落。

藉由監測動物數目及牧原的狀況，牧場管理人及**牧人**（**pastoralist**，藉放牧動物維生的人）能因應降雨、季節性植物的變動以及飼料的營養品質，以保持家畜健康，並避免過度使用任何地區，以確實改善牧原的品質。

當牧地過度放牧時（特別在乾燥地區），降雨迅速流失，無法被土壤吸收及補注地下水。泉水及水井乾枯，種子無法在乾燥、過熱的土壤中發芽，裸露的土地反射更多的太陽熱量，使風的型態改變，驅走含有溼氣的雲，導致更進一步的乾燥。這種使肥沃的土地變成沙漠的過程，稱為**沙漠化**（**desertification**）。沙漠化過程自古存在，但近年來更加嚴重。荷蘭的國際土壤參考資料中心指出，全球將近 3/4 的牧原，植被顯著降低並發生土壤沖蝕，過度放牧占 1/3 的原因（圖 6.10）。土壤退化程度無論被列為緩和、嚴重還是極端，墨西哥及中美洲境內所占的百分比皆是最高，而亞洲所占面積最大。

過度放牧威脅許多牧地

以美國為例，大部分公有放牧地

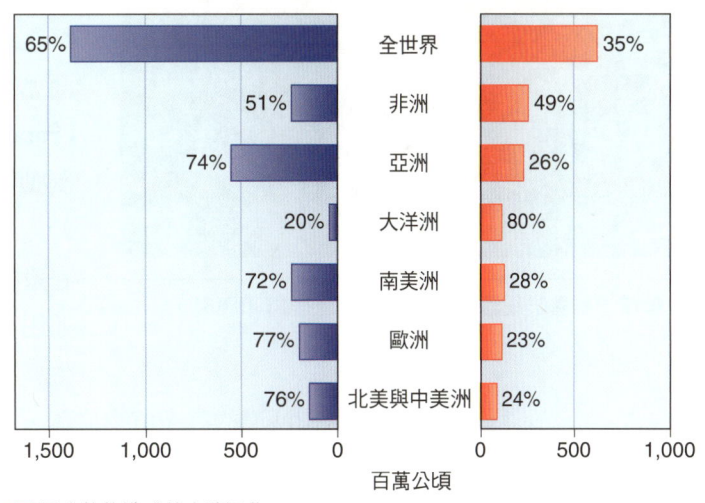

	其他因素造成的土壤退化	地區	過度放牧造成的土壤退化
	65%	全世界	35%
	51%	非洲	49%
	74%	亞洲	26%
	20%	大洋洲	80%
	72%	南美洲	28%
	77%	歐洲	23%
	76%	北美與中美洲	24%

百萬公頃

■ 過度放牧造成的土壤退化
■ 其他因素造成的土壤退化

圖 6.10　過度放牧導致牧場土壤退化（紅色）的百分比。在歐洲、亞洲和美洲，農業、伐木、採礦、都市化和其他原因造成約 3/4 的土壤退化。在非洲和大洋洲，放牧地、沙漠以及半乾燥的灌木叢占據很多範圍，放牧造成的傷害更大。

第 6 章　環境保育：森林、草原、公園與自然保留區　143

圖 6.11　密集的輪流放牧，用移動式籬笆將家畜限制在小面積內停留短期時間（通常只有 1 天），強迫家畜均等吃下籬笆內的植被，並用糞便大量施肥。

圖 6.12　飼養於紐西蘭的紅鹿可提供鹿角和鹿肉。

的狀況並不良好，政治及經濟壓力鼓勵管理者以超出牧地承載容量的方式增加放牧。自然資源防衛委員會宣稱，只有30%的美國公有放牧地處於良好狀況，55%為差和極差。**過度放牧（overgrazing）** 會使難吃或不可食用的物種在公有及私人牧原上生長，例如鼠尾草、豆科灌木、雀麥、仙人掌等。野生物保育團體認為牛隻放牧導致生態系退化，也是美國西南部瀕危物種最大的威脅。公有土地只提供肉牛食用飼料的2%，並只供應2%的畜類生產。

放牧人士試驗新方法

在家畜可以自由進食之處，牠們一般會先吃掉鮮嫩美味的植物，留下粗糙、不可口的物種，而逐漸成為優勢植被。在某些地方，農夫及牧場主人發現短期、密集的放牧有助於維持飼料品質。如同南非放牧專家所觀察的，野生的有蹄類，例如非洲的牛羚、斑馬，或是美洲野牛（水牛），通常會形成密集獸群，在移往新的地方之前會在一處特別的位置短期而密集地嚙食。短期停留，或稱為**輪流放牧（rotational grazing）** 是在遷往新位置前，限制動物在小面積內停留一段時間（通常為1至2天），可以模擬野生獸群的效應（圖6.11）。在遷徙前，強迫家畜均等地吃下每一樣東西，並用糞便大量施肥，此舉有助於限制雜草，並生長更多飼料物種。然而這個方法並非處處可行，例如美國西南沙漠的許多植物群落，在缺乏大型有蹄類後進行明顯演替，而且無法支應密集放牧。

另一個新方法是飼養諸如紅鹿、飛羚、牛羚和羚羊等野生物種（圖6.12）。這些動物能有效攝食、抵抗嚴酷的氣候，也更能抵抗病蟲害以及避開掠食者。原生品種的進食喜好以及對水與遮蔽物的需求，也和牛、山羊及綿羊不同。例如在非洲撒哈拉沙漠以南地區，每公頃的草只能飼養出約20至30公斤的牛肉；在同樣地點，野生原生品種能生產3倍以上的肉，因為這些動物能覓食廣泛的植物。

6.3 公園及保留區

自然保留區已存在千年。古希臘保護神聖的樹叢，是因為宗教因素；歐洲的皇室狩獵場，也保育森林數世紀。雖然這些土地只開放給社會菁英，但仍有助於保留生物多樣性及自然景觀。第一個開放給一般民眾的公有公園，也許是在希臘城市內的大遊戲場或林蔭廣場，主要做為集會場所。人類因為野生動物及景觀才開始思考保育荒野，僅始於上個世紀。

設定自然保留區的觀念在過去 50 年中散播迅速（圖 6.13）。目前全世界有地球土地面積 13% 的地區受到保護，大約 1,900 萬平方公里的土地，共有 122,000 個保護區。

許多國家創建自然保護區

國際自然及自然資源保育聯盟（IUCN，也稱為世界自然保育聯盟）將保護區分成 5 個類型（表 6.2）。在限制最嚴格的類別中，僅允許極少、甚至不允許人為衝擊；在限制最少的類別中，則允許高度人為使用。

委內瑞拉宣稱其保護區的比例全球最高（66%），這些保護區的半數劃設為原住民保留區及資源永續採獲區。但由於缺乏正常管理，無法杜絕非法行為。到目前為止，開發中國家的這些保護區大多淪為「紙上公園」（paper park），缺乏守衛、遊客中心、管理員工，甚至是邊界圍欄，理所當然地給蓄意破壞的人及盜匪所掠奪。

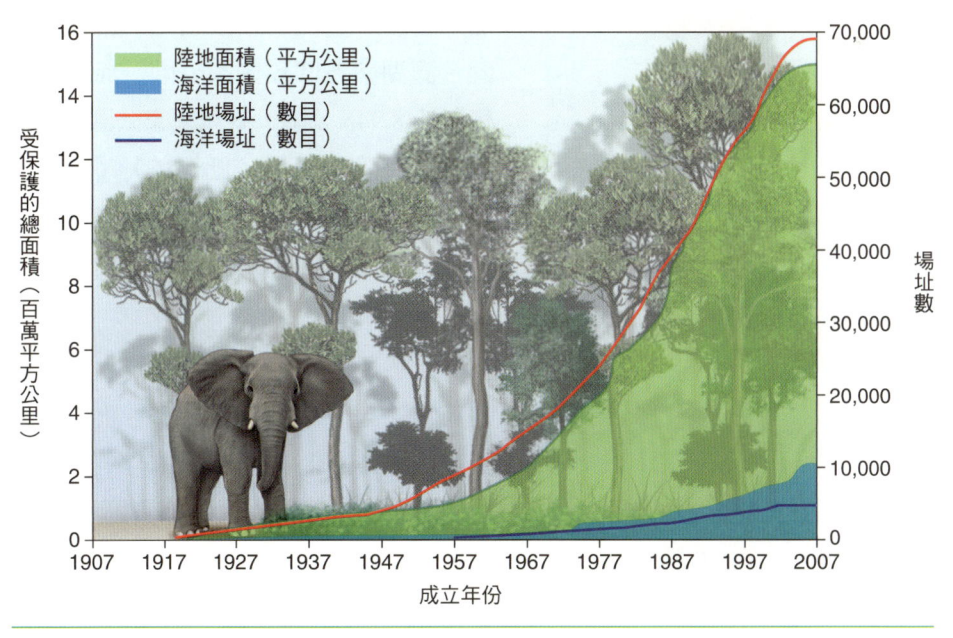

圖 6.13 1907 年到 2007 年全球保護區的成長。

表 6.2　IUCN 保護區的分類

分類	所允許的人類影響或干擾
1. 生態保留區及荒野地區	少或無
2. 國家公園	低
3. 自然紀念物及考古場址	低到中
4. 棲地及野生動物管理區	中
5. 文化或風景景觀休閒區	中到高

資料來源：World Conservation Union, 1990.

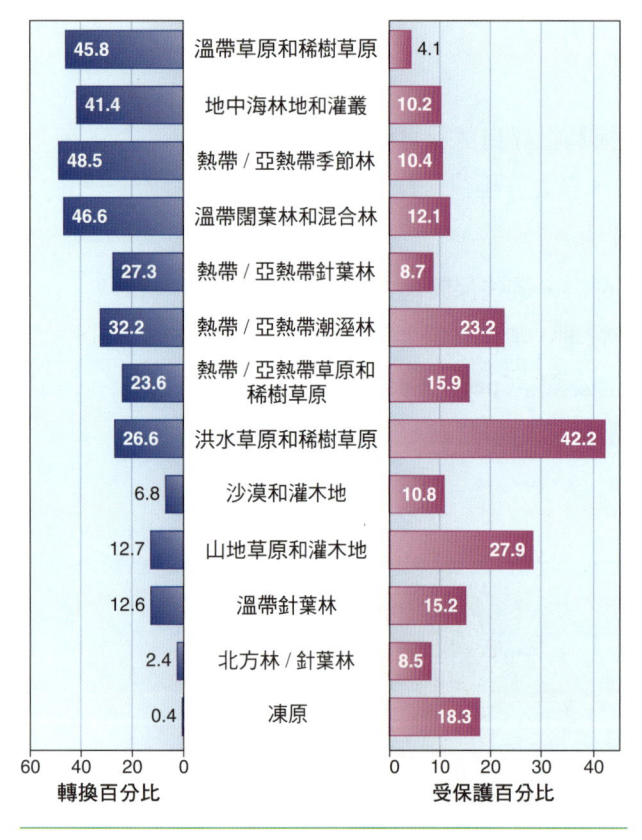

生物群落區	轉換百分比	受保護百分比
溫帶草原和稀樹草原	45.8	4.1
地中海林地和灌叢	41.4	10.2
熱帶／亞熱帶季節林	48.5	10.4
溫帶闊葉林和混合林	46.6	12.1
熱帶／亞熱帶針葉林	27.3	8.7
熱帶／亞熱帶潮溼林	32.2	23.2
熱帶／亞熱帶草原和稀樹草原	23.6	15.9
洪水草原和稀樹草原	26.6	42.2
沙漠和灌木地	6.8	10.8
山地草原和灌木地	12.7	27.9
溫帶針葉林	12.6	15.2
北方林／針葉林	2.4	8.5
凍原	0.4	18.3

圖 6.14 除少數例外，生物群落區轉變成人類使用的百分比，大約與公園和自然保留區的百分比成反比。不包括岩石、冰、湖泊、南極等生態區。

資料來源：World Database on Protected Areas, 2009.

巴西有全球最大的總保護區面積，大於 250 萬平方公里，占國土面積 29%，且多數位於亞馬遜盆地。格陵蘭的保護區面積達 98 萬平方公里，多數位於島嶼北部；沙烏地阿拉伯的保護區面積亦達 82.5 萬平方公里。然而由於冰封或位於沙漠，這些保護區經常被棄置不顧。

圖 6.14 顯示主要生物群落區受保護的情形，轉成人為使用的百分比和保護的百分比呈現相反的關係。

臺灣國家公園與保留區

臺灣的國家公園與保留區系統複雜且龐大，除了法源依據不同外，主管機關也各不相同（表 6.3）。

臺灣於民國 61 年公布《國家公園法》，以推動國家公園與自然保育工作。內政部依據《國家公園法》於民國 71 年公告成立首座墾丁國家公園，迄今共有 9 座國家公園，分別為墾丁、玉山、陽明山、太魯閣、雪霸、金門、東沙環礁、台江國家公園、澎湖南方四島國家公園，海陸域總面積為 748,946 公頃，臺灣國家公園涵蓋各種型態的生物群落區（圖 6.15）。《國家公園法》另外規定，資源豐度或面積規模較小者，設置國家自然公園，目前設有壽山國家自然公園 1 座。

自然保留區也是保護臺灣生物多樣性的方法之一。到 2016 年 12 月止，農業委員會依據《文化資產保存法》公告 22 處自然保留區。依據《野生動物保育法》，農委會公告 20 處野生動物保護區和 37 處野生動物重要棲息環境（圖 6.16）。

農委會林務局主管的自然保護區包括雪霸、甲仙四德化石、十八羅漢山、海岸山脈臺東蘇鐵、關山臺灣海棗、大武臺灣油杉等 6 處。內政部營建署亦劃設 12 處

表 6.3　臺灣國家公園和保留（護）區

性質	個數	法源	中央主管機關	說明
國家公園	9	國家公園法	內政部營建署	保護國家特有之自然風景、野生物或史蹟。
國家自然公園	1	國家公園法	內政部營建署	保護國家特有之自然風景、野生物或史蹟。
自然保留區	22	文化資產保存法	農委會林務局	文化資產保存法將具有保育自然價值之「自然地景、自然紀念物」依其特性分為：自然區域、特殊地形、地質現象、珍貴稀有植物及礦物。
野生動物保護區	20	野生動物保育法	農委會林務局	地方主管機關得就野生動物重要棲息環境有特別保護必要者，劃定為野生動物保護區，擬訂保育計畫並執行。保護區之劃定需層報中央主管機關認可後，公告實施。
野生動物重要棲息環境	37	野生動物保育法	農委會林務局	在野生動物重要棲息環境進行各種開發，應選擇影響野生動物棲息最少之方式及地域，不得破壞原有生態功能。必要時，應實施環境影響評估。重要棲息環境之類別及範圍，由中央主管機關公告。
自然保護區	6	森林法	農委會林務局	森林法規定：「為維護森林生態環境，保存生物多樣性，森林區域內，得設置自然保護區，並依其資源特性，管制人員及交通工具入出。」農委會林務局依規定而制訂「自然保護區設置管理辦法」。
國家重要濕地	83	濕地保育法	內政部營建署	為確保濕地天然滯洪等功能，維護生物多樣性，促進濕地生態保育及明智利用。規定濕地之規劃、保育、復育、利用、經營管理相關事務。
沿海保護區	12	無	內政部營建署	依據行政院院會決議規劃，並於民國 76 年經行政院核定實施。針對沿海實質環境、自然資源特色、面臨問題及發展政策等，擬定保護措施，以維護自然資源並永續保存。
重要野鳥棲地	54	無	無	雖無法源依據，但大多位於上述立法保護區域內。

資料來源：編譯者整理。農委會林務局所轄之保留（護）區個數乃以林務局自然保育網（http://conservation.forest.gov.tw/）（2016 年 12 月 31 日）為基準。其他則為相關網站（2016 年 12 月 31 日）之資訊為基準。

沿海保護區。

臺灣的保護區分為：國家公園、國家自然公園、自然保留區、野生動物保護區、野生動物重要棲息環境、自然保護區、國家重要濕地等；生態環境包括河口、海岸、溼地、島嶼、溪流、森林等，主要保護對象為稀有野生動植物、遷移性候鳥、溪流魚類、遠洋性海龜等。

並非全部的保留區都受到保育

公園與保留區並非總能避免剝削或能夠改變政治優先的現況。在希臘，品都斯

圖 6.15　國家公園不僅保護生態，也保護人文景觀。金門國家公園的保育重點包括戰役紀念地、歷史古蹟、傳統聚落、湖泊溼地、海岸地形、島嶼型動植物（白子易攝）。

第 6 章　環境保育：森林、草原、公園與自然保留區

圖 6.16 野生動物重要棲息環境也是政府公告的保育區之一種，區內限制騷擾或危及野生動物的行為。圖為南投縣仁愛鄉境內的瑞岩溪野生動物重要棲息環境（白子易攝）。

圖 6.17 如果國家公園或保護區的遊客不當餵食，將造成野生動物無法自行覓食的反效果。圖為宜蘭縣員山鄉福山植物園內的山羌（白子易攝）。

國家公園受到建造水力發電水壩的威脅，而外圍地區過量的放牧及林業也會造成棲地的流失；在哥倫比亞，帕拉米洛國家公園也遭受建壩的威脅；在厄瓜多，亞蘇尼國家公園邊界的石油開採污染供水；在祕魯，採礦業及伐木業已入侵瓦斯卡蘭國家公園；在帛琉群島中，珊瑚礁被炸藥所危害；而在印尼海灘，瀕危海龜的每一顆蛋都被人取走。這是全球許多問題中的一小部分，擁有重要生物群落區的國家皆十分缺乏基金、訓練有素的人員以及管理經驗。即使在先進國家，公園內也建造方便遊客參觀的道路，另外，遊客的不當餵食，也可能造成野生動物無法自行覓食的反效果（圖6.17）。

以美國及加拿大為例，大荒野公園可免於被開發，是因為偏遠的區位及周圍的野地而緩衝人類的影響，然而現今這種狀況卻開始改變。許多公園變成孤島，公園邊界盡是破壞性土地利用及人口帶來的威脅。森林剛好切在公園的邊緣，眩目的高消費觀光景點林立在公園入口，降低大部分遊客所追尋的美麗及寧靜。一些著名的公園，例如優勝美地國家公園及大峽谷，變得十分擁擠，管理單位必須限制機動車輛的進入，並加入大眾捷運系統以降低污染及塞車。有時小徑會被遊客塞滿，看起來更像城市大街。訪客會要求洗衣店、酒吧、雜貨店等設施。公園管理員的多數時間通常耗在預防犯罪及管制人群，而不是自然及歷史。在許多公園中，沙灘車、越野腳踏車、越野休旅車（ORV）行經易破碎的景觀，干擾植被及動物，並破壞民眾的美質經驗。

為了維護自然資源，IUCN 發展包括三項目標的**世界保育策略（world conservation strategy）**：(1) 維持人類生存及發展所依賴的基本生態程序及維生系

統（例如土壤再生及保護、營養鹽循環以及水的淨化等）；(2) 為繁殖計畫而保留基因多樣性，以改善栽培植物及家畜；(3) 確保任何野生物種及生態系的永續利用。

海洋生態系需要較多的保護

當全球漁獲逐漸減少之際，生物學家呼籲成立保護區。研究顯示，「不捕撈」的庇護場不僅保護其中的物種，也做為鄰近地區的避難所。在一份針對全世界 100 處的庇護所研究中，發現庇護所內的生物體數目平均是外圍允許漁撈之處的 2 倍。在生物體的生質量方面，庇護所內是外面的 3 倍，平均而言，個別動物的生質量則多出 30%。所需的安全範圍得視物種而定，但有些海洋生物學家則要求政府至少要保護近海領土的 20% 做為海洋庇護所。

珊瑚礁是世界上最受威脅的海洋生態系。最近的遙測調查顯示，活珊瑚的面積較上世紀減少 1/2，90% 的珊瑚面臨著海洋溫度變化、破壞性漁撈、珊瑚挖掘、泥沙逕流及其他人為擾動的威脅。珊瑚礁是海洋中的原始雨林（圖 6.18），如此敏感的棲地可能要花費一個世紀以上才能從傷害中恢復。一些研究人員估計，活的珊瑚礁將在 50 年內從世界上消失。因此，澳洲廣達 1,300 平方公里的大堡礁／珊瑚海（Great Barrier Reef / Coral Sea）保留區，是全球最大的海洋保留區。美國成立國家紀念物以保育珊瑚礁，總計保護美國境內 90% 的珊瑚。所有的庇護所都禁止商業捕魚，而托土加斯珊瑚礁則完全以「禁漁區」保護。大多數的珊瑚礁都缺乏這種保護。全球 10 個海洋資源最豐富及最受威脅的熱點，分別為菲律賓、幾內亞灣和維德角群島（非洲的西岸）、印尼的異他群島、印度洋的馬斯克林群島、南非海岸、日本南部和東海、西加勒比海、紅海及亞丁灣。

保育與經濟發展能齊頭並進

世界上許多物種與生態系最豐富的國家，多為開發中國家，特別是在熱帶。不幸的是，這些地方的政治與經濟制度無法提供人們足夠的土地、工作及食物，人民為了需求，會求助於受合法保護的土地、植物及動物。立即性的人類生計，總是優先於長期的環境目標。很明顯地，拯救物種和生態系的掙扎無法自滿足人類需求的更廣泛掙扎中分離出來。

一些開發中國家的人們開始了

圖 6.18 珊瑚礁是全球生物性最豐富且最瀕危的生態系統。許多地方建立海洋保留區保護這些不可替代的資源。

第 6 章 環境保育：森林、草原、公園與自然保留區

圖 6.19　生態旅遊是永續資源利用。如果當地社區分享利益，生態旅遊將給居民保護生物多樣性和自然之美的動機。圖為新竹縣尖石鄉司馬庫斯部落的遊客中心，司馬庫斯是兼顧原住民社區利益與保護生物多樣性的例子之一（白子易攝）。

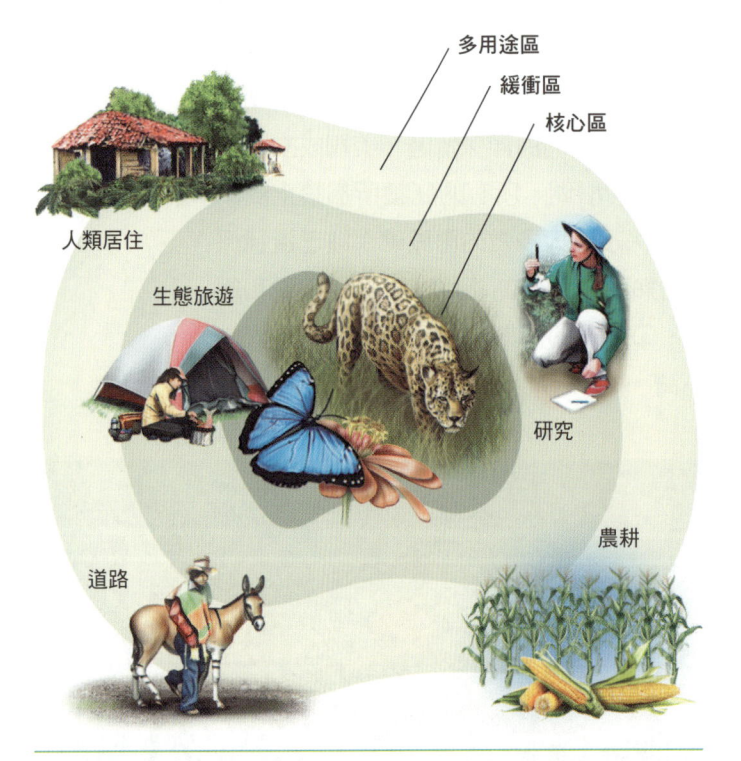

圖 6.20　生物圈保留區模型。傳統的國家公園有明顯的邊緣以維持野生動物在內而人類在外；相反地，生物圈保留區兼顧人類對資源的需求。關鍵性的生態系保留在核心，緩衝區內允許研究和旅遊，而永續資源取用和永久居住位在外沿的多用途區。

解，環境中的生物豐富性是最珍貴的資源，而且保育工作對永續發展有重大的影響。**生態旅遊**（ecotourism，生態性及社會性永續的旅遊）長期上比壓榨型產業（例如伐木及採礦）對這些國家更為有利，「你能做什麼？」中建議生態旅遊的方法（圖 6.19）。

自然保護中原住民扮演重要角色

被選為保育的地區，通常是原住民的傳統土地，無法輕易地命令他們離開。整合人類需求及野生動物保育，是當地民眾是否接受保育目標的基本要素。1986 年，聯合國教科文組織（UNESCO）展開**人與生物圈計畫**（Man and Biosphere program, MAB program），鼓勵被指派為世界**生物圈保留區**（biosphere reserve）之處，依不同目的將保護區分為不同的地區：中央核心區域保護關鍵生態系功能和瀕危的野生動物，只允許人類進行限制性的科學研究；生態旅遊及研究設施座落於環繞核心的原始緩衝帶；在周圍多用途的區域則允許取得資源與永久居所（圖 6.20）。

墨西哥加勒比海海岸占地 545,000 公頃的先肯保留區，是 MAB 保留區的良好範例。核心區域包括 528,000 公頃的珊瑚礁與毗鄰的海灣、沼澤及低海拔森林，保留區中鳥類超過 335 種，還有瀕危的海牛、5 種叢林貓、蜘蛛、嘯猴以及 4 種稀少的海龜。大約有 25,000 人居住在保留區周圍的社區和農村，訴求發展的坎昆剛好座落在北方。除了旅遊，依賴保留區的經濟活動包括捕捉龍蝦、小型農耕與椰子栽培。

你能做什麼？

做一個負責任的生態旅客

1. 行前準備。學習你將造訪地區的歷史、地理、生態及文化。了解什麼該做、什麼不該做，這能讓你避免干擾當地的習慣及感受。
2. 環境影響。如果可行的話，待在指定的小徑之上，並在建造好的位置上紮營。只帶走照片及回憶，無論你到何處，只留下善念。
3. 資源影響。讓燃料、食物及水資源的使用降至最低。你知道你的廢棄物和垃圾丟到哪了嗎？
4. 文化影響。尊重你所遇見那些人的隱私及尊嚴，試著了解身處他們的立場，你的感覺如何。在沒有事先請求前，請不要拍照，在宗教及文化場所活動時要慎重，對於文化污染要有意識，如同你能意識到環境污染一樣。
5. 野生動物影響。不要侵擾野生動物或干擾植物生命，現代相機使你能在尊重、安全的距離外拍得良好的照片。不要購買象牙、龜殼、動物毛皮，或其他取自瀕臨絕種物種的產品。
6. 環境利益。你的旅行僅限於玩樂，或是對保護當地環境有所貢獻？你能將生態旅遊和清潔競賽的工作合併在一起，或是投遞教育材料及設備到當地的學校和自然俱樂部嗎？
7. 倡導及教育。參與投書、遊說議員或教育競賽，這都有助於保護你所參訪的土地及環境。在回家後，到學校或當地的俱樂部演講，告知你的朋友及鄰居你所學習到的相關知識。

保留區內允許當地居民從事保護資源的工作，以改善當地居民生活水準。新密集農耕技術及永續取用森林產品，使人們在不破壞資源的情形下討生活。新開發的龍蝦捕撈技術已經改善捕捉成效，而且不會耗竭本土物產。目前當地民眾視保留區為利益，而非外來的負擔。不幸的是，政府的基金非常有限。

物種存活性取決於保留區的大小與形狀

針對自然保留區最佳的尺寸與形狀，多年來，保育生物學家爭論到底是擁有單一大型（single large）或是（or）許多小型（several small）的保育區為佳（所謂 SLOSS 辯論）。理想中，保留區的面積需要夠大才能支持瀕危物種的族群、保持生態系原封不動，並能從外來破壞中隔離出緊急的核心區域。對於一些需要小領地的物種，數個小型孤立的庇護所可以支持族群，並可抵抗疾病與其他災難，但小型保留區無法支持需要大量空間的物種。然而由於人類的需求，大型保留區總是無法成立。建立**自然棲地廊道（corridor）**，允許物種從某區域遷徙至另一區域（圖 6.21），有助於基因交換，並預防高絕種速率（這通常是孤立破碎區域內的特色）。

大型保留區較好的原因之一是擁有**核心棲地（core habitat）**，而且**邊緣效應**

圖 6.21 在散布的自然保留區中，廊道做為遷徙的路徑，並連接獨立的植物及動物族群。雖然個別的保留區可能太小而無法維持活性族群，但透過河谷和海岸廊道加以連接，可促進交配，而且如果當地狀況變成不適的時候，也可提供逃生路徑。圖為臺灣的中央山脈保育廊道。

資料來源：林務局自然保育網
（http://conservation.forest.gov.tw/）。

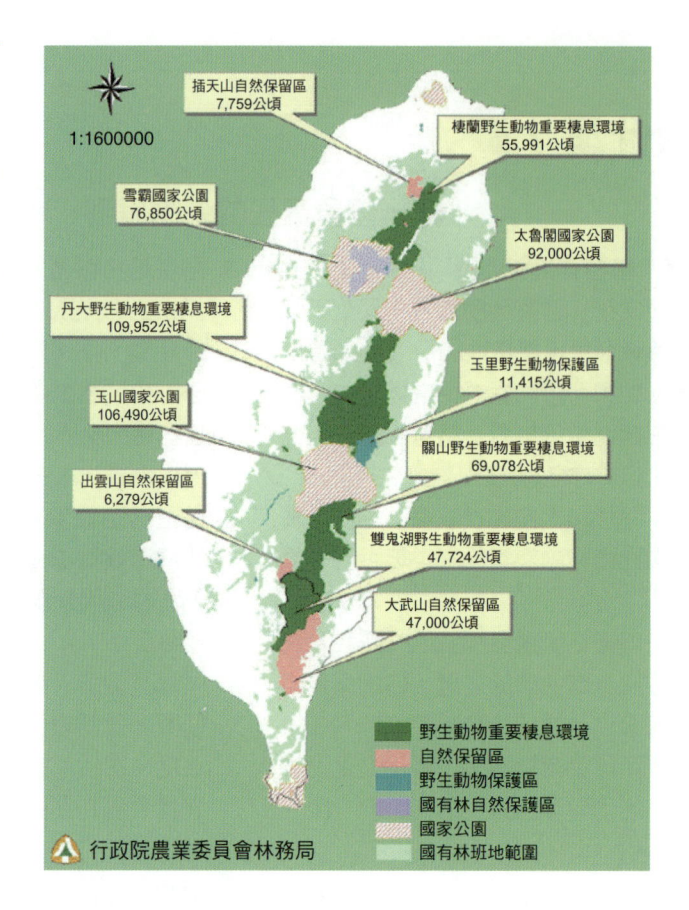

圖 6.22 一個自然保留區能有多小？在一項研究計畫中，巴西熱帶雨林中的科學家小心翼翼追蹤在不同大小樣區內的野生物種，無論是連接到原來的森林，或是四周已被皆伐。可想而知，最大和最高度特殊化的物種會最早消失。

（edge effect）較低（第 3 章）。人為擾動會開啟棲地內的間隙，區域也遭破碎化而成為孤立的島，邊緣效應會消除核心特性。

巴西雨林中曾進行一項有趣實驗，以探討生物保留區形狀及大小的效應。雨林中建造 23 處實驗場址，大小從 1 至 10,000 公頃不等。有些區域外圍是皆伐和牧場（圖 6.22），而其他則和周遭的森林相連接。透過規律性地清查物種，可監視物種在被干擾後的動態。一如預期，有些物種消失得非常迅速，特別是在小面積的區域。喜愛日光的品種在新的森林邊緣茂密生長，但森林深處耐陰型物種則消失，特別是邊緣到中心的距離降低至最小值以下時。此項實驗顯示核心棲地的重要性，尤其是在規劃設計保留區的時候。

問題回顧

1. 哪一洲近年損失最多的森林？
2. 何謂原始森林？何謂密冠層林？
3. 何謂 REDD？其如何運作？
4. 壓制野火的策略為什麼具有爭議？
5. 何謂輪流放牧？其如何模擬野生獸群的效應？
6. 列表整理臺灣境內的國家公園、國家自然公園、自然保留區、野生動物保護區、野生動物重要棲息環境、國有林自然保護區、沿海保護區、重要野鳥棲地。
7. 景觀生態學家所指的核心棲地和邊緣效應的意義為何？
8. 地球陸地面積中有多少百分比處於某種保護狀態？全球保護區的數量變化如何？
9. 何謂生態旅遊？有何重要性？
10. 何謂生物圈保留區？

批判性思考

1. 依據本章所學的觀念，審視政府所劃設的中央山脈保育廊道（圖 6.21），其是否能夠支持臺灣的生態系及多樣性？從面積大小、形狀、物種（陸、水、空）等角度探討。
2. 內政部原本欲成立馬告國家公園，但因為會影響區域內的原住民傳統生活方式而擱置。但如果區域內的棲蘭神木區申請聯合國世界自然遺產成功，該地區將比成立國家公園更嚴格地限制人類活動。試從原住民、內政部和聯合國的角度探討此問題。
3. 「管理公園及自然保留區最大的問題之一是，邊界通常是根據政治而非生態。」關於此論點，你是否在臺灣的國家公園劃分上看到？在其他的保留區呢？
4. 曾經有人說（尤其是財團）：「臺灣人口壓力太大，政府應該開放更多的地區供民眾遊憩。」你認為臺灣目前的自然遊憩區足夠嗎？你認為以目前臺灣民眾的公德心和守法性，能夠在從事生態旅遊時，兼顧保育的目的嗎？請分成正反雙方進行辯論。
5. 你是否曾進入政府劃設的國家公園、國家自然公園、自然保留區、野生動物保護區、野生動物重要棲息環境、自然保護區、國家重要濕地、沿海保護區、重要野鳥棲地？如果有，這些地區所受的保護是否足夠且完整？還是也只是「紙上公園」，民眾在裡面和在外面所受的管制並無兩樣？

7 糧食與農業
Food and Agriculture

晨曦中的溪口台地（桃園縣大溪鎮）。清光緒 12 年（西元 1886 年），臺灣巡撫劉銘傳率軍至此，陸續進行墾務。雖然目前田地已荒廢，但見證臺灣數百年的農業發展。
（白子易攝）

> 我們不能以與創造問題時的相同想法去解決問題。
> —— Albert Einstein

學習目標

在讀完本章後，你可以：

- 描述在全世界糧食過剩的情況中，仍有多少人長期飢餓及其原因。
- 了解營養不足、不良飲食習慣和暴飲暴食的健康風險。
- 描述人類主要的糧食作物。
- 描述土壤的組成。
- 了解綠色革命。
- 了解基因改造生物（GMO）並介紹基因改造生物最常見的特點。
- 說明耕作的環境成本，以及降低成本的方法。

案例研究

農耕喜拉朵

由於土地便宜、新作物品種與政府政策，連接玻利維亞和巴拉圭的巴西喜拉朵（Cerrado）地區成為全球大豆種植情況膨脹最快的地區。接近大西洋岸的喜拉朵地區有遼闊熱帶雨林與稀樹草原，棲息此處的 13 萬種動植物，受到農業膨脹的威脅。

由於貧瘠的含鐵紅土與熱帶蟲害、致病菌等因素，面積約 200 萬平方公里的喜拉朵一直被認為不適農耕，只有一些低度放牧。然而，農民以石灰和磷礦調整土壤，研究人員培育 40 多種大豆新品種——多數經由傳統育種，少數則經過基因改造——以適應喜拉朵的土壤與氣候。自 1975 年起，喜拉朵的大豆種植面積約每 4 年增加 1 倍，2005 年已超過 2,500 萬公頃。目前巴西是最大的大豆輸出國，每年約 2,700 萬公噸，而且生產成本只有美國的一半（圖 7.1）。農經學者估計至 2020 年，大豆會較目前的年產量 1 億 6,000 萬公噸增加 1 倍，南美洲將占生產大宗。除了大豆，巴西的牛肉、玉米、柳橙、咖啡出口也領先各國。這也是在世界人口急遽增加的情況下，糧食依然足夠的原因。

巴西大豆膨脹快速的另一個原因是中國。由於經濟起飛，中國人消費更多大豆，做為豆腐、豆製品直接食用，或做為動物飼料間接食用。2002 年至 2012 年間，中國大豆進口倍增至 4,600 萬公噸，約全球大豆運輸量的 1/3。歐洲、加拿大、日本爆發狂牛症也點燃全球對大豆的需求。

由於不敢使用混有可能傳染狂牛症的肉類廢棄物加工飼料，牧場主人轉求蛋白質、脂質豐富的大豆，擁有 1 億 7,500 萬頭自由放牧、食草（推測無狂牛症）牛隻的巴西，成為最大的牛肉輸出國。

大豆與牛肉需求的增加也製造了土地衝突。耕作田地與牧場的需求壓力導致伐木與棲地流失，大部分發生在亞馬遜河和喜拉朵之間的「破壞之弧」（arc of destruction）。小型家庭農場被鯨吞，被機械取代的農工只好遊走大城市與森林邊緣。貧農與地主之間日益深化的矛盾導致暴力衝突。無土地工人運動組織宣稱，1985 年至 2000 年間有 1,237 名鄉下工人因土地所有權引發的衝突而遭到殺害；2005 年，74 歲的美籍天主教修女陶樂絲‧

圖 **7.1** 巴西西部馬托格羅索州（葡萄牙語：Mato Grosso）的大豆收割，諷刺的是，州名的原意是茂密深邃的森林。

史坦（Dorothy Stang）因鼓吹原住民、工人人權與環保，而遭憎恨她的牧場主人僱用槍手殺害。過去 20 年，巴西政府宣稱已經遷移 60 萬戶家庭；然而，仍有數萬家庭居無定所。

7.1 糧食與飢荒的全球趨勢

國際貨幣基金（International Monetary Fund, IMF）統計，2005 年全球糧食價格（通貨膨脹調整價格）為有紀錄以來最低，低於 1970 年代中期價格的 1/4。儘管如此，在許多貧窮國，糧食價格反而升高。一般而言，全球糧食供給問題在於分配，而不是供給。

糧食安全分布不均

1960 年，開發中國家將近 60% 的人口處於長期營養不足（chronically undernourished），意即每天平均攝取的卡路里，低於維持健康的 2,200 千卡。許多國家的糧食獲得性已大為提高（圖 7.2a）；包括人口最多國家中國和印度的許多國家，蛋白質攝取量也提高（圖 7.2b）。目前開發中國家處於長期營養不足的人口已低於 20%。

然而，仍有 9 億人處於長期飢餓（圖 7.3）。此數值較前幾年高一些，但由於人口增加，百分比逐年下降（圖 7.4）。開發中國家占飢餓人口 95%，南撒哈拉非洲特別嚴重，主要為政治不穩定所導致（圖 7.2、圖 7.3）。

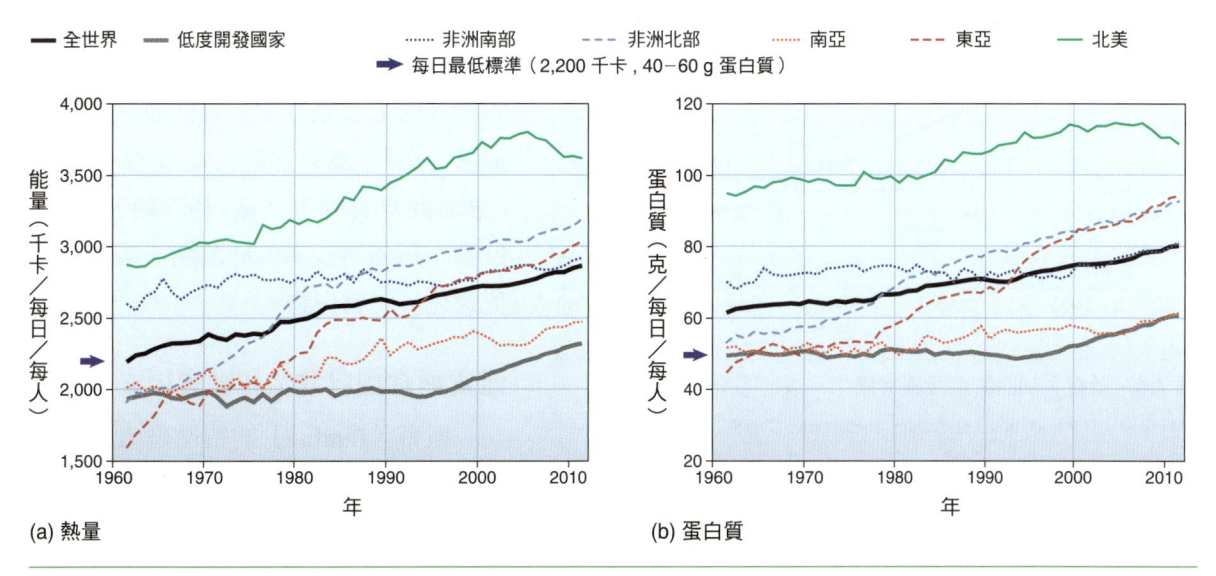

圖 7.2　部分地區飲食熱量（千卡）及蛋白質消費量的變化。
資料來源：Food and Agriculture Organization (FAO), 2015.

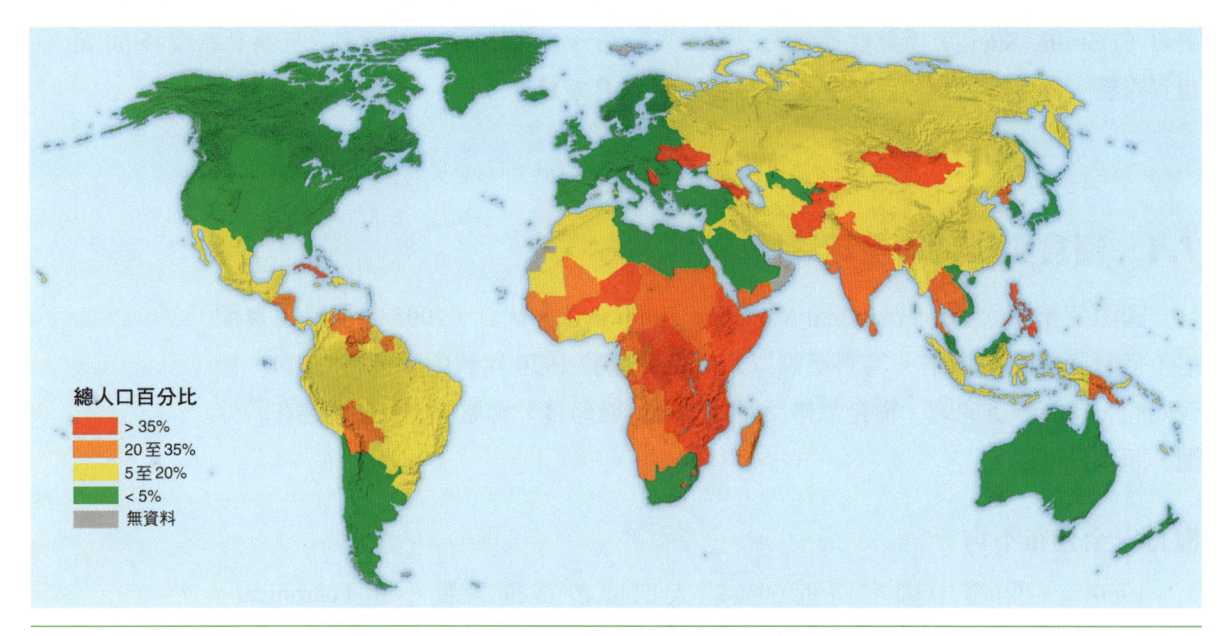

圖 7.3 全世界飢荒率。最嚴峻及長期的飢荒發生在開發中國家，特別是南撒哈拉非洲。

資料來源：United Nations Food and Agricultural Organization.

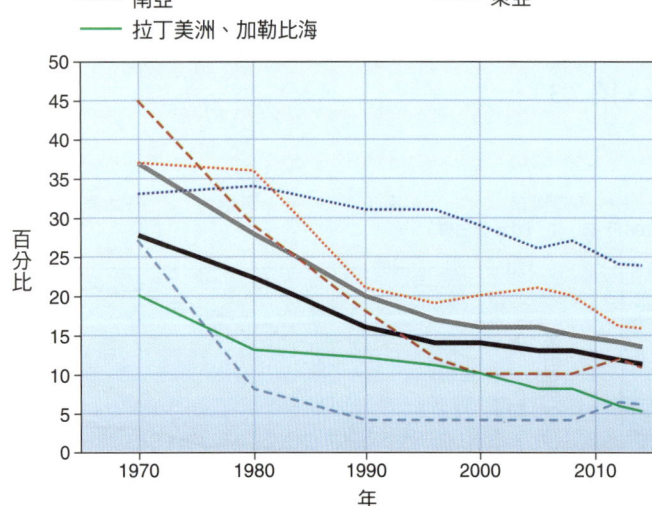

圖 7.4 營養失調的數目及速率變化，以地區分類。

資料來源：UN Food and Agriculture Organization, 2015.

糧食安全（food security） 定義為每日之間獲得足夠食物的能力，貧窮是糧食安全最大的威脅。糧食的不安全以各種規模呈現：最貧窮的國家，飢餓幾乎影響每個人；而在其他地方，雖然平均糧食利用率可能是正確的，但一些個別社區或家庭可能沒有足夠的食物可供食用，而且在家庭中，男性通常能獲得最多、最營養的食物，而女性與小孩（最需要營養的）多數只能得到最差的飲食，每年至少有 600 萬名 5 歲以下的兒童死於營養失調。

飢荒通常源自政治和社會因素

飢荒（famine） 的特徵是大規模的食物短缺、大量的飢饉、社會動盪與經濟混亂。飢饉的人們在絕望之下，只能食用預備做為種子的穀物與繁殖用的牲畜，以保持自己和家人的存活。即使情況好轉，卻已經犧牲生產力。飢荒通常引發大規模遷徙，飢餓的人遷徙到難民營尋求食物與醫療照顧，許多人會在途中死亡或成為

盜匪的獵物。

哈佛經濟學家沈恩（Amartya K. Sen）研究顯示，乾旱、洪水及其他天然災害造成作物死亡並形成糧食短缺已存在很長時間，如果不被腐敗的政府或貪婪的分子干擾，當地居民會有辦法渡過最困難的時期。國家政策、日用品囤積、價格哄抬、貧窮、戰爭、沒有土地及其他社會因子隱隱作祟，使得窮人既無法生產自己的食物，也無法找到工作賺取足夠的錢買食物。沈恩教授指出，武裝衝突與政治壓迫是飢荒的根源。他說，沒有任何一個具有相當自由輿論的民主國家，會發生重大的飢荒。

中國自1960年代的飢荒復原是相關的實例（圖 7.2）。中央政府政策的錯誤指引，擾亂全中國的農村經濟。1959年至1960年這兩年歉收所引起的飢荒，造成3,000萬人死亡。近年來，即使人口已經由1960年的6億5,000萬倍增至2015年的13億，由於政治和經濟已改善糧食的取得，中國目前消費的肉品（豬肉、雞肉、牛肉）是美國的2倍，大部分肉品來自以巴西進口的大豆為飼料的家畜。

7.2　需要多少糧食？

均衡飲食十分重要。FAO估計，約30億人缺乏維生素、礦物質及蛋白質，將導致嚴重疾病甚至死亡。

健康飲食包含正確營養

除了熱量（卡路里）之外，人類飲食中也需要蛋白質、維生素與微量元素。即使攝取大於需求的卡路里，仍可能然罹患**營養失調（malnourishment）**。營養失調是指缺乏特定飲食成分，以及吸收或利用營養的功能障礙引起的營養不均衡。

蛋白質是成長與發育的重要元素。兩種最廣泛的蛋白質缺乏疾病是紅孩症（惡性營養不良症）與消瘦症。紅孩症（kwashiorkor）是西非字，意指「被取代的小孩」（當1個嬰兒新生時，有1個年幼的兒童將被取代──被剝奪富營養的母乳，而改餵營養成分低的稀粥）。這種病症主要發生在以澱粉為主食，而且無法得到高品質蛋白質的小孩。罹患紅孩症的小孩頭髮呈紅橙色、皮膚蓬鬆且脫色、腹部腫脹。消瘦症（marasmus，希臘文，具有「消瘦」的意思）是由於飲食中缺乏卡路里及蛋白質所導致的，罹患消瘦症的兒童通常很瘦、皮膚皺摺，像個矮小、衰老的災民（圖 7.5a）。這兩種缺乏症患者的抵抗力相當低，而且可能罹患生長遲緩、心智障礙等發育疾病。

缺乏維生素A、葉酸、碘是廣泛的問題。維生素A和葉酸存在於蔬菜中，特別是深綠葉菜類。缺乏葉酸會導致嬰兒神經問題。缺乏維生素A造成每年35萬人

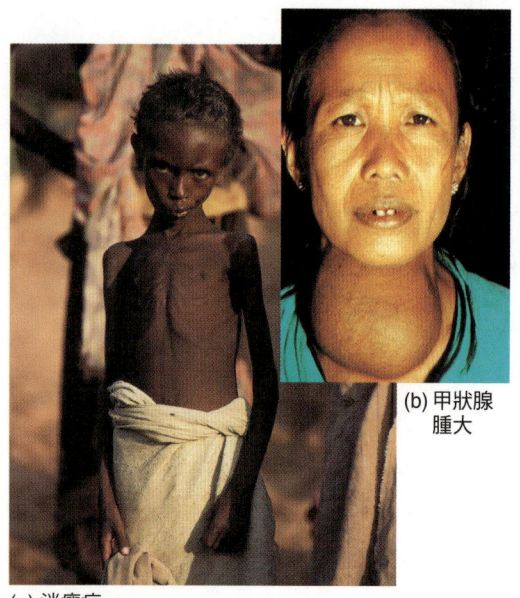

眼盲，研究顯示，只要每年服用兩次價值 2 美分的維生素 A，即可預防因缺乏維生素 A 而造成的兒童夭折與眼盲。

碘是合成甲狀腺素的要素；甲狀腺素是內分泌荷爾蒙，負責管制代謝與腦部發育。長期缺乏碘會造成甲狀腺腫大（圖 7.5b）、發育不良與心智能力減低。FAO 估計約有 7 億 4,000 萬人缺乏碘，主要在東南亞；包括 1 億 7,700 萬兒童發育與生長不良。在食鹽中加入少量的碘，可解決缺碘的問題。許多窮人以澱粉食物做為主食，例如玉米（玉蜀黍）、精米、樹薯（木薯粉），其維生素與礦物質較低。

均衡食用各種食物應足以供給所需的營養。美國哈佛大學的健康飲食（圖 7.6）建議減少攝取紅肉和白米、白麵包、馬鈴薯、麵食等澱粉食物；應以堅果、莢果（豆類、豌豆、小扁豆）、水果、蔬菜與全穀類（whole-grain）食物為主食。結合規律、適當的運動，這樣的食物將可供應多數人的營養。

(a) 消瘦症
(b) 甲狀腺腫大

圖 7.5　飲食缺乏將引起嚴重的疾病。(a) 缺乏熱量及蛋白質會造成消瘦症。罹患消瘦症的兒童面貌乾癟，皮膚乾皺似老人。(b) 發生在脖子下方的甲狀腺膨脹、甲狀腺腫大，通常因缺乏碘所造成。

圖 7.6　哈佛大學食物金字塔。強調水果、蔬菜和全穀類是健康飲食的基礎。此金字塔與其他多數健康飲食的表示不同，乃基於有運動基礎的情況，並區分全穀物與白麵包和澱粉。

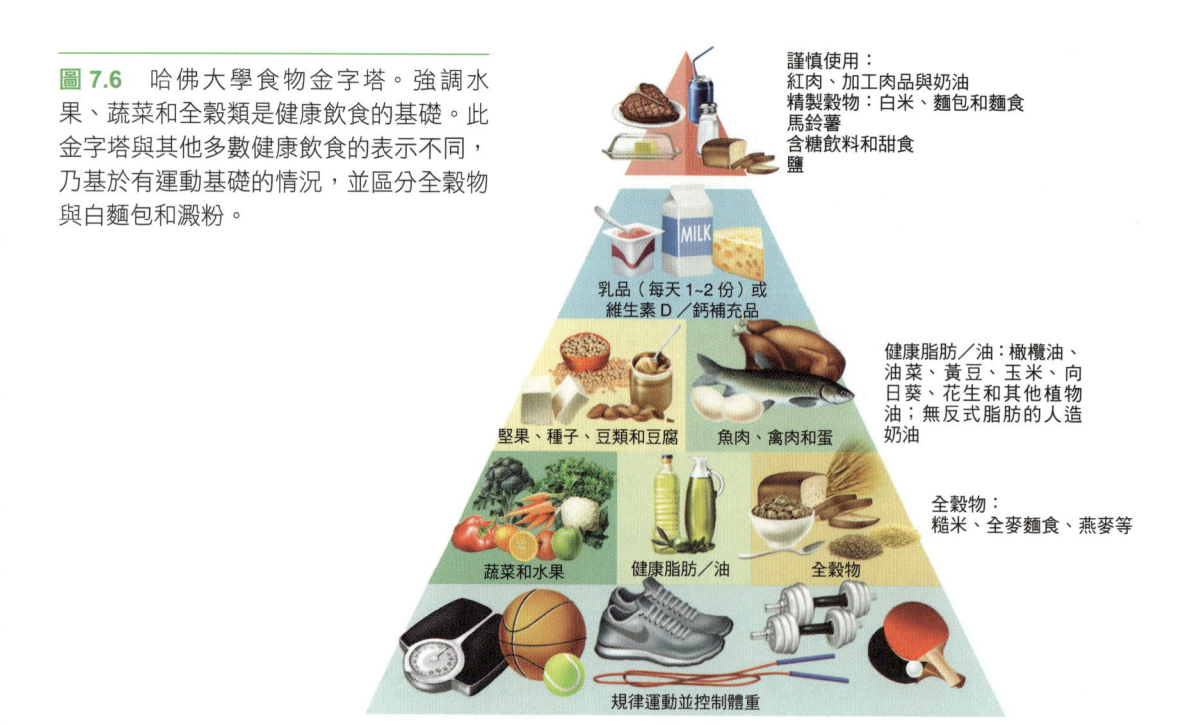

謹慎使用：
紅肉、加工肉品與奶油
精製穀物：白米、麵包和麵食
馬鈴薯
含糖飲料和甜食
鹽

乳品（每天 1~2 份）或維生素 D／鈣補充品

健康脂肪／油：橄欖油、油菜、黃豆、玉米、向日葵、花生和其他植物油；無反式脂肪的人造奶油

堅果、種子、豆類和豆腐
魚肉、禽肉和蛋

全穀物：糙米、全麥麵食、燕麥等

蔬菜和水果
健康脂肪／油
全穀物

規律運動並控制體重

吃過多是全球逐漸增加的問題

在歷史中,過重的人口(大於10億)首度超過過輕的人口(約8億5,000萬)。此趨勢不限於富裕國家,肥胖在全球蔓延(圖7.7)。一度認為在富裕國家發生的疾病,包括心臟病、中風、糖尿病,目前在全球各處已經變成死亡和失能的主因。

在美國、歐洲、中國及開發中國家,含有大量糖和脂肪的高度加工食品已經變成主食的一部分。平均而言,美國成年人有64%過重,10年前僅有40%,而有1/3是嚴重過重或**肥胖**(**obese**)——亦即超過特定身高、特定性別理想體重的20%。

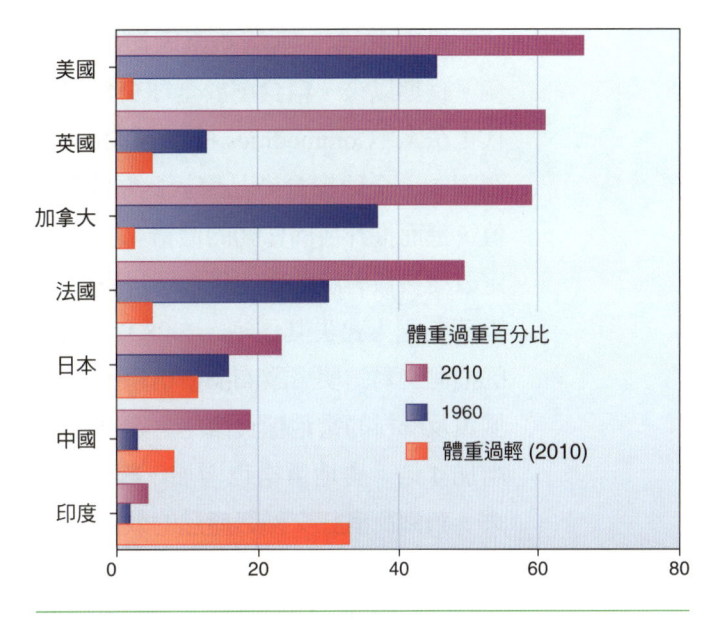

圖7.7 長期肥胖是全球日益嚴重的問題。在較富裕國家和許多開發中地區,體重過重的數目遠大於標準體重以下的人數。
資料來源:World Health Organization, 2010.

過重會提高罹患高血壓、糖尿病、心臟病、中風、膽囊疾病、骨關節炎、呼吸道問題與特定癌症的風險。矛盾的是,不安全的食物與貧窮也會導致肥胖。缺乏烹飪時間、無法取得健康食物,以及容易取得速食及高熱量飲料,導致許多人飲食失調。

生產更多不必然能減少飢荒

減少全球飢荒大多數的策略為:增加農田生產效率、擴增肥料的使用並改善種子,以及將更多未使用的土地及森林轉換為農田。但是肥胖的盛行及不適當的農業經濟,暗示缺乏糧食供應並不是全球飢荒的主因。全球大多處糧食生產過剩顯示全球飢荒的解決方式在於更好的利用並分配糧食資源。

對已開發世界的大多數農民,過度生產通常會威脅農產品價格。為了減少糧食供給並穩定價格,美國、加拿大、歐洲每年運送數百萬公噸的糧食援助開發中區域。然而,這類免費的糧食通常會破壞接收地區的農業經濟。如果發動戰爭的領袖控制糧食分配,當地的農產品價格會崩壞且政治更加腐敗。即使在開發中區域,缺乏糧食生產也不會是飢荒的成因。

糧食的利用也缺乏效率。全球糧食浪費量達糧食生產總量的30%,約13億公噸。糧食在貯存或運送過程中毀損,或利用無效率,或是在烹調後丟棄。人類亦喜好無效率的糧食,特別是需要4至10倍動物飼料餵食才能以肉品型式生產的糧食。

第7章 糧食與農業 161

過去 10 年，兩個新原因造成全球飢荒：糧食商品及生質燃料的國際金融預測。長期以來，糧食屬於全球交易商品，但是美國國會於 2000 年通過商品期貨現代化法案（Commodities Futures Modernization Act），解除大範圍商品的長期風險預測限制。全球糧食產品屬於此類商品。解除限制之後，貿易商對賭期貨作物的價值，進而推升目前作物的價格。解除限制對一般民眾產生深遠的影響。在美國，規定改變後最有感的效應是加速房屋的抵押。此舉導致房價成為金融泡沫，並使得數百萬美國人喪失其住宅。2008 年，糧食商品的推測性交易造成糧食危機，發瘋似的推測交易迫使農業商品價格超出其真實價格。為了反應此全球價格的泡沫，全球城鎮及鄉村的當地糧食價格急遽升高。一些基本原料的成本，例如烹飪用油及米，增加 4 倍。農地價格也增加，經常迫使勤奮的鄉下農民離開土地及居處。如此一來，華爾街瘋狂交易農產品的效應落於全球家戶。在富裕國家，雜貨店商品價格升高而造成不便。但在貧窮國，由於糧食成本占家戶支出的 80%，效應更為糟糕。菲律賓、印度、印尼等許多國家都發生糧食暴動。

生質燃料推升商品價格

糧食商品在 2008 年再次下降，但因為歐美推廣生質燃料的新政策而升高。以大豆、玉米、棕櫚油、甘蔗製造燃料用油，在富有國家是支持農村經濟的重要政策，因為需求量增加會維持價格於高檔。這些新政策也導致全球作物增加（表 7.1）。在美國，聯邦酒精補貼導致玉米價格在 2007 年上漲 2 倍。但在開發中國家，生產生質燃料出口會替換糧食生產。在亞洲及非洲，生質燃料政策與糧食供應競爭，市場效率將變得不清楚。關於生產生質燃料在環境和經濟上的成本與利益也引發爭論。部分研究顯示生質燃料為淨能源損失，因為製造所需的能源大於燃料所能提供的能源。在美國及歐洲，如果沒有大量補助種植並加工作物，生質燃料（特別是酒精）將無經濟性。

耕地是否足夠？

目前地球土地面積僅有 11%，約 14 億公頃，做為農業生產之用。可耕種的土地從 1960 年的每人 0.50 公頃縮減，因為人口增加。人口推計顯示 2050 年將降低至每人 0.15 公頃。亞洲農地將變得更為稀少，2050 年每人僅有 0.09 公頃。

表 7.1 全球關鍵糧食來源

作物	1990**	2010**
粗糧*	841	1,109
蔬菜、瓜類	466	965
玉蜀黍（玉米）	483	844
米	518	672
小麥	592	651
木薯、番薯	275	335
馬鈴薯	266	324
黃豆	108	261
油棕櫚	60	210
油作物（其他）	75	168
豆類（大豆、豌豆）	59	67
肉類與乳品	722	1,013
魚類及海鮮	76	144

* 大麥、燕麥、高粱、黑麥、小米。
** 生產量（百萬公噸）
資料來源：Food and Agriculture Organization (FAO), 2012.

或許還有許多土地可轉換為耕地，但這些土地大多數做為文化或生物多樣性的避難所。儘管這些土地提供生態服務，全球穀物交易仍讓熱帶雨林及稀樹草原持續轉變為耕地。FAO 報告每年約有 1300 萬至 1600 萬公頃的森林被砍除，半數發生在熱帶非洲及南美洲。清理出新耕地有助於增加糧食生產力，例如巴西，已經成為大豆、糖、牛肉、禽肉、柳橙汁等全球首要輸出國，也即將成為稻米及玉米的主要輸出國。然而根據 FAO 的資料，全球 85% 的穀物出口至歐洲、北美、中國、日本及其他原本糧食就已足夠的富有國家。人權團體則抨擊，土地轉變改變橫跨南美、非洲、亞洲多數的傳統社區及農民，許多被替換的農民，最後淪落到開發中國家發展迅速的都市之中。

7.3 人類吃什麼？

在全球數千種可食用的動植物中，人類的主要食物僅有 12 種禾本科植物、3 種根作物、20 種左右的蔬菜或水果、6 種哺乳類、2 種家禽、一些魚類及其他海產，表 7.1 為糧食年生產量。米、麥等 2 種禾本科作物特別重要，因為開發中國家有 50 億人以米、麥為主食。臺灣的主食是米，依據行政院農業委員會 2015 年的統計，臺灣各種可耕地面積總計為 74.7 萬公頃，糙米產量為 126 萬公噸，各種蔬菜產量為 269.7 萬公噸（圖 7.8）。

圖 7.8　水果及蔬菜是重要的飲食成分，因為其含有維生素、礦物及纖維素。圖為臺灣經常食用的蔬菜種類（白子易攝）。

肉類產品增加是富裕的象徵

隨著玉米和大豆產量增加，肉類的消費量也隨著增加。肉類是重要的蛋白質來源，開發中國家的消費已從 1960 年代每人每年 10 公斤成長至現在的 26 公斤。乳品是另一個重要的蛋白質來源，全球乳品消費量是肉類的兩倍以上，但乳品每單位人力生產量卻稍微下降，而全球肉類生產量卻在過去 50 年成長一倍以上。

肉類是富裕的指標，因為生產肉類所需的資源昂貴（圖 7.9）。依據第 2 章，草食性動物使用大量的食物能源做為代謝、生長等

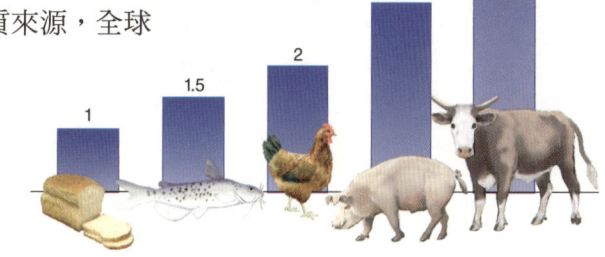

圖 7.9　生產 1 公斤麵包或 1 公斤的動物體重所需的穀物公斤數。

用途,但是這些能量僅有少數傳遞至食物金字塔另一層級的肉食性動物。8 公斤的穀物約可生產 1 公斤的牛肉;豬肉比較有效率,3 公斤的豬食即可生產 1 公斤的豬肉。雞肉和草食性魚類的效率更高。

全球每年有 6.6 億公噸的穀物做為飼養家畜、家禽之用,占全球穀物利用量的 1/3 以上。但如果人類直接食用,可以養活 8 倍的人。

許多技術及飼養方法的創新提高肉品生產,最重要的是**集中式動物飼養營運 (confined animal feeding operation, CAFO)**,亦即將動物圈養並以大豆和玉米餵食,以利快速生長(圖 7.10)。將動物侷限在 CAFO 會引發社會與環境問題。1 萬頭以上的豬、10 萬頭牛或是 100 萬隻雞關在圈舍,會造成嚴重的空氣與水污染,並且需要使用抗生素與生長荷爾蒙。美國有 90% 的豬隻食用摻入抗生素的飼料。

海產有野生也有養殖,但幾乎依賴野生來源

人類每年所吃的 1 億 4,000 萬公噸海產是重要的食物,占所有動物蛋白質的 15%,也是開發中國家 10 億人口的主要蛋白質來源。不幸地,過度捕撈與棲地破壞威脅大部分的漁場。海洋魚類的年度漁獲量在 1950 年和 1988 年間每年增加 4%;然而自 1989 年起,17 處主要漁場中的 13 處,漁獲量已急遽降低。根據聯合國調查,全球可食用的海洋魚類、甲殼類與軟體動物中,3/4 正急遽減少。

此問題是由於太多漁船使用高效率也極具破壞性的漁撈技術,剝削已快速減少的漁業資源。如遠洋郵輪一般大小的漁船可橫行數千公里,拖網大到可以籠罩

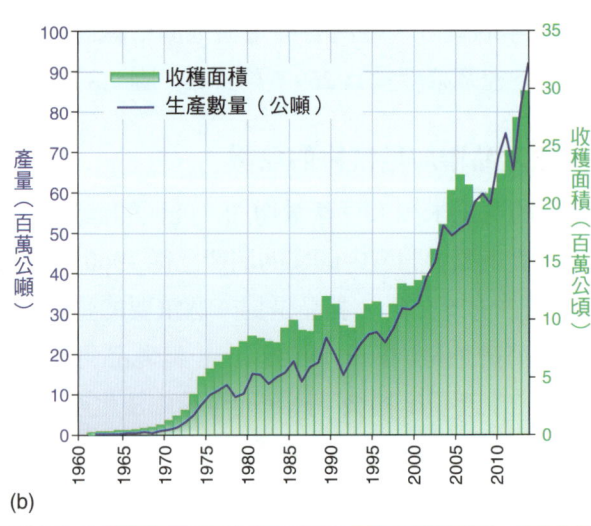

圖 7.10 (a)「集中式動物飼養營運」擴大全球玉米及大豆的市場。(b) 巴西的大豆產量從零成長到變為國家的主要農產品。

資料來源:Data from UN Food and Agriculture Organization, 2015.

數十架噴射客機，在幾小時內將魚類一掃而空。遠洋漁船架設 10 公里長、每 2 公尺掛有魚鉤的纜繩，捕獲目標的同時還有海鳥、海龜等「混獲」（by-catch）。拖船拖著沉重的拖網掃過海底，破壞棲地，海洋學家以「駕駛推土機在森林裡採香菇」來形容此技術。在一些特定的作業中，每當產生 1 公斤可販售的產品時，約有 15 公斤死亡或乾枯的混獲被丟回海裡。FAO 估計，每年約 400 萬艘漁船的作業成本超過賣出漁獲金額約 500 億美元，國家補貼漁船出海以保障漁民工作並獲取寶貴的資源。

圖 7.11　漁業養殖場可提供海鮮食物來源，但以野外捕撈的魚類做為飼料、污染以及疾病則受到關注。

聯合國所研究的最佳解決方案，是建立較佳的國際漁業協定。各國應以長期、永續生產的方式管理漁業，而不是以「全部免費」（free-for-all）的方式剝削漁業。

水產養殖所提供的產量逐漸增加。水產養殖可將魚類養殖在空間非常小的魚塭，同時具有高產量，例如養殖吳郭魚等草食性魚類非常永續。然而，養殖鮭魚、海鱸、鮪魚等肉食性魚類，將會使野生種被拘禁，或威脅這些肉食性魚類所攝食的魚種。建造魚類飼養池（rearing pond）將破壞數十萬公頃的紅樹林和溼地，而在近岸區架設的網狀圍欄將造成疾病傳播、外來種逃逸、排泄物與吃剩的食物流出、抗生素和其他環境污染（圖 7.11）。

7.4　活性土壤是珍貴資源

農業供應人類所需，土壤則供應農業所需。依據字面上的意義，土壤只是髒物；事實上，土壤（soil）是一種複雜、脆弱的生活資源，是由岩石風化礦物質、部分堆肥化有機分子、活性微生物所組成的複雜混合物，本身可視為生態系。土壤是生物圈的基本成分，可以永續使用，或是在細心管理下而強化。

形成良好土壤的過程非常緩慢，在最佳的狀況下，良好的表土（topsoil）以每年 1 mm 的速度累積；在較差的狀況下，形成同樣厚度的土壤可能需要數千年。如果保護土壤避免沖蝕並添加土壤養分，土壤可以無限再生（圖 7.12），但許多農業技術已使土壤耗竭。最嚴重的沖蝕作用每年帶走約 0.25 公分的表土，降低農業生產力。

圖 7.12　梯田，就像圖中印尼峇里島的水稻田，可控制沖蝕並使陡坡得以耕種。因為精心管理並保持土壤有機養分，這些一年兩熟或三熟的梯田已經生產幾個世紀。

土壤是什麼？

土壤是 6 種成分的複雜混合物：

1. 砂粒（sand）及礫石（gravel），來自岩床的礦物性顆粒，在該處生成或是來自各處，例如被風吹來的砂粒。
2. 粉粒（silt）及黏粒（clay），極小的礦物性顆粒，由於表面平坦且帶離子電荷，因此黏粒具黏稠性且含水，其他的則使土壤呈現紅色。
3. 死亡有機物質（dead organic material），死亡的植物成分保存營養，並使土壤呈棕黑色。
4. 土壤動物（soil fauna）及植物（flora），活的生物體，包括土壤細菌、蠕蟲、真菌、植物根系、昆蟲、循環性的有機化合物及營養鹽等。
5. 水，來自降雨及地下水的溼度，土壤動物及植物所必需。
6. 空氣，有助於土壤細菌等生物體存活。

這 6 種成分的變化讓全球土壤形成無數的型態。

土壤肥分取決於健康的土壤生物

土壤中的活性微生物，有助於製造土壤結構、肥分與耕地（適合耕種或栽培的環境）。土壤微生物通常停留在表面，而每公頃淺薄的活性層含有數千種微生物與數十億個微生物。藻類通常生長在表面，而細菌及黴菌則在表土層數公分之處大量繁殖（圖 7.13）。1 克的土壤（約半茶匙）可包含數百萬以上的微生物細胞。蠕蟲與線蟲處理植物根部與碎屑，細菌與黴菌分解有機碎屑，並循環植物生長所需的營養物。翻動土壤所散發的甜味是黴菌型菌株，是由供應人類鏈黴素及抗生素的放射菌與細菌所造成。

大部分土壤形成不同的層，稱為土壤層（soil horizon）。土壤層可藉由厚度、顏色、構造及組成加以分類。土壤層的截面圖稱為土壤剖面，圖 7.14 為常見的土壤剖面圖。

土壤表面通常被樹葉碎片層、作物殘餘物或有機物所覆蓋（O 層）。在有機層的下方是**表土層**（surface soil，也稱作 topsoil），通常稱 A 層，由混合有機物質的礦物顆粒組成。A 層的厚度範圍很廣，從牧場的數公尺到沙漠的零公分。表土層含有土壤中大部分的活性微生物與有機物質，大部分植物在此土層中延展根部、

圖 7.13 土壤生態系統包括無數生物體，其消費並分解有機物質，使土壤通氣，並分布營養物質於土壤。

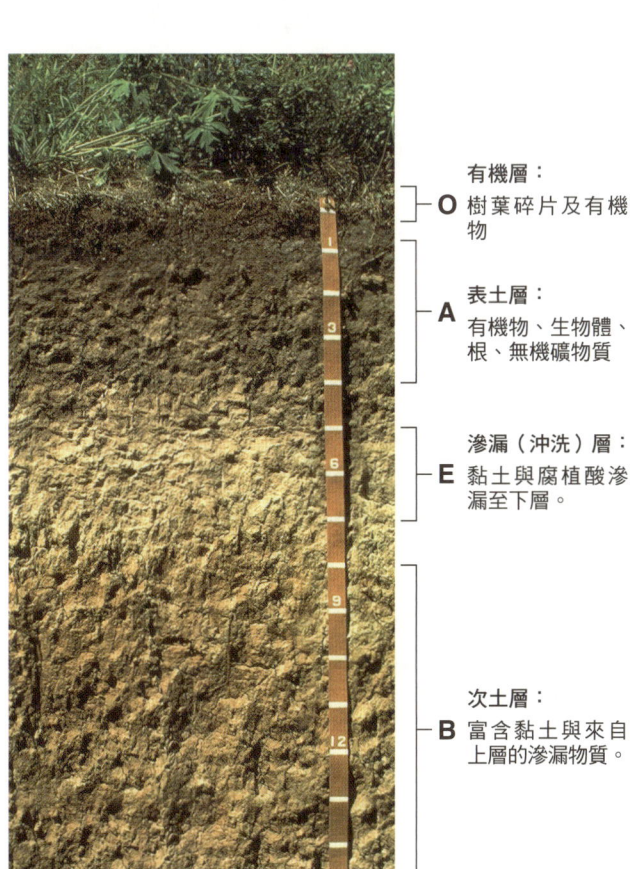

O 有機層：樹葉碎片及有機物

A 表土層：有機物、生物體、根、無機礦物質

E 滲漏（沖洗）層：黏土與腐植酸滲漏至下層。

B 次土層：富含黏土與來自上層的滲漏物質。

吸收水分與營養物質。表土層通常延伸至另一層（E層），此層與滲出水滲漏有關（溶解性營養鹽的去除）。在滲漏層下方的次表面層或**次土層**（subsoil），稱為 B 層，有機物含量通常較低，而礦物顆粒較高。在次土層下方是母質，或稱 C 層，大部分是風化的岩石斷片，有機物相當少量。此層的風化會產生新土壤顆粒。

圖 7.14 理想情況的土壤剖面圖。土壤的組成與厚度差異大。B 層以下為 C 層，其大多為風化的岩石、沙與母質。深度標記每格為 10 公分。

第 7 章　糧食與農業　167

多數糧食產自 A 層

理想的農耕土壤具有厚且富含有機質的 A 層。美國中西部農業帶的 A 層厚達 2 公尺，多數土壤的 A 層少於 50 公分。有機作用速率甚低的沙漠土壤，O 層及 A 層接近於 0（圖 7.15）。由於表土層十分重要，故美國農業部以表土的成分和厚度將土壤分為 11 類。例如黑沃土（mollisol，*mollic* = 軟，*sol* = 土）具有厚且富含有機質的 A 層，源自草原深入且緻密的根系。淋溶土（alfisol，*alfa* = 首先）的 A 層稍薄，有機質稍低，多見於樹葉碎屑豐富的喬木林。旱境土（aridisol，*arid* = 乾旱）有機質極少，通常累積礦物鹽類。

使用與誤用土壤的方式

農業造成環境的破壞，也承受著環境的破壞。位於荷蘭的國際土壤參考資料中心估計，沖蝕每年破壞 300 萬公頃的農田，400 萬公頃轉變為沙漠，800 萬公頃轉變為非農耕使用，例如住宅、高速公路、購物中心、工廠、水庫等。在過去 50 年中，大約有 19 億公頃的農地（大於目前耕地的面積）退化到某種程度。其中約有 3 億公頃的土地嚴重退化（亦即土壤有深溝、嚴重營養流失，作物生長力差、復育困難及昂貴）。

全球而言，風蝕與水蝕是土壤退化的驅動力。化學退化包括營養降低、鹽分的累積、酸化與污染。物理退化包括重機械的壓實與牛隻踐踏，由於超量灌溉與排水不良所引起的積水、紅土的形成（當暴露在太陽與雨水下時，富含鐵及鋁的熱帶土壤的硬化）等。臺灣的土壤沖蝕速率為每年 3.9 mm，921 地震後增加 2 倍以上，約為土壤形成速率的 7 至 9 倍（圖 7.16）。

(a)　(b)

圖 7.15　不同氣候區的土壤層差異大。(a) 溫帶草原土壤往往具有厚、鬆軟且富含有機質的表土層；(b) 乾旱土壤可能沒有或根本沒有可耕作的表土層，例如利比亞河谷。

水是土壤流失的主要原因

沖蝕是重要的自然程序，造成地質風化產物再分配，是土壤形成及損失的一部分。在一些地方，沖蝕現象發生得很快，每個人都看得到。水流沖刷掉土壤會造成很深的溝渠，留下樁狀與柱狀的地形。然而在大部分地方，沖刷較為細微，是微量的潛在災害。薄層的土壤年復一年地被沖走，最後只剩下低品質次土層。

圖 7.16　臺灣土壤沖蝕亦十分嚴重。如南投縣仁愛鄉清境農場附近山坡地，過度的開發行為將強化沖蝕（白子易攝）。

水與風是移動土壤的主要媒介。水流過坡度平緩、無遮蔽的地區而移動淺薄、均勻的土層是為**層狀沖蝕（sheet erosion）**（圖 7.17a）；當流動的小溪匯流並在土壤切割小渠道時，此程序稱為**紋溝沖蝕（rill erosion）**。當紋溝增大形成渠道或峽谷而無法以正常的農耕作業移除時，稱為**溝狀沖蝕（gully erosion）**（圖 7.17b）。**河灘沖蝕（streambank erosion）**是指溪、小溪或河所形成的灘地土壤被沖走。

農地上產生的土壤沖蝕通常為層狀及紋溝沖蝕，大量的土壤在瞬間被輸送。在冬春的逕流中，每公頃的農田會損失 50 公噸的土壤，小量的損失可在第一次春耕時消除。這表示整個場地只被沖刷掉數公釐的土壤，通常很難發覺。

風是沖蝕的第二主因

在乾燥氣候與平坦的土地上，風的沖蝕力相當於水，甚至超過水。當覆蓋的植

(a) 層狀沖蝕 　　　(b) 溝狀沖蝕 　　　(c) 風蝕

圖 7.17　土地退化每年影響超過 10 億公頃土地，約為全球 2/3 的農田。水的沖蝕約占 56 %（a 和 b），而風蝕約占 28 %（c）。

物與表面雜物因農耕或放牧而移除時，風將掃除疏鬆的土壤顆粒。在極端的情況下，風吹造成的沙丘侵入有用的土地、道路與建築（圖 7.17c）。在過去 30 年，中國已有 93,000 平方公里的土地變得**沙漠化（desertification）**，最近的沙丘只離北京 160 公里。每年超過 100 萬公噸的沙塵從中國穿越整個太平洋到北美的西岸。1985 年起，中國已種植 400 億棵樹，試圖穩定土壤並限縮沙漠。

密集的農耕必須對沖蝕負責。畦栽，例如玉米或大豆，使土壤產生直接暴露。深犁及大量應用農藥造成無雜草區域，容易發生沖蝕，因為重機具無法輕易沿著輪廓行進，通常直上直下山頭，造成現成的紋溝讓水流動。農人有時經由長草的溝渠（在降雨後，水逕流的低地）進行耕作，並砍掉防風林及樹籬以便使用重型機具，並且盡可能地使用每寸土地。

據估計，每年水蝕及風蝕約造成 250 億公噸的農田土壤損失。表土沖蝕的淨效應所造成的全球農業減產相當於每年移除全球耕地的 1%。

7.5　農業輸入

土壤僅是農業資源的一部分，農地也依賴水、營養鹽、適合的氣候、作物品種與收割作物的能源等。

灌溉是高生產所需

農業占全球用水的大部分，約有 2/3 的淡水用來灌溉。雖然估計值變化相當大（灌溉土地的估計值也是），但全球有 15% 的農地需要進行灌溉。

一些國家水源充沛，可隨時提供農田灌溉，而其他國家則必須非常小心用水。灌溉水的使用效率變化相當大。某些地方，因渠道無襯裡及未加蓋，使得 80% 的灌溉水發生蒸發與滲漏。貧窮的農夫會過度灌溉，因為他們缺乏量測水量的技術，在較富裕的國家則有省水的灌溉設備（圖 7.18）。

超量灌溉不只是浪費水，也常常造成**積水（waterlogging）**。積水的土壤飽含水分，植物根部會因為缺氧而死亡。當灌溉水溶解並移動土壤中的鹽分時，礦物性鹽類累積在土壤中造成**鹽化（salinization）**問題。當水蒸發後，土壤表層會留下對植物致死的鹽類。若以大量的水沖洗，可洗掉鹽的累積，但會造成下游居民用水的鹽度更高。

圖 7.18　在中央樞軸灌溉系統的面下型噴水車，供水的效率優於面上型噴水機。

FAO 估計，有 20% 的灌溉土地因積水與鹽度而受損。節水技術可大量降低由超量用水所引起的問題。在用水短缺的地區，節水也可讓水做為他用或是增加作物生產。

肥料加速生產

除了水、陽光與二氧化碳，植物也需要少量的無機營養鹽來幫助生長。主要元素包括氮、鉀、磷、鈣、鎂與硫。在高降雨量的地方，鈣與鎂的用量受到限制，必須以石灰石補充。缺乏氮、鉀、磷通常會限制植物生長。在肥料中加入這些元素能增加作物產率。在 1950 年，平均肥料用量是每公頃 20 公斤，而在 2000 年則達每公頃 90 公斤。

農民通常會過度施肥，因為他們不了解土壤中的營養成分以及作物對營養的需求。歐洲農民每公頃的肥料施用量是北美農民的 2 倍，但產量未依比例增加。來自農地與酪農業的磷酸鹽、硝酸鹽是造成水生態系統污染的主因。在密集農耕的地區，地下水中硝酸鹽含量已達危險等級，年幼的兒童對硝酸鹽特別敏感，使用含硝酸鹽的水調配嬰兒奶粉會使新生兒致命。

施肥有些替代方式，糞肥（manure）與綠肥（green manure，為了對土壤施肥而特別栽種的作物）是很重要的自然資源。在豆科植物根瘤中共生的固氮菌是製造氮的微生物（詳見第 2 章），將豆類植物與玉米和小麥等作物交互種植或輪種可增加氮。

在低生產的國家，可藉由增加施肥增加食物。例如非洲，平均每公頃只使用 19 公斤的肥料，約全球平均的 1/4。根據估計，如果開發中國家的肥料用量可達世界平均值，至少可以提升 3 倍產量。

現代農業以石油作業

工業化國家的農業屬於高度能源密集，化石燃料供應絕大部分的能源。1920 年代起，直接使用在農耕上的汽油與柴油等能源增加，而農藥及化學用品形式的非直接能源也持續增加，特別是在二次世界大戰之後。據估計，美國生產 1 公頃的玉米消耗 800 公升的汽油當量。製造氮肥所使用的天然氣消耗其中的 1/3，機具及燃料占另外的 1/3，剩下的 1/3 用在灌溉、製造農藥及其他肥料。

在作物離開農田之後，食品加工、配送貯存、烹飪仍需要額外的能源。根據估計，美國人的食物，從農田到消費者之間的距離約 2,000 公里，這種複雜程序所消耗的能源是耕種消耗的 5 倍。

關鍵概念

如何養育世界？

大約兩世代，世界人口已從 30 億攀升至 70 億（自 1960 年）。儘管多數地區人口已經增加，但開發中國家長期飢餓人口的比例已從 60% 下降到 20% 左右。如何經營增加糧食生產？這些策略的優缺點是什麼？有另外的選擇嗎？以下是糧食生產的三大策略。

綠色革命涉及開發高成長作物——增加化肥使用、灌溉和農藥就能使生長更好、產量更高的作物。

優點

- 投入增加，產量大幅成長。
- 效率高的大型生產有助於餵養數十億人口。
- 開發農藥消除其他植物的競爭和昆蟲的掠食，可提高產量。
- 勞動力成本低：一個農民可耕作巨大面積。

問題

- 對農藥和化肥的依賴增加；過度使用農藥有時會失去效用。
- 農業化學品產生意想不到的生態後果，包括生物多樣性的喪失，可能導致授粉昆蟲消失並污染飲用水。
- 貧窮農民無法負擔新品種的價格，而讓富農和富裕地區獲得相對優勢。
- 氮肥使用量的增加是溫室氣體的重要來源，並消耗化石燃料。

KC 7.1

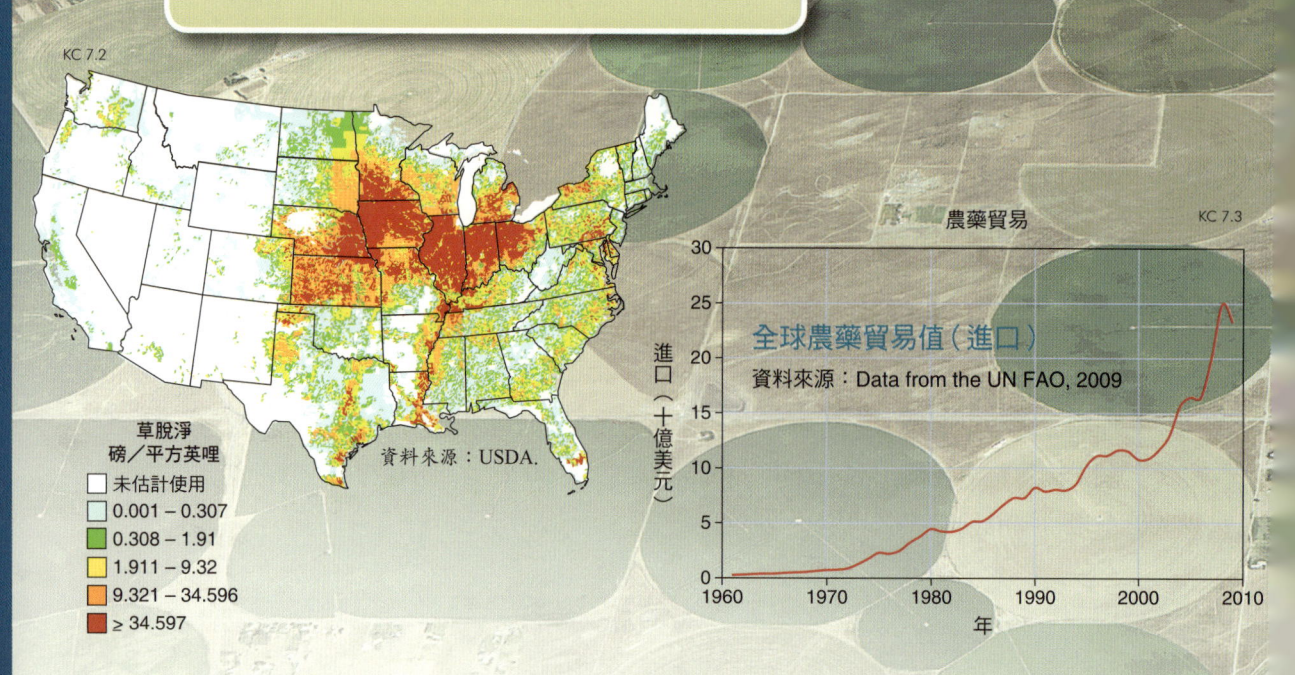

圓形綠色田地，以中心為支點的灑水器灌溉，生產糧食骨幹系統的玉米、大豆和其他作物。

背景圖片來源：NAIP, 2009.

KC 7.2

草脫淨
磅／平方英哩
- 未估計使用
- 0.001 – 0.307
- 0.308 – 1.91
- 1.911 – 9.32
- 9.321 – 34.596
- ≥ 34.597

資料來源：USDA.

KC 7.3

農藥貿易

全球農藥貿易值（進口）

資料來源：Data from the UN FAO, 2009

進口（十億美元）

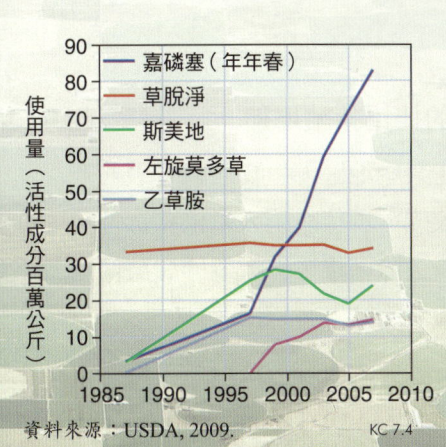

◀ 大多數基因改造作物可承受高劑量的除草劑，例如目前為美國主要除草劑的嘉磷塞。其他基因改造作物本身可產生農藥。

KC 7.4

◀ 衝突的證據

基因改造「黃金米」被設計做為提供維生素 A，印度行動主義者范達娜‧席娃（Vandana Shiva）博士指控黃金米提供的營養比傳統但貧農較能負擔的綠色食物少。

KC 7.5

基因改造（GM）作物是採借其他生物的 DNA 而植入其基因，能夠產生或容忍新型態的有機物質。基因改造的種子提高許多農耕類型的效率。

優點

- 基因改造作物的產量增加，主要原因是除草劑對對抗雜草有所幫助。
- 源自土壤細菌的 Bt 基因（蘇力菌），提供天然的殺蟲劑，以進一步保護作物。許多基因改造作物被設計產生這種殺蟲劑。
- 基因改造作物已被允許擴展到以前未農耕的土地，包括巴西熱帶雨林和喜拉朵地區。
- 全球大豆產量增加提高中國等許多地區的蛋白質消費率。

問題

- 新品種價格昂貴，迫使貧農負債，富農和富裕地區獲得經濟優勢。
- 某些情況下，生長荷爾蒙（如基因改造乳製品）疑似導致人類過早發育等生長異常。然而這些效應仍不清楚。
- 開發中地區的窮民往往依賴綠葉蔬菜提供飲食中大部分的營養。除草劑使用量的增加破壞非目標作物，增加部分地區的營養不良。
- 飲用水中的除草劑有未知的健康影響。

KC 7.6

KC 7.7

有機生產涉及混合策略：輪作可以保持土壤肥力；混作減少蟲害風險；有機肥料和農藥降低商業投入的成本。有機方法較為永續，但不適合傳統工業規模生產的耕作方式，例如大豆或玉米等大面積的單一作物。

KC 7.8

優點

- 投入成本（肥料、農藥、燃料）最低。
- 永續，可以保育甚至改善土壤、水質和生物多樣性。
- 作物品種通常較複雜，對健康飲食和穩定的農業生態系統有助益。
- 多數地區的有機方法屬傳統的，成本低廉適合貧農，尤其在開發中地區。
- 整合性病蟲害管理（少量農藥連同其他策略）可確保產量。

問題

- 雜草和防治病蟲害的勞力成本高。
- 可能需要詳細規劃和管理以確保良好的作物經營：需要創造性和創新性解決問題，而不是像噴灑田地般單純的解決方法。
- 在美國，有機耕作的食品較昂貴，因為通常缺乏像傳統產品的大規模分布網，而且傳統的耕法可獲得稅收優惠補貼和價格支持。
- 許多農民不熟悉這些方法，且單位勞力的生產量較低。

請解釋：

1. 何謂綠色革命？
2. 我們的三大殺蟲劑是哪些？你以前曾聽過哪一個？
3. 想想看你今天吃了什麼？本專欄介紹的三個農業策略有哪些促成了你的食物？

173

農藥的使用持續增加

在某些地區，生物病蟲害破壞一半的收成。現代農業大量依賴毒性化學物質去除害蟲，但大量的農藥使用造成嚴重的結果。

有許多的傳統方法可避免蟲害，但在 20 世紀 DDT（dichlorodiphenyl-trichloroethane）發明之後進入一個嶄新的局面。這些化學藥物已經是增加糧食生產很重要的一部分，也有助於控制引發疾病的微生物。如果沒有農藥，糧食生產將減少一半。然而，不當的農藥使用，也會造成許多問題，例如殺死非目標物種、製造新的病蟲害，也造成抗藥性病蟲，衍生**農藥跑步機（pesticide treadmill）**效應（圖 7.19）。許多農藥分解相當困難，而且會在環境中流布，經過空氣、水、土壤，造成食物鏈中的生物累積，幾乎滅絕最上層的捕食者，例如魚鷹。主要的有機農藥包括**有機磷（organophosphate）**、**氯化碳氫化合物（chlorinated hydrocarbon）**等。

圖 7.19 空中噴灑農藥既快又便宜，但毒物通常會飄到臨近的農地。

人類暴露於農藥的機率極大，美國農業部的研究發現，73% 的傳統種植作物（分析樣本 94,000 個）至少有一種農藥殘餘。相反地，同類別的有機作物只有 23% 殘餘農藥。

降低我們對農藥依賴的替代性方法包括管理方式的改變，例如使用覆蓋作物或機械栽培，以及混合多元栽培，而不是單一栽培。如果想在飲食之中避免毒性化學物質，消費者必須學習接受較不完美的水果及蔬菜。生物控制，例如昆蟲的捕食者、特定害蟲的致病菌、天然毒素，有助於降低化學品的使用。基因交配及生物技術能產生抗蟲害作物及家畜品種。整合性病蟲害管理（integrated pest management, IPM）可整合所有的替代方法，以在正確控制的情況下合理地使用合成農藥。

7.6 如何管理以養育數十億人？

雖然有 3,000 種以上的植物能做為食物，但全球大部分的食物只來自 16 種作物。許多非傳統品種也可做為食物，特別是在傳統作物面臨氣候、土壤、病蟲害及其他問題的地區。

綠色革命已增加產量

農業生產產量的增加相當驚人。一世紀前，美國的玉米平均產量約為每英畝 25 蒲式耳。在 2009 年，愛荷華州的農田是每英畝 182 蒲式耳，亞利桑那州平均為每英畝 208 蒲式耳。產量最高的紀錄是伊利諾州農地的每英畝 370 蒲式耳，但理論計算顯示可達每英畝 500 蒲式耳（每公頃 32 公噸）。

從 50 年前開始，農業研究站開始繁殖可供應開發中國家食物的熱帶小麥與稻米。第一個「奇蹟式」的品種是墨西哥研究中心博洛格（Norman Borlaug）所開發的矮小、高產值小麥（圖 7.20），他也因此而得到諾貝爾和平獎。大約在同時，菲律賓的國際稻米研究所也開發出產量高於 3、4 倍的矮小稻米品種。這些高產值的新品種稱為**綠色革命**（green revolution）。

大多數綠色革命品種是「高度回應者」（high responder），亦即如果給予最佳的肥料、水並避免病蟲害，產量會比其他品種來得多（圖 7.21）。另一方面，若狀況較差，高度回應者的產量將不及傳統品種。要加入此改革，必須負擔昂貴的種子、肥料及水，導致貧窮的農夫被擯棄在綠色革命之外。事實上，因為土地價格上升而商品價格下降，雙邊的壓榨逼迫他們離開農業。

圖 7.20 半矮生小麥（右）的莖較短、較硬，較其近親（左）溼的時候也較不可能傾倒。這種「奇蹟式」的小麥對水和肥料反應較佳，也在供應成長人口食物方面，扮演重要的角色。

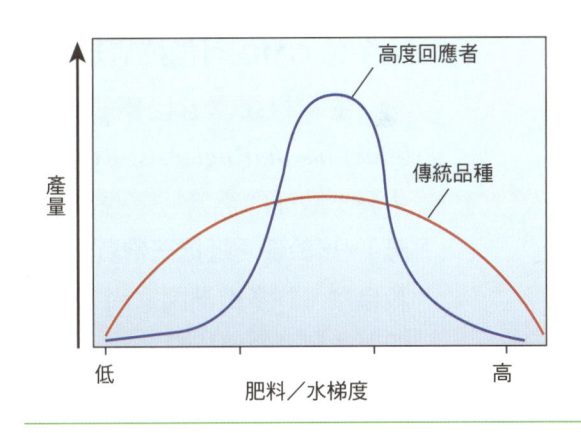

圖 7.21 綠色革命奇蹟作物是真正的高度回應者。在最佳狀態下，其產量優異。對無法提供高度反應者所需的肥料及用水的貧農而言，傳統品種的產量較佳。

基因工程有利有弊

基因工程（genetic engineering）有大量增加糧食質量的潛力。藉由拼湊其他生物體的基因以製造預期特徵的工程化生物體，通常稱**基因轉植生物**或**基因改造生物**（genetically modified organism, GMO）。

贊成者預期此科技具有引人注目的利益。目前的研究著重在改進產量，製造能抵抗乾旱、霜降與疾病的作物。其他品種研發的重點在於使作物能忍受鹽分、浸水、低營養土壤。能夠自行產生農藥的植物可降低毒性化學物質的需求，而改善蛋

白質與維生素含量的基因工程能使食物更為營養。自作物中去除特定毒素或過敏原也會使得食物更安全。無法獲得醫療用品的開發中國家,將香蕉與番茄改造成含有疫苗的作物。植物被改造成能夠製造工業用油與塑膠。基因改造後的動物,生長速度較快,也可以產生藥品,例如動物的乳汁中含有胰島素。

反對者認為,雜亂無章地移動基因會製造許多問題,GMO 會逃離人類的掌控而變得有害;或是和野生種交配,製造出超級雜草或降低現有生物的多樣性。植物內的農藥會加速昆蟲的抗藥性,或於土壤中殘餘農藥。毒性或過敏原的基因可能會轉移,而產生新的毒素。此技術只有富有的國家與財力雄厚的企業可以利用,使得平民家庭農場無法競爭,造成開發中國家更為貧窮。

GMO 作物的數目與種植的土地面積正在迅速增加。2009 年,全球有 25% 的耕地種植 GMO 作物(7,200 萬公頃)。美國占上述土地的 63%,其次為阿根廷的 21%,加拿大、巴西、中國合占 22%。

大多數 GMO 可抵抗病蟲害與控制雜草

生物科技學家已經製造出體內含有殺蟲劑基因的植物。一種名為蘇力菌(*Bacillus thuringiensis*, Bt)的細菌,可以製造使鱗翅目(蝴蝶屬)與鞘翅目(天牛屬)致死的毒素。這些毒素的基因被轉植到作物中,例如玉米(避免歐洲夜盜蟲)、馬鈴薯(抵抗三帶負泥蟲)與棉花(抵抗棉鈴象鼻蟲),如此可減少農人散布殺蟲劑。許多歐洲國家尚未許可含 Bt 的品種,擔心基因轉植作物成為美國與歐盟間農業貿易的僵持點。

昆蟲學家擔心 Bt 植物會產生抗 Bt 昆蟲,已經有 500 種昆蟲、小蜘蛛、壁蝨對某些農藥有抗藥性。讓 Bt 流通只會加劇這種局面。

另一部分的基因轉植作物能抵抗高除草劑量。孟山都的耐除草劑(Roundup Ready)作物可以抵抗孟山都銷售最好的除草劑——Roundup〔臺灣商品名稱為年年春,正式名稱為嘉磷塞(glyphosate)〕的威脅;艾格福(AgrEvo)公司的草胺磷(Liberty)系列作物,可以抵抗該公司的草胺磷(glufosinate,固殺草)除草劑。擁有這些基因的作物可在高除草劑量下存活,所以農民可以下重藥除去雜草。如此一來,可以在田中留下更多的作物以保護表土沖蝕,這是很好的點子,但也意味著將使用更多的除草劑。

基因工程是否安全?

美國食品及藥物管理局婉拒含有 GMO 的食品必須標示的要求,並表示這些新品種和那些經由傳統方法交配所得的品種「本質上相同」。支持者表示,畢竟人類已經藉由動植物交配移動基因好幾世紀,生物技術比一般交配程序更能準確創造新

穎的生物。

第一個被進行基因改造的動物是含有大洋鱈魚（*Macrozoarces americanus*）特殊生長荷爾蒙基因的大西洋鮭（*Salmo salar*）。這種魚引起的憂慮並不在於會引進特殊荷爾蒙到食物中（因為雞或牛攝取或被注射生長荷爾蒙已行之有年），而是這種魚逃離禁錮後的生態效應。這種魚的生長速度是正常鮭魚的 7 倍，而且較能吸引異性。如果逃離禁錮，會影響其他瀕危野生種的食物、配偶與棲地。漁民說他們只養殖不孕的雌魚，而且會養在安全的網柵之中。反對者則指出，這種魚體一旦逃脫，野生種將會蒙受災害。

GMO 有許多社會經濟意涵。其是否有助於供應全世界的食物？或是將更加強化企業力量與經濟不平等？較高的糧食產量與較少的病蟲害是否能使開發中國家的貧農停止使用邊際土地並避免森林砍伐？這僅是單純的科技修補或是有助於發展永續農業？批評者建議，除了高科技作物之外，仍有更簡單、廉價的方式提供開發中國家的孩童維生素 A，或增加貧窮農村家庭的收入。增加一頭牛或一座魚池、訓練水耕人才或再生農耕技巧可能會比販售昂貴的新種子具有更深遠的影響。

7.7 永續農業

永續農業（sustainable agriculture）或**再生農耕**（regenerative farming），皆是在永續的基礎上生產食物與纖維，並修補破壞性行為所造成的災害。經過科學研究可發展替代性方法，或是從幾乎被遺忘的傳統栽培法中發掘這些技術。

土壤保育相當重要

如果管理良好，土壤可以無限制再生，而農業能夠保育土壤。例如，東南亞的一些稻田已經連續耕種數千年而沒有任何明顯的流失或肥分的喪失。證據顯示土壤保育計畫有正面效益。在威斯康辛州的研究，1975 至 1993 年之間小型集水區的土壤沖蝕率比 1930 年代少了 90%。在土壤保育中最重要的元素是土地管理、土地覆蓋、氣候、土壤型態與耕作系統。

水的流速愈快，從田地裡帶走的土壤愈多。針對非洲所做的研究顯示，坡度 5% 的犁田比坡度 1% 的田地，逕流量高出 3 倍，沖蝕速率則高達 8 倍。在水路留下草帶或**沿等高線犁耕**（contour plowing）的方式可削減逕流量，沿等高線犁耕通常會和**帶植法**（strip-farming）搭配使用，也就是沿著土地等高線，在不同的條帶區域上種植不同的作物（圖 7.22）。當某種作物收割之後，仍然有另一作物保護土壤，防止水直接流下山。這種耕作方式創造的田壟，截留住水並讓水滲透進土壤，而不是讓水直接流掉。在降雨量大的地區，緊密的田壟十分有效。此方法包括一

連串田壟，彼此之間以正確角度相向，所以各種方向的逕流皆被阻擋，並且加強土壤吸收水分。

梯田（terracing）藉整地作出層狀土壤以留住水及土壤。梯田的邊緣種植抓土的植物，這種程序十分昂貴，需要大量人工及機具，但是能讓陡峭的山坡得以耕種。菲律賓奇科河河谷的梯田高達河谷的 300 公尺之上，被視為世界上的奇觀。

土地覆蓋、減耕能保護土壤

玉米、大豆等年畦栽培作物，通常會造成最高的沖蝕速率，因為土壤在收割後，大部分時間呈現裸露的狀態（表 7.2）。最簡單的解決方式就是在收割之後留下殘留的作物，形成覆蓋，以防止土壤沖蝕（圖 7.23）。如此不僅可以覆蓋表面以阻斷水的沖蝕效用，同時能降低蒸發散量與土壤溫度，也保護有助於土壤再造的微生物。實驗顯示，在每 0.4 公頃中，1 公噸的作物殘留物增加 99% 的入滲率，減少 99% 的逕流量，並減少 98% 的沖蝕。然而，作物殘餘物可能增加疾病與害蟲問題，可能需要增加農藥與除草劑的使用量。

使用傳統耕作技術的農民通常十分依賴農藥（殺蟲劑、殺真菌劑、除草劑）控制昆蟲與雜草，增加毒性農藥使用是值得關注的問題。然而，大量使用農藥不是土壤保育的必然結果。同時進行作物輪植、陷阱作物、天然驅蟲劑與生物控制的整合性病蟲害管理，可以對抗害蟲與疾病。

在不適合以作物殘餘物保護土壤的地方，可以在收成後馬上種植黑麥、紫花苜蓿、苜蓿等**覆蓋作物**（cover crop）以保護土壤，並在種植新作物時一起犁耕以提供綠肥，或是以滾輪機推平覆蓋作物，並在殘餘物之間條播種子，以提供作物生長初期的覆蓋保護。

某些案例顯示，交錯種植兩種作物不僅能夠保護土壤，也能使土

圖 7.22 沿等高線犁耕及串列作物保護土壤免於沖蝕，並有助於維持肥分，同時也提供美麗的景觀。

表 7.2　土壤覆蓋及沖蝕

耕作系統	年平均土壤流失（公噸／公頃）	降雨逕流百分比
裸露土壤（無作物）	41.0	30
連續玉米田	19.7	29
連續小麥田	10.1	23
輪耕：玉米、小麥、苜蓿	2.7	14
連續牧草地	0.3	12

資料來源：根據位於密蘇里州哥倫比亞的密蘇里實驗工作站（Missouri Experiment Station）14 年的資料。

壤的利用更為有效，也就是提供雙重收割。舉例來說，美洲原住民與早期的拓荒者在玉米田中交錯種植大豆或南瓜。大豆提供玉米所需的氮肥，南瓜能排除雜草，兩種作物也可平衡玉米的營養。在非洲及南美洲，使用刀耕火種法的遊墾者通常在一小塊田地間種植 20 種以上的作物。作物在不同時間成熟，所以任何時間都有東西可吃，也不會有太多土壤被沖蝕。蔭下栽種咖啡與可可在生物多樣性保育中扮演重要角色（請見「你認為如何？」）。

低輸入永續農業對人民和環境皆有利

一些農民與工業化農業的趨勢背道而馳，回歸到更自然、更農業生態性的農耕形態。因為無法或不想與資本密集產品競爭，所以這些農民回歸到小規模、低輸入的農耕，留在農村生活。例如酪農只飼養 150 頭牛，並放任牠們自由在牧場吃草，冬天也居住在戶外（圖 7.24）。牛奶的生產隨著自然循環起伏，而不是被合成荷爾蒙控制，產量雖低但較值錢。牛奶及肉品以合作社或社區支持農業（community-supported agriculture, CSA）方式行銷。以愛荷華州的養豬戶估計，每頭動物的飼料費較一般少 30%，獸醫的花費少 70%，建築與設備花費也只有一半。

保存小規模、家庭式的農場也有助於保存農村文化。哪種方式對鄉村學校的註冊率與人際關係較為有利？是 2 個各飼養 1,000 頭牛的農場，或是 20 個各飼養 100 頭牛的農場？藉由向當地設備商購買農機具、到鄰近加油站加油，以及向傳統雜貨店購買雜貨，有助於維持鄉村市鎮的生存。

圖 7.23 非耕作法乃在上一年的作物殘餘物中植入種子。圖中顯示，大豆在玉米覆蓋物間生長，殘餘物可排除雜草、減少水和風的沖蝕，並保持土壤溼度。

圖 7.24 在米納的 97 公頃家庭酪農場（接近明尼蘇達州布拉古）中，乳牛及小牛臥在雪地乾草堆中過冬。戴夫·米納是成長中逆文化的一部分，他們尋求保持農民與土地的親近，並為鄉村帶來財富。©2008 Star Tribune/Minneapolis-St. Paul.

你認為如何？

蔭下栽種咖啡及可可

購買咖啡及巧克力是保護還是破壞熱帶雨林呢？咖啡及可可皆是在第三世界生產而完全在第一世界消費的例子（香草及香蕉也是）。咖啡生長在熱帶較冷的山區，而可可原生於溫暖潮溼的低地；兩者都是森林下層植被的小樹，適應低光線。

◀ 可可的果莢直接長在可可樹的樹幹上並成串。

數十年前，全球咖啡及可可大部分是**蔭下栽種（shade-grown）**，種植在巨木的樹罩之下。然而，最近開發成功的新品種，能夠在完全日光下生長。因為田裡可以擠進更多的咖啡及可可樹，而且獲得更多的日光，日光栽種品種的產量相對較高。

然而，這種新技術也得付出代價。日光栽種品種較早死亡。鳥類學者進一步發現，完全的日光栽種會導致一半以上的鳥類死亡，而個別鳥種的數目會減少90%，因為蔭下栽種咖啡及可可通常需要較少農藥（或者甚至不用），而居住在樹罩上的鳥及昆蟲會把害蟲吃掉。蔭下栽種咖啡需要的化學肥料也較少，因為森林的許多植物會把營養加入土壤。另外，蔭下栽種需要的灌溉也較少，因為落葉能保護土壤，森林覆蓋也降低蒸發散熱。

目前，全球咖啡及可可約有40%完全轉變為日光栽種品種，另外25%正在轉變。栽種咖啡及可可的傳統技術是值得保留的。全球25個生物多樣性熱點中有13個在咖啡或可可地區，在這些地區的2,000萬公頃的咖啡或可可，如果全部轉變為單一栽培，無數的物種將會消失。

巴西的巴伊亞省（Bahia）是呈現這些作物生態重要性並如何有助於保育森林物種的良好示範區域。曾經，巴西生產的可可是全球之冠；但在1990年代初期，作物被引進至西非。目前，象牙海岸種植的數量超出全球總量的40%，巴西的產值則降低90%。象牙海岸能夠競爭是因為勞工，據報導其中包括大量的童工。巴西的成人勞工每年最低工資為850美元，而象牙海岸每年只有165美元（如果能拿到錢的話）。當非洲可可產量提升之後，巴西的土地被改種牧草或其他作物。

一度是可可生產王國的巴伊亞地區是巴西大西洋森林的一部分，全球受到最嚴重威脅的森林生物群落區之一。這座森林只有8%未受到干擾。雖然種植可可無法展現森林完整原封不動的多樣性，但它能保護在森林中令人驚奇的物種。而且，蔭下栽種可可能提供保育生物多樣性的經濟利潤。巴西可可絕對無法與低成本地區所生產的可可競爭。然而，對特殊產品而言，市場仍有空間。如果消費者樂於多加一些錢購買有機、公平交易的蔭下栽種咖啡及可可，也許能提供保育生物多樣性所需的援助。你難道不想知道，你的巧克力或咖啡不是由童工所種植的，而且有助於保護瀕臨絕種的植物或動物物種嗎？

7.8 消費者行動與農耕

「吃當地」（locavore）指的是消費當地生產食物的人。支持當地農民具有將錢留在地方、飲食更健康等各項好處。

在農民商店或市場購物也是支持當地農業的方式，其產品新鮮，利潤則直接回饋給農民（圖 7.25）。當地的合作社與自營的雜貨店也可能向當地農民進貨並標示無農藥的食物。許多合作社與購物組織也直接和生產者簽訂合約，種植消費者喜愛的食物，如此一來即造成雙贏。生產者確保了當地市場，消費者則能確保品質，甚至參與生產。

圖 7.25 在地的農民市場是找到有機食品的好地方，在增加當地農民收益的同時，也可以降低因運輸的能源消耗。圖為南投縣中興新村傳統市場，許多菜販自產自銷（白子易攝）。

既然生產植物性糧食所消耗的能量低於生產動物性糧食所消耗的能量，多吃穀物、蔬菜，少吃肉類、鮮奶，也可降低對土壤和水資源的破壞。另外，低輸入的有機食品也可降低環境衝擊，因為購買有機食品，就等於支持採用無農藥、人工栽種、輪種等永續農耕技術的農民。這些農民除了減少污染之外，也間接保存生物多樣性。

問題回顧

1. 何謂長期營養不足？目前全球多少人承受這種狀況？
2. 營養失調是什麼？肥胖是什麼？
3. 哪 3 種作物供應大多數人類的熱量攝取？
4. 土壤是什麼？為什麼土壤微生物如此重要？
5. 土壤退化的 4 種主要型態是什麼？土壤沖蝕的原因是什麼？
6. 何謂「集中式動物飼養營運」？
7. 綠色革命是什麼？
8. 基因工程或生物技術是什麼？如何有助於農業或傷害農業？
9. 什麼是永續農業？
10. 低輸入農業的經濟優點為何？

批判性思考

1. 全球漁場已日漸枯竭，國際間禁止捕魚的呼聲高漲。臺灣每年辦理「黑鮪魚季」，在增加漁民收入與滿足部分人（非大多數人）的口腹之慾的背後，這類的活動長期而言是利是弊？分別以漁民、政府官員、需要選票的民代、保育人士的角色，分成正反雙方辯論（可到屏東縣東港區漁會下載歷年黑鮪魚交易量統計表參考）。
2. 論證飢荒大多是由人類的作為（或不作為）所引起，而不是環境所引起。對此問題下結論，你需要哪種科學證明？你能用哪種假說以進行辯論？
3. 一些東南亞的稻田已連續耕作數千年，也未失去肥分。在臺灣的我們，如何應用這些技術？或者，臺灣早已使用這些技術？
4. 許多食物標榜從國外進口來臺，所以價格特別高。這些食物的價格之所以昂貴，究竟是因為種植成本高，或是運費高？吃不吃這類食物對環境保護是否有幫助？對臺灣本土的農業是否有幫助？
5. 蔭下栽種咖啡與可可有助於保護瀕危的熱帶森林。如果要到當地的合作社買這些產品，你會用哪些特徵辨識其是否為蔭下栽種產品？你會付多少錢？

8 環境健康與毒理學
Environmental Health and Toxicology

滿街美食的夜市，經過許多食品安全事件後，你會注意食品含有哪些成分嗎？

（基隆廟口夜市，白子易攝）

> 希望變好是變好的一部分。
> —— SENECA

學習目標

在讀完本章後，你可以：

- 解釋環境健康。
- 了解最令人擔憂的健康風險。
- 比較目前常爆發的突發性疾病中，人類所引起的因素。
- 了解生態及健康的關聯。
- 了解「劑量造成毒性」的意義。
- 解釋化學物質危險或無害的原因。
- 評估風險的可接受性及其對象。

案例研究

臺灣食品安全事件

臺灣的美食、小吃全球聞名，不但讓國人讚不絕口，也吸引許多國際饕客。但是在這些色香味俱全的美食背後，還有許多值得關注的問題。

1979年夏天，彰化某地下油行於生產米糠油時，使用多氯聯苯加熱脫臭，但因管線破裂而使得多氯聯苯摻入米糠油，導致2000多名民眾中毒受害，其中更包括臺中惠明盲校師生，此為著名的「米糠油中毒事件」。同年年底，亦發生教授誤飲摻有甲醇的假酒而失明的「假酒事件」。這些事件使得中華民國消費者文教基金會等倡導保護消費者的非政府組織相繼成立。

1980至1990年代，重大的食品安全事件包括：桃園縣觀音鄉大潭村的鎘米、沙士中添加黃樟素等事件。

2000年代相繼發生袋鼠混充牛肉、素食含動物成分、重組牛肉、下腳料製澱粉、孔雀綠石斑魚等事件。

2010年代，食安問題大爆發。2011年5月不肖業者將有毒塑化劑DEHP〔鄰苯二甲酸二（2-乙基己基）酯〕違法添加於飲料食品，當時任職於食品藥物管理局的楊明玉技正主動提出檢驗要求，並利用下班分析，揭露塑化劑事件。在2013年5月的毒澱粉事件中，不肖業者使用工業級順丁烯二酸製造化學澱粉，並流入眾多澱粉類食品。同年10月則爆發以棉籽油混充食用油、還添加銅葉綠素調色的食用油油品事件，棉籽油不但成本較低，可能還含有毒性。2014年4月9日發生的注水肉事件，不肖業者將牛、羊、豬肉注入保水劑增加重量，從中牟取暴利。2014年9月4日則爆發以工業用油、餿水油、回鍋油、飼料油等混充食用油的黑心油事件。除了上述事件，2010年代至今共已爆發數十起重大食安事件。

為了亡羊補牢，《食品安全衛生管理法》（前為《食品衛生管理法》，於1975年公布施行）自2010年1月至2015年11月歷經8次修法，現行的法規於2015年（民國104年）12月16日公布施行。新法修訂許多條文，提供更完善的機制，重振民眾對食安的信心。

被查獲違法的不肖業者，已陸續受到司法審理。但是，化學物質濃度高低對人體的影響究竟如何？時間的影響該如何考量？「檢驗標準」如何訂定？卻是不可不知的問題。

8.1 環境健康

世界衛生組織（WHO）定義**健康（health）**為：健全的生理、心理狀態與良好的人際關係，不是僅止於沒有身體衰弱或疾病。依照此定義，在某種程度上每個人

都算有病。同樣地，如果可以活得更快樂、長久、有效率且滿意時，就可以改善健康。

疾病（disease）是指環境中各種營養性、化學性、生物性或心理因素，造成身體狀況不利的變化。飲食與營養物質、感染因子、毒性化學物質、物理性因素及心理上的壓力等，在**致病性（morbidity）**與**死亡率（mortality）**上都扮演著重要的角色。**環境健康（environmental health）**專注於造成疾病的因素，包括人類所居住的自然、社會、文化和科技世界。圖 8.1 顯示一些主要的環境疾病因子及其媒介。要了解這些因素如何影響人類，必須先了解環境健康危害的主要種類。

全球疾病負擔正在改變

在過去，衛生組織以是否造成死亡作為世界健康最佳的表示方式。然而，死亡率數據無法呈現疾病與傷害非致死性的結果對人類福祉的影響。因為有病時，無法工作，孩子們也不能讀書。因此，衛生組織計算**失能年數（disability-adjusted life year, DALY）**，以量測疾病負擔。DALY 結合未成年死亡以及疾病或殘障對健康生活所造成的損失，企圖評估疾病造成的總成本，而非僅死亡人數。明顯地，幼小時因感染破傷風而死亡的兒童，肯定比因肺炎而死亡的 70 歲老人喪失更多年的壽命。同樣地，長久受小兒麻痺所苦的孩童，將比中風的老人喪失更多生活品質。根據 WHO 的統計，全世界每年 5,650 萬死亡人數中，慢性疾病占 60%，也占全球疾病負擔的一半。

圖 8.1 環境健康風險的主要來源。

世界正在歷經戲劇性的流行病學轉型。心血管疾病和癌症等慢性病不再只是折磨富人；大規模根除天花、小兒麻痺、瘧疾等傳染病，已使各地的人活得更久。在上個世紀，全世界平均壽命（life expectancy）已上升 2/3，在一些貧窮國家，例如印度，增加將近 3 倍。雖然傳染病、妊娠周產期併發症〔perinatal（birth）complication〕、營養不良等開發中國家的傳統疾病仍有致命性，但原本以為只在富裕國家發生的憂鬱症與心臟病，卻快速擴散成為失能和未成年死亡的主因。

WHO 預測，10 年前排名第 5 位的心臟疾病，在 2020 年將成為失能和死亡的主因。由於貧窮國家採用富裕國家的生活方式與飲食，造成此類疾病快速增加。同

樣地，全球癌症率將增加 50%，2020 年將有 1,500 萬人罹患癌症，造成 900 萬人死亡。

評估疾病負擔時採計失能和死亡，顯示心理健康是個漸增的問題。精神和神經疾病將由目前的 10% 增加到 2020 年的 15%，這也不僅是已開發國家的問題。預料憂鬱症將成為導致生活失能的第二大主因，占總死亡人數的 1.4%。無論是已開發國家或開發中國家的婦女，憂鬱症是疾病負擔的主因；而未妥善治療憂鬱症而發生的自殺，占婦女總死亡人數的第 4 位。

表 8.1 顯示，1990 年排名第 2 的下痢，預期在 2020 年將降至第 9 名，而麻疹和瘧疾將掉出第 15 名之外。已具抗藥性且在許多地區（特別在俄羅斯及南非）傳播迅速的肺結核，排名則維持不變。交通事故、戰爭、暴力、自殘等則有增加趨勢。

慢性肺部疾病（肺氣腫、氣喘、肺癌）將由第 11 名上升至第 5 名，主要是因為開發中國家吸菸人口增加，有時也稱「菸草流行病」。每天約有 10 萬名年輕人（大部分在貧窮國家）染上菸癮。目前抽菸人口約 11 億，預料 2020 年時將增加 50%，如果情況持續，將有 5 億人因此死亡，此為全世界死亡的最大單一原因（因為心臟病和憂鬱症等疾病通常有許多原因）。2003 年世界衛生大會（World Health Assembly）通過歷史性的《菸草控制框架公約》（The Framework Convention on Tobacco Control, FCTC），要求締約國限制菸草廣告、維持室內清潔空氣品質與嚴禁菸草走私等。肥胖症也是目前流行的疾病，也有可能超越吸菸而成為最大單一死亡原因。

突發性與傳染性疾病仍導致數百萬人死亡

在所有的疾病相關死亡率中，傳染病仍占 1/3。下痢、急性呼吸道疾病、瘧疾、麻疹、破傷風等傳染性疾病每年使得開發中國家 1,100 萬名 5 歲以下兒童死亡，較好的營養、乾淨的水、改善的衛生與廉價的接種，能消除大多數的死亡。

種類繁多的**病原體**（pathogen，致病的微生物）折磨人類，包括病毒、細菌、原生動物（單細胞動物）、寄生蟲與吸血蟲（圖 8.2）。單

表 8.1	全球疾病負擔的主因		
排名	1990 年	排名	2020 年
1	肺炎	1	心臟病
2	下痢	2	憂鬱症
3	妊娠周產期狀況	3	交通事故
4	憂鬱症	4	中風
5	心臟病	5	慢性肺部疾病
6	中風	6	肺炎
7	肺結核	7	肺結核
8	麻疹	8	戰爭
9	交通事故	9	下痢
10	新生兒缺陷	10	HIV/AIDS
11	慢性肺部疾病	11	妊娠周產期狀況
12	瘧疾	12	暴力
13	跌倒	13	新生兒缺陷
14	缺鐵性貧血	14	自殘
15	營養失調	15	呼吸道癌症

資料來源：World Health Organization, 2002.

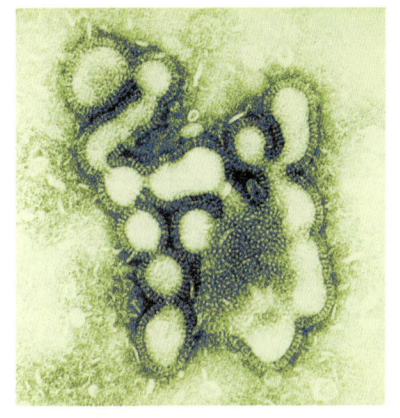

(a) 流行性感冒病毒 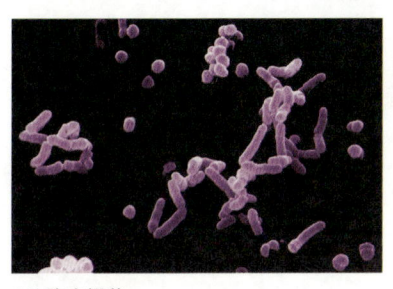　　(b) 致病細菌 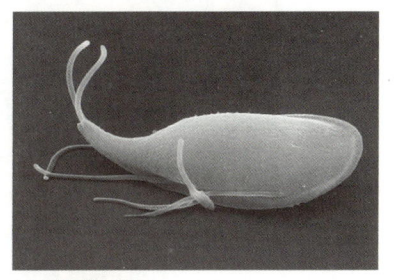　　(c) 梨形鞭毛蟲

圖 8.2　(a) 一群流行性感冒病毒，放大約 30 萬倍。(b) 致病細菌，放大約 5 萬倍。(c) 梨形鞭毛蟲，寄生於腸道的原生動物，放大約 1 萬倍。

一年間單一疾病造成死亡人數最多的是 1918 年的流行性感冒。流行病學家估計，當時全世界 1/3 的人口受到感染，死亡 5,000 萬至 1 億人。流行性感冒由病毒引起（圖 8.2a），變種迅速並可由野生動物、家畜轉移至人體，控制困難。

在美國，每年有 7,600 萬件食物媒介疾病，導致 30 萬人住院治療及 5,000 人死亡。細菌和腸道原生動物是導致這些疾病的元凶（圖 8.2b 和圖 8.2c）。它們會經由食物與水傳播。

全世界約有 20 億人感染線蟲、吸血蟲與其他腸道寄生蟲。雖然寄生蟲感染較少致人於死，但也會影響健康，造成財產損失。

每年約 5 億人感染瘧疾，約 100 萬人死亡。由於氣候變遷，使蚊子遷往新地區，也擴大瘧疾的感染區。提供簡單的蚊帳、磷酸氯奎寧可避免感染；但在疫區，這些物資的價格遭到哄抬，一般民眾購買不起。

突發性疾病（emergent disease）是指從未出現，或 20 年內不曾發生的疾病（圖 8.3）。

2014 年在西非爆發的伊波拉病毒出血熱（Ebola）顯示傳染病散布迅速。伊波拉病毒出血熱是由絲狀病毒（filovirus）所造成的出血熱（hemorrhagic fever），患者高燒、腹瀉，接著急性出血。其對靈長目的猿猴及人類高度致命，在一些人類爆發的案例中，高達 90% 的患者死亡。蝙蝠通常被認為是非洲突發事件的帶原者。爆發通常始於有人碰觸被當做山產〔叢林肉品（bush meat）〕而殺死的動物血肉，於是病毒開始人傳人。陸運及空運交通使得傳染更加迅速，流行病學家警告，下一場大流行就是在飛機起飛之時。

從第一次被報導的 1976 年起，非洲中部共爆發 24 起伊波拉病毒出血熱。但前

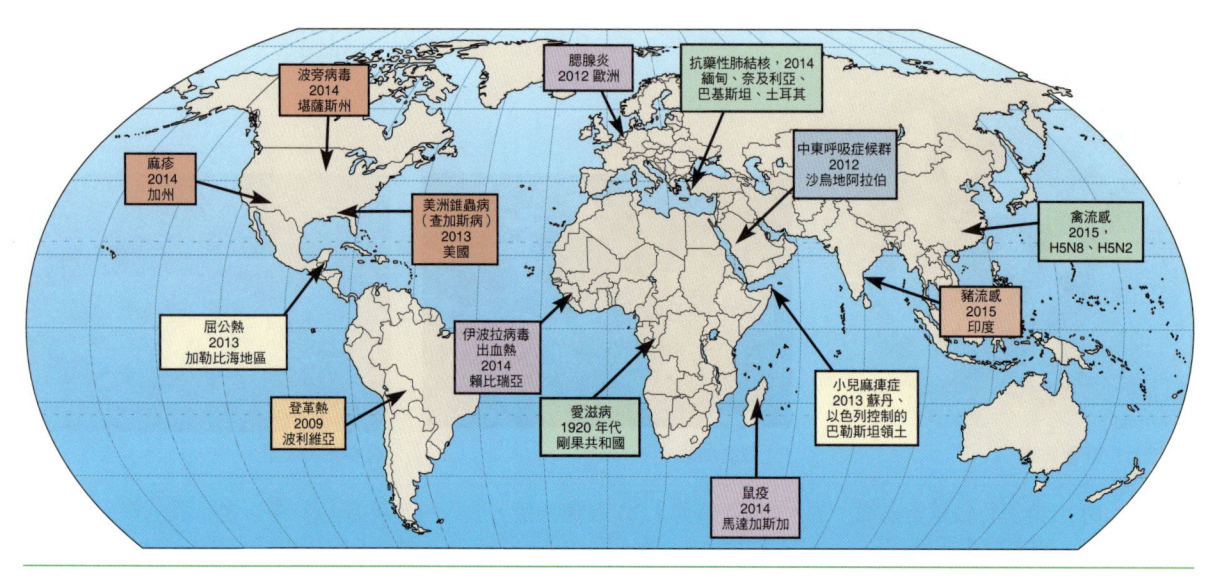

圖 8.3　最近爆發的一些高致命性傳染病。為什麼超級傳染病的生物體在這麼多不同的地方突發？

23 起大多數在偏遠的小村落，所以疫情在數個月內就受到控制。1976 年至 2013 年的爆發共造成 1,600 人死亡。

　　2014 年的爆發始於幾內亞鄉間村落，但迅速擴過邊境散布到鄰近的獅子山共和國及賴比瑞亞。由於名列貧窮國家之林，這些國家通常缺乏必需品。少數幾間醫院沒有足夠的電力及用水，處於長期內戰使得人民之間互相猜忌，難以確認何人受到感染。直到疫情已威脅有數百萬人口的首都自由城之後，官方才開始警覺。2014 年總感染人數為 20,000 人，至少 8,000 人死亡。健康與染病的民眾也到達歐洲與美國，增強排外主義並導致一連串驚慌失措的措施。2015 年，富有國家大量的援助及對當地疫情擴散的了解，才逐漸使得疫情受到控制。

保護醫學試圖結合生態與醫學

　　家畜與野生生物也經歷流行病，稱為**生態性疾病（ecological disease）**。伊波拉病毒出血熱是目前所知毒性最高的病毒，造成 90% 的感染者死亡。2002 年的大流行，沿著加彭－剛果邊界的許多人罹病死亡。數月後，研究人員發現所追蹤的 235 隻大猩猩有 221 隻全部消失，許多黑猩猩也離奇死亡。雖然研究團隊僅尋獲部分大猩猩的屍體，但其中 75% 呈現伊波拉病毒陽性反應。據估計，約 5,000 隻大猩猩因伊波拉病毒致死，占全球大猩猩數量的 1/3。

　　慢性消耗疾病（chronic wasting disease, CWD）在北美的野生鹿與麋鹿族群中傳染。CWD 由名為普力昂（prion）的奇異蛋白質引起，造成神經退化的傳播性海綿狀腦病（transmissible spongiform encephalopathy, TSE），在牛隻中產生狂牛症

（mad cow disease），在羊隻中則稱為羊搔癢病（scrapie），在人類中稱為庫賈氏症（Creutzfelt-Jacob disease）。CWD 可能是由於農場工人餵食麋鹿受污染的動物副產品而感染的，再把受感染的動物賣給其他農場，因而延伸到野生族群，1967 年薩克斯其萬省（Saskatchewan）出現第一個案例。

沒有人知道是否已經降低由鹿或麋鹿傳染的 TSE，但 1990 年代在歐洲發生的狂牛症，造成至少 100 人死亡，並屠宰 500 萬頭牛隻與綿羊。

人類改變環境使得生態受到壓迫，並破壞正常的生態關係，使得疾病得以傳播到新地區並爆發。1950 年，每年只有 300 萬人搭乘飛機，2010 年則有 10 億人，交通的迅速及頻繁使疾病擴散。2003 年危及中國南方的 SARS 案例中，一名空服員在被發現帶病前，已傳染給 7 個國家的 160 名旅客。

氣候變遷也會加速（甚至迫使）擴大新的感染區。1970 年代，只有 9 個國家有登革熱，現在則超過 100 個國家。與氣候變遷有關的疾病還包括萊姆病（lyme disease）、血吸蟲病（schistosomiasis）、結核病、淋巴腺鼠疫（bubonic plague）、霍亂。

人類高度珍惜卻也高度破壞的精緻生態平衡，對人類的健康十分重要，**保護醫學（conservation medicine）**試圖了解環境改變如何影響人類健康，以及如何影響提供生態服務的自然群落。雖然規模不大，但此類研究已逐漸獲得世界銀行、WHO 等主流基金來源的注意。

抗生素與殺蟲劑的抗藥性正在增加

近年來，對於甲氧苯青黴素（methicillin）具有抗藥性之金黃色葡萄球菌（methicillin-resistant *Staphylococcus aureus*, MRSA）引起國際間注意。葡萄球菌（Staphylococcus，或稱為 staph）非常普遍，人體多少存有此細菌，可引起喉嚨痛或皮膚感染，但容易控制。然而新的菌株卻對盤尼西林及其他抗生素具抗藥性，並造成死亡性感染。疾病管制中心估計 2006 年美國至少有 100,000 件 MRSA 感染，約 19,000 人死亡。中國的情況更不好，每年約有 500 萬起 MRSA 感染。

2010 年，新德里金屬 -β- 內醯胺酶 1（New Delhi metallo-beta-lactamase，簡稱 NDM1）首度在一位赴印度接受手術的瑞典病患身上發現，故以印度首都新德里命名。帶有 NDM1 的細菌對多數抗生素都具抗藥性，因此這些細菌被稱為「超級細菌」。目前世界各地皆有傳播，在巴基斯坦、日本、香港等地都發生病例。臺灣於 2010 年 10 月出現第一例帶菌者。

瘧疾病媒（例如蚊子）所帶的病原體產生抗藥性，部分原因是天擇作用與生物能力的快速進化，另一個因素是人類沒有謹慎地控制。當發現 DDT 與殺蟲劑能撲

圖 8.4 微生物如何獲得抵抗抗生素的能力。(a) 隨機突變使一些細胞具有抵抗力，當抗生素作用時，只有這些細胞能存活，形成具抗力的群體；(b) 有性生殖（結合，共軛）或質體轉移時，此抵抗抗生素的基因會從單一菌株或物種移到另一物種。

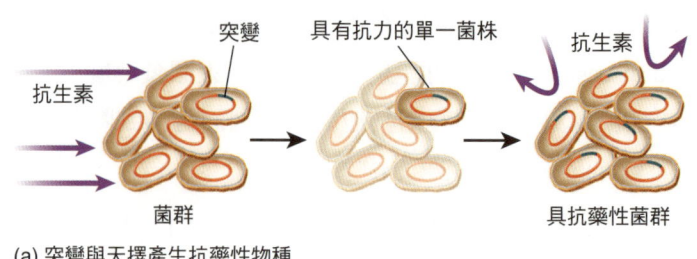

(a) 突變與天擇產生抗藥性物種

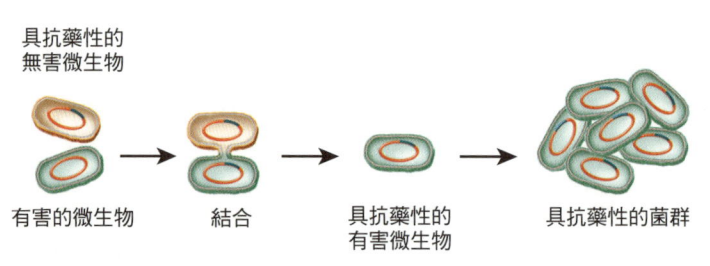

(b) 結合可將抗藥性由單一菌株轉移到另一菌群

滅蚊子時，便開始大量使用。這些殺蟲劑不僅危害野生生物與有益的昆蟲，而且造成利於天擇的環境。許多害蟲與病媒僅暴露於最低劑量，使得這些能抵抗殺蟲劑的物種，得以傳播抗體基因（圖 8.4）。幾經循環後，藥劑已對許多微生物與病媒失去效用。

在擁擠的飼養場養育大量的牛、豬及家禽，是具有抗體的病原體傳播的另一個原因。這些動物常施打抗生素與類固醇荷爾蒙。這些抗生素與荷爾蒙，隨著未處理的排泄物傳布在地面或流入地表水，使得這些病原體持續演化。在美國，每年有 1 億劑量的抗生素被做為醫藥處方，但至少有一半是不需要的。此外，許多人未按照規定，錯誤地使用抗生素。

8.2 毒理學

英文 "**toxic**" 代表有毒的意思。毒理學（toxicology）是研究外在因素對一個生物或生命系統所產生的反效果。毒理學包括環境化學製品、藥品、飲食和物理因素（如游離輻射、紫外線及電磁力）；除了研究致毒的媒介，這個領域的科學家還關注環境中的有毒物質的運動和結果、進入身體的路徑及暴露在這些媒介下的影響。毒性物質會與特定的細胞反應並破壞代謝功能，進而殺死生物體。即使是低濃度的毒性物質依然有害，在特定狀況，10 億分之 1 克，甚至兆分之 1 克便足以造成傷害。

全部的毒性物質都有害，但並非所有的有害物質都具毒性。有害（hazardous）的特性包括易燃性（flammable）、爆炸性（explosive）、酸性（acidic）、腐蝕性

（caustic）、刺激性（irritant）及過敏性（sensitizer）。

依據我國《毒性化學物質管理法》，毒性化學物質是指人為產製或於產製過程中衍生的化學物質，並經中央主管機關公告者。毒性化學物質分類如下：(1) 第一類毒性化學物質：化學物質在環境中不易分解或因生物蓄積、生物濃縮、生物轉化等作用，致污染環境或危害人體健康者。(2) 第二類毒性化學物質：化學物質有致腫瘤、生育能力受損、畸胎、遺傳因子突變或其他慢性疾病等作用者。(3) 第三類毒性化學物質：化學物質經暴露，將立即危害人體健康或生物生命者。(4) 第四類毒性化學物質：化學物質有污染環境或危害人體健康之虞者。表 8.2 是美國環保署從 275 種物質中選出的前 20 名毒性及有害物質。

表 8.2　毒性及有害物質前 20 名

物質	主要來源
1. 砷 (arsenic)	處理過的原木
2. 鉛 (lead)	塗料、汽油
3. 汞 (mercury)	燃煤
4. 氯乙烯 (vinyl chloride)	塑膠工業使用
5. 多氯聯苯 (polychlorinated biphenyls, PCBs)	電力絕緣
6. 苯 (benzene)	汽油、工業使用
7. 鎘 (cadmium)	電池
8. 苯 (a) 芘 (benzo(a)pyrene)	廢棄物焚化
9. 多環芳香烴 (polycyclic aromatic hydrocarbons, PAHs)	燃燒
10. 苯 (b) 駢 (benzo(b)fluoranthene)	燃料
11. 三氯甲烷 (chloroform)	淨水、工業
12. DDT	農藥使用
13. 多氯聯苯 Aroclor 1254	塑膠
14. 多氯聯苯 Aroclor 1260	塑膠
15. 三氯乙烯 (trichloroethylene)	溶劑
16. 二苯 (a,h) 駢蒽 (dibenz(a,h)anthracene)	焚化
17. 地特靈 (dieldrin)	農藥
18. 鉻，六價 (chromium, hexavalent)	塗料、塗層、熔接、抗腐蝕劑
19. 氯丹 (chlordane)	農藥
20. 六氯丁二烯 (hexachlorobutadiene)	農藥

資料來源：U.S. Environmental Protection Agency.

毒性物質如何影響？

過敏原（allergen）是刺激免疫系統的物質，有些過敏原直接被視為**抗原（antigen）**，也就是說，它們被白血球視為外來物質，並刺激特定抗體的產生。其他的過敏原需間接地鍵結其他物質，改變結構或化學特性，才變成抗原並引起免疫系統的反應。

甲醛使用廣泛且易致過敏，可以直接引起過敏症，並且與其他物質直接觸發反應。甲醛被廣泛用於塑膠、木製產品、絕緣體、膠及織物，因此室內空氣中的甲醛濃度可能比戶外高出數千倍。有些人患有所謂的**辦公大樓症候群（sick building syndrome）**，主要的症狀包括頭痛、過敏與慢性疲勞，主要是因室內空氣流通不良且含有黴菌、一氧化碳、氮氧化物、甲醛與地毯和建材釋出的毒性物質所引起的。美國環保署估計室內空氣品質不良造成的生產力損失，每年高達 600 億美元。

神經毒素（neurotoxin）會對新陳代謝造成毒性，專門攻擊神經細胞。例如鉛與汞等重金屬會殺死神經細胞，並造成神經永久的損害。麻醉劑（anesthetic）〔例如乙醚（ether）、氯仿（chloroform）、鹵乙烷（halothane）等〕與含氯碳氫化合物（chlorinated hydrocarbons）〔例如 DDT、地特靈（Dieldrin）、阿特靈（Aldrin）等〕會破壞神經細胞膜。有機磷化合物（organophosphate）〔例如馬拉松（Malathion）、巴拉松（Parathion）〕與氨基甲酸酯（carbamate）〔例如加保利（carbaryl）、鋅乃浦（zeneb）、錳乃浦（maneb）〕會阻斷乙醯膽鹼酯（acetylcholinesterase）的作用，此為控制神經細胞與組織間傳輸信號，或是受神經所支配的器官（例如肌肉）的酵素。多數的神經毒素都是急性且劇毒的，種類多達 850 種。

致突變物質（mutagen）是化學與輻射等物質，會破壞或改變細胞內的基因。如果發生在胚胎或胎兒成長期，會導致天生畸形；在生長時期則會觸發腫瘤。當損害發生在生殖細胞時，會遺傳到下一代。細胞有修復的機制，可以發現並修復受損害的基因，但是有些變化可能會被隱藏，而且修復的過程會有瑕疵。一般而言，暴露在這些誘導突變的物質中有可能引起損害。

致畸胎物質（teratogen）是化學物質或其他因素，會造成胎兒異常生長。一些化合物在生長的敏感階段，很容易造成嚴重的問題。大部分造成畸胎的原因可能是酒精，在懷孕期間飲酒可能導致胎兒產生**胎兒酒精症候群（fetal alcohol syndrome）**，症狀為顱骨異常（craniofacial abnormality）、發展遲緩、行為問題與孩子一輩子的心智缺陷。在懷孕期間，甚至只要一天飲用一杯含酒精的飲料，都可能造成嬰兒出生時體重不足。

致癌物質（carcinogen）是導致癌症（cancer）的物質，會入侵細胞並使細胞不受控制地增長，導致惡性腫瘤。我國衛生福利部統計，2015 年的臺灣 10 大死因

分別為：(1) 惡性腫瘤；(2) 心臟疾病；(3) 腦血管疾病；(4) 肺炎；(5) 糖尿病；(6) 事故傷害；(7) 慢性下呼吸道疾病；(8) 高血壓性疾病；(9) 腎炎腎病症候群及腎病變；(10) 慢性肝病與肝硬化。2015 年癌症（惡性腫瘤）死亡人數為 46,829 人，占所有死亡人數的 28.6%。十大癌症死亡率依序為：(1) 氣管、支氣管和肺癌；(2) 肝和肝內膽管癌；(3) 結腸、直腸和肛門癌；(4) 女性乳房癌；(5) 口腔癌；(6) 前列腺（攝護腺）癌；(7) 胃癌；(8) 胰臟癌；(9) 食道癌；(10) 子宮頸及部位未明示子宮癌。美國環保署列出對人體健康風險最大的 20 種化合物，其中有 16 種可能致癌。根據美國環保署的調查，2 億美國人居住在具有致癌性物質的地區，這些地區的致癌風險超過上限值的百萬分之十，是正常致癌風險的 10 倍。

內分泌腺荷爾蒙干擾物必須特別關心

內分泌腺荷爾蒙干擾物（endocrine hormone disrupter）會破壞正常的內分泌腺荷爾蒙。荷爾蒙由體內的腺體產生，並釋放到血液中，以調整並運作體內各個組織與器官的功能（圖 8.5）。許多持久性的化學製品（例如 DDT 與 PCB 等），在低劑量下就會干擾動物的正常發展、成長與生理現象，當然也包括人類。在某些狀況下，1 皮克濃度（picogram，每公升中兆分之 1 克）就足以產生異常的反應。這些化學物質也稱為環境雌荷爾蒙或環境雄荷爾蒙，因為其會導致性器官的障礙（例如女性的生育問題與男性雌性化）。當這些化學物質阻礙性荷爾蒙時，很可能也會破壞甲狀腺素功能，或其他重要的調節分子。

8.3 毒性物質的移動、分布與宿命

很多因素與化學物危險性的高低有關，例如化學物特性、傳送途徑或方法、在環境中停留的時間、受體的特性等（表 8.3）。生態系統可以視為一連串互相影響的區域，化學物質可以依分子大小、溶解度、穩定性與活動性，在這些區域移動（圖 8.6）。毒性化學物質進入人體的途徑，對毒性大小有重要的影響。

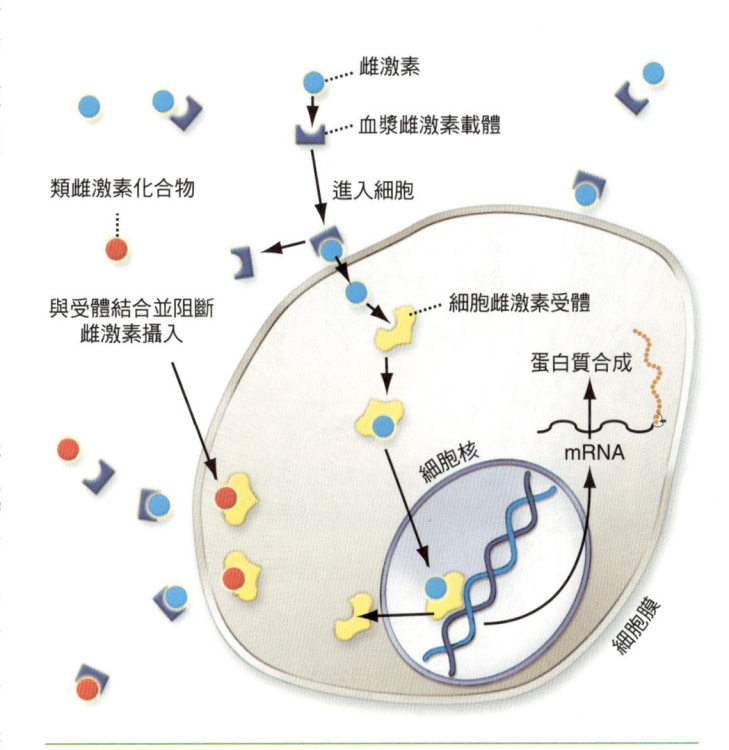

圖 8.5　類固醇荷爾蒙的作用。血漿荷爾蒙載體傳送正常的分子至細胞表面並穿過細胞膜。胞內載體傳送荷爾蒙至細胞核，與 DNA 結合並控制 DNA 的表現。

> **關鍵概念**

家裡會出現什麼毒素和有害物質？

美國環境保護署警告，室內空氣污染大於室外。許多疾病和家中的惡劣空氣品質、接觸到的毒素有關係。1950 年來，至少發明 7 萬種新的化學化合物並散布到環境中。只有少部分做過人類毒性測試，但多數被懷疑導致過敏、先天缺陷、癌症和其他疾病。

車庫
- 防凍液
- 汽車上光劑和蠟
- 電池
- 殺蟲劑、除草劑、殺黴劑和農藥
- 汽油和溶劑
- 油漆、染劑
- 游泳池用品
- 除鏽劑
- 木材防腐劑

廚房／洗衣區
- 漂白劑
- 一氧化碳和微粒
- 清潔劑、消毒劑
- 洗衣清潔劑
- 水管清潔劑
- 地板蠟
- 烤箱清潔劑
- 不沾鍋塗料副產品
- 窗戶清潔劑

地下室
- 來自爐和熱水器的一氧化碳
- 環氧膠
- 汽油、煤油、溶劑等易燃物
- 鹼液和其他腐蝕劑
- 黴菌、細菌和其他病原體或過敏原
- 油漆和脫漆劑
- PVC 等塑料
- 來自次土層的氡氣

閣樓
- 石棉
- 玻璃纖維絕緣物
- PBDE 處理的纖維素

浴室
- 來自淋浴和浴缸的氯仿
- 剩餘的藥丸和藥物
- 指甲油和卸妝油
- 化妝品
- 黴菌
- 漱口水
- 廁所清潔劑

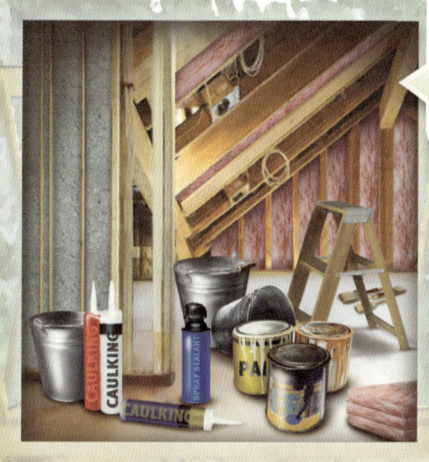

臥室
- 氣膠
- 含有雙酚 A、鉛、鎘的玩具和珠寶
- 地毯和寢具上的阻燃劑、殺黴劑和殺蟲劑
- 樟腦丸

客廳
- 來自地板或天花板的石棉
- 來自吸菸的苯
- 阻燃劑
- 冷氣的冷煤
- 家具和金屬拋光
- 玩具的鉛或鎘
- 油漆、布料
- 塑料

請解釋：
1. 何處毒性物質的數量最大？
2. 你處於哪個房間的時間最多？
3. 你在何處有可能定期地接觸到最大量的毒性物質？

195

表 8.3　環境毒性因子

毒劑相關因子

1. 化學組成和反應性
2. 物理特性（如溶解性、態）
3. 雜質或污染物是否存在
4. 毒劑穩定性和貯存特性
5. 攜帶毒劑的媒介（如溶劑）的可得性
6. 毒劑經過環境並進入細胞的移動性

暴露相關因子

1. 劑量（暴露的濃度和體積）
2. 暴露的途徑、速率和位置
3. 暴露的持續性和頻率
4. 暴露的時間（天、季、年）

生物體相關因子

1. 對毒劑攝取、貯存、細胞穿透性的阻抗
2. 代謝、抑制、隔離、消除毒劑的能力
3. 活化或改變非毒性物質成為毒性的傾向
4. 並行感染或物理化學應力
5. 生物體的物種和基因特性
6. 主體的營養狀態
7. 年齡、性別、體重、免疫狀態和成熟度

圖 8.6　環境中化學物質的移動及宿命。每個區間下所表示的是轉化、移除或隔離化學物質的程序，毒性物質也直接從來源移動至土壤及沉積物中。

溶解性與移動性決定化學物質何時與往何處移動

　　溶解性（solubility）與移動性（mobility）決定毒性物質如何、從哪裡以及何時傳送至環境或進入到人體中。化學物質主要可分成兩類：親水性及親油性。因為水普遍存在環境中，因此親水性的化學物質可快速地傳輸至環境；而細胞含水量很高，也很容易進入細胞內。如果分子是親油或油溶性的（一般為有機分子），通常需要載體才能被傳輸至環境及身體內。然而，只要進入身體，這些親油性的毒性物質就會穿透組織與細胞，因為細胞膜就是類似的親油性物質。一旦進入細胞內，油溶性物質便可能在脂肪中累積，維持數年而不被代謝。

暴露性與敏感性決定人類如何反應

毒性物質經由許多途徑進入人體（圖 8.7）。空氣傳播毒性物質通常較其他暴露源造成更多的健康惡化。人類呼吸次數很高，而且肺部的構造容易吸收毒性物質。其次，食物、水與皮膚接觸也是暴露的途徑。毒性物質最大的暴露在工廠。歐洲工作安全與健康署（European Agency for Safety and Health at Work）警告，歐盟中 3,200 萬人（約為所有雇員的 20%）工作場所的致癌與毒性物質已到達不被接受的程度。

生物體的狀況與暴露時間對毒性也有強烈影響。健康成人可承受毒性物質的劑量，可能是兒童或病患的數倍；同樣地，在特定發育階段或代謝循環暴露於毒性物質可能非常危險，其他狀況則否。例如懷孕第 3 週服用致畸胎劑沙利竇邁（thalidomide）單次劑量，將造成嚴重的胚胎發育異常。不同物種的敏感性也不同，沙利竇邁在實驗室動物身上皆無明顯效應，但對人類卻有強大的致畸胎性。

圖 8.7 暴露於毒性及有害環境因子的途徑。

生物累積與生物放大增加化學物質濃度

細胞有**生物累積（bioaccumulation）**機制，可選擇性地吸收與合成各種分子以貯存營養與礦物質，同時也吸收與貯存毒性物質，藉由此過程，原本濃度低的毒性物質能累積到可危害細胞的程度。

食物鏈也擴大了毒性物質的影響範圍，稱為**生物放大（biomagnification）**作用，亦即高階掠食者累積並濃縮大量低階生物所含毒性物質。例如在水生生態中，浮游植物及細菌吸取重金屬或毒性有機分子（圖 8.8）；而其掠食者（即浮游動物與小魚）會堆積並保留這些毒性物質，累積成較高的濃度；食物鏈中最高層的肉食動物（即鮭魚、吃魚的鳥與人類），便會累積這些毒性物質而影響健康。在 1960 年代，第一個與生物放大、累積作用有關的案例是 DDT，其影響遊隼、禿鷹、棕色鵜鶘與其他食肉鳥類的繁殖能力。

持久性使物質的威脅更大

某些化合物相當不穩定，在環境中快速降解，因此釋出後濃度迅速降低。例如，大部分除草劑與殺蟲劑的毒性降解速度相當快，但有些物質卻維持很長的時間。一些化學製品，例如氟氯碳化物（CFC）、聚氯乙烯塑膠（PVC）、含氯及碳氫化合物的殺蟲劑及石棉。然而穩定性也造成很多問題，因為這些物質在環境中能持久不壞，而產生非預期的影響。

一些**持久性有機污染物（persistent organic pollutant, POP）**廣泛散布於環境中，引起相當關注。

- 多溴二苯醚（polybrominated diphenyl ether, PBDE）廣泛使用在紡織業的火燄抑制劑、室內裝潢的發泡劑及電腦與家用設備的塑料。瑞典在 1990 年代就已報導此化合物會累積於母乳，後來從加拿大到以色列皆陸續在生物體中發現。全球每年 PBDE 的使用量將近 1.5 億公頓。PBDE 的毒性及持久性與 PCB 相近。911 事件中，紐約世貿大樓倒塌現場的灰塵存在大量的 PBDE。歐盟已禁止使用此化合物。

- 全氟辛烷磺酸（perfluorooctane sulfonate, PFOS）與全氟辛烷酸（perfluorooctanoic acid, PFOA）是製造非黏性、防水、防染色產品的主要成分，工廠利用其光滑、耐熱的特性製造飛機、電腦到廚房、衛浴用品。這類持久性污染物全球分布廣泛，幾乎全美國人的血液中都含有全氟化合物。加熱不沾鍋具至攝氏 260 度以上，會釋出 PFOA 而使鳥類寵物死亡。這類化合物能造成實驗用老鼠肝臟損害、罹患癌症、出現生殖及發育問題。婦女和女孩暴露於此化合物中特別危險，敏感度約為男性的 100 倍。

- 鄰苯二甲酸鹽（phthalate）在化妝品、防臭劑與塑膠（例如聚氯乙烯，即 PVC）中廣泛使用，用於製造食物包裝、兒童玩具、醫療設備等。這類化合物會使實驗用動物的腎臟、肝臟受到損害或罹患癌症。另外，許多鄰苯二甲酸鹽是荷爾

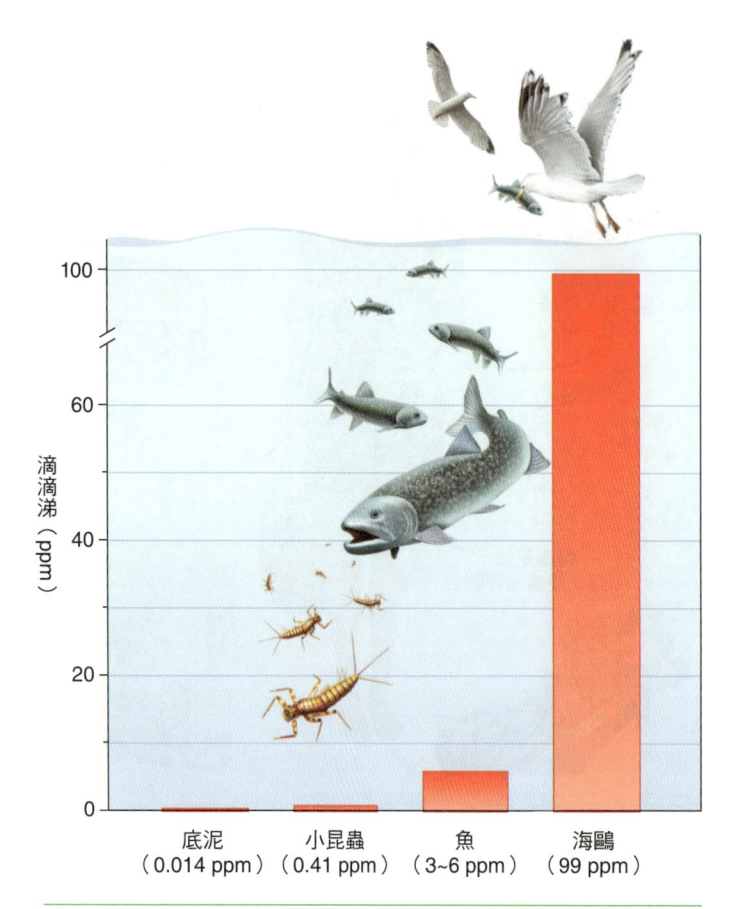

圖 8.8 密西根湖食物鏈的生物累積與生物放大作用。海鷗為三級消費者，其體內的 DDT 濃度約為同環境小昆蟲的 240 倍。

底泥（0.014 ppm）　小昆蟲（0.41 ppm）　魚（3~6 ppm）　海鷗（99 ppm）

滴滴涕（ppm）

蒙干擾物，會造成生殖異常與生育率降低。研究發現，男性尿液中鄰苯二甲酸鹽的濃度和精蟲數目減少、活性降低有關。雖然尚未有結論，但鄰苯二甲酸鹽似乎與工業國家男性近 50 年來精液量減少有關。

- 雙酚 A（bisphenol A, BPA）是聚碳酸酯塑膠（polycarbonate plastic）的主要成分，從水瓶到牙齒的密封物皆會使用。雖然對人體的影響仍無結論，但會使實驗用動物的染色體數目不正常，稱為異倍體（aneuploidy），是自然流產與智能障礙的主因。
- 草脫淨（atrazine）是美國中西部廣泛使用的玉米田除草劑，會干擾哺乳類內分泌荷爾蒙的機能，造成自發性流產、出生體重過輕與神經不正常，這些地區新生兒缺陷和成人罹患癌症的比例，較其他地區高出許多。歐盟與許多國家已在 2003 年宣布禁用。

化學性交互作用會增加毒性

某些物質會產生拮抗作用（antagonistic reaction），亦即會干擾反應結果，或激發對其他化合物的分解，例如維生素 E 及 A 會抑制一些致癌物質的反應。有些物質同時暴露會有加成作用，例如老鼠同時暴露於鉛及砷中，將比暴露於單一元素時的毒性高出 2 倍。**協同作用（synergism）**是指兩物質因交互影響，使得單一物質的效應加大。例如暴露在含有石棉環境下，得到肺癌的機會是一般人的 20 倍；吸菸得到肺癌的機會也是 20 倍；然而，若是石棉工人又吸菸，得到肺癌的機率就會增加到 400 倍。在暴露的環境中，即使許多毒性物質各別都在閾值（threshold）以下，但合在一起，毒性可能超過其閾值。

8.4　降低毒性效應的機制

即使化學物質在某些情況下可能有毒，但大多數都有安全的層級或閾值。在每個人的一生中，可能會攝入許多化學物質，並達到致死劑量（lethal dose）。例如 100 杯濃咖啡中，就含有致死的咖啡因劑量；同樣地，100 顆阿斯匹靈、10 公斤菠菜或黃豆、1 公升的酒精，如果一次吃完，將會致命。然而，如果只少量食用，大多數毒性物質在產生毒害前，就已被分解或排泄；再者，其所造成的傷害也可修補。然而有些時候，保護機制反而會使其他物質對人類有害，或影響另一階段的發展。

代謝降解而排泄消除毒性物質

大部分的生物體皆含有酵素，能夠處理廢物與環境毒物。哺乳動物的這類酵素大部分在於肝臟，自然產生的廢物以及由環境進入的毒性物質，都會在肝臟被解毒

（detoxification）。然而，有時這些反應反而是危害，例如苯芘（benzepyrene），其原始形式無毒，但經肝臟酵素分解後，反而會變成有毒的致癌物質。

藉由排泄可從身體裡排出廢物並降低毒性。揮發性分子，例如二氧化碳、氰化氫及酮等，會透過呼吸作用排出體外。有些過量的鹽類及其他物質，則會透過排汗而釋出。腎臟主要的功能為排泄，透過尿液排除溶解性物質。如果尿中的毒性物質濃度太高，腎臟及膀胱常承受毒性物質，則會傷害排泄系統。同樣地，胃、腸與結腸也常因消化系統的濃縮物質流入而遭受危害。此外，疾病與腫瘤也會造成相當的損害。

修補機制補救損害

細胞中的酵素可以修補受損害的 DNA 與蛋白質分子，同樣地，在體內磨損、承受毒物的組織與器官，通常也會具備損害修補機制。皮膚及消化道、血管、肺臟與泌尿系統的上皮組織內層，透過高細胞再生率來替換損害的細胞，然而一些因素（例如抽菸或酗酒）會刺激組織成為致癌物，有一些細胞會失去控制，並不停地增長成腫瘤，最後細胞替換率高的組織，就最有可能發展成為癌症。

8.5 量測毒性

在 1540 年，瑞士科學家帕拉賽爾瑟斯（Paracelsus）提出「劑量造成毒性」，指稱大部分的物質高於某種程度就會有毒，至今仍是毒理學的最基本原則。例如，少量的氯化鈉（食鹽）在生活上是不可或缺的，但如果短時間內吃下 1 公斤將會非常痛苦，將相同的劑量注入血液內也會致死。這些物質如何傳送、傳送速度多快、透過什麼路徑傳送、透過何種媒介物傳送，都是決定毒性的重點。

然而，有些毒性相當強，皮膚只要沾上 1 滴便能致死，有些則需要大量注入血液中才會致命。量測並比較物質的毒性有其困難，因為種類、敏感性不同，而且個體暴露在各種物質下的反應也不相同。

動物試驗可測試毒性

最常用也最被廣泛接受的毒性試驗，就是將實驗用動物族群暴露於受控制的劑量。這種試驗昂貴、費時，而且受測動物會感到痛苦，通常是採用數千隻動物做測試，經過好幾年、花費上千萬美元在低劑量下試驗毒性物質的反應。目前已陸續發展較人道的方式，例如電腦模擬、細胞培養與其他替代試驗。然而，傳統的大規模動物試驗是多數科學家較有把握的方法，而且關於污染、環境、職業健康危害的公共政策，也都以此方法為依據。

除了人道考量，動物試驗的其他問題也困擾著毒物學家與政府決策人員，問

題之一就在於特定族群中，每個個體對毒性物質的敏感度都不一樣。圖 8.9 為暴露在某假定毒性物質的典型劑量／反應曲線（dose/response curve）。某些個體對毒性物質相當敏感，有些則否。然而大多數則集中在中間，形成鐘形曲線。對於立法與從政者的問題是，是否應設置污染指標保護每個人（包括最敏感的人）？或是只保護一般人？要保護這些在曲線極端的人，需要額外花費數十億美元，這樣的資源使用合宜嗎？

劑量／反應曲線不一定是對稱的。描述化學物質毒性最常用的方式，就是 50% 測試族群有敏感反應的劑量。對致死劑量（LD）而言，稱為**半致死劑量（LD50）**（圖 8.10）。

不同物種可能對同樣毒性物質產生不同的反應，即使血緣相近的物種反應也不同。以倉鼠為例，受戴奧辛的影響比天竺鼠少 5,000 倍。目前有 226 種化學品對鼠類而言會致癌，其中 95 種會引發某一鼠類的癌症，但對其他則否。因此讓人體暴露在某種受控制的毒性物質劑量下是不道德的，因為難以推估其對人類的風險。

毒性等級相當廣泛

毒性是依據相對強度分類。中度毒性物質的致死劑量大約是 1 克／公斤體重，毒性極強的物質約為此劑量的 1/10，更毒的大約是 1/100（只要數滴）。毒性超強的化學物質只要幾微克（百萬分之 1 克）就可以致死。這些物質並非都是合成物質，例如目前所知最毒的化學物質，是在蓖麻種子中發現的蓖麻毒蛋白（ricin），只要靜脈注射 10 億分之 0.3 克，就可殺死老鼠。如果阿斯匹靈有這樣的毒性，1 錠藥片便能殺死 100 萬人。

許多致癌、致突變與致畸胎物質，原先都遠低於直接毒害的劑量，但因為細胞能不斷增長，因而發揮生物放大的效應。這些物質單一分子可能只改變單一細胞，

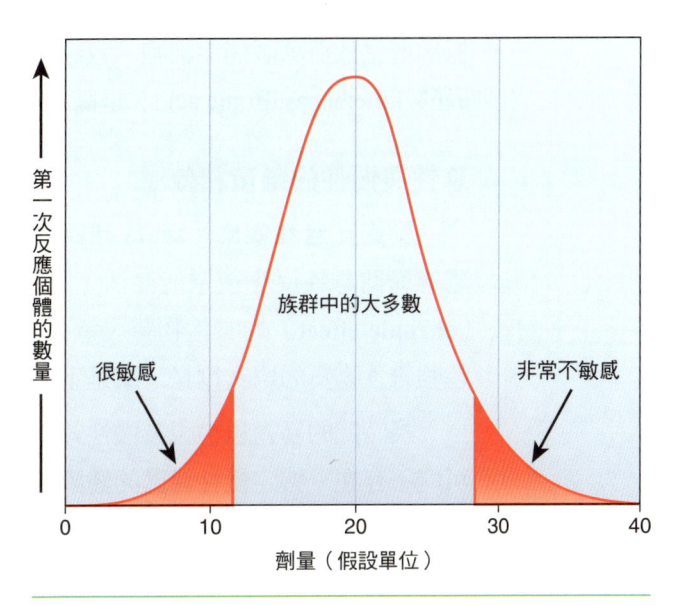

圖 8.9 族群中對毒性物質敏感度的可能變異。有些個體的反應較敏感，有些則非常不敏感，族群中的大部分個體介於此兩極端之間。

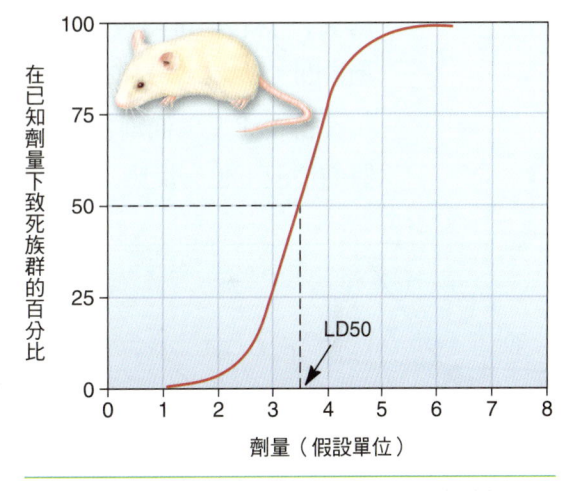

圖 8.10 當毒性物質劑量增加，族群對毒性物質產生反應的累積曲線，LD50 是半致死劑量。

但卻增生數百萬個癌症細胞。致癌、致突變與致畸胎物質也有強度之分，例如甲烷磺酸（methanesulfonic acid）是高致癌性物質，而糖精的效應極微。

急性與慢性的劑量和效應

暴露在**急性效應（acute effect）**毒性物質中，會立即引發健康危害。如果人體經歷此急性反應後還能存活，則這些效應通常是可逆的。另一方面，**慢性效應（chronic effect）**的毒性物質，會長久持續甚至永不消失。此種慢性效應可能是因超強毒性物質的單次劑量，或是不斷地暴露在半致死劑量下所產生的。

長時間的暴露也被視為慢性效應，當毒性物質移除後，影響可能仍然存在，也可能不存在。特定慢性暴露的健康風險通常難以評估，因為過程還受老化及一般疾病等其他因素的影響。對於低劑量慢性暴露的研究，通常需要很多動物試驗，才能得到統計學上有意義的結果。在低劑量超級毒性化學物質的研究中，毒物學家會利用數百萬隻老鼠來決定健康風險。即使只有一種化學物質，要進行試驗仍相當昂貴，更不用說要試驗成千上萬種物質。

另一個替代方法，就是給少數動物個體較大劑量的毒素（通常給予最大可忍受劑量），然後再推論較低劑量的影響。此方法備受爭議，因為並不清楚在大範圍的劑量間，動物對毒素的反應是否會呈線性或一致關係。

圖 8.11 呈現低劑量的 3 種可能結果。曲線 a 為基本反應，即使在沒有毒性物質的情況下也有反應，表示其他的環境因子也會引起反應。曲線 b 是從最高劑量至零劑量時的線性關係，許多致癌物與致突變物質皆呈現這種反應。在任何一種暴露量下，無論劑量多小，都會有風險存在。曲線 c 是毒性物質達一定劑量後才會有的影響，通常此時已啟動防禦機制，以防止毒性物質的危害，或是修復因毒性引起的損害。暴露於低量的毒性物質不一定會造成有害的影響，不需要特別降低至零劑量。

任何環境健康危害是否皆有閾值是既重要也兩難的問題。美國《食品藥物法》在 1958 年新增狄蘭尼條款（Delaney Clause），也就是基於暴露於任何致癌物質都會有不可接受的風險存在，故禁止食物與藥品添加任何已知的致癌物質。1996 年此標準被一項「無合理性之傷害」的必要條件所取代，其定義為每 100 萬人中，不到 1 人會因此而得到癌症。

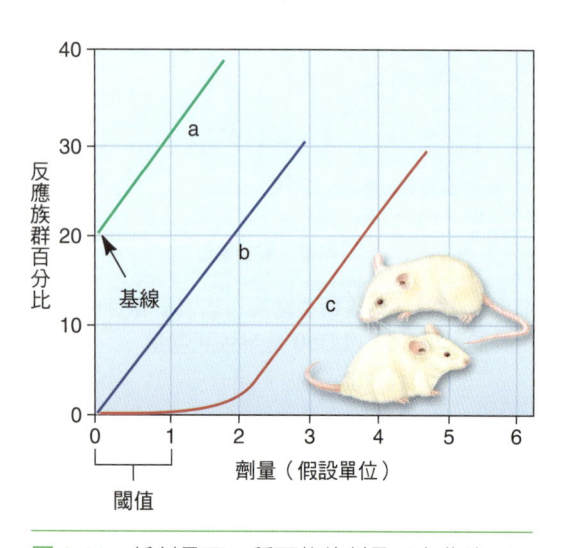

圖 8.11 低劑量下 3 種可能的劑量反應曲線：(a) 即使沒有劑量，有些個體仍有反應，顯示應該還有其他因素；(b) 直至最低的可能劑量仍呈現線性反應；(c) 劑量必須超過某閾值，才會有反應。

偵測極限偶爾有風險

曾有媒體報導在空氣、水或食物中發現毒性物質，顯示民眾無法接受任何一種危險物質，而且一定要將這些物質的劑量計算出來才可評估危險性。毒性與污染物的散布比過去多，然而，媒體報導在新的地方發現新的物質時，皆是使用更靈敏的測量技術所發現的。20 年前的儀器，對大部分物質的偵測極限，通常只有百萬分之 1。任何在此極限下的劑量，通常會被認定為「零」或「不存在」，而非較準確的說法「未偵測發現」。10 年前，當新的儀器進步到可偵測出十億分之 1 時，某些從未被懷疑過的地方，突然之間皆發現化學物質存在。現在甚至可以偵測到兆分之 1 或千兆分之 1 的極限。分析技術的進步，讓民眾相信毒性物質普遍存在。事實上，環境也許沒有變得比較危險，只是偵測極限的技術變得更好而已。

低劑量有不同效應

部分毒物和健康危害物質的低劑量效應可能屬於非線性，增加風險評估的複雜性。某些化學物質低劑量反而比高劑量更具傷害性，例如低劑量可能抑制酵素反應；高劑量有助於酵素反應。相反地，低劑量的輻射對某些癌細胞具防護作用，這與一般認知不同，因為離子化輻射被認為是致癌物。然而現在認為，極低劑量的輻射暴露會刺激 DNA 修補及破壞自由基酵素的增生。這些非線性效應稱為**毒物興奮效應（hormesis）**。

8.6 風險評估與可接受性

即使實驗可以知道化學物質的毒性，但如果此化學物質被釋放至環境中，仍難以了解其**風險**（risk，即受傷害的機率乘以暴露的機率）。很多因素使得毒性物質產生更複雜的移動與反應。此外，群眾對環境有害物質的相對危險認知可能被扭曲，以致於某些物質的風險似乎較其他的更為重要。

對風險的認知並非總是合理

有些因素會影響對相對風險的認知。

- 一些對社會、政治、經濟有興趣的人，包括環境保護者，會刻意低估某些風險，而強調符合自己議題的其他風險。個人也會如此，對於自身沒有好處的事，會過分誇大其危害；假若對自己有利，就會刻意低估或忽略危害性。
- 多數人很難理解並相信機率。人們會覺得事件之間一定有一些模式或關聯，即使統計理論顯示的結論並非如此，還是如此認為。如果硬幣上一次出現人頭，就會認為下一次會出現數字。同樣的道理，人們就很難了解 10,000 次中會有 1 次中毒風險的意義。

科學 探索

表觀基因組

人的飲食、行為、環境是否會影響兒女或孫子女？一世紀或更久以來，科學家假設人們接受自雙親的基因是不可逆的固定天命，而諸如壓力、起居習慣、毒物暴露或育兒等因子則對下一代沒有影響。

然而，一系列的研究再次檢驗這些觀念。科學家發現由DNA和相關蛋白質及其他小分子組成的**表觀基因組（epigenome）**，其管制基因功能可影響許多功能並持續影響許多世代。epi的意義是「上位」（above），亦即表觀基因組在一般基因的上位並管制其功能。了解此系統如何運作有助於觀察環境因子如何影響健康並對處理各種疾病有所助益。10年前杜克大學研究人員進行一項最先進的表觀基因實驗。研究人員研究飲食對刺鼠的效應，這種老鼠帶有稱為鼠灰色（agouti）的基因，會讓刺鼠肥胖變黃，而且容易得到癌症和糖尿病。從受孕前開始，母刺鼠被餵食富含維生素B（葉酸及B12）的食物。令人驚訝的，這簡單的飲食改變使得小老鼠呈褐色且健康，維生素關掉了子代的鼠灰色基因。

除了維生素B，如蔥、薑、甜菜等蔬菜也是甲基供應者──也就是可在蛋白質或核酸上增加1個碳原子及3個氫原子。接上額外的甲基，可以改變蛋白質及核酸轉錄DNA的方式，而啟動或關閉基因。同樣地，乙酸化的DNA（額外添加乙酸基：CH_3CO）也可以刺激或抑制基因表現。兩項反應都是管制基因表現的關鍵方式。這些反應所牽涉的，不只是基因本身，還包括大量一度被認為是在染色體內無用、多餘的DNA，以及以前被認為僅是包裹物質的蛋白質。現在則發現額外的DNA及組蛋白（基因摺疊在蛋白質裡）在基因中扮演重要角色。甲基化或乙酸化的蛋白質或核酸序列對整個基因家族有持續的效應。

值得注意的是，表觀基因組的改變將可攜行數個世代。2004年，華盛頓州立大學的遺傳學家研究鼠類暴露於一種常用的殺真菌劑的效應。結果發現雄鼠暴露後，精子數較少，僅是單次的暴露就產生這種效果。更驚人的是，即便後續的子代從未暴露於殺真菌劑，此效應也持續4代。轉換系統的改變，將隨著其所控制的DNA，從一代傳至另一代。

母齧齒類哺育幼兒的方式，也會對幼兒的腦部造成類似的甲基化型態的改變，類似影響鼠灰色基因的出生前維生素及營養。一般認為，舔及理毛活化血清素受體，會啟動基因降低壓力反應，而造成腦部深遠的改變。在另一項研究中，給予額外關注、飲食及心理刺激（玩具）的老鼠，記憶測驗的表現也較好。這些案例皆偵測到海馬迴──腦中控制記憶的部分──的甲基化型態改變，後代也維持這種甲基化型態。

一項針對人類表觀基因效應的研究，比較瑞典北方偏遠村落2世紀的健康紀錄、氣候及食物供給。歐弗卡列（Overkalix）村相當偏僻，因此不良天氣所造成的作物損壞會讓饑荒影響每個人。較佳的年份，村民有豐富的食物而大吃大喝。顯著的型態呈現，在歉年時處於十二、三歲的祖父，其孫子比那些祖父在十二、三歲時大吃大喝的孫子竟多活32年之久。同樣地，母親在懷孕時期可獲得豐富飲食的婦女，

生出具健康問題或壽命較短的女兒或孫女的可能性更高。另一項關於英格蘭布里斯托（Bristol）夫妻的長期健康研究發現，11歲之前就開始抽菸（青春期開始及精液開始形成）的父親，比那些不抽菸的父親更有可能會有過重或壽命較短的兒子或孫子。這些結果可歸諸於表觀基因效應。

廣泛的因素會造成表觀基因變化。例如抽菸，會在你的DNA上留下許多永久的甲基化記號，暴露在許多農藥、毒物、藥物及壓力源下也是。綠茶中的多酚，深色水果，維生素B，蔥、蒜、薑黃等健康食物，有助於預防有害的甲基化。不意外地，表觀基因改變與癌症有所關聯，包括結腸、前列腺、乳房及血液。這可以解釋許多困惑的案例，環境似乎對健康及發育有長期效應，而這些卻是無法以一般的代謝效應解釋。

不像突變，表觀基因改變不是永久的。如果暴露不再繼續，最終表觀基因組會回到常態，使得其可選用藥物治療。美國食品藥物管理局目前核可委丹扎（Vidaza）及達柯凍晶（Dacogen）兩種藥物，可抑制甲基化並做為白血病的先導藥物。另一種藥物，容立莎（Zolinza），可促進乙酸化，被核可處理另一型的白血病。可以處理各種疾病的許多藥物正在開發，包括類風濕性關節炎、神經退化疾病、糖尿病等。

飲食、行為、環境皆會對自己及後代的健康產生影響。昨晚吃什麼、喝什麼、吸煙或者做什麼，都將對自己及後代產生深遠的效應。

- 個人的經驗通常會導致誤解。當未親自經歷錯誤，會覺得錯誤應該很少，甚至根本不可能發生。此外，人生歷練所產生的憂慮，也會讓人無法接受這種不確定性，而誤判許多風險。
- 太相信自己可以駕馭自己的命運。常認為自己是平均水準以上的駕駛，在使用設備或電動工具時會比他人安全，而且也比較不容易碰到醫療等問題，例如心臟病。人們常因為覺得自己比其他人明智或幸運，認為自己能夠避免危險。
- 新聞媒體常報導一些偏差的健康風險觀點，過於報導某些事故或疾病，而忽略其他事件。轟動、殘酷或可怕的死亡事件，例如謀殺、墜機、火災或是嚴重的意外事故，受到過多的報導。在美國，心臟病、癌症與中風等是交通意外的15倍，也是殺人事件的75倍，但媒體常把焦點放在交通事故與殺人事件，恰好與心血管疾病、癌症發生的頻率相反。所以，生活環境誤導正確的風險概念。
- 傾向產生非理性的恐懼或不信任某些技術，而高估危險。例如核電，似乎非常危險，而燃燒煤炭的發電廠好像比較安全。事實上，美國每年因採煤、運輸與燃燒所引起的死亡事件有10,000起，然而目前卻尚未有因核電而致死的案例。大家熟悉或純熟的技術，感覺上似乎比新穎而陌生的技術更被接受且更安全。

可接受的風險

多少風險是可接受的？減少風險或避免暴露於風險的價值有多少？如果某一事件所造成的傷害很低，大部分的人都可以容忍此事件發生機率高。相反地，如果傷害很嚴重，那麼頻率必須很低，才可能被接受。人們會對 1/10,000 被殺死的機會，比對 1/100 受傷的機率要關心得多。對大多數人而言，1/100,000 的死亡事件或因子，才會對其所作所為產生影響。如果死亡機率低於 1/100,000，就無需擔憂是否應該改變生活方式。假若風險提高，很可能會做一些改變。美國環保署認為，對大部分的環境危害而言，1/1,000,000 的風險是可接受的。關心此政策的評論家則問，誰會接受呢？

對於喜愛或有利可圖的活動，通常願意接受較高的風險。相反地，如果是有益他人的，則要求提供更多的保護。例如，1 年內因汽車事故而死亡的機率是 1/5,000，但對許多人而言，並未因此而不開車或不坐車。1 天抽 1 包香菸而導致肺癌死亡的機率是 1/1,000，飲用含有濃度在環保署限值內三氯乙烯的水而致病的機會是 10 億分之 2。奇怪的是，許多人寧可要求飲用無三氯乙烯的水，也要繼續抽菸。

每年有超過 100 萬名美國人罹患皮膚癌。有些癌症會致命，大部分則會造成外觀傷害，至今只有 1/3 的青少年有使用防曬油的習慣。日光浴會使罹患癌症的機會增加 1 倍以上，尤其在年輕的時候，然而大約有 10% 青少年承認經常做日光浴。表 8.4 列出一生中死亡原因致死的機率。

公共風險的研究顯示，大多數人的情緒反應超過對統計資料的反應。當人們用盡一切方法避免一些危險時，卻欣然接受其他的危險。那些並非出自本意、不常見或偵測不到的暴露因素，抑或是有延遲效應，甚至對下一代有威脅的因素，特別令人害怕，反而那些自願、常見、可偵測到或立即的影響，比較不令人擔憂。例如，即使知道因汽車意外、抽菸或酒精而死亡的人數，是因殺蟲劑、核能或遺傳基因工程死亡的數千倍，但後者卻比前者更引人注意。

表 8.4 在美國一生中的死亡機率

來源	機率（x 分之 1）
心臟病	2
癌症	3
抽菸	4
肺病	15
肺炎	30
汽車事故	100
自殺	100
跌倒	200
槍殺	200
火災	1,000
飛機失事	5,000
跳樓	6,000
溺斃	10,000
雷擊	56,000
遭大黃蜂、黃蜂、蜜蜂螫死	76,000
犬咬	230,000
毒蛇、毒蜘蛛	700,000
肉毒桿菌中毒	1,000,000
被掉落太空碎片砸死	5,000,000
喝含有濃度在環保署限值內三氯乙烯的水	10,000,000

資料來源：U.S. National Safety Council, 2003.

8.7　建立公共政策

　　風險管理結合環境健康與毒物學，並以社會經濟、技術及政治的考慮為基礎（圖 8.12）。管理決策的最大問題是，人們時常不知不覺地暴露於許多傷害中。分隔這些不同的危險並正確地評估風險相當困難，尤其是暴露於接近偵測與反應臨界值時。儘管有時資料模糊且矛盾，但公眾決策者卻仍必須做出決定。

　　2005 年，國光石化公司提出「國光石化開發案」，預計於雲林離島工業區興建石化廠。因環評未獲通過，2008 年轉往彰化，但在過程中引起地方正反不同意見。2011 年 4 月 22 日，當時的總統馬英九先生親自宣布不支持國光石化案在彰化縣繼續進行。雖然國光石化因環評考量被終止，但其健康風險評估的論證過程卻是值得參考的案例。在審查過程中，與會學者專家認為必須確認所有資料的品質，數據必須正確完整且具代表性，必須確定敏感族群，使用的評估工具及方法必須經過驗證，應該以「最高風險」的角度考量風險問題，應提出風險溝通的方式等。

　　2013 年，國家衛生研究院為了得知雲林縣麥寮鄉六輕附近學童暴露於氯乙烯單體（vinyl chloride monomer；VCM）的風險，於是以學童尿液中硫代二乙酸（TdGA）濃度評估 VCM 的暴露情況。美國環保署及國際癌症總署將 VCM 列為人體致癌物，急性（短期）暴露會影響中樞神經系統，慢性（長期）暴露會損害肝臟功能、肝癌罹患風險增加。一旦 VCM 進入人體，經由肝臟代謝後主要產物是 TdGA。不過，人體內 TdGA 濃度也會因接觸塑膠產品、飲用水等環境因子而增加。

　　2014 年，檢驗結果指出六輕附近 4 間國小的學童尿液中皆驗出 TdGA，而以橋頭國小許厝分校的濃度最高。後來引發「許厝分校遷校事件」。雖然在衛生福利部承諾、家長同意下暫時告一段落，但 2017 年 1 月衛生福利部檢驗結果顯示，學童遷回本校後體內檢出的 TdGA 不降反升，又引起不同的解讀聲音。

　　欲設定環境毒性物質的標準，需要考慮：(1) 暴露於許多不同損害源所造成的組合效應；(2) 不同的族群成員對毒性物質的敏感性不同；(3) 慢性與急性暴露的效應。有些人認為應該用最高的標準設定污染層級，以防造成可預見的不良效應，其

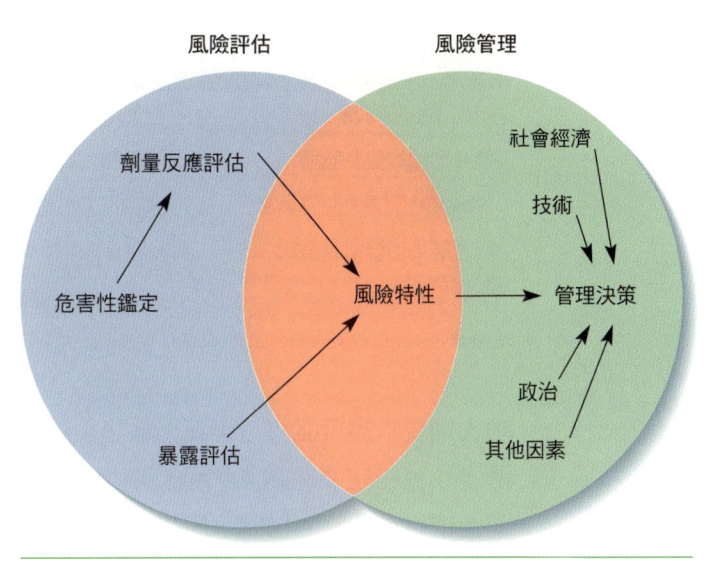

圖 8.12　風險評估可組織並分析資料以決定相對風險。風險管理可設定優先順序並評估相關的因素以制定管理決策。

表 8.5　與人類福祉有關的相對風險

相對高風險問題	相對中風險問題	相對低風險問題
棲息地的改變及毀壞	除草劑／殺蟲劑	石油洩漏
物種滅絕及喪失生物多樣性	地表水中毒性物質及污染物	地下水污染
同溫層中的臭氧層破壞	酸性沉澱物	放射性核種
全球氣候變遷	空氣中毒性物質	熱污染

資料來源：U.S. Environmental Protection Agency.

他人則要求盡可能將污染減至最小，或盡量依技術可行性減低。如果要求「不論風險多小，一定要保護人們免於環境中有害污染傷害」，可能不太合理。人的身體有避免或修復危險的機制，所以多數都能禁得起少量的暴露。

另一方面，每一種毒性物質都會給身體壓力。雖然每種壓力不見得都會威脅生命，但所有自然或人為環境的威脅累積起來，可能嚴重縮短生命。此外，有些人比較容易受壓迫的影響，應該訂定污染標準以期無人受不良的影響（包括最敏感的個體）？或者應該用總平均值設立可接受的風險層級？

最後，關於危險與有毒物質的政策決策，也必須以這些物質如何影響植物、動物與其他生物體的資訊為基礎。某些污染會破壞整個生態系統，有些情況只會威脅最敏感的物種。表 8.5 是美國環保署對人類福祉相對風險的評估，反映出為了減少污染以保護人類健康，卻疏忽自然生態的系統風險。當用來評估個別化學物質對健康風險的個案認定方法對人類有所幫助時，卻經常忽略極為重要的生態問題。

問題回顧

1. 2020 年時，預計的全球疾病前五大主因為何？
2. 定義健康和疾病。
3. 什麼是突發性疾病？請舉例說明。
4. 定義保護醫學。
5. 「毒性」與「有害」的差異為何？各舉一些例子說明。
6. 什麼是內分泌腺荷爾蒙干擾物？為什麼值得關心？
7. 何謂生物累積？何謂生物放大？
8. 定義 LD50。
9. 急性毒性物質與慢性毒性物質的差異在哪？
10. 為什麼草脫淨值得關注？

批判性思考

1. 針對臺灣的食品安全事件，你有什麼看法？針對 NDM1，你又有什麼看法？你認為這些事件的健康風險應該落在表 8.5 中的哪一等級？或只是因為媒體的推波助瀾，使得這些風險被放大了？
2. 分成 2 組辯論「許厝分校遷校事件」的健康風險評估。角色可以包括一般民眾、環保署與衛生福利部官員、地方政府官員、環保團體、需要選票的立法委員和縣市議員、新聞媒體、醫生、師生家長等。
3. 完全的健康是否有可能？
4. 為什麼我們常會認為天然的化學物質無害，而認為工業化學物質有害呢？這樣對嗎？
5. 在你的環境當中，你對於風險的認知如何？

9 氣候
Climate

如果不控制溫室氣體，依據最悲觀的預測，2100 年海平面有可能上升 2 公尺以上。屆時像圖中馬祖芹壁村這種臨海區域，將不適人居。
（白子易攝）

下個十年非常關鍵。如果排放量無法在 2020 年左右到達頂點，……那麼在 2050 年所需要削減的 50% 排放量將需要高昂成本；事實上，根本完全沒有機會。

——國際能源署（2010）

學習目標

在讀完本章後，你可以：

- 說明對流層和同溫層的差異。
- 說明自然氣候變化的因素。
- 解釋溫室效應及其如何改變氣候。
- 了解如何得知最近氣候變遷的本質及成因。
- 列舉氣候變遷造成的效應。
- 討論挽救全球氣候變遷的策略。

案例研究

穩定我們的氣候

全球氣溫節節升高，平均氣溫上升 0.5°C 至 1°C。這些現象和工業時代以來溫室氣體的排放量增加是一致的（圖 9.1）。

1°C 的變化可讓更多更北方的農作物害蟲及雜草挺過寒冬，讓土壤更為乾燥而使水源缺乏的地區需要更多灌溉。氣候學家警告，如果無法降低溫室氣體排放，2100 年全球氣溫將上升 5°C 至 7°C，海平面將上升 1 公尺以上。北極海冰層縮減和南極冰棚破裂引起輿論廣泛關注，也讓各階層思考解決方案。

普林斯頓大學研究團隊認為，人類早已具備穩定未來半個世紀氣候的科學、科技與工業關鍵技術，並且能符合能源需求。研究團隊提出楔形分析（wedge analysis），亦即將大型問題分解成小型、片狀的問題。雖然此方法目前只針對 CO_2，但也可應用於其他溫室氣體。

研究團隊依據分析結果提出 3 種可能的 CO_2 排放軌跡。第一種軌跡是「無作為（business as usual）情境」，也就是維持目前 CO_2 排放增量，此軌跡將於 2100 年達到目前排放量的 3 倍，全球氣溫將上升 5°C，海平面將上升 0.5 至 1 公尺。

第二種軌跡是管制 CO_2 排放的「穩定情境」，軌跡將於 2100 年達

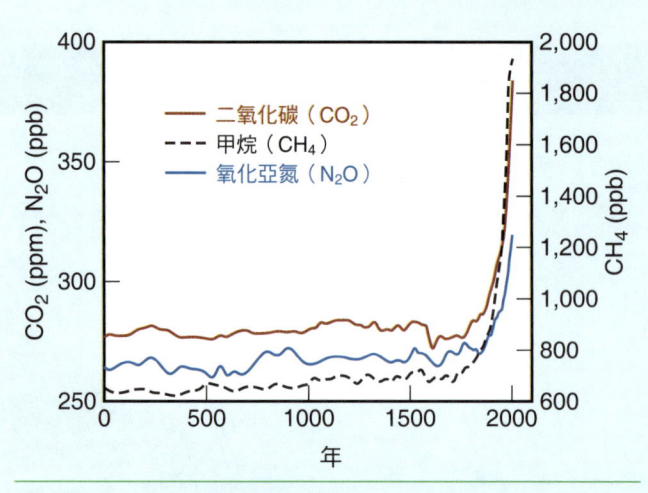

圖 9.1 這些氣體濃度的增加是由於 1750 年工業時代以來的人類活動。濃度單位為 100 萬分之 1（ppm）或 10 億分之 1（ppb）。

資料來源：USGS, 2009。

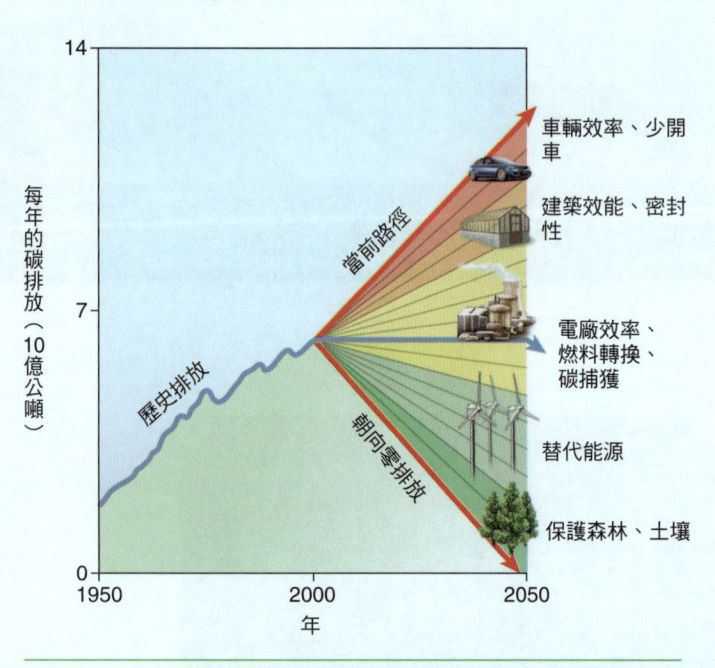

圖 9.2 楔形法使用多元策略，可以快速和相對低廉地穩定甚至減少二氧化碳排放量。

到目前排放量的 2 倍，全球氣溫上升 2°C 至 3°C，海平面上升 29 公分至 50 公分。第三種軌跡是「減少排放情境」，2058 年前每年必須減少 CO_2 排放（圖 9.2），並分為 14 個楔形，每個楔形代表 10 億公噸的 CO_2 排放量。

將車輛平均耗能（average fuel economy）從目前的每加侖 30 英哩增加 2 倍至每加侖 60 英哩，可減少 1 個楔形（10 億公噸）；減少對車輛的依賴（搭乘捷運或共乘），並將每年 10,000 英哩的駕駛里程數減少為 5,000 英哩，可再減少 1 個楔形；改善建築物的密封性並使用高效率電器設備，能節省 1 個楔形；改善燃煤發電廠效率可再省 1 個楔形。

以上的減量組成「穩定三角」（stabilization triangle），為水平線以上的面積。剩下的可包括：捕捉並貯存發電廠釋出的 CO_2、改變發電廠操作及降低對燃煤發電廠的依賴。另一組楔形包括替代能源、停止森林砍伐並保護土壤。

進階閱讀

Pacala, S. and Socolow, R. 2004. Stabilization wedges: Solving the climate problem for the next 50 years with current technologies. *Science*, 305 (5686): 968-72.

9.1　大氣層

大氣層向上延伸約 500 公里，最底部的是對流層。對流層及其他層的組成和行為，控制**天氣（weather）**（在同一地點每日的溫度和溼氣）與**氣候（climate）**（長期的天氣型態）。

地球上最早的大氣，主要組成可能是氫和氦。經過數十億年，大部分的氫和氦氣已擴散進入太空。火山爆發增加大氣中碳、氮、氧、硫和其他元素。事實上，呼吸的氧分子可能皆由藍綠細菌、藻類和綠色植物的光合作用所產生。乾淨、乾燥的空氣中，78% 是氮，21% 是氧，剩下 1% 為氬、二氧化碳和其他微量氣體。水蒸氣介於 0 至 4%，與空氣溫度及溼氣有關。微小顆粒和液滴，整體稱為**氣膠（aerosol）**，也懸浮在空氣中，對地球能源與降雨有重要影響。

因為對太陽能的吸收不同，大氣分為 4 個溫度完全不同的區域（圖 9.3）。

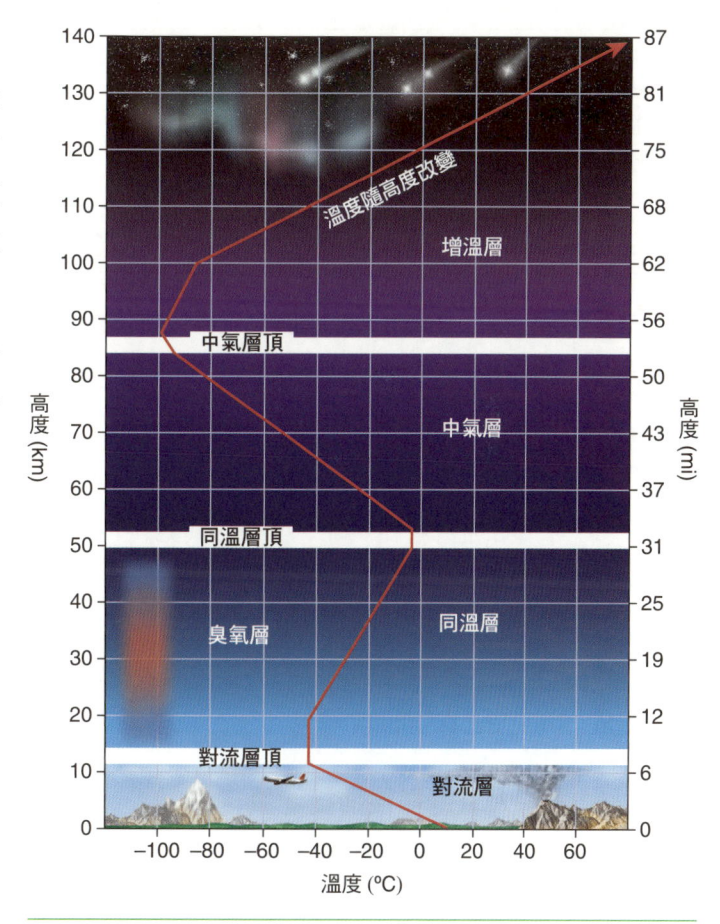

圖 9.3　大氣的溫度和組成變化。大部分氣象發生在對流層，同溫層臭氧可以阻隔紫外線能量。

資料來源：National Weather Service.

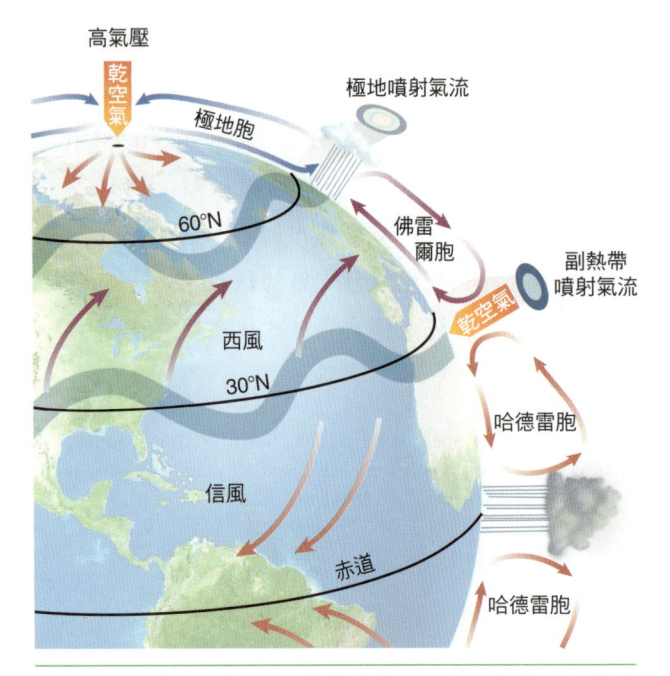

圖 9.4 對流胞在全球各地循環空氣、水分和熱。在對流胞接觸的地方發展出噴射氣流，並由對流胞產生地表風。對流胞會季節性地擴大和轉移。

與地表相接的是**對流層**（troposphere），在此層空氣呈現強大的垂直和水平**對流**（convection current）循環，持續重新分配全球的熱與溼氣（圖 9.4）。對流層的深度，在赤道上約 18 公里，而南北極的空氣冷且密度高，故約 8 公里。因為重力使得多數空氣分子靠近地表，對流層的空氣密度比較高，約包含大氣重量的 75%。此層空氣溫度隨著高度增加而快速下降，在對流層頂端約 −60°C。當溫度梯度突然逆轉時，形成陡峭的邊界，此為對流層頂（tropopause），限制對流層與上層間的氣流混合。

同溫層（stratosphere）從對流層頂向上延伸約 50 公里，此層空氣比對流層稀薄，但組成成分與對流層相似，最大不同是此層沒有水氣，而且**臭氧**（ozone, O_3）濃度比對流層高將近 1,000 倍。臭氧可吸收太陽輻射中短波的高能紫外線（UV），即 UV-B（波長 290 nm 至 330 nm），所吸收的能量使同溫層比對流層上層的溫度高。由於紫外線輻射會破壞生物體細胞組織，因此同溫層的臭氧可保護地球上的生命。

同溫層以上溫度繼續下降，為中氣層（mesosphere）或中間層（middle layer）。增溫層（thermosphere，加熱層）約從 50 公里開始，此層有被高能太陽能與輻射穩流加熱的高離子化（電荷）氣體。在增溫層較低處，強烈高能輻射脈衝造成荷電粒子（離子）發光，此現象即北極光（aurora borealis）與南極光（aurora australis），或稱為北方光與南方光。

大氣沒有明顯的終點，隨著距離的增加，大氣壓力和密度隨之減小，直到變成幾近真空狀態。

大氣選擇性捕捉能量

太陽所提供的能量並非均勻分布於地球，太陽輻射（日照）在赤道附近比在高緯度區域強烈。到達外氣層的太陽能，約有 1/4 被雲和大氣氣體反射，另外 1/4 被二氧化碳、水蒸氣、臭氧、甲烷與其他氣體吸收（圖 9.5），使得大氣溫度略微增加。約有一半的太陽輻射穿透到達地球表面，主要以光或紅外線（熱）的能量形

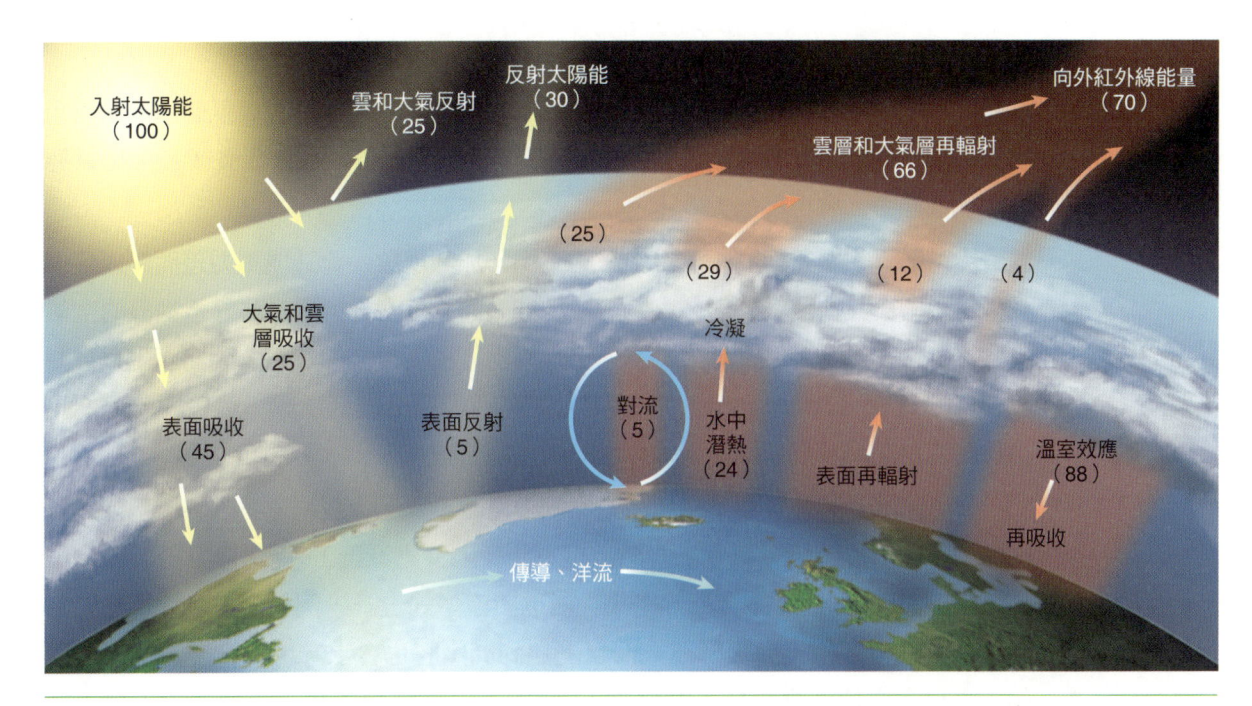

圖 9.5　進入和外逸輻射間的能量平衡。到達地球太陽能的一半被大氣吸收或反射，從地球表面被反射的能量多數屬於長波紅外線能量，此能量大部分被大氣中氣膠和氣體吸收，並對地表再次輻射，使地球更加溫暖，成為溫室效應。

式存在，其中有些能量被雪、冰和沙子等光滑的表面反射，其餘則被地表和水吸收。**反照率（albedo）**或反射性（reflectivity）較高的表面能反射能量，例如雪和高密度的雲，可反射 85% 到 90% 的光（表 9.1）。反照率或反射性較低的表面則吸收能量，而且通常較暗；例如黑色的土壤、柏油路等，反射率較低（僅 3% 到 5%）。

大部分的太陽能量來自高能短波光線或近紅外線波長的輻射。短波能量很容易穿越大氣而到達地表；從溫暖的地球表面重新釋放的能量，則屬於光譜中低強度的長波遠紅外線（far-infrared）。這些長波能量大部分會被大氣氣體（特別是二氧化碳與水蒸氣）吸收，然後在較低的大氣層釋放，這些能量供應較低大氣層大部分的熱能。如果紅外線輻射都能穿透大氣，地球表面平均溫度會比現在低 20°C。此現象稱為**溫室效應（greenhouse effect）**，因為大氣就像溫室裡的玻璃，傳送日光的同時，內部溫度也會增加。溫室效應是自然的大氣程序，對生物體是必要的，但因燃燒化石燃料和砍伐森林所造成的過量溫室效應，可能造成有害的環境改變。

表 9.1　地球表面的反照率（albedo）或反射性（reflectivity）

表面	反照率（%）
新降的雪	80–85
厚雲層	70–90
水（低日光）	50–80
沙	20–30
森林	5–10
水（頭頂光）	5
黑土	3

蒸發的水貯存並重新分配熱

進入地球的大部分太陽能是用來蒸發水。每公克液態水蒸發成氣態水蒸氣需吸收 580 卡。因此，水蒸氣儲存大量的**潛熱（latent heat）**。水分蒸發後，再從氣態冷卻成液態時，會再釋出 580 卡。

赤道附近熱空氣與高緯度冷空氣的不均勻加熱現象，會造成壓力差而形成風、降雨、暴雨與其他氣候型態。太陽能使地球表面溫度上升，導致最靠近地表的空氣密度比上方空氣密度低，地表熱空氣上升到上方密度較高的空氣，因而產生垂直對流（vertical convection current），讓空氣從高溫循環流向低溫處。這些對流可能是小尺度或局部的，也可能涵蓋地球上的廣大區域。

當氣團上升時溫度會下降，而當氣團降溫時，水氣會凝結。氣團降溫是因為氣團壓力會隨高度改變：氣團上升時溫度下降（因氣壓減低），而氣團下降時溫度上升（因壓力增加）。氣團在日照密集之處以對流型式上升，例如赤道上方。移動的上升氣團也會互相重疊而降溫，而氣團遇到高山時也會上升。如果空氣潮溼（例如，來自海洋或蒸發森林區的氣團），當空氣上升時將引起冷凝與降雨。另一方面，當空氣下沉時，由於壓力增加、溫度上升，而使水氣蒸發，所以在高壓地區的降雨量較少。下沉且乾燥的空氣，大約在北緯與南緯 30°，所以在此緯度區有較多沙漠帶。

洋流調節氣候

洋流（ocean current）強烈影響陸地的氣候。表面洋流是風推動海洋表面所引起的，當表面海水移動，深海的水會湧上取代，造成更深的洋流。水的密度隨水溫與含鹽量而異，亦是促使海洋循環的因素。稱為環流（gyre）的巨大循環洋流，帶著水至北方和南方，將熱從低緯度重新分配至高緯度地區。著名洋流之一的墨西哥灣流，挾帶溫暖的加勒比海水北向流經加拿大至北歐（圖 9.6）。這個洋流的體積大約是世界第一大河亞馬遜河的 800 倍，從海灣送來的熱，使得歐洲比所在的緯度更溫暖。當溫暖的墨西哥灣流流經斯堪的那維亞半島（Scandinavia）並迴繞著冰島時，因水冷卻並蒸發而密度變大、含鹽量變高，下降後引起深而強大的南向洋流。

這種表面、深處的循環系統稱為**溫鹽循環（thermohaline circulation）**系統，發現此系統的華里士・布若克（Wallace Broecker）博士認為此系統也可能突然停止。11,000 年前的更新世冰河期末期，地球逐漸變暖，北美冰原南端邊緣聚積大量融化的水，稱為阿格西湖（Lake Agassiz），此湖含有比全球淡水量還多的水，這些水被現在五大湖區的冰所阻擋，而未排放。直到此冰壩突然崩潰時，約 163,000 立方公里的淡水沿著聖勞倫斯河滾滾流入北大西洋表層，而阻斷深、冷、高密度的海水下沉。如此一來，不但中止海洋循環，也使地球退回冰期〔此冰期以在寒冷環境

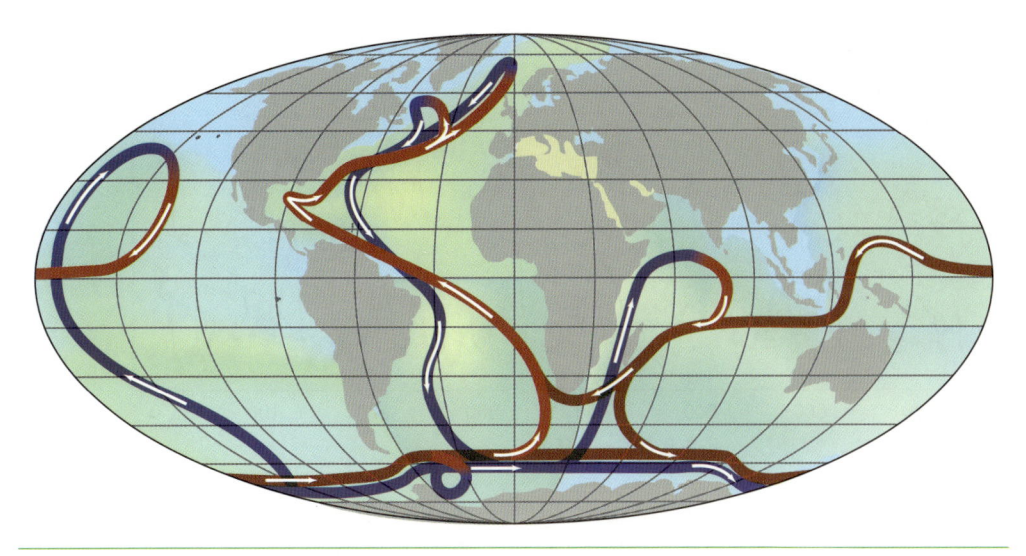

圖 9.6　洋流是全球性的輸送系統，分配冷暖海水至世界各地。洋流可穩定氣候，例如墨西哥灣流使歐洲北部比加拿大北部溫暖。海洋鹽度及密度的變化，從低（藍）到高（黃），有助於驅動海洋循環。

資料來源：NASA。

普遍生長的凍原小花命名，稱為「新仙女木」（Younger Dryas）冷期］，並持續約 1,300 年。海洋循環可能在數年內中斷，也可能僅需數個月即中斷。

9.2　氣候變遷

氣候學家布若克說：「氣候是一頭發怒的野獸，而我們正在用木棍戳牠。」他指出我們以為氣候是穩定的，但我們輕率的舉動將會造成氣候突然且劇烈的變化。依目前的情況，全球與區域氣候可在短時間內快速變化。

冰核記錄氣候歷史

俄羅斯科學家利用南極冰帽 3,100 公尺深的冰核，分析 42 萬年來全球溫度與大氣二氧化碳的變動，發現二者相關性極高。歐洲南極冰核計畫（European Project for Ice Coring in Antarctica, EPICA）的紀錄可追溯至 80 萬年前（圖 9.7），此期間，CO_2 濃度在 180 ppm 至 300 ppm 之間變化，但目前已將近 400 ppm。

造成自然氣候轉變的原因

造成不同時間尺度產生氣候變化的解釋之一，是**米蘭科維奇循環**（**Milankovitch cycles**）的日光強度週期性變化。這個循環以 1920 年代首次描述它的塞爾維亞科學家命名，包括 (1) 地球繞太陽運行的軌道形狀，每 100,000 年循環會拉長和縮短；(2) 旋轉的軸心在 40,000 年循環中傾斜角度會改變；(3) 在 26,000 年期間，軸心會像失去平衡的陀螺般擺動（圖 9.8）。

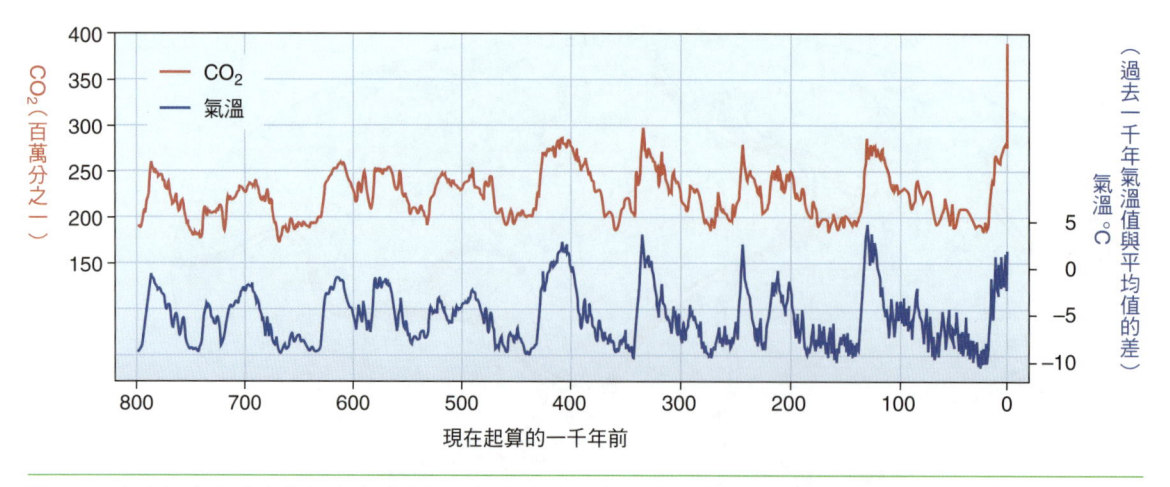

圖 9.7 在南極東方站冰芯氣泡中的大氣二氧化碳濃度（紅線）與溫度（藍線，由氧同位素推算）有非常密切的關係。可能因為海洋吸收熱，使得近期氣溫落後 CO_2 的上升。在 80 萬年的冰芯中，沒有證據顯示在正常狀態下，氣溫或 CO_2 會超出變動範圍。

資料來源：UN Environment Programme; J. Jouzel et al. 2007. *EPICA Dome C Ice Core 800KYr Deuterium Data and Temperature Estimates*.

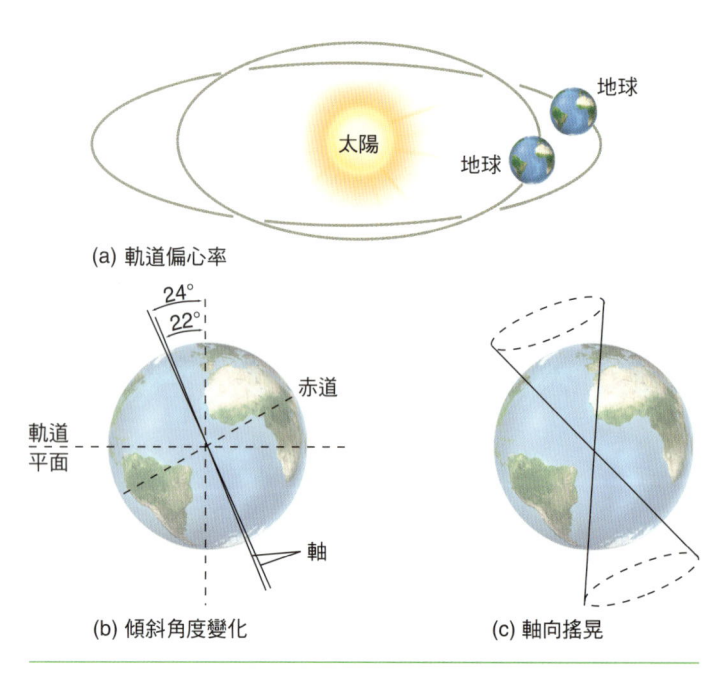

圖 9.8 米蘭科維奇循環包括很長的循環週期變化：(a) 地球運行軌道的改變；(b) 軸心傾斜角度的轉換；(c) 軸心的擺動。

聖嬰現象／南方振盪現象具長遠影響

聖嬰現象（El Niño，西班牙文，表示年幼的基督）、反聖嬰現象（La Niña，表示小女孩）和南方振盪現象（Southern Oscillation）都是洋流／氣候相關的術語，會影響太平洋或全世界的天氣。太平洋海域溫暖的表面水，緩慢地在印尼和南美間前後攪動。大部分時間，穩定的赤道信風將海洋表面水流推向西方而固定在西太平洋（圖 9.9）。從東南亞到澳洲，此溫暖的赤道水提供潛熱（水蒸氣），在大氣中形成強烈向上的對流（低壓力），豐沛雨量支持茂密的熱帶雨林。在太平洋的另一邊，向西移動的表面水，被沿著南美海岸湧升的冷水所取代。富含營養的冷水，支持密集的鯷魚與其他魚族群。當信風在海洋的表面上向西方吹時，對流層上空的回流風從印尼移回智利、墨西哥到南加州。回流空氣下沉，產生乾燥的沙漠環境。

每 3 至 5 年，不明原因使得印尼低壓力系統瓦解，許多溫暖的表面水橫越太平洋向東湧回。祕魯的漁夫最早注意到海洋溫度上升的不規則循環，因為魚在水溫較高時就會消失。此情形常在耶誕節前後發生，故稱為聖嬰現象。當東方熱帶太平洋變冷時，則與聖嬰現象相反，稱為反聖嬰現象。這些週期合稱為**聖嬰－南方震盪現象（El Niño/Southern Oscillation, ENSO）**。

由於全球氣候改變，一些氣候學家相信南方震盪現象會變得更強烈，或發生頻率會增加。海洋表面溫度暖化的擴大已有徵兆，可能增進聖嬰現象的強度或頻率。

9.3 氣候變遷較以往快速

許多科學家注意到，人類引起的全球氣候變化是最重要的環境問題。人類改變世界氣候的可能性，不是個新想法。1895 年諾貝爾化學獎得主阿瑞尼亞斯（Svante Arrhenius）預測，燃煤所釋放的二氧化碳會引起全球暖化。與他同年代的人，大多數無法接受此看法，但現在似乎正明顯地發生。

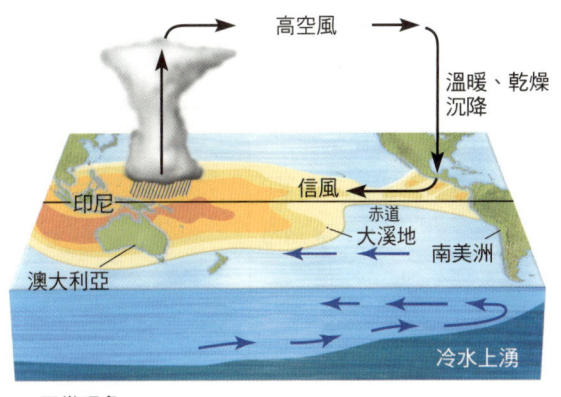

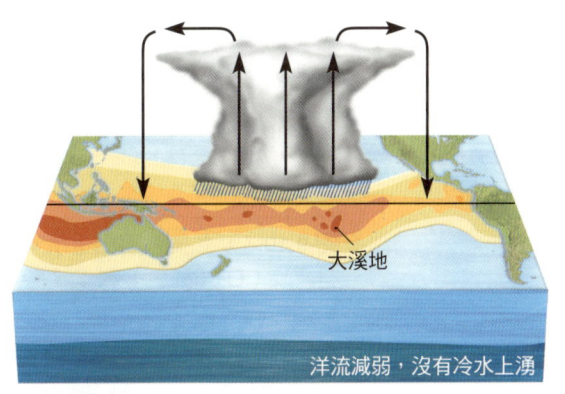

圖 9.9 聖嬰／反聖嬰／南方振盪。(a) 正常時，表面信風會驅動冷洋流從南美流向印尼，而寒冷的深層海水在祕魯附近上湧；(b) 在聖嬰年，風及洋流減弱，溫暖低壓的情形向東移動，為美洲帶來風暴。

人類活動會增加大氣中二氧化碳含量的第一個證據，是夏威夷洛阿山火山頂的天文台所偵測到的。此天文台成立於 1957 年，原本預計提供高空空氣的化學成分資料。結果大氣化學家 Charles David Keeling 的量測發現二氧化碳濃度每年約增加 0.5%。此資料持續更新，顯示二氧化碳的濃度已從 1958 年時的 315 ppm，增加到 2015 年時的 400 ppm（圖 9.10）。然而，其增加速度並非直線，因為世界大多數土地和植物都位於北半球，由北方的季節控制此增量。每年 5 月北方大陸植物生長時，會利用二氧化碳行光合作用，使二氧化碳的濃度稍微下降。當北方在冬季時，呼吸作用會釋放二氧化碳，使得濃度再次升高（圖 9.11）。

清晰的科學一致性

聯合國環境規劃署（United Nations Environment Programme）與世界氣象組織（World Meteorological Organization）在 1988 年時組成**跨政府氣候變遷小組**

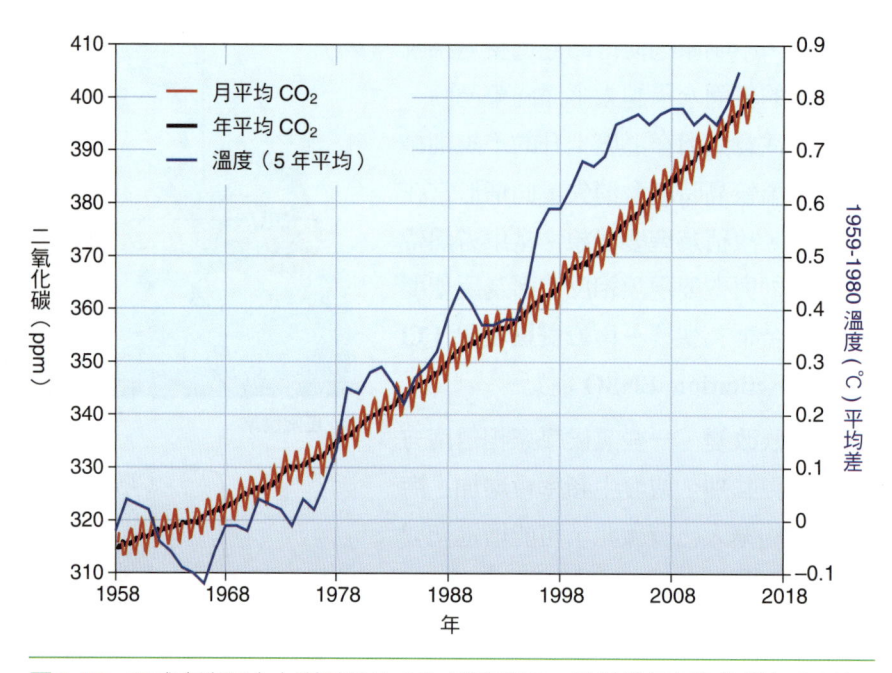

圖 9.10　夏威夷洛阿山上所量測的 CO_2 濃度顯示，最近幾年每年約增加 2.2%。月平均 CO_2（紅色）和年平均 CO_2（黑色）的軌跡與全球溫度（藍色）的總趨勢密切相關。

資料來源：National Aeronautics and Space Administration and National Oceanic and Atmospheric Administration.

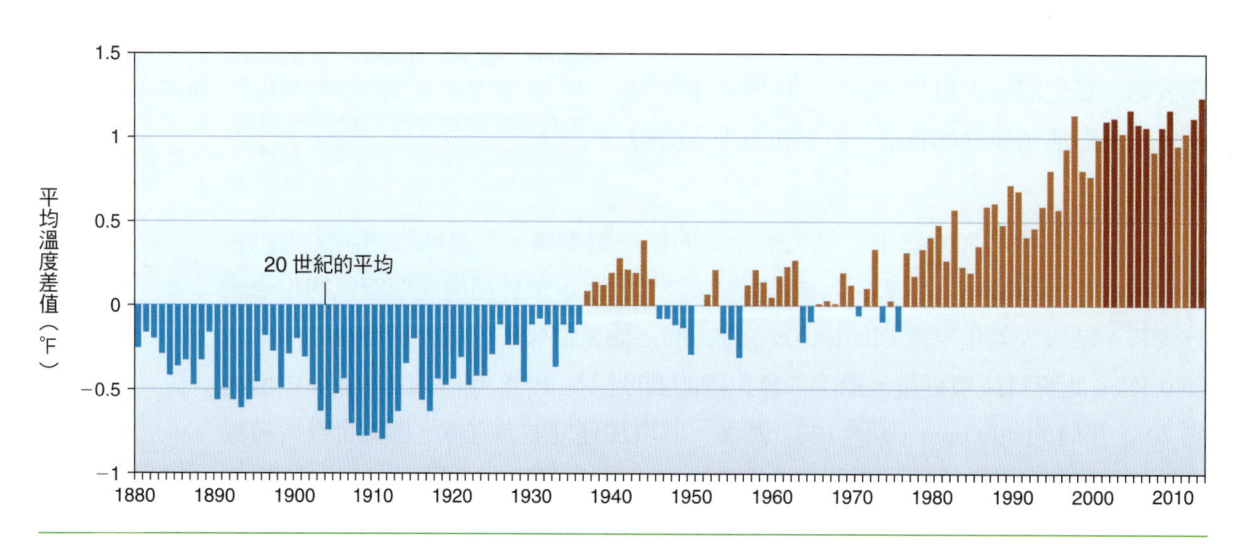

圖 9.11　與平均溫度的差值，1880 年以來，近幾十年發生記錄中最熱的 10 年（深紅色）。新的月記錄和年記錄正在頻繁增加。

資料來源：Graph by NOAA Climate.gov, based on data from the National Climatic Data Center.

220　環境科學概論

（Intergovernmental Panel on Climate Change, IPCC），整合各國各領域科學家評估當今人為造成氣候變遷的狀況。IPCC 在 2013 至 2014 年間發表第 5 份氣候報告，結論認為人類活動造成 99% 的氣候變遷（相關資訊請參考 IPCC 的網站：http://www.ipcc.ch）。IPCC 與美國前副總統高爾，因為致力號召全球採取相關行動對抗全球暖化有功，同獲 2007 年諾貝爾和平獎殊榮。

儘管人為氣候變遷的科學一致性清晰且明確，但美國及全球各界仍有爭論。1997 年及 2002 年，美國前後兩任總統柯林頓及布希都頒授獎章給查理斯·基林（Charles Keeling），表彰其研究大氣二氧化碳含量與氣候變遷的貢獻。歐巴馬總統任內也對溫室氣體進行管制。但 2017 年 1 月 20 日，唐納·川普就任美國總統後，美國對溫室氣體管制將可能出現不同的作為。

熱浪、海平面、風暴的改變可以預期

IPCC 的氣候報告中，依不同情境預測溫室氣體排放。不同情境推估 2100 年時將較 20 世紀末增加 1°C 至 6°C（圖 9.12）。但 2007 年起的實際數據卻顯示 IPCC 的估計過於保守。IPCC 推估，至 2100 年海平面將上升 17 公分至 57 公分，但最近推估海平面將上升 1 至 2 公尺。如果格陵蘭冰河完全融化，可能上升 6 公尺，將淹沒美國佛羅里達、灣區、曼哈頓島，以及上海、香港、東京、加爾各答、孟買，以及全球其他 2/3 的大城市。

美國軍方也關注全球暖化。2007 年美國軍事諮詢委員會（U.S. Military Advisory Board）即表示：「氣候變遷、國家安全及能源依存度，是相關的全球挑戰，甚至可能會導致世界穩定區域的緊張。」

溫室氣體有許多來源

自從前工業時代以來，大氣中 CO_2、CH_4 和 N_2O 的濃度已分別增加 31%、151% 和 17%（圖 9.1），其中二氧化碳是人類引起氣候變化最重要的原因（圖 9.13a）。燃燒化石燃料、製造水泥、燃燒森林和草地以及其他人類活動，平均每年釋放超過 330 億公噸的二氧化碳（圖 9.13a）。陸地生態系統承擔約 30 億公噸超量的碳，大約 20 億

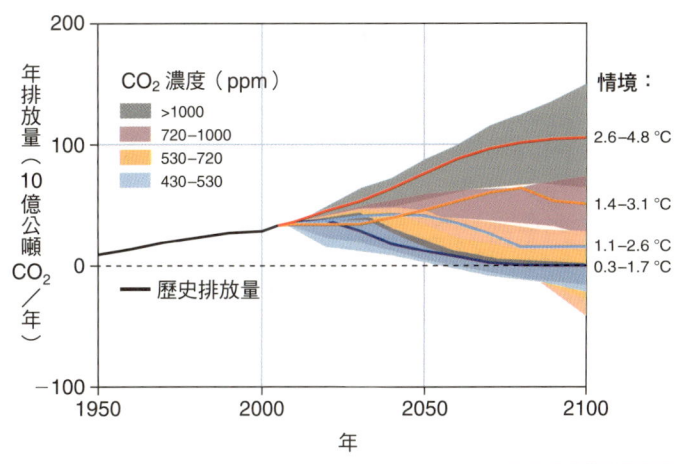

圖 9.12 到 2100 年，造成不同溫度範圍的 4 種氣候變遷情境之人為二氧化碳排放。0.3–1.7°C 情境涉及積極並快速減少溫室氣體；2.6–4.8°C 情境表示無作為。圖中顯示每種情境相關的 CO_2 濃度的可能範圍。

資料來源：Modified from IPCC 2013, AR5 Working Group 1 SPM fig. SPM.5

公噸由海洋吸收，剩下則以每年約 40 億公噸的數量在大氣中增加。如果維持目前的增加趨勢，二氧化碳濃度在 21 世紀結束時，會達到 500 ppm（將近前工業時代 280 ppm 的 2 倍）。

雖然甲烷量比二氧化碳少，但吸收的紅外線是二氧化碳的 23 倍，而累積在大氣的速度也比二氧化碳快 2 倍。甲烷是由反芻動物、水耕稻田、煤礦、垃圾掩埋地與導管漏洞等所釋出。氟氯碳化物（chlorofluorocarbon, CFC）也是吸收紅外線能力很強的物質，在已開發國家自從禁止使用後已很少釋出，但在發展中國家因持續生產仍是問題。氮氧化物由燃燒有機物與由土壤微生物脫硝作用（denitrification）所產生。CFC 和 N_2O 兩者占人為全球暖化效應的 17%（圖 9.13a）。

美國人口不到全世界的 5%，但產生的 CO_2 卻占 21%。中國有 13 億人口，排出的 CO_2 總量占全球第一（圖 9.13b），如果以每單位人口計算，則低於美國人均的 1/5。人均排碳量 1 公噸的印度，為美國人均量的 1/20。位於中東等地區的產油國家人均排碳量最高，例如卡達，為澳洲人均量的 3 倍。依據國際能源署 2016 年出版的資料，2014 年臺灣因能源使用而造成的 CO_2 總排放量為 24,966 萬公噸，為全球總排放量的 0.77%，排名為全球第 21 名；人均排放量為 10.68 公噸，排名為全球第 19 名。

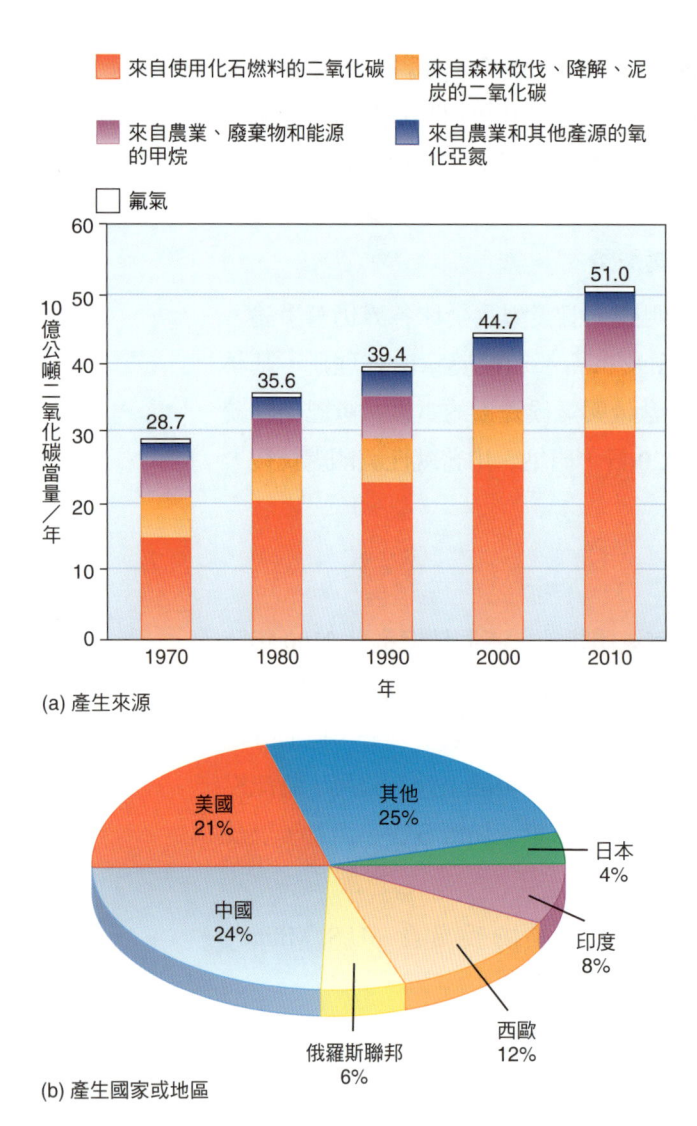

圖 9.13 (a) 不同氣體及活動與 (b) 不同國家對全球暖化的貢獻。

資料來源：IPCC.

氣候變遷的證據不斷湧現

無疑地，地球正在變暖，科學家說：「以最好的監測來看，目前世界比上兩個千禧年溫暖，如果趨勢持續，本世紀末地球將是 200 萬年來最暖的時候。」不斷湧現的氣候變遷證據如下。

- 過去一世紀全球溫度升高 0.6°C，過去的 150 年中最熱的 20 年，有 19 個發生在 1980 年之後。海平面上升及極區冰山融化與此趨勢一致。
- 暖化情況使森林枯死，野火變得更頻繁、更強烈。美國林務局估計，現在每年野火燒燬的面積是 40 年前的 2 倍。美國國家研究委員會（United States National Research Council）也指出當溫度上升 1.8°C 時，燒燬的面積將增加 4 倍。
- 極區暖化程度大於其他地區，永久凍土層融化，道路、建築設施、地下管道等沉陷。沿海村落向內陸遷移，因為冰層破裂且海洋嚴重沖蝕。
- 北極海冰層變薄 50%，夏季覆蓋面積較 30 年前少 1/2。由於冰山融化，海豹無法棲息，依賴捕食海豹維生的北極熊在 2008 年被列入瀕危名單，沿塊冰邊緣捕獵海洋哺乳類的原住民生活方式也宣告消失。
- 南極半島（Antarctic Peninsula）上的冰棚破裂並迅速消失，最新的觀測顯示，半島上 90% 的冰河，每年平均退縮 50 公尺，帝王企鵝及阿德利企鵝族群在過去 50 年減少 50%；格陵蘭冰蓋快速變薄，冰蓋上所含巨量的水一旦融化，將使海平面上升 6 公尺。
- 各地的高山冰河正快速退縮。吉力馬札羅山（Kilimanjaro）著名的冰蓋已將近消失。美國蒙大拿州的冰河國家公園（Glacier National Park）在 1910 年成立時有 150 條冰河，未來將迅速變成無冰河公園（圖 9.14a）。
- 截至目前，海洋以直接吸收二氧化碳或貯存熱量的方式緩衝溫室效應，此將降低洋流增溫，但即使現在開始減少溫室氣體排放，至少也需數世紀才能消散所貯存的熱。吸收二氧化碳將使海水酸化，不利海洋生物，例如軟體動物和珊瑚，在低 pH 環境無法形成碳酸鈣外殼和骨架。
- 衛星影像與表面量測資料顯示，越過歐亞大陸北方的環帶上，生長季節較 30 年前延長 3 週，原來在北極地區看不到的南方動植物入侵此區域，而北極地區的原生物種則逐漸減少。
- 乾旱也愈來愈頻繁。自 1970 年起，非洲乾旱增加 30%（圖 9.14b）。
- 許多動物提早交配或是擴張新領土。植物也遷往新領土。如果給予足夠的時間和遷居路線，這些生物也許能適應新的環境條件，但現在正迫使牠們比最後冰河時期結束時所形成的規律更快速地移動。
- 全世界珊瑚礁因水溫高而白化，也受到污染、過度漁撈等人類活動的威脅，氣候變遷可能使珊瑚礁消失。
- 暴風雨變得更強烈、更具破壞性（圖 9.14c）。

冰層減少將增強正回饋

氣候學家警告，北極海夏季冰層變薄 1/2，到 2030 年前、甚至在那之前，北

(a) 冰河國家公園的格林內爾冰河（Grinnell Glacier）

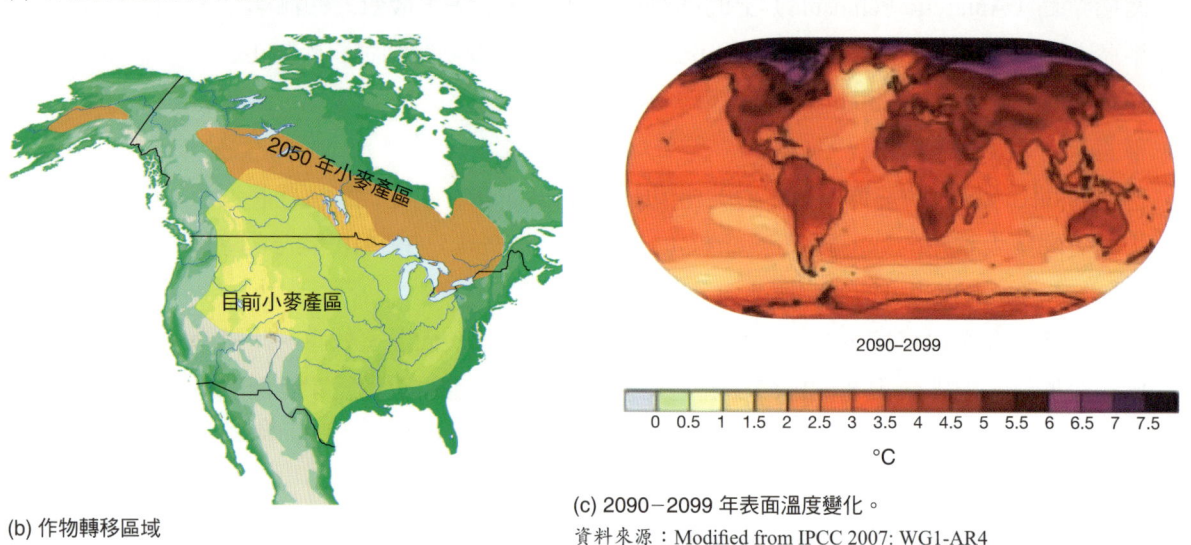

(b) 作物轉移區域

(c) 2090–2099 年表面溫度變化。
資料來源：Modified from IPCC 2007: WG1-AR4

圖 9.14　氣候變遷的證據。(a) 高山冰河快速退縮。圖分別為 1911 年和 1998 年冰河國家公園的格林內爾冰河（Grinnell Glacier）。2030 年，該公園將成為沒有冰河的冰河國家公園。(b) 2050 年，適合小麥生長的氣候條件可能變成在加拿大中部，而不是美國中部。(c) IPCC 情境 B1 的地表溫度變化預測，其假設迅速採用新能源技術、化石燃料使用減少且 2050 年後人口減少。

資料來源：Photo a: Photographer Lisa McKeon, courtesy of Glacier National Park Archives.

　　極海夏季將完全無冰。冰層反射率為 80 至 90 ％，可反射大量的太陽能，而海水僅能反射 5%，視陽光投射水面的角度而定。海水吸熱及放熱皆較慢，因此夏季吸熱變暖後能持續至秋季，而阻礙冬季冰層的形成。薄且小的冰層於春季迅速融化，使得海水吸收更多的熱量（圖 9.15）。

　　暖化無冰的北極海會促使全球暖化，並提供大量暖化海水至西伯利亞及加拿大，其永凍土將融化且釋出 CH_4 及 CO_2，增強另一項正回饋。無冰的北極也會阻

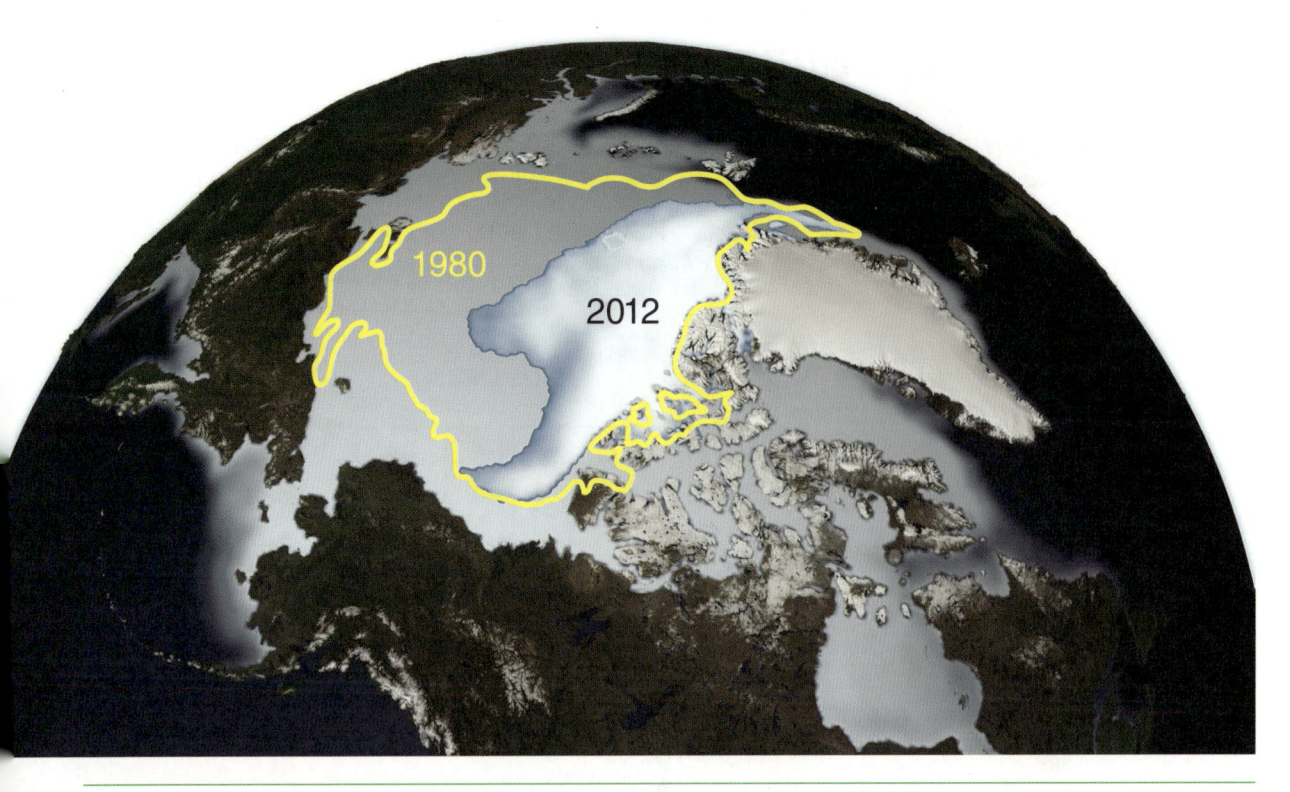

圖 9.15　1980 年 9 月到 2012 年 9 月的海冰變化。融冰產生正回饋，大量吸熱且秋季結冰變晚。

礙洋流，較淡且密度低的海水會中斷溫鹽環流系統。生態系也會受到影響，北極熊無棲地覓食，暖化的海水也會改變原來海中的物種。

控制排放的成本低於氣候變遷

美國皮尤慈善信託基金會（The Pew Charitable Trusts）2010 年的報告顯示，到 2100 年，氣候變遷的成本介於 5 兆至 90 兆美元之間，視經濟折現率及其他因素而定。英國政府委託前世界銀行首席經濟學家 Nicholas Stern 的研究則認為成本至少為全球每年 GDP 的 5%，如果納入生物生產力降低等少數直接成本，損害將高達全球經濟年產值的 20%。

Stern 的研究認為現在減少溫室氣體排放的成本只要全球 GDP 的 1%；IPCC 的估計更低，只要全球 GDP 的 0.12%，即可達到穩定氣候所需的每年 2% 二氧化碳排放量減少。

對多數人而言，氣候變遷不僅是實際問題，更是道德與倫理議題。非洲、亞洲及拉丁美洲中對氣候變遷無所貢獻的貧困人民反而會受害最深，同時，環境變遷也是跨世代的問題，對氣候變遷無所貢獻的下一個世代反而要承擔苦果。

關鍵概念

氣候變遷漫談：如何形成？

溫室效應描述地球大氣層的加熱現象。光能量可穿透類似玻璃溫室的大氣，但會緩慢釋放熱能（或紅外線輻射）。一般而言，此「溫室效應」使平均氣溫保持在零度以上並維持生命，但過度加熱反而有害。200 年來，吸熱氣體（CO_2、甲烷、氧化亞氮、氟氯碳化物）的釋放速度急遽增加。因此，更多的熱能被留在大氣，造成冬季變短、熱浪更頻繁、冰川融化、極地冰層下降、乾旱增加、風暴增加等。

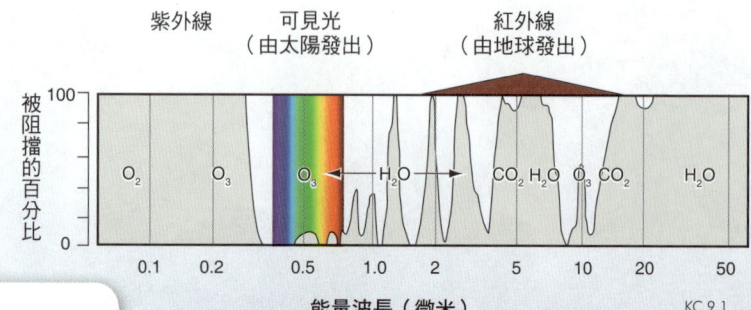

▲ 不同分子阻擋不同的波長。CO_2 和水是特別能防止紅外線能量逸散的氣體。

什麼是溫室氣體？

溫室氣體（greenhouse gas, GHG）是大氣中可以阻止長波能量逸散到太空的分子。水蒸氣是最豐富的溫室氣體，但人類活動並未引起大氣水蒸氣顯著的變化。工業化約始於 1800 年，造成 CO_2、甲烷、氧化亞氮等氣體大量增加，而使地球暖化。

氣體	對氣候影響的百分比*
二氧化碳（CO_2）	60%
甲烷（CH_4）	20%
氧化亞氮（N_2O）	10%
氣膠、其他氣體	10%

*人為造成變動的百分比，取決於 (1) 排放量，(2) 能量捕獲效率，(3) 存留在大氣程度。

溫室氣體來自何處？

化石燃料燃燒占溫室氣體排放量約 60%，其次是森林砍伐（17%）、工業和農業產生的氧化亞氮（14%）。稻田、牲畜噯氣和熱帶水壩則產生甲烷（9%）。

226

如何得知近來的氣候變遷由人類活動造成？

IPCC 模式顯示，溫度實際的變動趨勢（黑線）不符合未考慮人為因素所建立數學模式（藍色區域為模式預測範圍）。如果考慮化石燃料的使用和森林砍伐等因素（粉紅色區域），則實際的溫度變動趨勢（黑線）與模式擬合良好。▶

氣候不是以地質時間變遷？

根據冰芯數據，80 萬年前至今氣候狀況持續變動且通常速度較慢，但從來沒有像人類開始後如此顯著。目前 CO_2 濃度也高於過去 80 萬年任何時期的 30%。當前的氣候變遷速率是全新的：冰河時期末期需要 800 年到 5,000 年的變遷，現在僅需 100 年即可發生。▼

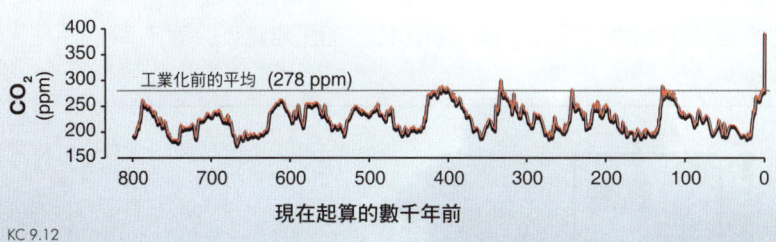

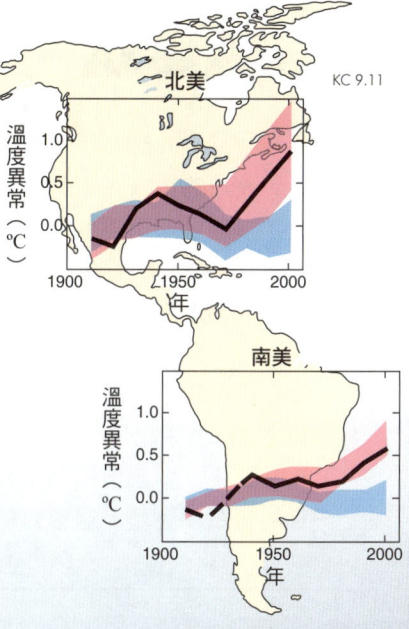

觀測和預期的效應為何？

冰層消失：有助於穩定氣候的北極冰層，在夏季減少約 50%。供水給美國西部約 75% 和 10 億以上亞洲人口的高山冰河和積雪，正在世界各地消失。

野火和蟲害：火災發生頻率和災害嚴重度增加，再加上寄生生物範圍的擴大，造成生態系統的變化，甚至改變人類的死亡率。

早春：使天氣提早開始溫暖，導致開花、遷移，並使夏天更炎熱。

海平面上升：已宣判約 0.5 公尺的上升。如果不迅速削減 CO_2，很快會升高 2 公尺以上。

風暴更頻繁：發展旺盛的大氣環流導致更多、更嚴重的風暴。

氣候變遷的累計成本：至 2100 年，會因基礎設施損壞、資產價值喪失、健康成本等，而損失 5 兆至 90 兆美元 *。

* Pew Environment Group, 2010.

這條路是否已宣判？

不一定。如果採用替代方案，尤其對能源生產、運輸並更有效地利用能源，可控制全球溫度變化在 2 至 4 度。然而海洋不斷從大氣吸收多餘熱量，海平面將變化 20 至 40 公分。

海平面上升對臺灣的影響

臺灣四面環海，雖然有高聳的中央山脈，但民眾的經濟、生活卻都是在鄰近海岸的平原地區發展，因此海平面上升對地狹人稠的臺灣影響甚鉅。許多研究及報導皆提及，如果海平面上升 1 公尺，嘉義、臺南、高雄和屏東的沿海地區將會受到顯著影響。

請解釋：

1. 何謂溫室氣體？什麼是 3 種主要的吸熱氣體？
2. 解釋右上方地圖中的粉紅帶和藍帶。黑線顯示什麼？
3. 檢視臺灣海岸的地圖。確認一些策略以保護這些城市對抗上升的海平面和頻繁的風暴。
4. 在本章，我們所擁有可減少氣候變遷的策略是什麼？

科學 探索

如何得知氣候變遷是人為的？

人類的氣候系統是廣大的人為實驗：人類排放溫室氣體進入大氣且觀察所造成的變化。雖然，在大多數的人為實驗中，可以予以控制並比較不同處置以確認結果。但人類地球只有一個，在此實驗中並沒有控制組。那麼，如何在無法控制的實驗中測試假說呢？

其中一種方法是利用模型。一般所建立的電腦模型是一組複雜的方程式，包括所有已知的氣候震盪相關的自然成因，例如米蘭科維奇循環及太陽變動。也包括人為輸入（化石燃料排放、甲烷、氣膠等）。接著，可以跑電腦模型並觀察其是否可以重複呈現過去所觀測的溫度變化。如果可以準確「預測」過去的變化，則此模型可良好描述系統如何運作。可良好展現大氣對 CO_2 如何反應，海洋如何吸收熱，冰雪覆蓋面積的變化如何加速能量吸收等。

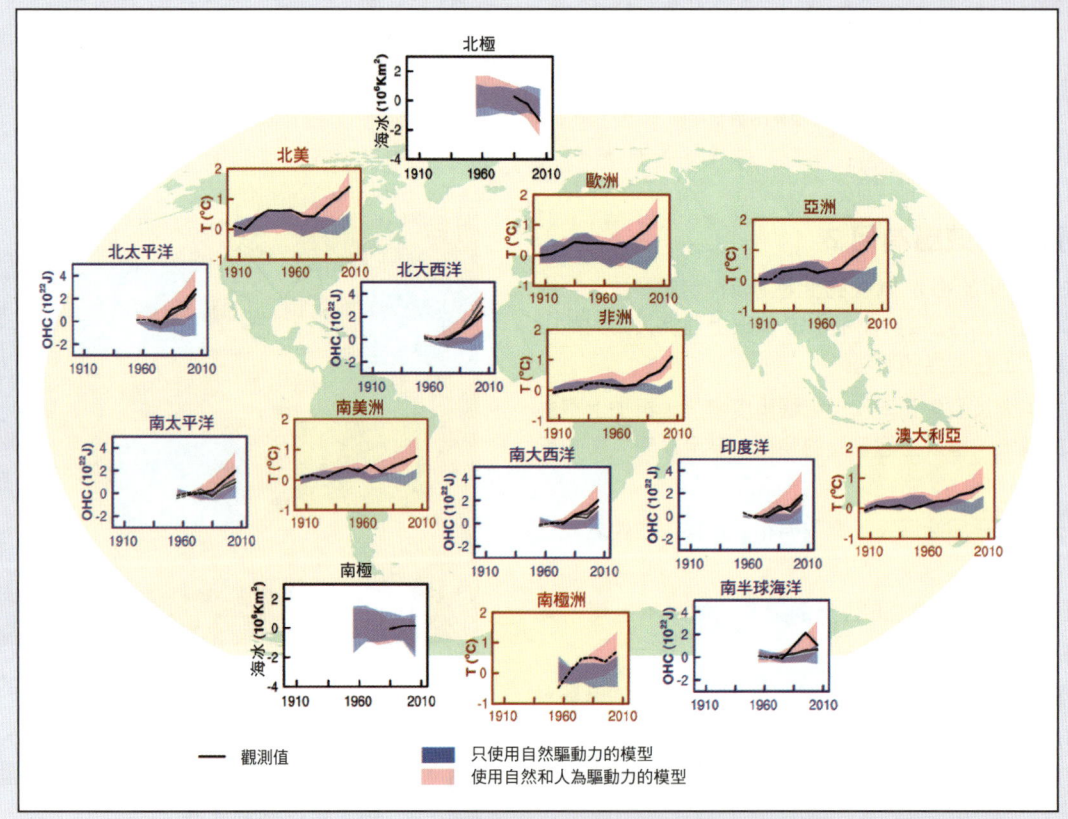

各大洲與全球表面溫度變化觀測與僅使用自然因素（藍色）或同時包含人為和自然因素（粉紅色）的氣候模型之模擬比較。 觀測的變化以黑色表示（虛線表示數據記錄的密度較低）。藍色帶顯示僅使用自然驅動力（包括太陽能和火山）的 19 次模擬的 6–95％範圍。粉紅色帶顯示使用自然和人為驅動力的 58 次模擬的 5–95％範圍。

資料來源：IPCC 2013。

如果模型相當良好展現系統，可以試著重新跑模型，不過這次略去所有的人為輸入。如果沒有人為輸入時，模型與所觀測的溫度變化不一致，而且有人為輸入時，模型與所觀測的溫度變化一致，則可確信人類輸入產生這些差異並且造成溫度變化。

利用模型模擬正是氣候學家所採用的方法。如同 IPCC 的模擬結果，只有自然變化（藍色）所跑的模型並不符合觀測值的趨勢。但含有人類輸入的模型卻能符合觀測值的趨勢。

氣候證據的爭辯

氣候變遷已成為顯學，但媒體、公眾人物卻充滿許多似是而非的言論，以下為科學家對這些言論的回應。

- **減少氣候變遷必須捨棄目前的生活方式**。減少氣候變遷未必需要**降低**能源使用，而是必須使用**不同**的能源。
- **目前的能源系統無法替代**。在沒有任何作為的情況下，這會成真；但目前世界各國已積極發展替代能源，也已開始供應所需。
- **舒適的生活型態將產出大量 CO_2**。資料顯示，生活水準高的多數北歐國家，CO_2 排放量卻低於美國、加拿大等北美國家的 1/2。
- **太陽變動等自然性的變化可以解釋暖化**。日照的確會波動，但變化輕微且和溫度變動並不一致（圖 9.16），米蘭科維奇循環也不足以解釋過去數十年來的劇烈變化。
- **以往氣候一直在變動，所以不足為奇**。南極冰核資料顯示過去 80 萬年，CO_2 濃度在 180 ppm 至 300 ppm 之間變動，但目前 400 ppm 的 CO_2 濃度至少超過 100 萬年來，甚至 150 萬年來的 30%。以往需時 1000 年至

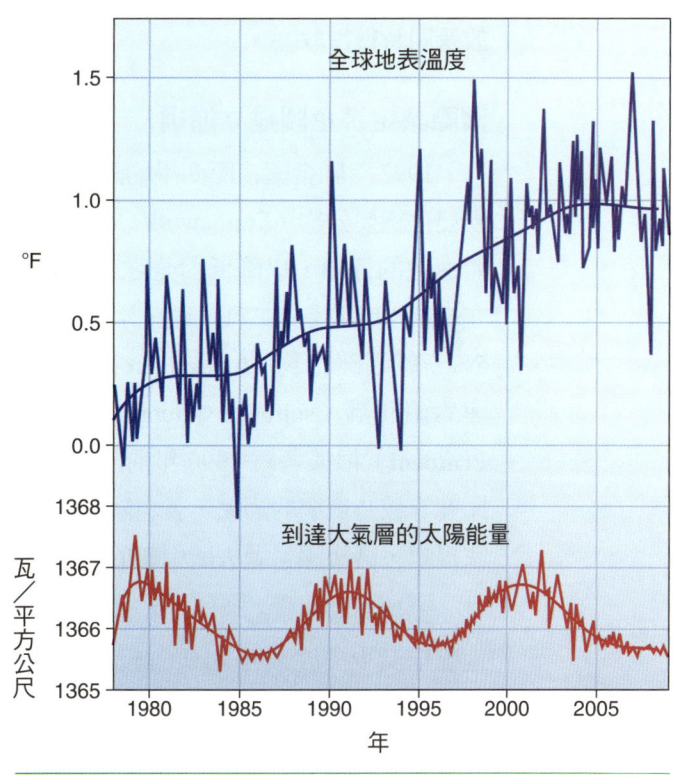

圖 9.16 1978 年以來，衛星所測量的地球大氣層頂太陽能量，一直遵循著自然界 11 年週期的小起伏，且無增加（下）。同一時期，全球氣溫明顯升高（上）。

資料來源：Climate Change Compendium, 2009.

5000 年的冰河氣候變化，現在卻只要一個世代就可發生。
- **氣溫持平變化**。短時間而言，氣溫上上下下；但長時間而言，氣溫呈上升趨勢（圖 9.16）。
- **去年發生低溫和暴風雪，而不是熱浪和乾旱**。氣候模式可以預測包括暴風雨強度增加等現象在內的氣溫降雨趨勢的地域性差異。部分地區的降雨及暴風雪會增加，但全球而言，氣溫將變暖且乾旱會廣布。
- **氣候學家並非全知，會犯錯且發表謬論**。氣候資料的誤差及不確定性相當微小，長期的變動或許仍有部分未知原因，但趨勢卻不容置喙。

9.4 想像解決問題的方法

美國前總統柯林頓（Bill Clinton）認為，對抗氣候變遷並不會造成財政經濟問題；反而可能是二次世界大戰後最大的經濟刺激，創造數百萬工作機會並節省數兆美元的進口能源。

除了減少對化石燃料的依賴、使用替代性能源、發展新技術外，目前較有利的策略是排放交易。藉由制訂合理的碳排放量，並允許企業買賣排放量，可以減少排放量同時獲得收益。

國際議定書企圖建立通則

1992 年聯合國在巴西里約熱內盧舉行「地球高峰會」（Earth Summit），簽訂氣候變化綱要公約（Framework Convention on Climate Change），設定穩定溫室效應氣體逸散的目標，以降低對全球暖化的威脅。1997 年在日本京都，160 個國家同意在 2012 年時減少二氧化碳、甲烷、氧化亞氮的排放量，使其比 1990 年排放量低 5%。氫氟碳化物（hydrofluorocarbon, HFC）、全氟碳化物（perfluorocarbon, PFC）與六氟化硫（sulfur hexafluoride）等溫室氣體也必須減少。**京都議定書（Kyoto Protocol）**根據各國 1990 年前的輸出，對個別國家訂定不同的限制。例如中國和印度等較為貧窮的國家，就免除排放限制，以求發展並增進生活水準。較貧窮的國家提議，富裕國家過去所引起的問題應由富裕國家處理。

雖然美國在京都會議上扮演領導角色，然而布希總統堅持不兌現美國的承諾，他聲稱減少排放量對美國的經濟而言成本太高，並說：「我們應優先考量自己國家的利益。」美國僅採取自主性減排措施，於是美國 2012 年的排放量，比 1990 年時的排放量多 25%。

京都議定書於 2012 年到期，雖未達總減碳目標，但已成功促使各國推動監測及減量。部分歐洲國家達成甚至超過目標，包括德國、瑞典、丹麥及多數的前蘇聯集團國家。

楔形分析

普林斯頓大學研究團隊依據楔形分析結果提出「減少排放情境」，未來 50 年每年必須減少 CO_2 排放，並分為 14 個楔形，每個楔形代表 10 億公噸的 CO_2 排放量，才可以穩定 CO_2 的排放（表 9.2）。

各地的推展

許多地方正積極減少排放溫室氣體，並獲致進展。例如，英國已經在 2000 年將二氧化碳排放量降回 1990 年的水準，並決心在 2050 年前減少 60% 的排放量。英國已開始使用天然氣取代煤，提高家庭和工業能量效率，並增加汽油稅金。政府計畫讓英國社會「脫碳」（decarbonize），並讓 GNP 的成長和二氧化碳排放脫鉤。稅收中立的碳稅，用來降低二氧化碳的排放，並且積極轉用再生能源。紐西蘭總理宣誓，將成為第一個**碳中和（carbon neutral）**的國家，也就是溫室氣體淨排放量為零。

德國也從使用煤轉為使用天然氣，並鼓勵社會提高能源效率，已使二氧化碳的排放量減少 10%。科學家稱此為「沒有遺憾」的政策，即使不必穩定氣候，這些步驟也能節省金錢、保護資源與其他環境利益。核能也可替代化石燃料，核反應不會產生溫室氣體是事實，但是安全的顧慮，以及如何安全儲存廢棄物，都是很難解決的問題，許多人無法接受。

表 9.2 未來 50 年減少 CO_2 排放 10 億公噸的作為

1. 將 20 億輛車的平均耗能由 30 mpg 提升至 60 mpg，增加 2 倍。
2. 將每輛車每年 10,000 英哩的平均里程數減為 5,000 英哩。
3. 改善加熱、變涼、照明及其他家電的效率 25%。
4. 提升全部建築物的密封性、窗戶及防風雨的蓋縫條至現代標準。
5. 將燃煤火力發電廠目前 32% 的效率提升至 60%（藉由汽電共生）。
6. 淘汰 800 座大型燃煤電廠，轉為等量的燃氣電廠。
7. 捕捉 800 座大型燃煤廠或 1600 座燃氣電廠的 CO_2，並安全貯存。
8. 淘汰 800 座大型燃煤電廠，轉為等量的核能電廠（目前水準的 2 倍）。
9. 增加 200 萬座 1 MW 的風力機（目前容量的 50 倍）。
10. 由風力發電產生足夠的氫氣做為 10 億輛車的燃料（400 萬座 1 MW 的風力機）。
11. 建立 2,000 GW 的光電能源（目前容量的 700 倍）。
12. 擴增乙醇的生產至每年 2 兆公升（目前容量的 50 倍）。
13. 停止熱帶伐木，並重新種植 3 億公頃的森林。
14. 應用保育性耕作法到全部的農田（目前水準的 10 倍）。

資料來源：Data from Pacala and Socolow, 2004.

你認為如何？

不可燃碳

氣候學家已提出，如果人類繼續以最近數十年來的速率燃燒石油、天然氣及煤，地球大部分地方將會變得不適合人居。主要都市會淹沒在水中，而大部分農田會變成沙漠。因此替代能源將會是優先選擇。但化石燃料相當豐富。即便以目前的使用速率，天然氣及煤足夠持續數百年，而石油能持續 40 至 60 年。由於如果不使得地球不適合人居，這些燃料只能使用少許部分，因此分析家稱這些燃料為**不可燃碳（unburnable carbon）**。這些資源的財務投資通常稱為**擱淺資產（stranded asset）**，因為如果無法出售，則沒有貨幣價值。

近年來，三個重大困難阻礙更廣泛的採行替代能源及節約能源。一是慣性：現有都市、道路及電力設施的投資已有數兆美元。替換這些設施在預算考量上不容易，即使其大部分已逐漸並穩定被替換及提升。第二個因素是豐富化石燃料的便利可得性。只要它們便於使用且生產成本相對較便宜，不使用這些燃料顯得很難。

第三個阻礙是不可燃碳的擁有人強烈反對能源及氣候政策，因為會讓其財富轉變為擱淺資產。這是可以理解的，其已投資數百萬美元於阻礙化石燃料管制的活動，支持否定氣候變遷的立法議員，以及補助經費給尋找其他氣候變遷解釋的研究，例如太陽黑子或隨機變異。

同時，根據國際能源署（International Energy Agency, IEA），全球的化石燃料開發、探勘及市場化的補助每年超過 5,500 億。而全部再生能源僅占全球化石燃料補助的 1/5。IEA 及其他團體已開始思考此比例是否能改變。

再生能源是解決氣候問題的另一方法。丹麥的風力發電領先世界，20% 的電來自風車；到 2030 年，將由近海的風力發電廠產生全國需求電力的一半；中國承諾藉由使用再生能源及節約能源，減少每單位經濟輸出碳排放量的 10%。

除了減少排放之外，另外可收集和儲存二氧化碳。種植真正的樹也是有效的方法，如果讓樹木成長到老樹狀態，將木材做成窗戶和門框，在被燒掉或再循環前能持續使用多年。若農民改變其作物混合並實施最低耕作法，使碳留在土壤，那麼耕地也能夠充當碳吸收源（carbon sink）。

管制碳的其他方法

將二氧化碳注入地下水層或深海域是另一個儲存方法。挪威國家石油公司從 1996 年來已經每年把 100 萬公噸的二氧化碳注入北海氣油井下 1,000 公尺處的地下含水層中。此舉具經濟效益，如果不這樣做，公司必須支付每公噸 50 美元的稅

你能做什麼？

氣候行動

必要的主要行動是減少能源消費並支持低碳能源的政策，重要的步驟是改變國家能源政策。數百萬人次的個人行動也會產生強而有力的正面影響。

- **利用電話**。聯繫選區內立法委員或議員，要求其保護民眾的未來。將選票投給有氣候意識的候選人。
- **節約用油**。少開車，使用高效率的交通工具。住在可以騎腳踏車、搭公共汽車接駁的地方。交通工具造成最大的個人氣候衝擊。
- **購買高效率的家電**。例如將燈泡換成節能燈具。
- **吃食物鏈中較低的部位**。肉品及乳品是重要的溫室氣體來源。
- **居家天氣化**。冬季減少熱損失，夏季避免增溫，依季節增減衣物。
- **購買風能及太陽能**。許多電廠可以選擇購買替代能源。
- **在學校及工作場所實施能源政策**。詢問主管單位正在執行什麼措施以減少能源使用，並促使其做得更好。

金。在世界各地的深海，地下含水層能儲存一個世紀內所釋出的二氧化碳量。這些稱為**碳管理（carbon management）**的林林總總計畫，其支持者認為，清理化石燃料的排出物，比轉用再生能源便宜。

多數人將焦點放在二氧化碳，因為其在大氣中平均維持120年。甲烷和其他溫室氣體吸收紅外線能力更強，只是存在大氣的時間較短。

在京都議定書並未提到的碳煙（soot），在全球暖化也相當重要。大氣中的暗色微粒吸收紫外光和可見光，使其轉變成熱能。根據統計，從柴油發電機、燃煤發電機、森林大火與木材火爐減少碳煙，可在3年至5年內減少40%的暖化，也有助於健康。

問題回顧

1. 組成清淨、乾燥空氣的主要氣體是什麼？
2. 描述大氣的分層及其名稱。
3. 溫室效應是什麼？如何發生？
4. 為什麼溫室氣體令人擔憂？
5. 影響自然氣候變化的因素是什麼？
6. 溫鹽循環（thermohaline circulation）是什麼？如何發生？

7. 何謂聖嬰／南方震盪？
8. 何謂 IPCC？其功能是什麼？
9. 什麼氣體對溫室效應貢獻最大？哪個國家貢獻最大？
10. 列舉 10 項全球暖化的證據。

批判性思考

1. 依據國際能源署 2016 年出版的資料，2014 年臺灣因能源使用而造成的 CO_2 總排放量為 24,966 萬公噸，為全球總排放量的 0.77%，排名為全球第 21 名；人均排放量為 10.68 公噸，排名為全球第 19 名。這表示臺灣的生活水準比較高？或是能源使用有問題？
2. 臺灣的夏天愈來愈熱，颱風破壞性愈來愈強，可能都是肇因於溫室效應。如果政府執行提高油價、電價，立法限制購買汽車、摩托車，徵收二氧化碳排放稅等有助於減緩溫室效應的措施，你願意配合嗎？分別以民眾、政府官員、需要選票的總統或民代、環保人士的角色，分成正反雙方辯論。
3. 你看過關於氣候變遷的影片或電影嗎？說明它帶給你的震撼。你認為在現實生活中，目前全球各國政府對溫室效應的反應積極？或是麻木不仁？
4. 你是否支持興建核電廠減少二氧化碳排放？為什麼？
5. 你是否支持溫室氣體減量法？為什麼？

10 空氣污染
Air Pollution

從八卦山陵線（福田社區附近）遠眺彰化市區。攝影時間約中午 12 點，天氣晴朗，但市區建築物都籠罩在霧霾之中。

（白子易攝）

如果認為教育昂貴，那麼請試試無知的代價有多高。

——DEREK BOK

學習目標

在讀完本章後，你可以：

- 說明空氣污染的種類和來源。
- 說明有害空氣污染物及其效應。
- 了解空氣污染物如何影響氣候及臭氧層。
- 說明空氣污染如何影響人類健康。
- 了解減少空氣污染的政策及策略。
- 判斷全球空氣品質已改善或更惡化。

案例研究

倫敦大煙霧

倫敦的濃湯般煙霧一向是傳奇。在查爾斯‧狄更斯及夏洛克‧福爾摩斯的時代，陰暗的天空及黑沉的建築物，被從數十萬燃煤火爐所釋出的煤煙浸染，是生活的實況。自從工業革命開始，倫敦人已習慣骯髒的空氣。但就在約60年前的1952年4天期間，他們經歷有記錄以來最嚴重的空氣污染災難。煙、煤煙、霧霾的酸性水滴，使空氣濃濁。數千人死亡、數千人致病，人類對空氣污染的觀點永久改變。

1952年12初，煤煙及霧霾所形成的厚重氣毯停留在倫敦上空。在正常情況，風會讓污染的空氣保持移動，從倫敦移出並散至鄉間。廣泛而言，風之所以產生，是因為接近地球表面的空氣通常會被太陽加熱的地面暖化，而上方空氣是冷的。當熱空氣上升而冷空氣下沉時，會發展亂流，亂流有助於將污染物從污染源循環而出。但偶爾會發生逆溫現象。如同名稱所指，當冷熱空氣層相反時會發生逆溫現象：穩定的冷空氣沉降在地表，被上空較暖的空氣罩住。在倫敦寒冷陰暗的12月天，冷空氣會沉降而停滯。

逆溫有著不舒適的寒冷及潮濕，但在煤為主要燃料並在無數低效率火爐及鍋爐燃燒的城市中，穩定的逆溫狀況會使得煤煙、煤灰顆粒以及細微的硫酸霧滴（來自煤中的硫分）困於都市中。

12月5日星期五，1952年的「致命煙霧」突然襲來。家用加熱爐及工業用鍋爐滿載運作，在寒冷的冬日排放煤煙。下午，能見度降低，由於駕駛人視線不清，交通為之停頓。在牛市場的數百頭牛最先死亡。牠們的肺被煤煙燻黑，就站在牛欄內窒息。人們可以遮住臉並進到室內，但煙霧很快進入到建築物中。音樂會因為大廳中的髒黑空氣而取消，大英博物館中的書籍也被燻黑。逆溫第3天，某些地方的能見度剩下1英呎。

一些生病及年長的人，特別是有肺部或心臟疾患及重度吸煙者，接著死亡。醫院擠滿支氣管炎、肺炎、急性肺炎及心臟功能衰竭的病患。如同市場中的牛，病患的肺塞滿煤煙及細微燻煙微粒，嘴唇發紫，且因缺氧而窒息。健康的人試圖留在室內並盡量不講話，孩子則待在家裡沒去上學，以免他們在黑暗中迷路，而最大的原因是空氣品質。

4天後，天氣變化將新鮮空氣帶進倫敦，且逆溫層消散。研究顯示至少4,700人死亡是因為逆溫發生後立即及期間產生的空氣污染。更多新進的流行病學研究發現，糾纏不已的症候在接下來的數個月又導致8,000多人死亡，將死亡總數帶到12,000人以上。

在當時，空氣污染一般不會被視為問題處理。12月5日週末的煙霧只是比平常不好而已。當然每個人都知道煤煙不健康，但是骯髒的空氣及疾病是住在都市的代價。控制煤煙已被提議好幾個世紀，至少從西元1300年就開始提，但因為污染過於平常且無處不在，而難以改變。人很少將平常的狀況視為問題，並提出替代方案，直到危機出現才會

開始質疑習慣作為方式的代價。

1952 年的煙霧就是這樣的危機。令人震驚的死亡人數吸引政治人物的注意，民眾也一樣，並逐漸引導期望和實務的改變。政府新政策開始逐漸汰除燃煤火爐，以燃油爐及其他型式的加熱器來取代。監測空氣品質及對工業污染物加以限制的新努力也在進行。這些改變在英國 1956 年的《清淨空氣法》（Clean Air Act）得到強化，其建立健康標準並協助居民改用其他熱源。10 年後，1968 年的《清淨空氣法》增加針對工業排放的條文。美國在 1963 年也採用類似的清淨空氣法案，並於 1970 年及 1990 年增修。

雖然都市的空氣品質通常很糟（鄉下往往也一樣），但是像這種殺手級煙霧的極端狀況在今日只會是有趣的歷史事件。現在對空氣污染控制有較高的期待，也不再認為私人公民或工業排放致病或致死的污染物是可接受的。現有針對煙霧、粒狀物、硫酸鹽、重金屬及其他污染物都有訂定空氣品質標準，現在這些污染物在排出煙道前皆能被捕獲。新穎的實務及規定讓環境更清淨，降低健康照顧成本，並保護建築物、森林、農場遠離空氣污染的效應。

諷刺的是，雖然目前的來源是電力發電廠，燃煤仍是空氣污染控制中一項重大的挑戰。但是還有許多其他來源。每年新增的數百萬輛汽車製造更多的氮氧化物及二氧化碳。工業產生新種類的有害有機空氣污染物，燃煤及挖煤排放氣生金屬，落塵仍是嚴重問題，而空氣品質不良的城市，污染物濃度仍然持續上升。但情況已不如 1952 年的倫敦嚴峻。本章將檢視空氣污染物的主要種類及來源，並思考有助於確保與倫敦煙霧類似事件不再發生的政策及科技。

10.1 空氣污染與健康

人類將擁有清淨的空氣視為理所當然，但是當某區域的空氣變壞後，從中移除污染物又是極大的挑戰。空氣污染物有許多型式，吸入人體後將影響健康。

全球而言，空氣污染物每年加起來的排放量約 20 億公噸（表 10.1）。有時，空氣污染的環境及健康成本令人震驚，如同 1952 年的倫敦煙霧；但是，因低濃度、持續性暴露所引起的慢性病更有可能造成更多的死亡及更高的健康照護成本。經濟合作暨發展組織（Organization for Economic Cooperation and Development）推估，2050 年時，慢性暴露於地表濃度的臭氧、細微粒、二氧化硫及其他污染物，每年將造成 360 萬人過早死亡。

數十年來，西歐、北美和日本的大多數城市已提升空氣品質。一個世代前，多數美國城市的空氣比現在髒，污染減少的主要原因，是因為工廠、發電廠和汽車效率的提高，以及做好污染控制技術。

已開發國家持續改善的同時，開發中國家的空氣品質卻惡化，尤其是快速工業化國家中千萬人口以上的巨型城市。例如許多中國都市，空氣中的灰塵、煙霧常比

表 10.1　污染物和微量氣體至大氣的估計通量

種類	主要來源	每年概估的通量（百萬公噸／年）	
		自然	人為
CO_2（二氧化碳）	呼吸、化石燃料燃燒、土地清理、工業	370,000	29,600*
CH_4（甲烷）	稻田、濕地、天然氣鑽探、垃圾掩埋場、牛、白蟻	155	350
CO（一氧化碳）	不完全燃燒、甲烷氧化、植物代謝	1,580	930
非甲烷碳氫化合物	化石燃料、工業使用、植物異戊二烯、其他生物衍生物	860	92
NO_x（氮氧化物）	化石燃料燃燒、閃電、生質燃燒、土壤微生物	90	140
SO_x（硫氧化物）	化石燃料燃燒、工業、生質燃燒、火山、海洋	35	79
SPM（懸浮微粒）	化石燃料、工業、採礦、生質燃燒、灰塵、海鹽	583	362

* 此數量只有 27.3%，即 80 億公噸是碳。
資料來源：UNEP。

圖 10.1　當許多工業國家空氣品質正在改善的同時，新興開發中國家產生更多的污染問題。大陸西安空氣微粒常超過 300 μg/m³。

人類健康的安全等級高出 10 倍（圖 10.1）。全球 20 個煙霧最嚴重的都市，有 16 個在中國。中國都市居民死於肺癌的風險是鄉村居民的 4 至 6 倍。印度、俄羅斯、巴基斯坦及其他缺乏空氣污染管制的國家，也造成類似的煙霾。空氣污染嚴重的國家，呼吸道疾病、心血管疾病、肺癌、嬰幼兒死亡、流產等疾病較空氣清淨的國家高出 50%。

研究顯示，南亞上空有 3 公里由飛灰、酸性物質、煙霧、灰塵與光照化學反應物組成的有毒厚雲層，長期、週期性地覆蓋印度次大陸。諾貝爾得獎人克魯曾（Paul Crutzen）估計，印度每年因空氣污染而死亡的人數高達 200 萬人。由森林火災、燃燒農業廢棄物和大幅增加化石燃料使用所產生的污染，造成亞洲煙霧層，並攔截 15% 的太陽能量。氣象學家指出，這些 80% 由於人為的煙霧，會破壞季風氣候型態，並阻斷橫跨巴基斯坦北部、阿富汗、中國西部及中亞的降雨量達 40% 以上。

當此「亞洲褐雲」（Asian Brown Cloud）在季風季節末飄出印度洋外時，會冷卻海洋的溫度，也會改變太平洋的區域氣候形式。此污染包能在 1 星期內環繞地球半周，對全球的氣候及環境品質造成巨大衝擊。

清淨空氣法管制污染物

空氣污染管制逐漸演變。美國 1963 年通過的《清淨空氣法》（Clean Air Act）是美國第一項針對空氣污染所通過的法案。1970 年《清淨空氣法》進行修法，定義許多名詞。

一般性污染物（conventional pollutant）或稱**指標性污染物**（criteria pollutant）包含 6 種主要污染物：二氧化硫、氮氧化物、一氧化碳、臭氧（及屬於其前驅物的揮發性有機化合物）、鉛和微粒，是空氣污染的主要來源，對人類健康也最具威脅。清淨空氣法責成環保署訂定這些污染物在**環境空氣**（ambient air）中的可接受濃度限值，特別是在城市裡。

特有污染物（unconventional pollutant）是產生量較少、但毒性與危害性較大的化合物，包括石棉、苯、鈹、汞、多氯聯苯（PCB）和乙烯基氯化物，這些物質大多數無自然來源，只有人為來源。

點源污染（point source）是指煙囪或其他高濃度的污染物來源；**易散排放物**（fugitive emission），也稱為**非點源排放物**（nonpoint-source emission）是未經煙囪排出的物質，最常見的是由土壤侵蝕、露天採礦、壓碎岩石與建築工程（與破壞工程）所產生的灰塵。

主要污染物（primary pollutant）是指釋放時即為有害的污染物；次要污染物（secondary pollutant）是反應後才具危險性。**光化學氧化物**（photochemical oxidant，因太陽能源而生成的化合物）和大氣酸性物質，是最重要的次要污染物。

我國的《空氣污染防制法》第二條定義空氣污染物：空氣中足以直接或間接妨害國民健康或生活環境之物質。種類包括氣狀污染物、粒狀污染物、衍生性污染物、毒性污染物、惡臭污染物、其他經中央主管機關指定公告之物質（表 10.2）。表 10.3 為 2001 年和 2017 年 1 月臺灣重要空氣污染物測值之比較。

一般性污染物的來源與問題

多數的一般性污染物主要來自燃燒化石燃料，尤其是火力發電廠與車輛中的天然氣和油料。在其他污染物方面，尤其是硫和金屬，是採礦與製造過程的副產物。

二氧化硫（sulfur dioxide, SO_2）是無色具腐蝕性的氣體，對動植物都會造成傷害。一旦進入大氣中，將進一步氧化為三氧化硫（sulfur trioxide, SO_3），並與水蒸氣反應或溶解於水滴中形成硫酸（H_2SO_4），此為酸雨的主要成分。二氧化硫和硫酸根離子可能是吸煙之外，對健康危害最大的空氣污染物（圖 10.2）。

燃燒時，大氣中氮和氧會反應產生**氮氧化物**（nitrogen oxide, NO_x）。最初的產物是一氧化氮（NO），在大氣中又進一步氧化成二氧化氮（NO_2），二氧化氮略帶

表 10.2　空氣污染防制法（施行細則）所定義的空氣污染物

1. 氣狀污染物

(1) 硫氧化物（SO_2 及 SO_3 合稱為 SO_x）
(2) 一氧化碳（CO）
(3) 氮氧化物（NO 及 NO_2 合稱為 NO_x）
(4) 碳氫化合物（C_xH_y）
(5) 氯化氫（HCl）
(6) 二硫化碳（CS_2）
(7) 鹵化烴類（$C_mH_nX_x$）
(8) 全鹵化烷類（CFC）
(9) 揮發性有機物（VOC）

2. 粒狀污染物

(1) 總懸浮微粒：懸浮於空氣中之微粒
(2) 懸浮微粒：粒徑在十微米（μm）以下之粒子
(3) 落塵：粒徑超過十微米（μm），能因重力逐漸落下而引起公眾厭惡之物質
(4) 金屬燻煙及其化合物：含金屬或其化合物之微粒
(5) 黑煙：以碳粒為主要成分之暗灰色至黑色之煙霧
(6) 酸霧：含硫酸、硝酸、磷酸、鹽酸等微滴之煙霧
(7) 油煙：含碳氫化合物之煙霧

3. 衍生性污染物

(1) 光化學霧：經光化學反應所產生之微粒狀物質而懸浮於空氣中能造成視程障礙者
(2) 光化學性高氧化物：經光化學反應所產生之強氧化性物質，如臭氧、過氧硝酸乙醯酯（PAN）等（能將中性碘化鉀溶液游離出碘者為限，但不包括二氧化氮）

4. 毒性污染物

(1) 氟化物
(2) 氯氣（Cl_2）
(3) 氨氣（NH_3）
(4) 硫化氫（H_2S）
(5) 甲醛（HCHO）
(6) 含重金屬之氣體
(7) 硫酸、硝酸、磷酸、鹽酸氣
(8) 氯乙烯單體（VCM）
(9) 多氯聯苯（PCB）
(10) 氰化氫（HCN）
(11) 戴奧辛類（Dioxins 及 Furans）
(12) 致癌性多環芳香烴
(13) 致癌揮發性有機物
(14) 石棉及含石棉之物質

5. 惡臭污染物

(1) 硫化甲基（$(CH_3)_2S$）
(2) 硫醇類（RSH）。
(3) 甲基胺類（$(CH_3)_xNH_{3-x}$，x = 1, 2, 3）

6. 其他經中央主管機關指定公告之物質

紅棕色，在光化學煙霧可明顯看到。因為容易轉變形式，一般用 NO_x 來表示。氮氧化物與水結合形成硝酸（HNO_3），硝酸也是酸雨的主要成分之一（圖 10.3）。水中過量的氮，會造成內陸海域和海岸的優養化問題，可能造成大量雜草繁生，排擠本土植物的生長。

　　一氧化碳（carbon monoxide, CO）的普遍性不及大氣中主要的碳（即二氧化碳），但卻較危險。一氧化碳是無色無味、高毒性的氣體，主要由燃料（煤、油、木炭、木頭或瓦斯）不完全燃燒所產生。一氧化碳在動物體內，會與血紅素結合，

表 10.3　2001 年與 2017 年 1 月臺灣重要空氣污染物測值

	2001 年	2017 年
落塵量 (ton/km^2/month)	5.41	3.89
總懸浮微粒 (μg/m^3)	98.15	68.73
PM$_{10}$ (μg/m^3)	57.87	53.20
PM$_{2.5}$ (μg/m^3)	–	25.80
二氧化硫 (ppm)	0.004	0.003
一氧化碳 (ppm)	0.73	0.43
二氧化氮 (ppm)	0.021	0.015
臭氧 (ppm)	0.057	0.054
碳氫化合物（非甲烷）（甲烷當量 ppm 碳）	0.37	0.17

資料來源：行政院環境保護署環境保護統計月報第 339 期（2017 年 3 月），白子易整理。

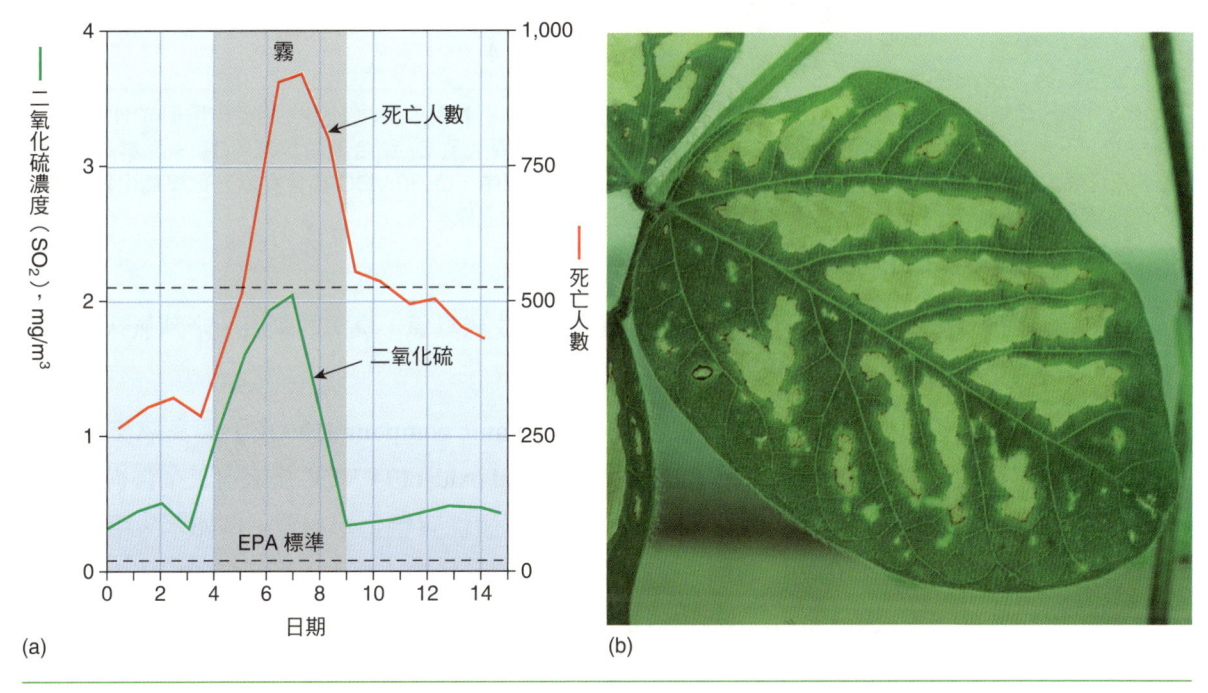

圖 10.2　1952 年 12 月，倫敦煙霧期間二氧化硫濃度和死亡人數。（a）EPA 標準限值為 0.08 mg / m^3（虛線）。（b）大豆葉暴露於 2.1mg / m^3 二氧化硫 24 小時。白色斑塊顯示該處葉綠素已被破壞。

此不可逆反應將使動物窒息。大氣中約 90% 的一氧化碳，消耗於產生臭氧的光化學反應。

臭氧（ozone, O$_3$）是大氣的重要成分，但在地面的臭氧是高活性的氧化劑，除了危害眼睛、肺部、植物組織，也危害塗料、橡膠、塑膠。地面臭氧是次要污染物，由太陽能所引發的化學反應而產生（圖 10.3）。此反應中最重要的是藉由分裂

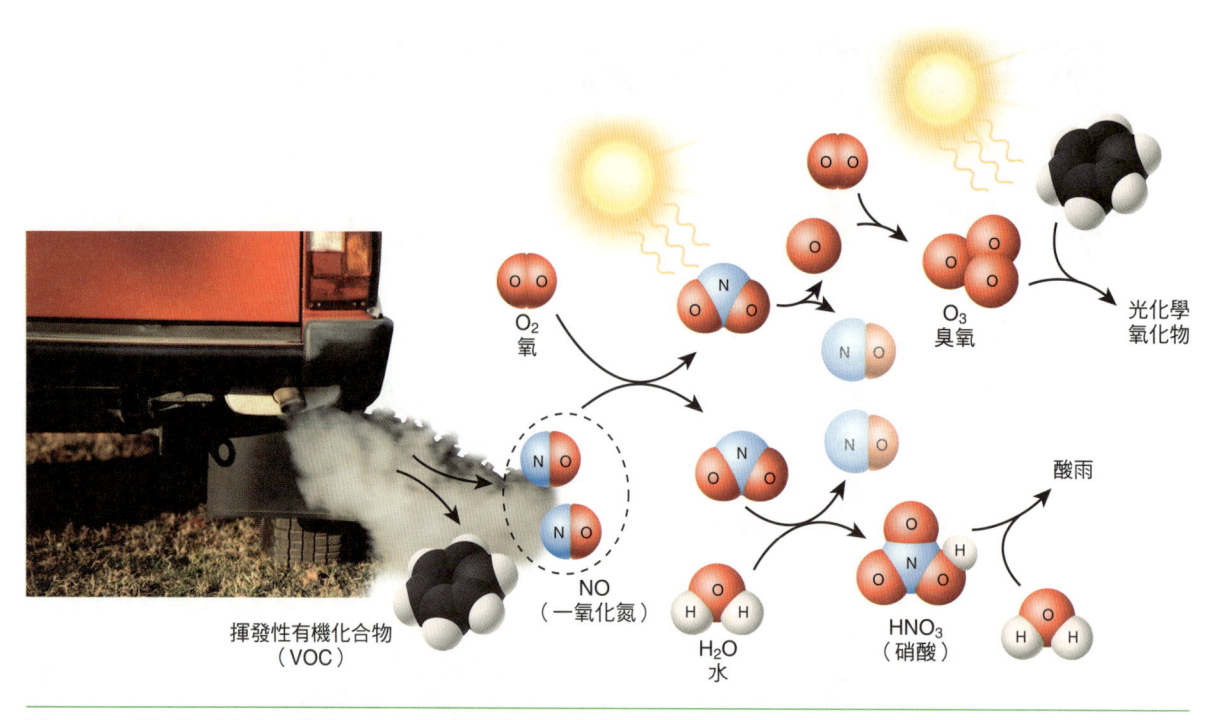

圖 10.3 燃料燃燒的熱量導致來自大氣的 N_2 和 O_2 形成氮氧化物。NO_2 與水（H_2O）相互作用形成 HNO_3，為酸雨的成分。此外，太陽輻射可以迫使 NO_2 釋放游離氧原子，與大氣 O_2 結合產生臭氧（O_3）。燃料燃燒也產生不完全燃燒的烴（包括揮發性有機化合物）。由陽光活化的反應中，O_3 和 VOC 都會貢獻光化學氧化物。此處所示的 VOC 是苯，苯是具有 6 個碳原子的環，每個碳都連接 1 個氫原子。

二氧化氮形成氧原子，氧原子再與氧分子生成臭氧。臭氧的刺激、辛辣氣味，是光化學煙霧的明顯特性。

各種揮發性有機化合物（volatile organic compound, VOC）與臭氧交互作用產生煙霧中的光化學氧化物（photochemical oxidant）。VOC 多來自工業製程，如石化業、塑膠業、化學業。更具危害性的揮發性有機化學物質，例如苯、甲苯、甲醛、乙烯基氯化物、酚類、三氯甲烷和三氯乙烯等，都由人類活動釋出，主要來自車輛、發電廠、化學工廠與煉油廠燃料的不完全燃燒。

鉛（lead）是空氣污染物中最多的金屬，會對神經系統造成傷害。鉛與重要酵素及細胞組織結合，而使其失效。各種工業及礦冶製程會產生鉛，特別是金屬礦物熔煉、採礦、燃煤及都市廢棄物焚化，或是燃燒添加鉛做為抗震劑的汽油。含鉛汽油曾經是美國鉛污染物的主要來源，1980 年代起開始淘汰。自 1986 年禁用後，兒童血液中平均含鉛量下降 90%，智商則提高 3。目前 50 多國禁用含鉛汽油，推估此一步驟讓全球經濟每年獲利 2,000 億美元。

微粒物質（particulate material）包括灰塵、飛灰、煤煙、棉絨、煙、花粉、孢子、藻類細胞和許多其他懸浮物質。氣膠，即懸浮在空氣中的極微小粒子或液體

分子，也都包括在內。微粒經常是空氣污染中最明顯的物質，因其降低能見度，並在窗戶上留下骯髒的沉積物。小於 2.5µm 的可吸入粒子，是此類中最危險的，因為它們能夠損壞肺臟組織。石棉纖維和香菸的煙是城市和室內空氣中最危險的可吸入粒子，因其具有致癌性。

有害空氣污染物會致癌及傷害神經

即使低劑量，**有害空氣污染物（hazardous air pollutants, HAPs）**不但會致癌及傷害神經，也會干擾荷爾蒙，造成胎兒發育遲緩。這些持久性物質停留在生態系很長時間，並累積在動物及人類組織。大多數的此類化學物質為金屬化合物、氯化碳氫化合物、揮發性有機化合物等。

許多 HAPs 由生產汽油、塑膠、溶劑、藥品及其他有機化合物的化學程序工廠所排放，例如苯、甲苯、三氯乙烯等。戴奧辛則主要來自燃燒含氯的塑膠及醫療廢棄物。美國環保署的報告顯示，約有 1 億的美國人住在 HAPs 罹癌率超出正常活動可接受標準（百萬分之 1）約 10 倍的地區，苯、甲醛、乙醛、1,3 丁二烯等是主要的致癌風險。

為了提供社區關於毒物產生及處置的資訊，美國國會在 1986 年建立**毒性排放清單（Toxic Release Inventory, TRI）**。TRI 收集 23,000 家工廠的自主報告統計，以針對 667 種有毒化學物質的排放和廢棄物處置管理提出報告。雖然僅占總登記使用化學物質種類的 1%，但咸認為 TRI 是毒物管理的重要資訊來源。

汞是關鍵神經毒物

氣生金屬主要源自燃料燃燒，特別是煤，含有微量的汞、砷、鉻、硫及其他微量元素。其中，汞是廣泛及持久的神經毒物，些微劑量就可能破壞腦部、神經及造成其他傷害，特別是幼童及發育中的胎兒。約 70% 的氣生汞由燃煤電廠排放，金屬礦物熔煉及廢棄物焚化亦會產生。

約 75% 的民眾暴露來自吃魚，因為水中細菌會將氣生汞轉化成可以在生物組織累積的甲基汞。一旦甲基汞進入食物網，將會生物累積在捕食者的肉及血液內。受污染的鮪魚單獨貢獻美國民眾 40% 的暴露。劍魚、蝦及其他海產也是飲食中重要的汞來源。美國地質調查所 2009 年的報告指出，過去 20 年太平洋鮪魚的汞含量上升 30%，推估 2050 年將會再增加 50%。據了解，每星期增加兩座燃煤電廠的中國，是太平洋汞排放量增加的主因。同樣地，美國的燃煤電廠所產生的汞沉積橫越北美、大西洋和歐洲。汞透過空氣的長程傳輸，是造成北極的湖海等偏遠地區水生態系統生物累積的原因。對當地食物鏈以魚類為主的人類及野生動物而言，汞毒害是重要的健康風險。

室內空氣污染可能比室外危險

室內空氣中若含有化學物質，可能會超過室外空氣品質的標準。在某些環境中，三氯甲烷、苯、四氯化碳、甲醛和苯乙烯等化合物，室內的濃度可能高於戶外空氣濃度的 70 倍。黴菌、病原體和其他致病微生物，也顯示嚴重的室內污染。

以健康觀點視之，香菸無疑是已開發國家最嚴重的空氣污染物。美國每年死於肺氣腫、心臟病發作、中風、肺癌等由吸菸所引起疾病的人數，約為傳染病死亡人數的 4 倍。減少菸害比任何其他污染控制可挽救更多生命。

在非洲、亞洲和拉丁美洲的低度開發國家，木材、木炭、乾糞和農業廢棄物等有機燃料，是大多數家庭的能源。煙霧瀰漫、通風不良的加熱與烹飪，是室內空氣污染的最大來源

圖 10.4　約 25 億人（主要是婦女和小孩），每天有數小時處於通風不良或一氧化碳、粒狀物、甚至致癌性碳氫化合物超過標準的廚房和居處。

（圖 10.4）。世界衛生組織估計，約有 25 億人（超過世界人口的 1/3）受此種污染來源所影響。

2011 年，為改善室內空氣品質，以維護國民健康，我國通過《室內空氣品質管理法》。法中定義「室內」，即為供公眾使用建築物之密閉或半密閉空間，及大眾運輸工具之搭乘空間。「室內空氣污染物」，即為：室內空氣中常態逸散，經長期性暴露足以直接或間接妨害國民健康或生活環境之物質，包括二氧化碳、一氧化碳、甲醛、總揮發性有機化合物、細菌、真菌、粒徑小於等於 10 微米之懸浮微粒（PM10）、粒徑小於等於 2.5 微米之懸浮微粒（PM2.5）、臭氧及其他經中央主管機關指定公告之物質。「室內空氣品質」，即為室內空氣污染物之濃度、空氣中之溼度及溫度。

10.2　空氣污染與氣候

大氣的物理程序會傳輸、濃縮並擴散空氣污染物。要了解空氣污染對全球的影響，必須先了解氣候程序與污染物間的交互作用。

空氣污染物能長程傳送

地球的大氣循環模式，挾帶著污染物長程傳輸（long-range transport）。例如，

戈壁和塔克拉瑪干沙漠的沙塵暴，慣例性到達日本、韓國，甚至遠到北美。1998 年最嚴重的沙塵暴期間，分析結果顯示華盛頓州西雅圖的空氣中，75% 的粒狀物來自中國。同樣地，來自北非撒哈拉沙漠的沙塵也越過大西洋污染佛羅里達州和加勒比海群島（圖 10.5）。這些沙塵所攜帶的病原體，可能是侵襲加勒比海珊瑚的疾病來源。科學家估計每年約有 30 億公噸沙塵在全球各地飛散。

污染物經過長程傳送後，會聚集在高緯度地區（靠近極地）。從 1950 年代，飛行員在北極圈高空即可看見紅棕色的濃霧覆蓋北極圈。此濃霧含有硫酸鹽、碳煙、灰塵的煙霧劑，以及釩、錳及鉛等有毒重金屬，而且會從歐洲及俄羅斯的工業區，散布至極地區域。這些環繞著極地、聚集在高緯度地區的污染物最後經由降雪與冰而進入食物鏈。在加拿大高緯度極圈內布勞頓島（Broughton Island）印紐特人（Inuit）的血液中發現，其體內多氯聯苯（PCB）的濃度比其他地區居民更高。

圖 10.5　來自西撒哈拉沙漠和摩洛哥海岸、長度超過 1,600 公里的巨型沙塵暴。此類沙塵暴很容易到達美洲，造成加勒比海珊瑚礁減少，並且和大西洋東方所形成颶風的頻率、強度有關。

CO_2 及鹵化物是關鍵溫室氣體

正常濃度下 CO_2 無害，但由於人類活動，每年增加 0.5%。為了健康因素，美國環保署被責成訂定 CO_2 的允許排放限值。1990 年代首次提出法案，但以產煤及產油業者為主的工業界反對，阻礙法規的發展及實施。部分爭議來自於相信經濟成長需要穩定增加化石燃料使用量。此假設不再站得住腳：當許多地區 CO_2 排放量持平甚至下降的同時，全球 GDP 在 2014 年成長 3%。做為工業製造者的德國，在 1991 至 2012 年間降低溫室氣體排放 22%，然而其國民生產毛額卻增加 28%。

溫室氣體管制

美國環保署是否需管制二氧化碳等溫室氣體之排放一直存在爭議，直到 2007 年，美國最高法院才裁定環保署必須負責相關管制。美國最高法院及環保署後續的文件指出，溫室氣體將影響人類的健康、福祉及生態。另外，美國軍方也將氣候變遷視為安全威脅。

由於最高法院裁定，環保署乃管制 6 種溫室氣體：二氧化碳、甲烷、氧化亞氮（nitrous oxide）、氫氟碳化物（hydrofluorocarbons）、全氟碳化物

（perfluorocarbons）、六氟化硫（sulfur hexafluoride）。6種氣體中有3種包含鹵素，為重量輕、反應性高的一族元素（氟、氯、溴、碘），其每莫耳的溫室效應潛勢皆大於二氧化碳（圖10.6）。

2015年，「為因應全球氣候變遷，制定氣候變遷調適策略，降低與管理溫室氣體排放，落實環境正義，善盡共同保護地球環境之責任，並確保國家永續發展」，我國通過《溫室氣體減量及管理法》，法中名詞定義部分摘錄於表10.4。

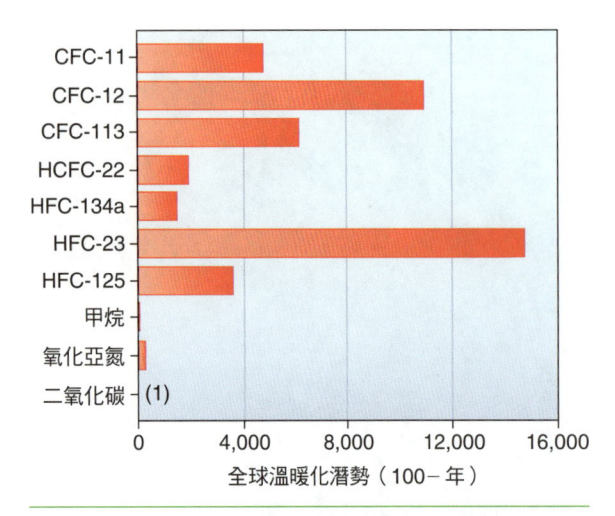

圖 10.6 蒙特婁議定書有助於減少溫室氣體以及保護同溫層臭氧，因為與 CO_2 相比，CFCs 具有較高的全球溫暖化潛勢和生命期。

同溫層臭氧的損耗

污染物質的長程傳送，以及大氣氣體與污染物間的化學反應，產生臭氧層破洞（圖10.7），亦即同溫層中臭氧的濃度變得非常低。此現象直到1985年才被發現，但可能從1960年代就開始發生。氯基噴霧劑，尤其是氟氯碳化物（CFC）和其他鹵素氣體，是臭氧損耗的主要媒介。無毒、不易燃燒、化性不活潑且廉價的氟氯碳化物，被視為非常有用的工業氣體，在冷藏

表 10.4 《溫室氣體減量及管理法》部分名詞定義

名詞	定義
溫室氣體	指二氧化碳（CO_2）、甲烷（CH_4）、氧化亞氮（N_2O）、氫氟碳化物（HFCs）、全氟碳化物（PFCs）、六氟化硫（SF_6）、三氟化氮（NF_3）及其他經中央主管機關公告者。
氣候變遷調適	指人類系統，對實際或預期氣候變遷衝擊或其影響之調整，以緩和因氣候變遷所造成之傷害，或利用其有利之情勢。調適包括預防性及反應性調適、私人和公共調適、自主性與規劃性調適等。
溫室氣體排放源	指直接或間接排放溫室氣體至大氣中之單元或程序。
溫暖化潛勢	指在一段期間內一質量單位之溫室氣體輻射衝擊，相對於相等單位之二氧化碳之係數。
碳匯	指將二氧化碳或其他溫室氣體自排放單元或大氣中持續分離後，吸收或儲存之樹木、森林、土壤、海洋、地層、設施或場所。
碳匯量	指將二氧化碳或其他溫室氣體自排放源或大氣中持續移除之數量，扣除於吸收或儲存於碳匯過程中產生之排放量及一定期間後再排放至大氣之數量後，所得到吸收或儲存之二氧化碳當量淨值。
減緩	指以人為方式減少排放源溫室氣體排放或增加溫室氣體碳匯。
低碳綠色成長	促進產業綠化及節能減碳，並透過低碳能源與綠色技術研發，發展綠能及培育綠色產業，兼顧減緩氣候變遷之綠色經濟發展模式。
排放強度	指排放源別之設施、產品或其他單位用料或產出所排放之二氧化碳當量。
抵換	指事業採行減量措施所產出之減量額度，用以扣減排放源之排放量。

櫃、冷氣壓縮機、聚苯乙烯發泡和噴霧罐的製造中使用多年。1930 至 1980 年代，氟氯碳化物遍及全世界，且在大氣中散布。

雖然臭氧在地面的環境空氣中是污染物，但在同溫層中，卻可吸收進入大氣的大量紫外線。紫外線輻射會損害動植物組織，包括眼睛和皮膚，如果沒有採取任何保護措施，臭氧減少 1%，會導致全球每年近百萬人罹患皮膚癌。過量的紫外線會減少農業生產並破壞生態系統，例如科學家擔憂南極的高紫外線指數，會減少南極海中，魚、海豹、企鵝及鯨魚的食物鏈中最底層的浮游生物總數。

南極洲極端寒冷的冬季溫度（-85 ℃ 至 -90 ℃）助長臭氧層的破壞。漫長黑暗的冬季，強烈的極地環流（circumpolar vortex）隔離南極空氣，使同溫層溫度低到足以在高緯度形成冰晶，臭氧和含氯分子會吸附在冰的表面。春季回復日照時，提供能量給與臭氧鍵結在一起的氯離子，快速將臭氧分解成氧分子（表 10.5）。只有南極春天（從 9 月至 12 月）的環境，適合快速破壞臭氧。極地環流在南極夏季會減弱，來自溫暖緯度的空氣會與南極的空氣混和，以補充臭氧濃度。雖然如此可以減輕臭氧破洞的程度，但臭氧自然回復的速度，卻不及破壞的速度。與臭氧反應後，氯原子不會被消耗掉，反而會繼續破壞臭氧達數年之久，直到最後在空氣中沉降或被洗出。臭氧破洞幾乎每年都在變大，2000 年時面積高達 2,980 萬平方公里（約為北美洲的面積）。

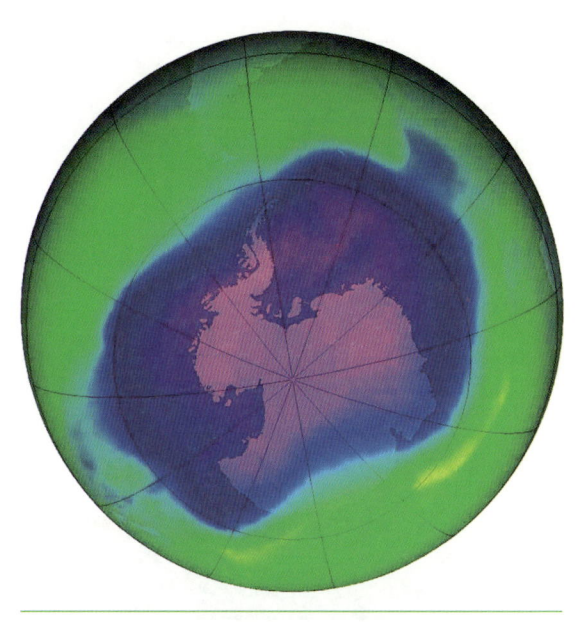

圖 10.7　2006 年同溫層臭氧的消耗面積（暗色、不規則的圓圈）達 2,950 萬平方公里，比整個南極洲還大。因為 CFC 產量已減少，這是面積最大的紀錄。

表 10.5　氯原子和紫外線輻射所造成的同溫層臭氧破壞

步驟	產物
1. $CFCl_3$（氟氯碳化物）+ UV 能量	$CFCl_2 + Cl$
2. $Cl + O_3$	$ClO + O_2$
3. O_2 + UV 能量	$2O$
4. $ClO + 2O$	$O_2 + Cl$
5. 回到步驟 2	

CFC 管制顯著成功

臭氧層破洞引起國際強烈回應。1987 年，在加拿大蒙特婁舉行的國際會議訂定蒙特婁議定書（Montreal Protocol），在幾項主要國際協議中，這是第一個討論在 2000 年前完成禁止使用氟氯碳化物的協議。隨著證據累積，顯示臭氧損失比預期更多更廣，因此停用所有氟氯碳化物（海龍、四氯化碳及鹵化碳氫化合物）的最後期限，被提前至 1996 年，並且成立 5 億美元的基金，協助貧窮國家轉換到使用不

含氟氯碳化物的技術。很幸運地，大部分氟氯碳化物都已找到替代品。

有些證據指出，禁用氟氯碳化物已有成效。1988 年起，工業化國家氟氯碳化物產品的占有率已經快速下降（圖 10.8）；而目前氟氯碳化物在大氣中的移除率已經大於增加率，預期同溫層臭氧濃度約 50 年後可望恢復正常。

10.3 環境及健康效應

空氣污染對生態系統的健全以及對人類的健康而言同等重要，空氣污染有許多重要的影響。

吸入髒空氣會增加心臟病發作、呼吸疾病和肺癌的機率。例如，如果居住在洛杉磯或巴爾的摩市環境最差的地方，平均壽命可能會減少 5 至 10 年。

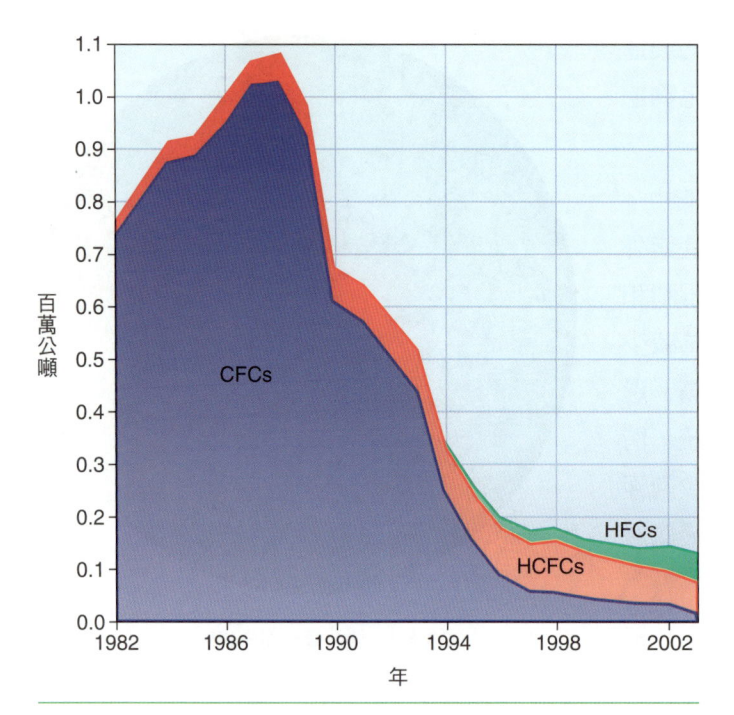

圖 10.8 蒙特婁議定書已成功地削減氟氯碳化物（CFC）的生產。剩餘的氫氟碳化物（HFC）和氫氟氯碳化物（HCFC）主要是在新進工業化國家使用，如中國和印度。

當然，暴露的強度和持續的時間，以及年齡和健康狀況，都是重要的關鍵。支氣管炎和肺氣腫是空氣污染常造成的慢性疾病。

硫酸鹽、SO_2、NO_x 和 O_3 等空氣污染物都是強氧化劑，會刺激並損壞眼睛和肺臟組織。細小懸浮微粒會穿越呼吸道深入肺臟，造成刺激、損害和腫瘤成長，而心臟壓迫是由於肺臟功能受損所致。CO 與血紅素鍵結，會減少流向腦部的氧氣，造成頭痛、暈眩和心臟壓迫。鉛也會與血紅素鍵結，並損壞腦中重要的神經細胞，導致精神和身體的損害與發展遲緩。

空氣污染物對健康的效應很複雜，對環境的效應也相對複雜，而且效應會逐漸累積。

酸沉降

酸沉降（acid deposition）是空氣中溼的酸性溶液或乾的酸微粒沉降，在近 30 年才成為廣為人知的問題（表 10.6）。正常的雨水 pH 約為 5.6，因為雨水與大氣 CO_2 結合產生碳酸。工業區下風處的降雨，酸鹼值通常在 4.3 以下，比正常雨水酸性高 10 倍。酸性的霧、雪、露水會損壞植物、水系統與建築物。此外，乾性硫酸鹽和硝酸鹽粒子的沉降，在一些地區約占酸沉澱物的一半。工業化初期，精煉業和

表 10.6　臺灣 1999 年與 2015 年降雨的 pH 值比較

年別＼站別	萬里	陽明	板橋	觀音	三義	西屯	新營	崙背
1999 年	4.43	4.44	4.56	4.72	4.52	5.41	5.27	5.84
2015 年	4.44	4.55	4.68	4.78	4.79	5.22	5.07	6.30

年別＼站別	橋頭	小港	恆春	臺東	冬山	花蓮	南投	
1999 年	5.78	4.60	5.28	5.92	4.87	5.01	4.92	
2015 年	5.13	5.06	4.81	4.89	4.64	5.07	5.88	

資料來源：行政院環境保護署環境保護統計年報 2016 年，白子易整理。

化工業燃燒產生的煙霧經常破壞植物，使得礦區和工廠中心周圍變成荒蕪、貧瘠的景色。安大略省薩德伯里（Sudbury）的銅鎳熔煉業為了純化鎳、銅，自 1886 年起露天烘烤硫礦石。SO_2 和硫酸造成熔煉廠附近 30 公里內所有植物死亡，雨水沖蝕暴露的土壤，留下宛如月球表面的焦黑岩床。

酸沉降危害生態系統　斯堪的那維亞半島的水生態系統，是首度發現酸雨破壞的地方，因為德國、波蘭和歐洲其他地區的氣流，把工業和汽車所產生的酸性排放物（H_2SO_4 與 HNO_3）傳送至此。這些酸性沉降已嚴重影響挪威和瑞典南方山脈中淺薄且酸性的土壤，以及營養鹽貧瘠的湖泊和河流。最顯著的是鱒魚、鮭魚和其他供垂釣的魚量減少，魚卵和魚苗都在 pH 5 以下死亡，水生的植物、昆蟲和無脊椎動物也同樣受害。瑞典的許多湖泊變酸，導致無法供垂釣或支持較敏感的水棲生物。酸雨也同樣影響大部分的歐洲和北美東部。

1980 年代，佛蒙特駝峰山脈高海拔地區顯示，樹木幼苗的產量、樹林密度、雲杉樅木森林的存活度，在 15 年內約減少 50%。在美國北卡羅萊納州的米契山上，海拔 2,000 公尺以上的樹木幾乎都失去針葉，而且有一半已經死亡（圖 10.9）。損害的報導遍及歐洲，從荷蘭到瑞士，以及中國和前蘇聯。1985 年西德估計，西德的森林區（超過 400 萬公頃）有一半正在消失，林業每年大約損失 10 億歐元。

高海拔森林受到最嚴重的影響。山頂通常有淺薄、酸化的土壤，僅具

圖 10.9　美國北卡羅萊納州米契山的福拉冷杉林（Fraser fir forest），被酸雨、害蟲和其他壓力源摧毀。

備些微緩衝或中和酸雨的能力。酸霧和水氣經常靜止於山頂上，延長植物暴露於酸性環境的時間。山頂的雨雪也較多，因此也暴露在更多的酸雨中。最明顯的森林減少機制，是直接對植物的組織及幼苗造成影響，森林土壤中可利用的營養鹽也會流失耗損。酸能溶解及移動毒性重金屬（例如鋁），並使樹木易感染疾病或易受蟲害的破壞。

建築物與紀念碑明顯受損　全世界各大城市中，建築物、藝術品與古蹟正遭受空氣污染破壞，煙與碳煙覆蓋於建築物、水彩畫及紡織品，酸溶解石灰岩與大理石，破壞具有歷史性建築物的特色與結構。雅典的帕德嫩神廟、阿格拉的泰姬瑪哈陵、羅馬的競技場、歐洲的中世紀大教堂等，皆因為酸煙霧而慢慢被溶解、剝落。

都市承受逆溫與熱島效應

城市的逆溫現象（temperature inversion）會增強污染物的危害。正常情況下，大氣溫度會隨著高度上升而下降，逆溫現象則相反，即較冷且密度較大的空氣會在較暖且密度較小空氣的下方。在此穩定的條件下，不會發生空氣對流，因此污染物無法擴散（圖 10.10）。通常在山谷或盆地的夜間，受到限制的快速冷卻空氣，會發生穩定的逆溫環境。洛杉磯三面有山環繞，減緩風的移動，陽光充足、交通問題嚴重，引起高度污染。夜間地面迅速冷卻，藉由傳導作用使地表空氣層冷卻，此時空氣密度的差異，阻礙空氣間的垂直混合。

晨間的日照使濃縮氣膠與逆溫層（inversion layer）中的氣態化學物質，開始進行光化學氧化反應，危險、具毒性的臭氧和二氧化氮迅速產生，危害健康。

城市也會發生熱島（heat island）效應和塵丘（dust dome）。反照率低的城市混凝土和磚塊表面，吸收大量的太陽能。由於城市缺少植被或水，只有少量的蒸發（潛熱的產生），反而把太陽能轉變成熱能，因此城市通常比鄰近鄉間地區高 3℃ 至 5℃，稱為都市熱島現象。高聳的建築物產生

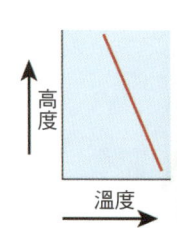

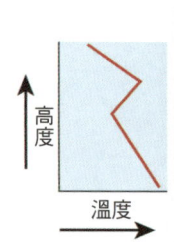

圖 10.10　大氣逆溫發生在地面空氣比上層空氣冷卻得更快之處。由於冷空氣位於較暖的空氣下方，幾乎沒有混合，污染物就被困在地面附近。

向上的對流,並挾帶污染物到空氣中。熱島效應所產生的穩定氣團,將城市上空的污染物濃縮在塵丘內。

煙霧與靄害降低能見度

即使類似國家公園般的原始地方,也都遭受空氣污染。以前美國大峽谷國家公園最大的能見度是 300 公里,現在已經煙霧彌漫,冬天時已看不見距離 20 公里遠的對面峽谷。研究指出,如果停止所有人為的空氣污染,空氣就會變得乾淨,幾乎每個地方的能見度都可達 150 公里,而不是習以為常的 15 公里。

10.4　空氣污染控制

「稀釋解決污染」是長期被採用的空氣污染防治策略,例如用高煙囪傳送污染物,直至源頭無法偵測或追蹤。但因為全球工業化,稀釋不再是有效的策略,應尋求不同的管制策略。

減少污染產生是最有效的策略

減少污染產生是控制污染最有效的策略。已開發國家的空氣污染大部分與運輸、能源有關,減少電力消耗並開發較佳的大眾運輸工具,能大幅減少空氣污染。選擇替代能源,例如風或太陽能,可產生能量並減少污染。

污染也可藉由技術控制。**粒狀物的去除(particulate removal)** 乃讓空氣流經過濾器,過濾器的棉布篩孔、玻璃纖維可捕捉微粒。工業通常使用長 10~15 公尺、寬 2~3 公尺的袋濾式集塵器。靜電集塵器常用於火力發電廠,通過電極時,微粒獲得表面電荷,帶有電荷的顆粒會被集塵板上相反的電荷吸引並去除(圖 10.11)。靜電集塵器耗電大,但維修簡單且收集效率可達 99%。

硫化物的去除(sulfur removal) 十分重要,將高硫煤改用低硫煤可減低硫的排放。改用脫硫油或天然氣等清淨的燃料,也可減少硫化物和金屬。如果能將煤先壓碎、淨化及氣化,也可去除硫及金屬。

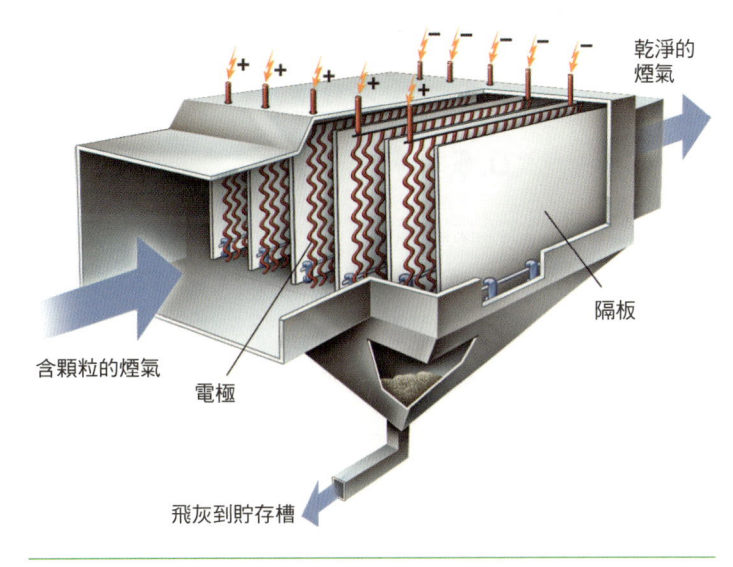

圖 10.11　靜電除塵器可以從發電廠的排煙中除去 99% 的未燃燒顆粒。電極將靜電荷轉移到灰塵和燻煙顆粒,並將其附著在集電板上,然後將顆粒抖落並收集再利用或處置。

控制內燃引擎及工業鍋爐中的空氣及燃料流量，可減少 50% 的氮氧化物（nitrogen oxides, NO$_x$）。車上的**觸媒轉化器（catalytic converter）**可以同時去除 90% 的 NO$_x$、碳氫化合物及一氧化碳。

碳氫化合物的控制（hydrocarbon control）含括完全燃燒或控制蒸發。碳氫化合物及揮發性有機化合物來自燃料不完全燃燒，或來自工業過程中溶劑的蒸發。密閉系統能預防氣體洩漏，並可減少排放物的產生。例如汽車的積極式曲軸箱通風系統（positive crankcase ventilation, PCV），可收集漏出的油，送回引擎再度燃燒。

清淨空氣立法有爭議但具成效

除了技術，法令也可防制空氣污染。例如，1963 年美國的《空氣清淨法》、我國的《空氣污染防制法》等。

在人類大多數的歷史中，污染的成本皆由在被污染地區呼吸或耕種作物的大眾所吸收，而不是由污染者本身吸收。管制污染的規定通常要求污染者付費控制污染，以減少公眾的損失。污染排放者自然會反對管制，因為將內部成本外部化是更簡單的方式。

污染交易信用

美國的《空氣清淨法》於 1963 年通過，但陸續修正。其中，1990 年修法的條文增列市場導向的「總量管制與排放交易」（cap and trade），並搭配可交易的排放許可制度，以降低產生酸雨的 SO$_2$ 及 NO$_x$ 等。

制度中，美國環保署設定污染物最大排放量，工廠可以購買或出售污染物信用額度（credits），或是分配。

10.5　未來挑戰

我國環保署自 2016 年 12 月 1 日起，整合空氣污染指標（Pollutant Standards Index, PSI）及細懸浮微粒（PM2.5）雙指標，實施「空氣品質指標」（Air Quality Index, AQI）。

AQI 依據各空氣污染物（二氧化硫 SO$_2$、一氧化碳 CO、臭氧 O$_3$、懸浮微粒 PM10、細懸浮微粒 PM2.5、二氧化氮 NO$_2$）對人體健康影響濃度大小，而分為 6 等級（良好，0～50；普通，51～100；對敏感族群不良，101～150；對所有族群不良，151～200；非常不良，201～300；有害，301～500），並以對應的 6 顏色（綠色、黃色、橘色、紅色、紫色、褐紅色）呈現空氣污染狀況。但因為 AQI 實施時間尚短，無法進行長時間之比較，因此以下仍以 PSI 作為比較基礎。

2016 年臺灣的空氣品質測定顯示，PSI 為普通（51～100）、不良（101～

表 10.7　臺灣 1986 年和 2016 年 PSI 百分比的比較

	良好（%）	普通（%）	不良（%）	非常不良（%）	有害（%）
1986 年	25.30	60.94	10.92	2.61	0.21
2016 年	56.13	43.12	0.75	0	0

資料來源：行政院環境保護署統計年報 96 年版及環境保護統計月報第 339 期（2017 年 3 月），白子易整理。

200）、非常不良（201～300）和有害（＞300）的日數百分比，和 1986 年相較之下，皆已降低；而 PSI 為良好（0～50）的日數則有增加，顯示臺灣的空氣品質逐漸改善（表 10.7），世界各地則呈現不同的情況。

開發中國家的空氣污染

許多開發中國家主要大都市的人口正極速成長，而環境品質卻相當糟，中國及印度的都市就是因為惡劣的空氣品質而惡名昭彰。中國持續癱瘓在冬季的霧霾及夏季的熱浪之中，最近幾年印度則超越中國。WHO 統計，2010 至 2013 年全球 20 座 PM2.5 濃度最嚴重的都市，13 座在印度，另 5 座在巴基斯坦及孟加拉。工業、農業、交通皆會貢獻污染物，2014 年德里是全球 PM2.5 濃度最高的都市。

WHO 估計，全球每年有 370 萬人因為吸入污染的室外空氣而過早死亡，大多數發生在新興工業化國家的大都市。另有 430 萬人因為室內空氣污染而過早死亡，死因多為癌症及呼吸道疾病。

改變是可能的

2015 年，當柴靜的自製影片《穹頂之下》釋出後，中國民眾對空氣污染的關切突然覺醒。許多觀察家認為這是中國的「寂靜的春天運動」，而柴靜則是中國的瑞秋‧卡森。

儘管目前挑戰嚴峻，德里也展現進步性。1990 年代，德里要求車輛加裝觸媒轉化器，2002 年，公車、計程車、機動黃包車被要求改為使用壓縮天然氣。SO_2 及 CO 分別下降 80% 及 70%，微粒則下降 50%。

30 年前巴西的庫巴陶（Cubatao）被形容為「死亡山谷」（Valley of Death），是全世界受污染最危險的地方之一。鋼廠、大型煉油廠、肥料以及化學工廠，每年產生數千公噸的空氣污染物。周遭丘陵上的樹木死亡，新生兒缺陷和呼吸疾病令人高度擔憂。然而自那時起，庫巴陶的市民對清淨環境有顯著進步。聖保羅州（São Paulo）投資約 1 億美元，民營企業則投入 2 倍多的錢，清理此山谷中大部分的污染源。微粒污染物減少 75%，氨排放量減少 97%，產生 O_3 和煙霧的碳氫化合物去除 86%，而 SO_2 下降 84%。魚類重返河川，山上的森林也再度生長。這樣的改善是可能的！希望在其他地方也都能有類似的成功故事。

關鍵概念

是否能夠提供乾淨的空氣？

為了保護人體健康、農作物及建築物，《清淨空氣法》（Clean Air Act, CAA）要求管制一般（指標）污染物、金屬、有機化合物及其他物質。做為 CAA 的一部分，美國國會指示美國環保署（EPA）評估執行法案規定後的經濟成本及效益。污染物排放者指控排放控制昂貴，衍生的成本降低經濟生產力並威脅工作機會。在 2011 年出版的報告中，EPA 計算 1990 年 CAA 修正案的經濟成本及效益。報告可在 EPA 網站中閱讀。EPA 比較如果未執行 1990 年空氣污染控制所造成傷害的經濟成本（健康照護、生產力損失、公共設施退化及其他因子的成本），這些成本亦與執行這些法規後的成本進行比較。

> 在空氣污染產生後才予以控制相當昂貴。靜電集塵器、更好的氣密性、詳細的監測及檢驗都需要經費。
>
> EPA 研究發現，在 2020 年前，1990 年法規所累積的公部門及私部門成本總計 **650 億美元**。
>
> 節省的經費累計達 **2 兆美元**。
>
> 依據此費率，難道不用努力維持空氣清淨嗎？

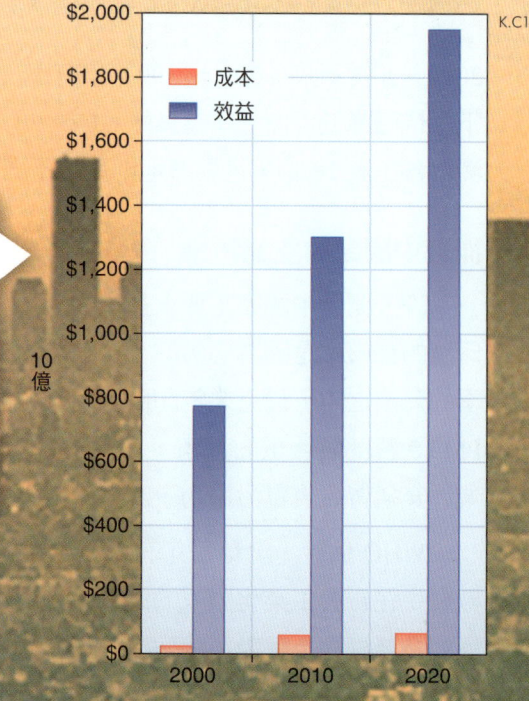

何謂 1990 年法規？

- 消耗臭氧 CFCs 的控制。
- 市場導向的「總量管制與排放交易」，並搭配可交易的排放許可制度，以降低產生酸雨的 SO_2 及 NO_x。
- 要求對工業源及交通源訂定聯邦政府及州政府的法規。
- 管制苯、氯仿及其他有害空氣污染物的新規定。
- 對新設立電廠及其他主要排放者，進行「新排放源審查」。
- EPA 對處分違反空氣污染標準者的權力。
- 發展替代燃料及技術的體系。

何謂成本？

五大排放源類別（紅色）及其他較小類別（紫色）2020 年前符合規定所需的直接成本。機動車輛、電廠負擔最多的成本。▶

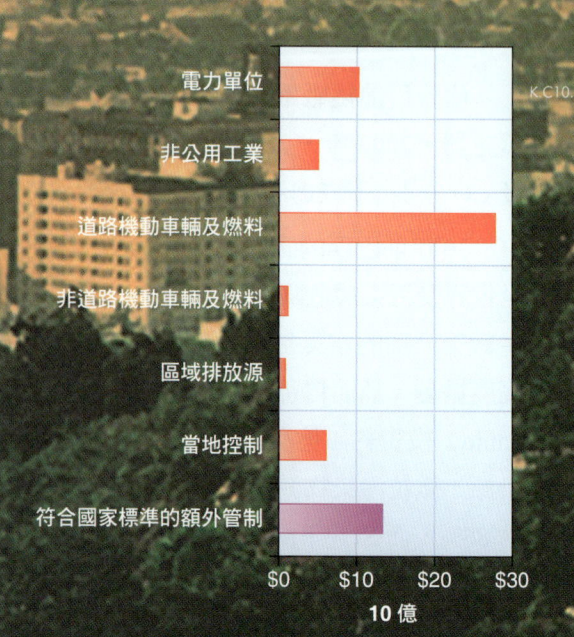

▲ 在 2000、2010 及 2020 年前執行《清淨空氣法》法規的直接成本（紅色）及效益（藍色），以 2006 年美元價位為基準。

資料來源：EPA 2011 Clean Air Impacts Summary Report.

資料來源：EPA 2011 Clean Air Impacts Summary Report.

1990 年清淨空氣法修正案的效益為何？

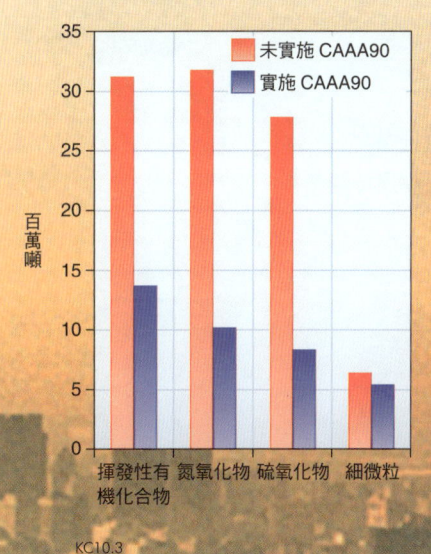

未實施 1990 年清淨空氣法修正案：

◀ 2020 年關鍵污染物的產生量將增加。

死亡率、支氣管炎、心臟疾病及工作天數的損失將增加。▶

能見度更差。▼

KC10.3

健康效應減損 （僅 PM2.5 及臭氧）	污染物	2010 年	2020 年
PM2.5 成人死亡率	PM	160,000	230,000
PM2.5 嬰兒死亡率	PM	230	280
臭氧死亡率	臭氧	4,300	7,100
慢性支氣管炎	PM	54,000	75,000
急性支氣管炎	PM	130,000	180,000
心臟疾病	PM	130,000	200,000
氣喘惡化	PM	1,700,000	2,400,000
醫療行政	PM、臭氧	86,000	135,000
急診室就診數	PM、臭氧	86,000	120,000
限制活動天數	PM、臭氧	84,000,000	110,000,000
學校損失天數	臭氧	3,200,000	5,400,000
工作損失天數	PM	13,000,000	17,000,000

未實施 CAAA

實施 CAAA

CK10.4

2020 年能見度值，單位 Deciviews

最佳　　　　　　　　　　　　　　最差

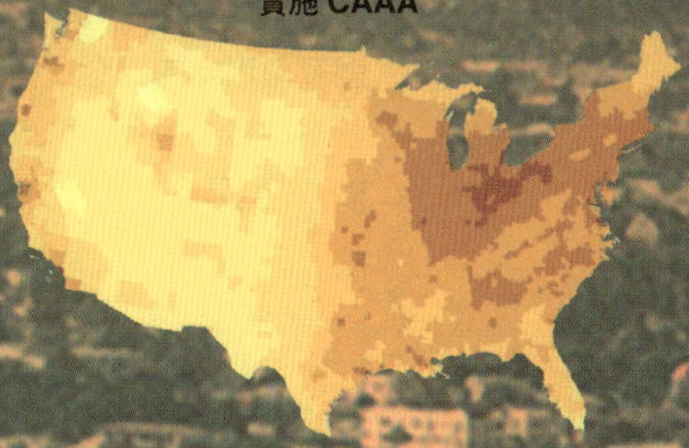

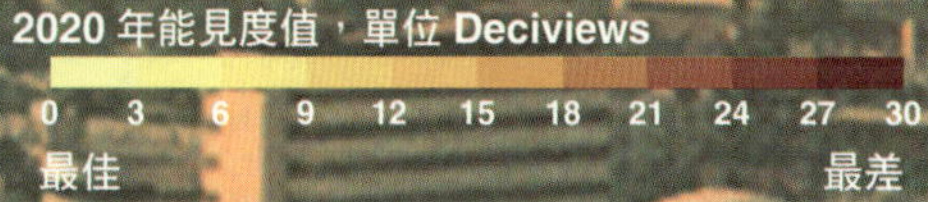

對經濟的影響？

從 1970 年起，6 種常見的空氣污染物已降低 50% 以上。化工業、石油煉製業、造紙業等大型工業排放源所排出的有害空氣污染物已降低近 70%。消耗臭氧的化學物質大部分已停止生產。新車已較過去潔淨 90% 以上，在未來會更潔淨。

在此同時，美國的國民生產毛額（GDP）已增加 3 倍，機動車輛使用增為 2 倍，能源消費則增加 50%。

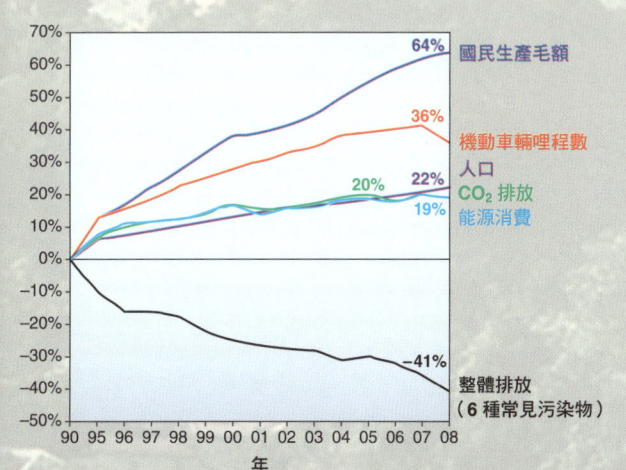

KC10.5

請解釋：

1. 1990 年清淨空氣法修正案中數種關鍵規定為何？
2. 何謂「總量管制與排放交易」市場機制的概念？
3. 修正案以何種方式節省經費？

問題回顧

1. 主要污染物、次要污染物是什麼？
2. 光化學氧化物、易散排放物是什麼？
3. 臺灣《空氣污染防制法》所定義的空氣污染物是什麼？
4. 臺灣《溫室氣體減量及管理法》所定義的溫室氣體是什麼？
5. 臺灣《室內空氣品質管理法》所定義的室內空氣污染物是什麼？
6. 什麼是污染物長程傳輸？請舉例說明。
7. 什麼正在破壞同溫層的臭氧？發生在何處？
8. 逆溫現象是什麼？如何捕捉空氣污染物質？
9. 酸沉降是什麼？如何發生？
10. 空氣污染防制技術有哪些？

批判性思考

1. 你每天出門時是否注意到天空的顏色？是否注意到遠處景物的能見度？為什麼會如此？你認為是誰造成的？
2. 臺灣的用電量相當高，而燃煤電廠又可能釋放大量污染。如果政府執行提高電價有助於降低部分污染濃度，你願意配合嗎？分別以民眾、政府官員、需要選票的總統或民代、環保人士的角色，分成正反雙方辯論。
3. 你看過關於空氣污染的影片或電影嗎？說明它帶給你的感受。你認為在現實生活中，全球對空氣污染的反應積極嗎？
4. 資料顯示臺灣的空氣品質正在好轉，你切身的感受如何？
5. 記錄降雨 pH 的測站中，哪一個測站離你家最近？降雨的 pH 值為多少？你能說明造成此值的原因嗎？

11 水資源與水污染
Water: Resources and Pollution

南化水庫位於臺南市南化區曾文溪支流後堀溪上，水庫容量達 1 億 5,000 萬立方公尺，為臺灣公共給水單標的水庫之最大者。

（白子易攝）

> 我告訴大家，你們正在累積水權衝突和訴訟的遺產，因為沒有足夠的水可以供應這片土地。
>
> —— John Wesley Powell

學習目標

在讀完本章後，你可以：

- 說明水源以及水的主要用途。
- 了解全世界各地何處及為何缺水。
- 思考如何增加供水，以及這些方法的成本。
- 在自己的生活中節約用水。
- 定義水污染，並說明主要水污染的來源與影響。
- 體會污水處理與淨水技術對開發中國家的重要性。
- 解釋控制水污染的方法。

案例研究

中國的南水北調

中國降雨分布不均。南方的季風雨造成嚴重水災，1931 年長江洪災造成 5,600 萬人流離失所，370 萬人死亡（有紀錄以來最嚴重的天災）。中國北方及西部則地處乾燥，約有 2 億人居住在缺乏淡水之處。中國政府警告，如果無法覓得新水源，這些居民（包括北京的 2,000 萬人）將被迫遷徙。中國政府的解決方案乃將南水北調。目前正在進行用 3 條運河輸送長江江水的龐大計畫，最終每年將運送 450 億噸的水至 1,600 公里遠的北方。初估成本約人民幣 4,000 億元，但很容易高出 2 倍以上。

東線工程使用在 1,500 年前由周代、隋代皇帝所建造，介於北京及上海間海岸平原的大運河。此計畫只需利用現有的水道，故已付諸實施。但由於水質已受生活污水及工業廢水嚴重污染，北方城市並無意願使用。中線工程將抽取近年完成的三峽大壩水源，建造此充滿爭議且淹沒許多古蹟的大壩，動機除了水力發電外，部分是為南水北調提升水位。中線工程會經過許多主要山脈及包括漢江、黃河等十幾條河。目前工程單位已築高丹江口水庫的高度，並擴張大壩的面積。2010 年，30 萬人因築壩而遷村，規劃單位宣稱數百倍的北方居民將因此獲利，並預期 2020 年完工。西線工程最為艱難、昂貴，因為必須橫跨 250 公里的崇山峻嶺和萬丈深淵，連接黃河和長江發源的青藏高原上游。此階段至少在 2050 年前仍無法完工，如果全球暖化導致青藏高原的冰河融化，此計畫將變得不可行。

毛澤東在 50 年前提出此一構想，然而，環境學者擔心抽取長江水源將使污染惡化、下游溼地枯竭，甚至改變洋流及中國東部沿海氣候。雖然中國南方在雨季有充足的降雨，但隨著人口快速增加及日益嚴重的污染問題，南方城市也面臨缺水危機。半數以上的中國主要河川因為受到嚴重污染而無法使用。抽取數百萬人賴以維生的江水，只會使問題更加嚴峻。

圖 11.1　三峽大壩上游重慶市江面的夜景（白子易攝）。

資料來源：William P. Cunningham, and Mary Ann Cunningham, *Principles of Environmental Science: Inquiry and Application*, sixth edition, p. 248, McGraw-Hill Education, New York, 2011.

11.1　水資源

人體的 60% 是水。水對人類的生命而言，是不可或缺的。

水文循環

地球共有 14 億 400 萬立方公里以上的水（表 11.1）。水從地表蒸發，以雨或雪回到地表，進入生物體內，然後回到海中，此過程稱為**水文循環（hydrologic cycle）**（見圖 2.16）。每年約有 50 萬立方公里或 1.4 公尺厚的水從海洋蒸發，而超過 90% 的水最後又回到海洋。47,000 立方公里的海水被帶到陸地，加上 72,000 立方公里從湖泊、河流、土壤與植物蒸發的水，成為每年可以重複使用的淨水來源。植物在水文循環中扮演重要角色，其吸收地表的水分並藉由蒸發回到大氣中（傳輸加上蒸發）；在熱帶森林中，每年約有 75% 的降雨藉由植物回到大氣。

太陽能藉由地表水蒸發作用驅動水文循環，使其成為雨或雪。由於水和陽光分布不均勻，因此水資源也相當不均勻。以智利沙漠中的伊基圭（Iquique）為例，歷史紀錄中從未下過雨；印度的乞拉朋吉（Cherrapunji）曾在一年內降下 26.5 公尺的雨量。圖 11.2 顯示世界各地的降雨量，降雨量較大的地區，大多發生在雨季較

表 11.1 水的度量單位

1 立方公尺（m^3）=1,000 公升（liter）= 264 加侖（gal）

1 立方公里（km^3）=10 億立方公尺（m^3）

1 英畝英呎（acre-foot）相當於覆蓋在 1 英畝地面上 1 英呎深的水量，等於 325,851 加侖或 120 萬公升，或是 1,234 立方公尺，約為美國有 4 個成員的家庭 1 年所使用的總水量。

1 立方公尺／秒（m^3/sec）河水流量 = 264 加侖／秒（gal/sec）

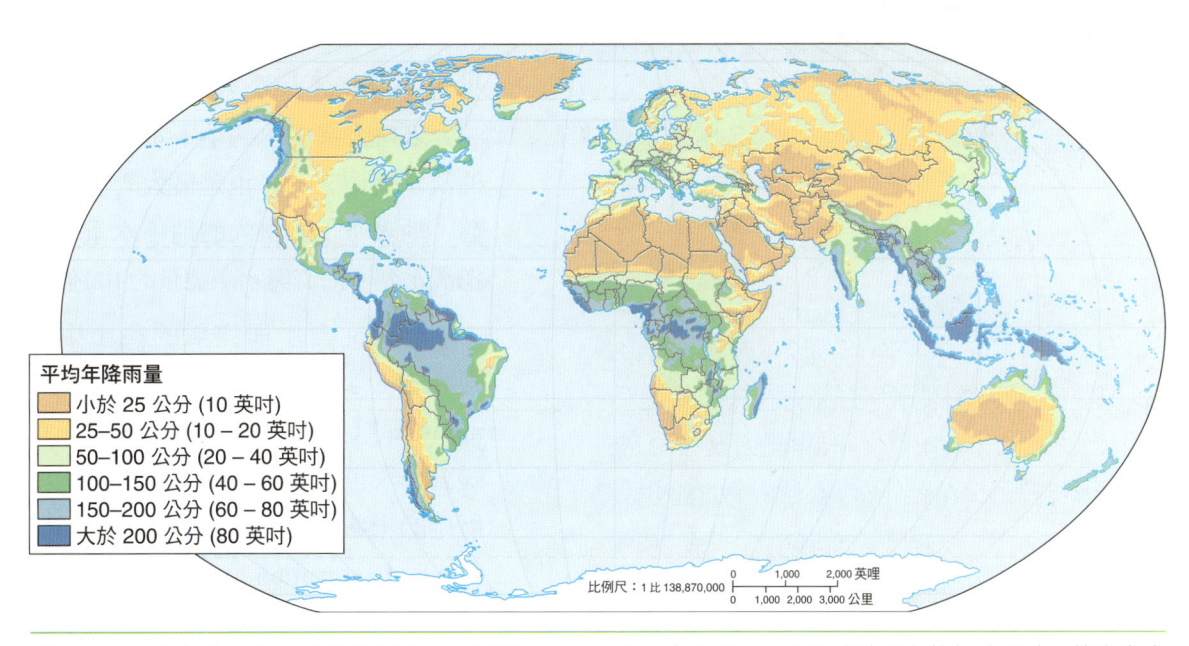

圖 11.2 平均年降雨量。支持熱帶雨林的潮溼地區，多位於赤道附近；主要的沙漠在乾燥的區域，緯度多介於北緯與南緯 20 度至 40 度之間。

長的熱帶地區或沿海山區。每個大陸中的沙漠就剛好位在熱帶之外（撒哈拉沙漠、那米比沙漠、戈壁沙漠、索諾蘭沙漠與許多其他的沙漠），高緯度或高壓地區的降雨也會較少。

山脈也會影響溼氣的分布。山脈的迎風面，包括太平洋西北方與喜馬拉雅山的側面都是典型的潮溼地區，且河流較大。在山的背風面，以乾燥的環境為主，水很稀少。以可愛島（Kauai）上的懷厄萊阿萊峰（Mount Waialeale）迎風面為例，每年降雨量約 12 公尺，是地球上最潮溼的地方之一，而距迎風面僅數公里的背風面，每年平均降雨量只有 46 公分。

主要水體的劃分

水體常以交互作用的方式加以劃分（表 11.2），而水停留在某水體的典型時間，稱為**停留時間（residence time）**。舉例來說，水因蒸發而進入水文循環前，每個水分子平均停留在海洋約 3,000 年。地球上所有的水幾乎都在海洋中（圖 11.3），所以海洋能調節地球氣溫，而且地球生質量的 90% 以上都在海洋。人類主要的需求是淡水，而人類與依賴淡水維生的生物可獲得的水僅有 0.02%。

占全部水 2.4% 的淡水，90% 被留在冰河、冰蓋及雪地之中。雖然大多數的冰雪位於南極、格陵蘭和北極浮冰，但高山冰河及積雪卻供應數十億人用水。近年由於暖化，世界 6 大河川發源地、供應亞洲 30 億人用水的青藏高原，其冰河、積雪也快速退縮。

地下水貯存大量水資源

來自入滲雨水的地下水是最重要的淡水資源之一，也是最大的淡水水體。地表下 1 公里內的地下水量，超過淡水湖、河流與水庫總量的 100 倍。

植物從含水與空氣的表土中獲得水分，此區稱為**通氣層（zone of aeration）**（圖 11.4），通氣層可能只有幾公分，也可能數公尺。更深的土壤層中的土壤孔隙充滿水，稱為**飽和層（zone of saturation）**，是水井的主要水源，飽和層的最頂部稱為**地下水位（water table）**。

表 11.2　地球上水體的劃分

分類	體積（1,000 km³）	占全部水的比例	平均停留時間
總量	1,386,000	100	2,800 年
海洋	1,338,000	96.5	3,000 至 30,000 年 *
冰和雪	24,364	1.76	1 至 100,000 年 *
鹹地下水	12,870	0.93	數天至數千年 *
淡地下水	10,530	0.76	數天至數千年 *
淡水湖	91	0.007	1 至 500 年 *
鹽湖	85	0.006	1 至 1,000 年 *
土壤水分	16.5	0.001	2 週至 1 年 *
大氣	12.9	0.001	1 週
草澤、溼地	11.5	0.001	數月至數年
河川、溪流	2.12	0.0002	1 週至 1 個月
生物	1.12	0.0001	1 週

* 與深度及其他因素有關。
資料來源：UNEP, 2002.

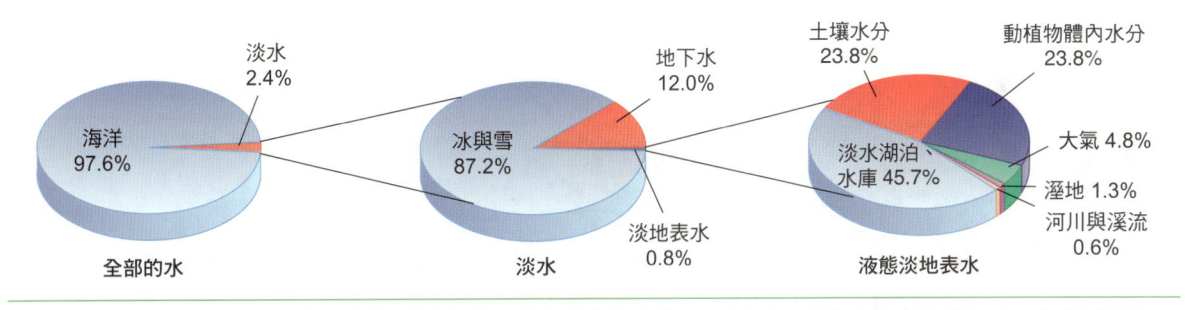

圖 11.3　陸地生命所賴以生存的液態淡地表水，僅占所有淡水的 1% 以下，又僅占地球水總量的 0.02% 以下。
資料來源：U.S. Geological Survey.

地質層含水時，稱為**含水層（aquifer）**，含有由沙、碎石或含孔隙岩石所組成的可滲透層。含水層下方為相對不能透水的岩石層或黏土層。水在含水層移動數百公尺，需要幾小時到數年。如果不透水層在含水層之上，含水層中會產生壓力而使水穿透地表，稱為自流井（artesian well）或泉水。

地表水可滲透進入含水層的區域，稱為**補注層（recharge zone）**（圖 11.5）。大部分含水層的補充相當緩慢，而在地表建築道路、房屋或使用地表水，使得補充率更為緩慢。污染物也可透過補注層進入含水層，在補注層的都市或農業逕流是嚴重的問題。約有 20 億人以地下水做為飲用水或其他用途。人類每年抽取的地下水超過 700 立方公里，其中大部分是從較淺且易受污染的含水層中所抽取。

地表水及大氣濕氣快速循環

河川隨時都含有水，但水量相對較小，若是沒有降雨、融雪或地下水持續補充，河川將會在幾週或幾天內乾涸。河川的大小以**流量（discharge）**表示，亦即在一定時間內通過固定點的水量，通常以每秒公升或每秒立方英呎表示。世界上 16 條最大的河川，攜帶將近一半的地表逕流，其中比例最大的是亞馬遜河，水量為次於該河 7 條河的總和。

湖泊的水量是河川和溪流總和的 100 倍，主要存在少數世界最大的湖泊中。西伯利亞的貝加爾湖（Lake Baikal）、北美五大湖、非洲大裂谷湖區（Great Rift Lakes）以及其他少數的湖泊都含有大量的水，但並非都是淡水。湖泊遍及世界各地，提供

圖 11.4　降雨中沒有蒸發、也沒有隨表面逕流而流失的水，藉由入滲作用穿透土壤而進入地下水體。上層土壤孔隙中充滿潮溼的空氣，下層土壤的孔隙間則充滿水，形成飽和層或地下水層。

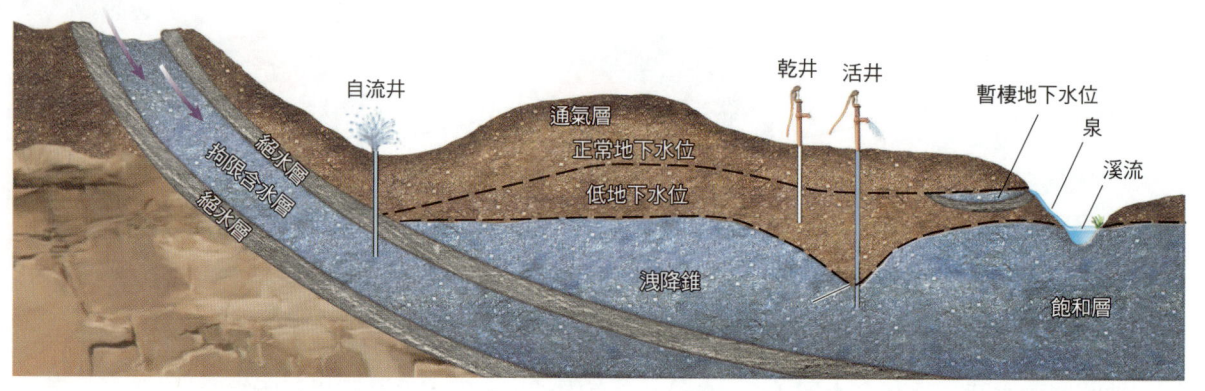

圖 11.5　含水層是多孔性、碎裂的岩石層。不透水岩層（impervious rock layer）或絕水層（aquiclude）將水侷限在拘限含水層（confined aquifer）。由於上層的壓力，產生自流井。抽取地下水會形成洩降錐（cone of depression），而使附近淺井乾涸。

水源、食物、運輸與居住地，和河川一樣重要。溼地在水文循環也極為重要。茂密的植物能穩定土壤、減緩地表逕流，使地表水滲透進入含水層，並產生平穩的流量。當溼地受到擾動時，其吸收的水量會降低，地表逕流也會變快，導致雨季時發生洪水與沖蝕，非雨季時則流量偏低。

大氣只含 0.001% 的水，但卻是全球水重新分配的重要機制。個別水分子存在大氣中平均約 1 週，有些水在數小時內就蒸發並降雨。水蒸氣在大氣傳輸的過程中，會形成雨水降落至地面，補充河流與含水層。

11.2　用水量

乾淨的淡水是每個人所必需的，其取得難易度決定人類的居所與活動。**再生水源的供應（renewable water supply）**是指能規律補充的水資源，主要是地面水與淺層地下水。在降雨豐沛的熱帶地區，再生水源最為豐富，其次是降雨較為規律的中緯度地區。

每人再生水源的獲取量可衡量水取得的難易度，因此人口密度與總水量決定了再生水源的供應（圖 11.6）。通常氣候潮溼且人口密度偏低的國家供水最充足，以冰島為例，每人每年可分配到 1.6 億加侖的水。相對地，巴林的氣溫非常高，幾乎沒有降雨，皆為進口或是來自海水淡化。

全世界農業用水量約占 75%，工業用水量約占 20%，民生用水量只占用水量的 5%。

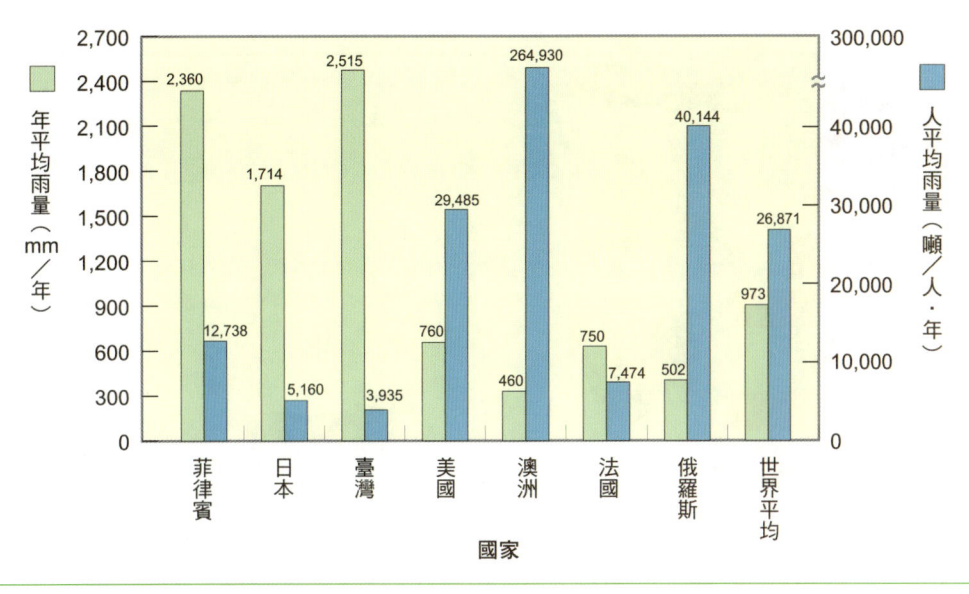

圖 11.6　臺灣年平均降雨量雖然為 2,515 mm，約為全球平均的 2.6 倍；但因為地狹人稠，每人每年僅分配到 3,935 立方公尺，約全球平均的 1/7，為世界第 18 缺水國。

資料來源：歐陽嶠暉，水水水，臺灣水環境再生協會。

虛擬水以各種方式輸出

　　評估用水量需要技巧，因為水以各種方式輸出。例如，美國加州約 15% 的水用以生產苜蓿，並以苜蓿乾草飼養乳牛（少部分飼養肉牛），而牛乳、乳酪、牛肉將輸出至全美和全球。加州也直接輸出苜蓿乾草至中國、日本等國家。這些輸出的水通常稱為**虛擬水**（virtual water）。

　　同樣的，加州的杏仁生產約消耗 10% 的水。杏仁生產，從 1960 年約 6 萬噸，成長至 2013 年的 180 萬噸，增加 30 倍。此產量約占美國杏仁生產的 99% 及全球的 80%。為了維持杏仁樹生長並採收杏仁核果，每一顆杏仁核果全年需要約 4 公升的水。換算成質量，相當於每公斤杏仁需要 16,000 公升的水，幾乎等於生產 1 公斤牛肉的需水量。

　　輸出苜蓿中的含水量每年約 3 億 8000 萬立方公尺，足夠供應 100 萬戶家庭全年用水。保育人士呼籲應減少水輸出以降低缺水風險。

耗水較高的產品

　　個人的水足跡（water footprint）與飲食息息相關。採用「集中式動物飼養營運」的方式生產 1 公斤的牛肉，需用水 15,000 公升。因為餵牛的玉米採高密集灌溉系統（圖 11.7），也造成 1 個漢堡需水 2,400 公升。羊肉的效率較高，因為羊的進食較廣也較有效率。

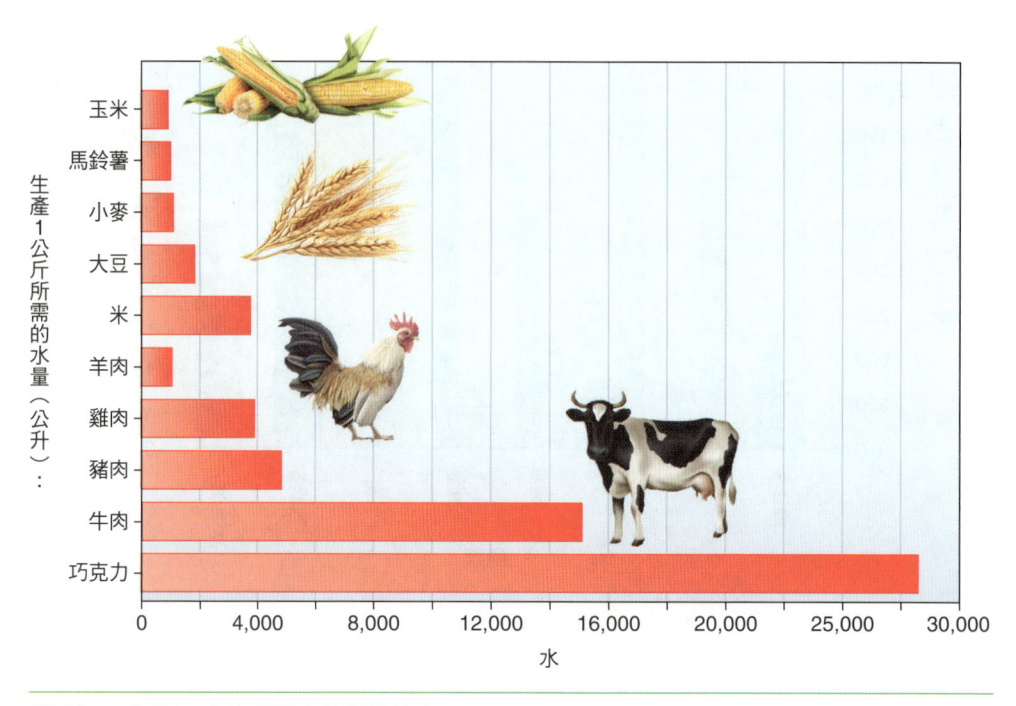

图 11.7　生產 1 公斤重要食物所需的水。

　　稻米的生產（通常是水田）較馬鈴薯或小麥高出 3 倍用水，許多國家依賴健全的灌溉系統種植稻米。某些作物並非在種植時耗水而在製程，例如巧克力就需要高度加工。**耗水量（consumption）**是指因蒸發、吸收或污染所造成的損失。

工業用水

　　工業用水約占 1/5，某些歐洲國家的工業用水占 70%，工業化較低的國家也有 5%。發電廠使用的冷卻水，是最大單一用途的工業用水，約占工業用水的 50 至 75%。

　　生質燃料生產也消耗大量的水，由玉米生產 1 公升乙醇，耗水 4 至 7 公升。

　　2008 年起，另一項高耗水的產業是採用水力壓裂（hydraulic fracturing，又稱為「水力劈裂」或「水力裂解技術」）進行石油及天然氣開採。此技術乃抽取加壓水壓裂岩石層，釋放隙縫中的天然氣或石油。壓裂每口井需耗水 1,500 至 2,300 萬公升，有時同一口井會被壓裂多次，以釋放額外的天然氣。壓裂後的水再回到地表，但受到高度污染，含有致癌碳氫化合物、清潔劑（於壓裂過程中使用）、鹽及放射性顆粒。

民生用水

　　民生用水量只占用水量的 5%，包括飲用、煮飯與洗澡用水。然而每戶家庭的

總用水量變化極大，與該國的富裕程度有關。聯合國指出，已開發國家平均日用水量高於開發中國家 10 倍。貧窮國家無法建設供水的公共設施，另一方面，不適當的供水也阻礙了農工商業發展，進而無法消除貧窮。

乾淨的飲用水與基本的衛生環境可以避免傳染疾病，並維持健康的生活。對世界上大部分的窮人來說，健康的最大環境威脅主要仍在於持續使用受污染的水。聯合國估計，10 億人缺乏乾淨的飲用水，25 億人沒有適當、衛生的環境，上億人因為水資源缺乏而導致疾病，而每年超過 160 萬人因而死亡，其中 90% 是 5 歲以下的兒童。

圖 11.8　婦女和兒童每天花費數小時從當地水源取水——對飲用而言通常是不安全的。

全世界 2/3 以上的家庭需要從戶外取水（圖 11.8），取水工作主要由婦女與小孩負責，有時一天得花數個小時，而無法上學或多賺點錢，改善公共設施能帶來便利。

11.3　缺水的處理

世界衛生組織估計，每個人每年需要 1,000 立方公尺的水才能維持健康與發展。使用河川整年流量 70% 的用水量，在某些地區相當常見；更有甚者，因抽取地下水而使用可再生水量的 120%。全球有 1/3 的人居住在無法提供基本需水量的地區。圖 11.9 為全球各國家之缺水狀況，可與圖 11.2 進行比較。每個國家不同地區當地缺水狀況可能比全國平均嚴峻。部分降雨量低且貧窮的非洲及亞洲國家，存在人道層次的最大缺水問題；部分富裕國家雖然降雨量也低，但因政治及經濟能力佳而能調適缺水問題。

過去一世紀由於人口增加，導致用水增加 2 倍，未來由於耕種面積持續增加，估計用水量也會持續增加。聯合國 FAO 估計，2025 年時將有 18 億人生活在嚴重缺水的環境中，而全人類 2/3 都將面臨用水吃緊問題。

地下水持續耗竭

過度使用地下水，會造成水井、泉水、溼地、河川與湖泊乾枯。傾倒或任意排放有毒污染物等污染地下水的行為，會造成地下水資源不適合使用。許多地區地下水抽取的速度比自然補注速度快，造成地下水位的洩降錐，規模更大的抽水，將會

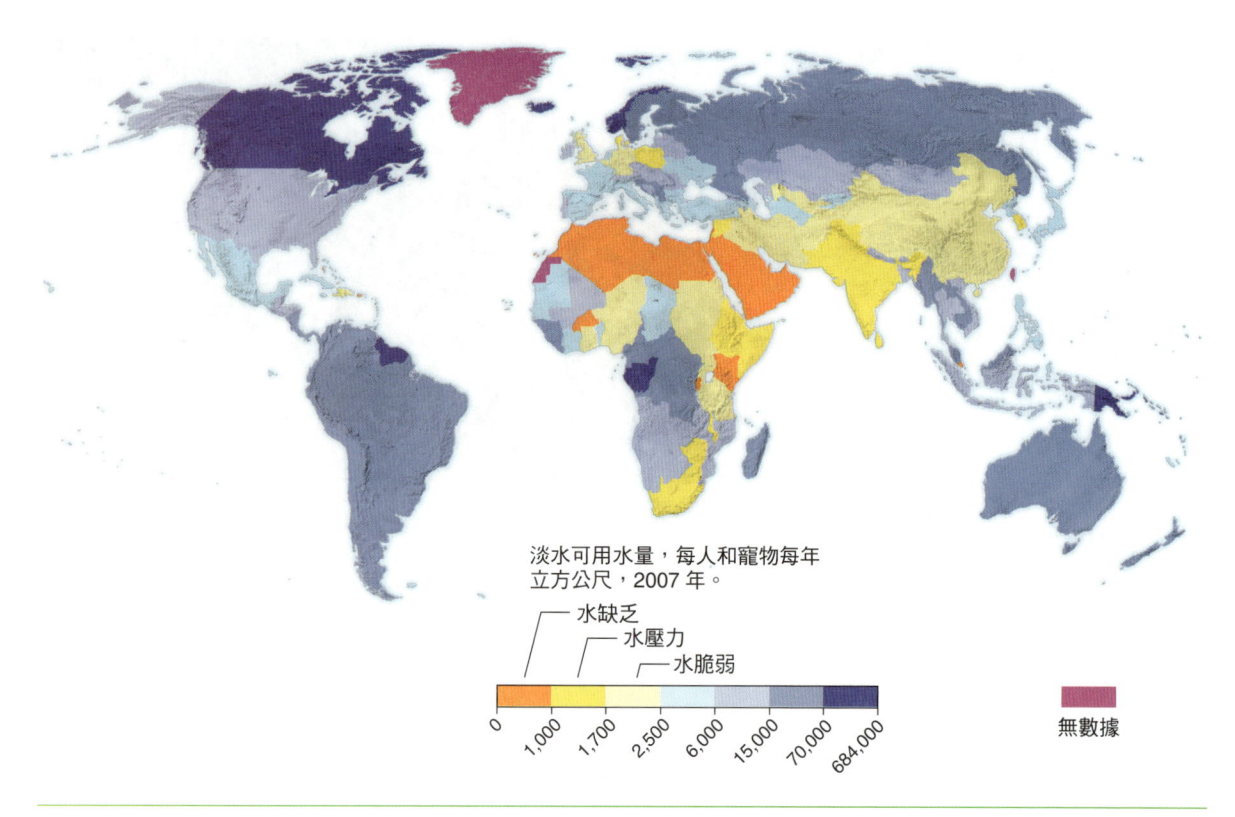

圖 11.9 每人每年可用的水量。目前亞洲和非洲最多人民生活於水缺乏的環境。

耗盡地下水，也會造成**地層下陷（subsidence）**。奧加拉拉（Ogallala）含水層位於德州至北達科他州等 8 個乾旱州，這些多孔隙的沙床、礫石床與沙岩床，曾經擁有比地球上全部淡水湖、溪河還多的水。過度抽取地下水灌溉，造成水井乾涸，也造成農場、牧場，甚至整個城鎮荒蕪。補充含水層要數千年的時間，因此地下水是不可再生的資源。地下水用盡後將引起海水入侵，在海岸線以及古代海洋鹽分沉積之處，過度使用淡水經常使得鹽水入侵到民生與農業使用的含水層。

水壩、水庫與運河重新分配水

水壩與河渠是文明的根基，一些著名的文明（蘇美、埃及、中國與南美洲的印加文化）皆大規模地導引河水到灌溉農田而重新分配水源。全世界 227 條大河中有一半以上皆被水壩封鎖，對淡水生態系統產生不利的影響。世界上 50,000 座大壩中，90% 於 20 世紀建造，其中一半是在中國。從經濟學角度來看，這些水壩中至少有 1/3 不應建造。

水壩可確保整年的水源供應，但也會因蒸發與滲漏至多孔隙石床，而浪費大量水資源。美國西部某些水壩所損失的水量，超過所能供給的水量。每年科羅拉多

河米德湖與包威爾湖的蒸發損失大量的水（圖11.10）。由於蒸發後鹽分殘留，河中的鹽度也跟著倍增。

最災難性的水轉運歷史發生在乾燥中亞的鹹海（Aral Sea）。鹹海地處哈薩克與烏茲別克的邊境，是由來自遙遠山上河川灌注的淺內陸湖。1950年代，蘇聯開始將水轉運至棉花田與稻田，於是鹹海漸漸蒸發，只剩大量的毒性鹽片（圖11.11）。棉花與稻米的經濟價值可能永遠不及漁業、村落與健康的損失成本。

公義問題經常圍繞水壩計畫

當水壩提供遠處城鎮水力發電與水資源的同時，當地居民反而蒙受經濟文化損失。在某

圖 11.10　胡佛水壩提供可貴的電力給內華達州和加州，但壩後的米德湖（Lake Mead）卻每年蒸發13億立方公尺的水量。

圖 11.11　近40年來，灌注鹹海的河水被轉運為灌溉棉花田與稻田，鹹海因此失去90%以上的水，殘餘鹽片引起的沙塵暴反而污染灌溉區域。

1975

1997

2005

2009

第 11 章　水資源與水污染　267

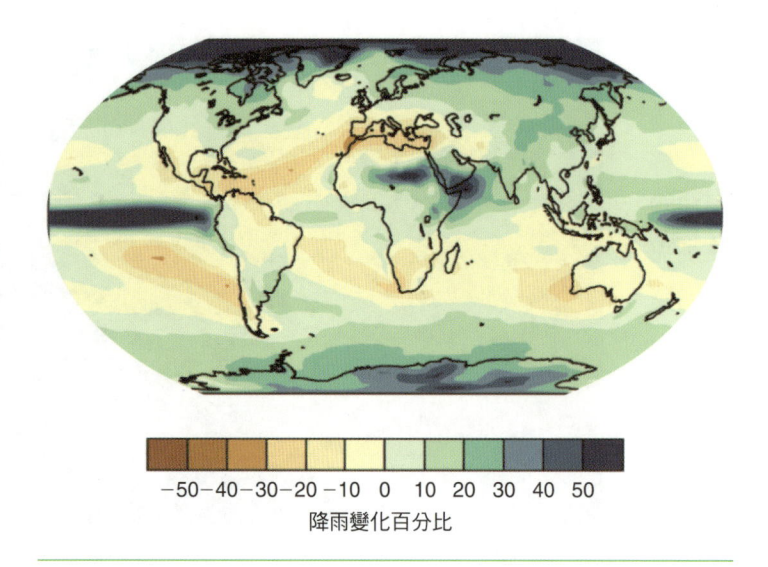

圖 11.12 IPCC 預測 2081—2100 年間與 1986—2005 年間，降雨量的相對變化（百分比）。該地圖為 35 個不同模型的平均值，太陽輻射為 8.5 瓦／平方公尺。隨著氣溫升高和蒸發量的增加，降雨適度的增加並不等於水資源的可用性增加。

資料來源：IPCC Climate Change 2014 Synthesis Report, Summary for Policymakers, Figure SPM.7, p. 12.

些案例中，建造水壩的人也被指責以公共經費為私有土地所有人創造經濟價值，並鼓勵在乾旱土地上不當的農耕與都市開發。

環保及人權組織「國際河川」指出，水壩計畫造成 2,300 萬人遷村。目前東南亞 8 條河川上約 144 座水壩正在規劃或興建，包括瀾滄江（湄公河上游）、怒江（薩爾溫江上游）及金沙江（長江上游）。許多計畫位於「三江並流」世界遺產所在地，將威脅全球生態、文化豐富度最高的區域。

在地震帶築壩引發地震的風險也受到關注。全球有 70 個以上的案例顯示大壩和持續增強的地震強度有所關連。地質學家表示，2008 年 7.9 級、90,000 人死亡的四川大地震可能是岷江上注滿水的紫坪鋪大壩造成的。

水的戰爭

許多環境學者警告缺水將導致戰爭。《財富》（*Fortune*）雜誌表示，水之於 21 世紀如同石油之於 20 世紀。目前全球 1/3 人口居住在水荒之處，但氣候變遷使缺水更加嚴峻。IPCC 預測，2081～2100 年與 1986～2005 年間全球降雨的變化可能性如圖 11.12 所示。

11.4　水的保育與管理

與建造大型水壩和水庫相比，在防洪與蓄水方面，流域管理與保育是更具經濟性、環保性的健全方式。**流域（watershed）** 或集水區（catchment）是河川或溪流排水的全部土地。保護河川流域植被與地表覆蓋，有助於雨水的保存及減少下游的洪災。

健全的農業與林業管理，可以減少逕流；將農作殘餘物保留在田地內可減少洪水；將陡坡上的農耕與森林砍伐降至最低可保護流域。保護溼地可保有自然蓄水容量與地下水補注層。由溼地提供水源的河流，其水質應常保清澈，水量也應穩定，

不應是洶湧的洪流。

興建在支流的小水壩，可以在形成大洪水之前截住水流。這些小水壩所形成的水塘，可提供水生生物棲息地與蓄水的功能，同時也可截獲土壤，並送回土地。興建小水壩可採用簡單的設備與當地勞工，不需大型建造計畫和大型水壩。

每個人皆可節約用水

在不損失且不改變生活品質的情況下，可節省一半的民生用水；縮短淋浴時間、修理漏水、提高清洗效率等簡單的方式，都可避免缺水危機。

低流量蓮蓬頭與高效率洗碗機等省水設備，可大量減少水源的浪費。乾旱的城市或許並不需要得固定澆灌、照料的翠綠草坪，而在自然環境上種植本土植物或建立岩石花園，並維持與周遭生態系統的和睦，對生態與美學而言皆可令人滿意（圖 11.13）。

圖 11.13　藉由自然栽種本土植物，鳳凰城的居民既能省水，也可以美化周邊風景。

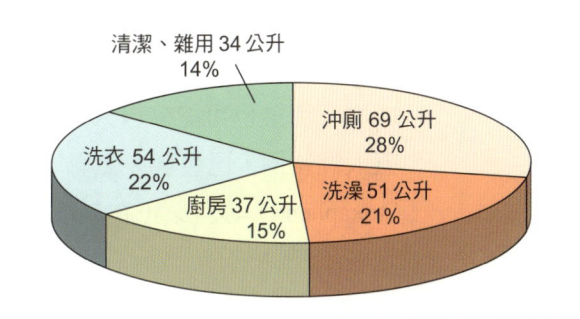

圖 11.14　臺灣典型用水比例，以平均每日用水量 245 公升的民眾統計。
資料來源：歐陽嶠暉，水水水，臺灣水環境再生協會。

廁所用水最多（圖 11.14），只為了沖掉數百公克的排泄物，每次沖水要用掉數公升。每個臺灣人每年耗費大約 35,000 公升可飲用的水在沖馬桶。若使用低沖水量與分段式馬桶，可大幅降低用水量。低流量的蓮蓬頭，也可減少洗澡用水量。

11.5　水污染

水質有任何變化而產生不當的影響時，皆可視為水污染。水污染有許多自然來源，例如毒泉、滲油與侵蝕的沉積物，但人為污染影響水質與使用的情況更為嚴重。我國《水污染防治法》定義水污染為：「指水因物質、生物或能量之介入，而變更品質，致影響其正常用途或危害國民健康及生活環境。」

污染包括點源與非點源

水污染來源可分為點源與非點源。工廠、發電廠、污水處理廠、地下煤礦與油井等為**點源污染（point source）**，因為污染物會在特定地點排出，例如排水管、排

圖 11.15 下水道出流、工業放流管、酸礦排水及其他點源污染比較容易辨識與控制。

水溝、下水道出口（圖 11.15）。這些污染源是個別的且容易辨識，監控與管理也較為容易。

相反地，**非點源污染（nonpoint source）** 來源的分布很廣、不易辨識，所以較難監控或管理。非點源污染包含農場、飼養場、高爾夫球場、草地、花園、工地、伐木區、道路、街道與停車場的排水。點源污染整年度都相當一致且可預測，但非點源污染則相反。例如，在乾旱一段時間後的第一場暴雨逕流，可能會沖刷街道上高濃度的汽油、鉛、重油與橡膠殘渣等，而隨後的逕流則乾淨許多。

非點源污染也可能來自大氣沉降，經氣流運載落入流域或直接進入地表水體。以五大湖為例，已發現多氯聯苯（PCB）、戴奧辛等工業化學物質以及殺蟲劑毒殺芬（toxaphene）等農藥正在累積。很多類似的化學物質，有時是來自於數千公里外的地區。

生物性污染包括病原體與廢棄物

水污染的類型、來源與影響常有相互關係，表 11.3 列出數項主要種類。

病原體 就全球人類健康而言，最嚴重的水污染是致病性微生物（詳見第 8 章），

表 11.3　水污染物主要種類

種類	例子	來源
造成生態系統破壞		
1. 需氧廢棄物	動物糞便及植物殘餘物	廢（污）水、農業逕流、造紙廠、食品加工廠
2. 植物營養鹽	硝酸、磷酸、銨	農業及都市肥料、廢（污）水、糞便
3. 沉澱物	土壤、泥沙	土地沖蝕
4. 熱變化	熱	發電廠、工業冷卻
造成健康問題		
1. 致病菌	細菌、病毒、寄生蟲	人類與動物排泄物
2. 無機化合物	鹽類、酸、腐蝕劑、金屬	工業排出、家用清潔劑、表面逕流
3. 有機化合物	殺蟲劑、塑膠、清潔劑、重油及汽油	工業、家庭及農業使用
4. 放射性物質	鈾、鈈、銫、碘、氡	採礦及礦石加工、發電廠、武器製造、自然來源

其中最重要的水傳染疾病是傷寒、霍亂、細菌性痢疾和阿米巴性痢疾、腸炎、小兒麻痺症、傳染性肝炎和血吸蟲病等，而瘧疾、黃熱病（yellow fever）和絲蟲病（filariasis）則藉由昆蟲的水生幼蟲傳播。每年有 2,500 萬人死於與水有關的疾病，貧窮國家 5 歲以下幼兒的死亡率有 2/3 與水媒致病（waterborne disease）有關。

這些病原體主要來自未經處理或處理不當的人類廢棄物，從養殖場、田地產生的動物排泄物，以及未具完善廢棄物處理設施的食品工廠，也都是病原體的來源。已開發國家中，污水處理設施與其他控制污染的技術，已消除大部分病原體來源，另外，飲用水也會加氯消毒，所以水傳染病很少散播。已開發國家 90% 的人有適當的污水處理系統，95% 的人可飲用乾淨的水。在低度開發國家，無數人口缺乏適當的衛生設施，也無法取得乾淨的飲用水，尤其是在偏遠的農村地區，污水處理系統通常很原始，甚至根本沒有；純淨的水不是難以取得，就是太貴而買不起。據世界衛生組織估計，在低度開發國家中，80% 的疾病是由飲水中傳染媒介與不當的衛生設施所引起。

偵測水中特定的病原體困難、費時且昂貴，所以通常用大腸桿菌（coliform bacteria）的濃度表示水質。大腸桿菌有許多種形式，常以人類與其他動物的大腸或結腸為居住地，最普遍的是生存於許多動物身上的大腸桿菌（*Escherichia coli, E. coli*）。志賀氏桿菌（*Shigella*）、沙門桿菌（*Salmonella*）或李斯特氏桿菌（*Listeria*）等，則是致命的細菌。如果在水樣中發現任何一種大腸桿菌，通常也會存在傳染性病原體，因此環保署認為含大腸桿菌的水不安全。

生化需氧量　水中溶氧量是水質與賴以維生的各種水生物之指標，氧含量在 6 ppm 以上時，能維持供垂釣的魚及其他水生物的生命；氧含量小於 2 ppm 時，主要支持蟲類、細菌、真菌、屑食性動物和分解者。氧氣可以藉著擴散作用，從空氣中溶入水中，尤其在湍流與混合程度高的水流；綠色植物、藻類和藍綠細菌的光合作用，也可增加氧。湍急、快速流動的水持續補充氧氣，因此可以快速回復氧量；呼吸作用與耗氧的化學程序則消耗氧氣。因為水中氧氣很重要，因此經常以檢測**溶氧量（dissolved oxygen, DO）**等級來比較各地的水質，溶氧量高表示水質好。

加入污水或紙漿等有機物質，會刺激分解者的活性與耗氧量，所以水中微生物消耗的氧量稱為**生化需氧量（biochemical oxygen demand, BOD）**，是檢測水污染的指標。**化學需氧量（chemical oxygen demand, COD）**可以檢測水中所有的有機物質。

在都市污水處理廠放流口等點源污染的下游，藉由檢測水中溶氧量，並觀察各段河水的動植物型態，可發現水質會先變差再好轉。下游溶氧減少稱為**氧垂（oxygen sag）**（圖 11.16）。在污染源上游，可發現適合存活於清水的生物族群，但

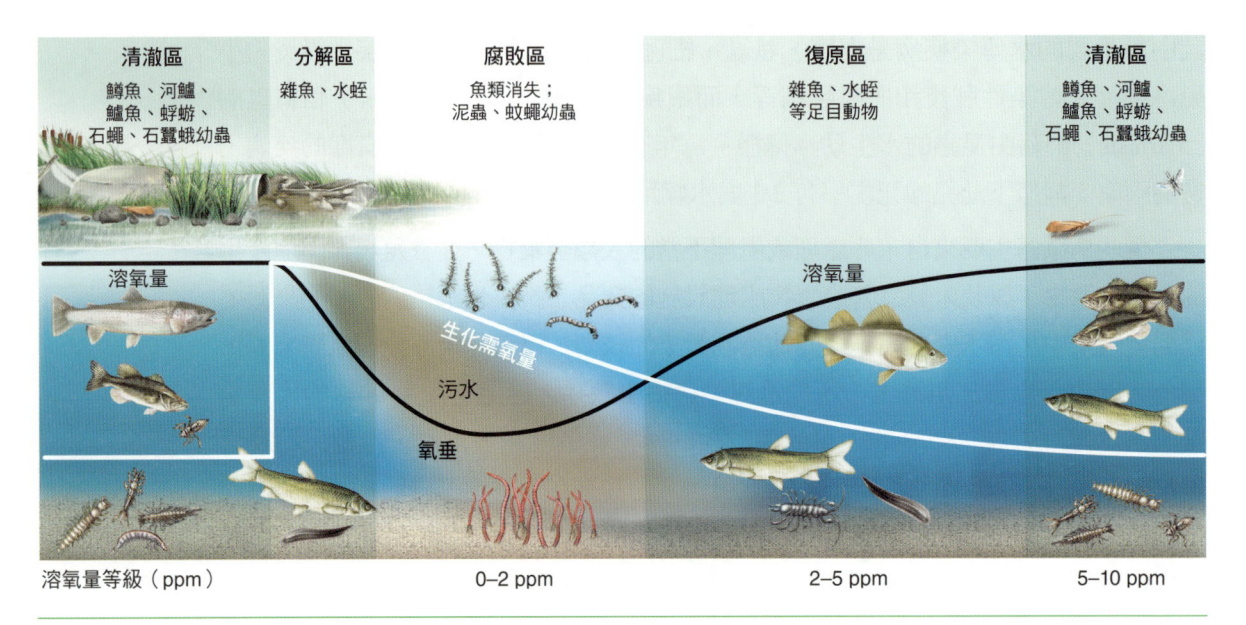

圖 11.16　氧氣從有機污染源向順流的方向遞減，溪流及生物需要相當長的時間與距離才能復原。

在污染源下游，當分解者代謝污染物時，溶氧量很快下降。鯉魚、鯰魚與長嘴硬鱗魚（gar）等垃圾魚，可以在貧氧環境下生存，牠們可以吃分解者，也可以吃自己的排泄物。

在下游遠處，氧氣相當缺乏，所以只有抵抗力較強的微生物與無脊椎生物可以生存。最後，當大部分營養物用盡，分解者的族群變小後，水中溶氧量再度恢復。

植物營養鹽與優養化　取決於沉澱物、化學物質與浮游生物數量的水澄清度（透明度）可有效量測水質與水污染。水質清澈與生物生產力低的河流湖泊，稱為**貧養（oligotrophic）**，而優養（eutrophic）則含有豐富生物與有機物。湖泊的**優養化（eutrophication）**肇因於營養鹽與生物產力過多，此時湖泊通常會產生演替（見第5章）。支流帶進沉澱物、營養鹽，刺激水生植物生長，一段時間後，池塘或湖泊會被堵塞而變成沼澤、陸地。優養化的速度，與水中的化學反應及深度、流入量、周邊流域的礦物含量和湖內生物有關。

人類活動會大幅加速優養化，即**人為優養化（cultural eutrophication）**，主要是由於水體中營養鹽大量增加所致。水體系統生產力增加，有時有益處，可提供食物來源，讓魚類與其他物種加速生長。然而，優養化即增加磷與氮，會促使藻類或水生植物大量生長（圖11.17），接著細菌族群開始增加，並以大量有機物做為食物來源。優養化湖泊通常會變得混濁，也有難聞的氣味。人為優養化會大幅加速湖泊老化，超過自然的速度，原本可以存活數百年或數千年的湖泊水庫，會在數十年內完全堵塞。

優養化也會發生在海洋生態系統，特別是臨岸海域與部分被包圍的海灣或河口。局部封閉的海，例如黑海、波羅的海和地中海等內海，更有嚴重的優養化傾向。以地中海為例，在旅遊季節，沿岸人口增加至 2 億人，來自大城市的污水 85% 未經處理就流入海中，造成海灘的污染、魚類死亡並污染貝類。因為大量營養鹽由河流流入海灣與淺海，常造成大規模的死水區域（dead zone）。

圖 11.17　優養化的湖泊。來自農田和家庭的營養鹽，刺激藻類與水中植物的生長，因而使水質惡化，改變物種組成，並減低湖泊休閒娛樂的價值。

海洋動物不僅會因缺氧而死亡，也會因高濃度的毒藻、致病黴菌、寄生原蟲等有害生物而死亡。過量的營養鹽，使得這些致命的微生物在受污染的臨岸水域大量生長。在營養鹽與污染物流入的河流，紅潮（或因其他藻類而顯現別種顏色）已經非常普遍。

無機污染物

有毒的無機化學物質會從岩石釋出到水中（第 11 章），採礦、製程、使用並廢棄礦物等行為，加速這些循環的轉移速率，使其高於自然背景值數千倍。

這些化學物質中，汞、鉛、錫、鎘等重金屬最讓人擔心。硒、砷等劇毒元素，在某些水體中也已達到危險程度。低濃度時無毒性的酸、鹽類、硝酸和氯等其他無機物質，累積到一定濃度以上會惡化水質，並對生物族群有不利的影響。

金屬　汞、鉛、鎘與鎳等眾多金屬，在微量時就具高毒性。因為金屬的存續性很高，會累積在食物鏈中，對人體有累積性的影響。北美目前分布最廣的毒性金屬是從焚化爐、燃煤發電廠釋出的汞。採礦排水與採礦廢棄物的滲出水也是水中重金屬嚴重污染源。

非金屬鹽類　土壤經常含有高濃度的溶解性鹽類，包括有毒的硒與砷。沙漠有毒的泉水將這些化學物質帶到地表。沙漠土壤的灌溉與排水，大規模地移動這些物質，並產生嚴重的污染問題。1980 年代，加州凱史特森（Kesterson）沼澤地的硒毒害，使成千上萬隻候鳥死亡。氯化鈉（食鹽）等低濃度無毒鹽類，若使用在灌溉上，會因蒸散而濃縮成具有害的毒性。科羅拉多河與附近農田中鹽的濃度，近年來變得很高，上百萬公頃珍貴的農地被迫放棄。美國北方各州，冬天時會用數百萬公噸的氯化鈉與氯化鈣溶化道路結冰，這些鹽溶到地表水後，對水棲生態系統會造成毀滅性的影響。

科學 探索

低廉的水淨化

當印度孟買的阿沙‧加德吉（Ashok Gadgil）五歲時，他的 5 個堂弟皆在襁褓時便死於受污染的水所散播的下痢。雖然那時的他並不了解那些死亡的隱含意義，當他成人後，他才了解那些死亡是多麼令人傷心，而且根本是可以預防的。取得孟買大學的物理學位後，他到加州柏克萊大學深造，並於 1979 年獲得博士學位。他目前是環境能源科技處的資深科學家，負責太陽能及室內空氣污染。

但是加德吉博士想針對印度及其他開發中國家水媒致病問題做一些事。雖然將淨水帶給許多國家窮人的工作已有所進展，仍有約 10 億人缺乏安全飲用水。在研究淨水的方式之後，他了解到 UV 光處理對窮國的潛能最大。其需要的能源較煮沸少，而且比加氯少許多精細複雜的化學監測。

目前許多既有的 UV 水處理系統，通常都是讓水流過未屏蔽的螢光燈管。然而，水中的礦物質會積在玻璃上，必須定期去除以維持效益。在偏遠地區，定期拆解、清洗，並組裝設備有所困難。加德吉了解到，解決方式是將 UV 源裝設在不會產生礦物質沉積的水上面。他設計了一套系統，讓水流過淺的不銹鋼溝槽，此設備以重力進流，並且僅需車用電池做為能源。此系統每分鐘可消毒 15 公升的水，殺死 99.9% 的細菌及病毒。其產出的水足夠 1,000 人的村莊使用。此簡易系統成本每噸只約 5 美分。當然，去除致病菌對如砷等礦物質或其他有害有機化合物並無效，所以通常會用 UV 滅菌搭配過濾系統，以去除那些污染物。

加德吉的消毒設備目前市場化應用有許多款式。最熱門的型式提供完整的淨水系統，包括小型亭站、配水貯水槽及完整的操作訓練。一套供村落規模用的系統成本約 5,000 美元，建造時可申請補助款和貸款，但村民擁有且須操作設備以確保當地的責任。參與合作的家庭每個月付 1 美元取得淨水。印度、孟加拉、非洲及菲律賓已有上千村落設置這些系統。

目前，約有 660 萬民眾從加德吉發明的簡易系統得到乾淨、健康且價格可輕鬆負擔的水。

酸與鹼 皮革鞣製、金屬熔煉、電鍍、石油蒸餾與有機化合物合成等工業製程會產生酸性副產物。煤礦業是酸性水污染中特別重要的來源，煤所含的硫化合物與氧和水反應會產生硫酸。酸沉降也會使水酸化，除了直接傷害生物外，更會從土壤和岩石直接溶出鋁與其他元素，進而使生態系統不穩定。

有機化學物包括農藥與工業物質

在化學工業中，數千種有機化學物被用於製造殺蟲劑、塑膠、藥物、顏料與其他日常用品。許多化學物質具高毒性（詳見第 8 章），即使暴露於很低的濃度〔戴

奧辛甚至可能只要千兆分之 1（parts per quadrillion, ppq）〕也會導致生育缺陷、基因混亂與癌症。有些物質能在環境存留，因為能抵抗生物分解，並且對攝入它們的生物造成毒害。

毒性有機化學物質的 2 種主要來源為：(1) 工業與家庭廢棄物的不當處置；(2) 農田、森林、道路、高爾夫球場與私有草坪逕流所產生的殺蟲劑。美國環保署估計，美國每年約使用 50 萬公噸的殺蟲劑，其中大部分皆流入鄰近的水路，當經過生態系統時，可能會在非目標生物體內大量累積。第一個眾所周知的是 DDT 的生物累積，而戴奧辛和其他氯化碳氫化合物，在鮭魚的脂肪、食魚的鳥類和人類體內，已累積到危險程度，並造成健康問題。

瓶裝水是否較安全？

喝瓶裝水似乎已成趨勢，美國人每年購買 280 億支瓶裝水，花費約 150 億美元，並認為比飲用水安全。全球每年約消費 1,600 億升瓶裝水。公衛專家認為都市水廠比較安全，因為都市給水廠每小時必須檢驗 25 種化學物質和致病菌。美國瓶裝水約有 1/4 只是將自來水簡單再處理，其他的則是抽取地下水，安全性無法確定。最近中國瓶裝水的調查中，2/3 的樣本含有危險等級的致病菌及毒物。

雖然瓶裝水易於回收，但美國 80% 的空瓶最終還是進到掩埋場，其他國家的回收率也不理想。製造瓶子、裝瓶、運送至市場、廢棄物處理的平均能源成本，「就像在每瓶中裝滿汽油」一般；而製造瓶子所需的水是瓶身容量的 3 至 5 倍。另外，裝在塑膠瓶內數週或數月，可能溶出塑化劑或其他毒性化學物質。

大多數情況下，瓶裝水比自來水昂貴、浪費且較不安全，喝自來水有助於環境、荷包及健康。

沉積物與熱污染亦降低水質

沉積物（sediment）是河系自然且必要的部分，創造肥沃的沖積平原與三角洲。但是，農業與都市化等人類活動，卻大幅加速沖蝕，並增加河流的沉積物負荷。沉積物充填在湖泊與水庫中，會淤塞船舶航線與水力發電的渦輪，並增加淨水費用。沉積物覆蓋昆蟲避難與魚類產卵的石床，也阻隔陽光，植物無法完成光合作用，使水中溶氧量減少。對於游泳、划船、釣魚與其他娛樂活動而言，混濁的水也較缺乏吸引力（圖 11.18）。流入海洋的沉積物，也會阻塞河口與珊瑚礁。

由火力發電廠或其他工業冷卻系統產生的**熱污染（thermal pollution）**會改變水溫。不論是提高或降低正常的水溫，皆會對水質與水棲生物產生不利的影響。水溫通常比氣溫穩定，因此水棲生物難以適應變化過大的溫度。即使熱帶海洋溫度只降低 1 度，都可能對某些珊瑚礁與其他礁石物種造成致命的影響。對於脆弱的

生物，增加水溫具有相似的致命性。隨著溫度增加，水中溶氧會減少，所以溫水對於需要高溶氧的物種較為不利。

人們也因改變植被覆蓋率與逕流形式而產生熱污染，減少水流動、移除河邊的樹木或增加沉積物，都會使水溫升高，並改變湖泊河流的生態系統。冬天時由發電廠所排出的暖水，經常誘惑魚類與鳥類到此棲息、覓食，但此種人為環境可能是致命圈套。

圖 11.18　沉積物和工業廢水從排水渠道流入伊利湖中。

11.6　目前水質

地表水的污染通常隨處可見，而且是環境品質最常見的威脅。過去數十年，很多已開發國家已視減少水污染為高度優先。

臺灣的水污染

近幾年來，環保署針對非法養豬場依法拆除並補償，畜牧廢水已有相當大的改善，但市鎮廢水、工業廢水及垃圾滲出水等，由於廢水量大到超過河川的涵容能力，致使臺灣河川受到不同程度的污染。

2009 年 4 月 8 日，經濟部公告臺灣河川區分為「中央管河川」、「跨省市河川」及「縣（市）管河川」，包括中央管河川 24 水系、跨省市河川 2 水系、縣（市）管河川 92 水系，合計全臺縣市級以上列管河川共有 118 水系。環保機關定期進行水質監測（圖 11.19），依據中華民國環境保護統計年報（2016 年版）資料顯示，若以溶氧量、生化需氧量、懸浮固體與氨氮等 4 項水質參數換算成河川污染指標（River Pollution Index, RPI）統計，至 2015 年底，在

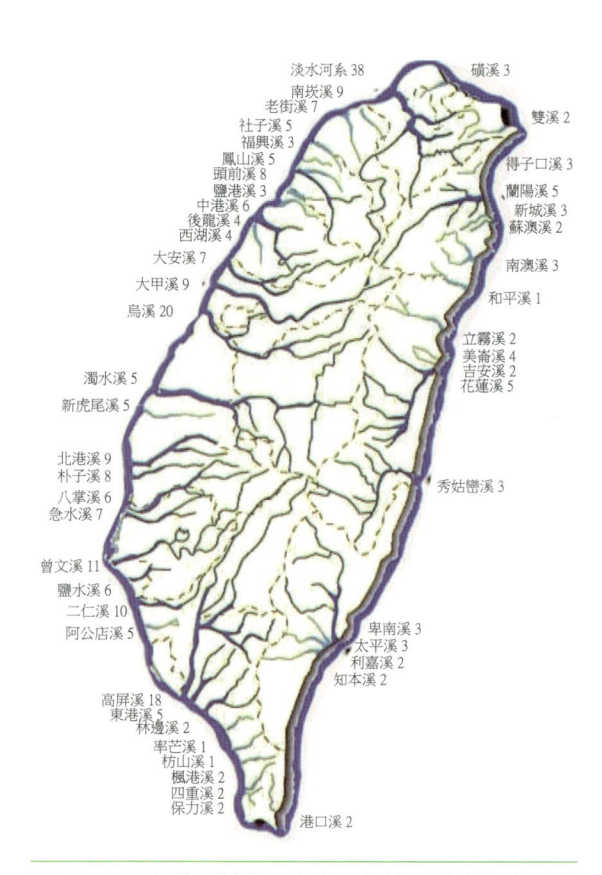

圖 11.19　臺灣河川的分布和環保機關的定期水質監測站。
資料來源：行政院環境保護署統計年報 2016 年版。

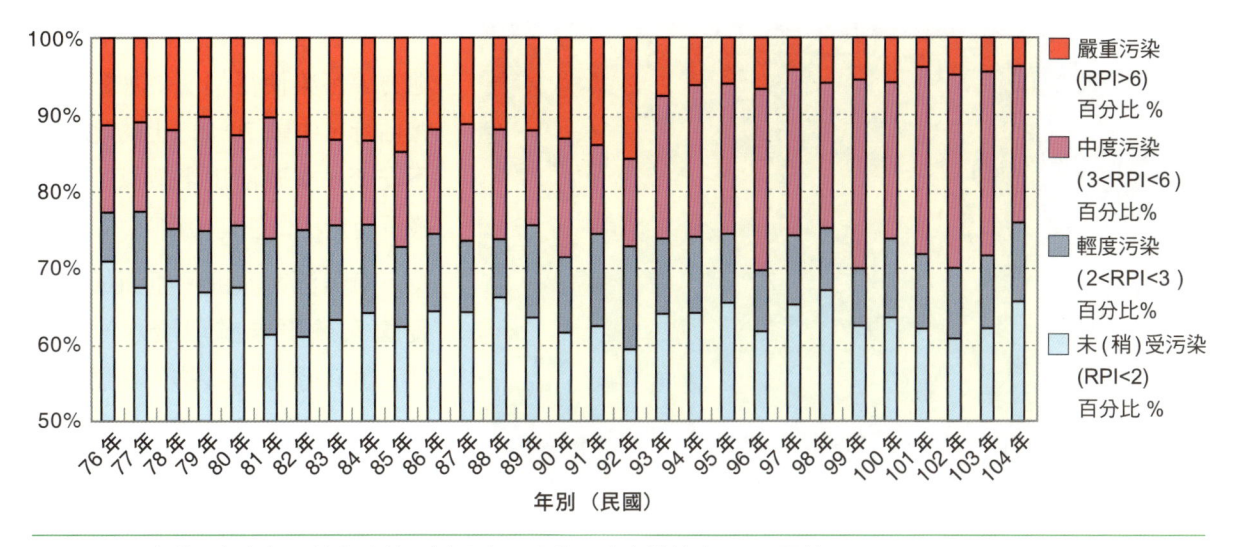

圖 11.20　臺灣歷年各類污染程度的河川長度百分比，注意縱軸由 50% 開始。

資料來源：行政院環境保護署統計年報 2016 年版。

河川總監測長度 2,933.9 公里中，未受污染河段長 1,949.2 公里占 66.4%，輕度污染河段長 246.6 公里占 8.4%，中度污染河段長 614.5 公里占 20.9%，嚴重污染河段長 123.6 公里占 4.2%。整體而言，未受污染的河川河段比例增加，嚴重污染河段比例降低，顯示河川污染情況逐漸改善（圖 11.20）。

要解決河川污染，可從興建下水道著手，臺灣下水道的興建由內政部營建署負責。截至 2015 年底止，已完工之污水處理廠共 55 座，建設中之系統 78 處，公共污水下水道用戶接管戶數達 240 萬 4,070 戶，普及率為 28.35%，整體污水處理率為 51.15%（2016 年版環境白皮書），足見國內下水道建設仍有相當大的成長空間。由於興建下水道緩不濟急，故應採取**總量管制**（total maximum daily loads, TMDL）等相關策略因應。

開發中國家水污染嚴重

即便在已開發國家，水質情況也不一。日本、澳洲、西歐國家的水質已改善，例如，瑞典人口 98% 所產生的污水經過二級處理，美國為 70%。然而西班牙、希臘卻分別只有 18%、2% 的污水經初級處理，這些民生與工業廢水都直接排放進海洋。

1989 年蘇聯與東歐「鐵幕」落下之後，揭露許多驚人的環境狀況。在地理、社會上較接近西歐的捷克、東德、波蘭投資大筆經費清理環境；然而，俄羅斯本身和位於巴爾幹半島、中亞的前社會主義共和國，仍然有許多全球污染最嚴重的地方。俄羅斯的飲用水只有 50% 能喝，聖彼得堡的水即使煮沸、過濾也無法保證安全。

中國有 2 億人生活在缺水的地方，污染使得情況更加嚴峻。據估計，中國 70% 以上的地表水不安全，主要河川半數以上污染嚴重而無法做任何使用。

南美洲、非洲、亞洲低度開發國家幾乎未處理廢水，都會區 95% 的廢水直接排入水體（圖 11.21）。印度 2/3 的地表水危害人體健康，亞穆納（Yamuna）河的水流進新德里之前，每 100 毫升的大腸桿菌數為 7,500（為美國游泳水質標準的 37 倍）；當河水離開後，大腸桿菌數為 2,400 萬！

圖 11.21　海地貧民窟的水溝做為開放式排水路，各式各樣的廢棄物皆傾倒於此，在此環境生活，健康風險十分嚴峻。

新德里每天仍持續排放 2,000 萬公升的工業廢水。只有 1% 的印度城鎮處理廢水，而僅有 8 個城市有初級以上的處理系統。馬來西亞 50 條河川中有 42 條具生態危害性；菲律賓馬尼拉的帕西格河（Pasig River），60% 至 70% 是民生污水，人民不但用河水洗澡、洗衣服，還用來飲用或烹飪。

地下水污染難以清除

地下水與土壤污染主要來自化糞池、糞坑、垃圾掩埋場、廢棄物棄置場、表面蓄水區、農地、森林與水井等處滲漏至地下（圖 11.22）。因為在深層地下含水層的停留時間通常高達數千年，污染物一旦進入含水層，將會長期、穩定地存在。

在農業區，農業肥料與殺蟲劑常會導致含水層受污染。在農村的飲用水中，也常檢測出超過安全標準的硝酸鹽殘留，與血液中血紅素結合造成藍嬰症（blue-baby syndrome），對嬰兒相當危險。來自工業放流、廢棄物滲漏的重金屬，也是嚴重的土壤污染問題。

加油站與工廠滲漏的地下儲槽，經常造成大量的土壤污染，1 公升汽油可以造成 100 萬公升的水無法飲用。根據環保署環境白皮書（2016 年版），對於具土壤與地下水污染潛勢的污染場址，環保署持續進行農地個案陳情污染查證工作、辦理加油站、非法棄置場址，以及其他工業污染個案查證工作。截至 2015 年底，列管中場址累計 3102 處，其中包含控制場址 3018 處，整治場址 84 處。

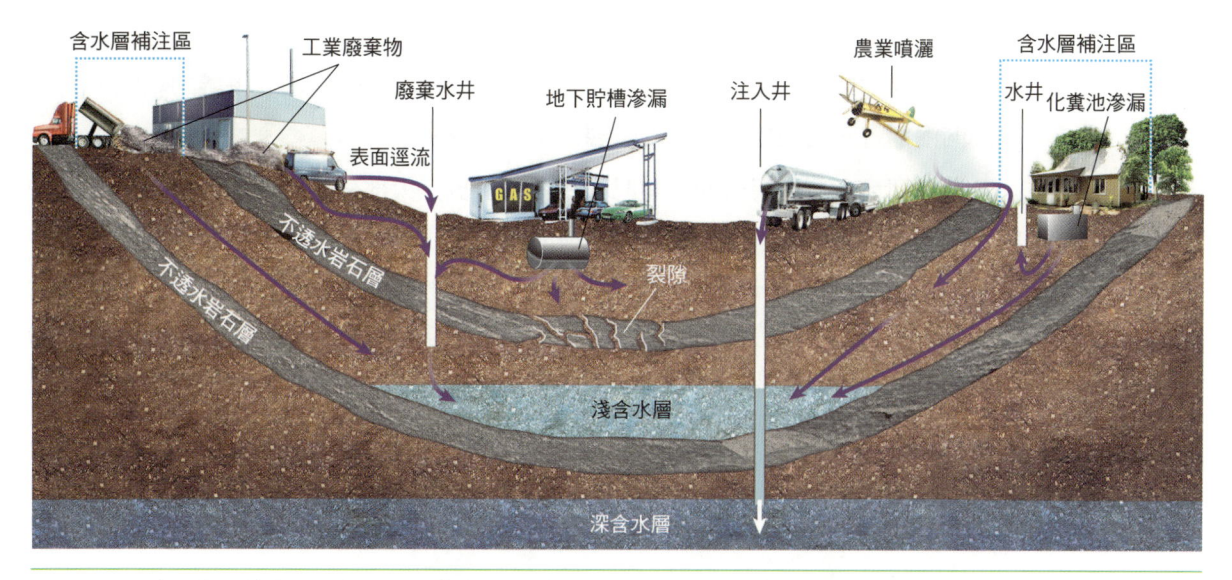

圖 11.22 地下水污染來源。在含水層補注區的化糞池、垃圾掩埋場及工業廢水，滲漏污染物至含水層。水井是污染物進入含水層的直接途徑。

海洋污染

海洋污染是嚴重、快速惡化的水污染問題。沿岸地帶、河口、淺灘、暗礁等均已受污染。死水區與毒藻繁殖區，正在快速擴散；有毒化學物質、重金屬、石油、沉積物與塑膠廢棄物等，污染海洋；每年所造成的潛在損失，可能高達數十億美元；但就生活品質觀點而言，損失是無法估計的。

廢棄塑膠漂流物充斥海面，因為重量輕且生物無法分解，所以會在海洋漂浮數千哩。即使是非常偏遠的小島海灘上，也會有來自地球另一端的塑膠物品。根據估計，每年約有 600 萬公噸的塑膠廢棄物被丟棄至海洋，威脅海鳥、哺乳動物，甚至魚類（圖 11.23）。

油污染影響全世界的海灘與公海。根據海洋學家估計，每年約有 300 至 600 萬公噸的油，從油輪、燃料容器裂縫與沿岸工廠排入海洋，其中一半來自航海運輸。這些污染大多並非由漏油等重大事故造成，而是由公海的船隻例行抽送船底的污水或清洗貯槽所造成。這些行為雖然違法，但卻很常見。因人為與自然的危害，造成原油在運輸過程中洩漏。中東地區的軍事衝突，改變既有海洋運輸業的航道；在

圖 11.23 致命的項鍊。海洋生物學家估計拋棄的網狀物、塑膠瓶及其他包裝殘留物，每年殺死數十萬隻鳥類、哺乳類及魚類。

第 11 章　水資源與水污染

容易發生暴風雨的海洋上進行更多的石油探鑽與運輸，會造成更多油污染的問題。在加州與阿拉斯加沿岸等地震帶上的石油探鑽計畫，一直是備受爭議的話題，因為原油的滲漏會對這些地區豐富的生態系統造成傷害。

很幸運地，海洋污染的問題已漸受重視。雖然大部分的原油最後還是由自然界的細菌分解，但原油滲漏的清理技術與回收系統正逐步改善。塑膠廢棄物的控制也逐漸加強，現今美國許多州政府要求使用生物分解塑膠或光分解塑膠製造飲料瓶。國際間對於海洋輪船廢棄物的關注日漸增加，某些運輸公司已經因為傾倒燃油而被告發與罰款。國際重要媒體也頻繁地報導海灘的污染，包括塑膠碎片、廢污水、油與化學污染物等。

11.7 水處理及復育

減少污染最節省與有效的方法是避免污染產生。工業可透過再循環或回收利用，減少原本可能被丟棄的污染物，並具有經濟與環境效益。公司可提取並出售有價值的金屬與化學物，這些物品的市場與再生技術都正在進步。此外，改變土地的利用，也是減少污染的關鍵之一。

受到污染的水可以復原

受到污染的水可以復原，目前全球有一些令人鼓舞的案例。1997 年，日本宣布長期受汞污染的水俣灣已完全恢復乾淨。

發源自瑞士阿爾卑斯山、流經 5 個國家、總長 1,320 公里、流域人口 5,000 萬、最終流入北海的萊茵河，也透過國際合作完成清理，溶氧量從 1970 年代的 2 mg/L 增加至 10 mg/L，同時，COD 與有機氯分別減少 5 倍與 10 倍。

非點源比點源更難控制

農民長時間製造水污染，尤其是已開發國家。然而，同時也有愈來愈多的農民尋找可以節省金錢與改善水質的方法。實施耕地土壤保育（詳見第 7 章）可維持土壤肥分並保護水質；適當使用肥料、灌溉水與殺蟲劑，可節省金錢與減少水污染；保留能夠自然去除沉積物與污染物的溼地，有助於保護地表水與地下水。

在都市地區減少廢水進入自然水體也是必要的。對於都市居民而言，回收廢油、適當處置油漆與其他家庭化學物質（曾經被直接倒入下水道系統或當成垃圾）已較容易。都市居民也能減少肥料與殺蟲劑的用量，定期清掃街道可大幅降低地表逕流的污染，進而減少河流與湖泊營養鹽的負荷（來自樹葉與垃圾分解）。許多都市會分離雨水下水道與污水下水道，以避免暴雨期間污水隨雨水溢流而出。

人類的污水處理

人類與動物的排泄物常會造成與健康嚴重有關的水污染問題，500 種以上的致病菌、病毒與寄生蟲，可由人類或動物的排泄物透過水散播。開發中國家常用化糞池處理污水，化糞池讓固體物沉澱於槽內，由細菌分解，液體則經由土壤過濾及土壤細菌的淨化作用加以處理。對於人口密度不高的地區，這是有效處置排泄物的方法。然而，對於大都市而言，地下水污染常變成另一個問題。

都市污水處理的 3 種等級

衛生工程師在 100 多年前已發展有效的都市污水處理系統，以保護人類健康、生態與飲水品質。**初級處理（primary treatment）**主要是以篩濾與初級沉澱池等物理性方法從廢污水中分離較大的顆粒，初級沉澱池可以讓砂粒與懸浮性有機固體沉降成為污泥（sludge），水流仍挾帶 75% 的有機物，從初級沉澱池頂部溢流出去，其中包括許多病原體。

其後接著**二級處理（secondary treatment）**，即利用好氧性細菌分解溶解性有機物。二級處理是在曝氣槽曝氣而將空氣送入富含微生物的污泥。污水也可以儲存於污水塘（sewage lagoon），藉由陽光、藻類與空氣處理，雖便宜但較為緩慢。二級處理的出流水在放流前，通常會再經過加氯、UV 燈或臭氧消毒，以殺死致病菌。

三級處理（tertiary treatment）可進一步去除二級處理出流水中的溶解性重金屬與營養鹽，特別是硝酸鹽與磷酸鹽。雖然廢污水在經由二級處理後，通常已無病原體與有機物質，但仍含大量的無機營養鹽。若將這些營養鹽排放至地表水中，會刺激藻類快速生長。這些出流水可以排放至溼地或池塘，以進一步去除硝酸鹽與磷酸鹽，也可以利用化學物質與這些營養鹽結合後沉澱去除。如果污泥沒有金屬、毒物與致病微生物時，便是有價值的肥料。因大部分污泥中含毒性物質，因此必須使用掩埋或焚化方法處置。污泥處理是污水處理中主要花費所在。

很多城市的污水下水道（sanitary sewer）直接連接到雨水下水道（storm sewer）（專門收集暴雨時街道所造成的地表逕流），因為地表逕流通常含有廢棄物、肥料、殺蟲劑、油污、塑膠、柏油、鉛（來自汽油）與其他化學物質，因此雨水下水道連接到處理廠，而非直接排到地表水體。不幸的是，當雨水下水道系統老舊時，暴雨常使系統負荷超載，造成大量未經處理的污水與有毒地表逕流直接流入承受水體（receiving water）。為防止這種溢流，各城市花費數億美元分離雨水下水道與污水下水道。

關鍵概念

自然系統如何處理廢水？

傳統污水處理系統設計成迅速又有效地處理大量污水。對公共衛生和環境品質而言，水處理必要但昂貴，因為需要工業規模的設施、高能源投入及苛性鈉等化學物質。大量的污泥必須焚化或用卡車運離現場後再處置。

▲ 好氧曝氣池（使用氧氣）可讓細菌分解有機物。

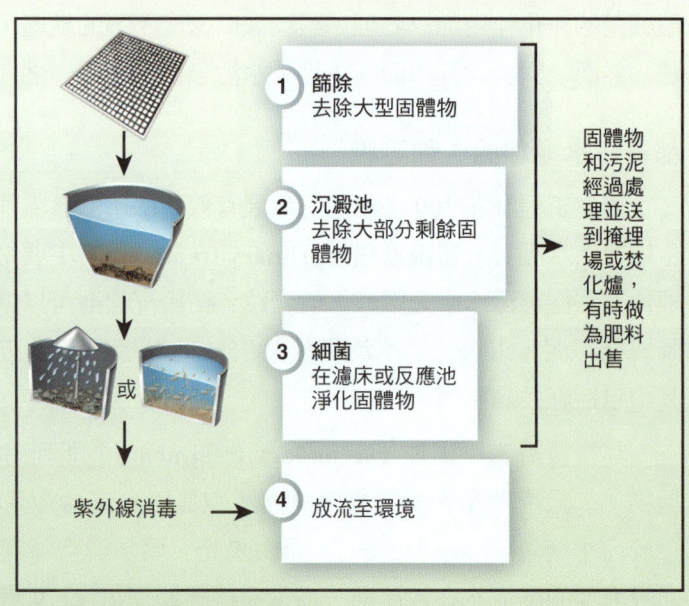

1. 篩除：去除大型固體物
2. 沉澱池：去除大部分剩餘固體物
3. 細菌：在濾床或反應池淨化固體物
4. 放流至環境

紫外線消毒

固體物和污泥經過處理並送到掩埋場或焚化爐，有時做為肥料出售

▲ 傳統污水處理流程

傳統處理會遺漏新興污染物。藥物和荷爾蒙、清潔劑、塑化劑、殺蟲劑、阻燃劑放流到地面水體，因為系統無處理這類污染物的設計。

◀ 人工溼地不僅可以美化環境，也可以淨化水質。

◀ 如果空間足夠，大型人工溼地可做為休閒空間、野生動物保護區、可棲息的生態系統以及地下水或逕流的補注區。

此系統中，流經生長池後，出流水形成小瀑布流進小型魚池，使水曝氣並去除營養鹽。此青翠的溫室是對外開放的，當氣候寒冷、乾燥時，提供吸引人的室內空間。▶

生長池須設在溫室或陽光充足之處以提供植物光線。▶

人工溼地系統具多樣設計，但水必須經由微生物和植物過濾。以下是常見的組合：

1. **厭氧（無氧）池**：厭氧菌將硝酸鹽（NO_3）轉換成氮氣（N_2），並將有機分子轉換成甲烷（CH_4）。某些系統可收集甲烷做為燃料。
2. **好氧（有氧）池**：好氧菌將銨（NH_4）轉換為硝酸鹽（NO_3）；綠色植物和藻類攝取營養鹽。
3. **礫石床溼地**：微生物和植物生長在礫石層分解營養鹽和有機物質。在某些系統中，溼地也提供野生動物棲地和休閒空間。
4. **消毒**：乾淨的水離開系統，但通常規定必須添加氯氣以確保消毒，也可使用臭氧或紫外線。

自然廢水處理不常見，但通常較便宜

傳統處理必須依賴土壤和水中的細菌和植物組成的生態系統進行最終淨化。但自然系統可以淨化全部過程嗎？雖然大部分城鎮仍不常見，但以溼地作為基礎的處理系統已經成功運作數十年。因為採用細菌和植物群落，有攝取新興污染物、金屬和有機污染物的潛力。這些系統比傳統系統便宜，因為

- 散水器、電氣系統、泵等設備很少 → 設置便宜
- 水為自然重力移動 → 低耗能
- 很少使用移動性零件或化學品 → 低維護
- 生物處理 → 很少或未使用氯
- 營養鹽的攝取 → 更徹底去除營養鹽、金屬和有機化合物

KC 11.4

▲ 精心設計的自然系統可以產出飲用水般的水質，圖為處理前後的比較。大多數人對於由廢水處理而成的飲用水存疑，所以回收水一般用於沖廁、洗滌或灌溉等其他用途。許多城市使用回收水補充約 95% 的供水，展現顯著的節水行為。

4 消毒
臭氧、氯、紫外線等方法確保無有害的細菌存在。水可再使用或排放。

3 人工溼地
植物吸收剩餘的營養鹽。殘餘硝酸鹽被轉化為氮氣。

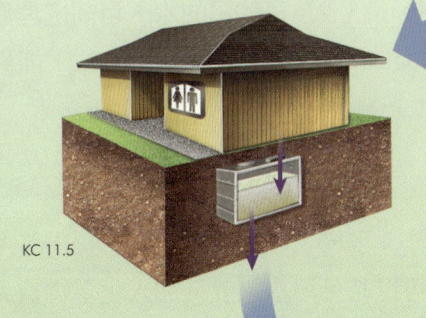

KC 11.5

1 厭氧池
在無氧氣的情況下，厭氧菌分解廢棄物。

2 好氧池
氧氣混入水中，供植物和細菌生長，進一步分解並淨化廢水。剩餘固體物產生沉澱。

請解釋：

1. 根據你對本章的了解，什麼是主要的水污染物？
2. 細菌在此系統的作用為何？
3. 傳統污水處理費用昂貴的因素為何？
4. 為何傳統污水處理較廣泛使用？

傳統處理方式無法去除新興污染物

2002 年，USGS 公布連續 5 年的河川醫療藥品及荷爾蒙調查結果，顯示 130 處採樣點中，可檢出 95 種濃度不等的抗生素、自然及人造荷爾蒙、清潔劑、塑化劑、殺蟲劑、阻燃劑、類固醇、驅蚊液、消毒劑、多環芳香烴。另一項地下水檢驗也呈現類似的結果，這些新興污染物對人類的影響甚鉅，但傳統處理方式無法去除。

自然處理

使用自然或**人工溼地（constructed wetland）**處理廢污水成本較低，例如新竹縣頭前溪人工溼地（見第 2 章）。目前許多開發中國家正在操作溼地廢水處理系統，如果處理程序具有殺死病原體的功能，則出流水可灌溉農作物或養殖供食用的魚類。通常將水暴露在太陽、空氣與水生植物中 20 至 30 天，水質就可變得更安全。這些系統也能供應人類食物，例如在加爾各答某處 2,500 公頃的溼地，其淨化後的水每年可提供當地 7,000 公噸的魚。

目前許多設備商開發結合水藻、水生植物、蚌類、蝸牛與魚類等不同動植物的淨水系統。在此控制環境中，每個物種都提供特定的功能。雖然很少人能安心飲用如此處理過的水，但就技術而言，經過此系統後，已成為可飲用的水，目前處理過的水可沖洗廁所或灌溉。稱為生態工程（ecological engineering）的新方法，能夠節省資源與金錢，並且可以成為教育工具。

整治

水污染有很多來源，也有很多淨化水的方法。環境工程中的新發展，提供許多可行的方案解決水污染。圍堵（containment）可以避免污水擴散，加入化學物質到毒性廢水中可使污染物沉澱（precipitate）、固定（immobilize）或固化（solidify）。氧化、還原、中和、水解、沉澱或其他改變其化學成分的化學反應，可破壞或去除污染物的毒性。當化學技術無效時，物理方法或許可行。例如，溶劑或其他揮發性有機化合物可藉由曝氣從水中氣提（stripped）分離，再以焚化爐焚燒後去除。

微生物可以有效且廉價地淨化受污染的水，稱為**生物復育（bioremediation）**。例如沿河岸或湖邊的溼地，能夠有效過濾沉澱物並去除污染。此法不僅花費遠少於化學方法，亦能提供野生生物棲息。

11.8 水的法規

為保護飲用水水源，提升飲用水品質，我國於 1972 年 11 月 10 日公布《飲用水管理條例》。為防治水污染，於 1974 年 7 月 11 日公布《水污染防治法》。有鑑於

表 11.4　臺灣水污染相關法令中的重要法規

1. 水污染防治法（2016.12.07）：為防治水污染，確保水資源之清潔，以維護生態體系，改善生活環境，增進國民健康。
2. 放流水標準（2016.01.06）：廢（污）水排放於地面水體，應符合放流水標準所規範的適用範圍、管制方式、項目、濃度或總量限值、研訂基準等。
3. 土壤處理標準（2006.10.16）：廢（污）水經處理至合於土壤處理標準所規範的對象、適用範圍、項目、濃度或總量限值、管制方式，可排放於土壤。
4. 地面水體分類及水質標準（1998.06.24）：依水體特質及其所在地之情況所訂定之標準。
5. 海洋污染防治法（2014.06.04）：為防治海洋污染，保護海洋環境，維護海洋生態，確保國民健康及永續利用海洋資源。
6. 海域環境分類及海洋環境品質標準（2001.12.26）：視海域狀況，訂定分類及標準。
7. 土壤及地下水污染整治法（2010.02.03）：為預防及整治土壤及地下水污染，確保土地及地下水資源永續利用，改善生活環境，增進國民健康。
8. 地下水污染管制標準（2013.12.18）：規範土壤及地下水品質的標準，以採取必要措施。
9. 飲用水管理條例（2006.01.27）：為確保飲用水水源水質，提升公眾飲用水品質，維護國民健康。
10. 飲用水水質標準（2017.01.10）：規範飲用水水質應符合的標準。

資料來源：白子易整理。

地下水污染日趨嚴重，於 2000 年 2 月 2 日公布《土壤及地下水污染整治法》；同年 11 月 1 日，為保護海洋環境，亦公布《海洋污染防治法》。表 11.4 為與水有關的重要法規。

問題回顧

1. 說明水分子從海洋到陸地循環過程的路徑。
2. 定義含水層。水如何進入含水層？
3. 世界上的水有多少百分比是淡水？
4. 定義用水量和耗水量。
5. 為何營養鹽被視為污染？解釋優養化與氧垂的觀念。
6. 解釋點源污染和非點源污染。
7. 說明污水處理的初級、二級和三級處理程序。
8. 說明地下水污染來源。為何地下水污染難以整治？
9. 說明水自河川抽取至農田或都市的環境成本。
10. 列舉數項水污染法規。

批判性思考

1. 如果氣候明顯變暖或變冷，水文循環會產生哪些變化？
2. 為何深海水的水文循環需時很久？污染深海或深層含水層的物質會產生何種變化？

3. 依據圖 11.20，你認為臺灣現在水污染的問題比以前嚴重嗎？你的依據為何？陳述你個人的經驗。
4. 臺灣下水道普及率甚低，許多縣市政府對建設下水道沒有興趣。分別以縣（市）長、一般民眾、需要選票的民代、政府官員、環保團體等角色，分成 2 組辯論建設下水道的利弊。
5. 你是否見過家裡附近的工廠、養豬場等排放廢水污染河川？你是否敢向環保單位檢舉？或是你曾經檢舉，但一直並未改善？

12 環境地質學與地球資源
Environmental Geology and Earth Resources

臺東縣卑南溪畔的小黃山（又稱臺東赤壁），地質上屬中央山脈第三紀變質岩系之卑南礫岩層，是花東縱谷的奇景之一。活躍的造山運動，造就臺灣特殊、豐富的地質景觀。
（白子易攝）

> 當我們在治療地球之時，也在治療自己。
> ——David Orr

學習目標

在讀完本章後，你可以：
- 說明臺灣的地質敏感區。
- 了解大陸板塊與海洋板塊的不同。
- 了解火山如何形成。
- 討論採礦與鑽探油氣的環境與社會成本。
- 解釋上述成本如何解決。
- 了解如何減少地質資源的消耗。
- 了解地震、火山、洪水及侵蝕等地質危害。

案例研究

臺灣的地質敏感區

1999 年 9 月 21 日凌晨 1 時 47 分 12.6 秒，臺灣全島均感到強烈的搖晃，位於南投、臺中一帶的居民更是從睡夢中驚醒，倉皇逃出屋外，還有許多人來不及反應，就已經被倒塌的房屋壓在永久的黑暗之中。這個 20 世紀末臺灣最大的天災，震央在北緯 23.87 度、東經 120.78 度、位於臺灣南投縣集集鎮，震源深度 8 公里，芮氏規模達 7.3，共持續 102 秒，稱為 921 大地震（集集大地震）。

地震 3 週後，行政院主計處公布死亡（含失蹤）人數為 2,378 人，其中臺中縣 1,138 人，南投縣 928 人、40,845 棟房屋全倒、41,373 棟半倒，此地震是因車籠埔斷層錯動，造成 100 公里的破裂帶。臺灣地處歐亞大陸板塊與菲律賓海板塊接觸帶（本章首頁的小黃山，剛好就在此二板塊的擠壓點），受板塊擠壓產生造山運動，平均抬升率每年達 0.5 公分，為世界陸地抬升最快的地區。地殼變動引發斷層、山崩、土石流、地層下陷等災害，而山坡地不當開發，使問題更形嚴重。例如南投縣豐丘、神木村土石流、新北市汐止林肯大郡與池上山棕寮的地層滑動，新北市五股、三芝、九份與臺北市內湖等泥石流，基隆連續落石事件等，造成慘重損失。因此，政府依據地質災害類型將地質敏感區分為三類：

1. 地震與活動斷層災害敏感區：活動斷層與可疑活動斷層有 42 條，多數集中在西部麓山帶與臺東縱谷。
2. 山崩與土石流災害敏感地區：臺灣山地占總面積 2/3，暴雨集中、河川侵蝕力強以及地震頻繁是引發山崩的自然誘因。在山區開發社區、不當開挖與填土、建造水庫、採礦、濫墾濫伐等，是引發崩坍的人為誘因。發生山崩災害統計中，以新北市比例最高，其次是臺中市、嘉義縣、南投縣。

    1996 年賀伯颱風在南投縣陳有蘭溪形成大規模的土石流，其中以南投縣水里與信義鄉最為嚴重。農委會調查，土石流危險溪流共計 485 條，但 921 大地震後，增為 722 條。發生土石流的地理位置主要有：(1) 紅土礫石臺地邊緣的野溪溪谷，例如林口臺地、八卦臺地等；(2) 位於大斷層帶的河谷沿線支流，例如陳有蘭溪、蘭陽溪、臺東縱谷等；(3) 花東海岸地區；(4) 集集大地震影響的山區。

3. 人為造成影響生活品質的其他地質敏感區：包括因地下水不當利用造成地層下陷、深地層或地下水補注區污染；開發坡地造成邊坡災害；河流、海流改變造成的海岸沖蝕等災害。

雖然在政府歸類的地質敏感區中，人為部分僅占 1/3，但人類的不當使用，往往才是地質災害的主因。你是否經歷過地震、洪水、山崩、土石流、地層下陷、海岸沖蝕？你住處的地質環境是否安全？

資料來源：行政院環境保護署，環境白皮書，2006 年版。

12.1 地球程序塑造資源

每個人皆由地球資源獲得利益,也必須承擔採礦、鑽探所造成的環境和社會成本。幸運地,有許多解決方法可降低這些成本。

地球是動態的行星

地球是動態的結構體,巨大的力量在地球內部攪動,引起大陸分裂、移動,並緩慢地互相碰撞。

地球的**核心**(core)內部厚達幾千公里,包含高濃度且高熱的大量金屬,大部分是鐵(圖 12.1)。中心是固體,但外核(outer core)則較具流動性,此流動的巨大質量產生圍繞著地球的磁場。

包圍在熔融外核的是高熱、易曲折的岩石層,稱為**地涵**(mantle)。地涵的密度比核心低得多,因為其中包含高濃度但較輕元素,例如氧、矽與鎂。

地球最外層是冷、輕而易碎的**地殼**(crust),位於海洋底下的地殼因持續循環,因此較薄(8 至 15 公里)、較密且較年輕(少於 2 億年),主要成分是密度較高的玄武岩;大陸底下的地殼因為物質持續堆積,因此較厚(25 至 75 公里)、較輕,大約 38 億年,主要成分是花崗岩。表 12.1 為整個地球(主要為密度高的核心)與地殼成分的比較。

板塊構造程序塑造大陸並造成地震

地涵中的巨大對流會將地殼破壞成馬賽克般的巨塊,稱為**構造板塊**(tectonic plate)(圖 12.2)。這些板塊緩慢滑過地球的表面,之後在某些地方破裂成較小塊,或在他處互相碰撞,形成更新、更大的地塊。在大

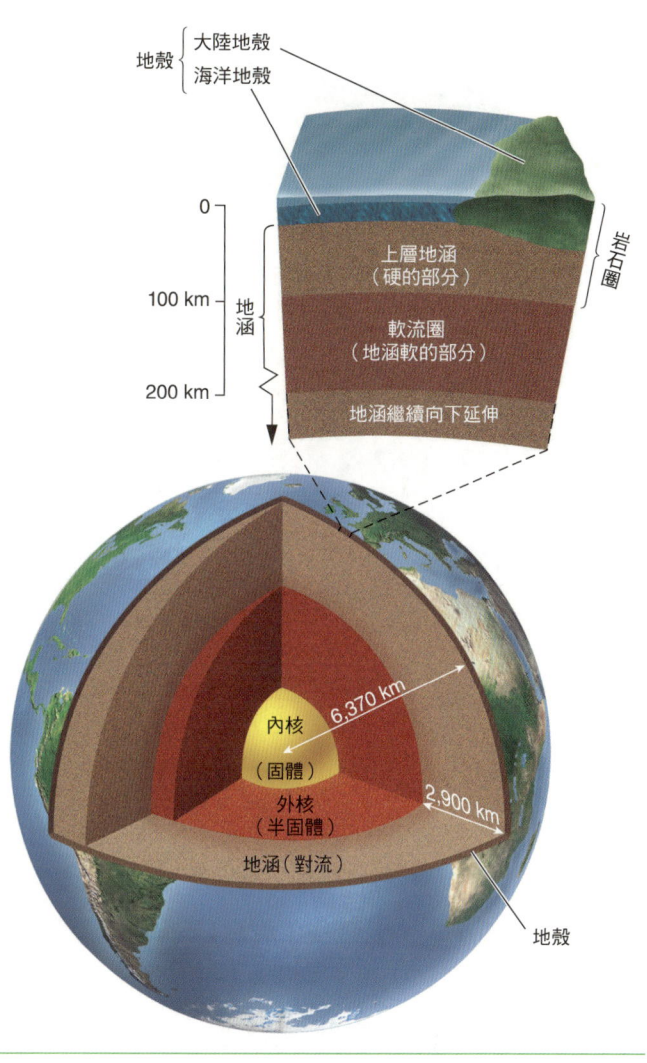

圖 12.1 　地球剖面圖。地涵緩慢的對流使得易碎的薄地殼移動。

表 12.1 　整個地球與地殼中 8 種最常見的化學元素百分比(%)

整個地球		地殼	
鐵	33.3	氧	45.2
氧	29.8	矽	27.2
矽	15.6	鋁	8.2
鎂	13.9	鐵	5.8
鎳	2.0	鈣	5.1
鈣	1.8	鎂	2.8
鋁	1.5	鈉	2.3
鈉	0.2	鉀	1.7

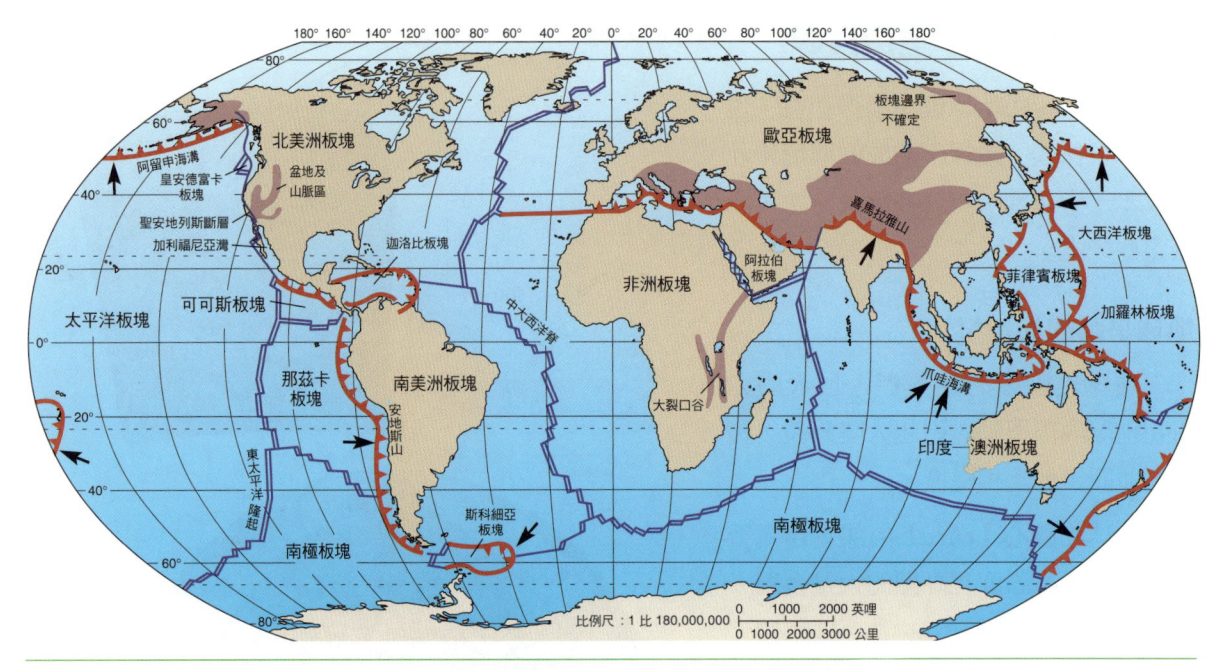

圖 12.2　構造板塊圖。板塊邊界是動態區，常有地震、火山活動、形成大裂谷和山脈等特徵。箭頭指出下移方向，此處的板塊擠進另一板塊的下面。這些地區是海床的深海溝，以及地震及火山活動的敏感位置。

資料來源：U.S. Department of the Interior and U.S. Geological Survey.

陸裂開的地方形成海洋盆地，例如當歐洲和非洲從美洲移開，大西洋就慢慢增大。**岩漿（magma）** 從裂縫擠出形成新的海洋地殼，堆積在海底的**中洋脊（mid-ocean ridge）**。這些山脊彎延 74,000 公里，形成世界最大的山脈。這些山脈高於陸地上任何山脈、深於陸地任何的山谷。海洋板塊從破裂區擴張，推擠大陸板塊。

當板塊滑動通過另一板塊時，互相絞動、急速扭轉而產生地震。南、北美洲西岸的山脈皆因位於大陸板塊的碰撞邊緣而被推起；因為印度次大陸緩慢推向亞洲板塊，所以喜馬拉雅山仍在上升。南加州目前仍向北方移動，依此速度，3,000 萬年後，洛杉磯將超過現在舊金山的位置。

當海洋板塊與大陸板塊碰撞，大陸板塊通常會滑過海床，海洋板塊則被**下移（subduct）** 或被推進地涵，並在地涵中熔化，以岩漿升回表面（圖 12.3）。深海溝就是這些下移區，岩漿從裂縫噴出而形成火山。海溝與火山環繞太平洋邊緣從印尼到日本、再到阿拉斯加，而後至美洲西岸，形成所謂「火環」（ring of fire）。這些地區位於海洋板塊下移至大陸板塊之處，因此地震與火山活動比其他地區頻繁。

經過幾百萬年，大陸板塊能漂流很長的距離，例如南極洲和澳洲曾經與非洲在赤道附近連結，並擁有茂盛的森林。地質學家認為，大陸板塊曾數次結合形成超級大陸，此陸塊在幾億年中曾破裂並再結合（圖 12.4）。大陸板塊的重新分布對地球氣候有深遠的影響，並有助於解釋生物體的週期性大滅絕，並可標示主要地質年代（圖 12.5）。

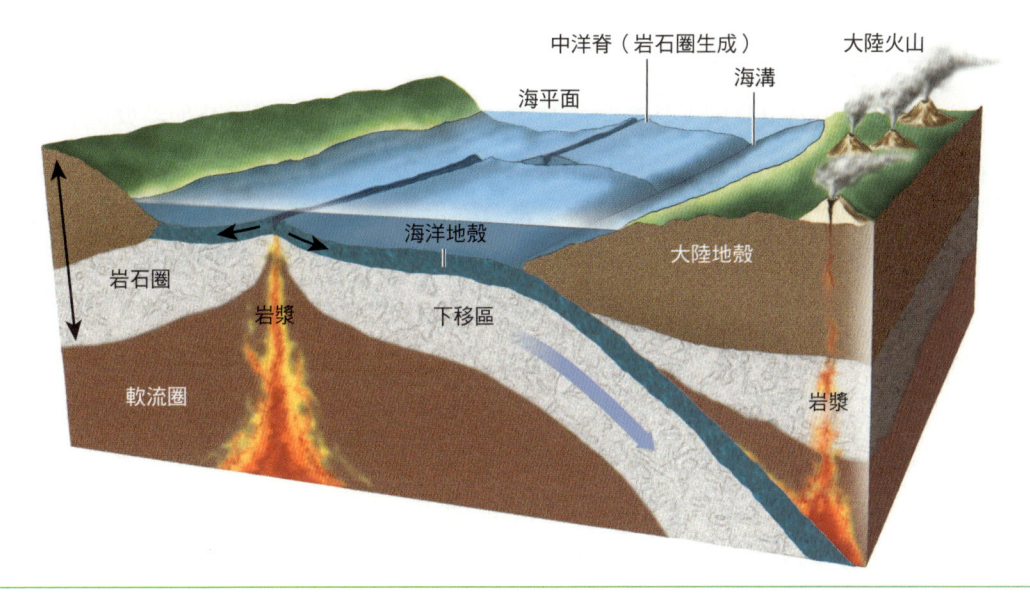

圖 12.3 構造板塊運動。在薄且海洋板塊分裂之處，上湧的岩漿形成中洋脊。當板塊經過熱點時會形成火山群，如夏威夷群島。在板塊收縮之處，熔化形成火山，如奧勒岡州卡斯克德山脈。

圖 12.4 盤古大陸（Pangaea）是 2 億年前古超級大陸，結合世界所有的大陸成單一地塊。大陸仍持續不斷地分分合合。

距今百萬年前	代	紀	地球上的生命
3	新生代	第四紀	第一個人類
65		第三紀	第一隻重要的哺乳動物
	中生代	白堊紀	恐龍滅絕
		侏羅紀	
245		三疊紀	第一隻恐龍
300	古生代	二疊紀	第一隻爬蟲類
		賓夕凡尼亞紀	
		密西西比紀	
400		泥盆紀	魚類變得豐富
		志留紀	
		奧陶紀	
545		寒武紀	最初的大量化石
3,500	前寒武紀		最初的單細胞化石（前寒武紀占大量的地質時間）
4,500			地球起源

圖 12.5 地質時間上的紀（period）和代（era），以及標記各紀的主要生命形式。

第 12 章　環境地質學與地球資源

12.2 礦物與岩石

礦物（mineral）是天然產生的無機固體，具特定的化學成分與特殊的結晶構造。礦物是固體，因此冰是礦物（具獨特的成分與結晶結構），但液態水不是礦物。熔融的火山岩不是結晶，但最後常會固化成獨特的礦物。來自礦石（mineral ore）的金屬（例如鐵、銅、鋁或金），一旦純化便成為非晶體，所以不是礦物。

岩石（rock）是固體，由單一或多種礦物黏聚而成。在岩石裡，各個單一礦物結晶（或粒）被混合在一起形成固態狀物質。顆粒可大可小，端看岩石如何形成，但每一粒都保有獨特的礦物性質。每種岩石皆有其特殊的礦物成分、顆粒大小，以及顆粒混黏的方式。例如花崗岩是石英、長石及雲母結晶的混合物；流紋岩（rhyolite，一種火山岩）含有類似花崗岩的礦物，但結晶較小；而化學性相似，具大結晶的岩石則為結晶花崗岩（pegmatite）。

岩石循環創造並循環岩石

岩石會不停地形成與毀壞，在此循環過程中，被壓碎、曲折、熔融及再結晶，稱為**岩石循環**（rock cycle）（圖 12.6），其有助於說明岩石的來源和性質。

主要的岩石有三種：火成岩、變質岩與沉積岩。**火成岩**（igneous rock）由熔融的岩漿或火山岩固化而形成，地殼中大部分的岩石是火成岩。火山口噴出的岩漿迅速冷卻形成小的結晶岩石，例如玄武岩、流紋岩或安山岩。在地下空間或流進兩岩層間的岩漿慢慢冷卻形成粗的結晶岩石；依岩漿化學成分不同而形成輝長岩（含多量的鐵與矽）或花崗岩（含多量的鋁與矽）。

其他岩石經過熔融、彎曲與再結晶，即形成**變質岩**（metamorphic rock）。在地底深處，板塊構造力量將固態岩石擠壓、摺疊、加熱與再結晶。在此狀況下，化學反應能改變礦物的成分與結構。變質岩可依化學成分與再結晶的程度而分類：有些礦物僅能在極大壓力與高溫下形成（例如鑽石或玉），而其他礦物在比較溫和的狀況下便能形成（例如石墨或滑石）。大理石（由石灰石轉變）、石英岩（由砂岩轉變）與板岩（由泥岩及頁岩轉變）屬普遍的變質岩。變質岩常有漩渦的型態，是因形成時受曲折所致。

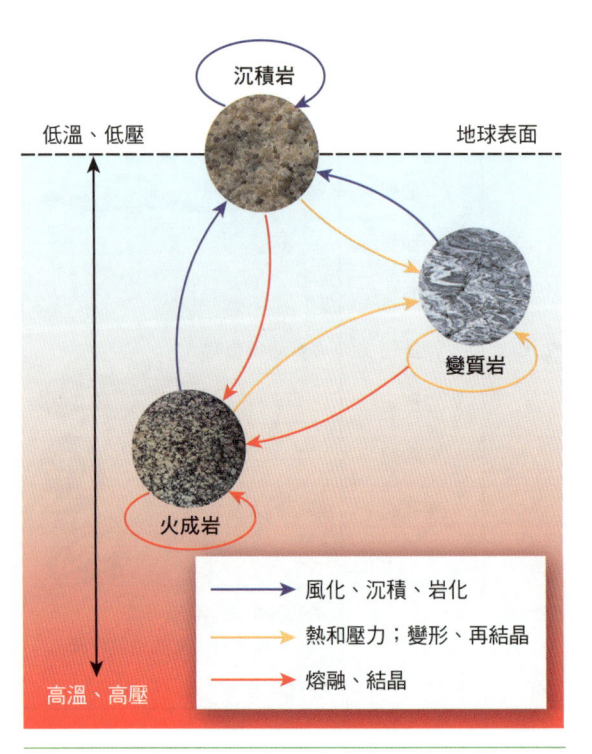

圖 12.6 岩石循環包括能轉變任何岩石的各種地質過程。

沉積岩（sedimentary rock）是其他岩石的顆粒磨損後，經長時間壓力固化而成，例如砂岩是由砂層固化而成，泥岩則包含高度硬化的泥與黏土；凝灰岩（tuff）是由火山灰爐形成，而礫岩（conglomerate）則是由砂與礫石聚合而成。含鹽量高的水所析出的結晶亦會形成沉積岩。從岩鹽礦所做成的岩鹽，經研磨後即為食用鹽（氯化鈉）。當含鹽的水體蒸發剩下鹽結晶，常會形成鹽堆積。石灰石包含海洋生物體的黏性殘體，因此常有蚌殼與珊瑚的圖形。沉積岩有明顯的層理，表示在沉積時的狀況不同。例如砂岩等較軟的沉積岩，能夠被侵蝕成驚人的景觀（圖 12.7）。

圖 12.7　6300 至 4000 萬年前的第三紀，不同顏色的軟質沉積岩沉積在古代海洋，被侵蝕成布萊斯峽谷國家公園粉紅崖壁的溝紋尖塔和岩柱。

風化與沉積

暴露在空氣、水、溫差與化學藥劑中的岩石會緩慢地分裂，此過程稱為**風化**（weathering）（圖 12.8）。機械性風化是物理性地將岩石分裂成小塊，並未改變礦物的化學成分。河川或海岸的卵石是機械性風化的結果，這些卵石是由於岩石受波浪與水流衝擊而滾動，並互相摩擦而圓滑。若規模大一些，即是被冰河、河流切割的山谷。化學性風化則是選擇性移除或改變岩石礦物質，將導致岩石強度降低與分解。重要的化學風化程序包括氧化（氧與元素結合成氧化物或氫氧化物）與水解（從水分子產生的氫原子，與其他的化學物質反應形成酸），經過這些反應後產生的物質，較容易遭受機械性風化，而且容易溶於水中。例如，當碳酸（雨水吸收 CO_2 後形成）浸透到孔隙性石灰石層，會溶解岩石而產生洞穴。

在風化作用下，顆粒從岩石鬆脫後掉落、順風飄或順水流，到新的地方再靜止，稱為**沉積作用**（sedimentation）。水、風與冰河可將砂、泥土或淤泥堆積到很遠的地方。舉例來說，美國中西部覆蓋數百公尺厚的沉積物質，包括冰河（漂礫土或被冰河裂解的碎石）與風（黃土或細

圖 12.8　風化作用緩慢將火成岩轉變成鬆散的沉積物。暴露於溼氣會使岩石中的礦物膨脹，霜也可能迫使岩石分裂。

第 12 章　環境地質學與地球資源　293

沙塵堆積）遺留的物質，砂石等河流沉積物，砂、淤泥、黏土和石灰石等海洋沉積物。

12.3 經濟地質學與礦物學

經濟礦物學是為了研究有生產加工與商業價值的礦物。大部分的經濟性礦物為金屬礦石，即具有高濃度金屬的礦物，例如鉛取自方鉛礦（PbS），而銅則從斑銅礦（Cu_5FeS_4）等硫化礦煉冶出來。非金屬包括黑鉛、長石、石英結晶、鑽石與其他晶體。人類歷史年代常以金屬與技術命名（石器時代、青銅器時代、鐵器時代等）；有經濟價值的地殼資源都少量地分布在各個角落，重點在於找出其是否具經濟開採價值。

金屬對經濟很重要

金屬是可鍛鍊的物質，因為堅固、較輕，能重新鍛造，所以既有價值又實用。金屬的取得、提煉與使用方法將決定技術發展里程，以及個人與國家的政經力量。

工業大量消耗的金屬包括鐵（每年 7.4 億公噸）、鋁（4,000 萬公噸）、錳（2,240 萬公噸）、銅與鉻（各 800 萬公噸），以及鎳（70 萬公噸）。美國、西歐、日本與中國消耗這些金屬的絕大部分，但這些金屬卻主要生產於南美、南非與俄羅斯。這些事實促成國際礦物貿易網絡，此網絡也攸關國家重要的經濟與社會的穩定力量。表 12.2 為這些金屬的主要用途。

非金屬礦物資源包括礫石、黏土、玻璃與鹽

非金屬礦物涵蓋範圍很廣，包括矽酸鹽礦物、砂、礫石、鹽、石灰石與土壤等。砂與礫石用於道路與建築，在非金屬礦資源中用量最大且價值最高，體積亦遠超過所有的金屬礦；高純度的矽砂是玻璃的原料。在冰河、風與古海洋沉積之處，通常可在開山採礦與採石場取得這些物質。石灰石可做為混凝土，可壓碎成石塊鋪路，也可切割成建築用的石塊，亦可磨成粉做為中和土壤酸性的農業添加物。在石灰窯與水泥廠中烘烤，可做成灰泥（水化石灰）和水泥。

蒸發物（從化學溶液蒸發聚積而成的物質）可做為岩鹽、石膏和碳酸鉀，純度通常在 97%

表 12.2 主要金屬之用途

金屬	用途
鋁	包裝食物和飲料（38%）、運輸工具、電子類
鉻	高強度金屬合金
銅	建築物建造、電及電子工業
鐵	重機械、鋼鐵生產
鉛	含鉛汽油、汽車電瓶、油漆、彈藥
錳	高強度抗熱鋼合金
鎳	化學工業、鋼合金
白金	汽車觸媒轉換器、電子醫藥用途
金	醫藥、航空、電子用途、儲備作為金融標準
銀	照相、電子、珠寶

科學探索

稀土金屬：新戰略物質

中國最近限制稀土元素出口的決策，部分專家認為將嚴重威脅全球清潔技術工業。

「稀土」(rare earth) 包括釔 (Y)、鈧 (Sc) 及鑭 (La) 系的 15 個元素。這些金屬使用在手機、高效率照明設備、油電混合車、超導體、永磁、輕型電池、雷射、省電燈泡及各式各樣的醫療設備。由於其性質，少量的稀土可以使馬達輕 90%，可以使照明增加 80% 效率。缺少這些元素，MP3、油電混合車、高容量風力渦輪機及其他高科技設備將無法製造。

雖然名稱是稀土，地殼分布卻很廣，但是有商業開採價值的礦只在某些地點。中國 20 多年前生產 30% 的稀土，目前則為 95%。中國開採這些金屬部分是因為用於電子商品生產，部分因為開採人工低廉，部分因為政府可以忍受開採的高環境成本。內蒙古的包頭生產 50% 的產量，另一半大多來自小型、未核准的南部礦區。

如同金、銀等貴金屬，稀土必須破碎礦石，再以強酸分離。但分離後產生大量的毒性廢水，通常酸只注入無任何防治設備的深井，金屬則就地酸溶。

對中國而言，持續控制供應、接近獨占式的生產，可確保國內的電子需求。對中國外部而言，則關注戰略需求（如軍事指揮系統）、消費性電子產品及替代能源的供應。接近獨占式的生產，有助於中國成為科技創新中心；而其他國家則擔心如何在高科技競賽中並駕齊驅。許多工廠因此遷往中國。由於預期稀土將短缺價格上揚，許多採礦公司重開礦坑，包括美國加州、澳洲、加拿大，甚至格陵蘭，此舉亦將對環境產生衝擊。

稀土在各種高科技和節能應用中具有價值。從最上排中間順時針方向：鐠、鈰、鑭、釹、釤和釓。

以上。岩鹽使用於軟化硬水；北方的冬天也被用來融化道路結冰；精製後可成為食鹽。石膏（硫酸鈣）可製造石灰牆壁，但 5,000 年前，尼羅河岸的埃及人就塗抹在繪有壁畫的墓碑。碳酸鉀是蒸發物，包含不等量的氯化鉀與硫酸鉀，這些高溶解度的鉀鹽，長久以來皆是土壤肥料。硫礦可生產硫酸，用於工業、汽車電瓶、醫藥。

耐久、昂貴、容易運送的寶石與貴金屬長久以來就是貯藏、轉移財富的方法。不幸地，這些貴重物品也是獨裁者、犯罪幫派、恐怖分子的資金來源，近年非洲

內戰即是由此資助。每年全球非法珠寶貿易高達 1,000 億美元，其中 2/3 在美國交易。視珠寶為堅貞愛情象徵的人們，並不知道這些沾滿血腥的珠寶可能來自奴工、折磨、破壞環境的開發過程。2004 年一群諾貝爾和平獎得主要求世界銀行應慎重審查資源開發業者貸款的政策，1984 年的得主屠圖大主教（Archbishop Desmond Tutu）即表示：「戰爭、貧窮、氣候變遷、持續的人權破壞，常與原油和礦產工業有所關聯。」

地球提供幾乎全部的燃料

油、煤與天然瓦斯等有機物因為缺乏結晶構造，所以並非礦物，但可視為經濟礦物學的一部分，因其為相當重要的地質資源。這些有機沉積物的探勘是經濟礦物學重要的一部分，資源的開發與擁有對國家及國際政治也極重要。1990 年的波斯灣戰爭，就是為了控制廣大的地下油礦，俄羅斯與車臣之間也相同。

12.4 資源開採的環境效應

開採與純化地質資源會影響環境和社會，最明顯的效應就是擾動或移動地表，後續則為水和空氣污染。美國環保署列出 100 種以上從礦區和油井釋出的毒性空氣污染物，從丙酮到二甲苯。僅僅是非金屬採礦，就釋出將近 80,000 公噸的微粒物質（灰塵）與 11,000 公噸的二氧化硫。化學性與沉積性的逕流污染也造成當地問題。

硫化礦物通常含有金與其他金屬，當其暴露於空氣和水時會產生硫酸。另外，金屬元素通常可以萃取出極低濃度（每 10 億分之 10 到每 10 億分之 20）的金、白金和其他金屬等。因此，大量的礦物遭破碎、水洗以提煉金屬。氰化物、汞與其他有毒物質被用來分離礦物中的金屬，這些物質很容易污染湖泊與溪流。另外，利用氰化物與其他溶液清洗礦物，需要大量的水，多數的水含有硫酸、砷、重金屬等污染物，會破壞水生態系統（圖 12.9）。

採礦產生嚴重的環境效應

開採礦物有許多種技術，最普遍的方式是露天（open-pit）採礦、剝離（strip）採礦與地底（underground）採礦。金、鑽石、煤等最古老的採集方法是砂礦採礦（placer mining），亦即從溪底的沉積物內淘洗純金，會使溪流生態系統因流入的沉積物而窒息，但目前阿拉斯加、加拿大等地仍延用此方法。另一個更危險的古老方法是地底採礦，古羅馬、歐洲和中國的採礦者挖洞深入錫、鉛、銅、煤等礦物層，採礦隧道可能倒塌，煤礦所產生的天然氣可能導致爆炸，滲入礦井的水會溶解毒性礦物，這些受污染的水會滲入地下水，或被抽到地面而進入溪流與湖泊。

美國目前最具爭議的是從太深或太分散而無法開採的煤礦床中抽取甲烷。由於抽取不易，通常必須密集打井（圖 12.10），懷俄明州的派德河盆地（Powder River），就打了 140,000 口井。由於道路、管線、抽水站網路龐大，威脅許多放牧、野生動物及休閒活動。用水的效應最為嚴重，每口井每天產生 75,000 公升的鹽水，傾倒鹽水造成河川污染。

另一個地下採煤的主要環境風險是火災。在美國、中國、俄羅斯、印度、南美與歐洲，曾經發生過數百起的煤礦悶燒，因為火災的規模太大或難以接近，很多火災無法熄滅及控制。根據荷蘭的研究顯示，這些火災每年消耗 2 億公噸的煤，而且二氧化碳的排放量，等於美國所有車子的排放量，毒煙、易爆的甲烷等危險排放物也會從火災中釋出。

露天採礦破壞景觀

露天採礦常用來開採大量的礦物，一般人很難體會這些現代化露天煤坑的大小，在猶他州鹽湖城附近的賓漢峽谷（Bingham Canyon）礦場深達 800 公尺，頂部寬約 4 公里。1906 年來，此洞穴移出約 50 億公噸的銅礦與廢棄物質。坑內的地下水長久浸泡在金屬礦中會變成毒液，目前還沒有人知道如何為這些毒液解毒，而毒素已危害附近的流域與野生物。

美國所使用的煤，一半來自剝離採礦，因為煤通常存在廣闊、水平的礦床上，為了省錢並迅速開採（圖 12.11），便把整個地表剝除，表面物質會被放回礦坑，成為廢物堆。廢物堆容易受侵蝕與化學風化，因為廢物堆沒有表土（詳見第 7 章），很難再生長植物。

具強烈爭論性的山頂移除採礦

圖 12.9　美國公有地上數千個廢棄的礦坑，流出含酸及金屬的水，毒害溪流和地下水。

圖 12.10　過去 10 年，天然氣和石油鑽探在美國東北部和大平原地區急速擴大。通常，這些井需要具爭議的水力壓裂或斷裂的程序，以從沉積地層釋放氣體。

關鍵概念

你的手機從哪裡來？

手機、電腦和其他電子產品已經改變人類的生活，但很少有人思考地質資源如何製成這些設備。在這些物品的年限內人類盡情享受，但總是急欲購買下一代更新、更好的款式。雖然每個物件的小配件很小，也只包含少量的貴金屬、稀土、化石燃料和其他材料，但整體影響卻很大。

目前，至少有 10 億臺個人電腦和 50 億支行動電話在世界各地使用，而且數量還在迅速攀升。在美國，多數人每 18 至 24 個月便更換手機。電腦最多只使用 2 到 3 年，使得美國每年增加許多廢棄電子垃圾山。

製造手機的資源，其出產地區舉例如下。

KC 12.1

人類愈來愈依賴電子產品，但其來自哪裡？

KC 12.2

雖然微量，手機卻含有數量驚人的可回收金屬，但每年數億的手機被丟棄或躺在抽屜、樹櫃裡。**典型的手機包含金、銀、銅、鈀、鉑、鉛、鋅、汞、鉻、鎘、銠、鈹、砷、鋰等金屬和化學物質。**

視礦石品質的差異，1 噸礦石可能只生產 0.3 克黃金，礦工必須移除 2 至 5 噸覆蓋物（廢棄岩石），才可獲得想要的礦石。

廢棄礦坑通常會滲漏強酸以及砷、汞和其他有毒金屬進入當地的地下水和地表水。計算顯示，人類移除的土壤比冰河多。

特定輕金屬往往在偏遠地區開採，難以監控其位置。其中之一是「鈳鉭鐵礦」，此礦石含有許多電子產品——包括手機——必要的金屬鈳、鉭、鈮。剛果占全球鈳鉭鐵礦供應的 80%。其中有不人道的條件和採用童工，銷售這些金屬已經助長中非的金融戰爭。

KC 12.3

鈳鉭鐵礦工人

露天開採銅礦

KC 12.4

釹、鏑、鑭、釔等稀土金屬的供應，對現代電子產品十分重要。壟斷一些材料來源，再加上提取和純化金屬時對環境的不利影響，將限制某些技術的發展。

煉油廠從石油生產塑膠。
KC 12.5

離岸油井提供能源和塑料。
KC 12.7

手機或電腦的塑料外殼來自石油，製造與運送這些小型工具也需能源。提取、運輸和提煉化石燃料，對地質影響極大。全球每年使用 200 億桶石油、70 億短噸煤，此尚未計算環境、社會和經濟的影響。

每年世界各地有數十億的手機和電腦被丟棄。另外還有冰箱、空調、電視機和其他對環境有害的電器，使得處置電子廢棄物成為大問題。美國每年丟棄 300 萬噸電子產品，掩埋場中 70％ 的重金屬來自電子廢棄物。電子垃圾多被運往開發中國家，拾荒者在危險情況下拆開，努力回收有價值的金屬。現代回收設施能以更安全、更有效率的程序回收 99％ 的內含物。

KC 12.6
電子廢棄物的收集和監控愈來愈重要。

KC 12.8
黃金熔煉廠
熔煉（透過烘烤從礦石中提煉金屬）需要大量能源並釋出大量的空氣和水污染，特別是在環境監測薄弱的國家。

請解釋：

1. 如果每支手機都含有 0.03 克的黃金，則 50 億支手機會含有多少黃金呢？
2. 請列出手機中的 15 種元素或金屬物質。
3. 我們對於廢棄物的處理是否有道德責任？

299

（mountaintop removal mining）是阿帕拉契山區採煤的方法。20層樓高的挖土機，剷除長而迂迴的山脊頂端，使水平煤床露出，215公尺以上的山脊遭受粉碎，並丟棄到毗連的河谷中。這些碎屑可能含有毒性物質，僅僅是西維吉尼亞州，最少就有900公里的溪流被掩埋。西維吉尼亞人因為山頂的移除而嚴重分裂，因為這些人居住在受影響的溪谷，卻也必須依賴煤礦維生。

華盛頓特區的礦物政策中心估計，美國約有19,000公里的河流被礦場排出的廢水污染。EPA估計，清理受破壞的河流，再加上美國55萬座廢棄礦場，可能需花費700億美元。

圖12.11 一些巨大的採礦機械高達20層樓，每小時能剝除數千立方公尺的土石。

就全世界而言，關閉礦場並復原已花費上兆美元。由於金屬與煤的價格起伏不定，許多採礦公司在復原礦場前，就已經破產，將清理的責任留給大眾承擔。

製程污染空氣、水與土壤

利用加熱或化學溶劑提煉金屬會釋出大量的毒性物質，對環境的傷害大於採礦，例如，**熔煉（smelting）**（煅燒礦物釋放金屬）是空氣污染的主要來源之一。一個最惡名昭彰的例子，是田納西州鴨城（Ducktown）一處荒地中的熔煉廠。19世紀中期，礦業公司開始在附近區域開挖富銅礦，為了萃取銅，該公司建造大型的露天燒木熔爐，木材砍自鄰近的森林。硫化礦物釋出濃厚的二氧化硫雲氣，不僅毒害植物，更使土地酸化，面積超過13,000公頃，雨水沖蝕土壤，露出像月球表面的荒蕪景象。

化學冶煉是利用化學溶劑溶解或移動磨成粉的礦物，因而污染大量的水。廣泛使用的**堆積過濾法（heap-leach extraction）**將大量的礦石集中，然後噴灑已稀釋的鹼氰化物溶液，溶液滲透礦物而溶解金，再將含金溶液抽到處理場，利用電解法釋出金。在礦物堆下鋪設厚重黏土層與塑膠襯裡，以避免毒性氰化物污染地表或地下水，但滲漏仍常發生。一旦取得黃金後，操作員就離開，留下土壩後面的有毒水塘。接近科羅拉多州阿拉莫薩的Summitville礦場，在煉製9,800萬美元的黃金後，未露面的業者在1992年申請破產，拋棄幾百萬公噸的廢礦與含有氰化物的滲水池塘，環保署估計可能得花費上億美元才能清除。

12.5 保育地質資源

地質資源的保育可以延長經濟礦物的供給,並減少開採與製程對環境的影響。保育地質資源的益處很明顯,包括減少污染、減少土地損失,並減少金錢、能量與水資源的消耗。

回收節省能源與材料

有些廢棄的產品可再利用,特別是稀少或有價值的金屬。例如,從鋁礦砂煉製鋁必須利用電解,此程序昂貴且相當耗能。但回收飲料罐等廢棄的鋁,只需 1/20 的能源。高價的鋁片使消費者很願意回收鋁罐,回收非常快速而有效率,目前商店架上一半的鋁罐,在 2 個月內將會被做成新鋁罐。表 12.3 顯示煉製物質所需的能量成本。

裝填於汽車觸媒轉化器的催化劑——白金,是經常從舊車回收的金屬(圖 12.12)。其他常見的回收金屬包括金、銀、銅、鉛、鐵與鋼。最後 4 項的金屬純度較高,而且體積較為巨大,容易回收,包括銅管、鉛電池與汽車零件的鋼和鐵;金與銀即使回收方法較難,但因高價也值得回收。

最近幾十年美國鋼產量下降的主要因素,是因為新穎而高效率的日本鋼廠供應便利的鋼,這種新興的鋼鐵廠完全以回收的廢鋼與鐵片為主要煉鋼原料。**迷你鋼廠(minimill)**將廢鋼與鐵再熔煉成形,比傳統的大型鋼鐵廠小且便宜,能源耗費也較低。

以新的材料代替舊的材料

發展新的材料與新的技術以取代傳統方式,可減少礦物與金屬的消耗量。傳統與歷史也說明此現象,例如青銅取代石器,鐵取代青銅。近年來大量使用

表 12.3　從礦物及原材料生產各種物質的能量需求

	能量需求 (MJ/kg)[1]	
產品	礦物	廢料
玻璃	25	25
鋼鐵	50	26
塑膠	162	n.a.[2]
鋁	250	8
鈦	400	n.a.[2]
銅	60	7
紙	24	15

[1] 每公斤百萬焦耳。
[2] 無資料。

資料來源:E. T. Hayes, *Implications of Materials Processing*, 1997.

圖 12.12　最富藏的金屬源(廢車山)提供大量、便宜且有益生態的資源,可以從中「開採」多種金屬。

塑膠管，以減少銅、鉛和鋼管消耗量；相同地，光纖技術與衛星通訊也減少銅製電話線的需求。

鋼與鐵工業一直是重工業的骨幹，鋼鐵的主要用途之一是機械與車輛零件。在汽車生產上，鋼被聚合物（類似塑膠的長鏈有機分子）、鋁、陶瓷與新穎的高科技合金替代，這些材料減輕車輛的重量與成本，並增加燃料的功率。

電子與通訊（電信）一度是銅與鋁的主要消耗者，現在則使用超高純度的玻璃纖維傳送光的脈衝，以代替金屬線載運電子脈衝。這些高效率、低成本的技術影響基礎金屬的消耗量。

12.6 地質危害

地震、火山、洪水與山崩是正常的地球程序，但卻會對人類造成可怕的災難。

地震是經常與死亡性的災害

2004 年印尼班達亞齊（Banda Aceh）的地震與海嘯，造成 23 萬人死亡與難以估計的損失。不到 1 年，巴基斯坦的地震造成 8 萬人死亡。2011 年 3 月 11 日 14 時 46 分 23 秒（日本標準時間），日本東北外海發生規模 9.0 的「東北地方太平洋近海地震」（日本氣象廳之命名，臺灣通稱「311 大地震」）。震央位於宮城縣首府仙臺市以東的太平洋海域，震源深度為 24.4 公里，所引發的海嘯最高達 40.5 公尺。此地震是日本觀測紀錄中規模最大的地震，也引發紀錄中最嚴重的海嘯，同時引起火災和福島第一核電廠輻射洩漏事故，地方機能和經濟活動大規模癱瘓。截至 2017 年 3 月 10 日，此地震至少造成 15,893 人死亡、2,553 人失蹤、傷者 6,152 人，破壞房屋 1,292,417 棟，為日本終戰後傷亡最慘重的自然災害。

地震（earthquake）是地殼斷層（較弱的平面）的瞬間移動，岩盤滑過另一岩盤。當斷層的移動逐漸且平緩發生時，稱為潛移（creep）或地震滑動（seismic slip），一般無法察覺。當摩擦力使岩盤不能滑動而累積應力，直到最後瞬間的急拉而釋放應力時，便產生地震，斷層最先移動的地點稱為震央（epicenter）。

地震常毀壞城市並且改變地貌，例如海地的太子港，部分城市位在鬆軟的填土或固化不良的土壤，通常會受最大的傷害。當搖晃厲害時，土壤會被液化，建築物可能下陷至地平線下，更甚者，整排房屋會像骨牌似地倒下。地震常發生在構造板塊邊緣，尤其是某板塊在另一板塊下面，當板塊被抽離或向下推擠時，就可能發生地震。地震也會發生在大陸板塊中心地區。在北美紀錄中發生的最大地震是 1812 年侵襲密蘇里州新馬德里的地震，為 8.8 級，由於當時只有少數人居住，因此傷害非常輕微。

海嘯（tsunami）是地震的效應之一，巨大海浪能以每小時 1,000 公里或更快的速度自地震中心向外移動，當這些巨浪到達海岸時，可造成高達 65 公尺的海浪。水底火山爆發或嚴重的海床下陷也會引起海嘯（圖 12.13）。

火山噴出死亡氣體與灰

火山（volcano）與海底岩漿噴發口是地球外殼的來源，幾十億年來，從這些來源釋出的氣體，形成地球最早的海洋與大氣，世界上許多肥沃的土壤都是風化的火山物質。火山一直威脅著人類（圖 12.14），歷史上最有名的火山爆發是南義大利的維蘇威火山，在公元 79 年爆發，埋掉赫庫雷姆與龐貝城。這座火山在爆發前有跡象，但是居民選擇留下以生命作為賭注。在 8 月 24 日，這座火山將兩座城市埋在灰裡，火山灰從火山口流下，幾千人因為伴隨火山灰而來的濃熱毒氣而喪命。雖然時間流逝，這座火山仍在活動。

圖 12.13　2011 年，日本 311 大地震造成大規模海嘯。

「火燒雲」（nuees ardentes，灼熱雲朵的法文）是比空氣濃厚的致命性熱氣、火山灰混合物，與掩蓋龐貝城及赫庫雷姆城的物質相似。這些雲的溫度可能高於 1,000℃，移動的速度超過 100 km/h。1902 年 5 月 8 日，培雷山（Mount Pelee）釋出的火燒雲摧毀位於加勒比海馬丁尼克島的聖皮耳城。幾分鐘之內，造成 25,000 至 40,000 人死亡，除了一個被監禁在土牢的囚犯外，幾乎所有的鎮上居民皆因此死亡。

山崩也是隨火山而來的災害。哥倫比亞波哥大西北 130 km 的內瓦多德魯伊茲（Nevado del Ruíz），在 1985 年火山爆發時發生山崩，掩埋亞美洛鎮（Armero），估計有 25,000 人喪生。火山爆發通常會釋放大量的灰。1815 年印尼的坦伯拉（Tambora）火山排出 175 立方公里的灰燼與塵土，灰塵環繞地球，減少陽光照射與空氣溫度，1815 年成為沒有夏天的一年。

不只火山灰會阻擋陽光，火山

圖 12.14　爪哇島中部默拉皮火山（背景）在 2010 年 11 月噴發後，火山灰覆蓋損壞的房屋和死亡的植被。30 多萬居民流離失所，至少有 325 人因火山爆發而死亡。

爆發排出的硫化物，和雨及溼氣結合產生硫酸，硫酸微粒干擾陽光的照射，明顯降低全世界的氣溫。在 1991 年，菲律賓的平納普波（Pinatubo）火山排出 2,000 萬公噸的二氧化硫氣膠，其於同溫層中存在長達 2 年，全球溫度在 2 年之內下降約 1℃，同時導致同溫層的臭氧減少 10% 至 15%，因此增加紫外線。

洪水是河川形塑土地過程的一部分

洪水（flood）是正常的事件，如果人類在流道上就會造成傷亡。當河川掏空並形塑景觀，將創造**洪水平原**（floodplain），也就是週期性被洪水淹沒的低窪地區。大型河川的洪水平原非常巨大，許多城市建立在這些平坦、肥沃的平原之上，以利於接近河川。非規律性遭淹沒的洪水平原可能好幾年都顯得非常安全，但洪水平原最終還是會被淹沒。洪水的嚴重程度可以用高出河堤的高度表示，或以平均發生類似事件的頻率表示，這些數據必須是長時間的統計。「十年頻率洪水」表示每 10 年可能會發生 1 次洪水；「百年頻率洪水」則是每 1 世紀可能發生 1 次洪水，但 2 次 100 年頻率洪水可能會在連續 2 年之中發生，甚至發生在同 1 年。

在直接性的自然災害中，水災帶走最多人命及財物損失。1931 年中國長江洪災，造成 370 萬人喪生，是紀錄中死亡人數最多的天然災害。1959 年的黃河水災，約 200 萬人死亡，大多數是因為饑荒和疾病。2008 年 6 月發生暴雨，巨大的洪水淹沒美國中西部，許多城市遭遇百年最高水位。2009 年 8 月 6 日至 8 月 10 日，颱風莫拉克侵襲臺灣，雨量創下紀錄，導致中南部及東南部發生嚴重水災，稱為莫拉克風災、八八風災或八八水災。臺灣多處發生水患、坍崩與土石流，原高雄縣甲仙鄉小林村滅村事件，數百人慘遭活埋，為 1959 年八七水災以來最嚴重的水患。據官方統計，共造成 681 人死亡、18 人失蹤。

水災發生的頻率高，而且常發生在人群密度相當高的河道走廊。許多人類活動增加了水災的嚴重性與頻率：道路鋪面與停車場減少雨水入滲量，並增加逕流量；開發森林供做農地與城市建築物均增加暴風雨後排水的體積與流量。

一般而言，洪水平原可貯留洪水，但因為農耕、清除植被、建築，洪水平原已經失去吸收洪水的大部分能力。

更多的洪水控制結構體（堤防／防洪牆）隔開河流與洪水平原，將水限制於河堤內，並且挖深河道，使水流速度加快。然而，水災控制結構常常只是將問題傳導到下游，水必須流向某處，如果上游地區沒有把水吸收到地底下，下游的水災可能更嚴重。興建更多更高的河堤，下游的洪水可能更大，問題就如此一再重複。

洪水控制

美國密西西比河及其支流附近建造了超過 250 億美元的洪水控制系統，這些系

統在過去一個世紀保護許多社區。然而，在 1993 年的大洪水，這個精密系統反而將大洪水變成更大的災難。由於水不能分散於洪水平原，因此被導向下游，產生更快、更深的水流，最後從堤防流失，造成更嚴重的災害。水文學者計算，以 1900 年同樣的雨量來看，1993 年的洪水比未建造洪水控制結構前高了 3 公尺。

許多人認為應該恢復溼地、回復地面水路、在小溪流上建造阻水堰、移除洪水平原的建築物，以及利用其他非結構性的方法來減少洪水的危害。根據這樣的看法，洪水平原應該做為野生生物棲息地、公園、休閒區，以及其他不易受水災破壞的用途。

塊體崩移包括滑動與崩移

重力作用不停地將物質向下拉動，沖蝕使山坡、海岸，甚至平坦的農地造成損失。通常水有助於移動疏鬆的物質，造成災難性的崩移、海岸沖蝕，暴風雨也可能形成山谷。土石向下坡滑動通稱為塊體崩移（mass wasting）。

山崩（**landslide**）是山坡地突然的崩塌。當山坡地不穩固的地質沉積物因暴風雨而呈飽和，或因伐木、修築道路、建造房屋而暴露時，斜坡容易突然崩塌。通常人們在不穩定的山坡上方或下方，並不容易察覺所面對的風險，有時則是忽略顯而易見的危險。南加州的地價很高，人們常在陡峭的山上或窄小的峽谷中建造昂貴的房子，在多數的時間裡，乾燥的環境使情況看起來相當穩定，但灌叢植物經常發生大火，在夏末因火災暴露的土壤，一旦到了冬季，由大雨所導致的土石流與碎物流便毀壞整個地區（圖 12.15）。在開發中國家，土石流數分鐘便埋葬整個村落。另一方面，**土壤潛移**（**soil creep**）是指物質連續而緩慢地向下坡流動。

沖蝕破壞土地並削弱地基

沖蝕溝是平坦土地上被水沖蝕成的溝渠，特別是農地，沒有植物根部保護的大片鬆散土

圖 12.15　塊體崩移包括不穩定的山坡崩塌，例如加州的拉古納海灘（Laguna Beach）。清理土地和建設會加速自然程序。

地,雨水流過表面便能造成深溝。有時土地會因為被嚴重地沖蝕成深溝而無法再耕種,而且沖蝕會帶走肥沃的表土。

所有的砂岸海岸線都會發生海岸沖蝕,因為海浪的衝擊,持續移動並重新分布砂與沉積物等物質。從新英格蘭沿著墨西哥灣到佛羅里達的北美大西洋海岸,是世界上最長最壯觀的砂岸之一,大部分的海岸線在 350 個細長的**離岸沙洲島(barrier island**,或稱堰洲障蔽島)上,這些島座落於大陸與外洋區之間,沙洲島後是淺海灣或鹹水塘,並點綴草澤與木澤。

早期居民知道住在海邊非常危險,會盡量住在沙洲島的海灣或往河流上游居住。然而現代的居民喜歡把高價的房屋建築在海邊,希望能坐擁美麗的海景並靠近海灘,認為現代的技術能免於自然力量的傷害。過去 50 年來,超過 40 萬公頃的海灣與海岸溼地,被填平做為房屋或休閒用地。

直接位在海灘及離岸沙洲島上的建築物,將對生態造成不可回復的傷害。在一般的環境下,脆弱的植被可攔阻移動的沙。建築房屋、道路於其上,或讓道路劃過沙丘,將破壞離岸沙洲島的穩定。2005 年,卡崔娜颶風在灣區及海岸線造成 1,000 億美元的財產損失,絕大多數是因為颶風橫掃離岸沙洲島及海岸線(圖 12.16)。根據美國聯邦緊急事務處理總署(Federal Emergency Management Agency, FEMA)統計,美國海岸線上的房屋,將因沖刷及全球環境變遷所造成的海平面上升而在 2060 年前面臨風險。

公有與私有地主通常花費數百萬美元從海洋挖砂填補,以保護海岸,但下一次的暴風雨又沖毀。建造護壩或防波堤等人工阻擋物,可以滯留移動的砂,使某區域內形成海灘,但此舉常使下游海灘缺砂,使得侵蝕情況更為惡化。

圖 12.16 遭卡崔娜颶風侵襲後的阿拉巴馬州陶芬島(Dauphin Island)。自 1970 年,這個在莫比爾灣口的離岸沙洲島已因暴風雨遭到沖刷,並用了 1,500 萬立方公尺的沙進行填補。過去二十年來,有些海灘的房屋已經重建 5 次,主要是用公費。繼續在此地重建是否有意義?

問題回顧

1. 構造板塊運動如何創造海洋盆地、中洋脊、火山？
2. 何謂火環？
3. 說明岩石循環的過程與成分。
4. 定義礦物與岩石。
5. 說明可能破壞水質及空氣品質的一些採礦、加工及鑽探的方法。
6. 說明可以回收的資源。
7. 說明火山致命的風險。
8. 何謂塊體崩移？
9. 何謂洪水平原？為什麼開發洪水平原具爭議性？
10. 說明機械性風化與化學性風化的程序，以及其對岩石循環的貢獻。

批判性思考

1. 了解並解決採礦所造成的環境問題基本上是地質問題，但地質學者需要不同的環境與科學領域的資料，有哪些科學（或訓練）能解決採礦污染問題？
2. 臺灣是否有豐富的天然資源？臺灣早期開採天然資源造成什麼污染問題？
3. 請上網搜尋莫拉克風災的相關資料。依據環境地質學的角度，臺灣目前國土開發的方向是否正確？
4. 你家是否曾遭受水災？政府每年花費大筆經費修建堤防，是否有明顯的效用？分別以中央主管機關經濟部水利署署長、需要選票且需要選舉經費的縣（市）長和民代（立委、縣市議員）、一般政府官員、一般民眾、環保團體等角色，分成 2 組辯論利弊。
5. 雖然政府歸類的 3 類地質敏感區，人為部分僅 1 項，但你認為其餘 2 項地質災害皆只是自然因素嗎？如果臺灣民眾不在斷層帶、易崩塌地開發，會有如此嚴重的災情嗎？

13 能 源
Energy

苗栗縣竹南鎮崎頂濱海的風力發電機組,有4座機組,單機容量為2MW。葉片直徑70公尺,風機中心點高度67公尺。
(白子易攝)

> 石器時代的結束並不是因為用光了石頭。
>
> ── Sheik Yamani,
> 　　前沙烏地石油部長

學習目標

在讀完本章後,你可以:
- 說明人類從何處獲得最多的能源。
- 比較臺灣與他國的能源使用。
- 評估煤、石油與天然氣尚能使用的年限。
- 分析是否需要更多核電廠。
- 評估太陽能、風能、水力能等再生能源是否可以取代化石燃料。
- 定義光電與燃料電池,並解釋運作原理。
- 定義生質燃料,並說明其是否為淨能源輸出。
- 了解何謂理想的能源未來。

案例研究

中國的再生能源

從地面上看，日照市看起來就如同中國一般的中型城市，公寓及商業大樓成列。但如果從上方鳥瞰，可看到裝置在 280 萬居民屋頂上的 100 萬具太陽能收集器，城市內 99% 以上的住戶的熱水及空間加熱皆使用再生能源。

2008 年日照市達成碳中和（carbon neutral），是全球 4 個城市之一，也是開發中國家的重大成就。和幾年前相比，日照市的人均碳排放量已減少 50%，能源使用也減少 1/3。寬裕的補貼、低率貸款及要求新建物必須設置再生能源的法規，為設備創造廣大市場，使得成本降低、空氣清淨、省錢，並創造數千個就業機會。太陽能熱水器目前每具約 230 美元，是美國價格的 1/10。

日照市並不是單一案例，中國正企圖成為全球再生能源的領導者。過去幾年，中國已控制全球一半以上的太陽能面板市場。2009 年，中國超越丹麥、德國及西班牙成為全球最大的風力渦輪機製造國。由於中國開發再生能源技術及市場，使得全球預期相關設備價格將迅速下跌，對全球環境而言是大新聞，但對美國製造商而言卻不是。

中國的動作讓市場預期，原本向中東購買石油的美國及歐洲將轉向中國購買太陽能板、風力渦輪機及其他能源設備。中國目前已僱用超過 100 萬的清潔技術勞工，而且每年約增加 10 萬人。

永續能源開發競賽中，中國具有許多優勢。1990 年起，約 2.5 億人從鄉村移至城市，未來十幾年，將有相同數量的人變成都市人口，為新房屋、電器及技術提供廣大市場。為了滿足能源需求，中國必須增加美國 9 倍以上的發電量。由於設備勢必大量增加，電力公司增加太陽能或風能設備就非難事，另一方面，勢必淘汰部分現有的設備轉向再生能源。

中國的利潤也來自低廉的勞力和原料成本。中國公司已經生產全球最低價的太陽能板，光電極主要成分的多晶矽，2008 年每公斤約 400 美元；中國的產品目前每公斤 45 美元，預估未來幾年將降得更低。此外，中國幾乎壟斷用於綠色科技的稀土金屬。太陽能發電站及風力電場的興建在中國也較容易，較少遭遇困擾西方開發單位的民眾抗爭，中國政府公務人員也可以直接命令電力公司轉用再生能源。

中國迅速成為全球綠色科技的領導者，對全球環境及經濟而言是重大消息。許多人懷疑中國如何提供龐大人口的工作、房屋及能源，再生能源科技的進展及衍生的工作開創出路。這條路不只為中國、也為其他開發中國家，使其減少化石燃料的依賴並邁向永續。

資料來源：William P. Cunningham, and Mary Ann Cunningham, *Principles of Environmental Science: Inquiry and Application*, sixth edition, p. 292, McGraw-Hill Education, New York, 2011.

13.1 能量來源

依據英國石油阿莫科公司（BP Amoco）2015 年出版的報告（*BP Statistical Review of World Energy*, June 2015），2014 年世界各國初級能源消費（Primary Energy Consumption）石油為 4211.1 百萬公噸油當量（MTOE）占 32.57%，天然氣為 3065.5 MTOE 占 23.71%，煤為 3881.8 MTOE 占 30.03%；化石燃料（fossil fuel）約占使用能源的 86.31%。核能為 574 MTOE 占 4.44%，水力發電為 879 MTOE 占 6.80%，太陽、風、地熱、生質能、廢棄物焚化與其他再生能源雖然發展迅速，但僅為 316.9 MTOE 占 2.45%，不過已較前幾年增加 2 倍。

未來能源與過去不同

過去 20 年，石油及天然氣的新開採技術已使得所估計的開採量大為增加。水平鑽探可穿透富含油氣的岩層數公里，水力壓裂（hydraulic fracturing，又稱為「水力劈裂」或「水力裂解」技術）可釋放出數千公尺深的天然氣和石油，深海鑽探可開採深海油田。

當能源分析擔憂能源何時枯竭時，氣候分析卻警告人類擁有較安全使用量更多的燃料，燃燒所有的燃料將造成毀滅性災難。由於這些原因，未來的能源將與過去有極大不同。

再生能源的使用，在許多國家雖然僅占很小一部分，但其增加的速度卻令人雀躍（圖 13.1）。再生能源分析指出，再生能源不僅必要，而且可行。

能量的量測

知道用來測量能量的單位，將有助於了解能量使用的規模。**功**（work）是施力

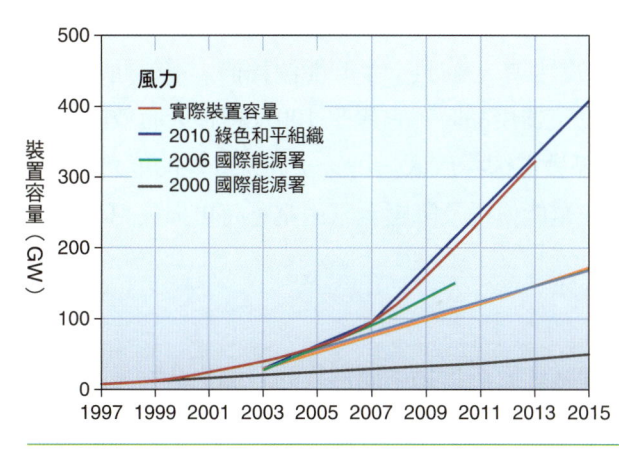

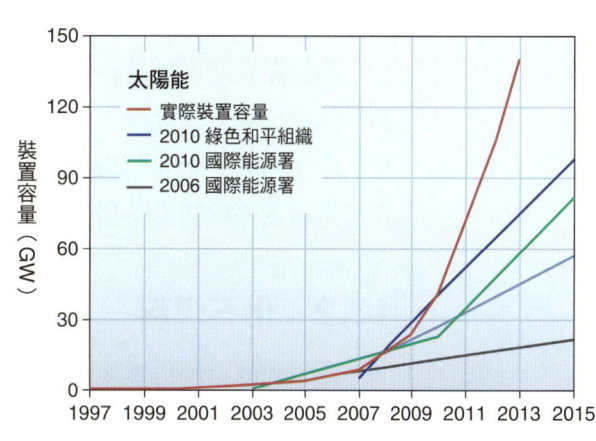

圖 13.1 全球風力和太陽能裝置容量預期和觀察的變化。國際能源署（IEA）和綠色和平組織的預測值。注意風力的縱軸尺度大於太陽能的縱軸尺度。

資料來源：Meister Consultant Group, 2015.

表 13.1　能量單位

1 焦耳（J）= 以 1 公尺／秒² 加速 1 公斤物體移動 1 公尺所需的功（每秒 1 安培的電流流經 1 歐姆電阻所需的功）
1 瓦特（W）= 每秒 1 焦耳（J）
1 兆瓦（TW）= 1 兆瓦特
1 千瓦-小時（kWh，千瓦時或瓩時）= 1 千（1000）瓦特運作 1 小時（或 360 萬焦耳）
1 百萬瓦（MW）= 1 百萬（10⁶）瓦特
1 百萬焦耳（GJ）= 10 億（10⁹）焦耳
1 標準桶（bbl）的油量 = 42 加侖（160 公升）

表 13.2　能源使用

用途	kWh/ 年 *
電腦	100
電視	125
100 W 燈泡	250
15 W 螢光燈泡	40
除溼機	400
洗碗機	600
電爐／烤箱	650
烘衣機	900
冰箱	1,100

* 所示為平均值；實際比率變動很大。
資料來源：U.S. Department of Energy.

經過一段距離，**焦耳（joule）**是用來測量作功的單位（表 13.1）。**能量（energy）**是作功的能力；**功率（power）**是能量的流率，或是作功的速率：例如，1 **瓦特（watt）**是每秒 1 焦耳。如果你使用了 10 小時 100 瓦的電燈泡，你已使用了 1000 瓦特-小時或 1 千瓦-小時（kWh）。大部分的美國家戶單位每年約使用 11,000 千瓦-小時（表 13.2）。

臺灣如何使用能源？

依據經濟部能源局能源統計年報，2015 年臺灣能源供給量為 145,084 千公秉油當量，依個別能源占總供給之比重分析，以石油占 48.2% 最高，煤炭占 29.3% 居次，其次分別為天然氣（含液化天然氣）占 13.3%、核能發電占 7.3%，廢棄物及生質能占 1.4%，水力發電占 0.3%，太陽光電及風力發電占 0.2%，太陽熱能占 0.1%（圖 13.2(a)）。其中，進口能源占能源供給比重達 97.8%，自產能源僅占 2.2%。能源消費量達 115,029 千公秉油當量，若按各經濟部門能源消費量區分，則能源部門自用占 6.6%，工業部門占 37.1%，運輸部門占 11.9%，農業部門占 0.9%，服務業部門占 11.0%，住宅部門占 10.7%，非能源消費占 21.8%（圖 13.2(b)）。

　　能源在被運送到最終使用場所的過程中，約有一半的能源耗損。電能通常被認為是乾淨、有效的能源，因為在驅動電器用品時，它幾乎 100% 轉移成有效的功，且不產生污染。但是煤礦開採、燃煤發電卻釋放大量污染；此外，煤的能量有 2/3 在發電廠內部熱轉換時損失，另外在電能傳送及降壓至家用電壓時再損失 10%。

13.2　化石燃料

　　化石燃料是數百萬年前的生物體被埋於沉積物中而形成的有機化合物，高壓、高溫將生物體濃縮轉變成能量豐富的化合物。大部分產生於 2 億 8600 萬至 3 億 6000 萬年前的二疊紀、賓夕凡尼亞紀、密西西比紀，主要組成為甲烷（methane）的天然氣是這類**碳氫化合物（hydrocarbon）**中最簡單者，隨著石油及煤而生成。

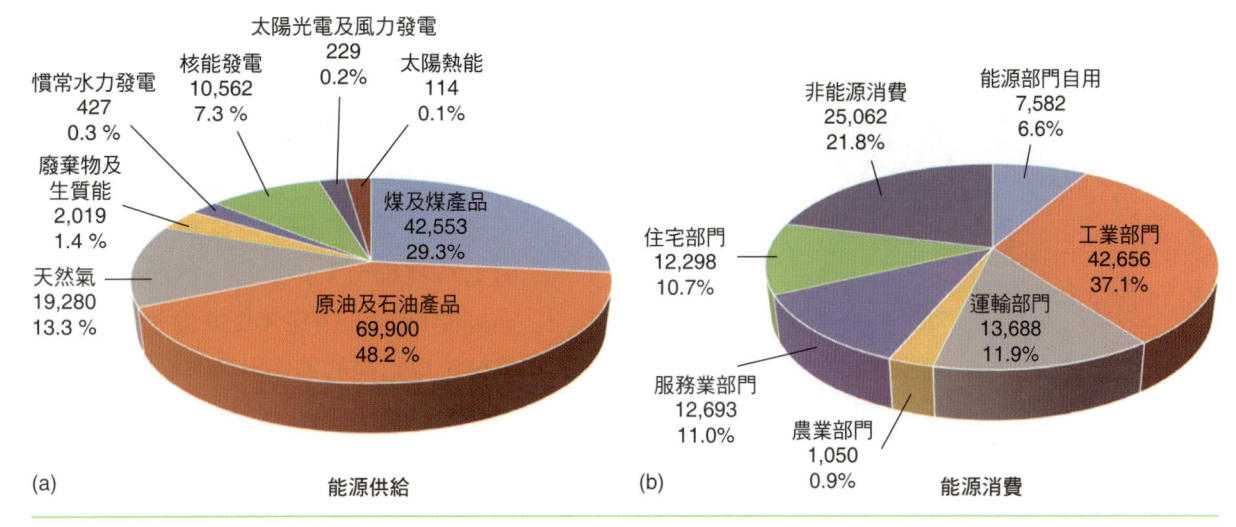

圖 13.2 2015 年臺灣能源供需，以千公秉油當量為單位。(a) 個別能源占總供給之比重；(b) 各部門能源消費比例。

資料來源：經濟部能源局能源統計年報 2015 年版。

煤資源龐大

煤礦儲量是石油、天然氣總和的 10 倍。煤礦分布在北美、歐洲及亞洲（圖 13.3）。煤層可能達 100 公尺厚、數萬平方公里廣，這些礦區在史前時期可能是廣大的沼澤森林。煤礦的總資源量約 10 兆公噸，以現在的消耗速率計算，仍可供應數千年，但具有開採經濟價值的煤礦僅占總儲量的一小部分而已。

豐富的煤礦儲量似乎有利，但採煤是危險的工作。地底採礦是在洞內工作，可能會爆炸、產生肺部疾病，例如礦工的肺臟變黑。地表採礦（稱為剝離採礦，大型機器剝去上層沉積物以暴露煤層）較廉價且安全，但在煤被採取後的地方會留下大洞與廢棄砂石。阿帕拉契山區使用更具強烈破壞性的山頂移除採礦，亦即刮掉整個山脊的頂部以採取煤礦，廢棄的土石拋棄在鄰近的山谷，埋沒森林、溪流、房屋與農場。現今美國強制礦場進行復育，但僅有少部分成功。燃煤會釋出大量的空氣污染物，硫及氮的氧化物在空氣中與水結合成硫酸及硝酸，因此燃煤是造成酸雨的最大來源之一。

油量高峰是否已經過去？

1940 年代，殼牌（Shell）石油公司的地球物理學家哈伯（M. King Hubbert）預測美國的石油產量為鐘形曲線，並會在 1970 年代到達極大值。接續的預測顯示全球的石油產量也有類似的極大值，將發生在 2005～2010 年間（圖 13.4）。雖然目前全球產油量並

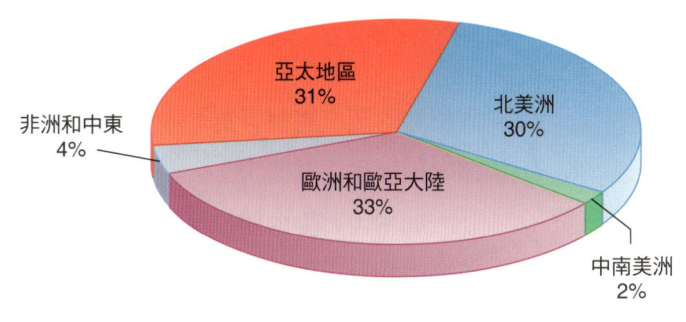

圖 13.3 已證實的煤礦儲量。

資料來源：U.S. CIA Factbook, 2012.

第 13 章　能　源　313

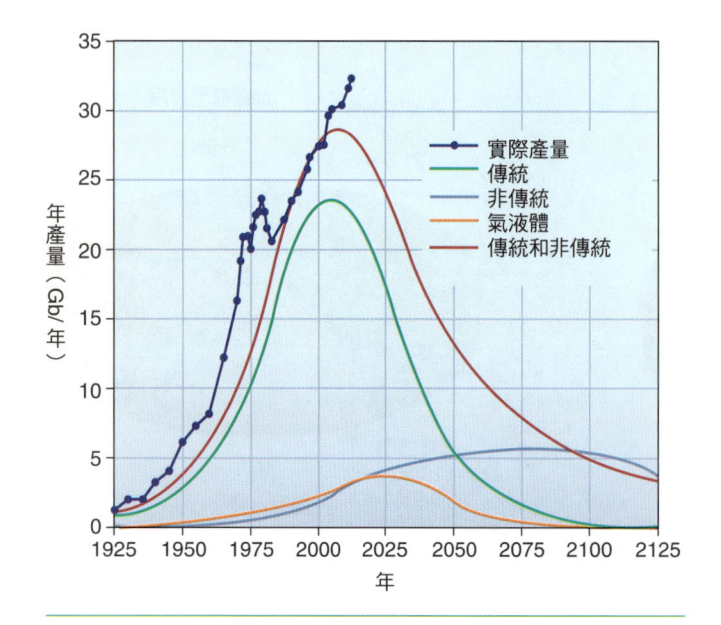

図 13.4 全世界原油產量及預測產量。Gb 為 10 億桶。

資料來源：Jean Laherrère, www.hubbertpeak.org; International Energy Agency, 2011.

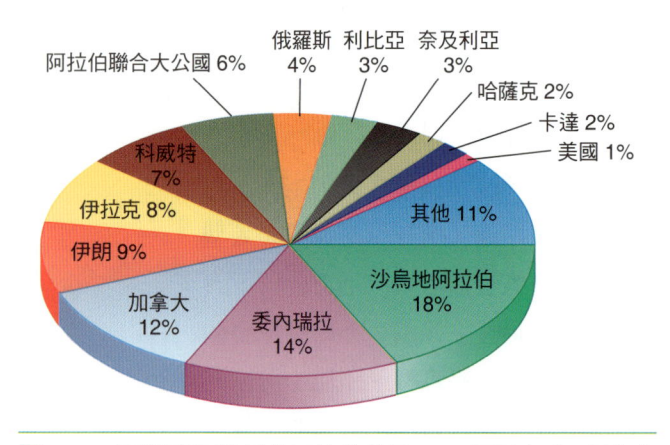

圖 13.5 已證實可開採的石油儲藏量。12 個國家（7 個在中東）占可開採石油的 89%。數字總和超過 100% 是因為四捨五入的關係。

資料來源：U.S. CIA Factbook, 2012.

未顯著趨緩，許多專家皆預測在接下來的幾年便會達到極大值而開始走下坡。

儘管預測如此，由於新的開採技術，產量持續上升；1993 至 2003 年已證實（可商業開採）的儲量增加 60%，由 1.04 兆桶至 1.69 兆桶。然而消費速率亦同時增加，由每年 250 億桶增至 330 億桶，以目前的速率計算，足夠使用 40 至 60 年。中東擁有最大的油礦儲量（圖 13.5）。

然而，中國、印度、巴西等成長快速的經濟體消費量仍持續攀升。非洲新興經濟體的消費量也在 1993～2013 年間成長兩倍。

極限原油及焦油砂擴增供給

全球油價呈現高度不穩定使得推動再生能源面臨困難。油價昂貴時，民眾願意購買再生能源設備或改變生活方式；但油價低時，又回到浪費的方式。2010 年，墨西哥灣的大爆炸或許可以給嗜油的人一些警惕（圖 13.6）。

焦油砂（tar sand）由包覆瀝青質（bitumen）的砂與頁岩顆粒所組成，瀝青質是長鏈碳氫化合物的黏性混合物。淺焦油砂經由挖掘，與熱水及蒸汽混合後萃取瀝青質，就像液態原油般將其分餾成有用的產品。對更深的油礦，需注入超熱的蒸汽將瀝青質熔融，然後用泵抽取至地表。這些油品開採後，必須經過清潔與精煉後才能使用。

加拿大與委內瑞拉擁有最大且最易取得的焦油砂。在加拿大亞伯達省北方的沉積物中約有 1.7 兆桶，委內瑞拉也差不多，這些沉積物所含的總油量是全部傳統液態油田的 3 倍。

產油的過程會衍生相當高的環境成本。每天生產 125,000 桶的典型煉油廠，每

年將產生 1,500 萬立方公尺的有毒污泥，排放約 5,000 公噸的溫室效應氣體，消耗或污染數十億公升的水，地表採礦可能毀壞數百萬公頃的寒帶林。當地的克里人、契帕瓦族及印第安族人們擔憂，一旦森林被破壞、野生生物及水受到污染，將直接衝擊其傳統生活。許多加拿大人厭惡成為美國人的能量殖民地，而環境學家認為投資數十億開採這些資源，只會更依賴化石能源。

油頁岩（oil shale）是細粒沉積岩，內含豐富的固體有機物質，稱為油母質（kerogen）。如同焦油砂，油母質能被加熱、液化，然後像液體原油般抽取。厚達 600 公尺的油頁岩礦床分布於科羅拉多州、猶他州及懷俄明州，如果在合理價格及可接受的環境衝擊下開採這些油礦，可產出數兆桶的油。油頁岩的開採與煉製需使用大量的水（這在乾燥的美國西部是相當缺乏的資源），同時產生大量的廢棄物。當岩石被加熱時會膨脹，導致廢棄的岩石比挖出的岩石體積多出 2 至 3 倍。

圖 13.6 2010 年，石油深水鑽井船平臺深水地平線（Deepwater Horizon）在墨西哥灣爆炸並且沉沒。破裂的油管共湧出 8 億公升的原油，污染墨西哥灣沿岸的海灘和溼地數百公里，並危害無數的鳥類、海龜、魚類和其他水生生物。

天然氣

天然氣是世界第二大的商用燃料，2014 年消費量占全球能量消耗總量的 23.71%。燃燒天然氣所產生的二氧化碳僅為煤的一半，能有效減少全球暖化。

全球已證實的天然氣儲量半數以上在中東及俄羅斯（圖 13.7），東、西歐國家皆向這些天然氣井購買大量天然氣。

全世界可開採的天然氣總量約 10,000 兆立方英呎，所含能量相當於可被開採石油能量的 80%。天然氣的已證實儲量約是 6,200 兆立方英呎（1 億 7,600 萬公噸）。因為天然氣目前的消耗速率僅有石油的一半，以現今的使用速率計算，目前天然氣儲量約可供應 60 年。

水力壓裂開採緊密的天然氣資源

就美國而言，德州有蘊藏天然氣的廣大頁岩層，由於這些頁岩層形成緊密沉積，故

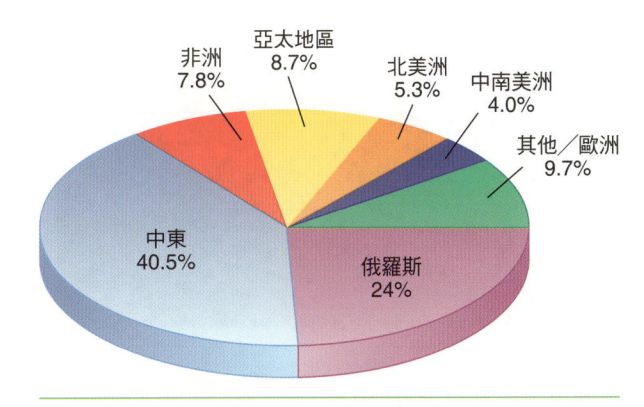

圖 13.7 2011 年已證實的天然氣儲藏量。
資料來源：British Petroleum, 2012.

非洲 7.8%
亞太地區 8.7%
北美洲 5.3%
中南美洲 4.0%
其他／歐洲 9.7%
中東 40.5%
俄羅斯 24%

第 13 章 能源 315

天然氣不易逸散。為了開採這些天然氣，開採公司採用水力壓裂技術，但伴隨大量的污染。壓裂每口井需耗水 2,300 萬公升，有時同一口井會被壓裂多次，以釋放額外的天然氣。壓裂後的水再回到地表，但受到高度污染，含有致癌碳氫化合物、清潔劑（於壓裂過程中使用）、鹽及放射性顆粒。

由於天然氣井密封性的問題，天然氣亦可能洩漏至地下水井。美國國家科學院的報告指出，賓州、紐約等地鄰近天然氣井的淺地下水井，井中甲烷濃度是遠處水井的 17 倍。而壓裂井的天然氣逸散量達 3~8%，這些溢散量將導致更嚴重的氣候變遷。

13.3 核能與水力能

臺灣目前運轉中的核能電廠共有 3 座，分別為位於新北市石門區的核一廠、位於新北市萬里區的核二廠，以及位於屏東縣恆春鎮的核三廠，總發電量為 5144 MW，占總能源供給比重的 7.3%。核能電力業者為爭取更多的支持，宣稱核反應器不會釋出溫室氣體造成全球暖化。但是因為擔憂核能電廠容易成為恐怖分子的攻擊目標，許多人因而害怕使用這項能源。2011 年 3 月 11 日，日本發生規模 9.0 的「東北地方太平洋近海地震」，引起福島第一核電廠輻射洩漏事故，再次加深全球對核電的安全疑慮（圖 13.8）。

核反應器如何運作？

核電廠最常用的放射性原料是 U^{235}，是一種天然的放射性鈾同位素。通常 U^{235} 僅占鈾礦 0.7%，因為量太少以致於無法在反應器中持續連鎖反應，必須藉由機械或化學程序加以純化與濃縮。當 U^{235} 濃縮到 3% 時，可製成比鉛筆稍粗、約 1.5 公分長的小圓柱。雖然體積相當小，但是鈾錠具有驚人的能量，每個 8.5 克的鈾錠相當於 1 公噸煤或 4 桶原油的能量。這些鈾錠被堆進 4 公尺長的空心金屬棒，約 100 根金屬棒捆綁在一起形成**燃料組（fuel assembly）**，再將數千個燃料組（約 100 公噸重的鈾）放進鋼製的反應器芯。放射性鈾原子極不穩定，當被高能的中子撞擊時，會發生**核分裂（nuclear fission）**而釋放更多中子。某個原子釋出的中子將觸發另一個鈾原子的分裂並釋出更多的中子（圖 13.9），如此一

圖 13.8　2011 年的海嘯造成緊急冷卻系統無法運作，使得日本福島 3/4 的核反應器因燃料熔化與氫爆而被摧毀。

來，即進入**連鎖反應**（chain reaction）。

循環在燃料棒間的中子吸收冷卻液可減緩連鎖反應。此外，將鎘、硼等中子吸收物質做成的**控制棒**（control rod）插入燃料組之間，可以中止部分核分裂反應，或抽出以允許繼續進行反應。水或其他的冷卻劑在燃料棒間循環以移除過量的熱。最危險的事故之一，是冷卻系統故障。如果操作時泵故障或管子破裂，核燃料會迅速過熱並「熔融」（meltdown），釋出致命的放射性物質。雖然核電廠不會像核彈一樣爆炸，但是像 2011 年日本福島核反應器熔融而釋出放射性物質這樣的災難，會造成巨大的成本。

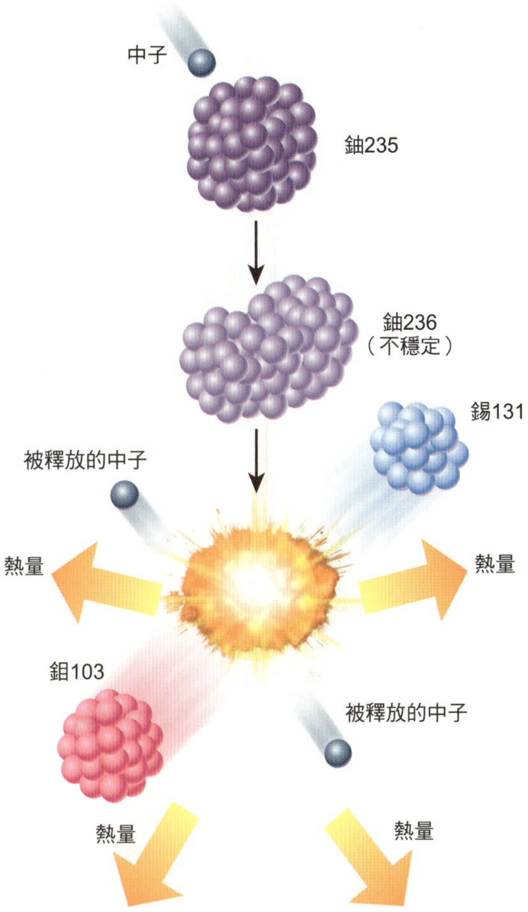

核反應器的設計

世界上 70% 的核能廠使用壓縮式水反應爐（pressurized water reactor, PWR）。循環水通過核心以吸收熱並冷卻燃料棒（圖 13.10），冷卻水加熱到 317°C，壓力增加至 2,235 磅／平方英吋，然後抽送至蒸汽發電機將冷卻水二次加熱，從次迴路來的蒸汽驅動高速渦輪發電機產生電。反應室及蒸汽發電機均以厚牆、混凝土建築物保護，以防止放射線外洩，並可抵擋高壓及高溫的意外事故。

疊層設計的安全機制是為防止意外事故發生，但這些安全防護系統反而使反應器的成本變得相當昂貴。典型核能電廠約有 4 萬個閥，規模類似的石化廠僅需約 4,000 個閥。過於複雜的安全設計，某些時候反而易導致操作員混淆而發生意外事故。不過，在正常的操作狀況下，PWR 釋出的放射性物質非常微量，對附近居民的危險可能比燃煤發電廠小。

英、法及前蘇聯反應器的設計，通常使用石墨做為減緩劑（moderator）及反應器爐心。因為石墨有高度獲取中子及散熱的能力，設計者宣稱這些設計很安全；但事實證明是錯的。當冷卻系統故障時，小的冷卻管迅速被蒸氣阻塞，石墨爐心會暴露在空氣中而燃燒。在車諾比核電廠意外中發現，這種石墨爐心一旦著火，將比其他反應器更難控制。

圖 13.9 核反應器中進行的核分裂程序。程序中，不穩定的同位素鈾 235 吸收 1 個中子並分裂形成錫 131 及鉬 103。每次分裂釋放 2 或 3 個中子，並繼續連鎖反應。反應產生物的總質量比一開始物質的質量稍少，剩下的質量轉變成能量（大部分為熱）。

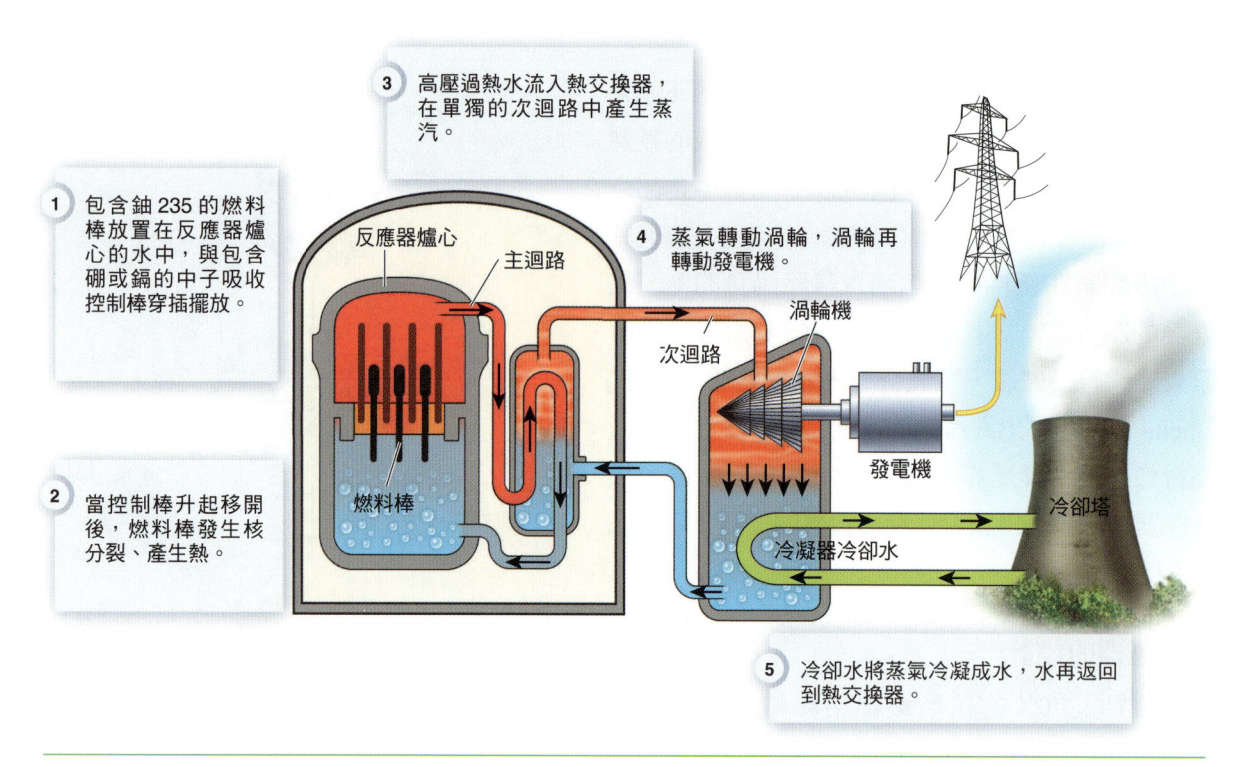

圖 13.10　壓縮式水反應爐。當水流經反應器核心時，水為過熱狀態和加壓狀態。在蒸氣鍋爐中將熱轉移給未加壓水，使渦輪機運轉產生電力。

核廢料欠缺安全貯存

採礦、生產燃料與反應爐操作過程的廢料處置是核能最大的障礙之一。生產 1,000 公噸的鈾燃料，一般會產生 10 萬公噸的礦渣與 350 萬公升的廢液。臺灣電力公司自民國 67 年開始利用核能發電，目前所產生的低放射性廢棄物均暫存於核能電廠廢棄物倉庫與蘭嶼貯存場。而國內醫、農、工、學術及研究等機構亦產生低放射性廢棄物，目前均暫存於核能研究所。依據我國行政院原子能委員會 2015 年所研擬的「低放射性廢棄物最終處置計畫（修訂二版）」顯示，考慮現有 3 座核能電廠與興建中的核四廠（假設運轉年限皆為 40 年），以及其他單位所產生的低放射性廢棄物（包含核電廠除役所產生的低放射性廢棄物），預估至民國 138 年止，全國產生低放射性廢棄物數量共約 100 萬桶（核電廠約為 93 萬桶，核研所及其他單位約為 7 萬桶，每桶約 200 公升）。

在內部廢料貯存池已滿，而且在不能再製也不能永久貯存的情況下，許多廢料被貯存在核電廠外的大型金屬乾桶中（圖 13.11）。儲存廢料的費用相當昂貴，而且可能遭受戰爭或恐怖分子攻擊。

流動的水是古老的動力來源

19 世紀水渦輪機的發明大幅增進水壩的效率，到 1925 年，水力發電占全世界電量的 40%。從那時起，水力發電容量成長 15 倍；但化石燃料也迅速增加，使水力發電目前僅占總發電量的 1/4。

至今仍有許多國家以水力產生大部分的電力。例如，挪威 99% 的電力依賴水力；巴西、紐西蘭及瑞士至少有 3/4 的電力為水力發電；加拿大是世界水力發電冠軍，全國共有 400 座水力發電廠，總容量超過 60,000 MW。但加拿大原住民第一民族（First Nations）卻反對，認為為了產生電力而引導河水並導致其家園被淹，而且大部分的電力是賣給美國。

圖 13.11　許多核電廠中，使用過的燃料暫時儲存在地面上大型的「乾桶」中。

自 1930 年代所開始發展的水力發電聚焦於超級大壩，多數的水力發電以大型水壩為主（例如中國三峽大壩）。雖然大壩將給國家帶來聲望及發電效能，但民眾不希望對社會及環境產生負面影響，因此許多民眾抗議水壩的興建。中國的三峽大壩全球最大，橫跨 2 公里、高 185 公尺，但卻為了興建而遷徙 100 萬人。熱帶的大型水庫經常損失大量水量，例如埃及亞斯文高壩所形成的納瑟湖（Lake Nasser），每年因蒸發及滲出損失約 150 億立方公尺的水，在沒有襯裡的渠道中會再損失 15 億立方公尺，這些損失約占尼羅河流量的一半，足夠灌溉約 200 萬公頃的土地。在季節性氾濫期間，亞斯文高壩堆積大量的淤泥，以前這些淤泥在洪水季節時是河川兩邊土地營養的主要來源，如今農民必須購買昂貴的化學肥料，漁獲量幾乎降為零。蝸牛在水庫中繁殖，傳播血吸蟲病（schistosomiasis），造成嚴重的問題。在乾旱地區，水力發電機會受到水位的影響。

13.4　節約能源

避免能量短缺與減輕對環境衝擊最好的方法之一，就是節約能源。能源的使用效率其實非常低，燃料中大部分的潛能損失變成廢熱，成為環境污染。效率高、能源密集度低的工業、運輸、民生用品，可節省大量的能源。

以美國為例，1970 年代因油價上揚而鼓勵節能。雖然人口和 GDP 從那時開始持續成長，但**能源密集度（energy intensity）**——提供貨物或服務所需的能源數量——反而下降。為因應法規及昂貴的汽油價格，美國汽車單位耗油里程數平均

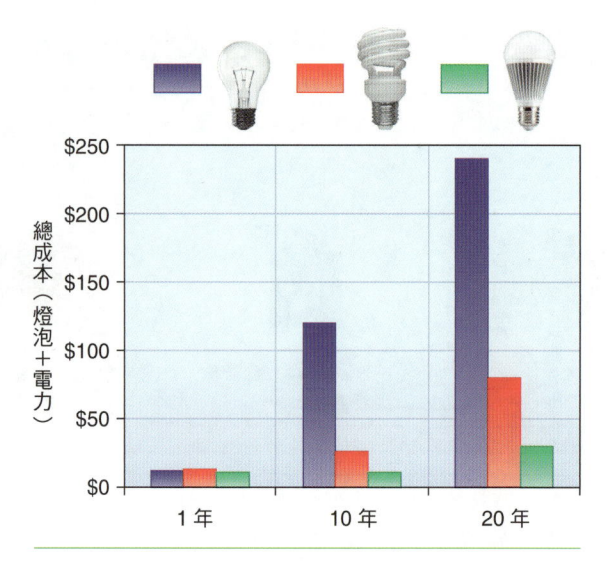

圖 13.12 高效率技術的成本效益往往取決於計算成本所使用的時間框架。圖表顯示三種燈泡的成本，假設 LED 燈泡成本 10 美元，可使用 45 年，使用時所需費用每年約 1 美元；CFL 燈泡成本 10 美元，可使用 7 年，使用時所需費用每年約 2.5 美元；白熾燈泡成本 1 美元，可使用 1 年，且使用時所需費用每年約 11 美元。

值從 1975 年的 13 英哩／加侖，增加到現在的 30 英哩／加侖。2012 年，歐巴馬總統宣布國家燃料經濟標準，規定在 2025 年之前，必須達到 54.5 英哩／加侖。

但你不需等到那時才行動。低污染的油電混合車，高速公路上每公升汽油可行駛達 30.3 公里（72 英哩／加侖），電動車可達 50.5 公里（120 英哩／加侖）。當然，走路、騎腳踏車、搭乘大眾運輸工具更能顯著減少個人的能源足跡。

成本隨著計算方式而改變

有時，節約能源的成本及效益必須考量時間尺度。如果只計算短時程，購買或裝置新設備的設置成本可能相當高；如果考量的時程較長，則效益可能較高。

例如燈泡的效率，白熾燈泡價格約 1 美元，緊密式螢光燈泡（compact fluorescent lamp, CFL）約其 5 倍，而 LED 燈泡則可能需 10 美元，依型式而有不同價格。但使用不同時間後，所產生的成本不同（圖 13.12）。如果整座城市的照明皆換裝 LED 燈，省下的經費相當可觀。美國密西根州安娜堡將 1000 盞以上的路燈換成 LED 燈之後，每年節省 8 萬美元，並於 2 年內回本。

密閉性較佳的房屋能節省能源

家庭能源使用效率已有許多改善。減少外界空氣滲入是最便宜、快速且最有效的節能方法，因為這是房子最大的典型熱能損失因素。不需要太多技術與投資就可以填補門、窗、基礎接縫、插座周遭的縫隙，以及其他的空氣滲漏源。為了防止溼氣在高度密封的家中累積，必須使用機械通風。使用更好的隔熱器材、安裝雙層或三層窗、購買熱效能窗簾或窗罩、密封裂縫及鬆動的接縫，能使家庭能源損失降低 1/2 到 3/4。

創新的**綠建築**（green building）引起商業及居家建築的廣泛注意。綠建築的元件進展很快，包括牆壁和屋頂的加強隔熱；使得熱能於夏天流出迅速、冬天流出緩慢的窗戶塗層；以及製造時較省能源的回收物質。窗戶朝向陽光，讓屋簷凸出遮陰，不但舒適且節省電費。目前許多電器已有定時器，可設定在特定時間運轉；但綠建築更裝置**智慧電錶**（smart metering），不僅可以得知特定電器在特定時間內

你能做什麼？

節能和省錢的步驟

1. 住在離工作地點和學校或轉運線較近的地方，可減少開車。
2. 騎自行車、走路、使用樓梯而不是電梯。
3. 讓定溫器在冬天維持低點，夏天維持高點。電風扇比空調便宜。
4. 少買丟棄式物品；生產及運送這些物品將耗能。
5. 不用時關掉電燈、電視、電腦及其他電器。
6. 晾乾衣物。
7. 回收。
8. 減少肉類消費：如果每個美國人少吃 20% 的肉，省下的能源相當於每個人都駕駛油電混合車。
9. 買當地的食物以減少運送能源。

使用多少能源，也可得知能源來自何處及成本多寡。使用此類系統，可以設定電器在電價便宜的離峰運轉，系統可用手機遠端遙控，在回家途中開啟電器，也可在線上短暫關閉電器以避免尖峰的昂貴電價。瑞典目前所建的超隔熱房屋，加熱及冷卻屋內空間所需的能源比美國房屋的平均值少 90%。工業設計的改善也可降低能源預算。許多高效率電動馬達和泵、新型感應器和控制設施、先進的熱回收系統及物質回收系統，已顯著降低工業能源需求。

被動式房屋在某些地區已成為標準

長久以來，德國即為能源創新及效能的領導者，德國許多地區已開始要求新房屋必須符合**被動式節能屋**（**passive house**，或譯為被動式房屋）標準。這些標準嚴格限制能源使用，並有將能源使用降至只有一般房屋能源利用 10% 的實務規範（圖 13.13）。

歐洲、北美及亞洲，被動式節能屋標準愈來愈普遍。在某些建築物標準原本就相當高的國家，例如德國，被動式節能屋的成本只較一般房屋高出 10%，只需幾年便能回本。在建築法規較鬆散且房價相對便宜的地區，價差較大，但省下的錢也可能較多。住戶也表示，被動式節能屋較舒服，比傳統房屋加熱均勻、有較佳的自然採光，也較沒有噪音。

被動式節能屋的主要原理如下：

- 沒有熱橋（thermal bridge），也就是沒有木材、金屬等元件將熱傳導出牆壁、屋頂或地基
- 牆壁、屋頂絕緣厚度 24～32 公分

圖 13.13 節能建築可大幅降低能源成本。舊結構可增建許多功能，而興建時即具節能功能〔如結構式隔熱壁板（structured insulated panel, SIP）〕的新建築，則可節省更多錢。

- 良好的門窗密閉性，避免溢散熱或進入熱
- 熱交換器，以將要離開的舊空氣用熱交換的方式加熱或冷卻新鮮空氣
- 裝置內含三層玻璃的窗戶減少輻射熱的逸散及進入
- 良好的窗戶方位以讓日光進入

當被動式節能屋能夠發電時（例如利用屋頂上的太陽能板），則成為淨零建築（net-zero building），亦即除了自身發電之外，不再使用其他能源。部分甚至成為增加能源建築（energy-plus building），亦即自身發電比所消耗的電還多，以年為基礎。

汽電共生

汽電共生（cogeneration）可同時產生電力與蒸汽（或熱水），基本燃料的淨能量產率可由原來的 30%～35% 增加至 80%～90%。現地汽電共生系統也可以減少電力在長程輸送時約 20% 的電力損失。

13.5 風能和太陽能

風力發電是自然力的運用，也是豐富、無污染的資源，對環境的破壞相當小。太陽是巨大的核子熔爐，產生的熱能驅動風及水循環，而光合作用將光能（光子）轉變成化學能，形成生質量、化石燃料及食物。到達地球表面的太陽能量是每年總商用能量的 10,000 倍，但過度分散及強度過低，近年的創新技術已提高效能。

風能可滿足能源需求

風能是全球成長最快速的能源。2014 年全球裝置容量為 370GW，每年產生的電力為 740 TWhr。風能協會（Wind Energy Association）估計到 2020 年將有 150 萬 MW 的裝置容量。如果選擇發展，風能可能取代全部的商用電力（圖 13.14）。

中國是全球最大的風力渦輪機製造國，裝置總量為全球第二，僅次於歐洲。清淨科技製造的設備供本土使用及輸出，提供中國 100 萬個工作機會。中國目前裝置容量為 63GW，約占全球 1/4。一般風力渦輪機發電量為 1～2 MW，但最大者達 5 MW，足供 2,500 戶典型美國家庭使用。由於停機歲修的時間較一般電廠短，風力渦輪機運轉時間達 90%。

近年來風能發電成本急遽下降，達 3 美分/kWh，而燃煤為 6 美分/kWh，核能更高達其 5 倍。每 1 MW 的風能只需燃煤電廠 1/3 的土地，衍生的工作機會高達 5 倍。當風能機裝設在農田時，一座機器只需 0.1 公頃。農民可以耕作剩餘 90% 的土地，並可收取土地租金（圖 13.15）。

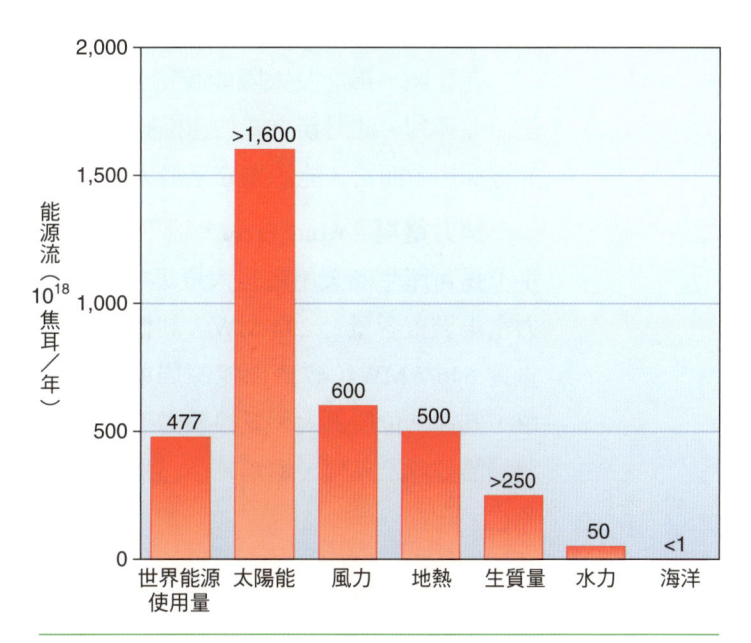

圖 13.14 在適合的地點以現有科技使用再生資源所能產生的能源潛力。這些能源的總和，是目前世界能源的 6 倍。

資料來源：Adapted from UNDP and International Energy Agency.

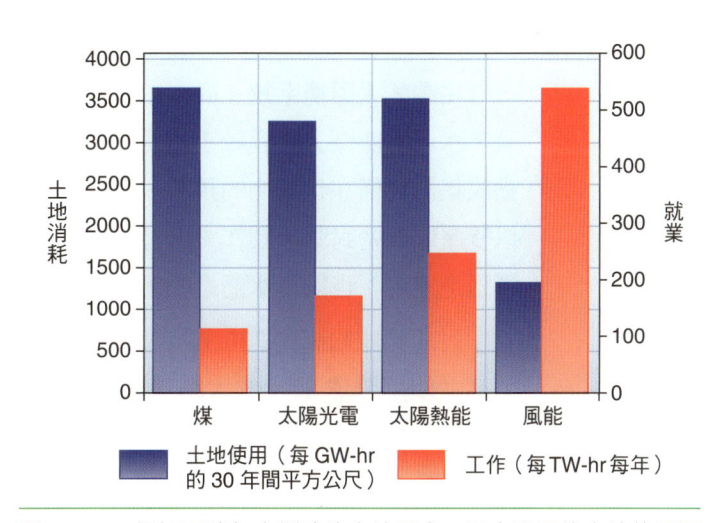

圖 13.15 假設面積包含採礦的土地需求，風力發電的土地使用面積大約只是火力發電的 1/3，但創造出 5 倍以上的工作機會。

第 13 章　能源　323

風能提供在地控制的能源

合作社如雨後春筍般紛紛興起，協助土地所有人及社區財務規劃、興建並運轉自己的風力發電機。1GW 的風能電力（相當於 1 座大型核能電廠）可創造超過 3000 個永久的工作機會、可以付土地所有人 400 萬美元的租金並納 360 萬美元的稅給地方政府。約有 20 個美洲原住民（Native American）部落已聯合研究風能，其保留區（大部分在風最強、最沒有生產力的大草原西部）共可產生 350GW 的電力，約是美國目前總電力裝置容量的 1/2。

在德國，風能及太陽能裝置容量的 47% 為社區合作社所擁有，成員可以分享能源並獲利。此財務方式加速推動德國脫離對進口化石燃料的倚賴，對歐洲的再生能源採用者而言，能源獨立是最大的動力。

風力電場（wind farm，用「場」而不用「廠」，是依據經濟部能源簡介的用字）是可產生商業用電且大量集中的風力發電機。至 2015 年底，臺灣電力公司風力電場裝置容量為 294 MW，其他民營公司風力電場裝置容量為 352.7 MW，總容量達 646.7 MW（經濟部能源局能源統計年報 2015 年版）。風力電場也有負面衝擊，其通常位於風大、氣候惡劣不適宜居住的地方，多數遠離住宅區，但確實會破壞景觀並危及鳥類、蝙蝠。小心避開遷徙廊道，並加裝警報裝置能有效減少鳥類的死亡。

太陽熱能系統收集有用的熱

數千年來，人類建造厚石牆及厚泥磚的住宅，在白天收集熱，在夜裡緩慢釋放。使用太陽能最簡單、傳統的方式即是**被動式吸熱（passive heat absorption）**，使用自然物質或吸收構造物收集並保存熱量。在建築物南側所建造的玻璃牆「陽光間」（sun space）也運用此原理。

主動式太陽能系統（active solar system） 通常會利用泵讓吸熱的流體（例如空氣、水或防凍劑）經過較小的熱收集器，而非像石頭般固定且被動地收集熱能。主動收集器建構在建築物的頂部，而非在結構物內。使用平滑、黑色的收集面板，並以雙層玻璃密封就能製作太陽能收集器。以送風機讓空氣通過加熱的面板，可將暖氣送進室內；也能將水通過收集器，以提供熱水。

目前全球約設置 330GW 的太陽熱能系統，約是太陽光電系統的 2 倍。中國約生產並使用全球 80% 的太陽熱能系統。由於每個價格低於 200 美元，使得太陽熱能系統普及，中國約有 3,000 萬戶家庭使用太陽熱能系統做為加熱空間及熱水之用。

集中式太陽電力系統以熱能發電

太陽熱能系統可產生極熱的熱水，甚至可以推動**集中式太陽電力系統**

（concentrating solar power, CSP）。CSP 通常使用拋物線型的鏡子可以收集光並將光聚焦在一點。以鏡子收集太陽能有 2 種方式，其一是使用長而彎曲的鏡子，聚焦在含有熱吸收流體的中心管。流體通過時，溫度比平板式收集器的溫度高得多。另一個系統是將幾千面鏡子圍繞在中央高塔的同心環上，這些鏡子由動力驅動以追蹤太陽，並將光集中至「電力塔」（power tower）頂的熱吸收器，吸收器中熔融的鹽被加熱至 500℃的高溫，然後驅動蒸汽渦輪發電機（圖 13.16）。

圖 13.16　電力塔的上千個定日鏡，可追蹤陽光並聚焦陽光於中央塔頂部的熱吸收器，加熱濃縮鹽水，溫度可達攝氏 500 度。熱交換器會產生蒸汽，並在蒸汽渦輪機產生電力。

光電電池直接產生電力

光電電池（photovoltaic cell）可獲取太陽能以供應再生能源。2 種不同型態的半導體界面形成單向靜電位能障，日光可從原子中分離電子，並使電子加速通過此界面，因此產生電流（圖 13.17）。

25 年來，光電電池的蓄能效率已從入射光的 1% 增加到 10% 以上，實驗室中則可超過 75%。全球目前裝置容量為 140 GW，中國發展最迅速。光電電池最具發展前景的技術之一，是發明非晶矽收集器（amorphous silicon collector）。非晶矽半導體能做成紙一般的薄片，比傳統光電池減少許多材料，因此成本十分便宜，而且能製成各種形狀及尺寸。例如，不只能在屋瓦上加上光電收集器，即使是易屈折的軟片，也能塗上非晶矽收集器。非晶矽收集器可在傳統電力無法傳送的地方發電，例如燈塔、山頂的微波中繼站及偏遠的鄉村（圖 13.18）。

大約 30 至 40 平方公尺的光電電池陣列即可提供 1 戶家庭所需。德國

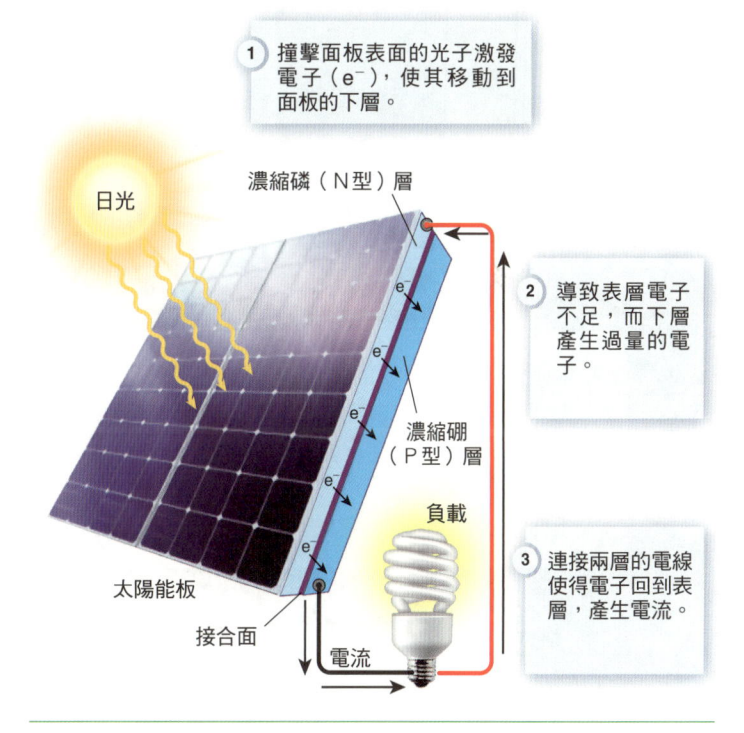

圖 13.17　當太陽能撞擊太陽光電電池時，電子從矽原子晶體 P 層中被激發。這些電子經過不同半導體間的電子接合面，使得 N 層電子過量而 P 層電子不足（或正電荷）。由於連接兩層的電路有電荷差，因而產生電流。

關鍵概念

如何轉換為替代能源？

根據史丹佛大學和加州大學戴維斯分校的研究*，以現有的技術，再生能源可提供包括化石燃料在內的全部能量需求，同時可節省經費。陸上風力、水力和太陽能的潛力超過全球全數的能源消耗。海洋可供應的再生能源更大，因為海洋覆蓋地球表面的 2/3。許多研究提出，再生能源能滿足未來需求，且比化石燃料為基礎的能源計畫更經濟、更安全。

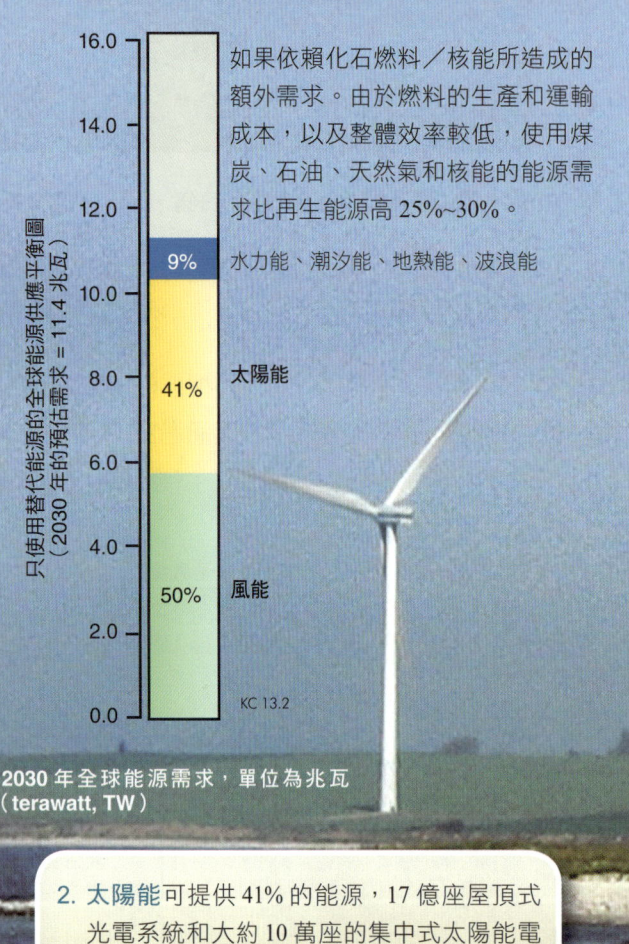

只使用替代能源的全球能源供應平衡圖（2030 年的預估需求 = 11.4 兆瓦）

- 如果依賴化石燃料／核能所造成的額外需求。由於燃料的生產和運輸成本，以及整體效率較低，使用煤炭、石油、天然氣和核能的能源需求比再生能源高 25%~30%。
- 9% 水力能、潮汐能、地熱能、波浪能
- 41% 太陽能
- 50% 風能

KC 13.2

2030 年全球能源需求，單位為兆瓦（terawatt, TW）

KC 13.1

1. **風能**可供應 50% 的能源，需要 380 萬座大型風力渦輪機供電全球。這並非不可能，事實上，世界各地每年可製造許多轎車和卡車。

2. **太陽能**可提供 41% 的能源，17 億座屋頂式光電系統和大約 10 萬座的集中式太陽能電廠，可供電 4.6 兆瓦。屋頂式集熱器可設置於使用能源之處，所以傳輸不損失能量，也不競爭土地。

KC 13.3

◀ 太陽能集熱器的價格已經可以和化石燃料競爭，但通常不會位於消費者附近，在陽光充足的乾旱土地也可能需要稀少的冷卻水。

3. **水力能**（水壩、潮汐能、地熱能、波浪能）可提供約 9% 的能源。雖然多數主要河川已建壩，但河川和潮汐下方的水下渦輪機仍具效率。深井可開發地熱能，但可能有引發地震和污染含水層的疑慮。

KC 13.4

* 更多資訊請參考：Jacobson, M. Z., and M. A. Delucchi. 2009. A path to sustainable energy. *Scientific American* 301(5) 58-65.

地熱工廠 ▶

會不會有供應不可靠和電力儲存昂貴的問題？

幸運地，夜間風較多，可補償日間的陽光。藉由平衡再生能源，供電和化石燃料同樣可靠。再生能源的服務紀錄更好，燃煤電廠每年有 46 天進行維修，但太陽能板和風力渦輪機每年維修平均只需 7 天。

太陽能、風能和水力能還可解決最急迫的兩個全球性問題：(1) 氣候變遷的問題，這也許是目前面臨最嚴重、最昂貴的問題，因為缺水、農作物歉收、難民遷徙使開發中地區不穩定。(2) 燃料供應的政治衝突，例如伊拉克、奈及利亞和厄瓜多等油田，或伊朗的核燃料處理。

再生能源的成本？

到 2020 年，風力和水力發電成本可能是化石燃料或核能的一半，而且由於再生能源的效率高，以太陽能、風能和水力能供電，只需比化石燃料少 1/3 的能源，即可提供與化石燃料相同的效率。

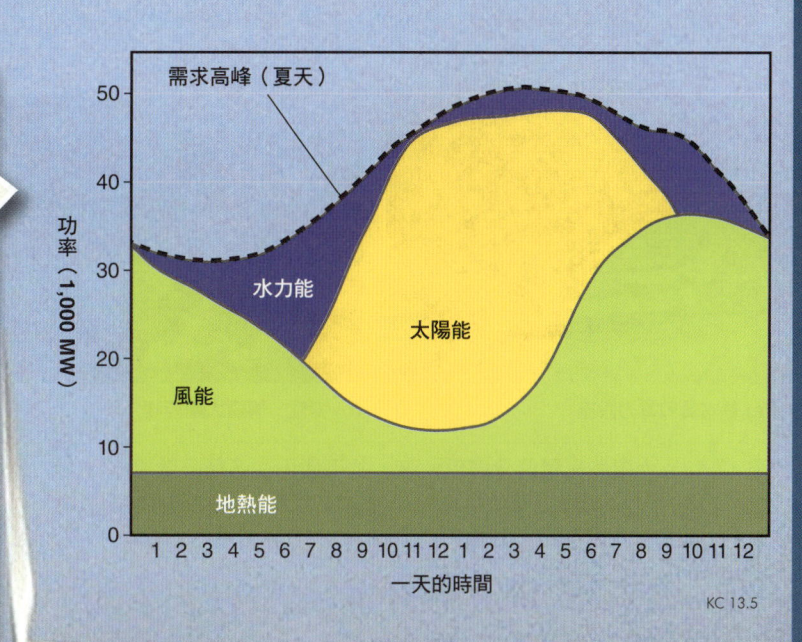

KC 13.5

除了使用再生能源外，節能措施可節省目前使用能源的一半。大眾捷運、氣候防護、都市填入式開發（urban in-fill）、高效率的設備，都是可節省經費的短期與長期策略。

▲ 輕軌

KC 13.6

請解釋：

1. 轉換成再生能源最大的好處是什麼？
2. 這些來源當中，何者被預測將產生最大的能源？
3. 我們預計將需要多少風車？
4. 未來誰是替代能源最大和最小的受益者？若是化石和核能呢？為什麼？

327

(a) 基本負載電力設施　　(b) 彈性、薄膜太陽能磚　　(c) 屋頂太陽能陣列

圖 13.18　太陽能光電能量適用性高，並可使用在各種分散設施。(a) 公用電力事業規模的光電陣列可提供基本負載功率。(b) 薄膜光電收集器可印在彈性背襯上，像普通屋瓦使用。(c) 數百萬平方公尺的學校屋頂和商業建築屋頂可安裝太陽光電電池板。

以政府電力收購制度（feed-in tariff, FIT）裝置 40GW 的太陽電能，是最為成功的案例，由政府設定價格、由政府補貼，並由電力事業向所有人買回剩餘的電力。

13.6　生質能

數千年來，木柴一直是加熱及烹調的主要能源。即使在 1850 年，木柴仍提供美國 90% 的燃料。開發中國家 10 億以上的人口仍以**生質量**（biomass，生物性物質）做為主要能源。每年全世界使用的木柴燃料有 1,500 立方公尺，大約是所有伐木量的一半。開發中國家的都市，木柴燃料通常做成木炭出售。採集木材和燃燒木炭造成許多鄉村地區森林減少。

乙醇最受關注

生質燃料（biofuel），包括乙醇（酒精）和生質柴油，是目前受到關注的生質量能源。這兩種燃料在全球遍地開花，從巴西（甘蔗）到東南亞（棕櫚油），再到歐美（玉米、大豆）。美國的農業及能源政策皆鼓勵能源作物，美國國會 2007 年通過的能源法案要求 13 年內增加乙醇產量 4 倍，從每年 340 億公升到 1,360 億公升。更重要地，法案要求從整株植物不可食用、木質的部分（纖維）製造生質柴油，而不是玉米粒。這點十分重要，因為玉米是效率相當低的生質量來源。汽油加入少量乙醇已行之多年，因為含氧量高的乙醇分子可讓汽油燃燒（氧化）更完全，有助於將 CO 轉為 CO_2。

從生質量製造乙醇的缺點之一是每生產 1 公升需 3 至 5 公升的水，如果考慮能源作物的灌溉用水，則每公升燃料需要 600 公升以上的水。在乾旱地區，沒有足夠的水供糧食及能源使用。

從有機油品提煉的生質柴油,可用於一般引擎,由於不需醱酵,也比乙醇便宜。火雞內臟、牛糞、甘蔗渣等有機物皆可製成生質柴油。目前大部分的生質柴油來自大豆及油菜籽(rape seed,北美稱為 canola),但造成糧食競爭;或來自棕櫚油,但會導致熱帶雨林破壞。

纖維素乙醇可為替代能源

目前研究已轉向尋求其他的燃料來源。許多新技術可以從纖維素中萃取糖,在機械性碎裂之後,繼續以細菌或真菌將纖維素轉變成溶解性糖(圖 13.19)。北美目前尚未有商轉中的纖維素乙醇工廠,但美國能源部針對不同的纖維進行研究,包括稻稈、麥稈、高粱(milo)殘莖、乾燥的高莖草柳枝稷(switchgrass,學名是 *Panicum virgatum*)、杏仁殼、玉米(不可食用的部分)、碎木片等。

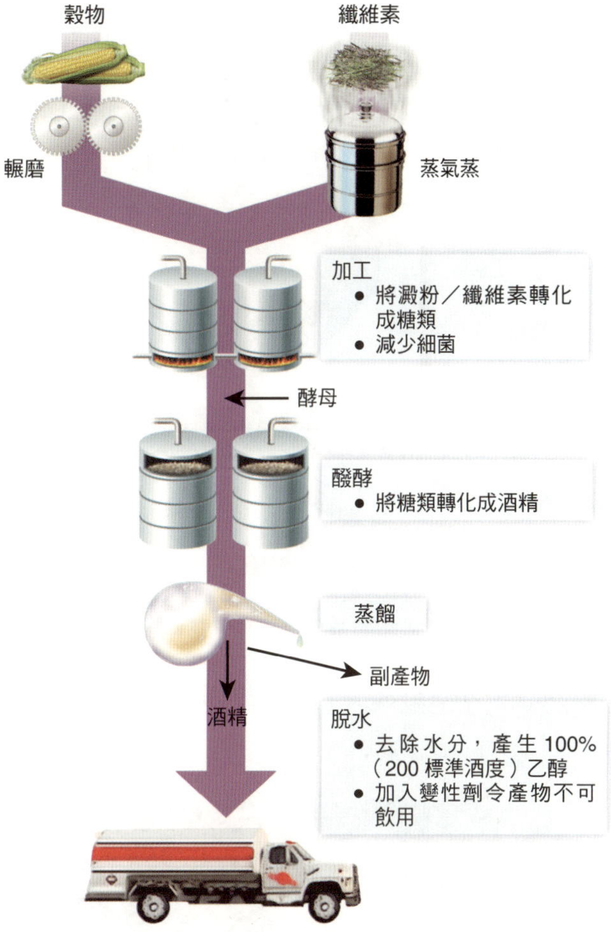

甲烷效率高且清淨

任何有機物,包括廢水和糞便,皆可產生甲烷。由有機物質厭氧分解(厭氧菌消化)所產生的甲烷,是天然氣的主要成分(圖 13.20)。甲烷的分子式是 CH_4,燃燒後變成 CO_2 和 H_2O,是清淨能源。都市污水處理廠常使用厭氧消化做為處理程序,許多設備收集甲烷並用以產生熱能或電力以供污水廠操作。中國有 600 萬戶家庭使用**生質氣體(biogas)**烹煮及照明,南陽市也建造 2 座大消化槽,提供 2 萬戶家庭燃料。

藻類可能是未來的希望

雖然尚在研究,但藻類是高效率的油品或生質柴油來源。某些藻種可在高溫、含鹽的環境下生長,產生大量的脂質(油),可轉化成生質柴油。即使在無法耕作土地上的污水塘中,藻類亦可利用循環水生長。某些作物每公頃可產生 13,000 公

圖 **13.19** 酒精(乙醇)可從各種來源生產。將玉米(玉蜀黍)和其他澱粉顆粒碾磨(研磨),然後加工將澱粉轉化為糖,再藉由酵母醱酵成酒精。蒸餾去除污染物並純化乙醇。纖維素作物,例如木材或草,也可轉化為糖,但過程較困難。蒸氣破裂、鹼性水解、酵素調理以及酸化處理都是分解木質材料的方法。一旦糖被釋出,後續的加工過程都很類似。

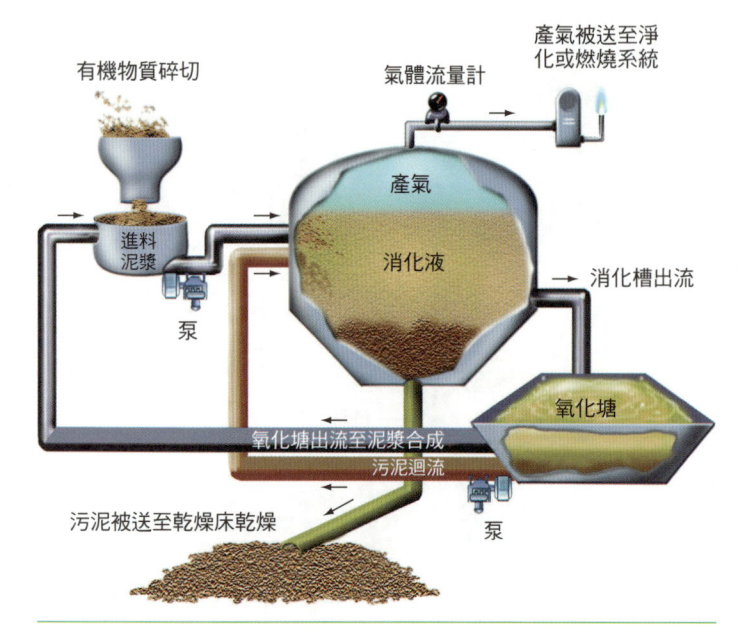

圖 13.20　連續式厭氧醱酵系統可將有機物轉化成甲烷。1公斤的乾燥有機物可產生1至1.5立方公尺的甲烷，也就是每公噸乾燥有機物可產生25億至36億卡路里之能量。

圖 13.21　在許多地方，地熱能可使加熱及冷卻的成本減半。在夏季（如圖所示），抽送溫水經過埋設的管線（土壤迴路），可被穩定的地下溫度冷卻。在冬季，此系統逆轉，相對溫暖的土壤有助於加熱房屋。如果空間有限，可採用垂直土壤迴路。如果空間較多，管線可鋪設於水平土溝。

升的乙醇，但在高科技溫室內以光學反應器培養的藻類卻可產生30倍的乙醇，因為單細胞的藻類是植物生長速度的30倍。

地熱供應電力及熱能

地球內部的溫度可提供能源，地熱能（geothermal energy）以存在地表底下的高壓高溫蒸汽田、溫泉、間歇噴泉及火山噴孔的形式展現。黃石公園是美國最大的地熱區；冰島、日本及紐西蘭也有高度集中的地熱泉。依據形狀、熱量及離地下水的遠近，這些熱源產生不同的溼蒸汽、乾蒸汽或熱水。在沒有地熱的地方，地球內部的溫度也有助於減少擷取能量所需的成本。透過深埋的水管抽水，能夠提供足夠的熱量使熱泵能更有效率地操作。同樣地，夏季較均勻的地下溫度能用來調節空氣溫度（圖 13.21）。

13.7　能源貯存及傳輸

燃料電池（fuel cell）是利用持續性電化學反應產生電流的裝置，與蓄電池很類似，但並不是用電流重新充電，而是加入燃料使之發生化學反應產生電流。燃料電池包括陽極（負極）及陰極（正極），之間由電解質間隔。電解質可以允許帶電荷的離子通過，但無法讓電子通過（圖13.22）。氫或含有氫氣的燃料通到陰極，而氧氣通到正極。陽極是反應觸媒，例如鉑，從每個氫原子解離出1個電子，以產生帶正電荷的氫離子（1個質子）。氫離子通過電解質到正極，但電子流經外

① 氫氣進入電極。

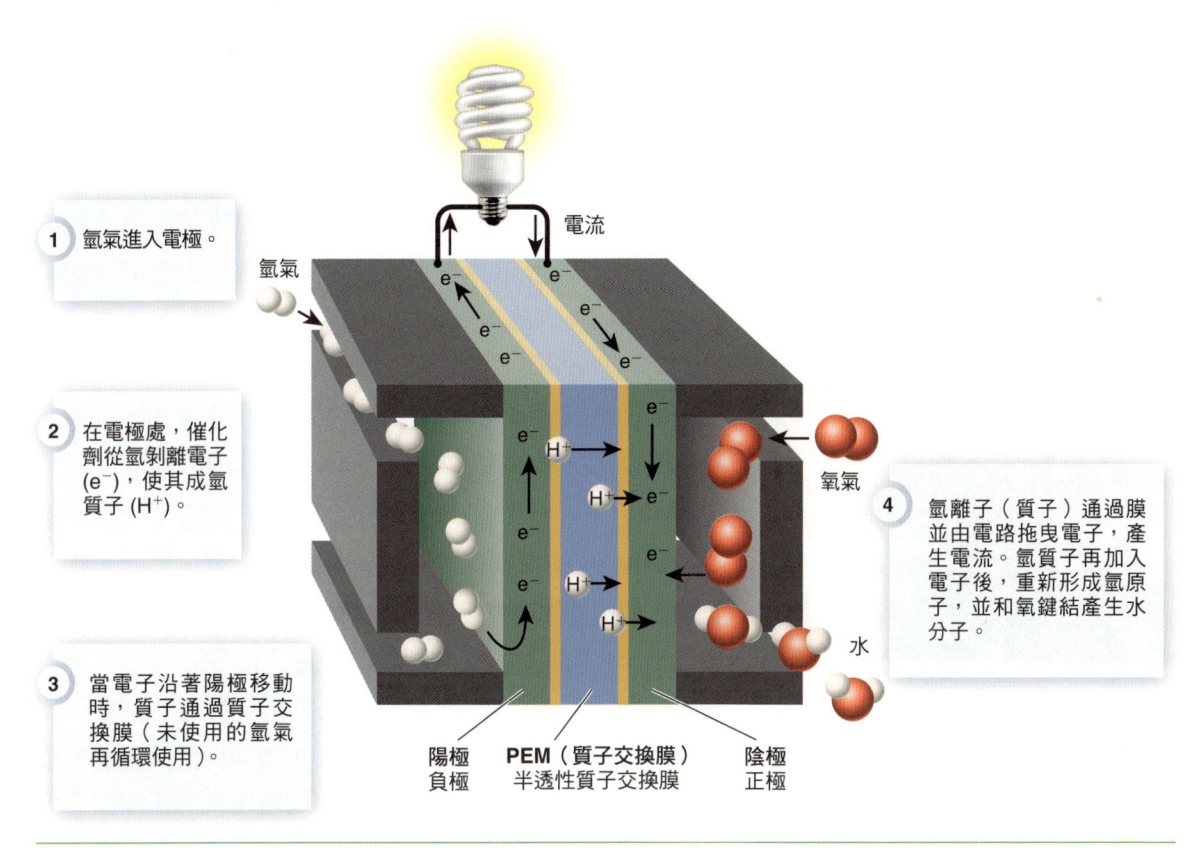

② 在電極處，催化劑從氫剝離電子(e^-)，使其成氫質子(H^+)。

③ 當電子沿著陽極移動時，質子通過質子交換膜（未使用的氫氣再循環使用）。

氫氣

陽極
負極

PEM（質子交換膜）
半透性質子交換膜

陰極
正極

氧氣

水

④ 氫離子（質子）通過膜並由電路拖曳電子，產生電流。氫質子再加入電子後，重新形成氫原子，並和氧鍵結產生水分子。

電流

圖 13.22　燃料電池的運作。在陽極移除氫原子的電子，所產生的氫離子（質子）可通過半透性電析介質，遷移到陰極，並與來自外部電路的電子重新結合，與氧原子化合成水。電子流經連接電極的電路，產生電流。

部迴路，即產生電流。在正極，電子及氫離子重新結合並與氧結合成水。當燃料電池接受氫及氧時，就可產生直流電。一般而言，氧氣可由空氣提供，氫氣則由純化後的氣體提供，由於氫氣具爆炸危險，因此儲存氫氣困難且危險。液態氫所需的儲存空間比氣態氫氣小得多，但是必須保持在 −250℃ 以下，對移動性應用而言不容易。另一種技術是利用**重組器（reformer）**或轉換器從燃料中產生氫氣，這種燃料可以是天然氣、甲醇、氨、汽油、乙醇，或甚至是植物油。這些燃料能夠使用永續性生質能，垃圾掩埋場及廢水處理廠產生的甲烷也可當做燃料使用。如果藉由日光、風或地熱等設備能電解水提供氫氣，燃料電池便能長久地裝配此氣體管線。

以純氧及氫為燃料的燃料電池除了產生可飲用的水及輻射熱外，並不會產生廢棄物。當重組器與燃料電池並用時，會釋放一些污染物（最普遍的是二氧化碳），但比在發電廠或汽車引擎燃燒化石燃料所釋出的污染物少得多。雖然燃料電池的理論發電效率高達 70%，但是實際效率只有 40% 至 45%。但因為清淨、安靜且尺寸具彈性，故可在特定地點使用（圖 13.23）。

第 13 章　能　源　　331

圖 13.23　長島電力當局設置 75 座固定式燃料電池提供備用電力。

公用事業正在推廣再生能源

為因應能源短缺，各國莫不積極推動替代能源。以美國為例，政策包括：(1) 向所有公用事業客戶課徵「分配性附加費用」（distributional surcharge），做為再生能源的研發費用；(2) 設置標準要求能源供應者至少有部分能源是來自永續性來源；(3) **綠色價格（green pricing）** 可確保再生能源有較高的價格。某些州已實施這些方案，例如，愛荷華州從投資者擁有的汽油及電力公用事業中，抽取額外費用以支持循環貸款基金（Revolving Loan Fund）。

2008 年 6 月 5 日，我國行政院院會通過《永續能源政策綱領》。規劃將由能源供應面的「淨源」與能源需求面的「節流」著手推動。該政策目標為「能源、環保與經濟三贏」，亦即永續能源發展應兼顧「能源安全」、「經濟發展」與「環境保護」，以滿足未來世代發展的需要。臺灣自然資源不足，環境承載有限，永續能源政策應將有限資源作有「效率」的使用，開發對環境友善的「潔淨」能源，與確保持續「穩定」的能源供應，以創造跨世代能源、環保與經濟三贏願景。數量化目標如下：

1. 提高能源效率
   未來 8 年每年提高能源效率 2% 以上，使能源密集度於 2015 年較 2005 年下降 20% 以上；並藉由技術突破及配套措施，2025 年下降 50% 以上。
2. 發展潔淨能源
   (1) 全國二氧化碳排放減量，於 2016 年至 2020 年間回到 2008 年排放量，於 2025 年回到 2000 年排放量。
   (2) 發電系統中低碳能源占比由 40% 增加至 2025 年的 55% 以上。
3. 確保能源供應穩定
   建立滿足未來 4 年經濟成長 6% 及 2015 年每人年均所得達 3 萬美元經濟發展目標的能源安全供應系統。

13.8　能源的未來是什麼？

2008 年，美國前副總統高爾表示：「我們正在向中國貸款從波斯灣買進石油，然後以摧毀地球的方式燒掉它。」高爾同時督促美國政府 10 年內將電力轉為 100% 無碳電力。

史丹佛大學及加州大學戴維斯分校的專家估計，此目標確實可行。其進一步估算目前的風力、水力及太陽能技術，可在 2030 年前供應全球 100% 的能量，但必須設置 380 萬座大型風力渦輪機（每一座額定 5 MW），17 億座屋頂式光電系統，72 萬座海浪轉化機、50 萬座潮汐渦輪機，89,000 座集中式太陽能電廠和工業規模的光電陣列，5,350 座地熱廠，以及 900 座水力電廠。雖然投資甚鉅，但每年投資 7,000 億美元於再生能源發展，可以避免因氣候變遷所造成的 20 倍損失。

　　但是，再生能源如風力等並非終日可得，因此，必須投資鉅額於電力傳輸網，將電力供應達成智慧型平衡。亦即將富於太陽能或富於水力、風力的地區互相連結，以智慧型網路（smart grid）供電。

問題回顧

1. 日照市（Rizhao）在哪裡，以及該城市如何提供所需的能源？請上網搜尋日照市的照片並討論。
2. 什麼是能量？什麼是功率？
3. 世界主要的商業能源來源是什麼？
4. 請至經濟部能源局搜尋臺灣「能源供給與消費流程圖」，並說明臺灣能源供給與消費的情形。
5. 為什麼不使用地底下全部的煤？
6. 哪裡的液態石油比較多？可持續供應多久？
7. 什麼是焦油砂（tar sand）和油頁岩（oil shale）？其環境成本為何？
8. 敘述核廢料處置及儲存方法。
9. 主動式太陽能和被動式太陽能的差別為何？
10. 光電池如何運作？

批判性思考

1. 臺灣近年有一句流行語：「什麼都漲，只有薪水不漲」，尤其能源價格更是逐步調高，談談你所感受的壓力。你如何因應？
2. 節約能源是減少能源使用、保護環境最直接的方法。你平常如何節約能源？
3. 全球許多國家的人民對核能充滿疑慮，甚至堅決反對；但也有國家以核能做為主要能源。你認為此政策是利是弊？你贊成核電或是反對核電？
4. 臺灣目前正在推廣於校園或機關屋頂裝設太陽能光電板，請分成 2 組辯論利弊。
5. 如果你的社區內將建造新的發電廠，你比較喜歡哪一種？為什麼？

14 固體與有害廢棄物
Solid and Hazardous Waste

2015 年臺灣垃圾處理焚化 3,142,717 公噸，但源頭減量和資源回收才是廢棄物處理最佳方式。圖為臺中市烏日區焚化廠和臺灣高鐵的高架軌道。
（白子易攝）

我們活在一個商品與服務的價格未包含廢棄物和污染成本的錯誤經濟體系中。

—— Lynn Landes

學習目標

在讀完本章後，你可以：

- 說明廢棄物流的主要組成，以及廢棄物處理與處置的方式。
- 了解衛生掩埋場的運作及其替代方式。
- 說明海洋傾棄的問題。
- 分析資源回收的效益。
- 定義廢棄物減量的 3R。
- 力行廢棄物減量的步驟。
- 解釋生質廢棄物如何轉變為天然氣。
- 定義有害與毒性廢棄物，並描述處置方法。
- 評估生物整治是否為有效的有害廢棄物管理方案。

案例研究

臺灣的資源回收

為有效推行垃圾減量並建立合理的資源回收管道與市場制度，1998年7月起環境保護署成立資源回收管理基金管理委員會，結合地方政府（清潔隊）、社區民眾、回收商及回收基金，積極推動「資源回收四合一計畫」，共同進行資源回收工作。在四合一計畫中，先對公告回收物品收取回收基金，鼓勵全民參與並強化回收點設置，當社區民眾及清潔隊回收物品後，變賣給回收處理廠商；回收處理廠商再向環保署資源回收基金管理委員會要求進行補貼認證，由販賣回收物品的業者當初所繳納的回收基金支應，確保回收體系的完整循環。為進一步提升資源回收率，環保署自2005年起逐步推動「垃圾強制分類」計畫，第一階段有10個縣市全面實施、49個鄉鎮市示範實施；2006年起全國各縣市全面實施。

資料顯示，1990年至1997年執行機關垃圾清運量逐年上升，1998年以後則呈下降趨勢；至於平均每人每日垃圾清運量，1990年為0.963公斤，但逐年增加至1997年的1.143公斤，1998年開始實施資源回收後則逐年下降，2015年減為0.378公斤。

依據規定，對應回收的一般廢棄物，執行機關必須分類回收、再利用，不可以和一般廢棄物合併清除、處理。至2015年底，應回收項目共13類，包括金屬容器、玻璃容器、鋁箔包、農藥容器及特殊環境用藥容器、紙容器、塑膠容器、電池、輪胎、機動車輛、潤滑油、照明光源、電子電器物品、資訊物品。

另外，依《廢棄物清理法》第15條，製造、輸入業者必須負責廢物品及容器的回收、清除、處理責任，並繳交回收清除處理費用做為資源回收管理基金。廚餘占家庭垃圾量約20%至30%，因此環保署自2001年起推動「廚餘清運與回收再利用計畫」。臺灣資源回收計畫有效地降低掩埋場與焚化爐的處理壓力，原本持續建造高成本焚化爐的計畫，也宣告暫停；不但節省政府財務支出，更創造利潤。

14.1 廢棄物

都市固體廢棄物（municipal solid waste）通稱垃圾，依據我國《廢棄物清理法》定義，廢棄物分為一般廢棄物與事業廢棄物。一般廢棄物是由家戶或其他非事業所產生之垃圾、糞尿、動物屍體等，足以污染環境衛生的固體或液體廢棄物。事業廢棄物分為兩種：(1) 有害事業廢棄物：由事業所產生具有毒性、危險性，其濃度或數量足以影響人體健康或污染環境的廢棄物；(2) 一般事業廢棄物：由事業所

產生有害事業廢棄物以外的廢棄物。根據行政院環境保護署的統計，2015 年臺灣的垃圾產生量為 7,228,953 公噸，其中垃圾清運量為 3,236,051 公噸，資源回收量為 3,319,617 噸，廚餘回收量為 609,706 公噸，巨大垃圾回收量為 63,578 公噸。工商產業所產出的事業廢棄物申報年產量為 19,160,692 公噸。2015 年全臺灣的垃圾清運量為 3,236,051 公噸，平均每人每日垃圾清運量為 0.378 公斤，大約是美國每人每日垃圾量的 1/3，也較歐洲或日本低（圖 14.1）。

廢棄物流是我們所丟棄的任何東西

廢棄物包含紙、廚餘、塑膠，以及各種消費性商品。其中，廚餘為最大宗的廢棄物，紙類次之，例如報紙、雜誌、廣告與辦公室廢紙（圖 14.2）。

生活中所產生的各種廢棄物，例如家庭、工業、商業與建築垃圾，由產生到最終處置的物質流動現象，稱為**廢棄物流（waste stream）**。許多廢棄物流內的物質，若未與其他垃圾混合，有可能成為有利用價值的資源。不幸的是，廢棄物收集與棄置程序常將所有的廢棄物破碎並相互混合，導致必須花費高昂費用以分離資源物質，甚至無法將其分離，造成許多可回收再利用的有價物質，最後因掩埋或焚化而損失。

混合廢棄物所造成的另一個問題是，有害廢棄物可能因此擴散到其他數量龐大卻無害的廢棄物中，導致處理廢棄物變得更加困難、成本更高且更具風險。另外，噴漆罐、殺蟲劑、電池（鋅、鉛或汞）、清潔溶劑、煙霧偵測器、放射性物質與塑膠等物質，與一般無毒性的家庭廢棄物（例如紙類、家具破片等）相混合，在焚化爐燃燒時可能會產生戴奧辛與多氯聯苯（PCB）等毒性物質。因此，可能會產生毒性與有害物質的一般家庭廢棄物，最好分開個別處理或回收。

14.2 廢棄物處置方法

廢棄物處置方法應力求以最少、但最必要的原則來進行處置程序，但現代化廢棄物管理中，減量（reduce）、再利用（reuse）、回收（recycle）等「3R」卻優先於廢棄物的適當處理及最終安全貯存。

露天傾棄釋出有害物質至空氣和水

早期處置廢棄物的方式是直接丟棄至空地，這類方式仍為許多開發中國家最常用的處理方法。在開發中國家超過千萬人口的巨型城市裡，皆有垃圾處理的問題。全世界最大都市之一的墨西哥市，每天產生 1 萬公噸垃圾，任意堆棄；菲律賓的馬尼拉市有 10 個以上的大型露天垃圾棄置場，其中最著名的「煙山」（Smoky Mountain），因長期悶燒冒煙而得名。縱使如此，仍有上千人居住在這 30 公尺高的

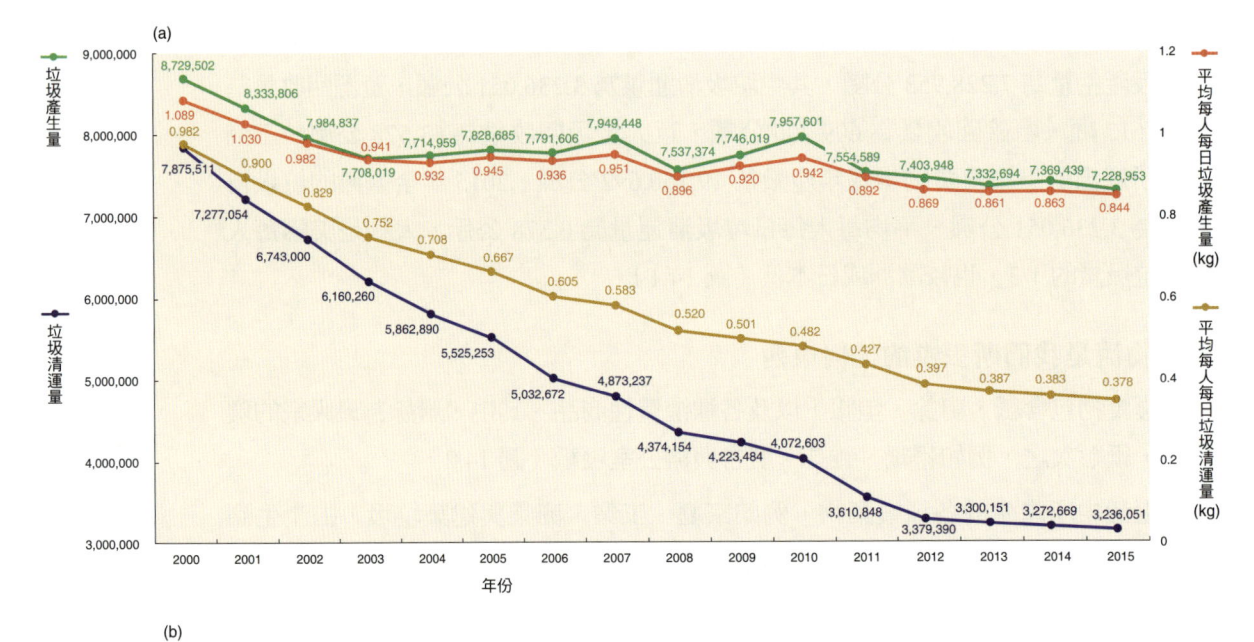

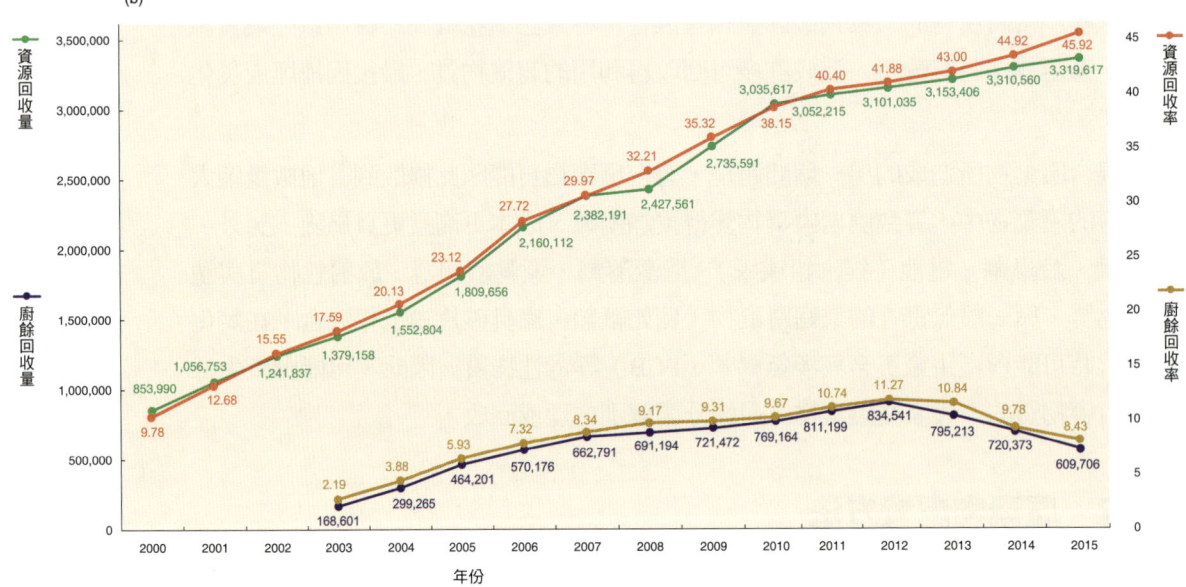

圖 14.1 (a) 臺灣地區垃圾產生量；(b) 臺灣地區資源回收量。

資料來源：行政院環境保護署統計年報 2016 年版。

資料說明：
1. 2000 年起之統計期間係指當年 1 至 12 月。
2. 2004 年起，納入金門、連江縣資料。
3. 平均每人每日垃圾產生量＝垃圾產生量/(當年日數 × 指定清除地區期中戶籍人口數)。
4. 平均每人每日垃圾清運量＝垃圾清運量/(當年日數 × 指定清除地區期中戶籍人口數)。
5. 資源回收率＝執行機關資源回收量/垃圾產生量 ×100。

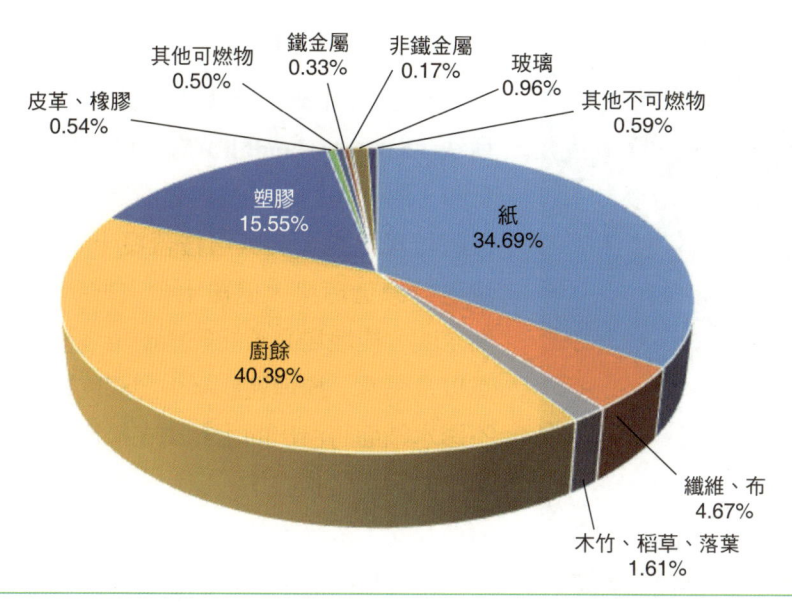

圖 14.2 臺灣地區一般廢棄物組成之重量百分比。其中，紙，纖維、布，木竹、稻草、落葉，廚餘，塑膠，皮革、橡膠和其他可燃物屬可燃分，其餘屬不可燃分。

資料來源：行政院環境保護署統計年報 2016 年版。

垃圾山附近，並以此為生，每天從垃圾堆中撿拾可回收及可食用的東西。

　　大部分已開發國家皆禁止露天傾棄，但非法傾倒廢棄物仍是個問題。少量的油或有機溶劑即可影響大量的飲用與灌溉用水，並造成恐慌，例如，1 公升的汽油可污染 100 萬公升的水使其無法飲用。隨著合法處置場地愈來愈珍貴難尋，處理費用也逐漸提高，非法傾倒的問題日趨嚴重。因此，需要更確實而有效地執行相關法規，並改變任意傾倒廢棄物的觀念與態度。

海洋傾棄幾乎無法控制

　　每年約有 25,000 公噸的包裝材料（包括數百萬個玻璃瓶罐與塑膠容器）被倒入海中，海岸沙灘上可以看到無法分解的漂流物（圖 14.3a）。每年約有 15 萬公噸的釣具與捕魚設備（包括 1,000 公里以上的漁網）被丟棄或遺失於海洋。環保團體估計，在北太平洋地區，每年約有 5 萬隻海豹被廢棄漁網纏住而淹死或活活餓死。

　　塑膠碎塊的問題日益嚴重，1997 年查理・莫爾（Charles Moore）船長發現「**大太平洋垃圾帶**」（**Great Pacific Garbage Patch**）。在全球海洋，環流集結多處數千公里寬的塑膠垃圾，而北太平洋的環流至少捲住 1 億噸的塑膠垃圾。80% 的塑膠來自陸地，20% 則來自船隻傾棄。在魚類的胃中，可發現塑膠碎塊；海鳥也因為誤食塑膠而死亡（圖 14.3b）。

掩埋法處理最多廢棄物

過去 50 年來，歐美大部分的城市以**衛生掩埋法（sanitary landfill）**處置廢棄物。為了改善臭味、髒亂與控制昆蟲與齧齒類的數目，必須每日將垃圾壓實並於表層覆蓋覆土（圖 14.4）。此法可以減低污染，但覆土會占據將近 20% 的掩埋空間。掩埋場必須能夠控制垃圾滲出的有害物質以及雨水，掩埋區底層由塑膠或黏土所組成的不透水鋪面將滲出的水封閉在掩埋區，由不透水層中的污水管網收集。現代化都市掩埋場均設有警衛及安全系統，以維護處理場的安全。

位於低滲漏地基上的新掩埋場場址比高滲透率或石礫地基的場址容易被接受，新的場址大多遠離河川、湖泊、洪水平原與地下水補注區。掩埋場對環境的長期影響受到更多關注，因為復原錯誤的場址所費不貲。過去，掩埋處理被認為是簡便的廢棄物處理方法，但上揚的地價與清運成本，以及掩埋場建造與維護需求增加，使掩埋比以往更昂貴。至 2011 年底，臺灣地區使用中的掩埋場共 106 座。

在許多地區，合適的處理場地愈來愈難取得，民眾對於其是否危害健康、有礙城市景觀更為關心，因此，要居民與社區接受新掩埋場變得十分困難。許多大城市缺乏適當的掩埋土地，紛紛轉而將垃圾輸出到其他鄰近社區。

圖 14.3　(a) 垃圾海洋傾棄是全球性問題。即使在偏遠海島，海灘仍遍布塑膠漂流物或廢棄物。臺灣海灘也常見這種景象，你有沒有責任呢？(b) 年幼海鳥的胃。剖開黑背信天翁（Laysan albatross）的胃，顯示父母意外吞下塑料然後反芻餵養幼鳥。

資料來源：NOAA。

圖 14.4　衛生掩埋場設置塑膠不透水布，防止滲出水污染地下水，每天還須壓實垃圾並覆土。

廢棄物經常輸出至無處理設備的國家

儘管世界上多數工業國同意停止輸出毒性與有害廢棄物到低度開發國家，但輸出案例仍持續發生。例如1999年，來自臺灣某塑膠工廠的3,000公噸焚化廢棄物，於半夜從船上卸載於柬埔寨一個名為貝特川（Bet Trang）的海灣村落。當地居民認為是「天上掉下來的禮物」，紛紛將廢棄物倒出，以取得盛裝廢棄物的白色塑膠容器，用其鋪設屋頂，或將塑膠袋洗淨盛裝白米；有些人則用牙齒撕裂以編成牛車所需的韁繩與鞭子，孩童們則高興地在白色粉末上嬉戲。

不幸的事件在數個星期內陸續發生。最初的徵兆是當初搬運廢棄物的工人中有1人死亡，其他5位工人神經受損並呼吸困難，接著居民身體陸續出現不適，該村落因此被撤離疏散，鄰近都市西哈努克（Sihanoukville）約有1,000多位居民因恐慌而逃離。分析發現，廢棄物中含有高濃度的汞與其他有毒金屬。此次傾倒汞污泥的公司為台灣塑膠工業股份有限公司，並承認以300萬美元賄賂柬埔寨官方，台塑宣稱因國內抗議無法於國內處置廢棄物。「台塑汞污泥事件」最後引起國際爭議，台塑決定將汞污泥運回，但當地的村民再回到原處的安全、生育、健康則難以評估。

廢棄的電子物品，或稱為**電子廢棄物（e-waste）**，是輸入開發中國家毒性物質的最大來源。目前全球約有20億台電視和個人電腦。電視平均5年就被丟棄，個人電腦、遊戲機、手機和其他電子產品可能更快。據估計，全球每年有5,000萬噸的電子廢棄物，但目前只能回收20%的元件，剩下的不是露天傾棄就是掩埋。這股廢棄物流至少包括25億公斤的鉛、汞、鎵、鍺、鎳、鈀、鈹、硒、砷，也包括金、銀、銅、鐵等貴金屬。

直到近年，大量電子廢棄物仍被送往中國。村落的村民，甚至是兒童，將廢棄品拆解為較小的零件，以便回收金屬。但接觸這些零件，對拆解者（尤其對成長中的孩童）可能造成健康上的影響（圖14.5a）。拆解廠址附近的土壤、地下水與地表水中，相關污染物濃度相當高。

目前中國官方已禁止運入電子廢棄物，但非法走私仍持續。由於中國管制趨於嚴格，廢棄物開始轉向印度、剛果等環保法規鬆散地區。未來開發中國家可能生產比已開發國家更多的電子廢棄物，此嚴重問題可能雪上加霜（圖14.5b）。

焚化產生能量但造成污染

焚化處理，或稱為**能源回收（energy recovery）**，是將廢棄物轉為能源（waste to energy）的程序。焚燒垃圾所產生的熱能是很有用的資源，亦可產生蒸汽，可直接供應大樓暖氣或電力。因此，巴西、日本與西歐共有超過1,000座的廢棄物能源

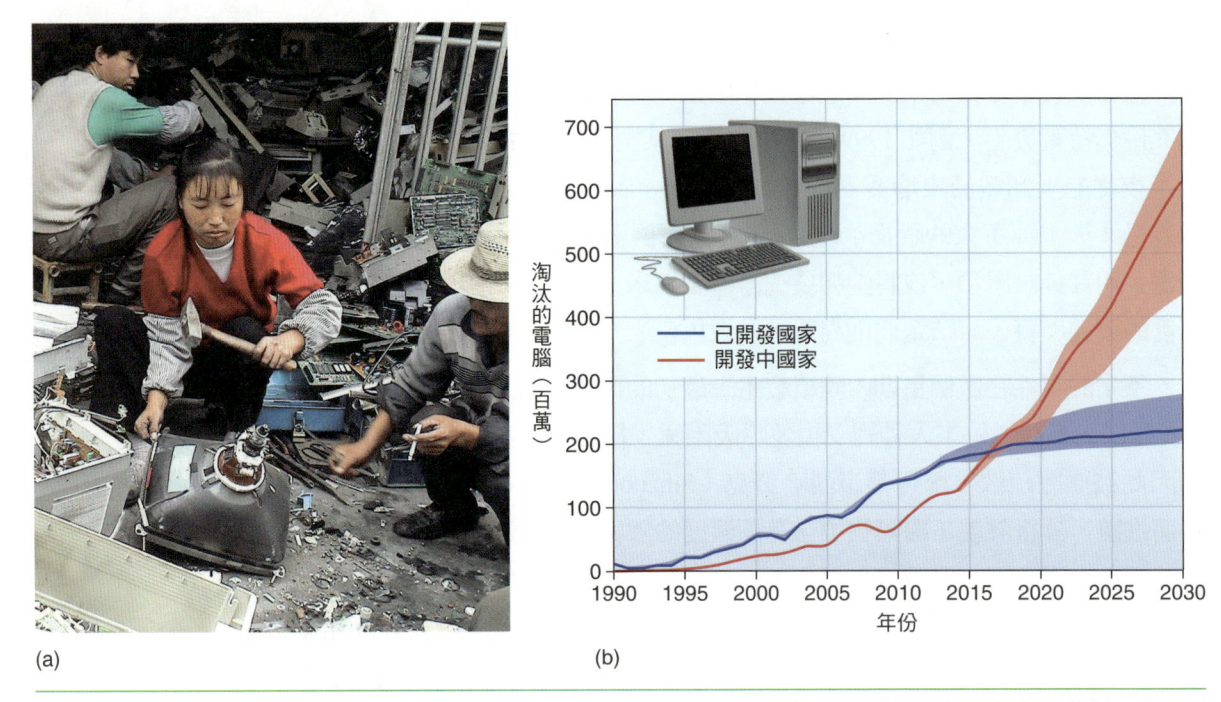

圖 14.5　(a) 一名中國婦女敲碎電子廢棄物，以取出有價的金屬。在未受任何保護下的拆解行為，將對工人和環境造成危害。(b) 預計已開發國家和開發中國家電子廢棄物的趨勢和最大可能範圍皆會增加。約 2015 年以後，大部分的電子廢棄物將由開發中國家產生。

資料來源：Modified from Yu et al., 2010. *Environmental Science and Technology*.

廠，可有效減少掩埋場土地面積，亦可回收能源。至 2015 年底，臺灣的垃圾焚化廠共計 24 座。

有些焚化廠在廢棄物進場後會進行篩選，去除不可燃或可再利用的廢棄物，稱為**廢棄物衍生燃料法（refuse-derived fuel, RDF）**，此方法提高可燃物質比例，比生垃圾含更高的能量。另一種方法為**全燃燒法（mass burn）**，將小的廢棄物推入爐中燃燒，此法免除不可燃物質篩選工作，但易造成空氣污染及焚化爐爐床與爐壁的腐蝕問題（圖 14.6）。

上述方法所產生的飛灰及底灰約占原垃圾容積的 10% 至 20%，然而灰燼常含毒性物質，未適當處理會造成環境危害。諷刺的是，焚化爐已經開始沒有足夠的廢棄物可燒，因為在垃圾分類做得相當成功的社區，垃圾量明顯下降，導致焚化廠需向鄰近社區購買垃圾，以符合當初簽約的營運要求。

焚化爐的初設成本相當高，典型都市焚化爐的建造費用需 1 億至 3 億美元。焚化爐收取的處理費（向傾倒垃圾者所收取的費用）大多遠高於掩埋場，但可做為掩埋場的土地愈來愈少且昂貴，掩埋費用也更為提高，因此負擔焚化的高額處理費用在所難免。

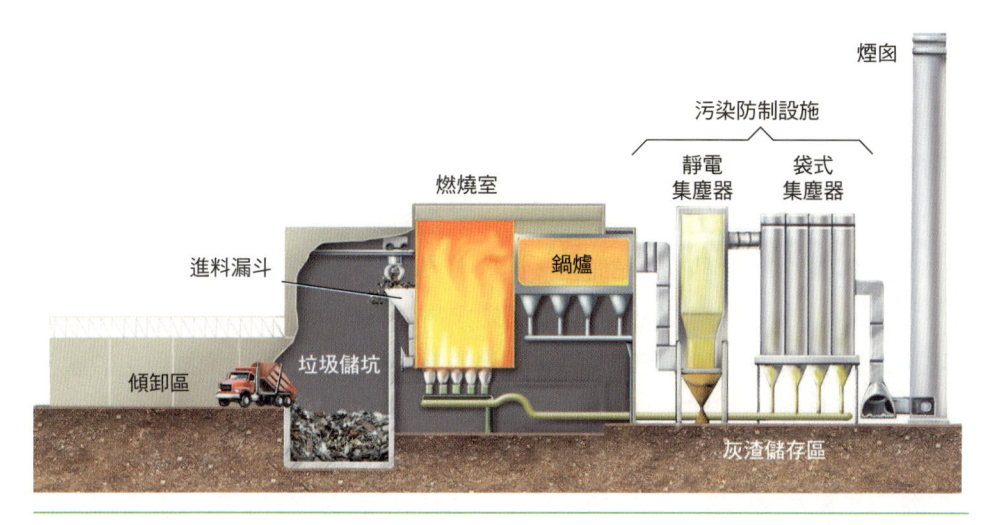

圖 14.6　都市垃圾焚化爐的構造圖，其鍋爐產生的蒸汽可以產生電力提供鄰近地區熱能。

另一個環境安全的重點是，焚化爐所產生的爐灰（飛灰與底灰）含有高達警示濃度的戴奧辛、鉛與鎘等成分。這些毒性物質在飛灰中的濃度比底灰中的濃度還高（飛灰較輕，可漂浮於空氣中，而且可被吸入肺部深處），對人體的健康產生影響。贊成興建焚化爐的人提出辯駁，認為焚化爐只要能維持正常運作，並裝置適當污染防治設備，對一般大眾而言便是安全的。但反對者卻認為對於污染防制，無論官員或污染防治設備皆無法真正地取信於大眾，垃圾減量與資源回收才是處理廢棄物問題較好的辦法。

歐洲國家重度倚賴焚化，因為掩埋場場址難以尋覓（圖 14.7）。研究也顯示雖然在 1990 年代焚化爐是有害物質主要排放源之一，但現在的技術已使得其排放降為金屬工業製程的 1/80，也是家戶火爐的 1/20。在燃燒垃圾前先去除重金屬與含氯塑膠類垃圾，是降低焚化爐排放危險物質的方法之一。愈來愈多的歐洲城市要求排除所有塑膠類垃圾進入焚化爐，以控制戴奧辛排放，並要求家庭將塑膠製品分離，希望去除戴奧辛及其他燃燒副產物，以免除安裝昂貴的污染防制設施。

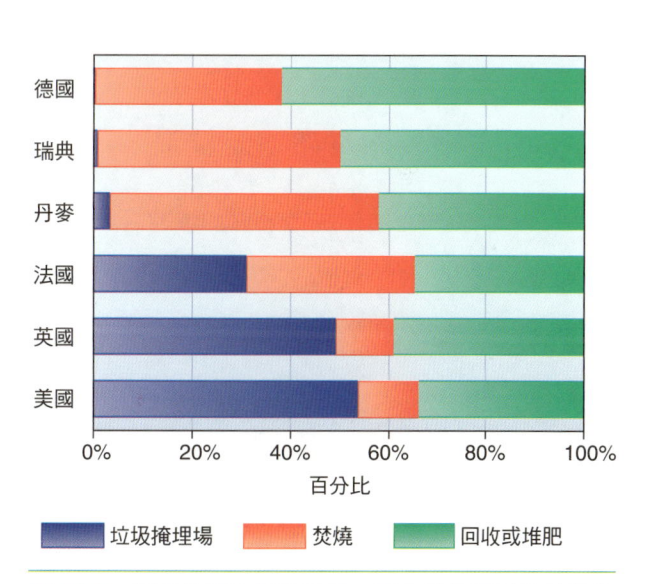

圖 14.7　各國依賴垃圾掩埋場、回收與堆肥以及焚燒等處理方式的差異很大。

數據來源：Eurostat, U.S. EPA, 2014.

14.3　廢棄物流減量

每種廢棄物處理方法都有其缺點與須克服的障礙，減少廢棄物顯然比找尋處理方法好得多。廢棄物回收、再利用與減量是值得探討的議題。

回收通常具有兩個意義。例如，再利用某些物品、重複使用飲料瓶等行為稱為回收；以固體廢棄物管理的觀點而言，**回收（recycling）** 是指將丟棄物品再處理成全新、有用產品的程序。某些回收程序將廢棄物品再利用於原來的用途，例如舊鋁罐與玻璃瓶常被熔化再鑄成新的成品。其他的回收程序則是將廢棄物再生製成不同的產品，例如將廢輪胎切碎製成道路的橡膠鋪面；將報紙轉變為纖維；廚餘成為有價值的土壤改良劑；鐵罐則可再生成為製造新車與營建工程的材料。目前世界各國皆大力推動資源回收，世界各主要國家的資源回收率如表 14.1。

回收率仍存在數個重要的挑戰。雖然廢鋁的回收價值高，但美國人每年還是丟棄將近 35 萬公噸的鋁製飲料容器，足以建造 3,800 架波音 747 客機。塑膠回收商雖已發展新的再生方法與再製產品，但低價的石化塑膠製品，其成本常低於廢棄塑膠製品運輸與儲存的成本，導致全美塑膠廢棄物的回收率僅不到 7%。另外，不穩定的廢棄物交易價格，使得發展廢棄物回收的交易市場相當困難。

不同類的塑膠混雜是塑膠類製品回收的最大障礙。美國軟性飲料塑膠瓶，大部分都是 PET（聚乙烯）製成。PET 可以再生製成地毯、塑膠束帶及非食物類產品的包裝材料，但是 1 卡車的 PET 空瓶中若有 1 個乙烯類製品存在，例如 1 個未被分離 PVC（聚氯乙烯）的空瓶，便會導致整車的 PET 無法回收再利用。儘管大部分的塑膠瓶製品都會標示回收分類編號，但是使用者常記不清楚這些類別，常常用過就丟，導致塑膠飲料瓶回收成本過高。丹麥與芬蘭已經將塑膠飲料瓶排除在法定應回收物品之外。

回收可節省經費、能源與空間

比起棄置、掩埋或焚化而言，回收往往是較佳的替代方案，可節省金錢、能源、原物料與土地使用面

表 14.1　世界主要國家資源回收率

國別	資源回收率
加拿大	17.8
美　國	26.0
日　本	20.4
南　韓	58.7
澳　洲	41.0
奧地利	26.3
比利時	33.7
丹　麥	27.0
芬　蘭	18.0
法　國	22.1
德　國	46.6
希　臘	15.6
愛爾蘭	34.0
義大利	28.0
荷　蘭	23.8
挪　威	26.1
葡萄牙	16.2
西班牙	15.5
瑞　典	33.4
瑞　士	32.6
英　國	27.3
中華民國	52.5

資料來源：行政院環境保護署統計年報 2016 年版。

積，還可減少污染。回收也激起個人對生產垃圾量的自覺與責任。垃圾資源回收的成本比掩埋低，因此許多回收計畫不僅可以負擔回收本身的成本支出，還可使社區獲利。

資源回收計畫有效地降低掩埋場與焚化爐的處理壓力。以臺灣為例，回收量增加後，足以取代先前所規劃高成本之焚化爐的建造；美國紐約市在十多年前關閉唯一一座大型掩埋場的情況下，每天仍產生 27,000 公噸的垃圾，因此希望藉由回收辦公用紙、家庭與一般商業廢棄物達成垃圾減量 50% 的目標。但 2002 年當時的紐約市長彭博（Michael Bloomberg）卻認為回收成本太高，中斷大部分的資源回收計畫。不過，紐約市很快就發現處置廢棄物的成本比回收還高，因此又回復大部分的計畫。日本的資源回收計畫相當成功，半數的家庭與商業廢棄物被回收，剩餘的廢棄物一半被焚化，另一半掩埋。

資源回收也可以減少原物料的需求。在美國，每天約 200 萬棵樹被砍伐以製成報紙等紙類製品，但是如果回收一期的《紐約時報》週日版，大約可拯救 7.5 萬棵樹。塑膠製品會減少國內的石油存量，並增加對外國原油的依賴。回收 1 公噸的鋁製品可節省約 4 公噸鋁礦的開採、700 公斤的焦煤與松脂耗用，還可避免 35 公斤的氟化鋁逸散於空氣。

資源回收同時也能降低能源的消耗與空氣污染。回收塑膠瓶可節省 50% 至 60% 製作新瓶的能源消耗；而由回收的廢鋼鐵煉製新鋼材，可節省 75% 的能源；回收廢棄鋁製品做為原料來煉製鋁，更可省下約 95% 的能源；但美國每年仍丟棄 100 萬公噸以上的廢鋁製品。若全世界廢鋁製品的回收率提升 1 倍，每年將可減少 100 萬公噸排入空氣的污染物。

回收的另一個好處是減少髒亂，街道路邊、湖泊、河川與海洋隨時都可見被丟棄的紙類、玻璃、金屬、發泡塑膠與塑膠包裝材料。髒亂是成本很高的市容整潔問題，回收可減少部分垃圾髒亂的問題。

堆肥可回收有機廢棄物

堆肥（composting，透過生物分解或於有氧環境下破壞有機物質）可將廚餘、園藝廢棄物、農業廢棄物等有機物轉變為有用的產品。有機堆肥可產生富含營養物質的土壤改良劑，有助於土壤涵養水分、減緩腐蝕並增進作物成長。家庭堆肥是一種容易、便宜、有趣且環保的有機廢棄物處理方法，只需將欲丟棄的蔬菜水果、割除的雜草、落葉木片與其他不要的有機廢棄物堆起來，將其淋溼，並每週翻動 1 次；或是使用市售的廚餘桶（圖 14.8）。數個月後自然產生或植種的微生物就會將有機物質分解成為富含營養、無異味的土壤改良劑。某些國家與城市已經成功發

圖 14.8　臺灣家庭常見的廚餘堆肥桶（白子易攝）。

圖 14.9　再利用是一種具創造力與效益的廢棄物減量方法。圖為位於加州柏克萊的回收中心，此中心提供二手建材給想省錢的社區民眾。

展完善的堆肥系統，居民只需花少許費用就能將廚餘等廢棄物傾倒於系統中，並且得到富含營養又便宜的肥料。

開發中國家的廢棄物多為食物、紡織品、蔬果等生物可分解的物質。全世界的都市廢棄物中最少有 1/5 是有機廚餘與園藝廢棄物。這些有機物質在掩埋場被微生物分解，並產生數十億立方公尺的甲烷氣體，許多掩埋場鑽鑿集氣井以收集這種有價的甲烷並加以應用。

有機廢棄物亦可在大型的無氧消化槽中進行分解，在比掩埋場控制良善的條件下產生甲烷氣體，而且空氣污染也比直接焚化輕微。

厭氧消化也能以小規模的方式進行。在中國與印度，數百萬的家庭式甲烷生成設施提供家庭所需烹飪與照明的燃料。美國有些農夫透過動物糞便所製造的甲烷提供農場所需的能源，例如加熱及卡車與拖車運轉所需的燃料。

再利用比回收更有效

不改變物質型態而清潔並再利用，可節省物質再製的成本與能源。例如，舊汽車所拆解下的零件經常被當成二手零件賣出再利用；從舊房子拆解的彩色玻璃窗、黃銅窗邊條、狀況良好的木製品與廢磚瓦也能賣出好價錢（圖 14.9）；目前臺灣有些環保局會重新整修所清運的廢家具與廢家電，並再加以使用（表 14.2）。在許多城市，飲料製造商通常會回收玻璃與塑膠瓶並清洗再裝填，這種可重複使用的瓶子效益最大，玻璃容器在磨損太嚴重而回收前，平均可重複使用 15 次。

自從使用便宜、輕盈且用後即丟的容器後，

許多地區性的小型啤酒、罐頭與瓶裝飲料製造商因為無法與國際級大型企業競爭而逐漸被迫退出市場，因為這些國際級大公司可以負擔將食品與啤酒運送到遠方的成本。這些遠送的盛裝容器基本上已不符合回收至產地再使用的成本，因此這些國際級大公司傾向於進行回收而非再次裝填，而且這些公司喜歡由數量較少但規模較大的工廠進行生產，同時也不想負擔收集廢容器與再利用的責任。經由生命週期評估分析顯示，在某些情況下，清洗並消毒容器後再裝填所消耗的能源可能和製造新的容器相同，也產生等量的空氣與水污染。

表 14.2 臺灣縣市環保局成立的著名家具再生中心

名稱	縣市
臺中市寶之林家具回收再生中心	臺中市
臺南市府城藏金閣資源再生館	臺南市
內湖再生家具展示拍賣場 萬華再生家具展示拍賣場	臺北市
高雄市政府環境保護局二手傢俱	高雄市
桃仔園修惜站等 9 處修惜站	桃園市
草屯鎮公所再生家具修繕廠 埔里鎮公所再生家具修繕廠	南投縣

在較不富裕的國家重複使用已經是習慣與傳統，因為大部分產品的價格比生活所得昂貴，但回收、清潔與修復產品的人工成本卻非常便宜。在開羅、馬尼拉、墨西哥等城市有大量的貧民靠清潔與回收廢棄物為生，甚至整個族群可能都從事類似的工作。

廢棄物減量通常是最便宜的方案

廢棄物管理大部分都著重在回收上，但是減緩可丟棄產品的製造顯然是節省能源、資源和金錢最有效的方法。在「3R」中，最重要的是減量。產業界逐漸發現減量可以省錢。飲料製造商每個易開罐使用的鋁都比 20 年前更少，塑膠瓶也使用較少的塑膠。過去 30 年來，3M 公司藉由減少原物料、再利用廢棄物及增加效率，因而省下 5 億美元。

過度的食品與商品包裝產生許多廢棄物。以家庭廢棄物而言，紙類、塑膠類、玻璃與金屬包裝材料大約占廢棄物容積的 50%，而大多數的包裝主要是為了市場行銷，僅少部分是為了保護商品。因此，如果顧客要求產品不需過度包裝，製造商與經銷商應該會減少不必要的包裝。加拿大的國家包裝協定（National Packaging Protocol, NPP）建議產品的生產應減少包裝以降低對原生性資源的耗損，並減少毒性物質的產生。此協定建議的層級式原則為：(1) 不要包裝；(2) 最少的包裝；(3) 可重複使用的包裝；(4) 可回收的包裝。

2008 年，中國禁用超薄（小於 0.025 mm）的塑膠袋，並宣導以可重複使用的布製袋購物，此舉每天可減少 30 億個塑膠袋。臺灣、日本、愛爾蘭、南非也以課稅或禁止的方式減少塑膠袋的使用。

關鍵概念

垃圾：債務或資源？

都市固體廢棄物是全部丟棄物的混合。 依據守恆原理（第 2 章），物質永遠不會被毀滅或創造，只是從一種形態轉化為另一種形態。廢棄物中的鋁、鉛、碳或氮不會消失，可在垃圾掩埋場中數百年，也可能焚燒後排放至大氣，也可能被回收成為有用的物質。問題是如何才能最有效地利用資源和環境？

雖然新式的分類和回收系統可分選混合的廢棄物，但提煉和再利用城市廢棄物流內的物質仍很困難，因為通常混雜在一起。廢棄物可以是負債，也可以是資源，完全取決於我們產生多少、有多少進垃圾掩埋場和焚化廠，以及回收多少。

KC 14.1

美國所產生的廢棄物主要類型有哪些，回收多少？

我們目前所產生的廢棄物比祖父母時代還要多。

1960 年以來美國環保署（EPA）持續追蹤都市固體廢棄物的產量。過去 50 年來，紙張和塑膠製品廢棄量增加最為顯著。塑膠（因為廢棄物混合在一起會污染塑膠，且新塑膠反而比較便宜）和食品（因為比較難以儲存且運送至核心回收設施）的回收率最差。金屬、玻璃和庭院堆肥的回收率比較高。

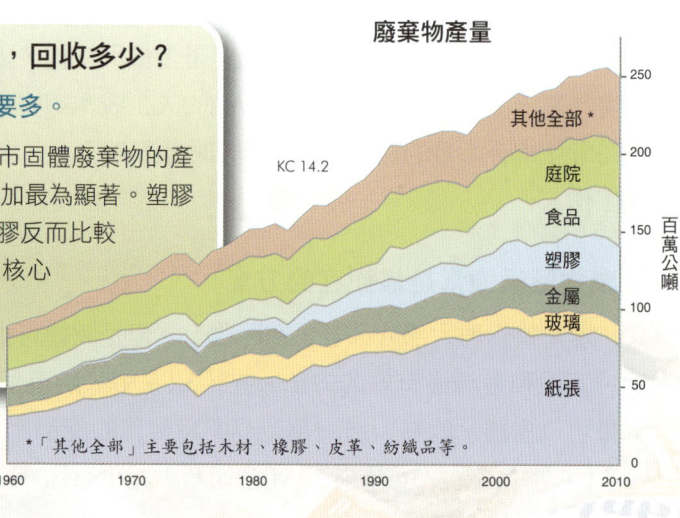

廢棄物產量

KC 14.2

其他全部 *
庭院
食品
塑膠
金屬
玻璃
紙張

百萬公噸

*「其他全部」主要包括木材、橡膠、皮革、紡織品等。

都去哪裡了？

由於可用的掩埋場變少，城市廢棄物大多被回收和焚化。

處置方法

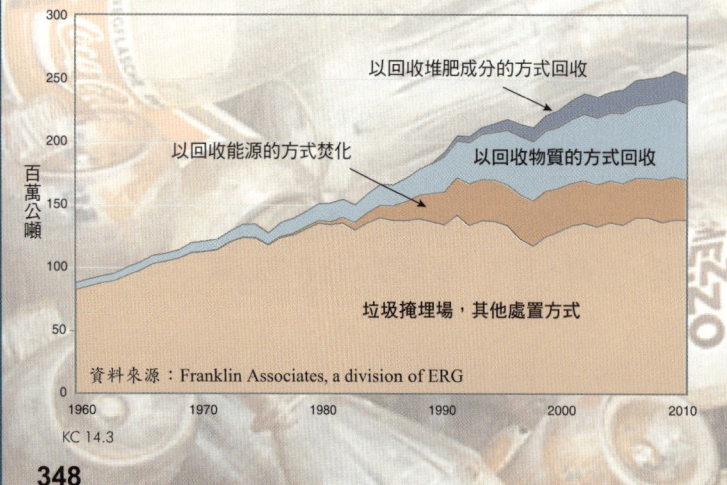

以回收堆肥成分的方式回收
以回收能源的方式焚化
以回收物質的方式回收
垃圾掩埋場，其他處置方式

資料來源：Franklin Associates, a division of ERG

KC 14.3

KC 14.4

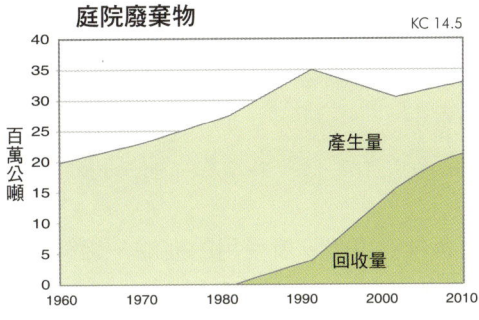

庭院廢棄物 KC 14.5

縱軸：百萬公噸（0–40）
橫軸：1960–2010
▲ 回收率 = 庭院廢棄物：65%
　　　　　廚餘：極少

KC 14.6

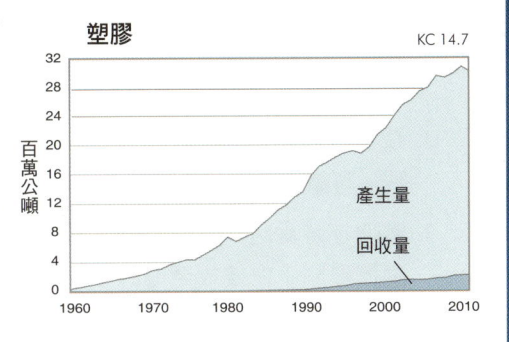

塑膠 KC 14.7

縱軸：百萬公噸（0–32）
橫軸：1960–2010
回收率 = 極少（全部的塑膠）
PET 瓶：27%
HDPE 瓶：29% ▶

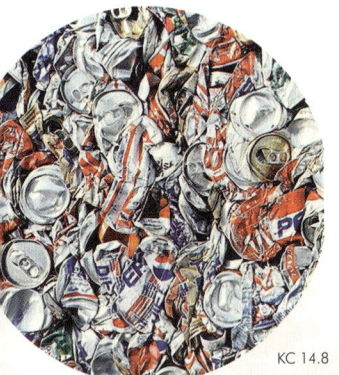

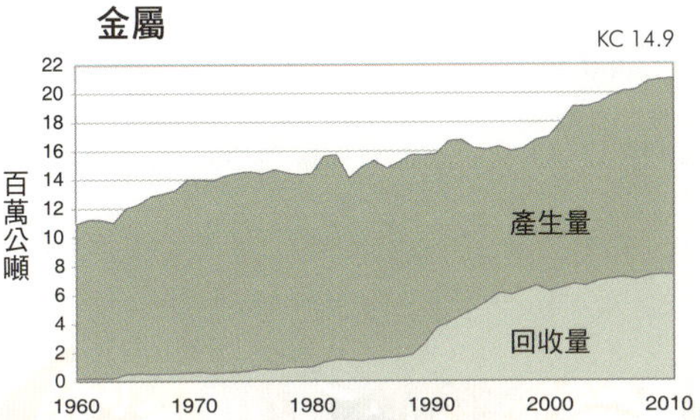

金屬 KC 14.9

縱軸：百萬公噸（0–22）
橫軸：1960–2010
◀ 回收率 = 35%
（鋁：21%
鐵/鋼：34%
其他金屬：69%）

KC 14.8

KC 14.10

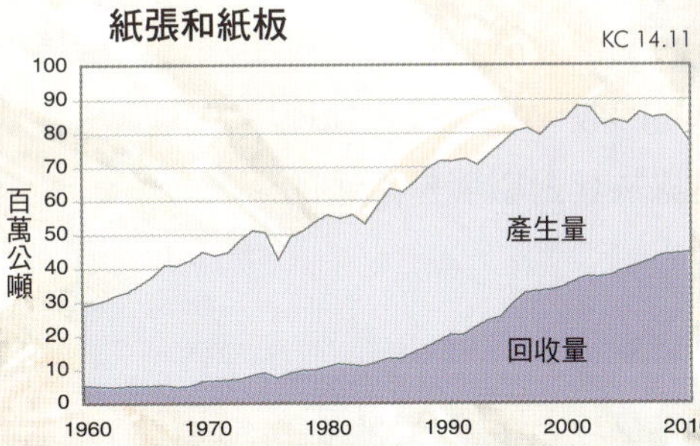

紙張和紙板 KC 14.11

縱軸：百萬公噸（0–100）
橫軸：1960–2010
▲ 回收率 = 56%

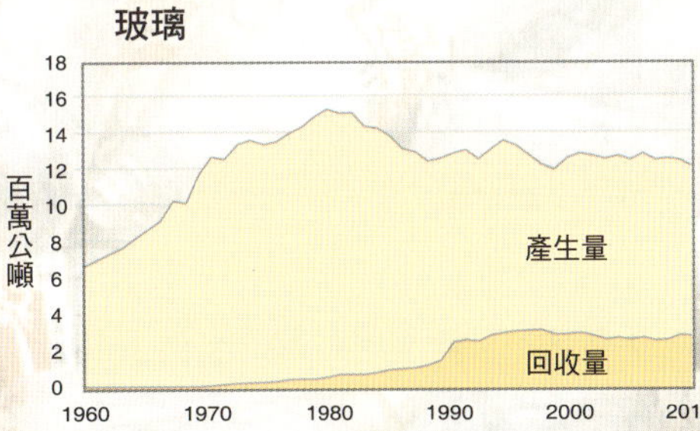

玻璃 KC 14.12

縱軸：百萬公噸（0–18）
橫軸：1960–2010
▲ 回收率 = 23%

請解釋：

1. 上述材料何者的回收率最高？何者最低？
2. 是否有一年的回收量開始增加？
3. 為何塑膠的回收不如金屬那麼普遍？
4. 什麼因素導致產生量的部分從 1960 年至 2008 年增加最多？2008 年總產生量和 1960 年總產生量的比率大約為多少？

KC 14.13

349

你能做什麼？

廢棄物減量

1. 購買包裝較少的食品；於農產品產地或直銷中心採購；使用自備的容器。
2. 聚會時或於便利商店購買東西時自備可清洗、可重複裝填的飲料容器。
3. 當你在雜貨店購買商品時，若有機會可以選擇塑膠、玻璃或金屬等不同包裝材料的同類型商品時，請選擇較容易再利用或回收的玻璃或金屬包裝商品。
4. 請將廢棄的瓶、罐、紙類與塑膠類分開以利回收。
5. 請清洗與再利用個人所使用的瓶罐、鋁箔與塑膠袋等。
6. 將樹葉與雜草等庭院與園藝廢棄物，進行堆肥處理。
7. 幫助學校發展責任式系統，以處理電子產品等廢棄物。
8. 寫信給你認識或支持的立法委員或民意代表，敦促他們投票支持容器之處置、回收，以及安全焚化或掩埋。

資料來源：Minnesota Pollution Control Agency.

當包裝材料必須丟棄時，使用可分解的材料能減少體積。例如，**光分解塑膠**（photodegradable plastic）若暴露在紫外線下，便會被分解破壞；由玉米澱粉合成的**生物可分解塑膠**（biodegradable plastic）則可被微生物分解。這些可分解的塑膠材料在自然界裡通常也不會完全分解，而是被分解成較小的粒子殘存於環境中，可能仍會釋放有毒物質。這些塑膠材料不易回收，在現代化掩埋場中也無法完全分解，但其可分解的特質可能會導致人們誤認為其對環境是無害的。

14.4 有害與毒性廢棄物

廢棄物流中最危險的層面，莫過於廢棄物含有大量的有毒與有害物質（圖14.10）。依據行政院環境保護署統計，2015 年事業廢棄物申報年產量為 19,160,692 公噸，其中一般事業廢棄物為 14,492,599 公噸，而有害事業廢棄物為 1,371,887 公噸，再生資源為 3,296,206 公噸。其流向及處理方式包括：委託或共同處理、自行處理、再利用、境外處理（圖 14.11）。

有害廢棄物包括許多危險物質

依據我國行政院環境保護署訂定之「有害事業廢棄物認定標準」（2009 年 6 月 5 日修正發布），**有害廢棄物**（hazardous waste）以下列方式依序判定：(1) 列表之

有害事業廢棄物；(2) 有害特性認定之有害事業廢棄物；(3) 其他經中央主管機關公告者。其中，列表之有害事業廢棄物種類可分為：(1) 製程有害事業廢棄物；(2) 混合五金廢料；(3) 生物醫療廢棄物。有害特性認定之有害事業廢棄物種類為：(1) 毒性有害事業廢棄物；(2) 溶出毒性事業廢棄物；(3) 戴奧辛有害事業廢棄物；(4) 多氯聯苯有害事業廢棄物；(5) 腐蝕性事業廢棄物；(6) 易燃性事業廢棄物；(7) 反應性事業廢棄物；(8) 石棉與其製品廢棄物。認定標準對有害特性，還有更進一步的解釋。

大多數的有害廢棄物都會被回收轉換成無害的形式，或於產生者的現地處理場儲存與處置。然而，有害廢棄物也會進到廢棄物流或環境中，更甚者，遭人任意丟棄的孤兒廢棄物（orphan waste）被留在荒廢工廠裡，對環境品質與人類健康造成嚴重威脅；存放在私人土地上或被不適當掩埋的有害廢棄物及滲入土壤及地下水的有害物質對公共安全造成危害。

法規管制有害廢棄物

為執行廢棄物管理，我國行政院環境保護署也訂定許多廢棄物管理法規。我國1974年即制定公布《廢棄物清理法》，經過多次修訂，尤其經歷「台塑汞污泥」、「昇利化工」等事件後，更嚴格要求事業廢棄物的清理必須具備完整的計畫，產生者、清運者、處置者皆需記錄所經手的有害廢棄物，也就是從產生（搖籃）到最終處理（墳墓）間的任何變化都必須清楚記錄（圖14.12）。另外還包括《有害事業廢棄物認定標準》、《資源回收再利用法》、《土壤及地下水污染整治法》等。

圖 14.10　有害廢棄物相當危險，即使是很小的暴露。工作人員正在檢驗放射性土壤。

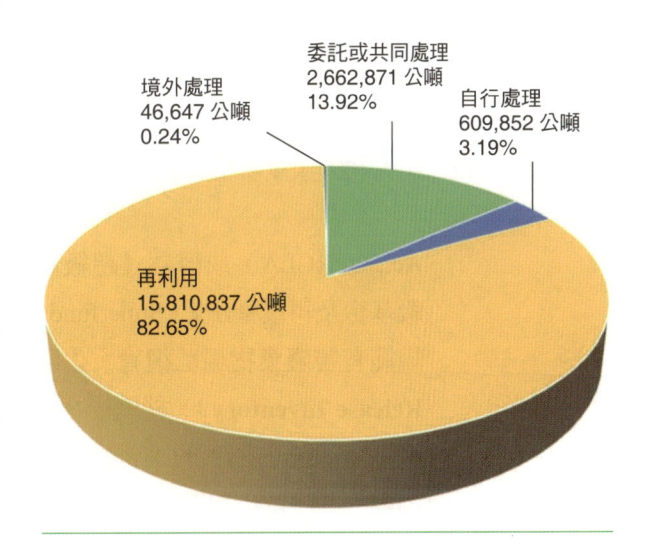

圖 14.11　臺灣地區事業廢棄物流向及處理方式。
資料來源：行政院環境保護署統計年報 2016 年版。

境外處理 46,647 公噸 0.24%
委託或共同處理 2,662,871 公噸 13.92%
自行處理 609,852 公噸 3.19%
再利用 15,810,837 公噸 82.65%

世界先進國家皆立法管制有害廢棄物。美國1976年通過《資源保育與回收法》（Resource Conservation and Recovery Act, RCRA）；1980年通過《全面性環境應變補償及責任法》（Comprehensive Environmental Response, Compensation, and Liability

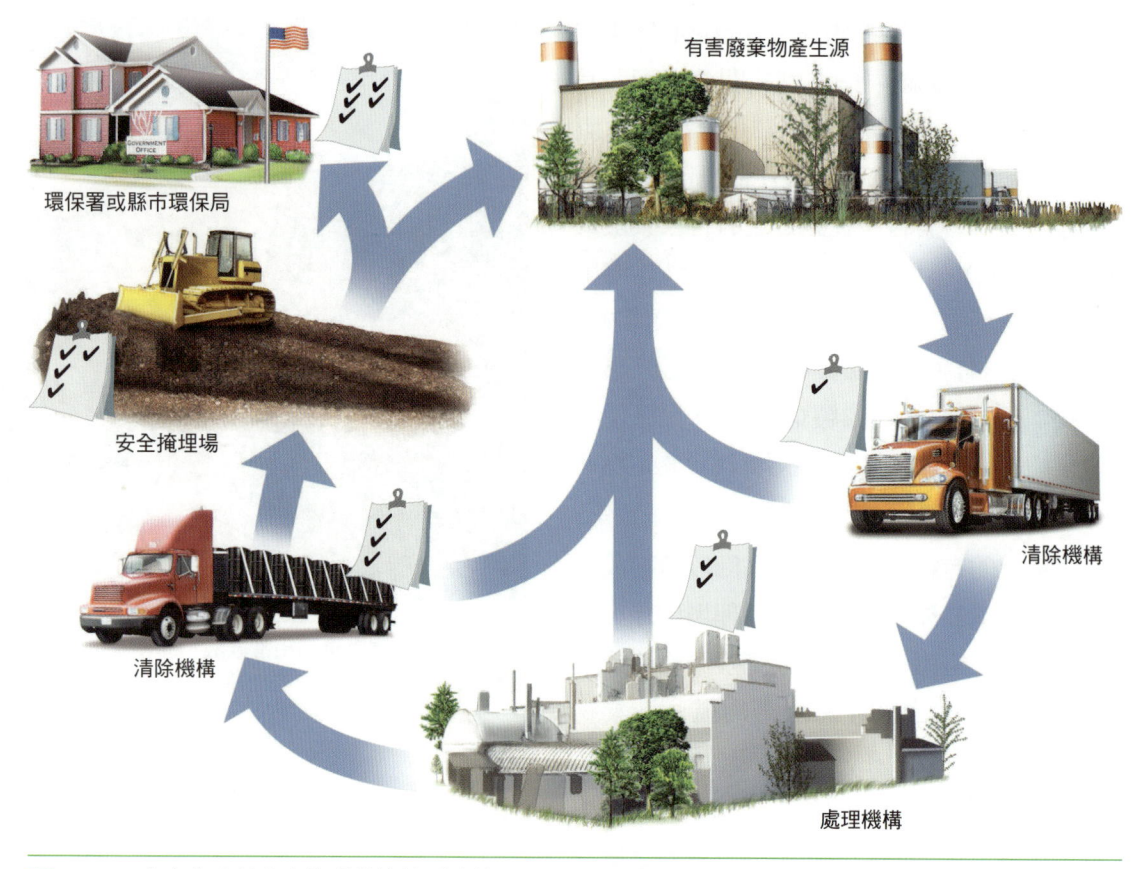

圖 14.12　有害與毒性廢棄物「從搖籃到填墓」，皆須透過詳細的遞送聯單進行追蹤。

Act, CERCLA）或稱為《超級基金法案》（Superfund Act），於 1984 年修正為《超級基金及再授權法》（Superfund Amendments and Reauthorization Act, SARA），主要規範有害廢棄物場址復育，也賦予民眾知的權力，例如**毒性物質排放清單（Toxic Release Inventory）**，社區居民在該清單中可以找到社區的毒性物質排放資訊。超級基金最惡名昭彰的案例是紐約的愛河（Love Canal）。愛河為開放式的廢棄物傾倒場，許多都市與鄰近化學工廠的廢棄物皆傾倒於此，掩埋超過 2 萬公噸的有毒化學廢棄物，後來還發展成為住宅區。

　　我國相關法規中，也參考美國的 RCRA、CERCLA、SARA 等法案的立法精神而訂定類似的法條。例如現行《廢棄物清理法》第 8 條規定，因天然災害、重大事故或其他急迫之情事，致現有廢棄物貯存、回收、清除、處理設施能量不足，而有污染環境或影響人體健康之虞時，中央主管機關應會同中央目的事業主管機關及有關機關，並報請行政院核准後，得指定廢棄物緊急清理之方法、設施、處所及其期限，而不受其他規定之限制。而 SARA 則規範，當有毒廢棄物廠址存在的毒性物質可能會洩漏到環境而產生威脅時，授權環保署進行緊急行動。其他例如連帶性的

責任與義務、從搖籃到墳墓間的記錄等精神，也可以在我國廢棄物管理法規中看到。

有害廢棄物必須經過處理或永久貯存

臺灣有害廢棄物的清除、處理，必須遵守環保署訂定的《事業廢棄物貯存清除處理方法及設施標準》。但是，使用不具毒性的產品、只購買必要的東西並物盡其用、常用的物品若有替代物則不再添購，才是減少有害廢棄物產生最好的方法。

廢棄物減量　避免產生有害廢棄物污染最安全、經濟的方法，是改善生產製程以減少或消除廢棄物。回收與再利用也可以降低有害廢棄物與污染，某些製程或工業所產生的廢棄物，可能是其他工業具價值的資源；在美國，10% 的廢棄物經交換後能以其他工業的原料賣出。透過更好的廢棄物資訊管理，可提升廢棄物交換效率並創造更多利潤；在歐洲，至少有 1/3 的工業廢棄物在廢棄物交換中心進行交換。此回收再利用的機制呈現雙重節省：廢棄物做為其他工業原料時，廢棄物產生者無須負擔廢棄物的處理費用，購買廢棄物者則可減輕原料購買成本。

轉換為較無害的物質　許多處理程序可降低有害廢棄物的毒性。物理處理程序可包覆或分離物質。木炭或合成樹脂濾膜可以吸收毒性物質；蒸餾法則可將溶於水的有害化合物質分離；利用沉降並將毒性物質固化於陶土、玻璃或水泥中，可將毒性物質隔離，基本上也被視為無害的物質。處理金屬與放射性物質的少數方法之一，是將其與二氧化矽在高溫狀態下熔合，形成穩定不透水的玻璃物質，適合長期儲存。部分植物、細菌與真菌也可以將污染物毒性集中或去除。

焚化常用於處理混合廢棄物，非常快速、簡便，但並不是最便宜的方式。除非正確操作，否則也難以保證焚化是清淨的方法。必須加熱到攝氏 1,000 度以上，並保持足夠的時間，以完全摧毀有害物質。廢棄物燃燒後的體積大約可減少 90%，燃燒後的灰燼通常更為安全。縱使如此，焚化仍具有高度爭議。化學處理程序也可轉換物質為無毒性，包括中和、金屬或鹵素族化合物之去除（氯、溴等），以及氧化處理。

永久性貯存　有些有害物質無法被破壞或轉變，此時仍需安全的貯存方式以免產生對人體及環境的危害，以下有幾種較佳的方式。

可修補式貯存（retrievable storage）：將廢棄物棄置於海洋或掩埋於地下，通常表示已無法管制，如果將來發現處理方法錯誤，收回再處理便相當困難、甚至不可能。對許多劇毒性的廢棄物而言，最好的貯存方法是**永久可修補式貯存**（permanent retrievable storage），亦即將廢棄物貯存於受保護的建築物、鹽礦坑或岩坑中，並且可以定期檢測修補設施，當發展更好的處理方式時，可以收回重新

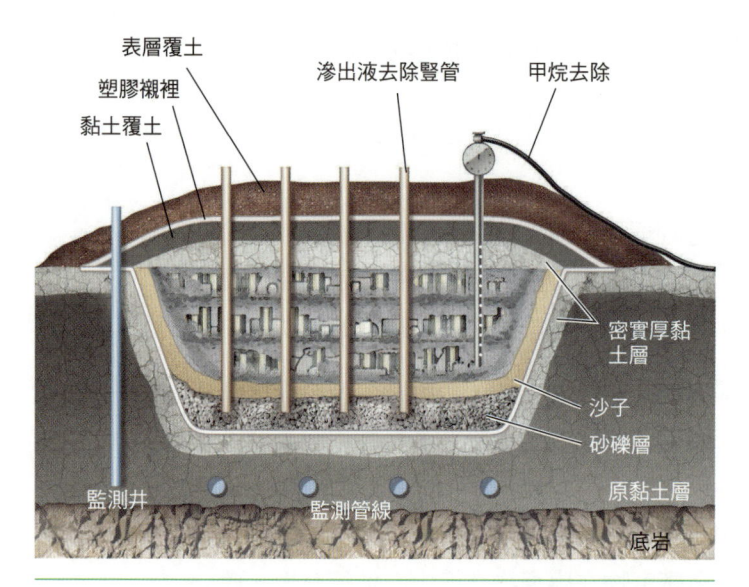

圖 14.13　有害廢棄物的安全掩埋場。一層厚塑膠襯底與兩層以上不透水、密實的黏土層封閉掩埋場，黏土層之間的礫石層收集滲出液，可抽出處理，監測井則可以監測是否有滲出的污染物，甲烷可供燃燒。

處理。這種技術比焚化燃燒或掩埋昂貴，因為貯存區必須管制保護，而且需持續監測以防止洩漏、遭人破壞。儲存場區的復育成本相對於受污染場址而言，仍較為便宜，所以此法可能是長期操作最好的方式之一。

安全掩埋（secure landfill）：安全掩埋場的第一道防線是由密實的黏土所構成（圖 14.13）。溼潤的黏土具有延展性，可避免因地層位移而產生裂縫，不透水的特性可避免廢棄物污染地下水，因此能夠安全地儲存廢棄物。黏土上層為砂礫層，而於砂礫層中的多孔排水管網收集垃圾滲出水。砂礫層上再鋪設聚乙烯層以防止較軟的黏土層被刺穿，最上層則鋪設土壤或具吸水性的沙子，最後將廢棄物以儲存桶盛裝密封後置入儲坑，以厚實的泥土或其他填充物所組成的護堤來分隔置放廢棄物。當掩埋場達到最大容量時，比照掩埋場底部將黏土層、塑膠層及土壤層依序覆蓋以密封儲坑，最上層再栽種植物以安定並美化外觀。掩埋場中因雨水滲入或廢棄物所產生的滲出水都予以收集，並經處理廠處理後排出，場區內外設有監測井以監測地下水狀況，以確保毒性物質沒有洩漏。

大部分掩埋場將廢棄物掩埋於地表下。然而，某些區域的地下水位較接近地面，將廢棄物掩埋貯存於地面較為安全。儲坑可用相同的結構保護，因為儲坑底部位於地表上，也較容易監測洩漏物質。

在有害廢棄物運送的過程中，也有發生事故的風險，例如裝載有害化學物質的車輛在行經人口密集區時發生車禍。另外值得憂慮的是，誰來承擔清理受污染廢棄工廠之財務責任？產生有害廢棄物的事業關廠或停歇業時，毒性可能仍殘留，例如核廢料，可能需要新的機制持續管制這些廢棄物。

科學 探索

生物復育

清除數以千計的有害廢棄物場址花費甚鉅。在美國，清除計畫最少需 7,000 億美元。有害廢棄物之清除通常需將有害廢棄物挖出並進行焚化，或將其運送到安全掩埋場。

「生物復育」（bioremediation）或稱「生物處理法」是較有潛力的處理方法。微生物與真菌可以吸收、累積並去除毒性化合物的毒性，其也可以累積重金屬，某些技術還可以代謝多氯聯苯。水生植物如布袋蓮與香蒲等，也可淨化受污染的水體。

許多植物物種可用於植物復育（phytoremediation）。例如，某些種類的芥菜可以由受污染的土壤中萃取鉛、砷等；車諾比（Chernobyl）核能電廠附近，利用向日葵可萃取土壤中具放射性的鍶與銫；白楊也可吸收並分解毒性有機化學物質；而供給地下水中天然的細菌足量氧氣時，也可以分解水體污染物，且經實驗證實，比將地下水抽到地面再處理更為有效。

生物處理的細節所知有限，但大致上，植物根部可有效率地吸收營養物質、水分、礦物質，此機制有助於吸收金屬與有機污染物。某些植物也利用毒性物質抵抗草食性動物掠食，例如，瘋草（locoweed）會選擇性的吸收硒，並在葉片濃縮到致毒的程度。根部的吸收作用效率很高，例如，生長在佛羅里達的歐洲蕨（bracken），曾被發現含砷的濃度比土壤高出 200 倍。

基因改造的植物也可處理毒性物質，例如將細菌的基因轉植至白楊，可將毒性的汞變為較安定的型態。在另一個實驗中，產生哺乳動物肝臟酵素的基因被轉植到某種菸草，所以這種菸草可製造相同的酵素，並成功地分解根部所吸收的毒性物質。

這些生物復育並非沒有任何風險。昆蟲可能食用含有污染物質的植物，而使污染物質進到食物鏈。有些污染物可能揮發或以氣態的形式排放至空氣。當植物吸收污染物質後，本身便具有毒性而必須掩埋處理，但費用為安全掩埋或處理土壤所需費用的半數以下。另外，植物復育所需的安全掩埋體積也只占一小部分。

清除有害廢棄物場址於可預見的未來將是一大商機。創新的技術，如生物復育法之發展，提供較具發展力的商業處理技術，同時能維持環境健康並節省納稅人的金錢。

問題回顧

1. 建築物或拆解後的廢棄物中有哪些可回收？
2. 何謂一般廢棄物、一般事業廢棄物、有害事業廢棄物？三者有何不同？
3. 描述露天傾棄場、衛生掩埋場與安全有害廢棄物處理場之間的不同。
4. 說明廢棄物焚化處理值得關注與憂慮的議題。
5. 列出廢棄物回收的優點與缺點。都市廢棄物中主要回收哪些類型的廢棄物？如何再利用？
6. 何謂電子廢棄物？如何處置？哪些策略可提高回收率？
7. 何謂堆肥？如何與固體廢棄物處置相互配合？
8. 臺灣的哪一類廢棄物回收最多？
9. 廢棄物處置所衍生的社會問題有哪些？為何人們反對在住家附近處理廢棄物？
10. 何謂生物復育？何謂植物復育？優點為何？

批判性思考

1. 鄰避（NIMBY）效應的全名為「不要在我家後院」（Not In My Back Yard），在許多重大的環保爭議中經常出現，主要是地方居民反對掩埋場、焚化爐、廢水廠等的興建。探討臺灣近年來重大的環保鄰避效應。
2. 如果你家附近規劃興建一座焚化爐，你會贊成或反對？以附近居民、其他地區民眾、中央主管機關環保署署長、需要選票且需要選舉經費的縣（市）長和民代（立委、縣市議員）、一般政府官員、環保團體等角色，分成兩組辯論利弊。
3. 工業界需負擔當初合法傾倒化學物質但現今卻被認定會造成重大危害的責任嗎？我們應該如何與工業界辯論他們應該早已知道這樣做是有危害的？
4. 假設你的兄弟姊妹已經決定購買一棟在有害廢棄物處理場旁的房子，因為其售價僅為新台幣 90 萬元，遠低於其他地方條件相同的房子。你會跟他或她說什麼呢？
5. 國內有許多合格的清除處理業者，你認為他們是依法清除處理或違法傾倒？為什麼？

15 經濟與都市化
Economics and Urbanization

鳥瞰宜蘭蘇澳港及第一、二、三漁港，城市形成將移除許多植被。請比較圖中的綠色和非綠色部分。

（白子易攝）

> 你想住在什麼樣的世界？要求你的老師教導你在建設它時所需知道的所有事。
>
> —— Peter Kropotkin

學習目標

在讀完本章後，你可以：

- 說明上個世紀以來全球最大都市規模與位置的變化。
- 定義貧民區和違建區，並描述其環境。
- 定義都市擴張，並說明汽車的影響。
- 分析智慧型成長與新都市主義的原理。
- 說明永續發展及其重要性。
- 了解生態服務的價值。
- 討論 GNP 和 GPI 之間的差異。
- 了解外部成本內部化。

案例研究

福邦：無車的郊區

居住在無車的郊區感覺如何？德國的居民正在體驗新的生活型態，可供其他區域作為典範。福邦（Vauban）社區位於德國、瑞士邊界的弗萊堡市（Freiburg）郊區，雖然並非絕對禁止汽車，但居民盡量走路、使用腳踏車或大眾運輸系統。

為了方便無車的生活，城市以「智慧型成長」（smart growth）的原則設計，商店、銀行、學校及餐廳與住宅混合，徒步即可到達。村內即有工作及辦公場所，主要幹道及社區外圍有頻繁的電車連結佛萊堡。

住宅區內的街道較窄而且無車，讓自行車及小孩嬉戲的空間較大。社區允許擁有汽車，但必須停在邊緣的停車場，且必須購買 40,000 美元的車位。結果，近 3/4 的福邦社區居民沒有車，而且一半以上的家庭賣掉車搬進社區。

車子較少，相對空氣污染也較少，而且讓徒步更安全。但大部分搬進福邦社區的家庭並不是因為環境因素，而是認為無車的生活型態對小孩更健康。成列狹窄的房屋讓事物都很靠近，兒童可在屋外遊戲也可走路上學，不必穿越繁忙的馬路。露天咖啡毋須擔心經過車輛的噪音和氣味，都市汽車修理廠即可提供渡假、搬家、車輛共乘和租車服務。

社區活動及空間共享增進人情味、健康的生活型態及社區的聯繫。社區在建造之初，也已規劃育兒服務、運動休閒設施。在大多數的美國都市，停車及運輸占據全部土地的 1/3，這些土地如果不必供汽車使用，將有更多用途。

福邦社區禁止獨棟透天的房屋，成列狹窄的制式房屋可節省能源但使生活品質最大化。智慧型的空間使用、成套的固定式家具、美觀的木製品、大型陽臺以及大型超隔熱窗戶，使得住家有充分空間但仍維持很小的碳足跡。牆壁共用使得能量損失最小，很多房屋甚至不需要暖器系統。在德國擁有以及使用汽車相當昂貴，居住在無車的生活型態下，可節省大量金錢而用於其他地方。

類似的計畫也在歐洲及中國等開發中國家執行。在上海附近長江口的東灘島，中國政府正在規劃 50,000 人的生態城，希望能源、用水及糧食能自給自足。在美國，EPA 正在提倡「減車」（car reduced）社區。例如，加州也規劃類似福邦的社區，稱為昆禮村（Quarry Village），位於奧克蘭的郊區，可接駁灣區快速運輸系統及到達加州州立大學在海沃的校園。

美國的許多廣告及政府政策皆說服大多數的美國人，夢幻住家就是在郊區擁有大空間的獨棟房屋，且不管路程長短，也都要有車——不考慮能源使用、保險、事故或土地消耗。美國人是否能打破這些既有的生活型態仍是未知數。

福邦社區展現了許多可與環境和鄰居永續生存的方式。我們將在本章中觀察都市規劃和城市環境的其他面向，以及一些生態經濟學的原則，進而協助我們了解資源的本質與作為個人和社區所面臨的選擇。

15.1 都市化

超過半數的人類現在都住在都市中，這個數量到 25 年後將接近 3/4。這是人類歷史的巨大轉變，人類早期多靠採集、打獵、農耕、漁業等維生。自 1750 年工業革命後，都市的規模和力量都快速成長（圖 15.1）。1950 年，世上只有 38% 的人住在都市；到了 2030 年此比例預估將為雙倍（表 15.1）。

都市成長絕大多數都發生在低度開發的國家（圖 15.2）。這些城市人口擴張的速度遠勝於公共建設（包括道路、交通運輸、住宅、供水、污水處理及學校）的成長。在貧窮的國家中，興建新的公共建設是非常困難的，因為低收入和稅收不足以支持公共服務。儘管有這些挑戰，城市也是創新發生之處。觀念組合和實驗發生在都市區域。多元的工作機會和新經濟，以及貧窮的集中都在城市興起。**巨大的都市群**（urban agglomeration，許多大都會的複合體）正在全球成形，某些已成為**巨型城市**（megacity，人口數在 1,000 萬以上的超級大都會）。當這些城市鋪設大型景觀且消耗大量的資源時，也相對有效率地使用資源。如果人類擴展到鄉下，環境退化將更加嚴重。

都市是經濟進步與社會改造的引擎，許多創新皆來自都市（如福邦社區）。都市也充滿生活效能，大眾運輸系統便捷，而且可迅速獲得商品與服務；人口集中在都會區，可使農耕與生物多樣性保有更開闊的空間。但社會不想要的貧窮、污染、遊民也可能被棄置在都市中。提供糧食、

圖 15.1 在不到 20 年的時間內，中國上海打造了浦東這座擁有 150 萬居民的新城市。這類的都市快速成長正在許多開發中國家發生。

表 15.1 都市占全部人口比率（百分比）

	1950 年	2000 年	2030 年*
非洲	18.4	40.6	57.0
亞洲	19.3	43.8	59.3
歐洲	56.0	75.0	81.5
拉丁美洲	40.0	70.3	79.7
北美洲	63.9	77.4	84.5
大洋洲	32.0	49.5	60.7
全世界	38.3	59.4	70.5

*估計值
資料來源：United Nations Population Division, 2003.

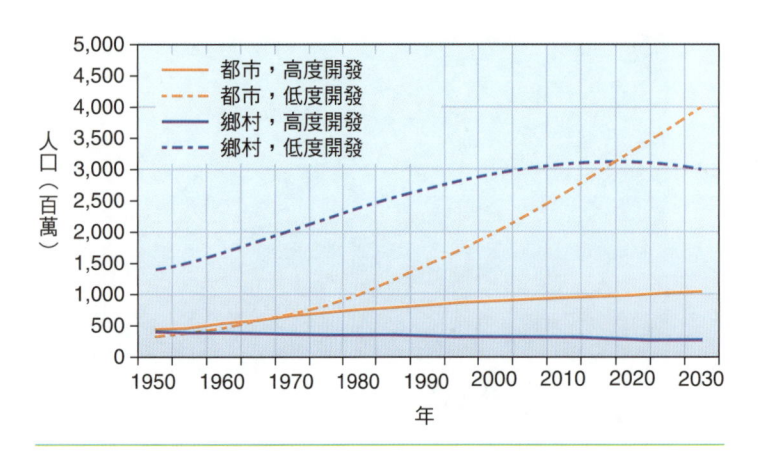

圖 15.2　高度開發地區和低度開發地區之都市和鄉村人口成長。

資料來源：United Nations Population Division. *World Urbanization Prospects*, 2004.

居住、交通、工作、衛生等服務給想擠進都市生活的 20 億至 30 億人（大多數在開發中國家），將是本世紀最大的挑戰。

大型城市迅速膨脹

1900 年時，只有 13 個城市人口超過 100 萬（表 15.2）。除了東京與北京以外，這些城市都位於歐洲或北美，其中倫敦是唯一人口超過 500 萬的城市。2012 年，全世界至少有 400 個都會區人口超過 100 萬（中國就有 100 個）。13 個最大型的都會區中沒有一個位於歐洲，只有紐約與洛杉磯位於已開發國家。預計到 2025 年，將有 93 個城市人口超過 500 萬，其中將有 3/4 位於開發中國家（圖 15.3）。而在之後的 25 年，預計印度的孟買與德里、巴基斯坦的喀拉蚩、菲律賓的馬尼拉，以及印尼的雅加達，人口至少會成長 50%。

中國展現了人類歷史上最大的人口轉型。1986 年後，約有 2 億 5,000 萬人遷往

表 15.2　世界上最大的都會地區（以百萬人口為單位）

1900 年		2011 年	
倫敦（英國）	6.6	東京（日本）	34.3
紐約（美國）	4.2	廣州（中國）	25.2
巴黎（法國）	3.3	首爾（韓國）	25.1
柏林（德國）	2.4	上海（中國）	24.8
芝加哥（美國）	1.7	德里（印度）	23.3
維也納（奧地利）	1.6	孟買（印度）	23.0
東京（日本）	1.5	墨西哥市（墨西哥）	22.9
聖彼得堡（俄羅斯）	1.4	紐約（美國）	22.0
費城（美國）	1.4	聖保羅（巴西）	20.9
曼徹斯特（英國）	1.3	馬尼拉（菲律賓）	20.3
伯明罕（英國）	1.2	雅加達（印尼）	18.9
莫斯科（俄羅斯）	1.1	洛杉磯（美國）	18.1
北京（中國）	1.1	喀拉蚩（巴基斯坦）	17.0

資料來源：T. Chandler, *Three Thousand Years of Urban Growth*, 1974, Academic Press; and Th. Brinkhoff: *The Principal Agglomerations of the World*, 2011.

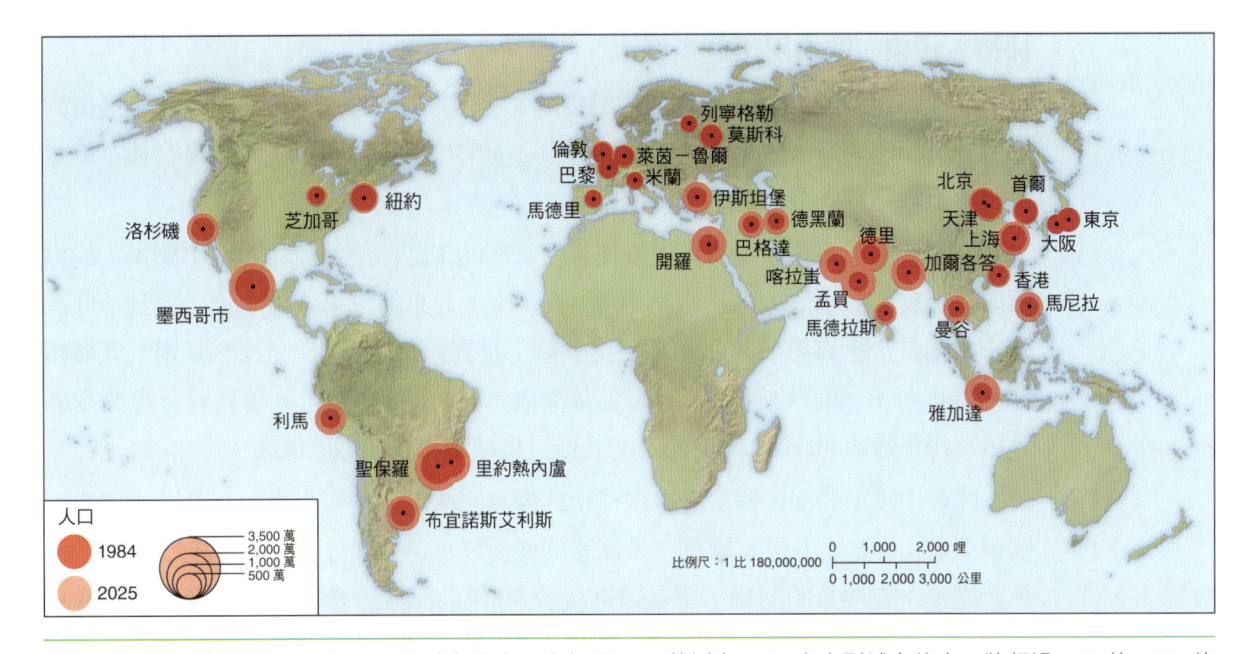

圖 15.3 2025 年之前，至少 400 座城市的人口會超過 100 萬以上，93 座大型城市的人口將超過 500 萬。3/4 的世界大城市位在有居住、糧食和就業問題的發展中國家。

都市，未來 25 年仍會有等量的人口加入。除了擴建現有都市，也計畫在 20 年內建設 400 個人口超過 50 萬的都市，所以中國每年消費將近全世界 1/2 的水泥與 1/3 的鋼鐵。例如 1985 年人口 1,000 萬的上海，現在有 2,500 萬人。過去 10 年來，上海建造了 4,000 棟以上的摩天大樓（超過 25 層樓的建築），為曼哈頓的 2 倍，而且尚有 1,000 棟已提案申請建造。但問題在於這些建築大多數建蓋在沿著黃埔江的浦東沼澤地帶，由於超抽地下水與建築物的荷重，浦東每年下陷 1.5 公分。

人口遷移的推力因素與拉力因素

人們遷移至都市有許多原因。中國在近 20 年中（或是美國一世紀以來），機械化使得人民喪失工作並被迫離開土地。在開發中國家，農地只屬於少數富有地主。當新經濟作物或放牧牛群有利可圖時，勉強餬口的農民就會遭到驅逐。許多人也因為都市提供較多機會和獨立性而遷入；和傳統鄉村相較，都市提供較多的工作機會、居住、娛樂和自由，在傳統鄉村這些是不存在的。城市也提供藝術、工藝和專業市場。

政府重都市輕鄉村的政策也會推拉居民遷入都市。開發中國家通常花費較多預算在都市地區（特別是首都附近、領導者居住的地方），因此都市能提供較豐富的工作、居住、教育機會，而這些也都是鄉村居民想要尋求的機會。例如利馬（祕魯首都）僅占祕魯人口的 20%，但是擁有 50% 的國家資產、60% 的製造業、65% 的零售貿易、73% 的事業薪資和 90% 的銀行。類似的統計也出現在其他國家的首都。

擁擠、污染、缺水困擾許多城市

初次造訪超級城市（尤其是開發中國家），映入眼廉的多為雜亂、狹小擁擠的街道。例如，人口密度為全世界最高都市之一的德里，無時無刻的混亂交通，導致每天上班需花費 3 至 4 個小時。

在許多都市，高密度的交通量與無法管制的工廠污染空氣和水。中國驚人的經濟成長造就如洪水般的自用汽車車流，5 年來，北京的汽車成長 1 倍，達到 500 萬輛。中國是全世界第一大溫室氣體排放國，世界銀行也警告，全球 20 個空氣最糟糕的城市有 16 個在中國。中國衛生當局表示，1/3 的都市居民暴露於有害的空氣等級，每年造成 40 萬人過早死亡。其他巨型城市也有類似的問題。

開發中國家的都市鮮少提供現代化的廢棄物處理系統。世界銀行估計，開發中國家只有 1/3 的都市居民擁有令人滿意的衛生條件。在拉丁美洲，只有 2% 的污水經過處理；在埃及的開羅，下水道系統於 50 年前完成，當初的設計量是供 200 萬人使用，現在則有超過 1,000 萬人使用；在印度，50 萬個城鎮與村落中，僅不到 1% 擁有部分的下水道系統或廢水處理設備。

許多城市缺乏足夠的住宅

根據聯合國估計，開發中國家至少有 10 億人居住在都市中心的貧民區及城外的違建內，甚至有 1 億人無家可歸。在印度孟買，約有 50 萬人睡在街道、人行道和圓環上。

貧民區（slum）是由其他用途轉為供人口居住，合法、但不適合多戶家庭的廉價公寓或隔間建築。全家居住在狹小房間內，通風與衛生條件極差，建築物也不安全。1999 年，7.4 級強震襲擊土耳其東部，偷工減料的建築倒塌，造成 14,000 人死亡。

違建區（shantytown）是使用波浪板、廢棄板箱、塑膠板搭建臨時棚屋，大多出現在郊區。違建區是違法的，但卻快速占據大都市外圍，這些非法居民的主要目的是藉以尋求城市的工作機會（圖 15.4）。許多政府利用推土機剷平違建區，並以鎮暴警察驅離這些居民，但是被驅離的人們不是返回，就是移到另一個違建區。

圖 15.4 雅加達無家可歸的人們沿著繁忙的鐵軌搭建棚屋。住在此處很危險，每天都有許多火車經過，但都市中的貧民別無選擇。

2005 年,辛巴威政府摧毀首都哈拉雷(Harare)周圍違建區內約 70 萬人的房屋,居民在一年中氣候最冷的午夜被逐出房子,而且只有數分鐘可以收拾家當。總統穆加比(Robert Mugabe)認為此項閃電戰(blitzkrieg)是管制犯罪的必要手段,但評論家則宣稱此舉旨在鏟除政治異己。

加爾各答有 2/3 的居民居住在未經規劃的地區;在墨西哥市的 2,500 萬人口中,約有半數占據城市周圍非法的殖民區(colony),這些區域常常是污染嚴重、危險的地方。例如,印度的波帕爾、墨西哥市,違建聚落(squatter settlement)搭建在廢棄的舊工業區旁。在里約熱內盧,這些違建聚落稱為貧民窟(favela),搭建於城市上方陡峭的山坡之上。縱使生活在貧民區或違建區中,仍有許多人不僅為了存活,也會養育家庭、教育小孩、找工作、省錢寄回去給家鄉的父母。

許多國家意識到,只有與違建聚落的住民合作,才能解決住的問題。鑑定土地所有權、提供修屋基金、供應水電等,可大幅改善貧民的生活環境。

15.2 都市計畫

要在都市中以環境健全、社會公平、經濟永續的方式生活,必須有良好的方法組織居民。

運輸是城市發展的關鍵

全世界許多主要城市皆位於交通樞紐,都會區的交通也是官方面臨的嚴重問題。交通工具尚未發達的年代,居民希望住在市區附近;當汽車問世後,居民可以居住在只有道路可到達的地方;高速公路興起後,甚至可以住在鄉村。曾經非常緊密的城市,開始在景觀上散布,消耗空間並浪費資源。這類的都市成長稱為**擴張(sprawl)**,都市擴張通常包含表 15.3 的特徵。

例如大部分美國都會的住宅區位於都市邊緣較便宜的新開發區域,這些區域對土地利用或建築的限制較低(圖 15.5)。美國官方估計,都市擴張每年大約消耗 20 萬公頃農地。雖然房地產的價格比都市住宅便宜,但附帶的建設也

表 15.3　都市擴張的特徵

1. 無限制向外延伸
2. 低密度住宅與商業發展
3. 跳躍式發展耗損農地與自然區域
4. 管理權分散於政府各小部門
5. 高速公路與私人汽車遍布
6. 缺乏都市集中計畫與土地利用管制
7. 大型購物中心與賣場遍布
8. 各地方的財政收支不均
9. 低收入戶居住於髒亂的舊市區
10. 鄰近郊區快速發展而市中心地區衰退

資料來源:PlannersWeb, Burlington, Vermont, 2001.

圖 15.5　擴張區上的大型房屋消耗土地,使鄰居疏遠,並愈來愈倚賴汽車。

資料來源:© 2003 Regents of the University of Minnesota. All rights reserved. Used with permission of the Design Center for American Urban Landscape.

有額外的成本，例如馬路、下水道、自來水管線、電力線、學校、購物中心和其他公共建設皆是這些低密度開發地區所需的。諷刺的是，許多人搬離市區的原因主要是想遠離擁擠、犯罪和污染等都市問題，但是後來卻發現自己將這些問題帶進新社區。

許多美國人的住處遠離工作、購物和娛樂場所，因此必須擁有汽車。美國每人每年平均花費 443 個小時開車，相當於每週 8 小時。利用高速公路，原本可以高速駕駛到目的地而不必停停走走，然而現在卻有愈來愈多車輛堵塞高速公路。

總括來說，美國交通堵塞的成本估計每年浪費 780 億美元在時間和燃料上。許多人認為既然市內塞車，所以需要更多的高速公路，然而更多的道路讓人開得更遠，反而讓更多車擠上高速公路。

巴西庫里奇巴的大眾運輸系統相當成功。公車快速接駁系統從市中心區輻射展開，聚集在 5 條主要運輸廊道。在這些廊道，每個車廂可搭載 270 名乘客的高速連結公車，行駛在緊鄰其他車輛但專用的車道。這些公車使得在轉運站且數目有限的公車站，能夠接上 340 條延伸至整個城市的支線。城內每個人只需走一段距離即可到公車站，享受快速、方便的服務。每個公車站都是管狀構造，並將高度提升至與公車地板同高，方便乘客、甚至身障人士上下。乘客經由旋轉式收票口進站，公車到站後的 60 秒內，多重車門開啟，大量的乘客可同時上下車，節省許多時間。此系統在同方向的路程只收費一次，不管經過幾次轉運站，方便那些無法負擔市中心區高昂費用而住在較遠處的人。庫里奇巴的公車每天發車 21,000 次以上，行駛超過 44 萬公里，運送 190 萬人次，相當於城內 3/4 的個人旅次。此系統最大的好處是其經濟性，由於使用既有的道路，成本僅有輕軌系統或高速公路的 1/10、地下鐵的 1/100。公車快速接駁系統的成功，讓庫里奇巴仍十分緊密，不會像美式高速公路系統般造成都市擴張。

讓都市更適合居住

都市計畫界所推行的**智慧型成長（smart growth）**，鼓勵以內在式發展利用土地資源與設施，避免重複和缺乏效率的土地利用（表 15.4）。其主要目的是提供混合土地使用以創造出選擇房屋和機會的多樣性，也企圖提供運輸方式的多樣選擇，包括友善的徒步環境。此類規劃也尊重當地文化和自然環境以保持地方特色。

藉由開放式與民主式的土地使用規劃，智慧型成長讓都市的發展更合理、更可預測且更具效益。鼓勵所有利害關係人參與開創都市的願景，以合作取代對抗，在

表 15.4　智慧型成長的目標

1. 為社區建立正面的自我形象
2. 讓市中心充滿活力並適於居住
3. 減緩居住區域不合標準的問題
4. 解決空氣、水、有毒廢棄物及噪音等污染
5. 增進社群間交流
6. 增加社區居民接觸藝文的機會

資料來源：Vision 2000, Chattanooga, Tennessee.

科學探索

都市生態學

都市區具有自然生態系的許多特徵：能量流進出城市，做功後退化、消散；生命與無生命的物質組成結構；物種競爭庇護所、糧食、棲地等資源。最成功的物種大量增殖，不適應的物種縮減最後消失。人口 100 萬的典型美國都市每天消耗約 100 萬公噸的原物料，包括 500,000 立方公尺的水、相當於 20,000 公噸化石燃料的能量、13,000 公噸的其他礦物原料（包括包裝和建築材料）、12,000 公噸的農業產品、10,000 公噸的木材和紙製品。

每天約有 1,000 輛滿載的垃圾車將都市代謝的剩餘物運送至鄉村，另外都市污水廠排放 500,000 立方公尺的水。自然系能回收物質，雖然速度和效率比不上自然界，但都市生態學也發生回收及再利用。

都市生物多樣性和野生生物也很重要。許多生物學家假設除了人類、馴化的動植物外沒有其他生物，但都市開放空間可能是生物不可或缺的避難所。都市成長時，可能橫跨 160 公里，如果只有玻璃、水泥、金屬，將成為遷徙性動物的障礙。都市公園、森林、沿著河川或一般庭院的廊道，可提供遷徙性動物的避難所，也可維持對整體生物多樣性有所貢獻的當地族群。種植本土植被並設計景觀以提供最多的食物和遮蔽，可保護並提升都市生物多樣性。

國家科學基金會（National Science Foundation）鑑定具生態顯著性的長期生態研究（long-term ecological research, LTER）場址，並贊助進行長期、深入的生態研究。大部分的場址位於不受人類干擾的偏遠地區，但有 2 個場址位於鳳凰城和巴爾的摩。這些計畫使用現代科技研究都市生態學，包括城市如何塑造天氣、有什麼動植物、動植物棲息在何處、什麼程序循環物質和能量、其如何移動並累積於何處等。

都市生態學者也評估底特律 5,000 名兒童的血液中鉛濃度。意料中的，發現特殊教育學生的鉛濃度和低收入、老舊住宅、發生中毒的頻率之間呈現相關性。有時候，公共意識的覺醒是都市生態學的最佳結果。都市生態學者也用地理資訊系統配合化學、生物分析以研究河川的水質和生態健康。

資料來源：William P. Cunningham, and Mary Ann Cunningham, *Principles of Environmental Science: Inquiry and Application*, fourth edition, p. 338, McGraw-Hill Education, New York, 2008.

都市臨界區建立階段性與計畫性的發展模式。此方式並非對抗都市成長，而是以引導的方式取代限制式管制，讓土地與資源的使用可以更永續，均衡每個人的公共與私人資源，並提升都市與郊區的安全和居住品質。

智慧型成長也注重環境品質，減少交通量並保存農地、溼地和開放空間。例如，美國奧勒岡州的波特蘭市嚴格限制都市擴張，鼓勵發展都市內閒置的土地。1970 和 1990 年間，波特蘭人口成長 50%，但土地面積只增加 2%，財產稅下降 29%；交通行駛里程只增加 2%，空氣污染降低 86%。

新都市主義融入智慧型成長

瑞典的斯德哥爾摩、芬蘭的赫爾辛基、英國的萊斯特和荷蘭的尼爾蘭等歐洲城市，皆有歷史悠久的創新都市計畫。在美國，許多人倡導過都市創新，也稱為「新傳統方式」（neo-traditionalist approach）。這些規劃師試著捕捉昔日小城鎮和適合居住城市的優質特色，設計的都市環境整合住宅、辦公室、商店與公共建築。混合式建築包括公寓、宅邸和別墅，提供不同價錢的選擇，使社區包含不同收入與年齡層的居民。都市規劃的原則包括：

- 都市的規模以 3 萬至 5 萬人為原則。這個規模可以大到組成都市，也可以小到只是社區。
- 維持都市內部和四周的綠帶。綠帶提供娛樂空間並提高土地的利用，也有助於改善空氣與水污染。
- 事先界定可開發區域，可保護土地的價值且預防不當的開發，也可保護歷史古蹟、農業資源，以及溼地、河流與地下水補注等生態功能。
- 設立居民購物與服務所需的區域，使居民更方便並降低對汽車的依賴、減少時間和能量的耗費。可藉由在住宅區推動小規模的商業中心達成此目標（圖 15.6）。
- 鼓勵以步行或小型、低速及高能源效率的運具（例如小型車、腳踏車等）取代汽車。建立特定的交通車道（例如公車專用道），減少停車空間，禁止大車進入市區，以鼓勵使用小型運具。
- 推動更多樣與彈性的住宅設計，做為傳統獨棟式住宅的替代選擇。在既有的住宅間設置填充式建築（in-fill building），可節省能源、土地成本。單親家庭或數個成人共同分攤一間房子、共用設施，提供有別於傳統小家庭的居住模式。
- 藉由就地生產食物、回收廢棄物和水、使用再生能源、減少噪音和污染，創造乾淨的環境，讓城市更為永續。鼓勵社區花園化（圖 15.7）。重整都市內部空間或農業和林業的綠色地帶，不但提供開放空間，也提供生態服務。
- 建築物裝設「綠色屋頂」或屋頂花園，可以改善空氣品質、節約能源、降低洪水逕流、減低噪音，並可減輕

圖 15.6 紐西蘭皇后鎮的漫步街，在令人愉快的戶外環境中提供購物、餐飲、社交的機會。

圖 15.7　許多城市有大量的未使用開放空間可種植糧食。居民需要協助以清除污染的土壤並取得土地。

圖 15.8　芝加哥市政廳上獲獎的綠色屋頂，不但實用且相當漂亮。此屋頂可降低 50% 的雨水逕流，在炎熱夏季表面溫度也較傳統屋頂涼爽。

熱島效應。密集式花園可以種植大型樹木、灌木、花，需要定期維護（圖 15.8）；粗放式花園所需土壤較少、建築物的負重較輕，通常只需草原或耐旱植物，較不需照料。綠色屋頂可比傳統屋頂維持 2 倍以上的時間。歐洲每年設置 100 萬平方公尺的綠色屋頂；都市屋頂也是設置太陽能集熱器和風力機的絕佳之處。

- 規劃集合式住宅或開放空間，保存自然區域、農地。研究顯示搬到鄉間的人並不想遠離鄰居，他們所期待的是可欣賞美麗的景色、有機會看到野生動物。適當規劃房屋的區位，能提供視野，也能保有 50% 至 70% 的開放空間（圖 15.9），而且土地的利用效率也大幅提升，不僅減少發展成本（道路、電話線、下水道、電纜等長度較短），也有助於居民對社區的認同。
- 保護都市內動物棲息地，可保護都市內生物多樣性，也可改善心理健康並接近自然。

圖 15.9　保育型發展將房屋聚集於 1/3 的產權面積內，其餘保留為自然草原和橡樹林地。由於相近，鄰居可以發展社區意識，然而每個人也都能擁有遼闊的視野並可接近開放空間。圖為獲獎的集合式發展住宅 Jackson Meadows，位於明尼蘇達州靜水城（Stillwater）附近。

15.3　經濟與永續發展

經濟與政策決策最終將決定都市環境的改善，因此經濟學原理相當重要。

關鍵概念

如何綠化城市？

效率。 目前有一半以上的人生活在城市，環境科學家經常批評城市擴張至農地且消耗大量的能源、水、糧食、水泥和土地。但城市生活的個人環境成本通常低於郊區或農村生活，特別是富裕國家。因為其為緊湊型，所以城市中道路、供水和下水管道所需的里程較少，供熱較少，每個家庭的私有車輛也較少。由於距離較短，可共享道路和公共基礎設施，公寓或排屋可共享熱能，公共運輸也降低開車上班的需求。

受污染的城市使居民不健康，但組織良好的城市可用許多有益的方式提供文化資源並保護環境資源。

以下是讓居民和環境健康的 10 個城市特點。

1. 公共運輸系統

高密度地區須能維持可靠、效率高的運輸系統，許多搭車民眾可以分擔成本，如圖中巴西庫里奇巴的公車快速接駁系統。公共運輸所使用的空間、能源和材料遠低於私人運送。

2. 安全步道和自行車路線

青少年、老年人和其他無車的人可以免於依賴汽車而增加機動性。提供獨立的步道和自行車道對兒童和家庭更友善，可提供運動也可省錢。

3. 緊密型建築

緊密型的都市設計可顯著提高土地利用率、減少運輸距離，建築物共享牆壁也可提高供熱或冷卻效率。降低對汽車的依賴，以及汽車共享皆有助於管制停車位不足的問題。

◀ 阿姆斯特丹的排屋使城市具有歷史意義及效率。

4. 混合使用之規劃

結合購物、休閒、辦公空間的房屋，提供居民住處附近的工作和服務。這些鄰里社區可以鼓勵步行並建立社群，因為居民花費在購物和工作的交通時間較少。

在挪威歷史悠久的特倫汗（Trondheim），二手書店和咖啡館共享房屋住宅的空間。▶

10. 耕地保護

都市擴張至郊區導致吞噬農田、林地和溼地。在多數開發中國家，這是土地利用變化最快的類型。緊密型都市可以減少耕地、棲地、休閒空間和流域的破壞。

KC 15.8

KC 15.9

9. 本地食品

如果農民能直接銷售給消費者（若某地有許多購買者則更容易），當地農業經濟會更為活躍。對許多生產的農民來說，城市已成為基本收入的主要來源。

▲ 佛蒙特州聖約翰鎮的農民市場提供當地種植的新鮮食物給城市居民。

8. 能源效率

替代能源在來源處即容易使用。屋頂式太陽能、區域供熱等策略可增進效率。

▲ 哥本哈根燃燒生質量的發電廠，以及其他類似的發電廠，幾乎可供應丹麥主要城市的全部熱能。

7. 綠色基礎設施

透水路面、綠化屋頂以及更好的建築設計等新技術可調和不透水表面的衝擊。

KC 15.10

▲ 中國成都的「綠色」停車場，兼顧交通功能和植被生長，並使降雨滲入地面。

6. 回收計畫

在運輸距離短、回收物豐富之處，回收物品相當容易。

KC 15.11

◀ 馬來西亞吉隆坡的回收箱接受各類回收物品。

請解釋：

1. 什麼因素可降低在都市中人均能源的使用？
2. 上述這些綠化因素中，何者最容易在你居住的城市裡執行？
3. 你認為何者最有吸引力？何者最缺乏吸引力？為什麼？

5. 綠色空間

休閒空間有益城市居民的身體和情緒。生氣盎然的植被和土壤可冷卻當地微氣候，並可儲存養分和水分，提供鳥類和野生動物棲地。

◀ 紐約中央公園的遊客觀看溜冰。

369

發展能夠永續嗎？

全球最貧窮人民的安全和生活品質與環境保護息息相關。發展（development）是指改善人類生活，永續性（sustainability）是指在不對支持人類的生態程序造成危害的情形下，以地球的再生資源生活。**永續發展（sustainable development）**努力融合上述觀念，較普遍的定義為「滿足當代的需要，同時不損及未來世代滿足其需要的能力」。但是，這是否可能？

資源的定義塑造其使用方式

資源的使用方式大多數由其定義決定。**古典經濟學（classical economics）**由 1700 年代亞當‧斯密（Adam Smith，1723-1790 年）與湯瑪斯‧馬爾薩斯（Thomas Malthus，1766-1834 年）等哲學家所發展。古典經濟學假設自然資源是有限的，例如石油、金、水和土地等。依此觀點，隨著人口成長，資源將短缺並降低生活品質、增加競爭，最後將致使人口下降。在自由競爭市場下，資訊充足的買方和賣方可任意交易，商品的價格會隨著商品的供給量（如果有大量的商品，價格會下降）以及對商品的需求量（購買者會因為競爭而付出較高的價錢）而改變。

價格機制已被**邊際成本（marginal cost）**的概念修訂。買方和賣方評估經由購買（或製造與賣出）1 個產品是否獲得比邊際成本更多的報酬；如果報酬大於邊際成本，那麼買賣便成立。

19 世紀的經濟學者約翰‧彌爾（John Stuart Mill），也假設大部分的資源有限，但卻發展出**穩態經濟（steady-state economy）**的概念。捨棄馬爾薩斯所假設人口和資源使用之間的盛衰循環（boom-and-bust cycle）的概念，彌爾認為經濟可以達到生產和資源使用的均衡狀態，主張資源使用的知識和道德將會繼續發展，一旦成熟穩定，生產和資源使用就會達到安全的狀態。

發展於 19 世紀的**新古典經濟學（neoclassical economics）**，將資源的定義延伸至勞力、知識與資本。勞力與知識被視為資源的原因，在於當創造產品與服務時，其為不可或缺的要件；然而，勞力與知識並非有限的資源，因為每增加一個人，便可在經濟上提供更多的勞力與能力。**資本（capital）**是任何形式的財富，可用來產生更多的財富。資本的類型包括：

1. 自然資本：自然界所提供的物品與服務。
2. 人力資本：知識、經驗、人力。
3. 製造（建造）資本：工具、建築物、道路、技術。

除了上述類型，有些理論學家認為還需加入「社會資本」（social capital），包括社會共同價值、信任、合作和組織，這些資本必須在群體中發展。

因為資本可用來生產更多的資本（也就是財富），因此新古典經濟學強調成長。成長源自於資源、產品和服務的循環流動（圖 15.10）；為了持續繁榮，必須不斷地成長。自然資源對於生產與成長有所貢獻，但並非限制成長的關鍵因素，因為資源可替代，一旦某項資源短缺，將會出現新的替代品。

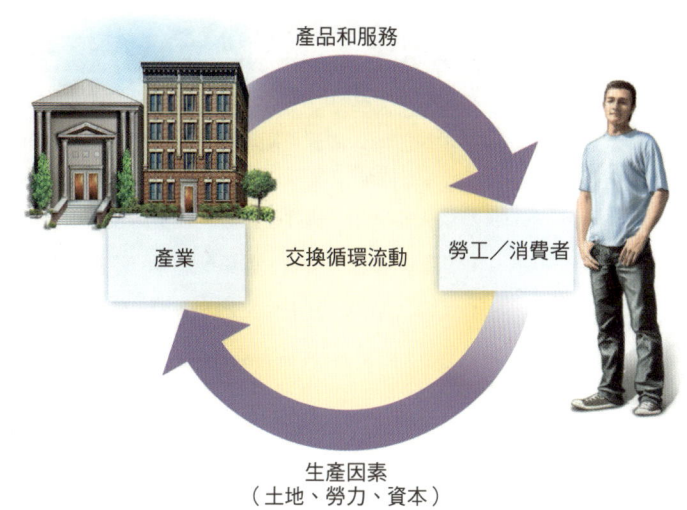

財富的產生是新古典經濟學的中心，而消費則是衡量成長和財富的重要因素。如果社會消費更多的石油和食物，想必會變得更加富裕；此概念延伸出「產出」（throughput）的概念，即社會所使用和丟棄資源的數量。根據此觀點，更多產出代表更多的消費和財富。一般而言，產出大多以**國民生產毛額**（gross national product, GNP）衡量，也就是某經濟體系下所有產品和服務買賣的總和。因為 GNP 包括海外公司的活動，所以另外以**國內生產毛額**（gross domestic product, GDP）表示當地經濟體系所有產品和服務在當地買賣的總和。

自然資源經濟學（natural resource economics）延伸新古典的論點，將自然資源與原料視為重要的潛在性資本，認為這些自然資本（資源）比較豐富，因此比人造或建造資本便宜。

圖 15.10　新古典經濟學的模式聚焦於產業和個別勞工／消費者間產品、服務和生產因素（土地、勞力、資本）的流動。在此觀點下，社會和環境間並沒有明顯的關聯。

生態經濟學融入生態原理

生態經濟學（ecological economics）以系統功能和回收的生態概念定義資源，不但確認自然的效益，也說明生態系統功能對延續人類經濟與文化的重要性。在自然界，某種生物的廢棄物可能是另一種生物的食物，因此沒有任何廢棄。人類需要類似自然界生態系統功能般的經濟形式，能夠回收物質且有效率地利用能量。生態經濟學將自然環境視為經濟體系的一部分，所以經濟計算中，自然資本成為關鍵。生態功能就是**生態服務**（ecological service）（表 15.5）。這些服務是免費的，不需直接付費（雖然常常因為缺乏這些服務而間接支付成本），因此，生態服務常被排除於傳統經濟計量之外，這正是生態經濟學嘗試修正的觀念（圖 15.11）。

許多生態經濟學家也提倡彌爾的穩態經濟概念，並主張在消費和產出未持續成長的情況下，仍可維持經濟健全。換言之，在人口小幅度或未成長的情形下，資源

表 15.5　重要的生態功能

人類依賴環境持續提供的功能：

1. 規律的地球能源平衡與氣候；大氣與海洋的化學成分；水域及地下水之補注；有機與無機物質之生產與循環；生物多樣性的維持。
2. 供人類居住、耕種農作物、能量轉換、遊憩與自然保護的空間與適合的基質。
3. 氧氣、淡水、食物、醫藥、燃料、原料、肥料、建材及工業材料。
4. 美學、精神、歷史、文化、藝術、科學及教育的機會與資訊。

資料來源：R. S. de Groot, *Investing in Natural Capital*, 1994.

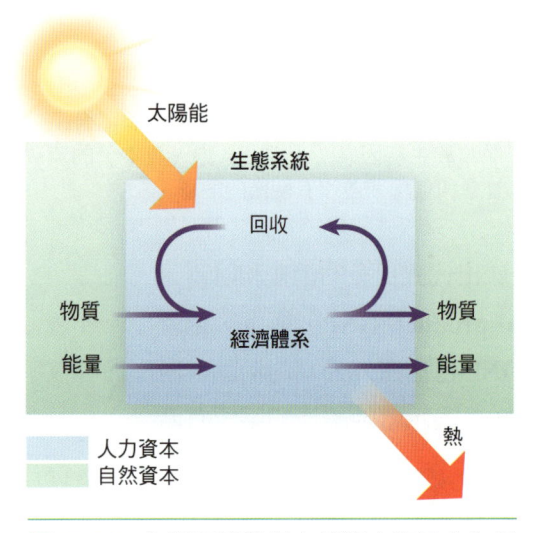

圖 15.11　生態經濟學視自然資本和回收為經濟體系不可或缺的部分，人力資本則是利用有限的自然資本所形成。

資料來源：Herman Daly in A.M. Jansson et al., *Investing in Natural Capital*, ISEE.

的效率與回收仍可支持穩定的繁榮。低出生率與死亡率（第 3 章的 K- 選擇物種）、穩定的政治與社會、依賴再生能源是穩態經濟的特徵。就如彌爾，這些經濟學家也主張，人力與社會資本可以在不增加資源的使用下持續增長。

生態經濟學與新古典經濟學皆將資源區分為**再生資源（renewable resource）**與**非再生資源（nonrenewable resource）**。非再生資源數量有限，至少以人類的時間尺度而言是有限的；再生資源則以相當穩定的速率自然補充或回收（圖 15.12）。

這些資源分類並非十分清楚。鐵、金等非再生資源可延伸為更有效率的使用；替代品也減少非再生資源的使用，例如：塑膠與陶瓷代替車用鋼鐵；電話線的材料也由銅改為矽製的光纖。回收不但延長非再生資源的利用，也降低開採新資源的需求，唯一的限制是開採新物質和回收物質再製之間的相對成本。非再生資源的可回收性也隨著技術的進步而提升。例如，新技術可開採非常稀薄的礦石，過去未開採的低純度金礦，因為新的技術而具經濟開採

圖 15.12　生物體是獨特的資源，因為會無限期地自我繁殖。然而，一旦遭受過度開發或棲息地破壞，可能永遠無法再生。

價值。對於古典經濟學家而言，資源稀少將觸發衝突和災難，但事實上卻是資源代替、回收和使用效率革新的契機。而從另一方面來看，再生資源也會因為使用及管理不當而導致資源耗盡，尤其是生物資源，例如美洲野牛與大西洋鱈魚。

稀少性引導創新

許多環境保育文獻提出警告，過度浪費並消耗非再生資源，將導致災難及社會衰退。非再生資源的開發趨勢〔由哈伯（Stanley Hubbert）所發展，因此也稱為哈伯曲線〕常與過去自然資源消耗趨勢相吻合。

然而，許多經濟學家認為人類的才能和努力能夠延後或緩和資源耗盡的影響，此觀點必須針對**成長極限（limit to growth）**進行討論。1970年代，由許多具影響力人士所組成的羅馬俱樂部（Club of Rome）贊助某個研究。1972年研究團隊提出成果並出版《成長的極限》（*The Limits to Growth*）。此研究以電腦模式模擬世界經濟，評估不同資源的消耗速率、人口成長、污染和工業產出等條件下之情境，加入馬爾薩斯假說（Malthusian assumption）後發現，社會和環境災難似乎無法避免。

圖15.13顯示世界模式的範例，隨著人口快速成長，食物供給和工業產出因而上升，同時也導致資源消耗量上升。但是，一旦超過環境承載容量後，人口將快速下降，食物供給和工業產出也快速下降，污染會因為社會的衰退而成長，但是最後也會下降。值得注意的是，此曲線和景氣循環類似。

許多經濟學家批評這個模式低估技術發展和減緩資源耗損的影響因子，研究團隊在1992年於《超越極限》（*Beyond the Limits*）一書中發布修正的電腦模式。新的電腦模式考量技術進步、污染預防、人口穩定及為達成永續性而實施的新公共政策。如果立即執行這些措施，所有因子會在本世紀趨於穩定，而且生活品質也有所提升。

公共財資源是經濟學的經典問題

經濟學與資源管理的難題，在於許多資源是全部的人可以共享，而不是屬於某個個人。生物學家哈丁（Garret Hardin）在1968年發表〈公有地的悲劇〉（*The Tragedy of the Commons*），描寫共有資源如何被私人利益所消耗、破壞。使用「公有地」這個隱喻，源自於新英格蘭殖民地村莊的牧場。哈丁推論，若每位農夫都在牧草

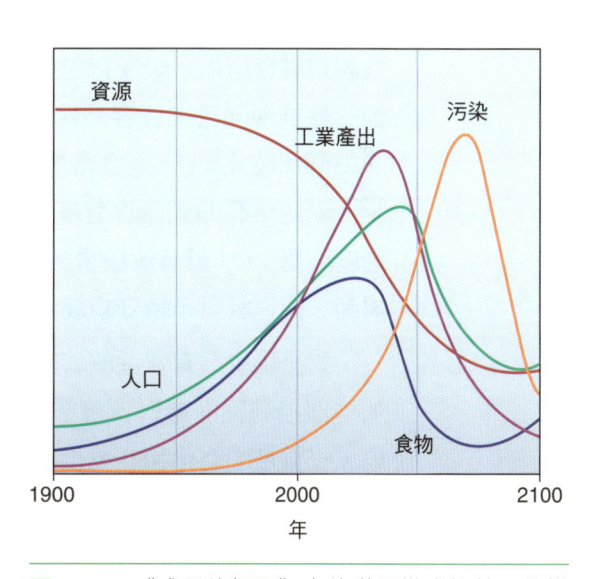

圖 15.13 《成長的極限》中的世界模式趨勢。此模式假設現行體系（business as usual）持續到馬爾薩斯限制，而導致工業社會崩潰。請注意，污染在工業產出、食物供給及人口皆迅速下降後仍持續增加一段時間。

圖 15.14 峇里島上的公共灌溉系統由村莊合作組織蘇巴克管理達數世紀。此複雜系統由印度教神父調節供水，以便大家共享。

地上放牧更多的牛隻，則每多一隻牛都將為農夫帶來更多的財富，但是過度放牧所帶來的傷害，最終需由整個社會承擔。對於放牧的農夫而言，僅需負擔部分過度放牧的危害代價，但卻擁有在牧地上額外牛隻的全部利益。此現象也稱為「搭便車問題」（free rider problem）。哈丁認為最好的解決方式是賦予政府足夠的公權力，或將資源私有化，如此單一擁有者可控管資源的使用。此隱喻被廣泛應用到許多資源，尤其在人口成長方面。窮困村民多生小孩能獲得較多的利益，但對整體社會而言，這些小孩會耗用更多的資源，最後使所有的人都更加窮困。

評論家指出，哈丁所討論的是**開放存取系統**（open access system），因此無法規範資源的使用。事實上，許多資源在共同協定下，已經成功地管理數百年。例如，瑞士村落自有山林和牧地的管理，西班牙、峇里島、寮國等的公共灌溉系統（圖 15.14）。

這些「公有地」或**共有資源管理系統**（communal resource management system）均有相似的特性，包括：(1) 成員長期居住在當地或是長期使用該資源，同時希望子孫也能夠長期使用這些資源，因此有強烈的動機，希望與鄰居組成團體共同維護管理並永續保存這些資源；(2) 這些資源的範圍能夠清楚劃分；(3) 共有資源的社群範圍已知且容易執行；(4) 這些資源具有相對稀少性及高度變動性，因此必須仰賴彼此；(5) 適合當地環境的管理策略會隨著時間演進並共同執行，也就是說，受到規範的成員也有權表示意見；(6) 資源與使用均被監督，禁止任何欺瞞或過度取用；(7) 具有解決爭議的機制，以降低社群的不和諧；(8) 提供誘因鼓勵遵守規範，但也針對不遵守規範者訂出罰則，以確保成員都能遵守。

對於稀少共有資源的管理，前述的共同管理方式是可行的，但私有化和不斷增加外部控制反而會對資源造成重大損害。小型村落中已數代共同擁有的森林與漁場，一旦被國有化和商業化後，會很快導致社會和生態系統的破壞。共有資源若被私有化，外來投資者很容易將資源的利益狹隘化，僅及於少數人，原社群內屬於弱勢民眾的利益很容易被剝奪。

15.4　自然資源會計帳

本益分析（cost-benefit analysis, CBA）是一種計量並比較計畫成本與效益的

程序，理想情況下，可合理估算計畫對社會、環境的影響程度以及資源的消耗或生產。然而，CBA 的結果會隨著最初資源如何被計量或測量而有所不同。CBA 是資源經濟學的主要概念，而且用於評估各項問題。CBA 決策雖然實用，但也引起許多爭議，因為其通常會貶低自然資源、生態功能和人類社區的價值，但卻用來評價對這些資源有負面影響的計畫。

在 CBA 中，將計畫貨幣化後的所有效益，與計畫中貨幣化的總成本相比較。通常計畫的直接費用很容易確認，例如，需要花多少錢買土地、材料和勞力。但是，相對的機會成本（例如能夠在河裡游泳或釣魚，或者是在森林內看鳥）則難以衡量。相同地，有些資源的天賦價值，例如野生物種或原始河流存在的價值，也非常難以評價。最後，決策者在比較所有花費和效益後決定計畫是否合宜，或是哪些替代方案可以用較少的成本獲得更多的效益。

批評 CBA 的人指出其缺失，包括缺乏標準、對於方案可能給予不適當的觀點、成本與效益的貨幣化方式模糊不清。但是，無人能評斷如何估計成本和效益。對於獲取便宜電力與生物多樣性降低，類似這種不同類型的經濟效益或損失，該如何評估比較？批評者認為，如果考慮每項事物的金錢價值，將導致只有與金錢有關的事物才會被考量，只要付出金錢，則每種行為都可被接受。在 CBA 的程序中，某些特別的數值乃依理論或假說所推論，卻被當成實際的數值使用。

圖 15.15 為一假設範例，顯示減少空氣污染的成本效益分析。如圖所示，一開始致力於污染控制的成本效益相當高，然而隨著愈來愈多污染物被移除後，成本便開始增加。到了某一點時，污染控制的成本和效益相同，經濟學家稱此為最佳點。超過最佳點，成本就大於效益。但是，效益可能是無形或分散的，因此往往被只顧成本的人低估。

野生生物、生態系統和生態服務的「價值」，皆可以利用自然資源會計帳（natural resource accounting）表示。理論上，此帳目有助於資源的永續利用，因為提供了長期或無形商品的資源價值，這些資源價值在經濟決策上常被輕忽，實際上卻必須加以考量。自然資源會計帳的一個重點是設定生態服務的價值（表 15.6），每年 33.3 兆美元的生態服務總價值是全球 GDP 的 1/2。估算自然資源價值的另一方

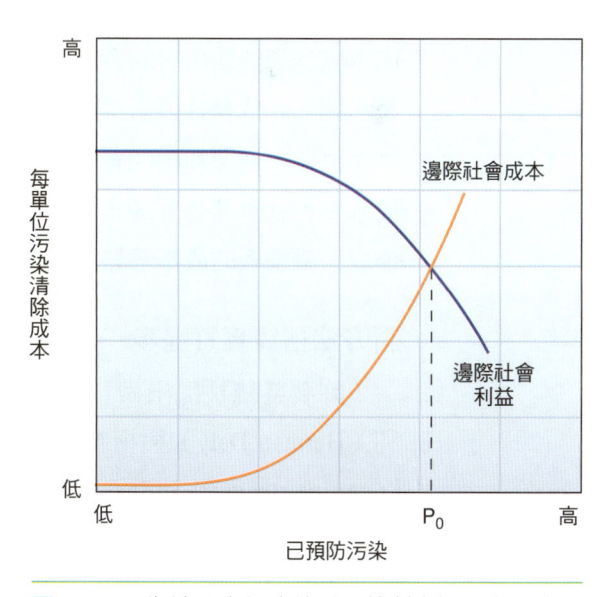

圖 15.15 為達最大經濟效益，管制應該要求污染預防達至最佳點（P_0），在最佳點，清除污染的成本正好等於社會利益。

表 15.6　生態服務的每年估計價值

生態系統服務	價值（兆美元）
形成土壤	17.1
休閒	3.0
營養循環	2.3
調節並供應水	2.3
氣候調節（溫度和降雨）	1.8
棲地	1.4
防範洪水和暴風雨	1.1
生產食物和原物料	0.8
基因資源	0.8
平衡大氣氣體	0.7
植物授粉作用	0.4
其他服務	1.6
生態系統服務總價值	33.3

資料來源：Adapted from R. Costanza et al., "The Value of the World's Ecosystem Services and Natural Capital," in *Nature*, vol. 387, 1997.

式則是以福祉與發展為基礎。GDP 以消費和產出為基礎，但 GDP 並未計量自然資源耗損或生態系統被破壞的損失。例如，世界資源研究所（World Resources Institute）估計，印尼的土壤侵蝕每年減少當地 40% 的農作物生產量，如果納入自然資本，印尼的 GDP 每年減少 20%。同樣地，哥斯大黎加曾於 1970 至 1990 年間大量生產木材、牛肉和香蕉，但自然資本在此期間減少，土壤侵蝕、森林破壞、生物多樣性降低和地表逕流加速，總共損失至少 40 億美元，相當於該國 25% 的 GDP。

將外部成本內部化

成本外部化（externalizing cost）是指忽略或低估有助於生產的資源或物品的價值，生產者並未實際支付這些資源的使用成本。這些外部成本（external cost）通常難以估算，成本最後大多由大眾負擔，而非使用者個人承受。例如，當農夫在秋天收成時，種子數量、肥料成本及賣出農作物的所得皆很容易計算，但耕種所產生的土壤流失、非點源污染造成的水污染，以及魚群種數的減少等卻未被計算，而這些損失通常由整個社會負擔。因此，這些成本處於資源使用者的會計帳目之外，也不列入成本效益分析。大型工程，例如建築水壩、砍伐森林與修築道路，通常也都將生態服務喪失所付出的成本排除在外。

最佳化資源利用的有效方法，是確認利用資源並獲益的人必須負擔所有的外部成本，也就是將外部成本予以**成本內部化（internalizing cost）**。雖然生態服務的價值或污染擴散的成本等難以計量，但這是資源永續利用中很重要的一環。

新方法估算真實進步

許多系統被提出做為 GNP 的替代方式，以反映真正的進步與社會福祉。達利（Herman Daly）與柯布（John Cobb）於 1989 年出版的書中提出**真實進步指標（genuine progress index, GPI）**，納入真實的個人所得、生活品質、分配公平性、自然資源消耗、環境危害、失業勞工等因素。他們指出，1970 年至 2005 年間，美國每人 GDP 成長 1 倍時，GPI 卻只增加 4%（圖 15.16）。一些社會服務機構將社會敗壞和犯罪加入指標，顯示此期間真正的進步幅度甚至更低。

聯合國開發計畫署（United Nations Development Programme, UNDP）使用人

類發展指數（human development index, HDI）作為衡量社會進步的基準。HDI 加上平均壽命、教育程度與生活水準當作衡量發展的關鍵性參數。性別問題以**性別發展指數**（gender development index, GDI）表示，基本上只是依男女之間不平等或成就調整 HDI 而得。

UNDP 的年度人類發展報告比較各國之間的進步。一如預期，最高發展的等級一般是落在北美、歐洲與日本。根據聯合國 2015 年出版的報告（Human Development Report 2015—Work for Human Development，UNEP），2014 年世界 HDI 平均值為 0.711，挪威 HDI（0.944）、GDI 排名皆第 1 名，美國 HDI 值為 0.915 排第 8 名。2014 年臺灣的 HDI 值為 0.882，為亞洲第 6 名，僅次於新加坡（0.912）、香港（0.910）、韓國（0.898）、以色列（0.894）、日本（0.891）。2012 年，HDI 最低的 29 個國家皆位於非洲。

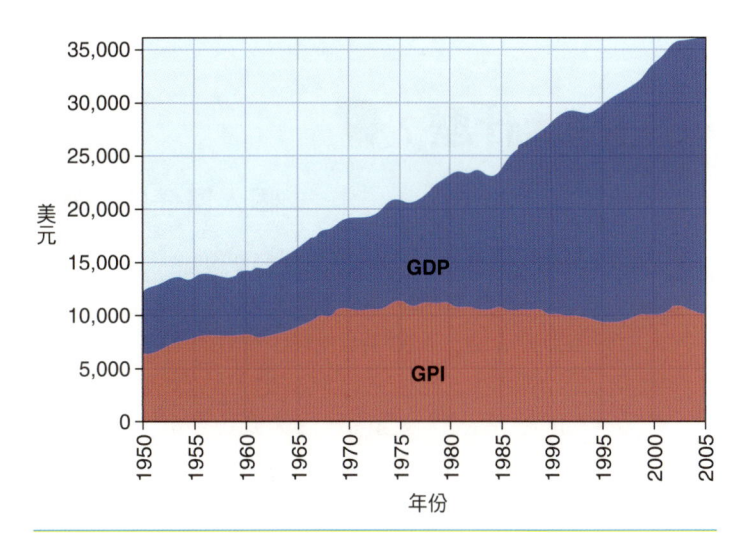

圖 15.16　以調整通貨膨脹美元價格計算，雖然美國平均每人國內生產毛額在 1970 年至 2000 年之間幾乎成長 1 倍，但考量到自然資源耗盡、環境的損害以及後代的選擇，真實進步指標幾乎根本沒增加。

資料來源：*Redefining Progress*, 2006.

15.5　貿易、發展與就業

擴展貿易關係一直被宣傳成是有效分配財富與資源、激勵世界經濟發展的方法。然而，最貧窮及最沒有權勢的人民卻經常在全球化的市場中受苦。因為富有及有權勢的國家總是根據自身利益設定管制信用、外幣匯率、運費、商品價格的金融及貿易體系。例如，世界貿易組織（World Trade Organization, WTO）和關稅暨貿易總協定（General Agreement on Tariffs and Trade, GATT）的內容由幾個工業大國所協議，管理 90% 的國際貿易。WTO 和 GATT 提供少數富有國家間的合作關係與協定，而沒有影響力的國家常因協定內容，必須提供木材、礦物、水果等自然資源以及廉價勞工，這些國家被迫開採自然資本，卻只獲得微薄的報酬。WTO 強調，對於出口所衍生環境與社會成本的外部化應予以改善。

小額貸款幫助窮人中的窮人

世界銀行對發展中國家金融和政策的影響力比其他國際組織為大。例如，由多個國家發展銀行出資、每年約有 250 億美元資金出借給國際機構進行的發展計畫，

你能做什麼？

個人責任的消費主義

藉由責任消費主義（responsible consumerism，或譯為責任消費觀）及生態經濟學，個人可做很多事降低生態衝擊並支持「綠色」產業。

- 力行簡約生活。捫心自問是否需要更多的物質貨品才能使生活更快樂、更富足？
- 在情況許可下，租用、借用或交換物品。如果實際上很少用到的機器設備用租借而非購買，則可減少消費的物品數量。
- 回收或再使用建築材料：門、窗、櫥櫃、家電。在二手店、舊貨拍賣及其他賣二手衣物、餐盤及家電的地方購物。
- 參考 Co-Op America 國家綠皮書（*National Green Pages*）所提供的生態友善企業清單。寫信給購買商品或服務的公司，詢問其為環保和人權盡到什麼責任。
- 購買「綠色」產品。尋找可使用較久並以最環境友善態度製造的高效率、高品質物品。選購清淨能源相關的服務，與當地電力公司連繫，詢問其為何未提供此服務。
- 購買當地生長、當地生產且工人收入合理的人道產品。
- 思考商品的生命週期總成本，特別是大件採購，例如汽車。嘗試計算環境衝擊、能源使用、處置成本及其初始購入成本。
- 禁止垃圾郵件。要求從大宗郵件清單中移除自己的姓名。
- 將資金投資在社會及環境責任互惠基金或綠色企業。

其中 2/3 來自世界銀行。世界銀行於 1945 年成立，當初是為了協助日本與歐洲重建。世界銀行於 1950 年代開始協助發展中國家，並以人道主義為出發點。世界銀行貸款給各國的發展計畫，而投資者則從貸款的利息中獲利。

世界銀行處理許多大型的貸款計畫，對投資者和借貸的國家而言是好事，但也是巨大的經濟賭注，因為平均償還率相當低，於是最近展開較小、地方性的發展計畫，稱為**小額貸款（microlending）**，結果比以往更好。第一個計畫是協助孟加拉鄉村銀行（也譯作葛拉敏銀行）借貸小額貸款幫助窮苦人家買縫紉機、腳踏車、織布機、牛等一般設備，以協助家庭事業。大約 90% 的貸款者為女性，她們通常沒有旁系親人的協助或穩定的收入。此方案強調品格與尊重，也協助農村社會的發展，並隱含著對個人的責任心與創業態度的教育。

類似的計畫與方案陸續出現，在美國有 100 個以上的組織或協會，開始提供小額貸款與訓練補助金給需要的民眾，例如芝加哥的「女性自僱計畫」，在居家服務計畫中協助單親媽媽學習工作技巧。類似的計畫還包括在美國原住民保留區的「部落銀行」（tribal circle bank），成功地資助小額貸款的經濟發展計畫。

市場機制可減少污染

目前而言，全球氣候變遷可能是最嚴重的環境問題。2006 年，英國經濟學家尼可拉斯·史登（Sir Nicolas Stern）警告，未來 50 年，氣候變遷的損失每年相當於全球 GDP 的 20%。換個方式說，如果現在投入 1 美元於削減溫室氣體排放，未來則可省 20 美元。

為了過渡至低碳經濟，許多環境專家鼓吹：「停止燃燒化石燃料」，而許多地區的作法也僅只於此。

經濟學家相信，市場力量減少污染的效率比法規來得高。對每噸 CO_2 排放量課以碳稅，除了鼓勵企業減少溫室氣體，也會讓企業尋找更具成本效益的方式達成減量目標。經濟誘因讓企業減量愈多，省愈多。

另一方法為建立「**總量管制與排放交易**」（**cap-and-trade**）系統。首先設定全國、各部門、個別企業所能排放的總量（cap），削減量比所能排放總量還要高的企業，可以將剩餘的額度賣給未能達標的企業，此方法能達成與碳稅相同的效益，但政府的介入較少。

15.6　綠色產業與綠色設計

近年許多商業改革人士嘗試發展綠色產業（green business），生產具環境與社會意識的產品。這些「環境自覺」或「綠色」公司，包括美體小舖、Patagonia、Aveda、Malden Mills、嬌生等公司。經驗顯示，依循永續發展與環境保護的價值觀經營事業，對大眾關係、員工士氣、銷售都有相當正向的影響（表 15.7）。

綠色產業能夠成功，是因為消費者意識到消費行為對生態環境的影響，而對環境和社會永續性的關注持續增加，致使綠色產品爆炸性成長。Co-Op America 出版的《國家綠皮書》（*National Green Pages*）中，列舉 2,000 家以上的綠色公司，包括生態旅行社、有機食物販賣商、柳丁皮製的油漆稀釋液、回收輪胎製成的涼鞋，以及大量的麻製品，包含漢堡、衣服、鞋子和洗髮精。雖然這些生態企業僅占每年 7 兆美元的美國經濟中的一小部分，但在新科技的發展與服務的創新方面卻是先鋒。事實上，此市場也逐漸成長，例如有機食品市場已成長到 490 億美元，大部分的連鎖超市也供應

表 15.7　生態效益經濟的目標

- 引入對空氣、水和土壤無害的物質。
- 藉由用具生產力的方式可以增值多少自然資本來測量成功。
- 藉由有多少人被實際僱用且獲得報酬來測量生產力。
- 藉由有多少建築物沒有煙囪或是危險的放流水來測量進步。
- 讓數千條目前管制毒性或有害物質的複雜政府法令變成沒有必要。
- 不要製造讓後代需要經常性警戒的東西。
- 展示豐富的生物和文化多樣性。
- 利用可再生的太陽能生活而不是化石燃料。

有機食品。民眾購買這些產品,將有助於增加市場占有率。承諾遵循生態效益與清潔生產的知名公司包括 Monsanto、3M、杜邦和 Duracell,依循著名的 3R 架構——減量、再利用、回收,不但省錢,也獲得大眾的支持與歡迎。

綠色設計有益產業與環境

建築業意識到建築物的暖氣、冷氣、燈光和建築物的運作消耗最多能量與資源。建築師提出「綠色辦公室計畫」,計畫中的每座建築,包括紐約市的環境保護基金會總部、荷蘭希爾佛賽姆的耐吉歐洲總部以及加州聖布魯諾市的 Gap 集團辦公室(圖 15.17),皆使用高能源效益的設計與技術,包含自然採光、節水系統等設計。

綠色消費及綠色採購

綠色產業生產或製造綠色產品,綠色消費(green consumption)及綠色採購(green procurement)是支持綠色產業的重要作為。經濟合作暨發展組織(OECD)、國際標準組織(ISO)及臺灣的「機關優先採購環境保護產品辦法」對綠色產品的定義如表 15.8。

依據行政院環境保護署「綠色生活資訊網」的定義,綠色消費意指「在維持基本生活所需並追求更佳生活品質之同時,降低天然資源與毒性物質之使用及污染物排放,目的在不影響後代子孫權益的消費模式」。

綠色消費涵蓋食、衣、住、行、育、樂各層面,綠色採購則能落實綠色消費。如果能採購綠色產品,落實考量環境面之採購行為,也就是採購的產品對人類健

圖 15.17 Gap 公司位於加州聖布魯諾市(San Bruno)的得獎辦公室,展現環境設計的最佳特色。屋頂上覆蓋當地原生的草,可以隔熱並減少逕流,自然採光、開放的設計和周圍環境細緻的配合,讓此處可以令人愉悅地工作。

表 15.8　綠色產品的定義

來源	定義
OECD 1995	為衡量、預防、限制、減少與矯正對水、空氣及土壤的環境損害,並處理與廢棄物、噪音、生態系統相關之問題所需生產之產品、服務或有關之活動
ISO 14024	基於生命週期之考量,具整體環境優越性之產品與服務
《機關優先採購環境保護產品辦法》	「低污染、可回收、省資源」是綠色產品的指標

資料來源:行政院環境保護署「綠色生活資訊網」。

康及環境的傷害性最小。1998 年 5 月公布施行的「政府採購法」中,第 96 條納入「政府機構得優先採購環境保護產品」之相關規定。1999 年由環保署與公共工程委員會會銜公告「機關優先採購環境保護產品辦法」,辦法中定義環境保護產品之相關專有名詞,亦規定相關產品之採購。另外,該辦法也規範對於採購環保產品較具績效機關應有之獎勵(詳見行政院環境保護署「綠色生活資訊網」)。

為了進一步推廣綠色產品,落實綠色消費,政府部門也頒行許多標章:環保署頒發的環保標章、能源之星標章,能源局頒發的節能標章,水資局頒發的省水標章,以及內政部建築研究所頒發的綠建材標章。此外,尚有許多環保標誌,例如資源回收標誌、資源回收材質標誌、碳標籤等,皆可利用 Google 查詢其圖案。

環境保護創造就業

長久以來,企業領袖與政治人物皆認為環境保護和就業兩者無法共榮,以為環保會妨礙經濟成長,增加失業率。生態經濟學研究則顯示,在美國所有大規模的裁員中,只有 0.1% 是肇因於政府環保法規(圖 15.18),所以環境保護不但是健全經濟體系的必要因素,也會創造新的就業機會並刺激產業發展。

具備先進環境技術的日本,也認同「綠色產業」具有相當的經濟潛力。日本銷售產品包括焚化爐、污染控制設備、替代能源與水處理系統,而超高效能的油電混合車更讓日本汽車製造業重新大放異彩。

圖 15.18　雖然反對環境法規的人士聲稱環境保護將影響工作機會,但經濟學家 E. S. Goodstein 的研究顯示,美國由於環境法規所引起的大規模裁員只有 0.1%。

資料來源:E. S. Goodstein, Economic Policy Institute, Washington, D.C.

問題回顧

1. 全世界多少人居住在城市？
2. 貧民區和違建區之間的差異是什麼？
3. 定義都市擴張。
4. 定義智慧型成長。
5. 定義綠色屋頂。
6. 定義永續發展。
7. 以新古典經濟學和生態經濟學的角度定義資源。
8. 自由取用和共有資源管理之間的差異是什麼？
9. 什麼是 GDI？
10. 何謂小額貸款？

批判性思考

1. 你家住在什麼地方？其發展是否具有表 15.3 所列的特徵？這些特徵是好還是壞？
2. 運輸是現代大都會的重要挑戰。你認為在短時間內運輸大量人群的唯一解決方式是大眾捷運系統，或是改善現有公車系統？對自用小客車進行管制，是否有助於解決臺灣上班時間普遍塞車的問題？
3. 開發濱南工業區可能會破壞黑面琵鷺棲息的七股潟湖溼地。你認為這些生態服務的價值比較大，還是開發工業區？以附近居民、其他地區民眾、環保署署長、經濟部部長、需要選票且需要選舉經費的縣（市）長和民代（立委、縣市議員）、一般政府官員、環保團體等角色，分成 2 組辯論。
4. 生態學家警告，我們即將耗盡無法取代的自然資源；而經濟學家則認為，發明家和企業會找到多數資源的代替品。這些主張應有什麼樣的前提和定義？
5. 你會購買價格稍高的環保產品嗎？或是購買價格低但不環保的產品？為什麼？

16 環境政策與永續
Environmental Policy and Sustainability

國立臺中教育大學為環境教育機構，開授環境教育訓練課程。圖中的行政樓於 1928 年完工，為簡化哥德式建築，被臺中市政府列為重要古蹟文化。「文化保存」也是環境教育八大領域之一。

> 不要懷疑一小群全心投入的人可以改變世界；事實上，他們是唯一曾做到的。
> ── Margaret Mead

學習目標

在讀完本章後，你可以：

- 解釋政策及其如何形成。
- 討論公共政策不公平與不理性的原因。
- 說明我國的環境政策。
- 描述我國的環境法規及其目的。
- 定義適應性管理、生態系管理，以及其運作。
- 判斷國際條約與協定沒有效力的原因。
- 定義公民科學及其提供的機會。
- 思考個人對環境保護的貢獻。
- 參與團體工作以保護環境。
- 了解永續及其重要性。

案例研究

臺灣的環境教育

環境教育與宣導是基本的環保工作，藉由教育的過程，可讓全民瞭解人與環境之關係，達成永續發展。《環境教育法》於 2011 年 6 月 5 日正式施行，依據相關規定，教育部、行政院環境保護署、地方政府、中央各部會皆應辦理環境教育相關工作，相關單位所推動的環境教育與宣導工作如下所述。

教育部推動的環境教育與宣導工作包括：（一）政府單位環境教育與宣導；（二）學校環境教育與宣導；（三）社會環境教育等。

環保署辦理環境教育的工作包括：（一）落實 4 小時環境教育；（二）社會環境教育：內容涵蓋推動環境教育終身學習、成立環境教育區域中心；（三）環境教育認證：內容涵蓋環境教育人員認證、環境教育機構、環境教育設施場所、環境教育認證管理、增能培訓等。

地方政府辦理環境教育的工作包括：（一）地方政府環境講習；（二）環境教育志工培訓；（三）地方特色環境教育等。

中央部會辦理環境教育的工作包括：（一）環境教育場域推廣；（二）辦理生態調查保育；（三）環境教育學習中心；（四）環境教育資源網；（五）文化保存；（六）綠色採購；（七）社區推廣；（八）食農教育；（九）環境游離輻射課程；（十）結合媒體宣傳；（十一）配合節日宣傳；（十二）促進國際交流合作等。

部分數量化的成果如附表所示。

相關單位推動環境教育導工作的數量化成果

教育部	
學校環境教育與宣導	1. 辦理環境教育人員認證，截至 2015 年共 4,266 人認證通過。 2. 自 2002 年至 2015 年底止，共補助 1,089 校次執行「永續校園局部改造計畫」。
環保署	
落實 4 小時環境教育	2015 年全國總計完成 2,869 萬 4,591 小時環境教育時數。
環境教育認證	1. 截至 2015 年底止，計有環境教育人員 8,734 人（其中含教育部認證通過 4,266 人）通過認證。 2. 截至 2015 年底止，計有環境教育機構 25 處通過認證。 3. 截至 2015 年底止，計有環境教育設施場所 119 處通過認證。
地方政府	
地方政府環境講習	2015 年總共辦理 1,256 班次，實際完成環境講習人數為 8,495 人，總完成率 62%。

資料來源：行政院環境保護署，105 年版「環境白皮書」。

16.1 環境政策與科學

政策是如何執行或處理問題的規範或決策。我國有《空氣污染防制法》等環境法規，由立法院表決同意，由總統公布施行。國際間也有相關政策，例如 1987 年的《蒙特婁議定書》規範破壞臭氧化學物質的生產限制，《瀕臨絕種生物國際貿易公約》（CITES）則限制瀕臨絕種生物的交易。

環境政策（environmental policy）為由政府制定、運作並強制執行的環境相關法案及規定，以保障人類健康與福祉、自然資源及環境品質。在民主社會國家，環境政策透過協商與妥協而建立，有時候可能會持續爭論數十年。理論上，公開辯論應能讓所有意見被聽見，而且政策最後的訂定應能符合大多數人的利益。

如何創造政策？

政策循環（policy cycle）意即大眾的議題持續性地定義並修改（圖 16.1）。這項程序的第一個步驟就是界定問題，有時政府會幫沒有看法或本身不知道問題所在的群體界定問題。在其他狀況，大眾通常會界定問題，例如生物多樣性的喪失或暴露於有害廢棄物的健康風險，並要求政府再針對問題進一步界定與確認。不管哪一種案例，不論是私部門或公部門，支持議題的一方將主動說明問題，並說明其偏好方案的風險與利益。

在問題界定之初，通常會讓群體定義議題的項目、議程、關係人、參與者、選擇方式、收集相關的議題、決定議題和參與者的合法性（合法或不合法），並進行相關的辯論。接著，關係人則準備擬定政策的提案，通常這種提案屬於立法或行政規定的形式。支持者透過大眾傳播、大眾教育和遊說決策者等幕後活動，支持提案。隨著許多立法步驟或行政程序，經過相關利益的團體確認，最後成為可被執行的法律或規範。

下一個步驟是政策的執行。理想上，政府組織會依政策的指示，執行相關服務及業務，或推動相關的規定或規範，而社會大眾的持續關注可確保政府確實執行政策。評估政策實行結果與建立政策同等重要，測量目標

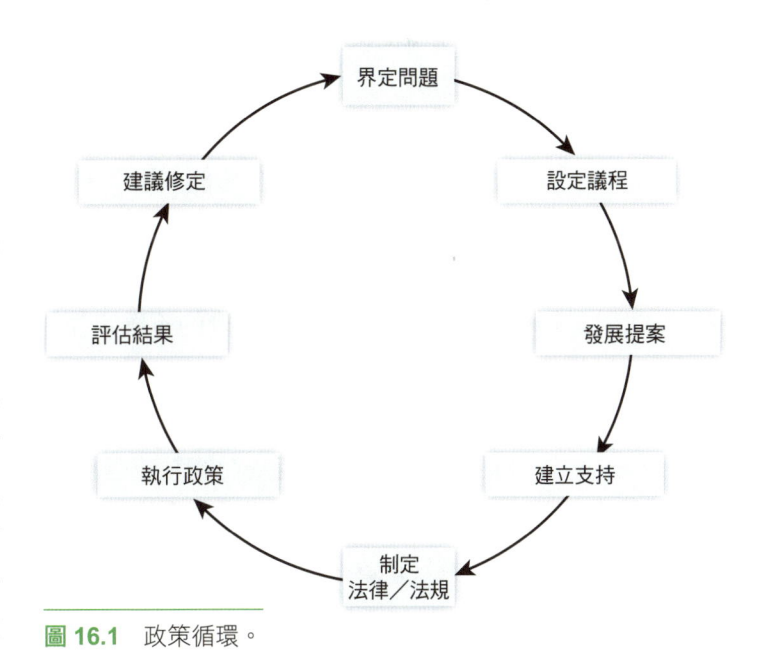

圖 16.1 政策循環。

或非目標族群的衝擊與影響，可知道原先設定的目標、原則和執行方向是否正確或達成。最後，建設性的修正或調整將使政策公平性與效率提高。

政策循環也有不同的運行方式。工業協會、勞工聯盟或有權勢的個人等特殊經濟利益團體，不需（通常是不想）讓太多民眾參與或支持其提出的政策主導權，因此會私下進行問題界定、議程設計和提案發展的程序，也常透過直接的管道與決策者接觸，進而影響立法或行政程序。相對而言，一般社會大眾或團體缺乏直接與權力者接觸的管道，需要廣大的支持使提案合法化。使政策公開的重要方法是吸引媒體注意，因此發動抗議或媒體事件，常能引起公眾的注意。公布可怕的威脅或感性的訴求，也是獲得注意的好方法。歇斯底里地誇大問題，容易使主張被聽到，但卻也每天被驚恐的新聞轟炸，許多團體必須藉著悲嘆與誇大事實才能在眾多意見中突顯出來。

本益分析有助於優先配置

另一個公眾決策的模式是理性選擇並以科學管理，此基本原則是**本益分析**（**cost-benefit analysis**）。在主張社會利益下，政策的成本應低於利益。因此在選擇政策時，應該選擇具有最大利益和最小負面衝擊的方案，專業的管理階層應該評估不同的方案並做出客觀、合宜的決策，使決策帶來最大的社會福祉。然而有許多原因，使得理性選擇無法執行，例如：

- 許多價值觀和需求常具衝突性，而且無法比較，因為其原來就無法比較或沒有足夠的資訊供比較。
- 大眾所廣泛接受的社會共同目標只有少數，相對地，特定團體和個人利益卻有許多衝突。
- 政策制定者經常不以社會共同目標作為決策的基礎，反而以自己的利益為優先，包括權力、身分、金錢或選舉。
- 過去大量投資於現行計畫與政策，造成「路徑依賴」（path dependence），讓決策者很難捨棄先前的決策而選用更好的方案。
- 新政策的成果常具有高度的不確定性，迫使決策者盡量採用先前的政策以減少負面與不可預期的後果。
- 即使決策者有意改革，但當遭遇政治、社會、經濟和文化價值觀等不同觀點而瀕臨危機時，常缺乏充分智慧或適當數據及模式計算成本與效益。
- 在龐大的官僚體系中，分散決策的本質讓協調變得更為困難。

本益分析是一項基本工具，但必須以明晰、證據充分的方式來運用，並且允許大量參與者投入；這樣它才不會被單純用於證明計畫提前。

是否防患於未然？

政策的一項基本概念為**預防原則**（precautionary principle，或譯為**預警原則**），亦即當某項行為有可能威脅健康或環境時，在啟動該行為前必須先充分了解其風險（圖16.2）。以下為此原則中被廣為接受的四項信條：

- 人民有責任採取行動預防傷害。當認為可能會發生不好的事之時，有義務阻止其發生。
- 開發者有義務為新技術、程序、行為或化學品提出證明，而不是一般大眾。
- 使用新技術、程序、化學品，或展開新行為之前，有義務檢視各種可能的替代方案，包括不使用的方案。
- 使用此原則而形成的決策，必須公開且民主，而且必須包括受影響的團體。

圖 16.2　位於臺中市龍井區的臺中火力發電廠，是第一座經過環境影響評估後才興建的電廠。但 2009 年 CARMA 評估，該廠年排放二氧化碳 3633.6 萬公噸，居全球首位（白子易攝）。

16.2　法規的施行

法規是立法機構、社會或習俗所設定的規則的集合。**環境法規**（environmental law）是包括關於環境品質、自然資源及生態永續的官方法令、決策和行動。每個國家都有不同的立法和法律程序。以美國為例，環境法規可由政府立法、司法與行政三個部門中的任一部門建立或修改，包括法律（statutory law）、判例法（case law）和行政法（administrative law）。

立法部門制定法律

聯邦法律（federal law）由美國國會制定並經總統簽署公布，起初是立法的提案，稱為議案或法案，通常由國會議員起草，並與各利益團體代表商議後提出。環境立法可能是處理非常特定的區域性問題，或是廣泛性的國家、甚至國際議題。每一項法案提出後都會提送至議案委員會或次委員會，並舉辦公聽會與辯論會。公聽會現場大眾有機會提出證詞。

我國的法律案在立法院提出，經立法委員表決通過，移請總統公布實施。另依據《立法院程序委員會組織規程》規定，立法院設立「衛生環境及社會福利委員

會」，負責審查衛生、環境及消費者保護政策及有關行政院衛生署、行政院環境保護署、行政院消費者保護委員會、行政院勞工委員會及內政部社會司掌理事項的議案。依據《立法院各委員會組織法》第二條規定：「各委員會審查本院會議交付審查之議案及人民請願書，並得於每會期開始時，邀請相關部會業務報告，並備質詢。」表 16.1 為我國主要環境法規，表 16.2 為美國主要環境法規。就我國而言，《中華民國憲法增修條文》第十條中明訂：「國家應獎勵科學技術發展及投資，促進產業升級，推動農漁業現代化，重視水資源之開發利用，加強國際經濟合作。經濟及科學技術發展，應與環境及生態保護兼籌並顧。」可視為我國的環境基本大法。另外，2002 年 12 月 11 日亦頒布《環境基本法》，其立法的主要目的為：「為提升環境品質，增進國民健康與福祉，維護環境資源，追求永續發展，以推動環境保護。」

無論是團體或個人對於未表決的法案需要尋求較多的支持時，通常可以利用遊說（lobbying）、私人關係、大眾壓力和政治行動說服立法委員投票支持該法案。在一項對遊說者的調查中，大多數的遊說者同意私人關係是影響決策者最有效的方法。

參與地方性選舉活動也可增加和民代接觸的機會，寫信或電話也是傳送訊息的好方法，民代通常都有電子信箱，信件和電話通常比較受到重視。引起媒體注意也是影響決策者的方法，因此抗議、示威遊行或群眾事件，會使議題引起大眾的注意。另外，大眾教育活動、記者招待會、電視廣告和其他系列性的活動都有相同的作用。加入理念一致的團體，也可以增加影響力，個人或小團體很難有影響力，如果組織大型行動，對政策的影響可能非常有效。

司法部門形成判例

司法系統是尋求環境損害賠償以及迫使改善污染的最有效方法。由許多法院案件的法律主張所建立的主體規範，稱為**判例法（case law）**。通常，法律常會以較廣義的名詞解釋或書寫，以便適應不同的情況。當法院解釋法律時，會以立法過程所進行的公聽會和辯論紀錄來確定法律提案者與通過的真正目的與意義。

刑法（criminal law）是禁止對社會產生不法行為的法令，例如謀殺或強暴等嚴重犯罪行為會被處以長期監禁甚至合併高額的罰金，稱為重罪（felony）；而輕微的犯罪，例如行竊或破壞則被處以少量的罰金或短期監禁，稱為輕罪（misdemeanor）。犯罪的案件通常由檢察官提出告訴，而且通常必須證明蓄意或故意過失才能定罪。

我國環境法規亦有刑法相關條文。例如，《廢棄物清理法》即規定，廢棄物貯存、清除、處理過程中，若不慎因而致人於死者，處無期徒刑或七年以上有期徒

表 16.1　臺灣主要環保法規

法規名稱（公布或最新修正日期）	立法目的
環境基本法（2002.12.11）	為提升環境品質，增進國民健康與福祉，維護環境資源，追求永續發展，以推動環境保護。
行政院環境保護署組織條例（2002.01.30）	規定行政院環境保護署組織及職掌。
環境影響評估法（2003.01.08）	為預防及減輕開發行為對環境造成不良影響，藉以達成環境保護之目的。
空氣污染防制法（2011.04.27）	為防制空氣污染，維護國民健康、生活環境，以提高生活品質。
噪音管制法（2008.12.03）	為維護國民健康及環境安寧，提高國民生活品質。
水污染防治法（2016.12.07）	為防治水污染，確保水資源之清潔，以維護生態體系，改善生活環境，增進國民健康。
海洋污染防治法（2014.06.04）	為防治海洋污染，保護海洋環境，維護海洋生態，確保國民健康及永續利用海洋資源。
廢棄物清理法（2017.01.18）	為有效清除、處理廢棄物，改善環境衛生，維護國民健康，特制定本法。
資源回收再利用法（2009.01.21）	為節約自然資源使用，減少廢棄物產生，促進物質回收再利用，減輕環境負荷，建立資源永續利用之社會。
土壤及地下水污染整治法（2010.02.03）	為預防及整治土壤及地下水污染，確保土地及地下水資源永續利用，改善生活環境，增進國民健康。
毒性化學物質管理法（2013.12.11）	為防制毒性化學物質污染環境或危害人體健康。
飲用水管理條例（2006.01.27）	為確保飲用水水源水質，提升公眾飲用水品質，維護國民健康。
環境用藥管理法（2016.12.27）	為防止環境用藥之危害，維護人體健康，保護環境。
公害糾紛處理法（2016.06.17）	為公正、迅速、有效處理公害糾紛，保障人民權益，增進社會和諧。
環境教育法（2010.06.05）	為推動環境教育，促進國民了解個人及社會與環境的相互依存關係，增進全民環境倫理與責任，進而維護環境生態平衡、尊重生命、促進社會正義，培養環境公民與環境學習社群，以達永續發展。
室內空氣品質管理法（2011.11.23）	為改善室內空氣品質，以維護國民健康。
溫室氣體減量及管理法（2015.07.01）	為因應全球氣候變遷，制定氣候變遷調適策略，降低與管理溫室氣體排放，落實環境正義，善盡共同保護地球環境之責任，並確保國家永續發展。
水利法（2016.05.25）	水利行政之處理及水利事業之興辦，依本法之規定。
森林法（2016.11.30）	為保育森林資源，發揮森林公益及經濟效用。
野生動物保育法（2013.01.23）	為保育野生動物，維護物種多樣性，與自然生態之平衡。
動物保護法（2017.04.26）	為尊重動物生命及保護動物。
文化資產保存法（2016.07.27）	文化資產之保存、維護、宣揚及權利之轉移。本法所稱文化資產，包括自然地景，指具保育自然價值之自然區域、地形、植物及礦物。
國家公園法（2010.12.08）	為保護國家特有自然風景、野生物及史蹟，並供國民之育樂及研究。
濕地保育法（2013.07.03）	為確保濕地天然滯洪等功能，維護生物多樣性，促進濕地生態保育及明智利用。

資料來源：白子易整理，以 2017 年 5 月 14 日之查詢為基準。

表 16.2　美國主要環保法規

法律	相關規定
1964 年 荒野法（Wilderness Act）	建立國家荒野保護系統。
1969 年 國家環境政策法（National Environmental Policy Act）	公布國家環境政策時，應備有環境影響報告書，並設立環境品質委員會。
1970 年 清淨空氣法（Clean Air Act）	建立國家的一級與二級空氣品質標準。要求各州制定實施計畫。於 1977 年與 1990 年進行主要修正。
1972 年 淨水法（Clean Water Act）	設定國家水質目標且制定污染排放許可。於 1977 年與 1996 年進行主要修正。
1972 年 聯邦農藥管制法（Federal Pesticides Control Act）	要求所有於美國交易的農藥需登記。於 1996 年進行主要修正。
1972 年 海洋保護法（Marine Protection Act）	管制廢棄物棄置海洋及沿海水域。
1972 年 海岸地區管理法（Coastal Zone Management Act）	提供基金讓各州規劃並管理海岸地區。
1973 年 瀕危物種法（Endangered Species Act）	保護受威脅與瀕危的物種。由美國魚類暨野生動物管理局籌備回復計畫。
1974 年 安全飲用水法（Safe Drinking-Water Act）	制定公共飲水供給的安全標準，並保護地下水。於 1986 年與 1996 年進行主要修正。
1976 年 毒性物質控制法（Toxic Substances Control Act）	授權環保署禁止或管制被認為對健康或環境構成危險的化學物質。
1976 年 聯邦土地政策及管理法（Federal Land Policy and Management Act）	授權土地管理局長期管理公有土地。終止住宅用地變更並終止公有土地出售。
1976 年 資源保育及回收法（Resource Conservation and Recovery Act）	管制有害廢棄物之儲存、處理、運輸與清除。於 1984 年進行主要修正。
1976 年 國家森林管理法（National Forest Management Act）	賦予國家森林（國有林）法定的永久性。指示美國林務局以多重使用的方式管理森林。
1977 年 露天採礦控制和復原法（Surface Mining Control and Reclamation Act）	限制於農地以及陡坡露天開採。要求將土地恢復原貌。
1980 年 阿拉斯加國家利益土地保育法（Alaska National Interest Lands Act）	保護 4,000 萬公頃的公園、荒野以及野生動物保護區。
1980 年 完善環境、緊急應變、補償、與賠償法（Comprehensive Environmental Response, Compensation and Liability Act）	亦即超級基金法案，編列 16 億美元用於有毒廢棄物之緊急應變、溢出預防以及場址整治。釐清清理費用之責任歸屬。
1994 年 超級基金修正及再認可法（Superfund Amendments and Reauthorization Act）	增加超級基金至 85 億美元。潛在責任團體共同負責清理責任。強調整治與知情權。

資料來源：Data from N. Vig and M. Kraft, *Environmental Policy in the 1990s*, 3rd Congressional Quarterly Press.

刑，得併科新臺幣一千五百萬元以下罰金；致重傷者，處三年以上十年以下有期徒刑，得併科新臺幣九百萬元以下罰金；致危害人體健康導致疾病者，處五年以下有期徒刑，得併科新臺幣六百萬元以下罰金。

民法（civil law）規範個人間或個人與公司間的關係，財產權、個人尊嚴與自

由都受民法保護，依民法被判決有罪者會被罰款而不會服監刑。民法案件根據「占優勢證據」（preponderance of evidence）決定，若證據較模糊，民法案件比較容易贏。在民事案件中，定罪及處罰也會考慮各項減輕因素，有罪或無罪常是基於被告是否能夠預期及避免犯罪。以「誠信努力」（good faith effort）的態度面對是解決問題的重要因素，過去的行為歷史也很重要，例如初犯或慣犯、是否有金錢或利益流向犯罪者、違反者是否透過行為獲得個人利益，如果有，就很可能形成故意犯罪的動機。

民事訴訟的目的有時是要尋求禁止令，或是尋求因個人、公司或政府機構行為的保護措施，例如，要求法院命令政府停止或中斷違反法律精神的文字或活動。美國環境團體成功地要求法院停止砍伐森林和採礦、加強執行瀕危物種保護法（Endangered Species Act）、要求行政機構加強執行空氣和水污染法律和自然資源保育。

行政部門實施行政命令

行政機關制定法令（agency rule-making） 和制定標準（standard-setting）通常是複雜、高技術的程序，人民團體很難了解和監督，過程相當無聊，然而對於環境保護卻可能非常重要。

我國各級政府都設有環境保護部門，有權力實施法令、判定爭議和進行相關的調查行為，行政院環境保護署是負責環境保護的行政主管機關，組織的依據為《行政院環境保護署組織條例》。環保署前身為行政院衛生署環境保護局，於 1987 年 8 月 22 日升格。

內政部營建署和農業委員會對於自然資源的管理，就如同環保署之於污染的管理。內政部營建署是國家公園的主管機關，同時也是土地管理的主管機關。農業委員會為林務局的上級主管單位，負責森林與綠地的管理（圖16.3）。勞工委員會負責監督工作場所的安全與衛生。

為了整合分散在各部會的環保相關工作，提升資源有效與合理利用，我國

圖 **16.3** 一般民眾以為只要是和環保有關的業務都由環保單位管理，但依據我國政府體制，經濟部水利署主管河川、水庫；國家公園則由內政部營建署管理；農業委員會林務局主管森林、自然保留區、野生動物保護區、野生動物重要棲息環境、國有林自然保護區等與生物多樣性相關的事務。在龐大的官僚體系中，分散決策的本質讓協調變得更為困難。圖為林務局在北部橫貫公路（西起桃園縣大溪，東至宜蘭，全長 126.4 公里）大漢溪橋旁樹立的標示牌（白子易攝）。

第 16 章　環境政策與永續

關鍵概念

美國的淨水法有益嗎？

環境政策是人民建立的規則，保障公眾健康和資源。1972年的淨水法（Clean Water Act，或譯為清水法案）是美國最重要和最有效的環保法規之一，數十億美元的公共和私人投資於污染控制，顯著地改善水質。

請瀏覽以下網站了解詳細資料：http://water.epa.gov/lawsregs/lawsguidance。

淨水法可以做什麼？
- 建立管制水污染物排放規則；
- 責成 EPA 建立及管制水質標準；
- 讓沒有排放許可的點污染源（如排水管）污染行為違法。

◀ 制止未經處理的污水和工業廢水任意傾倒是清理地表水的首要步驟之一。過去 40 年，美國至少花費 2 兆美元的公共和私人資金控制點污染源。

KC 16.1

◀ 城市街道所產生的逕流和隨意傾棄等非點源污染，雖難以控制，但也有顯著改善。

KC 16.2

◀ 淨水法的主要目標是使美國所有的地表水「可以垂釣並適合游泳」，此一目標部分成功，部分仍失敗。環保署的報告顯示，監測河段 90% 以上和湖面 87% 以上已符合此目標。然而，許多水體仍然受到污染。抓到的魚並非百分之百可食用，且必須避免在游泳時喝進河水。

KC 16.3

392

定期監測是保護及改善水質的重要工作。美國環保署監測 4,000 個流域的細菌、營養鹽、重金屬，以及濁度等。各州必須制定每種污染物和承受水體的每日總量管制。底棲生物是觀測水質的良好指標。▶

KC 16.4

農業污染仍然是嚴重問題。咸認為美國餘留主要的水污染，是來自農田、飼養場及其他農場作業的土壤沖蝕和營養鹽逕流。數億噸的肥料、農藥、糞便沖入河川與湖泊。過量的肥分使主要河川的河口產生龐大的死區或有害藻類爆發性成長。▶

KC 16.5

新興污染物——環保署尚未檢驗的化學物質也逐漸受到關注。

在美國任何地方皆可安心飲用地表水的日子可能永遠不復返，但淨水法已顯著恢復大部分地方的水質。▶

如同其他環保法律，淨水法也有不完善和不完整之處，但它也提供令人仰賴、只是不見得人人都意識到的保障。

KC 16.6

請解釋：

1. 請教你的父母或祖父母，40 年前你家附近的水質如何？是否有什麼改善？
2. 你認為什麼水質問題是最棘手的？
3. 你認為淨水法中最有價值的條款是什麼？

393

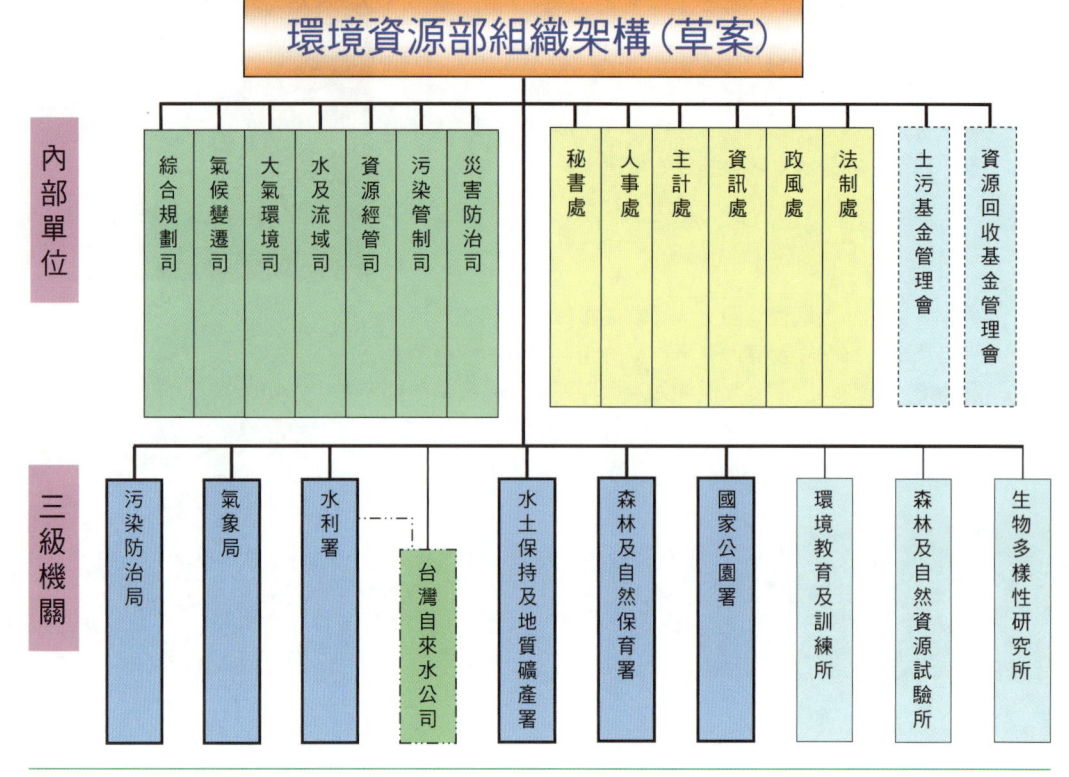

圖 16.4 環境資源部組織架構（草案）。
資料來源：行政院環境保護署全球資訊網。

將成立環境資源部，整合環境保護、水利、礦業、地質、國家公園、森林保育、氣象、水土保持及生態保育等事務。環境資源部涉及部會包括內政部、經濟部、交通部、行政院農委會、行政院退輔會及環保署，整合後規劃成立 7 司、6 處、6 個三級行政機關及 3 個三級研究機構（圖 16.4）。

16.3　國際條約與協定

由於了解全球環境的關聯性，許多國家參加國際條約與協定（表 16.3）。這些協定在簽訂前並非由國家參與組成，而是由專家擬定。不只是參與國際條約協商的團體增加，簽署團體的成長速率及執行協定的進度也迅速增加。例如瀕臨絕種物種國際貿易公約（Convention on International Trade in Endangered Species, CITES，1973 年），亦稱為華盛頓公約，在通過後 14 年才開始執行（圖 16.5），而生物多樣性公約（Convention on Biological Diversity，1991 年）通過 1 年後馬上實施，而且 4 年內就有 160 個簽署國。數十年來協商的國際條約和協定超過 170 個，旨在保護全球環境，範圍包括廢棄物跨國運輸規範、森林砍伐、過度漁撈、瀕危物種的貿易、地球暖化和溼地保護。

表 16.3　重要的國際條約和協定

年份	名稱	涵蓋範圍
1971 年	國際重要溼地保育協定（Ramsar）	保護溼地，特別是水鳥棲地
1972 年	世界文化和自然遺產保護協定	保護文化遺址和自然資源
1972 年	斯德哥爾摩宣言	建立邁向健康安全環境的基本權利
1973 年	瀕臨絕種物種國際貿易公約（CITES），亦稱為華盛頓公約	限制瀕臨絕種物種之貿易行為
1979 年	遷移物種保護協定（CMS）	保護遷移的物種，特別是鳥類
1982 年	聯合國海洋法（UNCLOS）	宣告海洋國際公有
1985 年	消耗臭氧氣層物質蒙特婁議定書	開始淘汰氟氯碳化合物
1989 年	有害廢棄物越界運送協定，巴塞爾公約（Basel）	禁止危險廢棄物之境外輸送
1992 年	生物多樣性公約（CBD）	保護生物多樣性並當成國家資源
1992 年	聯合國氣候變遷綱要公約（UNFCCC）	減少工業國家二氧化碳的產生
1994 年	防止沙漠化公約（CCD）	協助對抗沙漠化，尤其是在非洲
1997 年	京都議定書	設定溫室氣體排放目標於 2012 年前達到 1990 年的標準
2000 年	卡塔赫納生物安全議定書	建立報告並監測生物技術及生物安全的協定

　　不幸的是，部分環境條約的目的模糊不清。另一方面，雖然稱為條約或協定，但卻沒有實質的體制與機構可以立法或執行。聯合國和各種區域組織召集相關利益團體進行協商，但要獲得全體同意，通常需要依賴道德勸說和社會譴責。在大多數國家不願意放棄主權的情況下，空有國際法庭，卻沒有執行的權力。縱使如此，仍有一些極富創意的方法來加強國際間的環境保護。

　　多數國際協定面對的主要問題，在於必須獲得一致的同意才能通過，因此只要一個國家不肯同意，就可以有效否決多數國家的期望。例如 1992 年在里約熱內盧舉辦的聯合國環境與

圖 16.5　圖為東京的築地市場，全世界黑鮪魚已瀕危或近危。儘管已滅絕 96%，日本仍全力阻擋將其列入瀕臨絕種物種國際貿易公約的名單中。

發展會議（UNCED）中，超過 100 個國家同意限制溫室氣體排放，但在美國的堅持下，條約內容改為「敦促」而非「要求」各國穩定其溫室氣體的排放量。

避免此問題的方法是將創新的投票機制納入條約，當無法達成一致的意見時，可允許具有資格的多數提出修正的加強措施。所有會員均受制於所有文件的規範，除非提出強烈的反對意見。1987 年通過的《蒙特婁議定書》曾採用此方法，以終止臭氧層受氟氯碳化物（CFC）的破壞。這項協定允許 140 個參與國的 2/3 投票通過可修定議定書。雖然議定書起初只要求減少一半 CFC 的生產，但研究顯示，臭氧比預期的消耗速度還要快，因此在少數國家的反對下仍通過修訂，徹底禁止 CFC 的生產。

當一致性的制裁無法通過時，以國際輿論揭露污染的壓力也有效果。環境團體或人士可以用這些資訊揭露違規的行為。例如，環保團體綠色和平組織於 1990 年發現英國在北海處置煤灰。雖然奧斯陸協定並沒有明白禁止海拋，但由於見不得人，因此英國停止此行為。

貿易制裁為執行國際公約的有效工具。例如，《蒙特婁議定書》簽署國不可購買拒絕簽署國的 CFC 或以 CFC 為原料的產品，由於許多產品使用 CFC，使得執行十分有效。然而就另一方面來說，貿易協定也常與環境保護發生衝突。世界貿易組織是為了讓國際間貿易更自由，但也削弱國家環境法律的效果。在大眾抗議並抵制數十年之後，美國於 1990 年禁止進口以每年殺死數千隻海豚的方法所捕捉到的鮪魚。用漁網捕捉蝦類也危害瀕臨絕種的海龜，因此也遭禁止進口。墨西哥向 WTO 提出抗議，認為海豚安全捕鮪法（dolphin-safe tuna laws）構成貿易上的非法障礙；泰國、馬來西亞、印度和巴基斯坦對海龜友善捕蝦法（turtle-friendly shrimp laws）也提出類似的訴訟，因此 WTO 要求美國允許從殺海豚及海龜的漁業國家進口鮪魚和蝦類。環境學者指責 WTO 從來沒有作出不利於企業的判決，部分原因是法規由委員會決定，而委員會通常由被指定的主要工業領袖所組成，因此只保障企業的利益，而非更廣的公眾利益。

16.4 個人能做什麼？

無論所學和興趣為何，個人皆可參與政策形成，了解並保護共同的環境。如果個人所學是科學，則可以其他科學的角度切入環境科學；如果喜歡寫作、藝術、幼教、歷史、經濟、政治，同樣可協助尋求環境問題的解決方法。

例如環保署近年來推動「清淨家園全民運動計畫」，執行各項環境清潔維護工作，以提升臺灣環境品質（圖 16.6）。為了海岸的清淨安全，環保署推動「海岸地區環境清潔維護計畫」，發動義工或以認養的方式定期清潔 1,000 公里的海岸線。

為了強化村里社區動員能量，環保署亦鼓勵志工，進行髒亂點巡檢、通報、清理等工作，藉由協巡組織參與環境巡檢工作，快速通報環境髒亂及後續清理維護。另外，環保署每年推動「國家清潔週」，並訂定每月第一週星期六為「環境清潔日」。各地方政府為配合推動「清淨家園全民運動計畫」，亦辦理相關工作。幾年下來，國內環境、公廁的清潔衛生已顯著提升。除了清淨家園，各縣市還成立許多環保志工隊或河川巡守隊，協助環境衛生、資源回收、空氣污染、巡查河川環境等環保工作。如果個人想對社區環境有所貢獻，加入這些隊伍是最直接的方法。

圖 16.6　環保署的「清淨家園全民運動計畫」，執行各項環境清潔維護工作，圖為在金門縣金城鎮珠沙里辦理的「清淨家園全民運動計畫」考核。（白子易攝）

環境教育是重要工具

為達永續發展及環境保護的目標，各國莫不積極推動環境教育相關工作。以美國為例，美國的國家環境教育法（National Environmental Education Act）中制定兩個廣泛性的目標：(1) 加強大眾對自然環境和人造環境，以及環境和人類之關係的了解，包括環境問題的全球觀點；(2) 鼓勵高中以上畢業學生從事與環境有關的職業。除此之外，一些特定的目標（表 16.4）包括：發展對自然和社會／文化環境的覺知及感恩、對基本生態概念知識的了解、對現今廣泛環境議題的體認，以及使用觀察、批判性思考，和問題解決（problem-solving）技巧來解決環境問題。室外活動和自然科學都是環境教育的重要部分，但是有些環境議題，例如消費責任、廢物處置及環境倫理等，應該能夠納入閱讀、寫作、計算和其他形式的教育方式。

我國於 1987 年頒布環境政策綱領，期能保護自然環境，維護生態平衡，追求合於國民健康、安定舒適之環境品質，並於當年成立環境保護署，開始積極推動環

表 16.4　環境素養的主軸

系統：	了解地球是一個包括人類、社會和其生活環境的物理系統。
科學：	精通調查、批判性思考、問題解決技巧的基本方式；具備解釋及整合相關資訊的能力
公民：	了解公民的理想、原則、實務，以參與解決議題
行動：	無論個人或團體，如何採取行動的增能和覺知

資料來源：Adapted from the North American Association of Environmental Education.

境教育。1991 年，教育部成立環境教育委員會，負責整合環境教育。2010 年 5 月 18 日，立法院三讀通過《環境教育法》草案，2010 年 6 月 5 日總統明令公布。此一創舉，開創我國的環保新紀元，使我國在國際間，成為繼美、日、韓、巴西之後，躋身少數對環境教育進行立法的國家。

《環境教育法》於 2011 年 6 月 5 日正式施行，立法目的乃：「為推動環境教育，促進國民了解個人及社會與環境的相互依存關係，增進全民環境倫理與責任，進而維護環境生態平衡、尊重生命、促進社會正義，培養環境公民與環境學習社群，以達到永續發展，特制定本法」。並定義「環境教育」如下：「指運用教育方法，培育國民了解與環境之倫理關係，增進國民保護環境之知識、技能、態度及價值觀，促使國民重視環境，採取行動，以達永續發展之公民教育過程。」因此，咸認為我國環境教育五大目標如表 16.5。另外，亦訂定「氣候變遷」、「災害防救」、「自然保育」、「公害防治」、「文化保存」、「社區參與」、「環境及資源管理」、「學校及社會環境教育」等環境教育八大領域。

廣義的**環境素養**（environmental literacy）是指每位居民熟悉生態原則，並且擁有「維持環境基本秩序與規則的工作知識和智慧」。環境素養有助創造管理工作的倫理——一種長期的責任感，關心並聰明地管理自然資產以及生產資源。許多環境文獻可以增加環境素養（表 16.6），例如奧爾森《大自然在唱歌》（*The Singing Wilderness*）、繆爾《夏日走過山間》（*My First Summer in the Sierra*）。

表 16.5　環境教育五大目標

目標	說明
覺知（Awareness）	經由感官覺知能力的訓練（觀察、分類、排序、空間關係、測量、推論、預測、分析與詮釋），培養學生對各種環境破壞及污染的覺知，以及對自然環境和人為環境美的欣賞與敏感性。
知識（Knowledge）	教導學生瞭解生態學基本概念、環境問題（如：全球暖化、河川污染、核污染、空氣污染、土石流等）及其對人類社會文化的影響（永續發展、生物多樣性）；瞭解日常生活中的環保機會與行動（如：溫室氣體減量、資源節約與再利用、簡樸生活、綠色消費等）。
態度（Attitudes）	藉由環境倫理價值觀的教學與重視，培養學生正面積極的環境態度，使學生能欣賞和感激自然及其運作系統，欣賞並接納不同文化，關懷弱勢族群，進而關懷未來世代的生存與發展。
技能（Skills）	教導學生具辨認環境問題、研究環境問題、蒐集資料、建議可能解決方法、評估可能解決方法、環境行動分析與採取環境行動的能力。
行動（Action）	將環境行動經驗融入於學習活動中，使教學內容生活化，培養學生處理生活周遭問題的能力，使學生對學校及社區產生歸屬感與參與感。

資料來源：教育部，國民中小學九年一貫課程綱要重大議題（環境教育）。

表 16.6　環境學家的書房

最有影響力與最受歡迎的環境叢書是哪些？經由一項對環境專業人士與領導者的調查結果[1]，最受推崇的 10 本自然與環境書籍如下：

李奧波《沙郡年記》（*A Sand County Almanac*, Aldo Leopold）（100 票）[2]

卡森《寂靜的春天》（*Silent Spring*, Rachel Carson）（81 票）

布朗與世界展望會《世界現況》（*State of the World*, Lester Brown and the Worldwatch Institute）（31 票）

埃爾利希《人口爆炸》（*The Population Bomb*, Paul Ehrlich）（28 票）

梭羅《湖濱散記》（*Walden*, Henry David Thoreau）（28 票）

耐許《荒野與美國精神》（*Wilderness and the American Mind*, Roderick Nash）（21 票）

修馬克《小即是美》（*Small Is Beautiful: Economics as If People Mattered*, E. F. Schumacher）（21 票）

艾比《沙漠隱士》（*Desert Solitaire: A Season in the Wilderness*, Edward Abbey）（20 票）

康蒙納《封閉的循環——自然、人和技術》（*The Closing Circle: Nature, Man, and Technology*, Barry Commoner）（18 票）

麥道斯《成長的極限》（*The Limits to Growth: A Report for the Club of Rome's Project on the Predicament of Mankind*, Donella H. Meadows, et al.）（17 票）

[1] Robert Merideth, 1992, G. K. Hall/Macmillan, Inc.
[2] 括弧內表示每本書的得票數。由於美國受訪者占 82% 的優勢，因此美國出版的書籍較多。

公民科學鼓勵每個人參與

大學課程通常傾向於理論性的內容，學生可以透過實習的經驗和大學部專題研究來學習，而相關的環境機構或組織則提供這類的學習機會。另一種方式則是參與**公民科學**（citizen science）計畫，一般民眾可以跟科學家一起工作（圖 16.7）。以社區為基礎的研究計畫肇始於荷蘭，數十個研究中心分別研究許多環境議題，從萊

(a)　(b)

圖 16.7　(a) 台灣紫斑蝶生態保育協會的公民科學計畫，訓練小小解說員進行紫斑蝶標記，以了解紫斑蝶的遷徙情形；(b) 端紫斑蝶（雄）（台灣紫斑蝶生態保育協會提供）。該協會因推動環境教育績效卓著，獲得第五屆國家環境教育獎團體組特優（第一名）的殊榮。

因河的水質，到不同地理區域的癌症罹患率與毒性有機溶劑的代替品。每項計畫中，學生、附近的團體、科學家、大學研究人員組成研究團隊一起收集數據，研究成果也納入政府的政策。

學生環境團體有持續性的效用

集體活動（collective action）可以讓個人的力量更為強大，也可以獲得支持和有用的資訊。緩慢的改革容易使人沮喪，團體的支持可以保持行動的熱情。某些社會改革團體稱為非政府組織（nongovernmental organization, NGO），在環境保護上深具影響力。

有些組織是為了教導中小學學生了解生態和環境倫理，另有一些是參與社區清潔的計畫，例如小朋友解救地球（Kids Saving the Earth）或環保小尖兵（Eco-Kids Corps）等團體。家庭教育也藉由這些活動而產生，根據調查，許多年輕人表示他們曾說服父母回收和購買對環境友善的產品。

高中生與大學學生組織常是環境改善行動中最主動且最有效率的團體。以美國為例，最大的學生環境組織是學生環境行動聯盟（Student Environmental Action Coalition, SEAC），此組織在 1988 年由北卡羅來納州大學教堂山分校的學生所創立，具有 500 個分會，超過 3 萬名會員。SEAC 具有資訊交換和學生領袖訓練中心的功能；成員與團體從事各式各樣的政策性活動，從政府資源回收計畫的推行到當面抗議政府工業計畫。另一個重要的學生組織是大眾利益研究團體（Public Interest Research Groups, PIRG），活躍於美國各大學的校園內。PIRG 並不只專注於環境議題，但通常會將環境議題納入優先的研究工作。

校園通常也有建築計畫，可作為永續研究和發展的模型。奧伯林學院（Oberlin College）環境研究中心的屋頂上裝設 370 平方公尺的光電板，地熱井有助於建築物的升溫及降溫，大型南向窗可獲得被動式太陽能，另有處理廢水的「生活機器」，包括屋內日光室的植物池和屋外的人工溼地（圖 16.8）。

圖 16.8 奧伯林學院的環境研究中心，在美國北方俄亥俄州的陰冷氣候中仍能自行維持。大型朝南的窗戶讓陽光照射，屋頂 370 平方公尺的太陽能電池板能發電。包括人工濕地等的自然廢水處理系統則可以淨化廢水。

環境職業的範圍從工程到教育

環境教育和環境專業人士的需求創造許多環境領域的工作機會。世界野生生物基金會估計，10 年內僅再生能源領域就可創造 75 萬個新工作機會。需要科學家了解人類活動對環境的影響；需要律師和專家發展政府的工業政策、法律和法規；需要工程師發展技術；需要經濟學家、地理學家和社會學家評估污染和資源消耗成本，同時也發展不同地區的社會、文化、政治、經濟的解決方案。

此外，商業界必須尋覓環境專業人士，以了解哪些產品與服務會影響環境。從技術人員和祕書、助理到管理階層，每一個階層的人都需要不同層次的環境教育。

多少才夠？

美國經濟學與社會批判學家衛伯倫（Thorstein Veblen）在 1899 年出版的《有閒階級論》（*The Theory of the Leisure Class*）中提出**炫耀性消費（conspicuous consumption）**的觀念，描述購買不想要或不需要的東西以向他人炫耀的行為（圖 16.9）。現在每個美國人消耗的物品是 1950 年代的 2 倍，房屋也是 50 年前的 2 倍大，但典型家庭的人口只有 1/2。所購買的東西需要更大的儲藏空間，購物變成定義自我價值的方式。如馬克思所預測，凡事愈來愈商品化；擁有和花費已經侵蝕家庭、族群甚至宗教，作為定義生命的基礎。無用、不相干的消費主義（consumerism）徒留頹廢的心靈。一旦擁有物品後，發現無法如其所保證的使人年輕、美麗、聰明、有趣；花費大量心思賺錢、花錢後，竟然沒有時間擁有真正的朋友、烹調真正的食物、擁有真正的興趣。社會批判學家稱此想要擁有東西的慾望為**富裕病（affluenza）**。

愈來愈多人發現自己身陷弔詭的迴圈：瘋狂地從事自己所厭惡的工作，購買自己不想要的東西，然後花費更長的時間從事自己所厭惡的工作。

聯合國環境規劃署（UNEP）曾在巴黎和東京舉辦永續消費工作坊，UNEP 了解，讓消費者對其生活型態和購物嗜好產生罪惡感可能沒有用，於是試圖尋求消費者樂於接受的方式。其目標為經濟、社會、環境可行的解決方案，讓人享受優良的生活品質，消耗較少的自然資源，產生較低的污染。

圖 16.9　炫耀性消費和名牌情結，刺激人們買不想要或不需要的東西向他人炫耀。圖為日本東京涉谷五光十色的街景（白子易攝）。

16.5 永續發展的挑戰

「成長」通常指規模、數量、其他變化率的增加。然而，經濟學名詞的「發展」，是指平均福利和健康的真實增加。**永續發展（sustainable development）**以使用再生能源為基礎並與生態系和諧共存，是對零成長和無限制成長極端狀況的承諾。此目標最佳的定義來自於 1987 年世界環境發展委員會（World Commission on Environment and Development, WCED）的報告「我們共同的未來」（*Our Common Future*），定義為「滿足當代的需要，同時不損及未來世代滿足其需要的能力」（圖 16.10）。永續發展的目標包括：

- 人口轉型：低出生率及死亡率的全世界穩定人口。
- 能源轉型：高效率的生產及使用，配合增加對再生能源的依賴。
- 資源轉型：依賴自然資源的「輸入」，而非耗盡「資本」。
- 經濟轉型：永續發展並廣泛分享利益。
- 政治轉型：以北方和南方、東方和西方利益互惠為基礎的全球協商。
- 道德轉型：或稱為心靈轉型，不將自然和人類彼此分割的態度。

2000 年，聯合國祕書長安南（Kofi Annan）召開**千禧評估（millennium assessment）**會議，討論生態系改變對人類福祉的影響，以及加強生態系保育與永續利用的科學基礎行動。來自全球各地超過 1,360 位的專家撰寫技術報告，內容關於生態系的現況和趨勢、未來的方案、可行的反應。此研究的每部分皆由政府、獨立科學家、專家詳細審查，以確保發現的堅實性。千禧評估中亦提出千禧發展目標（Millennium Development Goals），如表 16.7。

前述八項千禧發展目標，在 2015 年時達成目標的比例相當高。聯合國祕書長潘基文（Ban Ki Moon）表示這些目標是人類歷史上全球對抗貧窮最強的推動力。千禧評估旨在評估 2015 年時的福祉，2015 年起，聯合國已著手設定新的永續發展目標。

圖 16.10　整合生態系統健康、人類需求和永續經濟成長的模型。

表 16.7　千禧發展目標

目標

1. 消除極端貧困和飢餓。
   a. 削減每天以少於 1 美元維生人口比例的一半。
   b. 減少飢餓人口比例的一半。

2. 普及小學教育。
   a. 確保所有的男童和女童都能完成小學學業。

3. 促進兩性平等並強化婦女權力。
   a. 2015 年前，消除兩性在中小學教育的差距。

4. 降低兒童死亡率。
   a. 減少五歲以下兒童死亡率的 2/3。

5. 改善孕婦健康。
   a. 降低孕產婦死亡率的 3/4。

6. 對抗愛滋病毒／愛滋病、瘧疾及其他疾病。
   a. 制止並開始扭轉愛滋病毒／愛滋病蔓延的情況。
   b. 制止並開始扭轉瘧疾和其他主要疾病蔓延的情況。

7. 確保環境的永續性。
   a. 政策和方案納入永續發展的概念；扭轉環境資源的損失。
   b. 減少無法確保獲得安全飲用水人口比例的一半。
   c. 2020 年前改善 1 億貧民窟居民的生活。

8. 建立全球發展夥伴關係。
   a. 進一步發展以規則為基礎、可預測和非歧視性，包括良好管理、發展並降低貧困的開放性貿易和金融體系。
   b. 滿足低開發國家的特殊需要。發展出口免關稅和免配額；加強重債窮國的債務減免。

問題回顧

1. 何謂政策？何謂政策循環？
2. 說明政策無法理性選擇或無法執行的原因。
3. 討論刑法和民法的差異。
4. 說明適應性管理和生態系管理，以及執行所需的條件。
5. 為何大部分的國際環境條約和協定沒有效力？如何強化其效力？
6. 說明我國推動環境教育的架構及其任務。
7. 什麼是「公民科學」？有哪些益處？
8. 說明為何教育、民主、資訊取得對永續性而言是不可或缺的。
9. 何謂永續發展？其目標是什麼？
10. 說明千禧評估的主要發現。

批判性思考

1. 你是否認為在龐大的官僚體系中，分散決策的本質讓協調環境保護工作變得更為困難？如果整合這些機關成立「環境資源部」是否能解決問題？
2. 選舉優良的總統、立法委員、縣市長、縣市議員將對環境保護工作有顯著的幫助。你認為你選區中的當選者是否兌現選舉承諾？還是只是亂開選舉支票？臺灣的選舉對環保是正面還是負面？
3. 讀完本書後，你認為臺灣最大的環境問題是什麼？全球最大的環境問題又是什麼？是否有解決的方法？
4. 臺灣環境永續發展的方式應該是什麼？請以民眾、總統、環保署署長、需要選票且需要選舉經費的縣（市）長和民代（立委、縣市議員）、一般政府官員、環保團體等角色，分成2組辯論。
5. 臺灣欲成為各種國際組織的正式會員，但在環保方面的表現，我們是否是一個良好的國際公民？例如，人口、生態足跡（第4章）、釋碳（第8章與第9章）、有害廢棄物（第14章）。

附 錄

附錄 1　植被地圖　　　　　　　　　　　**406**

附錄 2　世界人口密度地圖　　　　　　　**408**

附錄 3　氣候帶與海洋流地圖　　　　　　**410**

附錄 1　植被地圖

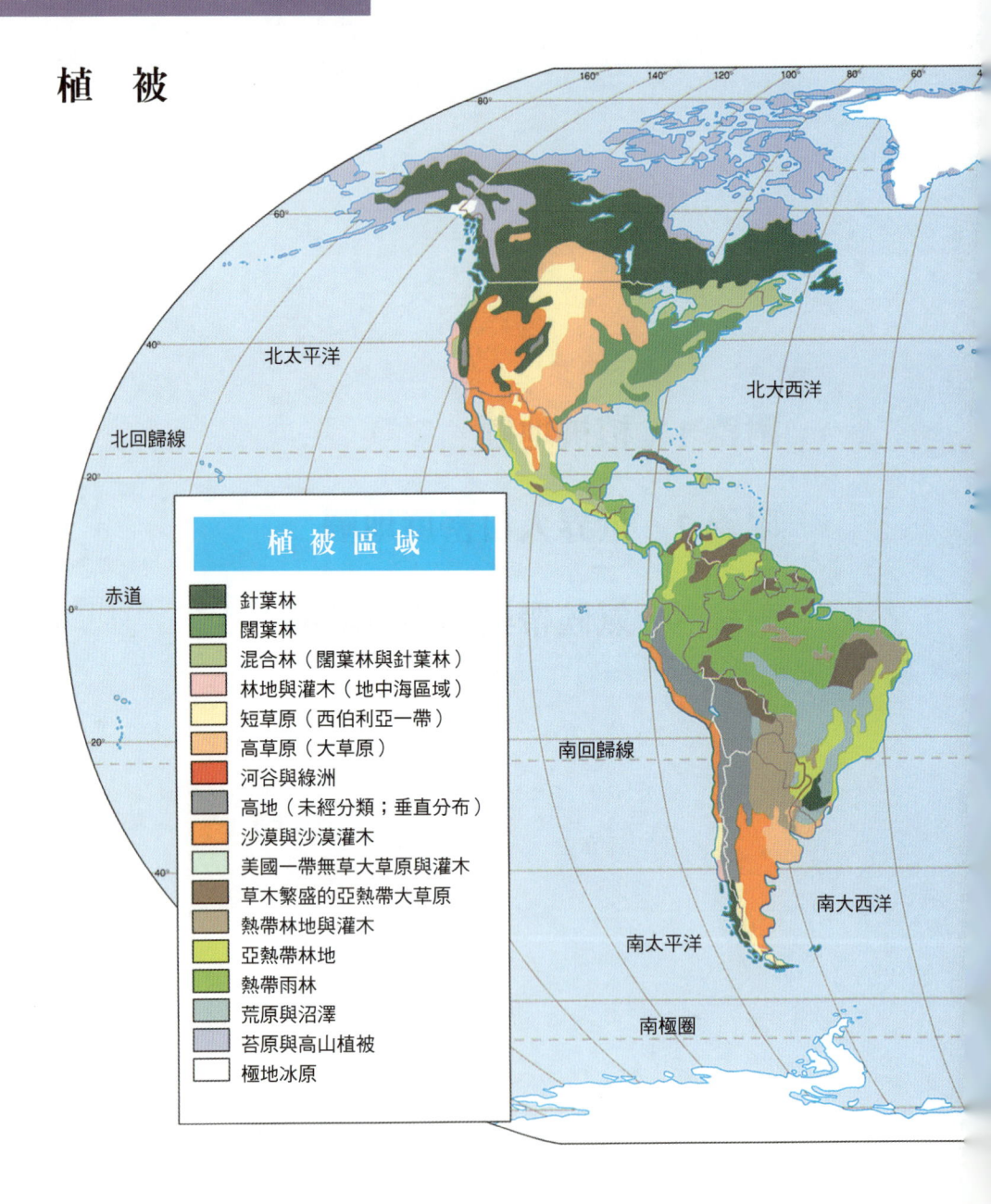

植 被

植被區域

- 針葉林
- 闊葉林
- 混合林（闊葉林與針葉林）
- 林地與灌木（地中海區域）
- 短草原（西伯利亞一帶）
- 高草原（大草原）
- 河谷與綠洲
- 高地（未經分類；垂直分布）
- 沙漠與沙漠灌木
- 美國一帶無草大草原與灌木
- 草木繁盛的亞熱帶大草原
- 熱帶林地與灌木
- 亞熱帶林地
- 熱帶雨林
- 荒原與沼澤
- 苔原與高山植被
- 極地冰原

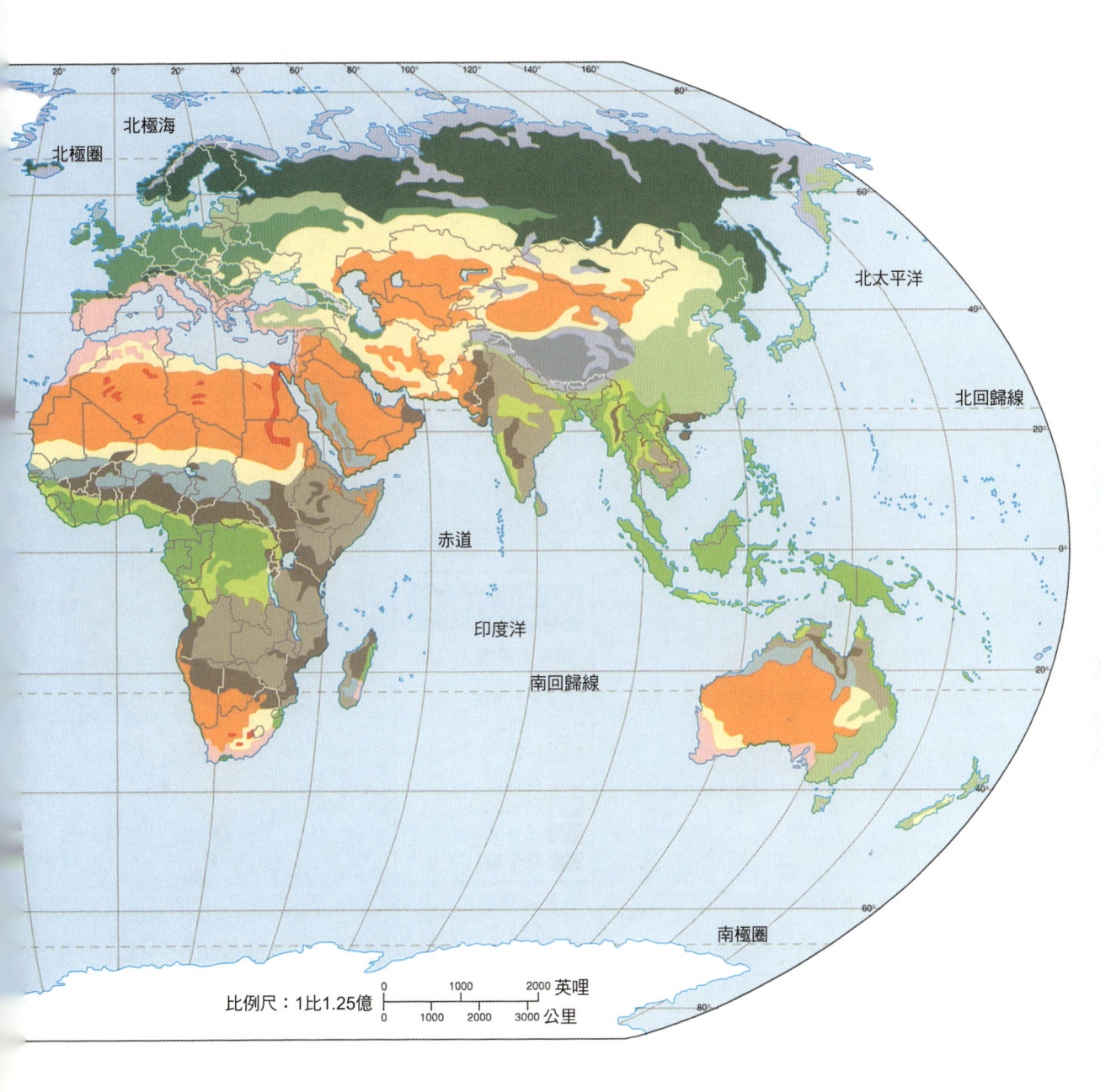

植被隨著溫度與降雨量分配是為最明顯可見的結果，因此全球植被種類的分布與全球氣候的分布非常相近。但並非所有植被種類的分布都是由溫度、降雨量或其他氣候變因所決定，因世界上有很多地區的植被種類是由人類活動產生的，特別是飼養家畜放牧、燒林，以及清理森林等活動。

附錄 2 世界人口密度地圖

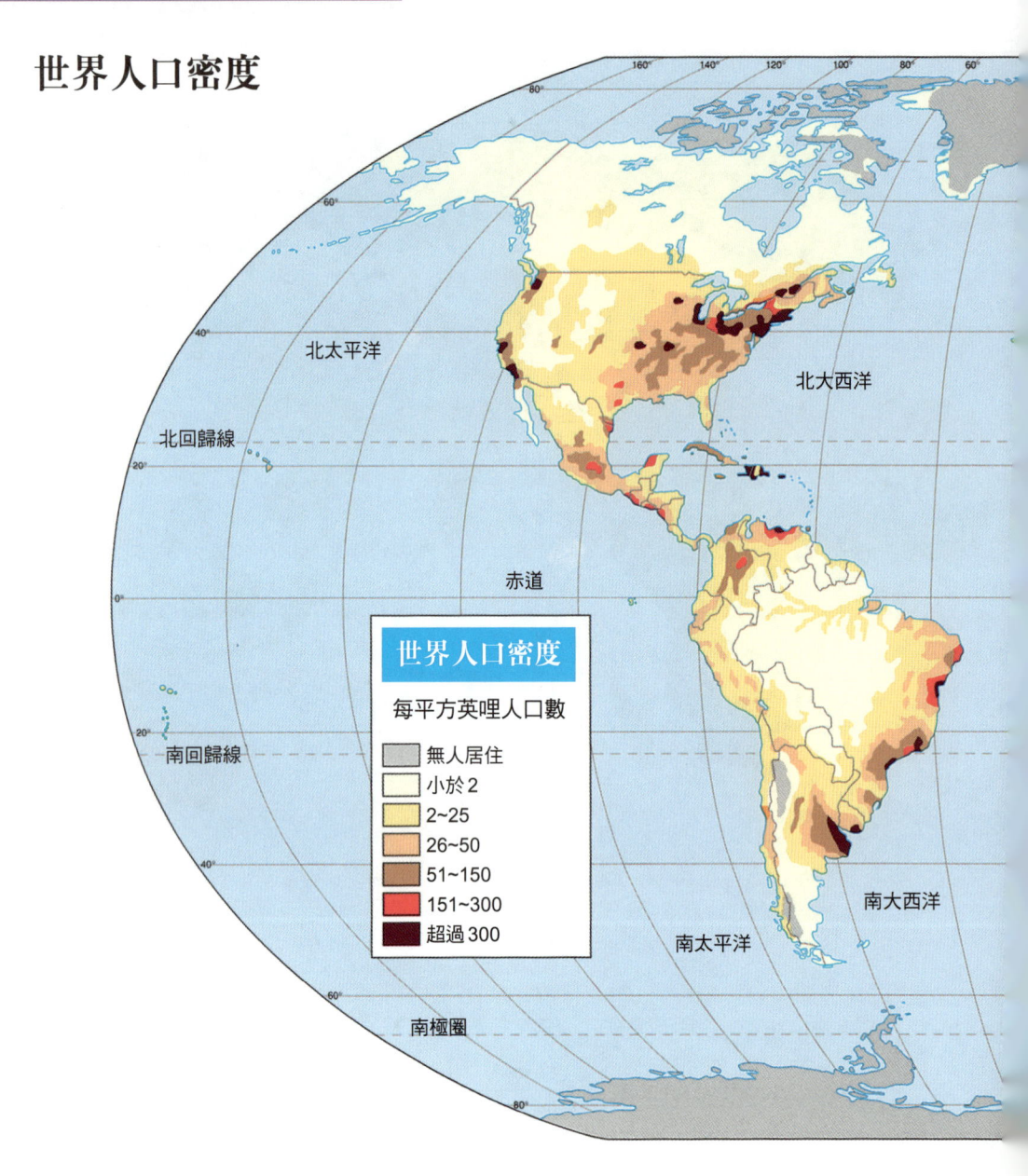

世界人口密度

沒有任何人類活動比人類居住在何處更能反映出環境的狀態。在人口最稠密的區域，自然與人為因素的結合，使得最大量食品生產、最高程度都市化變成可能，尤其是集中的經濟活動。此地圖上可見到三大集中區域是東亞、南亞以及歐洲，而第四大集中區域則位於北美東部（美國與加拿

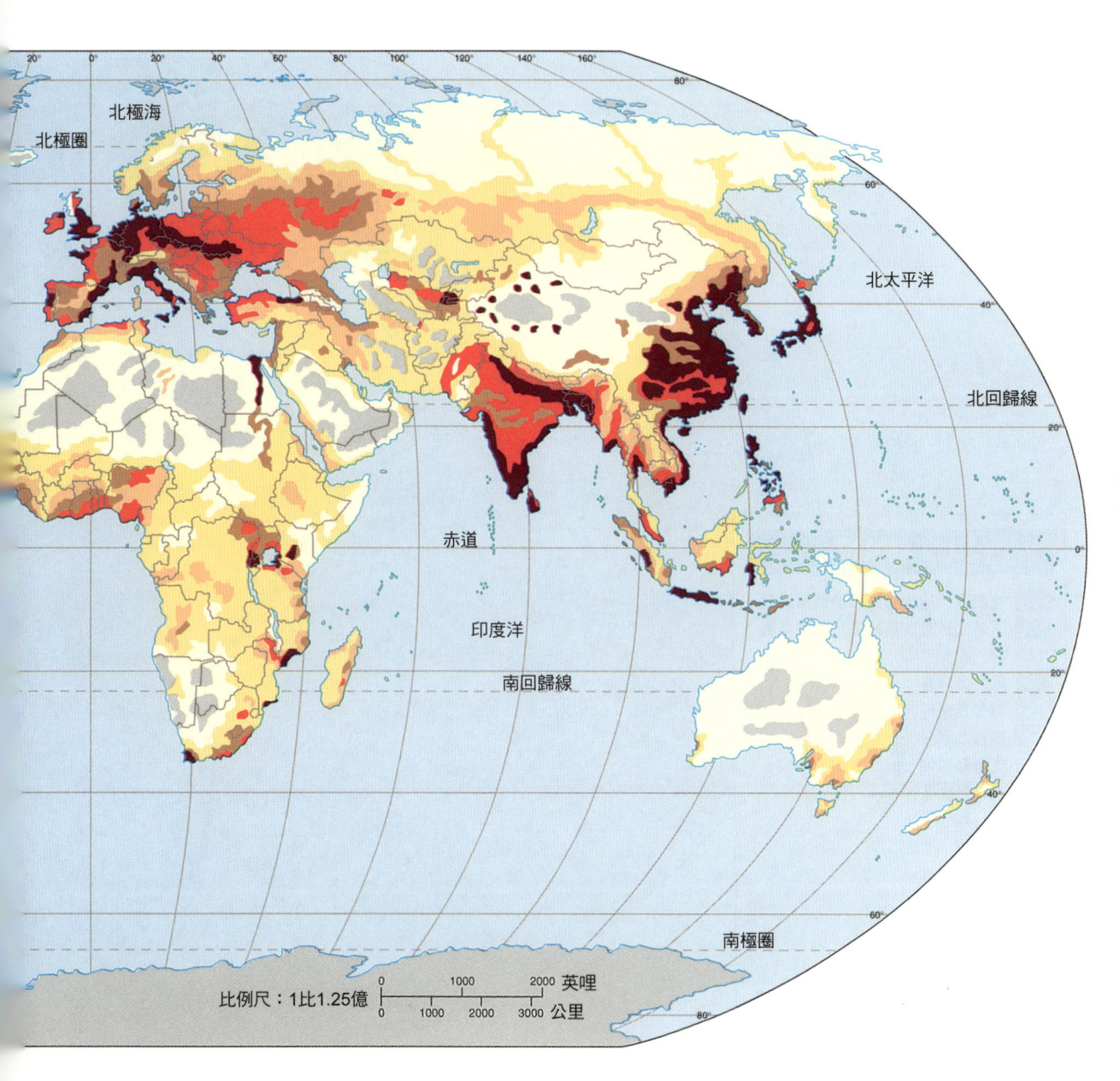

大的都會區）。而未來人口會高度稠密的地區（除了以上已談到的地區以外），有可能是在中南美洲及非洲，其人口成長的速度會超過全世界的平均速率。以一個地區的可居住性為基礎來衡量，極度稠密及過度成長的人口，便是環境惡化最好的指標。

附錄 3　氣候帶與海洋流地圖

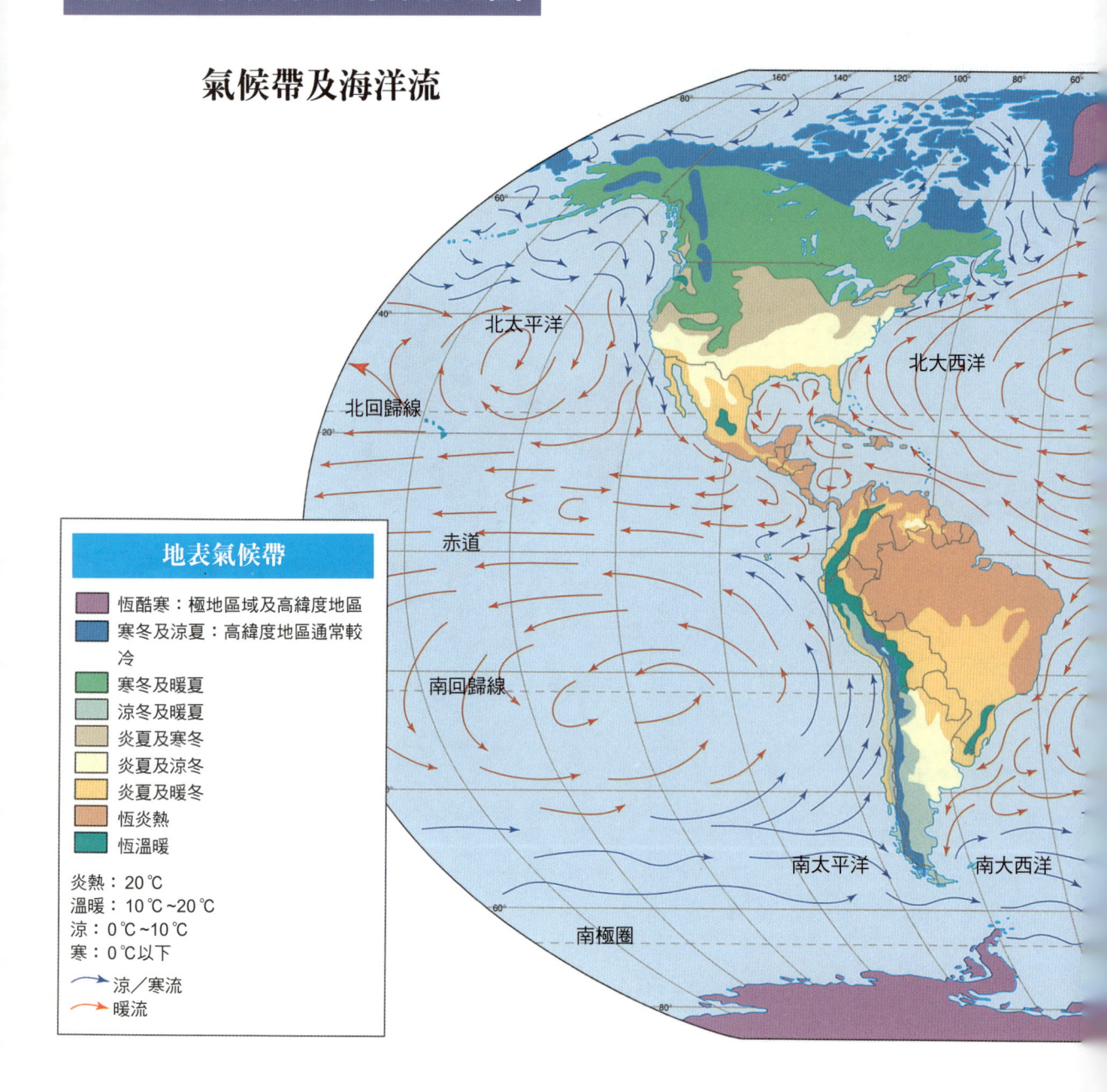

氣候帶及海洋流

地表氣候帶

- 恆酷寒：極地區域及高緯度地區
- 寒冬及涼夏：高緯度地區通常較冷
- 寒冬及暖夏
- 涼冬及暖夏
- 炎夏及寒冬
- 炎夏及涼冬
- 炎夏及暖冬
- 恆炎熱
- 恆溫暖

炎熱：20 ℃
溫暖：10 ℃～20 ℃
涼：0 ℃～10 ℃
寒：0 ℃以下

→ 涼／寒流
→ 暖流

北太平洋　北大西洋
北回歸線
赤道
南回歸線
南太平洋　南大西洋
南極圈

410　環境科學概論

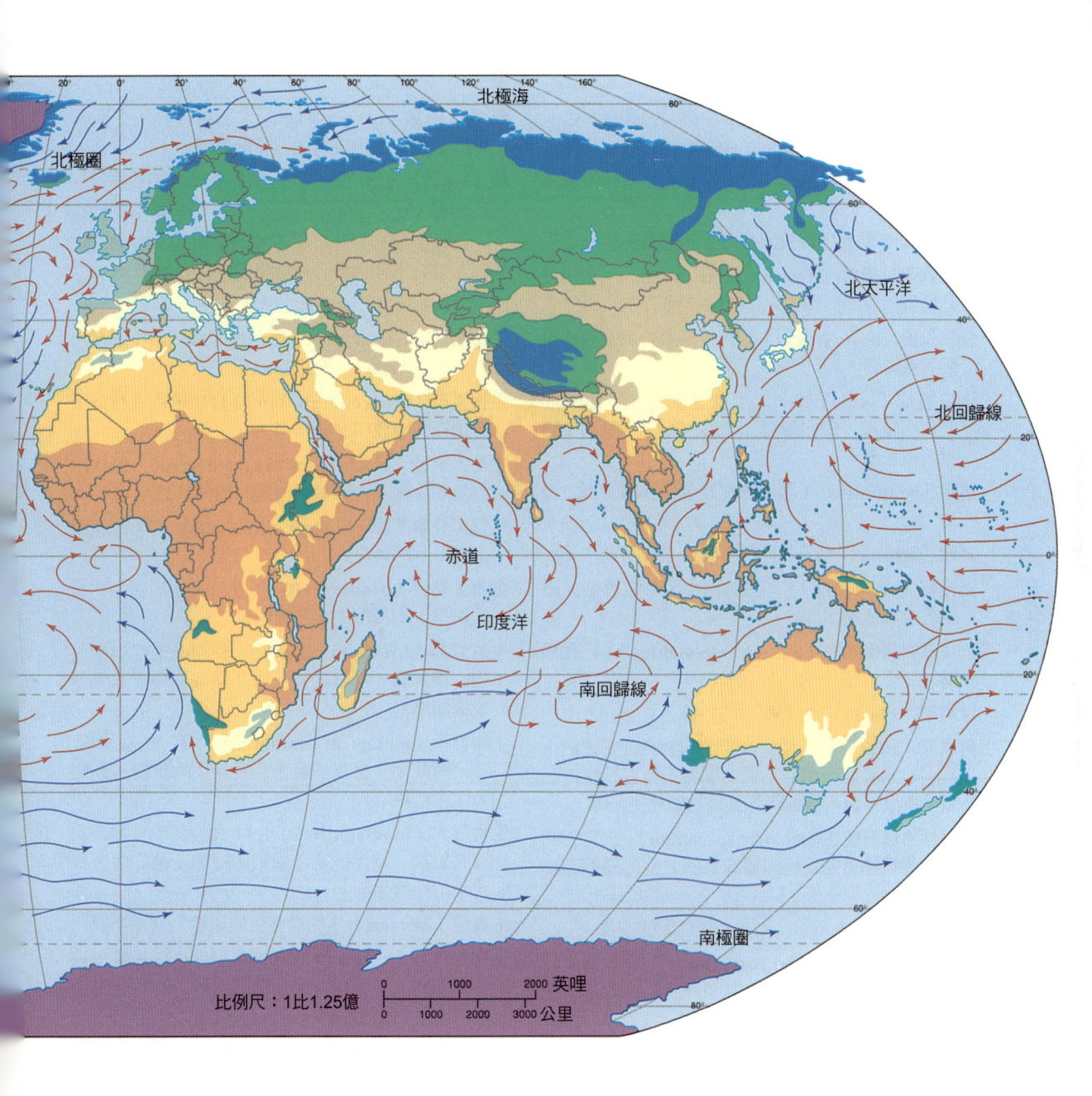

除了降雨量外，溫度是解釋氣候狀態最重要的兩個環境變因之一，其對於判斷人類活動及人口分布是不可或缺的。海洋流對於鄰近大陸的氣候，發揮重大的影響力，也是從赤道區到中高緯度區，餘熱重新分配最重要的過程。

附　錄　411

重要詞彙

A

豐富性（abundance）：一區域中物種個體的數目。

酸沉降（acid deposition）：因人類與自然資源釋放的酸性物質增加，造成酸雨、雪或乾微粒從空氣中沉降。

酸（acid）：在水中釋放出氫離子的物質。

主動式太陽能系統（active solar system）：利用移動物質以收集與轉換太陽能的機械系統。

急性效應（acute effect）：暴露在某因素下突然產生徵狀或影響。

極度貧窮（acute poverty）：缺乏生命基本所需的收入與資源，例如糧食、遮蔽、衛生、淨水、醫療、教育等。

適應（adaptation）：讓生物在某環境存續的自然變化。

氣膠（aerosol）：懸浮於空氣中的微小粒子或水滴。

富裕病（affluenza）：一種花錢和消費超過個人需求的上癮症。

行政機關制定法令（agency rule-making）：行政機關制定規則和標準的正式程序。

反照率（albedo）：地表反射的特性。

過敏原（allergen）：使（身體內的）免疫系統活化及引起過敏症反應的物質；可能不會直接使自己產生抗原，但可能會使得其他物質產生抗原。

異域性物種形成（allopatric speciation）：來自相同祖先的物種透過地理隔離或某些其他的障礙而繁衍形成。

環境空氣（ambient air）：在人類周圍的空氣。

解析性思考（analytical thinking）：一個詢問「我要如何破解此問題以進入其組成部分」的系統化分析方法。

含水層（aquifer）：地表下砂土、卵礫石與岩石層的多孔含水層；儲存地下水。

原子（atom）：呈現元素特性的最小顆粒。

原子數（atomic number）：元素每個原子中質子的特徵數目。

B

離岸沙洲島（barrier island）：低窄沙島，從海岸線形成外灘，也稱為堰洲障蔽島。

鹼（bases）：在水溶液中快速與氫離子鍵結的物質。

貝氏擬態（Batesian mimicry）：由一物種進化成另一物種，使其具有分泌毒液的螫針、不好的味道或其他防禦性適應，可避免被掠食者傷害。

底層（benthic）：湖或海的底部。

二命名（binomial）：結合屬和種的學名或拉丁名，例如，Zea mays（玉蜀黍）。

生物累積（bioaccumulation）：藉由細胞進行分子的選擇性吸收與濃縮作用。

生化需氧量（biochemical oxygen demand, BOD）：測量水生微生物溶氧利用量的標準檢測。

生物可分解塑膠（biodegradable plastics）：能被微生物分解的塑膠。

生物多樣性（biodiversity）：在一特定地區生物體的遺傳、物種與生態多樣性。

生質燃料（biofuel）：由植物、動物或微生物產生的有機物質，可直接燃燒成為熱源或轉變成氣體或液體燃料。

生物群落（biological community）：在特定區域與特定時間下，棲息並發生交互作用的植物、動物與微生物族群。

生物放大（biomagnification）：食物鏈或食物網的較高層級，特定穩定化學物的增加（例如重金屬或脂溶性殺蟲劑）。

生質量（biomass）：生物體產生的累積生物性物質。

生物群落區（biome）：廣闊區域型態生態系統，被特殊氣候、土壤條件及適應這些條件的特殊生物群落所特定化。

生物復育（bioremediation）：利用生物體去除污染物或復原環境品質。

生物潛能（biotic potential）：在資源無限與理想環境條件下，生物的最大繁殖速率。與環境阻力相對應。

生育控制（birth control）：降低生育的方法，包括單身、晚婚、避孕、避免胚胎著床的技術以及墮胎。

單盲實驗（blind experiment）：直到實驗數據取得與分析後，研究者才知道實驗規劃目的的設計。

泥炭澤（bog）：土壤通常含較多泥炭的浸水區域；主要由降雨提供水；生產力低；有些澤呈酸性。

北方林（boreal forest）：混合針葉樹與落葉樹的遼闊地帶，在北美的北方延展（歐洲與亞洲也有）；其最北邊緣是寒帶密林，連結北極凍原。

C

癌症（cancer）：具侵略性且不受控制的細胞增生，會導致惡性腫瘤。

資本（capital）：任何型式的財富、資源或知識，可用於產生更多資源。

碳水化合物（carbohydrate）：由環狀或鏈狀碳原子與氫、氧結合的有機化合物；例如醣類、澱粉、纖維素與葡萄糖。

碳循環（carbon cycle）：碳原子的循環與再利用，特別是經由光合作用與呼吸作用的程序。

碳管理（carbon management）：從化石燃料減少二氧化碳排放或改善其影響的計畫。

一氧化碳（carbon monoxide, CO）：由於燃料不完全燃燒、生質量或固體廢棄物焚化、有機物部分厭氧分解，所產生的無色、無味、無刺激、但具高毒性氣體。

碳中和 (carbon neutral)：不製造二氧化碳排放。

致癌物質（carcinogen）：引起癌症的物質。

肉食性動物（carnivore）：以捕食動物為主的生命體。

承載容量（carrying capacity）：特定生態系統長時間可支持某物種個體的最大量。

判例法（case law）：依據民事與刑事法庭案例進行的判決。

細胞（cell）：細胞內可細分為極小的胞器與更小的細胞組成粒子，提供生命所需的機能。

細胞呼吸作用（cellular respiration）：細胞分解醣類或其他有機化合物，以釋放能量供細胞使用的程序；可能厭氧或好氧，視氧的利用性而定。

連鎖反應（chain reaction）：因原子核分裂產生次原子粒子，而此次原子粒子又再引起其他原子核分裂的自我維持反應（self-sustaining reaction）。

沙巴拉灌木叢（chaparral）：也稱常綠密生灌木叢，因典型地中海氣候而茂密生長具有荊棘常青灌木的特定化生物群落。

化學能（chemical energy）：儲存於分子化學鍵的潛能。

化學合成（chemosynthesis）：利用如硫化氫等無機物（而不是來自日光）作為生命的能量來源。

氯化碳氫化合物（chlorinated hydrocarbon）：帶有氯原子的碳氫化合物。通常作為殺蟲劑使用，具有劇毒且長時間留存在環境中。

含氟氯碳化物（chlorofluorocarbon）：具有碳骨架並與一個或多個氯與氟原子連接的化合物。常做為冷卻劑、溶劑、防火材與發泡劑。

慢性效應（chronic effect）：長期持續暴露於毒性物質的結果，可為單次、高劑量暴露或是連續、低劑量暴露所造成的永久變化。

公民科學（citizen science）：訓練志工與科學家一起工作，以回應真實世界問題的計畫。

城市（city）：具有充足人口和資源基礎的特殊化社區，可讓居民從事特殊的藝術、工藝、服務等專業職業。

民法（civil law）：規範個體間或個體與團體間關係的法律，包括規範財產權、個人尊嚴與自由，以及個人傷害。

古典經濟學（classical economics）：探討資源稀少性、金融政策、物品供需競爭以及市場服務的現代西方經濟理論，是資本主義市場系統的基礎。

皆伐（clear-cutting）：無論樹種或大小，砍盡某地區的每棵樹；對某些物種而言，是一種適當收成的方法；如果沒有適當控制，可能會造成破壞。

氣候（climate）：某區域天氣長期趨勢的描述。

巔峰群落（climax community）：由生態延續而產生的持久、自立的群落。

密冠層林（closed-canopy forest）：森林中樹木覆蓋20% 以上的土地；具商業木材收成潛力。

密閉系統 (closed system)：沒有物質進出外界的系統。

雲霧林（cloud forest）：溫度非常低、霧氣與水氣在任何時候均保持植物潮溼的高山森林。

共同進化（coevolution）：物種互相克服選擇性壓力，以逐漸進化出新特徵與行為的程序。

汽電共生（cogeneration）：可同時產生電力與蒸汽（或熱水）。

片利共生（commensalism）：生物共生關係，其中一物種受益，而另一物種沒有受害也沒有受益。

共有資源管理系統（communal resource management system）：為長期永續而由社區管理的資源。

群落結構（community structure）：是指群落中個體與族群空間分布的形態。

競爭排斥原理（competitive exclusion principle）：不同物種的兩群落，會佔據相同的地位，並長時間在同一棲地競爭相同的資源。

複雜性（complexity）：在每一營養層級的物種數量，以及群落中的營養層級數。

堆肥（composting）：在好氧（氧氣豐富的）條件下有機物受微生物分解產生堆肥，為含有豐富營養鹽的土壤改良與調節劑。

化合物（compound）：不同種類的原子結合在一起形成的物質。

集中式動物飼養營運（confined animal feeding operation）：將動物圈養並以大豆和玉米餵食，以利快速生長。

保護醫學（conservation medicine）：試圖了解環境改變如何影響人類健康，以及如何影響人類依賴的自然群落。

物質守恆（conservation of matter）：在任何化學反應中，物質改變其形式；既不會被創造，也不會被破壞。

炫耀性消費（conspicuous consumption）：經濟學和社會批判學家衛伯倫（Thorstein Veblen）提出的名詞，描述購買不想要或不需要的東西以向他人炫耀的行為。

人工溼地（constructed wetland）：人造的溼地。

消費者（consumer）：藉由覓食其他有機體或其殘留物，以獲得能量與營養物的生物。

耗水量（consumption）：水被取用的部分，在轉換過程中損失或是因為蒸發、吸收、化學轉換或污染所造成的損失。

沿等高線犁耕（contour plowing）：沿著丘陵等高線犁田；減少沖蝕。

控制棒（control rod）：吸收中子物質嵌入原子核反應器中燃料配備的空間，以控制（核）分裂反應。

控制研究（controlled study）：為比較兩族群，除了正在研究的因素外，將其餘因素控制成相同。

對流（convection current）：擾動大氣並從某區域傳送熱能到另一區域的上升或下降氣流。水中也會發生對流。

一般性污染物（conventional pollutant）：亦稱為指標性污染物（criteria pollutant）。7種造成最大量空氣品質惡化的物質（二氧化硫、一氧化碳、微粒、碳氫化合物、氮氧化物、光化學氧化物、鉛）；由空氣清淨法所定義對人類健康與福利最嚴重威脅的所有污染物。

珊瑚白化（coral bleaching）：當壓力源（如高溫）導致珊瑚排出其色彩鮮豔的單細胞動物（蟲黃藻），或蟲黃藻死亡時，會造成珊瑚的白化；最後可能導致珊瑚礁死亡。

珊瑚礁（coral reef）：海洋重要特徵，由海洋動物所產生的硬質、石灰成分骨架；通常沿著淺灘、沉海沙洲的邊緣或沿著溫暖、淺熱帶海洋暗礁生成。

核心（core）：具有密集、高熱質量特性的熔融金屬，通常為鐵與鎳，在地心直徑數千公里處。

核心棲地（core habitat）：均衡且足夠大的環境，可以支持接近全數的群落典型動植物。

自然棲地廊道（corridor）：在自然棲地中連接兩鄰近的自然保護區，以允許生物體從一處遷移至另一處的地帶。

本益分析（cost-benefit analysis, CBA）：大型公共計畫所採用的評估，比較計劃所需經費與所得效益。

覆蓋作物（cover crop）：例如黑麥、紫花苜蓿或紅花草等植物，可在收成後迅速種植以支持並保護土壤。

創造性思考（creative thinking）：原創、獨立性思考，會詢問「應如何以新穎且富創造性的方法來解決此問題？」

刑法（criminal law）：奠基於聯邦與州政府法規的法庭討論體制，有關違反人類或社會的錯誤行為。

指標性污染物（criteria pollutant）：詳見一般性污染物（conventional pollutant）。

關鍵因素（critical factor）：對於某時間某物種接近忍受極限的單一環境因素；詳見限制因素（limiting factor）。

批判性思考（critical thinking）：以系統化、慎重、有效率的態度，評估資訊與觀點的能力。

粗出生率（crude birth rate）：每年每1,000人中出生的人口（使用年中人口）。

粗死亡率（crude death rate）：每年每1,000人中死亡的人口；也稱為自然致死率（crude mortality rate）。

地殼（crust）：地球地表溫度低且質輕的最外層，漂浮在柔軟、易曲折的下層地表上方；類似一碗溫熱布丁的表面。

人為優養化（cultural eutrophication）：由人類活動造成的生物性生產力與生態系演化的增加。

D

分解者（decomposer）：將複雜有機物分解成分子較小的真菌與細菌。

演繹論（deductive reasoning）：對於特別事物，一開始用一般原則，然後引出可試驗的假設；即由上往下的推理方式。

人口轉型（demographic transition）：生活條件改善後死亡率和出生率下降的型態；當條件惡化時會相反。

人口統計學（demography）：成長率、年齡結構、地理分佈等對社會、經濟與環境條件的影響的人口統計研究。

密度相關因素（density-dependent factor）：依據族群中生物體的密度影響族群的成長率之內或外部因素。

非密度相關因素（density-independent factor）：無論族群大小，都會受到影響。

扶養比（dependency ratio）：人口中沒有工作的人數與有工作的人數之比值。

因變數（dependent variable）：或稱為反應變數；會受到自變數的影響。

沙漠化（desertification）：使過去曾經肥沃的土地裸露並降低品質，肇始自沙漠形成循環（desert-producing cycle），會引起該區土壤、氣候和生物群的改變。

沙漠（desert）：生物群落區之一，具有濕氣低、很少下雨及無法預測降雨的特色。每日與每季溫差變動很大。

屑食性動物（detritivore）：利用有機廢物、殘渣和排泄物的生物體。

失能年數（disability adjusted life years, DALYs）：評估疾病的總負擔健康度量指標，合併幼年死亡以及因患病、失能所造成健康生活的喪失。

流量（discharge）：單位時間通過某固定點的水量；通常以公升／秒或立方公尺／秒表示。

疾病（disease）：面對營養、化學物質或生物媒介的不穩定條件，使身體狀況產生有害的改變。

溶氧量（dissolved oxygen, DO）：在特定溫度與大氣壓力下，溶解在單位體積水中氧氣的總量；通常以百萬分之1（ppm）表示。

擾動（disturbance）：是任一種能破壞已建立的物種多樣性、豐富性形態、群落結構或群落特性的力量

擾動適應物種（disturbance-adapted species）：依賴反覆擾動生存和繁殖的物種。

多樣性（diversity）：群落中存在的物種數量（物種豐富性），以及每一物種的相對豐富性。

去氧核糖核酸（DNA）：去氧核糖核酸；細胞核中一長雙螺旋分子，含有遺傳密碼並引導所有細胞的發展與功能。

雙盲實驗（double-blind experiment）：實驗參與者及實驗者皆不知道哪些參與者受到實驗或控制處理，直到收集與分析完資料後才知道。

塵丘（dust dome）：城市的空氣中有灰塵和懸浮微粒的高度集中。

E

地震（earthquake）：地球外殼突然劇烈移動。

生態性疾病（ecological disease）：家畜和野生生物之間迅速蔓延的流行病。

生態經濟學（ecological economics）：以生態觀點來經濟分析的應用；將生態原理與優先性併入經濟帳目系統。

生態足跡（ecological footprint）：表示環境衝擊的方法之一，是將消費選擇表示為生產物品或服務所需的土地面積當量。

生態地位（ecological niche）：物種在生態系統中的功能角色和位置，包括使用何種資源、如何及何時使用資源、如何與其他物種相互作用。

生態服務（ecological services）：生態系統提供淨化水、能量、氣候調節和營養循環的程序或工具。

生態系統（ecosystem）：特定生物群落及其自然環境，具有物質和能量交流的相互作用。

生態系統管理（ecosystem management）：在一個聯合的系統中，生態、經濟與社會目標的整合，接近資源管理方法。

生態交會區（ecotone）：介於兩種類型生態群落間的邊界。

生態旅遊（ecotourism）：在野生環境的冒險旅行、文化探索和自然欣賞的結合。

邊緣效應（edge effect）：在兩個生態系統間的邊界，物種組成、自然條件或其他生態因子的改變。

元素（element）：無法用化學方法分成更簡單單位的物質。

聖嬰現象（El Niño）：因大量暖水由西太平洋移動至東邊，造成大多數太平洋、甚至全世界的風向與降雨產生變化。

突發性疾病（emergent disease）：新的疾病或至少20年未再發生的疾病。

衍生性質（emergent property）：整個系統大於系統各部分總和的特性。

瀕危物種（endangered species）：處於急迫滅絕危險的物種。

特有種（endemic species）：僅在某特定形態棲地才可發現的棲地專才種。

內分泌腺荷爾蒙干擾物（endocrine hormone disrupter）：妨礙內分泌荷爾蒙（例如雌激素、睪酮、甲狀腺素、腎上腺素或可體松）功能的化學物。

能量（energy）：作功的能力，例如使物體移動一段距離。

能源密集度（energy intensity）：提供貨物或服務所需的能源數量。

能源回收（energy recovery）：燃燒固體廢棄物產生有用的能量。

熵（entropy）：用以量測系統中能量的無秩序和有用狀態。

環境（environment）：生物體或生物群落周邊的環境或條件，以及影響個體或群落的複雜社會或文化條件。

環境健康（environmental health）：造成疾病的外在因素的科學，包括人類所居住的自然、社會、文化、科技世界等相關元素。

環境影響評估報告（Environmental Impact Statement, EIS）：由聯邦政府所規劃的任何主要程序或計畫的影響分析；是1970年的國家環境政策法所要求的。

環境法規（environmental law）：涉及環境品質、自然資源和生態永續的決定和行動的法律規章。

環境素養（environmental literacy）：對生態原理和社會影響的方法的基本了解，或對環境條件的回應。

環境政策（environmental policy）：政府機關所採納、推動與執行的環境有關官方規定或要求。

環境科學（environmental science）：對我們的環境以及我們在環境中角色的系統化科學研究。

表觀基因組（epigenome）：DNA和相關蛋白質及其他小分子，其管制基因功能的方式可影響許多世代。

河口（estuary）：河川流入海中的港灣或淹沒的山谷。

優養化（eutrophication）：擁有豐富有機物質的河川與湖（eu = 好；trophic = 富含營養的）。

進化物種觀（evolutionary species concept）：依據進化關係辨識物種。

電子廢棄物（e-waste）：廢棄的電子物品，包括電視、行動電話、電腦等。

指數生長（exponential growth）：單位時間內以固定速率生長，可表示成一固定比例或指數。詳見幾何生長（geometric growth）。

成本外部化（externalizing costs）：將花費轉移到除了使用資源的個體或團體外的人身上。

滅絕（extinction）：物種無法挽回的消失；物種無法競爭，或是被殺害與環境條件改變；可能是自然界正常的過程。

F

家庭計畫（family planning）：控制生產；規劃生育時間，並且只擁有需要且可養育的嬰兒數目。

飢荒（famine）：因大規模生命損失、社會破壞和經濟混亂，造成嚴重食物缺乏。

低溼地（fen）：主要供應地下水的溼地。

胎兒酒精症候群（fetal alcohol syndrome）：懷孕期間因母體喝酒而產生胎兒身體、精神和行為永久缺陷的悲劇。

熱力學第一定律（first law of thermodynamics）：能量守恆；亦即在正常條件下，既不會無中生有，也不會被毀壞消失。

洪水（flood）：水溢流到平常乾旱的土地。

洪水平原（floodplains）：沿著河床、湖和海岸線的低窪土地，會週期性地被淹沒。

糧食安全（food security）：個體每天獲得足夠糧食的能力。

食物網（food web）：在生態系統中個體食物鏈的複雜連鎖系列。

化石燃料（fossil fuel）：過去活生物體的有機廢物和屍體受到地質力而產生的石油、天然氣與煤。

破碎化（fragmentation）：棲息處被破壞成小且獨立的區塊。

燃料組（fuel assembly）：一捆含鈾氧化物顆粒的空心金屬棒；用做核反應器的燃料。

燃料電池（fuel cell）：使用氫或含有氫燃料（例如甲烷）來產生電流的機械設施。燃料電池是乾淨、安靜與高效率的電力來源。

易散排放物（fugitive emissions）：未經煙囪排出的物質，最常見的是由土壤侵蝕、露天採礦、壓碎岩石與建築工程所產生的灰塵。

G

差異分析（gap analysis）：一種繪製生物多樣性與地區特有物種的生物地理技術，可以在易崩裂瀕臨絕種棲息處的保護區間找出差異。

通才物種（generalist species）：可以忍受各種環境或利用各種資源的物種。

基因工程（genetic engineering）：使用分子生物學基因物質的實驗室操作。

基因改造生物（genetically modified organism, GMO）：由使用分子生物技術結合自然或合成基因而創造出的生物體。

真實進步指標（genuine progress index, GPI）：替代 GNP 與 GDP 的經濟計算方式，量測生活品質和永續性的真實進步。

地理隔離（geographic isolation）：地理變化隔離了物種的族群，並長時間防礙生育或基因交換，以致於基因漂變將族群變為獨特物種。

地熱能（geothermal energy）：從地球內部熱能獲取的能源，可藉由間歇噴泉、火山噴孔、溫泉或其他地熱特性以及抽取溫水的深井獲得。

全球環境主義（global environmentalism）：由目前環境議題延伸到全球環境尺度。

草原（grassland）：以牧草與相關草本植物為主的生物社會。

大太平洋垃圾帶（Great Pacific Garbage Patch）：太平洋的廣大區域包含著由全球海洋環流集結的塑膠垃圾。

綠色價格（green pricing）：消費者為可更新能量自願付高價費用的計畫。

綠色革命（green revolution）：由穀物的「奇蹟」品種引起農業生產大幅增加；通常需要較多的水、植物營養物和殺蟲劑。

溫室效應（greenhouse effect）：利用地球大氣捕捉熱量，大氣讓可見光波長穿透，但吸收散射的長波紅外線輻射。

國內生產毛額（gross domestic product, GDP）：國內經濟活動的總和。

國民生產毛額（gross national product, GNP）：國家經濟中產生的所有商品和服務總量。以國內生產毛額區分出國內經濟活動與國外合作。

溝狀沖蝕（gully erosion）：因移除土壤層而產生太大以致無法被正常耕地操作去除的渠道或溝壑。

H

棲地（habitat）：特定生物體居住的環境條件所在地或位置。

有害空氣污染物（hazardous air pollutants, HAPs）：一種會致癌、傷害神經，干擾荷爾蒙功能及胎兒發育的毒物。這些持久性物質停留在生態系很長時間，並累積在動物及人類組織。

有害廢棄物（hazardous waste）：含有對人類或其他生物有毒、致突變、致癌或致畸胎的丟棄物；具可燃、腐蝕、爆炸或具高反應性者均是。

健康（health）：生理與心理安康的狀態；沒有疾病或小病。

堆積過濾法（heap-leach extraction）：從極為低等級礦石分離萃取黃金的技術。大量堆積粉碎的礦石，並用鹼性氰化物稀釋溶液穿透堆積礦石以萃取黃金。此方法很容易造成大量的水污染。

熱能（heat）：物質內原子或分子的總動能，與物質的整體運動無關。

熱島（heat island）：城市周圍的高溫區域。

草食性動物（herbivore）：只食用植物的生物體。

HIPPO：棲地破壞（Habitat destruction）、入侵物種（Invasive specie）、污染（Pollution）、人口（Population）及過度獲取（Overharvesting）等造成滅絕的主因。

體內恆定（homeostasis）：生命系統內動態的穩定平衡，由對立但互補的調整所維持。

毒物興奮效應（hormesis）：有毒物質的非線性效應。

人類發展指數（human development index, HDI）：衡量生活品質的指標，使用平均壽命、成人識字能力、教育程度與生活水準等數據資料。

水文循環（hydrologic cycle）：經由蒸發和降水使水變乾淨並變淡的自然程序。此循環提供生物生命所需的全部淡水。

假說（hypothesis）：能夠由觀察或實驗來區分真假的條件式解釋。

I

I = PAT：人口成長的環境衝擊 (I) 是人口數 (P) 乘以富裕度 (A) 再乘以創造財富的科技 (T) 之乘積。

火成岩（igneous rock）：由地球內部深處熔化岩漿結晶而成的水晶礦物；例如玄武岩、流紋岩、安山石、熔岩與花崗岩。

自變數（independent variable）：在特定測驗中，不會回應其他變數的獨立變數。

指標（indicator）：物種具有特定的環境需求和容忍程度，使其成為判斷族群或其他環境條件的指標。

原住民（indigenous people）：一個區域的本土或原生居民，在特定區域已居住了很久的時間。

歸納論（inductive reasoning）：我們研究特定例子由「從細節到整體」地嘗試找到趨勢，以及從收集的觀察資訊得到一般解釋。

跨政府氣候變遷小組（Intergovernmental Panel on Climate Change, IPCC）：由聯合國環境規劃署與世界氣象組織（World Meteorological Organization）所組成，來自許多國家的各種領域科學家聚集共同評估有關氣候變化的知識和目前狀況。

成本內部化（internalizing costs）：制定計畫，使獲得資源使用好處的人負擔所有外部成本。

種間競爭（interspecific competition）：某群落中不同物種的成員間對資源的競爭。

種內競爭（intraspecific competition）：某群落中某物種內的成員間對資源的競爭。

入侵物種（invasive species）：生命體在新領地中繁殖興盛，因為沒有原棲地控制該族群的掠食者、疾病或資源限制。

離子（ion）：獲得或失去電子的帶電荷原子。

島嶼生物地理學（island biogeography）：研究島嶼上或其他孤立的區域物種的拓殖和滅絕，根據尺寸、形狀及與其他居住區域的距離。

同位素（isotope）：由於原子核內中子的不同，形成單一元素原子量不同。

J

J 曲線（J curve）：描述指數生長的成長曲線，因其形狀而稱為 J 曲線。

焦耳（joule）：能量單位。1 焦耳是讓 1 安培電流在一秒鐘內流過 1 歐姆電阻所需的能量。

K

關鍵物種（keystone species）：某物種對其群落或生態系統的影響，比僅僅多量的物種要來得多也來得有影響力。此物種可能是主要掠食者、遮蔽用或其他有機體食物來源的植物或扮演關鍵生態角色的生物體。

動能（kinetic energy）：移動物體的能量，例如讓岩石滾下山、風吹過樹或水流經水壩的能量。

K-選擇物種（K-selected species）：族群成長由內部（或內在）與外部因素所調節的生物體。大型動物例如鯨魚、象與高階掠食者，通常屬於此種類。此類生物體的後代相當少，經常穩定族群大小，以接近其環境承載容量。

京都議定書（Kyoto Protocol）：1997 年於日本京都通過的國際條約。其中 160 個國家同意減少二氧化碳、甲烷、氮氧化物的排放，以減低全球氣候變化的威脅。

L

山崩（landslide）：岩石或土壤的下坡的破壞或移動；由地震或豪雨所造成。

反聖嬰現象（La Niña）：聖嬰現象的相反。

潛熱（latent heat）：以無法偵測型式貯存的能量。

半致死劑量（LD50）：使 50% 受試族群致死的化學藥品劑量。

平均壽命（life expectancy）：新生幼兒能夠期望在一個特定時間和地方中到達的平均年紀。

成長極限（limits to growth）：世界對人類有固定承載容量的想法。

邏輯性思考（logical thinking）：會問「如何能有條理地推論理由，以幫助我清楚地思考？」的一種合理思考。

邏輯生長（logistic growth）：藉由內部與外部因素調節生長率，而與環境資源達到平衡。也請參見 S 曲線。

M

岩漿（magma）：來自地球內部深處熔化的岩石；若從火山口噴出，則稱為熔岩（lava）。

營養失調（malnourishment）：由缺少特定飲食成份，或無法有效吸收、利用重要營養物所引起的營養不均衡現象。

人與生物圈計畫（Man and Biosphere program, MAB program）：劃分為自然保護區的區域，依不同目的再分成數個小區域的一種設計。受高度保護的核心地帶四周，被緩衝帶與外圍區域隔開，在此可以取得多重用途的資源。

紅樹林（mangrove forests）：生長在熱帶海岸潮間帶，耐鹽性樹木和其他植物的多樣化群集。

操作實驗（manipulative experiment）：測試或實驗條件可刻意改變，而其他變數維持常數。

地涵（mantle）：炎熱柔軟岩石層圍住地心，構成冷的外部硬殼。

邊際成本（marginal costs）：額外產生一單位物品或服務所需的成本。

草澤（marsh）：沒有樹的濕地；在北美此類型土地的特點是香蒲（cattails）和燈心草（rushes）。

全燃燒法（mass burn）：燃燒未分類固體廢物。

物質（matter）：佔據空間且具有質量的任何事物。

平均值（mean）：平均。

巨型城市（megacity, megalopolis）：也稱為超級城市（supercity）；人口數在 1,000 萬以上的超級大都會。

變質岩（metamorphic rock）：由熱、壓力和化學反應所改造的火成岩與沉積岩。

小額貸款（microlending）：小額借款給沒有資金管道的窮苦人家。

中洋脊（midoceanic ridge）：在海洋板塊上的山脊，岩漿由裂縫噴出，產生新的外殼。

米蘭科維奇循環（Milankovitch cycle）：地球軌道以傾斜、不正圓、搖擺的週期性變化；米蘭科維奇（Milutin Milankovitch）認為這些是氣候循環變化的原因。

千禧評估（millennium assessment）：聯合國在 2000 年設定一連串環境和人類發展的目標。

礦物（mineral）：自然產生的無機水晶固體，具有明確化學成份、內部水晶特定結構、特有物理性質。

迷你鋼廠（minimill）：將廢鋼與鐵再熔煉成形的工廠。

最小存活族群（minimum viable population）：稀少或瀕危物種長期存活所需的個體數目。

分子（molecule）：二個或以上原子結合。

單一林相林業（monoculture forestry）：密集栽種單一物種；是有效的木頭生產方法，但會刺激害蟲和疾病侵擾，以及野生生物棲息處或休閒利用的衝突。

致病性（morbidity）：生病或疾病。

死亡率（mortality）：族群死亡率，每年每千人死亡的數目。

米氏擬態（Mullerian mimicry; Muellerian mimicry）：兩個令人討厭且擁有毒螫或其他防禦機制的物種，進化成彼此相似的特性。

都市固體廢棄物（municipal solid waste）：由家庭和事業產生的混合廢棄物。

致突變物質（mutagens）：例如化學藥品或輻射等，可損害或改變細胞內基因物質的媒介。

互利共生（mutualism）：兩不同物種個體間的共生關係，兩物種皆從此關係獲利。

N

國家環境政策法案（National Environmental Policy Act, NEPA）：建立環境品質協調會的法案，所有對於環境有重大影響的聯邦計畫，皆需具備環境影響說明書。

自然實驗（natural experiment）：觀察自然事件並解釋變數之間的因果關係。

自然資源經濟學（natural resource economics）：將自然資源視為有價值的資產之經濟學。

自然選擇（natural selection）：或稱天擇；環境壓力引起的某些基因結合的進化改變機制，使物種變得更豐富；基因結合最適用於現存環境條件趨於優勢地位。

負向回饋（negative feedback）：從某程序產生、但反而降低該程序的因子。

新古典經濟學（neo-classical economics）：經濟學的分支，試圖應用現代科學原理，進行精確、抽象、可預測的數學經濟分析。

淨初級生產力（net primary productivity）：藉由光合作用產生的生質量，且在呼吸、遷徙及其他降低生質的因素後儲存在群落中。

神經毒素（neurotoxin）：有毒物質，例如鉛或水銀，對神經細胞特別具有毒性。

氮循環（nitrogen cycle）：在無機與有機相間氮的循環與再利用。

氮氧化物（nitrogen oxides）：在有氧存在的情況下，當氮在燃料或燃燒空氣中加熱超過 650°C，或當土壤或水中細菌氧化含氮化合物時，所形成的高反應性氣體。

非政府組織（nongovernmental organization, NGO）：共同面對壓力、研究群、顧問、政黨、專業社會以及其他關心環境品質、資源使用和許多其他議題的團隊。

非點源污染（nonpoint source）：分散的污染物擴散來源，例如來自農場田地、高爾夫球場、建築工地等的逕流。

非再生資源（nonrenewable resource）：礦物、化石燃料及環境中存在基本固定量的其他物質（在人類時間尺度內）。

核分裂（nuclear fission）：放射性衰退過程中，同位素分裂以產生兩個更小的原子。

O

肥胖（obese）：病理上超重，身體質重大於 30 公斤／平方公尺，或大約比一般人重 30 磅。

油頁岩（oil shale）：有細密紋理的沉積岩石，含有很多固態有機物稱為油母質（kerogen）。當加熱時，油母質會液化產生液狀石油燃料。

原始森林（old-growth forest）：長時間（通常是 150 到 200 年）未受干擾的森林，擁有平衡生態系統的成熟樹木、自然條件、物種多樣性與其他特性。

貧養（oligotrophic）：河川與湖泊擁有乾淨的水與低生物性生產力的條件（oligo = 很少；trophic = 營養）；通常是乾淨、寒冷、不肥沃的湖和河流源頭。

雜食性動物（omnivore）：可吃植物和動物的生物體。

開放存取系統（open access system）：沒有管理規則地共同擁有資源。

開放系統（open system）：和環境交換物質、能量的系統。

有機化合物（organic compounds）：以環狀或鏈狀排列的碳原子鍵所組成的複雜分子；包括生物分子（由活生物體合成的分子）。

有機磷（organophosphates）：帶有磷酸根的有機分子。含有神經毒素的劇毒農藥。

過度放牧（overgrazing）：允許家畜吃過多的植物，導致生物群落降級退化。

過度獲取（overharvesting）：獲取過多資源以致於威脅其生存。

氧垂（oxygen sag）：因流入高生物需氧的污染物，造成下游水中溶氧下降。

臭氧（ozone）：含有三個氧原子的高反應性分子；大氣中的危險污染物。然而，在同溫層臭氧形成了紫外線吸收保護罩，使人類避免接收到致突變的輻射。

P

典範（paradigm）：塑造我們的世界觀，並引導我們解釋事物的中心模式。

寄生蟲（parasite）：寄生在另一生物體上並由其寄主取得營養的生物體。通常寄主無法殺死它。

寄生（parasitism）：一個生物體以另一個生物體為食，但不會立即殺死它。

簡約理論（parsimony）：可能用兩種近似方法解釋一現象的原則，應該選擇較簡單的那一個；也稱為奧坎剃刀原則（Ockham's razor）。

微粒物質（particulate material）：大氣氣膠，例如灰塵、灰燼、煙、花粉、孢子、海藻細胞和其他懸浮性物質；原僅適用於固體粒子，現已擴充至液體微粒。

十億分之一（parts per billion, ppb）：化學物質在某氣體、液體或固體混合物內佔十億分之一的量。

百萬分之一（parts per million, ppm）：化學物質在某氣體、液體或固體混合物內佔百萬分之一的量。

被動式吸熱（passive heat absorption）：使用未移動物質以收集或保留熱的自然物質或其吸收力的結構；太陽能是最簡單和最古老的使用方式。

牧人（pastoralist）：靠畜養家畜維生的人。

區塊（patchiness）：在較大的生態系中出現某些物理狀況不同的較小區域，可支持某些不同的群落；可提升系統或區域的多樣性。

病原體（pathogen）：在寄主生物體內產生疾病的生物體，疾病會造成生物體原有一項或多項新陳代謝功能改變。

泥炭（peat）：潮溼、酸性、半腐朽的有機物質沉積物。

遠洋水層（pelagic）：水體內垂直的水柱區域。

多年生種類（perennial species）：生長期大於兩年的植物。

永久可修補式貯存（permanent retrievable storage）：在安全放置廢棄物儲存容器的位置，需能定期檢查或復原，為了將來找到更好處置或再利用廢棄物的方法時，能重新裝設或輸送。

持久性有機污染物（persistent organic pollutants, POPs）：可存留於環境並長期保持生物性活力的化學物。

害蟲（pest）：降低有用資源之可得性、品質、價值的生命體。

殺蟲劑（pesticide）：可殺死、控制、驅散或改變害蟲行為的任何化學藥品。

酸鹼值（pH）：氫離子存在的比例，在 0 到 14 的尺度上表示溶液的酸性或鹼性。

磷循環（phosphorus cycle）：從岩石到生物圈和水氣，再回到岩石的磷原子移動。

光化學氧化物（photochemical oxidant）：次要大氣反應的產物。詳見煙霧（smog）。

光合作用（photosynthesis）：綠色植物與某些細菌利用捕獲的光能產生化學鍵的生物化學程序。此程序會消耗二氧化碳和水，產生氧氣和單醣。

光電電池（photovoltaic cell）：一種可捕獲太陽能使其直接轉變成電流的能量轉變裝置。

親緣物種觀（phylogenetic species concept）：以基因相似性（或差異）辨識物種。

光合浮游植物（phytoplankton）：在水生態系中，功能如同生產者的微生物，自由漂浮的自營性生物體。

先驅物種（pioneer species）：在陸地主要演替中，植物、地衣和微生物首先開拓此位置。

點源污染（point source）：高污染集中排放的特定地點，例如工廠、發電廠、廢水處理廠、地下煤礦坑與石油井。

政策循環（policy cycle）：在一個公眾場所裡，進行問題的制定及使其作用的程序。

族群（population）：單一物種的所有成員，在相同的時間裡居住在相同的地區。

人口動量（population momentum）：當年輕成員到達可生育年齡，人口可能會持續成長。

正向回饋（positive feedback）：從某程序產生且增進該程序的因子。

位能（potential energy）：儲存的能量，雖然較晚形成，但可以使用。一顆在山丘上平衡的石頭或在水壩旁的水源，皆具有位能。

功率（power）：能源傳送的比例；單位為馬力或瓦特。

預防原則／預警原則（precautionary principle）：當某項行為有可能威脅健康或環境時，在啟動該行為前必須先充分了解其風險。

掠食者調適競爭（predator-mediated competition）：掠食者的影響主導族群動態。

主要污染物（primary pollutant）：以有害型式直接釋進大氣的物質。

初級生產者（primary producer）：光合成生物體。

初級生產力（primary productivity）：綠色植物使用由光合作用所獲得的能量而合成的有機物質（生質量）。

主要演替（primary succession）：生態的接續，在一個原先沒有生物族群存在的地區開始。

初級處理（primary treatment）：在廢水排放或進一步處理前，從廢水中去除固體物的過程。

機率（probability）：一種將會發生的處境、情況或事件的可能性。

生產力（productivity）：在某一區域中，一段期間內所產生的生質量（生物性物質）。

生育壓力（pronatalist pressure）：鼓勵人們生育的影響力。

R

r- 選擇物種（r-selected species）：主要藉由外在因素管理族群成長的生物體，傾向擁有快速生產力及高後代死亡率。在理想環境下，將以指數形式成長，許多雜草或拓荒者屬於此類。

補注層（recharge zone）：水滲入至地下水層的區域。

回收（recycling）：廢棄物質再加工成全新、可用的產品；回收再利用的物質不同於原先用途，但通常可以交換使用。

反應性思考（reflective thinking）：一個細心、深思地分析，並總是存疑「這到底是意味著什麼？」

重組器（reformer）：一個可以從天然氣、甲醇、氨氮、汽油或植物油的燃料中去掉氫根的裝置，使其可用於燃料電池。

廢棄物衍生燃料法（refuse-derived fuel, RDF）：固體廢棄物的加工，以去除金屬、玻璃及其他無法燃燒的物質；有機物的殘留是破碎的，形成小顆粒，乾燥後可製成發電廠的燃料。

再生農耕（regenerative farming）：藉由輪作穀物、種植植被、用殘留穀物保護表面、減少合成化學肥料使用及機械化壓實等耕種技術及土地管理工作，使土壤恢復健康及生產力。

再生資源（renewable resource）：由自然過程正常地取代或補充的資源；若適度地使用資源，並不會用盡；包括太陽能、生物資源等。生物資源是指森林、漁場、生物有機體及一些生化循環。

再生水源的供應（renewable water supply）：表面逕流以及滲透至地下水層的淡水，都是人類可以使用的資源。

替代水準（replacement rate）：為了維持穩定的人口，每對夫婦所需的小孩數。因為早夭、不孕及不生等因素，通常每對夫婦約 2.1 個小孩。

重複性（replication）：重複的研究或測試。

再現性（reproducibility）：產生一個觀察或得到一個固定的特殊結果。

停留時間（residence time）：組成的時間長度；例如單一個水分子，在經過特定過程或週期前，在特別區域內或定點所花費的時間。

恢復（resilience）：族群或生態系統從混亂中復原的能力。

資源分配（resource partitioning）：在生物族群裡，不同種類的族群透過特定化，共享環境資源，以減少彼此的競爭，亦視生態地位所區分。

資源（resource）：在經濟關係中，任何可能創造財富或給予滿意的事物。

紋溝沖蝕（rill erosion）：薄泥土層的移動，如同流動的小河聚集，並在泥土上切出細小的水道。

風險（risk）：某件令人不快的事情發生的可能性，成為暴露於危險的結果。

岩石（rock）：由一個或多個結晶礦物聚集組成的固體。

岩石循環（rock cycle）：岩石被化學或物理的力量破壞的過程；沉澱物被風、水及引力所搬運、沉積改造成為岩石，接著壓碎、疊合、溶解及再結晶形成新的形狀。

輪流放牧（rotational grazing）：限制在小區域內短時間的放牧動物，使它們食用雜草及草本植物。

S

S 曲線（S curve）：說明邏輯生長的曲線，因其形狀而命名。

鹽度（salinity）：在限定容積的水中溶解鹽類（特別是氯化鈉）的數量。

鹽化（salinization）：礦物鹽類累積在土壤中殺死植物的過程。

鹹水草澤（salt marsh）：海水定時或不定時淹沒的淺溼地，通常在沿岸。

衛生掩埋法（sanitary landfill）：每天將都市廢棄物掩埋在足夠土壤下的垃圾掩埋場。

稀樹草原（savanna）：具有稀疏樹木的開放草原或牧草地。

腐食性動物（scavenger）：會清除較大型的動物屍體的生物，或是不會被腐食性動物殺害的生物。

科學（science）：依靠對自然現象精準的觀察，架構合理的理論以解釋這些觀察到的現象。

科學共識（scientific consensus）：專業學者之間的共同意見。

科學方法（scientific method）：對一個問題有系統、精確、客觀的研究。一般來說，需要觀察、發展性的假說及測試、資料的蒐集與解釋。

科學理論（scientific theory）：由重要的科學家所認可的解釋或主張。

海草群落（sea-grass bed）：或稱為鰻草群落（eel-grass bed），占據溫暖、水淺的沙岸。

熱力學第二定律（second law of thermodynamics）：說明在一個系統中進行每個成功的能源轉換或轉變，可利用少量的能源去作功。

次要污染物（secondary pollutant）：進入大氣後才變成有害型式的化學物質，或是空氣混合接觸後，藉由化學反應才形成的化學物質。

次要演替（secondary succession）：在一個既存的族群受到干擾後的接續。

二級處理（secondary treatment）：在污水初級處理後，懸浮物質及溶解性有機物的細菌性分解。

安全掩埋（secure landfill）：具有不透水界線設限及覆蓋，以防止滲透及溶濾的固體廢棄物處理場所。

沉積岩（sedimentary rock）：由礦物碎片緊壓、聚集所組成的岩層，如同沙或黏土；包括頁岩、砂岩、角礫岩及礫岩。

沉積作用（sedimentation）：有機物質或碎片經由化學、物理或生物的過程而沉澱。

擇伐（selective cutting）：只收成某些種類及尺寸的成熟樹木；通常比完全收割更為昂貴，但對於野生生物破壞較少，而且對於森林復育較有利。

選擇壓力（selective pressure）：有限的資源及逆向的環境情況，容易使人類偏愛某些適應行為。經過許多世代後，會導致基因的改變及演化。

蔭下栽種（shade-grown）：植物種植於巨大樹木的樹冠下，可提供鳥類或野生動物棲地。

層狀沖蝕（sheet erosion）：剝去地表細薄的土壤層；主要由風及水所引起。

漸伐（shelterwood harvesting）：從森林裡以連續砍伐二棵或更多棵的方式，移除生長成熟的樹木，只留下初長成的樹木及部分成熟樹木，作為種子的來源，以維持林地生長。

辦公大樓症候群（sick building syndrome）：在通風不足的建築物裡所引起一連串的過敏症及其他由黴菌、合成化學物質或其他有害物質所引起的疾病。

智慧型成長（smart growth）：土地資源和現存都市公共建設的有效利用，鼓勵進入與填補（in-fill）發展，提供各種負擔起的居家及運輸選擇，並且藉由當地文化及自然特性以尋找維持獨特的地方感。

智慧電錶（smart metering）：可以得知特定電器在特定時間內使用多少能源，也可得知能源來自何處及成本多寡之系統。

熔煉（smelting）：燒烤礦石以從礦物中釋出金屬物的方法。

土壤潛移（soil creep）：由於侵蝕，土壤連續而緩慢地向下坡移動。

專才物種（specialist species）：只能在有限的範圍生存或利用特定資源的物種。

物種形成（speciation）：新物種的發展。

物種（species）：在基因方面相似、足以繁殖和產生有生命、繁殖力強的生物體。

物種多樣性（species diversity）：在族群中數量眾多及相對豐富的物種。

擴張（sprawl）：在都市地區中沒有限制、沒有計畫的擴展，消耗許多開放空間與浪費資源。

穩定性（stability）：生態學名詞；在生態系與群落中，物理及生物因子的動態穩定；相對穩定度。

穩態經濟（steady-state economy）：具有低生育及死亡率、利用再生能源、回收利用物質及強調持久性、有效性與穩定性等特性。

同溫層（stratosphere）：大氣中從對流層頂延伸出的區域，離地表約 50 公里；溫度非常穩定，或許會隨著高度而些微上升；有極少的水氣，但富含臭氧。

河灘沖蝕（streambank erosion）：溪、小溪或河所形成的灘地土壤被沖走。

壓力（stress）：對動物緊繃的物理、化學、情緒等因子。在不適的環境下，植物也會承受物理壓力。

帶伐（strip-cutting）：在狹窄廊道上的樹一律砍掉。

帶植法（strip-farming）：沿著土地的邊緣，在二間隔行間種植不同種類的穀物；當其中一穀物採收時，另一穀物依然存在，以保護土壤及防止水從丘陵上直流而下。

學生環境行動聯盟（Student Environmental Action Coalition, SEAC）：具有資訊交換和學生領袖訓練中心的功能；共同保護地球和人類的未來。

下陷（subsidence）：因為大量抽取地下水、石油及地下物質，形成孔隙引發崩塌而造成地表沉降。

次土層（subsoil）：在表土下的土壤層，含較少有機成分及高濃度礦粒；通常含有溶解性化合物與由滲出水所挾帶的泥土顆粒。

硫循環（sulfur cycle）：在環境中硫化物移進或由貯存中流出所產生的化學、物理反應。

二氧化硫（sulfur dioxide）：一種無色、腐蝕性氣體，直接對動、植物產生危害。

地表採礦（surface mining）：從地表礦坑中開採物質。

表土層（surface soil）：通常稱 A 層，在有機層的下方。

表面張力（surface tension）：水分子表面有彼此凝聚的傾向，產生能抗拒毀壞的表面。

永續性（sustainability）：生態、社會及經濟的系統，可持續長時間。

永續農業（sustainable agriculture）：為響應生態、經濟的可行性，社會所能做的只有農耕系統。管理、土壤保育及結合害蟲管理，都是永續不可或缺的。

永續發展（sustainable development）：對每個人平均都有福利和生活標準的實質增加，並能持續一段時間，而且不會降低環境品質或危及未來世代的能力。

- 木澤（swamp）：有樹木的濕地，例如美國南部的廣大沼澤森林。
- 共生（symbiosis）：二種不同物種的生物和諧地共存；包括互利共生、片利共生及某些分類的寄生蟲。
- 同域性物種形成（sympatric speciation）：一個漸進的改變（通常透過基因漂變），導致後代在基因方面與其祖先不同，即使它們生活在相同的地方。
- 協同作用（synergism）：同時暴露在二種不同環境因子下所造成的傷害，比暴露在單一因子下還嚴重。
- 系統（system）：是相關成分及程序的交互反應網路。

T

- 寒帶密林（taiga）：北方林帶的極北邊緣，包括種類貧乏的林地及煤礦層；逐漸與極地凍土合一。
- 焦油砂（tar sand）：由包覆瀝青質的砂與頁岩顆粒所組成，瀝青質是長鏈碳氫化合物的黏性混合物。
- 構造板塊（tectonic plate）：地球地殼四周緩慢滑動的巨大板塊，拉扯分離出新的海洋盆地，或彼此沉重撞擊而產生更大的新大陸。
- 溫帶雨林（temperate rainforest）：在太平洋海岸南方寒冷、濃密、多雨的森林；大部分時間隱蔽在霧中；主要是大型針葉樹。
- 溫度（temperature）：物質內典型原子或分子運動速度的量測。
- 逆溫現象（temperature inversion）：較冷且密度較大的空氣會在較暖且密度較小空氣的下方。此現象會阻礙污染物且降低空氣品質。
- 致畸胎物質（teratogen）：在胚胎發育成長期間，造成特殊異常現象的化學物質或其他因子。
- 梯田（terracing）：改變土地形狀，去創造地表上平坦的淺灘，以留住水份及泥土；需要更多辛苦勞動或多方面的機械，但可以使農夫在陡峭的山腰上耕種。
- 三級處理（tertiary treatment）：在初級及二級廢水處理後，無機礦物及植物性營養源的進一步去除步驟。
- 熱污染（thermal pollution）：因人為因素使自然水體升溫或降溫，造成生物或水質負面影響。
- 變溫層（thermocline）：水中溫度有明顯變化的區域，此區介於由風產生混合的表水層（湖面上水），以及較冷且沒有混合的深水層（湖的下層）之間。
- 溫鹽循環（thermohaline circulation）：大規模的海洋循環系統中，溫暖的水從赤道區流向高緯度區，因水冷卻並蒸發而密度變大、含鹽量變高，下降後引起深而強大的南向洋流。
- 受威脅物種（threatened species）：當棲息範圍內依然豐富時，總量上卻有明顯減少，而且在某些地區或場所可能瀕臨消失的物種。
- 閾值（threshold）：超過此值時，系統將突然產生快速轉變。
- 通量（throughput）：能量及／或物質流進入、經過並離開系統。
- 潮汐海塘（tide pool）：位於岩岸的窪陷處，漲潮時淹沒，退潮時留下部分海水。
- 忍受極限（tolerance limit）：見限制因素（limiting factor）。
- 總生育率（total fertility rate）：女性在生育年齡期間，平均每位婦女所生育小孩的數量。
- 總量管制（total maximum daily load, TMDL）：水體所能接受來自點污染源及非點污染源的特別污染物數量，但仍能符合水質標準。
- 毒性物質排放清單（Toxic Release Inventory）：此表單由1984年的超級基金修正案及再授權行動所製定，要求製造工廠、廢棄物處理及處置場所每年報告超過300種以上排放的有毒物質。可由美國環保署查出住家附近任何排放的位置及其排放的有毒物質。
- 毒性物質（toxin）：有毒的化學物質會與特定細胞成分產生化學反應，進而殺死細胞或改變生長及發展；即使微量濃度也常是有害的。
- 蒸散（transpiration）：水從植物表面蒸發，特別是從氣孔。
- 營養層級（trophic level）：生態系統中能量改變的等級；一個生物體在生態系統中的飼餵地位。
- 熱帶雨林（tropical rainforest）：赤道附近降雨量豐沛的森林；每年降雨量超過200公分，全年氣溫是溫暖到炎熱的狀態。
- 熱帶季節林（tropic seasonal forest）：半常青樹或部分落葉樹森林，傾向形成開放林地和長草的稀樹草原，並點綴稀疏、耐旱樹種。

對流層頂（tropopause）：對流層和同溫層之間的邊界。

對流層（troposphere）：最接近地球表面的空氣層；隨著高度的增加，氣溫及氣壓通常也會減少。

海嘯（tsunami）：由水底火山爆發或嚴重的海床下陷會引起廣泛的海浪。

凍原（tundra）：無樹的極圈地帶或高山生物地區，特徵是寒冷、黑暗的冬季、短暫的生長季節及每個月都有結霜的可能性；植被包括生長緩慢的多年生植物、苔蘚與地衣。

U

特有污染物（unconventional pollutant）：有毒及危險的物質，例如石棉、苯、鈹、汞、多氯聯苯及乙烯基氯化物，在原來的空氣清淨方案中並未列出，因為排放量並不大；亦稱為非指標性污染物。

都市化（urbanization）：在城市人口密集度的增加和土地使用的改變，成為一種都市模式的組織。

巨大的都市群（urban agglomeration）：許多大都會的複合體。

V

垂直成層（vertical stratification）：群落中特定次群落的垂直分布。

垂直分帶（vertical zonation）：是指以高度定義的植被區。

揮發性有機化合物（volatile organic compound, VOC）：會快速蒸發並在大氣中存在的有機化學物。

火山（volcano）：通過地球表面的火山口釋出的熔岩（岩漿）、氣體及灰塵所形成的山岳。

易危（vulnerable species）：某生物體或物種易受人類行為所影響，處在受威脅或危險狀態，造成數量自然減少。

W

廢棄物流（waste stream）：來自都市的垃圾及工業、商業及建築廢物等不同種類廢棄物的穩流。

積水（waterlogging）：土壤水飽和度過高，充滿所有空氣的空間，使得植物的根部缺乏氧氣。是過度灌溉所造成的結果。

地下水位（water table）：飽和水層最頂部區域，依據地表地形與次表面結構而有所起伏。

流域（watershed）：由特定河流系統而流出的地表及地下水層。

瓦特（watt）：每秒 1 焦耳。

天氣（weather）：大氣物理狀態的描述（溼氣、溫度、壓力及風）。

風化（weathering）：石頭因暴露於空氣、水、溫度變化及化學藥劑的反應所引起的改變。

溼地（wetland）：一年中部分期間水不流動並環繞著生根植物的許多形式生態系統。

風力電場（wind farm）：大量的風車集中在單一地區；通常由公用事業或大規模能源製造者所擁有。

功（work）：經過一段距離力量的應用；需要能源介入。

世界保育策略（world conservation strategy）：對於維持有效的生態過程、保存基因多樣性及各種物種及生態系統利用的建議。

Z

人口零成長（zero population growth, ZPG）：人口中出生與移入人數和死亡與移出人數達成平衡。

通氣層（zone of aeration）：土壤上層能留住空氣和水的區域。

飽和層（zone of saturation）：所有空間皆充滿水的低土壤層。

圖片來源

第 1 章

1.2: Norman Kuring/NASA; 1.5a: © Dimas Ardian/Getty Images News/Getty Images; 1.5b: © Norbert Schiller/The Image Works; 1.5c: © Christopher S. Collins/Pepperdine University; 1.5d: © William P. Cunningham; 1.7: © JB Russell/Sygma/Corbis; 1.8: © Tetra images/PunchStock RF; 1.9: © The McGraw-Hill Companies, Inc./Barry Barker, photographer; 頁 14 (左中): © Digital Vision/PunchStock RF; (右上): © Cynthia Shaw; (左下): © Dimas Ardian/Getty Images News/Getty Images; (右下): © William P. Cunningham; 頁 15(上中): © Chris Knorr/Designpics/PunchStock RF; (右上): © Kent Knudson/PhotoLink/Getty Images RF; (左下): © Eye Ubiquitous/Newscom; (右中): © Santokh Kochar/Photodisc/Getty Images RF; 1.11: © John A. Karachewski RF; 1.12a: © RHS/AP Images; 1.12b: © Earth Island Institute; 1.12c: Courtesy Columbia University Archives; 1.12d: © AP Images

第 2 章

2.11: NOAA; 頁 42: Goddard Space Flight Center and ORBIMAGE/NASA; 頁 44: Courtesy of Kandis; 頁 45: © Creatas Images/Punchstock RF; 2.19: © Nigel Cattlin/Alamy.

第 3 章

3.1 © Galen Rowell/Terra/Corbis RF; 3.2: © Vol. 6/Corbis RF; 3.3: © William P. Cunningham; 頁 61 (右上): © Mary Ann Cunningham; (左上): © Kevin Schafer/Alamy RF; (左中): © David Zurick RF; (右中): © Creatas/PunchStock RF; (左下): © Tom Cooper; (中下): © Jill Braaten/McGraw-Hill Education; 3.10: © Leo Fiedler/Corbis RF; 3.11: © D.P. Wilson/Science Source; 3.12: © Creatas/PunchStock RF; 3.13a-b: © Edward Ross; 3.14a: © William P. Cunningham; 3.14b: © PhotoDisc RF; 3.14c: © William P. Cunningham; 3.15a: © Gregory Ochocki/Science Source; 3.15b: © Medioimages/PunchStock RF; 3.15c: © PhotoLink/Photodisc/Getty Images RF; 3.17: © Ed Cesar/Science Source; 3.19a: © Digital Vision/Getty Images RF; 3.19b: © Stockbyte RF; 3.19c: © Visual Language Illustration/Veer RF; 3.20a: © Jim Zuckerman/Digital Stock/Corbis RF; 3.20b: © Eric and David Hosking/Encyclopedia/Corbis RF; 3.20c: © Image100/PunchStock RF; 3.22: © Vol. 262/Corbis RF; 3.26: © William P. Cunningham.

第 4 章

頁 86-87 (背景): © William P. Cunningham; 頁 87(左上): © Nigel Hicks/Alamy RF; (右上): © David Frazier/Corbis RF; (右中): © Getty Images RF; (左下): © Goodshoot/PunchStock RF; (左下): © Cynthia Shaw; (左中): © William P. Cunningham

第 5 章

5.6: © Adalberto Rios Szalay/Sexto Sol/Photodisc/Getty Images RF; 5.7-5.8: © William P. Cunningham; 5.9: © Mary Ann Cunningham; 5.10: © William P. Cunningham; 5.11: © Mark Karrass/Digital Stock/Corbis RF; 5.12: © William P. Cunningham; 5.13: © Mary Ann Cunningham; 5.14: Courtesy of Sea WIFS/NASA; 5.16: Courtesy NOAA; 5.17a: © Glen Allison/Photodisc/Getty Images RF; 5.17b: © Mary Ann Cunningham; 5.17c: © Andrew Martinez/Science Source; 5.17d: © NHPA/Bill Coster; 5.19a-b: © William P. Cunningham; 5.19c: © Mary Ann Cunningham; 頁 120-121 (中上): © William A. Cunningham; (中下): © Pniesen/Getty Images RF; 頁 121 (左上): © Photodisc/Getty Images RF; (右上): © William P. Cunningham; (中): © IT Stock/AGE Fotostock RF; (下): © Cynthia Shaw; 5.24: Dave Menke/U.S. Fish and Wildlife Service; 5.25: © Mary Ann Cunningham; 5.26: © William P. Cunningham

第 6 章

6.1: © KhunJompol/Getty Images RF; 6.4: © William P. Cunningham; 6.5a-c: Courtesy United Nations Environment Programme; 6.6: © William P. Cunningham; 6.7: © Gary Braasch/Getty Images; 6.8: Courtesy of John McColgan, Alaska Fires Service/Bureau of Land Management; 頁 140 (左中): © Digital Vision/PunchStock RF; 頁 140 (左下): NASA; 頁 141(中): © Comstock Images/Alamy RF; (上中): © Creatas Images/Punchstock RF; (上中): © Photodisc/Getty Images RF; (右上): Data from United Nations Food and Agriculture Organization, 2002; 頁 141 (中), (下中) : © Amazon Conservation Team; 6.9: © William P. Cunningham; 6.11-6.13: © William P. Cunningham; 6.18: © Comstock Images/PictureQuest RF; 6.22: Courtesy of.R.O. Bierregaard

第 7 章

7.1: © Paulo Fridman/Corbis; 7.5a: © Scott Daniel Peterson; 7.5b: © Lester V. Bergman/Encyclopedia/Corbis; 7.9: © William P. Cunningham; 7.10: Photo by Jeff Vanuga, USDA Natural Resources Conservation Service; 7.11: © WaterFrame/Alamy; 7.12: © William P. Cunningham; 7.14: © Soil & Land Resources Division, University of Idaho; 7.15a: © Ingram Publishing/SuperStock RF; 7.15b: © Image broker/Alamy RF; 7.17a: Photo by Lynn Betts, courtesy of USDA Natural Resources Conservation Service; 7.17b: Photo by Jeff Vanuga, courtesy of USDA Natural Resources Conservation Center; 7.17c: Courtesy Natural Resource Conservation Service; 7.18: © Corbis RF; 頁 172-173 (背景): National Agricultural Imagery Program, USDA; 頁 173 (右上): © Golden Rice Humanitarian Board www.goldenrice.org; (中): © Corbis RF; (中右): © S. Meltzer/PhotoLink/Getty Images RF; (下中): © Corbis RF; 7.19: © Philip Wallick/Corbis RF; 7.20: © William P. Cunningham; 7.22: Photo by Lynn Betts, courtesy of USDA Natural Resources Conservation Service; 7.23: © William P. Cunningham; 7.24: © Tom Sweeney/2008 Star Tribune/Minneapolis-St. Paul; 頁 180: © William P. Cunningham

第 8 章

8.2a: © Digital Stock/Corbis RF; 8.2b: © Image Source/Getty Images RF; 8.2c: Courtesy of Stanley Erlandsen, University of Minnesota

第 9 章

頁 224（左上），（右上）: Lisa McKeon/courtesy of Glacier National Park Archives; 頁 226（煙囱）: © Larry Lee Photography/Corbis RF;（山谷）: © David Wasserman/Brand X Pictures/PunchStock RF;（樹墩）: © Photo24/Brand X Pictures/PunchStock RF;（犁田）: © Photodisc/PhotoLink/Getty Images RF;（車）: © Hisham F. Ibrahim/Photodisc/Getty Images RF;（石油）: © PhotoDisc/Getty Images RF;（水壩）: © Digital Stock/Royalty-Free/Corbis RF;（牛）: © G.K. & Vikki Hart/Photodisc/Getty Images RF; 頁 226（農夫）: © Barry Barker/McGraw-Hill Education

第 10 章

10.1: Courtesy of Dr. Delbert Swanson; 10.2b: © William P. Cunningham; 10.3: © Hisham F. Ibrahim/Photodisc/Getty Images RF; 10.4: © China Tourism Press/Stone/Getty Images; 10.5: Image courtesy of Norman Kuring, SeaWiFS Project; 10.7: NASA; 10.9: © William P. Cunningham; 頁 254-255: © Kent Knudson/PhotoLink/Getty Images RF

第 11 章

11.8: © Layton Thompson; 11.10: Courtesy of USDA, NRCS, photo by Lynn Betts; 11.11a-b: EROS Data Center, USGS; 11.11c: Courtesy NASA's Earth Observatory; 11.13: © William P. Cunningham; 11.15: © Simon Fraser/SPL/Science Source; 11.17: © William P. Cunningham; 11.18: © Laurence Lowry/Science Source; 11.21: © Les Stone/Sygma/Corbis; 11.23: Courtesy of Joe Lucas/Marine Entanglement Research Program/National Marine Fisheries Service NOAA; 頁 282（左上）: © Thinkstock/Corbis RF;（左中）: © Steve Allen/Brand X Pictures/Alamy RF;（左中），（中）: © William P. Cunningham;（下左），（下右）: © Mary Ann Cunningham; 頁 283（左上），（中）: Courtesy of National Renewable Energy Laboratory/NREL/PIX

第 12 章

12.7: © Natphotos/Digital Vision/Getty Images RF; 12.8: Courtesy of David McGeary; 頁 295: Courtesy USDA, photo by Peggy Greb; 12.9: © Bryan F. Peterson; 12.10: © Jim West/Alamy; 頁 298（右上）: © Marker Dierker/The McGraw-Hill Education;（左中）: © Creatas/PunchStock RF;（左下）: © Geostock/Getty Images RF;（右下）: © Tom Stoddart/Premium Archive/Getty Images; 頁 299（左上）: © Douglas Schwartz/Digital Stock/Royalty-Free/Corbis RF;（右中）: © William P. Cunningham;（中）: © Digital Stock/Royalty-Free/Corbis RF;（左下）: © Francois Jacquemin/FogStock/Index Stock.RF; 12.11: © James P. Blair/National Geographic Creative; 12.12: © Digital Vision/PunchStock RF; 12.13: © Jiji Press/AFP/Getty Images; 12.14: © Bay Ismoyo/AFP/Getty Images; 12.15: © NICK UT/AP Images; 12.16: USGS.

第 13 章

13.6: © U.S. Coast Guard/Getty Images News/Getty Images; 13.8: © DigitalGlobe/DigitalGlobe/Getty Images; 13.11: Courtesy Office of Civilian Radioactive Waste Management, Department of Energy; 13.16: © Kevin Burke/Digital Stock/Corbis RF; 頁 326（左下）: © Doug Sherman/Geofile RF;（右下）: USGS;（背景）: © Mary Ann Cunningham; 頁 321（左中）: © F. Schussler/Photodisc/PhotoLink/Getty Images RF; 13.18a: NREL/Harin Ullal, NREL staff; 13.18b: NREL/Stellar Sun Shop; 13.18c: NREL/U.S. Department of Energy, Craig Miller Productions; 13.23: Courtesy of Long Island Power Authority

第 14 章

14.3a: © T. O'Keefe/PhotoLink/Getty Images RF; 14.3b: Courtesy National Marine Sanctuary, photographer Claire Fackler; 14.4: © Doug Sherman/Geofile RF/Doug Sherman/Geofile RF; 14.5a: © Basel Action Network; 頁 348（右上）: © Radius Images/Punchstock RF;（右下）: © Creatas Images/Punchstock RF;（背景）: © Sharon Hudson/Digital Stock/Corbis RF; 14.9: Courtesy of Urban Ore, Inc. Berkeley, CA; 頁 349（右上）: © Digital Vision/PunchStock RF;（右中）: © George Doyle/Stockbyte/PunchStock RF;（左下）: © David Trevor/Alamy RF/Alamy RF; 14.10: © Arthur S Aubry/Photodisc/Getty Images RF

第 15 章

15.1: © Steve Allen/Brand X Pictures/Corbis RF; 15.4: Courtesy Dr. Helga Leitner; 15.5: © 2003 Regents of the University of Minnesota. All rights reserved. Used with permission of the Design Center for American Urban Landscape; 頁 368（田野），（孩童散步），（騎自行車），（房屋），（公園）: © Mary Ann Cunningham;（公車），（書店）: © William P. Cunningham;（背景）: Library of Congress Prints and Photographs Division[g57541.ct002386]; 頁 369（發電廠），（公車）: © Mary Ann Cunningham;（市場）: © William P. Cunningham;（牛）: © David Frazier/Corbis RF;（四色桶）: © Photodisc/Getty Images RF; 15.6-15.7: © William P. Cunningham; 15.8: © Roofscapes, Inc. Used by permission; all rights reserved.; 15.9: © William P. Cunningham; 15.12: © Robert Brown/DesignPics RF; 15.14: © William P. Cunningham; 15.17: © Mark Luthringer.

第 16 章

頁 392（左中）: © Jennifer Stelton;（中）: © Steve Allen/Brand X Picture/Alamy RF;（左下）: © Mary Ann Cunningham;（背景）: © William P. Cunningham; 頁 393（右上）: © Mary Ann Cunningham;（右中）: © David Forman/Image Source RF;（右下）: © Westend61/SuperStock; 16.5: © Irene Alastruey/Author's Image/Punchstock RF; 16.8: Courtesy of National Renewable Energy Laboratory/NREL/PIX

索引

A

abundance　豐富性　70
acid　酸　32
active solar system　主動式太陽能系統　324
acute effect　急性效應　202
adaptation　適應　55
aerosol　氣膠　213
affluenza　富裕病　401
agency rule-making　行政機關制定法令　391
albedo　反照率　215
allergen　過敏原　192
allopatric speciation　異域性物種形成　58
ambient air　環境空氣　239
analytical thinking　解析性思考　22
antigen　抗原　192
aquifer　含水層　261
atomic number　原子數　31
atom　原子　31

B

barrier island　離岸沙洲島　306
base　鹼　32
Batesian mimicry　貝氏擬態　64
benthic　底層　111
binomials　二命名　59
bioaccumulation　生物累積　197
biochemical oxygen demand, BOD　生化需氧量　271
biodegradable plastic　生物可分解塑膠　350
biodiversity　生物多樣性　115
biofuel　生質燃料　328
biogas　生質氣體　329
biological community　生物群落　40
biomagnification　生物放大　197
biomass　生質量　40
biomass　生質量　328
biome　生物群落區　103
bioremediation　生物復育　284, 355
biosphere reserve　生物圈保留區　150
biotic potential　生物潛能　67
birth control　生育控制　96
blind experiment　單盲實驗　18
bog　泥炭澤　115
boreal forest　北方林　109
broad-leaved deciduous　闊葉落葉木　108

C

cancer　癌症　192
cap-and-trade　總量管制與排放交易　379
capital　資本　370
carbon cycle　碳循環　43
carbon management　碳管理　233
carbon monoxide, CO　一氧化碳　240
carbon neutral　碳中和　231
carcinogen　致癌物質　192
carnivore　肉食性動物　41
carrying capacity　承載容量　67
case law　判例法　388
catalytic converter　觸媒轉化器　252
cellular respiration　細胞呼吸作用　39
cell　細胞　33
chain reaction　連鎖反應　317
chaparral　常綠密生灌木叢或沙巴拉灌木叢　107
chemical energy　化學能　35
chemical oxygen demand, COD　化學需氧量　271
chemosynthesis　化學合成　37
chlorinated hydrocarbon　氯化碳氫化合物　174
chronic effect　慢性效應　202

citizen science　公民科學　399
civil law　民法　390
classical economics　古典經濟學　370
clear-cutting　皆伐　138
climate　氣候　213
climax community　巔峰群落　75
closed-canopy forest　密冠層林　133
closed system　密閉系統　29
cloud forest　雲霧林　105
coevolution　共同進化　64
cogeneration　汽電共生　322
commensalism　片利共生　66
communal resource management system　共有資源管理系統　374
community structure　群落結構或生態結構　71
competitive exclusion principle　競爭排斥原理　58
complexity　複雜性　73
composting　堆肥　345
compound　化合物　31
concentrating solar power, CSP　集中式太陽電力系統　324
confined animal feeding operation, CAFO　集中式動物飼養營運　164
conservation medicine　保護醫學　189
conservation of matter　物質守恆　30
conspicuous consumption　炫耀性消費　401
constructed wetland　人工溼地　284
consumer　消費者　40
consumption　耗水量　264
contour plowing　沿等高線犁耕　177
controlled study　控制研究　18
control rod　控制棒　317
convection current　對流　214
conventional pollutant　一般性污染物　239
coral bleaching　珊瑚白化　112
coral reef　珊瑚礁　112
core habitat　核心棲地　72, 151
core　核心　289
corridor　自然棲地廊道　151
cost-benefit analysis, CBA　本益分析　374

cost-benefit analysis　本益分析　386
cover crop　覆蓋作物　178
creative thinking　創造性思考　22
criminal law　刑法　388
criteria pollutant　指標性污染物　239
critical and analytical thinking　批判性及分析性思考　4
critical factor　關鍵因素　56
critical thinking　批判性思考　22
crude birth rate　粗出生率　88
crude death rate　粗死亡率　90
crust　地殼　289
cultural eutrophication　人為優養化　272

D

decomposer　分解者　40, 43
deductive reasoning　演繹論　17
deforestation　伐林　135
demographic transition　人口轉型　94
demography　85　人口統計學
density-dependent factor　密度相關因素　69
density-independent factor　非密度相關因素　69
deoxyribonucleic acid, DNA　去氧核糖核酸　33
dependency ratio　扶養比　93
dependent variable　因變數　18
desertification　沙漠化　143, 170
desert　沙漠　106
detritivore　屑食性動物　43
disability-adjusted life year, DALY　失能年數　185
discharge　流量　261
disease　疾病　185
dissolved oxygen, DO　溶氧量　271
disturbance-adapted species　擾動適應物種　76
disturbance　擾動　30, 76
diversity　多樣性　70
double-blind experiment　雙盲實驗　18

E

earthquake　地震　302
ecological disease　生態性疾病　188

ecological economics　生態經濟學　371
ecological footprint　生態足跡　84
ecological niche　生態地位　57
ecological service　生態服務　371
ecosystem management　生態系統管理　139
ecosystem services　生態系統服務　9
ecosystem　生態系統　40
ecotone　生態交會區　72
ecotourism　生態旅遊　150
edge effect　邊緣效應　72, 151
element　元素　31
El Niño/Southern Oscillation, ENSO　聖嬰－南方震盪現象　219
El Nin~o　聖嬰現象　218
emergent disease　突發性疾病　187
emergent property　衍生性質　30
endangered species　瀕危物種　126
endemic species　特有種　57
endocrine hormone disrupter　內分泌腺荷爾蒙干擾物　193
energy intensity　能源密集度　319
energy recovery　能源回收　341
energy　能量　34, 312
entropy　熵　36
environmental health　環境健康　185
environ-mental law　環境法規　387
environmental literacy　環境素養　398
environmental policy　環境政策　385
environmental science　環境科學　3
equilibrium　平衡　29
estuary　河口　113
eutrophication　優養化　272
evergreen coniferous　常綠針葉木　108
evolutionary species concept　進化物種觀　116
e-waste　電子廢棄物　341
explanatory variable　解釋變數　20
exponential growth　指數生長　67
externalizing cost　成本外部化　376
extinction　滅絕　118

F

family planning　家庭計畫　96
famine　飢荒　158
federal law　聯邦法律　387
feedback loop　回饋迴路　29
fen　低溼地　115
fetal alcohol syndrome　胎兒酒精症候群　192
first law of thermodynamics　熱力學第一定律　36
floodplain　洪水平原　304
flood　洪水　304
food security　糧食安全　158
food web　食物網　41
fragmentation　破碎化　119
fuel assembly　燃料組　316
fuel cell　燃料電池　330
fugitive emission　易散排放物　239

G

gap analysis　差異分析　128
gender development index, GDI　性別發展指數　377
generalist species　通才物種　57
genetically modified organism, GMO　基因轉植生物或基因改造生物　175
genetic engineering　基因工程　175
genuine progress index, GPI　真實進步指標　376
geographic isolation　地理隔離　58
global environmentalism　全球環境主義　25
grassland　草原　106
Great Pacific Garbage Patch　大太平洋垃圾帶　339
green building　綠建築　320
greenhouse effect　溫室效應　215
green pricing　綠色價格　332
green revolution　綠色革命　175
gross domestic product, GDP　國內生產毛額　371
gross national product, GNP　國民生產毛額　371
gully erosion　溝狀沖蝕　169

H

habitat　棲地　57
hazardous air pollutants, HAPs　有害空氣污染物　243
hazardous waste　有害廢棄物　350
health　健康　184
heap-leach extraction　堆積過濾法　300
heat　熱能　36
herbivore　草食性動物　41
HIPPO　119
histogram　柱狀圖　21
homeostasis　體內恆定　30
hormesis　毒物興奮效應　203
human development index, HDI　人類發展指數　376
hydrocarbon　碳氫化合物　312
hydrologic cycle　水文循環　259
hypothesis　假說　17

I

igneous rock　火成岩　292
independent variable　自變數　18
indicator　指標　57
indigenous people　原住民　12
inductive reasoning　歸納論　17
Intergovernmental Panel on Climate Change, IPCC　跨政府氣候變遷小組　219
internalizing cost　成本內部化　376
interspecific competition　種間競爭　62
intraspecific competition　種內競爭　62
invasive species　入侵物種　122
ion　離子　31
island biogeography　島嶼生物地理學　122
isotope　同位素　31

J

J curve　J 曲線　67
joule　焦耳　312

K

keystone species　關鍵物種　66
kinetic energy　動能　34
K-selected species　K- 選擇物種　69
Kyoto Protocol　京都議定書　230

L

landslide　山崩　305
La Nin~a，表示小女孩　反聖嬰現象　218
latent heat　潛熱　216
LD50　半致死劑量　201
lead　鉛　242
life expectancy　平均壽命　91
limit to growth　成長極限　373
logical thinking　邏輯性思考　22
logistic growth　邏輯生長　68

M

magma　岩漿　290
malnourishment　營養失調　159
Man and Biosphere program, MAB program　人與生物圈計畫　150
mangrove　紅樹林　112
manipulative experiment　操作實驗　18
mantle　地涵　289
marginal cost　邊際成本　370
marsh　草澤　115
mass burn　全燃燒法　342
matter　物質　30
megacity　巨型城市　359
metamorphic rock　變質岩　292
microlending　小額貸款　378
mid-ocean ridge　中洋脊　290
Milankovitch cycles　米蘭科維奇循環　217
millennium assessment　千禧評估　402
mineral　礦物　292
minimill　迷你鋼廠　301
minimum viable population　最小存活族群　119
modern environmentalism　現代環境主義　25

molecule　分子　31
monoculture forestry　單一林相林業　135
morbidity　致病性　185
mortality　死亡率　185
Müllerian mimicry　米氏擬態　65
municipal solid waste　都市固體廢棄物　336
mutagen　致突變物質　192
mutualism　互利共生　65

N

natural experiment　自然實驗　18
natural resource economics　自然資源經濟學　371
natural selection，或稱天擇　自然選擇　55
negative feedback　負向回饋　29
negative relationship　負相關　21
neoclassical economics　新古典經濟學　370
net primary productivity　淨初級生產力　73
neurotoxin　神經毒素　192
nitrogen cycle　氮循環　47
nitrogen oxide, NOx　氮氧化物　239
nonpoint-source emission　非點源排放物　239
nonpoint source　非點源污染　270
nonrenewable resource　非再生資源　372
nuclear fission　核分裂　316

O

obese　肥胖　161
observation　觀察　4
oil shale　油頁岩　315
old-growth forest　原始森林　134
oligotrophic　貧養　272
omnivore　雜食性動物　41
open access system　開放存取系統　374
open system　開放系統　29
organic compound　有機化合物　32
organophosphate　有機磷　174
overgrazing　過度放牧　144
overharvesting　過度獲取　124
oxygen sag　氧垂　271
ozone, O3　臭氧　214, 241

P

paradigm shift　典範轉移　21
parasitism　寄生　66
particulate material　微粒物質　242
particulate removal　粒狀物的去除　251
passive heat absorption　被動式吸熱　324
passive house　被動式節能屋　321
pastoralist　牧人　143
pathogen　病原體　186
pelagic　遠洋水層　111
permanent retrievable storage　永久可修補式貯存　353
persistent organic pollutant, POP　持久性有機污染物　198
pesticide treadmill　農藥跑步機　174
phosphorus cycle　磷循環　48
photochemical oxidant　光化學氧化物　239
photodegradable plastic　光分解塑膠　350
photosynthesis　光合作用　38
photovoltaic cell　光電電池　325
phylogenetic species concept　親緣物種觀　116
phytoplankton　光合浮游植物　110
pH　酸鹼值　32
pioneer species　先驅物種　75
point source　點源污染　239, 269
policy cycle　政策循環　385
population momentum　人口動量　90
population　族群　40
positive feedback　正向回饋　29
potential energy　位能　35
power　功率　312
precautionary principle，或譯為預警原則　預防原則　387
predator-mediated competition　掠食者調適競爭　63
primary pollutant　主要污染物　239
primary producer　初級生產者　37, 40
primary productivity　初級生產力　73
primary succession　主要演替　75
primary treatment　初級處理　281

probability　機率　18
productivity　生產力　40
pronatalist pressure　生育壓力　93

Q

quantitative reasoning　量化推論　4

R

recharge zone　補注層　261
recycling　回收　344
reflective thinking　反應性思考　22
reformer　重組器　331
refuse-derived fuel, RDF　廢棄物衍生燃料法　342
regenerative farming　再生農耕　177
renewable resource　再生資源　372
renewable water supply　再生水源的供應　262
replacement rate　替代水準　89
replication　重複性　17
reproducibility　再現性　16
residence time　停留時間　260
resilience　恢復　30, 73
resource partitioning　資源分配　58
retrievable storage　可修補式貯存　353
rill erosion　紋溝沖蝕　169
risk　風險　203
rock cycle　岩石循環　292
rock　岩石　292
rotational grazing　輪流放牧　144
r-selected species　r-選擇物種　69

S

salinization　鹽化　170
salt marsh　鹹水草澤　113
sanitary landfill　衛生掩埋法　340
savanna　稀樹草原　106, 133
scavenger　腐食性動物　43
science　科學　12
scientific consensus　科學共識　20
scientific theory　科學理論　18

S curve　S曲線　69
sea-grass bed　海草群落　112
secondary succession　次要演替　75
secondary treatment　二級處理　281
second law of thermodynamics　熱力學第二定律　36
secure landfill　安全掩埋　354
sedimentary rock　沉積岩　293
sedimentation　沉積作用　293
selective cutting　擇伐　138
selective pressure　選擇壓力　55
shade-grown　蔭下栽種　180
shantytown　違建區　362
sheet erosion　層狀沖蝕　169
shelterwood harvesting　漸伐　138
sick building syndrome　辦公大樓症候群　192
slum　貧民區　362
smart growth　智慧型成長　364
smart metering　智慧電錶　320
smelting　熔煉　300
soil creep　305　土壤潛移
sound science　實證科學　21
Southern Oscillation　南方振盪現象　218
specialist species　專才物種　57
speciation　物種形成　58
species　物種　40
sprawl　擴張　363
stability　穩定性　74
steady-state economy　穩態經濟　370
stranded asset　擱淺資產　232
stratosphere　同溫層　214
streambank erosion　河灘沖蝕　169
strip-cutting　帶伐　138
strip-farming　帶植法　177
subduct　下移　290
subsidence　地層下陷　266
subsoil　次土層　167
sulfur cycle　硫循環　49
sulfur dioxide, SO_2　二氧化硫　239

sulfur removal　硫化物的去除　251
surface soil　表土層　166
sustainability　永續性　10
sustainable agriculture　永續農業　177
sustainable development　永續發展　10, 370, 402
swamp　木澤　115
symbiosis　共生　65
sympatric speciation　同域性物種形成　58
synergism　協同作用　199
system　系統　29

T

taiga　寒帶密林　109
tar sand　焦油砂　314
tectonic plate　構造板塊　289
temperate rainforest　溫帶雨林　109
teratogen　致畸胎物質　192
terracing　梯田　178
tertiary treatment　三級處理　281
thermal pollution　熱污染　275
thermocline　變溫層　114
thermohaline circulation　溫鹽循環　216
the scientific method　科學方法　4
threatened species　近危物種　126
threshold　閾值　29
throughput　通量　9, 29
tide pool　潮汐海塘　113
tolerance limit　忍受極限　56
topsoil　表土層　166
total fertility rate　總生育率　88
total maximum daily loads, TMDL　總量管制　277
Toxic Release Inventory, TRI　毒性排放清單　243
Toxic Release Inventory　毒性物質排放清單　352
trophic level　營養層級　41
tropical rainforest　熱帶雨林　105
tropical seasonal forest　熱帶季節林　106

troposphere　對流層　214
tsunami　海嘯　303
tundra　凍原　109

U

unburnable carbon　不可燃碳　232
uncertainty　不確定性　4
unconventional pollutant　特有污染物　239
urban agglomeration　巨大的都市群　359

V

vertical zonation　垂直分帶　103
virtual water　虛擬水　263
volatile organic compound, VOC　揮發性有機化合物　242
volcano　火山　303
vulnerable species　易危物種　126

W

waste stream　廢棄物流　337
waterlogging　積水　170
watershed　流域　268
water table　地下水位　260
watt　瓦特　312
weathering　風化　293
weather　天氣　213
wetland　溼地　114
wind farm　風力電場　324
work　功　311
world conservation strategy　世界保育策略　148

Z

zero population growth, ZPG　人口零成長　89
zone of aeration　通氣層　260
zone of saturation　飽和層　260